U0284709

高校土木工程专业系列教材

土力学与地基基础

（第二版）

王建华　张璐璐　陈锦剑　叶冠林　李明广　编著

中国建筑工业出版社

图书在版编目(CIP)数据

土力学与地基基础 / 王建华等编著. — 2 版. — 北京：中国建筑工业出版社，2022.9（2024.8 重印）
高校土木工程专业系列教材
ISBN 978-7-112-27617-2

Ⅰ. ①土… Ⅱ. ①王… Ⅲ. ①土力学—高等学校—教材②地基—基础(工程)—高等学校—教材 Ⅳ. ①TU4

中国版本图书馆 CIP 数据核字(2022)第 126342 号

本书系统介绍了经典土力学的原理和分析计算方法，概略介绍了地基基础设计原则和基础工程原理。全书共 14 章，分别介绍了绪论、土的物质组成和粒径级配、土的物理性质和状态、土的工程分类、有效应力原理和自重应力、土中附加应力、土的渗透性、土的压缩性、土的抗剪强度、土压力、地基承载力、土坡稳定性分析、浅基础、桩基础，具有体系完整、内容全面、适应面广的特点。每章后均有习题，并为任课教师提供详细的习题参考答案和 PPT 电子课件。

本书可作为高等院校土木工程、水利工程、港口工程、道路工程、工程管理等专业本科生教材，教学课时可安排在 64 学时左右。本书也可作为研究生的教学参考书，还可供土建工程设计和科研人员参考。

本书作者制作了配套的教学课件，有需要的教师可以通过以下方式获取：jckj@cabp.com.cn，电话：(010)58337285，建工书院：http://edu.cabplink.com。

责任编辑：杨 允 吉万旺 咸大庆
责任校对：李美娜

高校土木工程专业系列教材
土力学与地基基础
（第二版）
王建华 张璐璐 陈锦剑 叶冠林 李明广 编著
*
中国建筑工业出版社出版、发行（北京海淀三里河路 9 号）
各地新华书店、建筑书店经销
北京红光制版公司制版
北京圣夫亚美印刷有限公司印刷
*
开本：787 毫米×1092 毫米 1/16 印张：24¼ 字数：589 千字
2022 年 8 月第二版 2024 年 8 月第三次印刷
定价：**68.00** 元（赠教师课件）
ISBN 978-7-112-27617-2
（39547）

第二版前言

本书自2011年出版发行以来，一直作为本科生课程教材和教学参考书使用。在使用中广大师生和读者发现了一些问题和不足，也提供了很好的反馈意见和建议。编写团队结合这十年的课程教学实践经验，并充分接受读者的意见和建议，对本书进行修编。

本书第二版进行了基本结构的调整和内容完善，并修正了第1版中存在的错误和有问题的论述。将第一版中第2章的内容进行扩展，并分为土的物质组成和粒径级配、土的物理性质和状态、土的工程分类3章。考虑到有效应力原理是土力学的核心内容，土的渗透性与土的固结部分内容实质都是关于土中孔隙水压力的计算。因此，将土的渗透性一章调整到土的压缩性之前，并将土的有效应力原理和土中附加应力拆分为两章介绍，方便读者把握自重应力和附加应力的区别。在第7章增加了渗流分析有限元模拟、在第12章增加了强度折减法的内容，供学有余力的同学参考。根据最新颁布的国家规范，并结合基础工程学科的新发展，对第13章浅基础、第14章桩基础的内容进行了修订。此外，考虑到课时的限制，删减了地基处理一章内容。本书第二版还提供了与教材配套的电子课件，以方便任课教师使用。

本次修编工作由上海交通大学土木工程系土力学与地基基础团队合作完成。其中第1～8章和第12章由张璐璐修订，第9章由叶冠林修订，第10、11章由李明广修订，第13、14章由陈锦剑修订。张璐璐负责对全书内容进行统稿和审校。博士研究生徐加宝、林奖勤、魏鑫、朱承金、杨昊庆、谢轶、张小倩，硕士研究生张德、林彤、杨其润等在图文整理、习题答案审校方面做了一些工作，在此谨表谢意。

本书第一版编者王建华教授因病于2018年4月逝世。他毕生追求卓越、砥砺奋进，克己奉公、鞠躬尽瘁，是教书育人的楷模、科技创新的先锋。本书的修订工作也是为缅怀王建华老师，完成他未竟的事业，践行立德树人使命，让更多人学习他的精神。

本书的修订工作历时一年半，虽经反复修改完善和审校，但由于编者知识和经验的限制，书中难免仍有不当和错误之处，恳请广大读者批评指正。

编写团队

2022年2月

第一版前言

土力学地基基础是土木建筑有关专业的必修课程之一，包括土力学基本理论和地基基础设计原理。为保证各类建筑物既安全又经济，使用正常，不发生地基基础工程事故，需要学习和掌握土力学的基本理论与地基基础设计原理。

本书系统地介绍了土力学的基本理论和地基基础设计原理。全书共12章，分别介绍了土的物理性质与工程分类、土的渗透性和工程降水、土中应力分布与有效应力原理、土的压缩与固结、土的抗剪强度、土压力、地基承载力、土坡稳定分析、浅基础、桩基础和地基处理。

本书是在广泛吸收国内外优秀教材、研究成果的基础上编写而成的，具有体系完整、内容全面、例题丰富、适应面广的特点。在编写过程中，努力做到内容深入浅出、重点突出、图文详尽、例题典型，力图考虑学科发展新水平，结合新规范，反映土力学的成熟成果与观点。

本书由上海交通大学土木工程系王建华、张璐璐、陈锦剑、周香莲、叶冠林、尹振宇共同编写。其中第1、2、4、6章由王建华编写，第3、5、9章由张璐璐编写，第10、11章由陈锦剑编写，第7章由周香莲编写，第8章由叶冠林编写，第12章由尹振宇编写。全书由王建华统稿。上海交通大学土木工程系研究生吴威皋、何晔、丛茂强、左自波等在图文整理等方面做了一些工作。

限于编者水平，书中难免有疏漏和错误之处，敬请各方面专家学者和广大读者不吝批评指正。

编　者

2011年10月

目　　录

第 1 章　绪论……1
1.1　课程的内容和学习目的……1
1.2　土力学的历史……2
1.3　日常生活中的土力学原理……3
1.4　代表性重大工程……4
1.5　工程事故案例……7
1.6　各章内容和学习要求……10
第 2 章　土的物质组成和粒径级配……12
2.1　概述……12
2.2　土的形成和演变……12
2.2.1　岩石的风化作用……12
2.2.2　土的搬运和沉积……14
2.2.3　土的沉积与成岩作用……16
2.3　土的基本特征……17
2.4　固体颗粒和粒径级配……18
2.4.1　颗粒大小和粒径分组……18
2.4.2　粒径级配试验……19
2.4.3　粒径级配曲线……22
2.4.4　特征粒径和土的级配优劣标准……23
2.5　土颗粒的矿物成分……25
2.6　土中水和气……28
2.6.1　土粒表面结合水……28
2.6.2　自由水……29
2.6.3　固态水和气态水……31
2.6.4　土中气……31
思考题与习题……32
第 3 章　土的物理性质和状态……34
3.1　三相图和土的物理性质指标……34
3.1.1　三相图……34
3.1.2　土的物理性质指标……34
3.2　土的物理状态指标……40
3.2.1　无黏性土的密实度……40

3.2.2 黏性土的界限含水率 …… 42
3.3 土的压实性 …… 45
3.3.1 黏性土的压实性 …… 45
3.3.2 无黏性土的压实性 …… 48
3.4 土的结构性 …… 50
3.4.1 无黏性土的结构 …… 50
3.4.2 黏性土的结构 …… 52
思考题与习题 …… 53
第4章 土的工程分类 …… 55
4.1 一般原则 …… 55
4.2《建筑地基基础设计规范》分类系统 …… 55
4.3 USCS（Unified Soil Classification System）分类系统 …… 57
4.4 USDA分类系统 …… 63
思考题与习题 …… 65
第5章 有效应力原理和自重应力 …… 68
5.1 概述 …… 68
5.2 地基的应力状态 …… 68
5.2.1 半无限空间和单元应力 …… 68
5.2.2 应力状态 …… 69
5.3 有效应力原理 …… 70
5.3.1 饱和土的有效应力 …… 70
5.3.2 非饱和土的有效应力 …… 71
5.4 自重应力 …… 72
5.4.1 竖向自重应力 …… 72
5.4.2 侧向自重应力 …… 76
思考题与习题 …… 77
第6章 土中附加应力 …… 80
6.1 概述 …… 80
6.2 基底压力 …… 80
6.2.1 基底压力的分布规律 …… 81
6.2.2 基底压力的简化计算 …… 82
6.2.3 基底附加压力的计算 …… 83
6.3 土中附加应力 …… 84
6.3.1 基本假定 …… 84
6.3.2 竖向集中荷载作用下的土中附加应力（布辛内斯克解） …… 85
6.3.3 条形基础下的土中附加应力 …… 88
6.3.4 矩形基础下的土中附加应力 …… 91

6.3.5 水平荷载作用土中附加应力 …… 97
6.4 影响土中应力分布的因素 …… 99
思考题与习题 …… 101
第7章 土的渗透性 …… 104
7.1 概述 …… 104
7.2 渗流规律和渗透系数 …… 105
7.2.1 土的渗透性 …… 105
7.2.2 达西定律 …… 107
7.2.3 渗透系数的测定 …… 108
7.2.4 渗透系数的影响因素 …… 111
7.2.5 分层地基的等效渗透系数 …… 112
7.3 二维渗流与流网 …… 114
7.3.1 二维渗流连续方程 …… 115
7.3.2 流网的特征及应用 …… 116
7.4 渗流力和渗透破坏 …… 119
7.4.1 渗流力 …… 119
7.4.2 渗流条件下的有效自重应力 …… 120
7.4.3 流砂 …… 121
7.4.4 管涌和潜蚀 …… 122
思考题与习题 …… 124
【本章附录】渗流分析有限元数值模拟 …… 128
第8章 土的压缩性 …… 134
8.1 概述 …… 134
8.2 压缩试验和压缩性指标 …… 134
8.2.1 试验方法 …… 134
8.2.2 压缩曲线 …… 135
8.2.3 土的压缩指标 …… 137
8.3 天然土层的固结状态 …… 140
8.4 原始压缩曲线 …… 145
8.5 地基沉降计算 …… 147
8.5.1 沉降的分类 …… 147
8.5.2 均质薄土层一维压缩量的计算方法 …… 147
8.5.3 地基沉降计算的分层总和法 …… 149
8.6 固结理论 …… 154
8.6.1 土的固结模型 …… 154
8.6.2 太沙基单向固结理论 …… 154
8.6.3 固结度 …… 157

8.6.4 固结沉降量计算 …… 161
8.7 固结系数的测定 …… 165
8.7.1 时间平方根法 …… 165
8.7.2 时间对数法 …… 166
思考题与习题 …… 167
第9章 土的抗剪强度 …… 170
9.1 概述 …… 170
9.2 土的强度理论 …… 170
9.2.1 屈服与破坏 …… 170
9.2.2 摩尔-库仑强度破坏准则 …… 172
9.2.3 极限平衡状态 …… 173
9.3 剪切试验 …… 175
9.3.1 直接剪切试验 …… 176
9.3.2 三轴剪切试验 …… 178
9.3.3 无侧限压缩试验 …… 184
9.3.4 原位十字板剪切试验 …… 187
9.3.5 剪切试验的对比 …… 188
9.4 三轴试验的孔压系数 …… 189
9.5 黏性土的抗剪强度 …… 193
9.5.1 黏性土的剪切性状 …… 193
9.5.2 黏性土抗剪强度的影响因素 …… 193
9.5.3 黏性土抗剪强度指标的选择 …… 195
思考题与习题 …… 197
第10章 土压力 …… 198
10.1 概述 …… 198
10.2 墙体位移与土压力类型 …… 199
10.3 静止土压力 …… 200
10.3.1 静止土压力强度的基本公式 …… 200
10.3.2 静止土压力系数 K_0 的取值 …… 201
10.3.3 几种典型工程情况下的静止土压力 …… 201
10.4 朗肯土压力理论 …… 204
10.4.1 基本原理 …… 204
10.4.2 朗肯主动土压力公式 …… 205
10.4.3 朗肯被动土压力公式 …… 206
10.5 库仑土压力理论 …… 208
10.5.1 基本原理 …… 208
10.5.2 无黏性土的主动土压力计算 …… 208

10.5.3 无黏性土的被动土压力计算 …… 212
10.5.4 黏性土中的库仑主动土压力计算 …… 214
10.6 关于土压力理论的说明 …… 216
10.6.1 土压力理论的比较 …… 216
10.6.2 土压力实际分布规律 …… 216
10.6.3 有限宽度填土的土压力 …… 218
10.6.4 非极限土压力 …… 219
10.6.5 圆形基坑的土压力 …… 220
10.7 挡土墙的设计计算 …… 220
10.7.1 挡土墙的类型 …… 220
10.7.2 挡土墙的计算 …… 222
思考题与习题 …… 226
第 11 章 地基承载力 …… 230
11.1 概述 …… 230
11.2 地基的变形和失稳 …… 230
11.2.1 原位载荷试验 …… 230
11.2.2 地基土中应力状态的三个阶段 …… 231
11.2.3 地基破坏模式 …… 233
11.3 地基的临塑和临界荷载 …… 234
11.3.1 地基塑性变形区边界方程 …… 234
11.3.2 临塑荷载和临界荷载 …… 235
11.4 地基极限承载力的计算 …… 237
11.4.1 普朗德尔-瑞斯纳公式 …… 238
11.4.2 太沙基公式 …… 240
11.4.3 汉森公式 …… 246
11.4.4 斯肯普顿公式 …… 246
11.4.5 关于极限承载力公式的说明 …… 247
11.5 地基的容许承载力 …… 248
11.5.1 容许承载力的概念 …… 248
11.5.2 《建筑地基基础设计规范》GB 50007—2011（简称《地基规范》）的容许承载力 …… 248
思考题与习题 …… 254
第 12 章 土坡稳定性分析 …… 256
12.1 概述 …… 256
12.2 土坡的破坏模式 …… 257
12.2.1 滑裂面形状 …… 257
12.2.2 滑裂面位置 …… 258

12.3 无限边坡稳定性分析…… 259
12.3.1 坡内无渗流 …… 259
12.3.2 顺坡渗流 …… 260
12.4 整体圆弧法…… 262
12.5 条分法…… 263
12.5.1 基本原理 …… 263
12.5.2 瑞典条分法 …… 264
12.5.3 简化毕肖普法 …… 267
12.5.4 简布法 …… 269
12.6 最危险滑裂面的确定方法…… 271
12.6.1 试算法 …… 271
12.6.2 优化方法 …… 271
12.7 基于数值模拟的土坡稳定性分析方法…… 272
12.7.1 简介 …… 272
12.7.2 强度折减法 …… 272
12.7.3 应用示例 …… 276
12.8 我国规范关于土坡稳定性分析的规定…… 278
12.8.1 基本规定和计算方法 …… 278
12.8.2 坡率法 …… 278
12.8.3 安全系数允许值 …… 279
思考题与习题…… 279
第13章 浅基础 …… 281
13.1 概述…… 281
13.2 浅基础的类型…… 281
13.2.1 浅基础的结构类型 …… 281
13.2.2 扩展基础 …… 284
13.3 地基基础设计原则…… 285
13.3.1 建筑地基基础设计等级 …… 285
13.3.2 地基基础设计方法 …… 286
13.3.3 作用和作用组合的效应设计值 …… 287
13.3.4 地基基础设计要求 …… 288
13.3.5 地基基础设计内容和步骤 …… 288
13.4 基础埋置深度的选择…… 288
13.4.1 建筑物的用途和结构类型 …… 289
13.4.2 作用在地基上的荷载大小和性质 …… 289
13.4.3 地基的工程地质和水文地质条件 …… 289
13.4.4 场地环境条件 …… 290

13.4.5　地基冻融条件 …… 291
13.5　地基基础设计计算 …… 292
13.5.1　基础底面尺寸的确定 …… 292
13.5.2　地基承载力验算 …… 292
13.5.3　地基变形验算 …… 295
13.5.4　地基稳定性验算 …… 297
13.5.5　基础构造设计 …… 298
13.6　连续基础设计分析方法 …… 300
13.6.1　连续基础的分类和特点 …… 300
13.6.2　上部结构、基础、地基的相互作用 …… 301
13.6.3　地基模型 …… 303
13.6.4　连续基础分析方法 …… 306
13.7　软弱地基中减轻不均匀沉降的措施 …… 308
13.7.1　建筑措施 …… 308
13.7.2　结构措施 …… 309
13.7.3　施工措施 …… 309
思考题与习题 …… 310
第14章　桩基础 …… 312
14.1　概述 …… 312
14.2　桩的分类 …… 313
14.2.1　按使用功能分类 …… 313
14.2.2　竖向抗压桩按承载性状分类 …… 313
14.2.3　按桩身材料分类 …… 314
14.2.4　按施工方法分类 …… 315
14.2.5　按成桩过程的挤土效应分类 …… 318
14.2.6　按桩的几何特性分类 …… 319
14.3　单桩竖向承载力的确定 …… 320
14.3.1　单桩轴向荷载的传递机理 …… 320
14.3.2　桩侧摩阻力 …… 323
14.3.3　桩的端阻力 …… 324
14.3.4　单桩竖向承载力确定方法 …… 327
14.4　群桩效应 …… 330
14.5　桩基沉降计算 …… 332
14.5.1　单桩沉降的计算 …… 332
14.5.2　群桩的沉降计算 …… 333
14.6　桩的负摩擦力和抗拔承载力 …… 336
14.6.1　桩的负摩擦力 …… 336

14.6.2 抗拔承载力 …… 339
14.7 桩基水平承载力 …… 340
14.7.1 水平荷载作用下桩的工作特点 …… 341
14.7.2 单桩水平静载荷试验 …… 341
14.7.3 水平受荷桩的理论分析 …… 343
14.8 桩基础设计 …… 347
14.8.1 桩基础的设计内容和基本步骤 …… 347
14.8.2 桩型、桩长和截面尺寸的确定 …… 348
14.8.3 桩的数量与平面布置 …… 349
14.8.4 桩基承载力和沉降验算 …… 350
14.8.5 桩身设计 …… 355
14.8.6 承台设计 …… 356
思考题与习题 …… 356
主要符号表 …… 359
习题参考答案 …… 367
参考文献 …… 372

第1章　绪　　论

1.1　课程的内容和学习目的

在自然界中，土是由岩石经历物理、化学、生物风化作用以及剥蚀、搬运、沉积作用等所生成的物质。因此，土的类型及其物理、力学性状是千差万别的。土中固体颗粒是岩石风化后的碎屑物质，简称土粒。土粒集合体构成土的骨架，土骨架的孔隙中存在水和气体。因此，土是由固相、液相和气相所组成的三相物质。土体具有与一般连续固体材料（如钢、木、混凝土等建筑材料）不同的特性，它不是刚性的，而是可以发生大变形的多孔、碎散性物质。土的基本物理性质指标包括：密度、孔隙率、含水率，是影响土的力学性质的重要因素。孔隙中水的流动与土的渗透性有关；孔隙体积的变化与土的压缩性有关；土粒的错位以及土体的变形与土的强度特性有关。

土与工程建设的关系十分密切。归纳起来，土具有两类工程用途：一类是作为建筑物的地基，在地基上修建厂房、住宅等工程，由土承受建筑物的荷载；另一类是用土作建筑材料，修筑堤坝与路基。土力学是研究土体在周围环境与荷载作用下，其应力、变形、强度、渗流及稳定性的一门学科。研究土力学的目的有两个：（1）揭示土的行为和性质及其发展和变化的客观规律；（2）为工程的设计、施工和维护提供理论依据。

基础是将上部结构的荷载传递到地基中的结构物，也称为下部结构，见图1-1。一般基础应埋入地下一定深度，以便使基础处在较高承载力的地基中。通常把埋置深度不大于5m的基础称为浅基础。反之，若浅层土质不良，须把基础埋置于较深处的良好地层时（基础深度D大于基础宽度B），称为深基础。

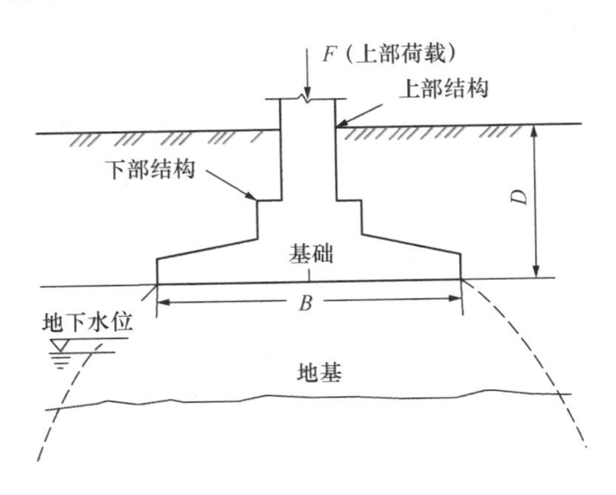

图1-1　地基和基础示意图

基础是建筑物的根基，属于地下隐蔽工程，它的勘察、设计和施工质量，直接关联着建筑物的安危。由于基础设计不周、施工不善，产生过量沉降或不均匀沉降而导致房屋倾斜、墙体开裂，影响建筑物正常使用的情况屡见不鲜，甚至地基滑移、结构倒塌的事故也时有发生。因此，做好基础设计和施工是保证建筑物安全的关键。

“土力学与基础工程”是土木与建筑工程相关专业本科生的一门必修课程，是岩土工程专业的重要基础课程。课程主要讲授土力学基本理论和地基基础设计原理。通过本课程的教学，学生将掌握土力学的基本原理，了解土力学相关测试方法，对土体物理力学性质形成一定的认识，初步具备挡土墙设计、土坡稳定分析、地基承载力计算、基础工程设计等岩土工程设计分析的能力，形成利用土力学来分析、解决工程问题的思维方式，为日后从事工程设计和研究工作打下坚实基础。

1.2 土力学的历史

土力学的发展可划分为三个时期：萌芽期（1773—1925）、古典土力学（1925—1963）、现代土力学时期（1963 年至今）。

土力学理论基础发端于 18 世纪兴起工业革命的欧洲。那时，随着工业化的发展，工厂手工业转变为近代大工业，建筑的规模扩大了。为了满足向国内外扩张市场的需要，陆上交通进入了铁路时代。因此，最初有关土力学的理论多与铁路路基问题有关。库仑（Coulomb）1773 年发表论文《极大值和极小值规则在若干与建筑相关的静力学问题中的应用》，研究了土的抗剪强度，并提出了土的抗剪强度准则（库仑定律），还对挡土结构的土压力进行了系统研究，提出了主动土压力和被动土压力的概念及计算方法（即库仑土压力理论）。该论文在 3 年后刊出，被认为是古典土力学的基础。库仑因此也被称为“土力学之始祖”。1855 年，达西（Darcy）为研究水在砂土中的流动规律，开展了大量的渗流试验，得出了层流条件下土中渗流速度和水头损失之间关系的规律，即达西定律。1857 年，朗肯（Rankine）提出了又一种土压力理论，对后来土力学的发展起了很大的作用。1885 年，布辛尼斯克（Boussinesq）求得了弹性半无限空间竖向集中力作用下的应力和变形的理论解。1915 年，彼得森（Petterson）提出土坡稳定分析的整体圆弧滑动法。1920 年，法国普朗德尔（Prantl）发表了地基剪切破坏时的滑动面形状和极限承载力公式。

1925 年，美籍奥地利人太沙基（Terzaghi）归纳发展了前人的成果，发表了第一部土力学专著《Erdbaumechanik》（土力学）。他提出饱和土有效应力原理，将土与连续介质区分开，使土力学成为一门独立的学科。

罗斯科（Roscoe）在大量试验数据分析总结基础上，于 1963 年提出了剑桥模型，创建了临界状态土力学理论，奠定了现代土力学的基石。

在土力学发展史上有突出贡献的学者还包括：伦杜利克（Rendulic）、斯肯普顿（Skempton）、卡萨格兰德（Casagrande）、贝伦（Bjerrum）、简布（Janbu）、泰勒（Taylor）、派克（Peck）、弗雷德隆德（Fredlund）等。图 1-2 列出了土力学领域的一些著名学者和他们的代表性工作。

太沙基Karl von Terzaghi (1883—1963)

在土的固结理论、饱和土的有效应力原理、地基承载力等方面有着杰出贡献，被誉为“土力学之父”。

卡萨格兰德Arthur Casagrande (1902—1981)

在土的分类、土坡的渗流、抗剪强度、砂土液化等方面的研究成果对土力学有重大贡献和影响。黏性土分类的塑性图中“A线”是以他的名字（Arthur）命名的。

斯肯普顿Alec Westley Skempton (1914—2001)

对黏土中的孔隙水压力、地基承载力、边坡稳定性等问题的研究做出了突出的贡献，创立了伦敦帝国理工土力学研究中心。

泰勒Donald Wood Taylor (1900—1955)

在黏性土的固结和抗剪强度，砂土的剪胀性及土坡稳定等方面有着重要贡献。他编写的教科书《土力学基本原理》是一部经典的土力学教科书。

罗斯科Kenneth Harry Roscoe (1914—1970)

提出了土的临界状态概念，建立了原始剑桥模型和修正剑桥模型，创建了临界状态土力学理论，奠定了现代土力学的基石。

弗雷德隆德Delwyn G. Fredlund (1940—)

提出了非饱和土的独立应力状态变量和抗剪强度公式，在此基础上建立了非饱和土力学的理论框架，被誉为非饱和土力学奠基人。

图 1-2　土力学领域的著名学者

1.3　日常生活中的土力学原理

土力学与我们的生活息息相关。最简单的，拿我们走路来说，就蕴含着土力学的道理。下雨路滑是常识，为什么人在饱和黏土上快走会滑倒，而在饱和的砂土上不容易滑倒？这是因为作用在饱和土体上的总应力，其实是由作用在土骨架上的有效应力和作用在孔隙水上的孔隙水压力两部分组成的（太沙基提出的有效应力原理）。有效应力会产生摩擦力，从而提供了人行走所需的反力。

当人踏在黏土上的瞬时，人的重量使得土体中产生了额外的水压力（超静孔隙水压力）。黏土的渗透性比较差，在短短的时间内，这部分额外的水压力不会消散，使得有效应力急剧减小，脚底的摩擦力不足，因而人快步行走时就会滑倒。而砂土则因为渗透性比较好，水在很短的时间内也能从地面挤出来，因此能够提供足够的摩擦力。

另一个例子也是大家在生活中碰到过的。我们在沙滩上骑车时，路过有些路段的沙滩很难骑，甚至要摔倒，而在另一些路段却很好骑。如图 1-3 所示，在 *AB* 和 *CD* 段沙滩骑车很困难，而在 *BC* 段沙滩骑车很顺畅。这里面同样蕴含着土力学规律。因为 *BC* 段位于包气带，砂土为不完全饱和状态，孔隙间存在负孔隙压力（即基质吸力），将砂粒“粘结”在一起，形成假黏聚力。所以非饱和砂土的抗剪强度较高，具有较好的承载力，在该段骑车时比较顺畅。*AB* 段沙滩位于包气带以上，砂土含水率很小，基本可视为干土，砂粒之间没有黏聚力，抗剪强度较低，承载力较小。*CD* 段沙滩位于地下水位以下，土体完全饱和，只存在正水压力，抗剪强度较低，承载力同样较小。

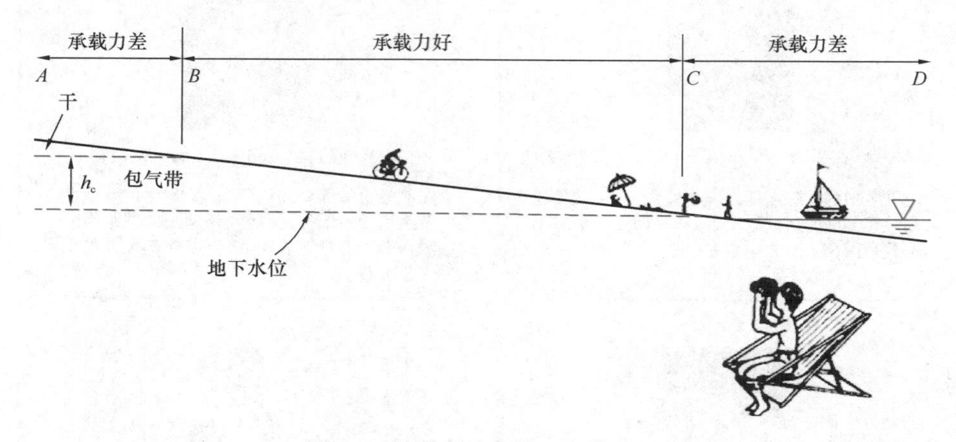

图 1-3　沙滩上骑车的土力学原理

1.4　代表性重大工程

在中华民族五千年发展历程中，劳动人民用勤劳和智慧创造了一个个建筑奇观。万里长城、大运河、黄河大堤以及宏伟的宫殿、寺庙、宝塔等建筑，都有坚固的地基基础，经历了自然界无数次的考验保存至今。例如，隋朝石工李春所修的赵州桥，除了因其建筑和结构设计的成就而著称于世，其地基基础的处理也是颇为合理的。他把桥台砌置于密实粗砂层上，1400 多年来沉降仅约几厘米。又如，故宫自建成以来经历 200 多次地震灾害屹立不倒。人们发现故宫在建造时，除了建筑结构方面采用了很多抗震设计，在地基基础方面也有考虑。故宫的建筑物采用了多达 15 层的地砖，地砖底下是一层砂土、一层碎石的地基，用来耗散、吸收地震能量。

随着改革开放和经济建设的快速发展，我国兴建了一批重大工程项目。这些工程代表了我国岩土工程取得的长足进步和充分发展。下面以上海浦东陆家嘴核心区建筑群(图 1-4)作为代表性工程来介绍。

上海的地层主要为松软的淤泥质土、黏土等，地下水位高，地质条件差，地基承载力低。深厚软土地基是建造超高层建筑的最大障碍。如何在“豆腐土”上建高楼，成为建设者必须攻克的难题。在陆家嘴核心区的金茂大厦、环球金融中心和上海中心大厦三座超高层建筑的建造过程中，建设者们发挥聪明才智，采用先进的建设理念、创新设计和施工以及高效运维管理，彰显了我国在超高层建造技术方面国际领先的综合实力，体现了我国改革开放40余年城市建设的突出成就。

图 1-4　陆家嘴核心区建筑群

金茂大厦于1994年开工，1998年建成，主楼88层，高420.5m，地下3层，采用巨型框筒结构，总建筑面积约29万m^2。经过计算，金茂大厦塔楼部分88层，上部结构荷载传到基础筏板上的总重达到26万t（2600000kN）。由于地基浅层为软土，建筑的基础需落在承载力高的土层上，才能控制建筑物的沉降在规范规定的范围。为此，塔楼基础桩采用430根、直径914mm的开口钢管桩，入土深度83m，桩长65m，桩基持力层为$⑨_2$层含砾中粗砂层，设计承载力为7500kN。裙房采用638根、桩长33m、桩径609mm，设计承载力为3500kN的钢管桩（图1-5）。这些钢管桩采用直接打入法沉至设计标高。工程实施后，根据观测（1995.10—2003.4），主楼最大沉降为82mm，角点处最大沉降44mm。

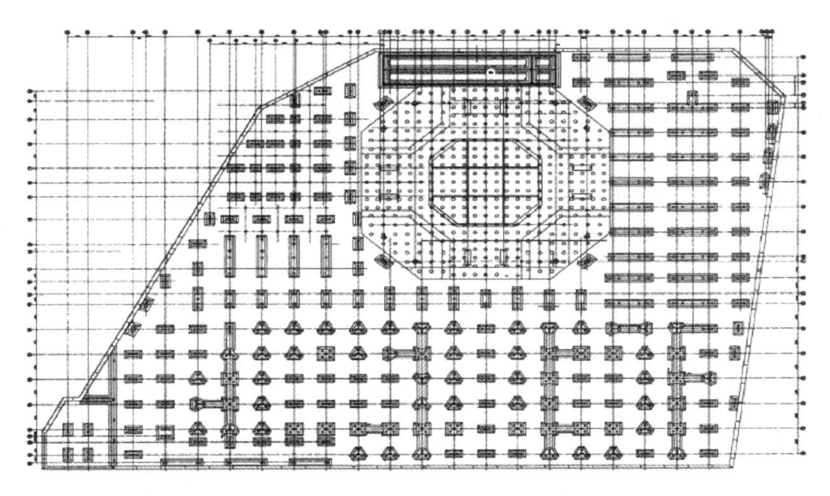

图 1-5　金茂大厦基础平面图（叶可明等，2000）

环球金融中心的主楼建筑面积25万m^2，总建筑面积38万m^2，地上101层，地下3层，建筑总高度492m。结构体系由四个角部的组合巨型柱与核心筒组成。工程主楼采用钢管桩加筏板的基础形式，其中主楼核心筒区域采用225根、直径700mm的钢管桩，有效桩长为59.85m，桩基持力层为$⑨_2$层含砾中粗砂层，容许承载力为5800kN；主楼核心筒以外区域采用952根、直径700mm的钢管桩，有效桩长为41.35m，桩基持力层为$⑦_2$

层粉细砂层，容许承载力为4300kN；裙房部分采用725根、直径700mm的钢管桩，有效桩长为29.35m，桩基持力层为⑦$_2$层粉细砂层，容许承载力为3700kN（图1-6）。根据已有观测资料，主楼核心筒中央沉降量约为10cm，裙房沉降量约为4～6cm。

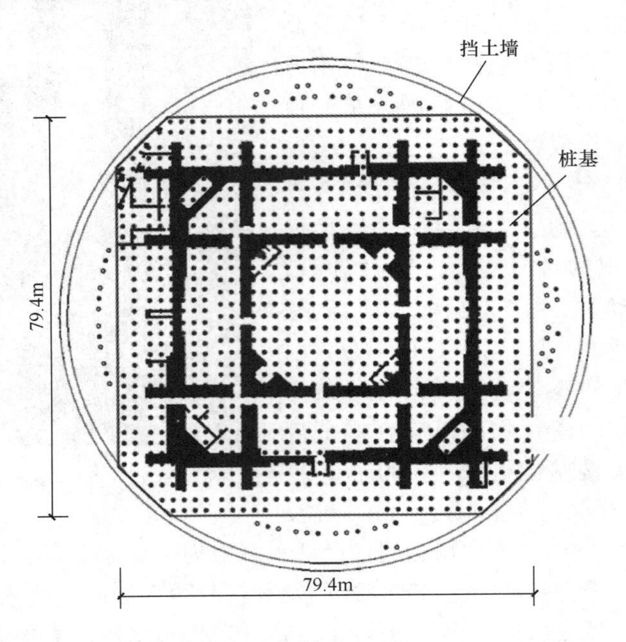

图1-6　环球金融中心基础平面图（Xiao等，2018）

上海中心大厦是陆家嘴核心区第三座超高层建筑，于2008年开始进行主楼桩基施工，2016年全部完工。设计高度632m，其中地上127层，地下5层，采用巨柱-核心筒-伸臂桁架结构，总建筑面积57.8万m^2。由于紧邻金茂大厦、环球金融中心等建筑，施工对周边环境影响控制要求极高。如采用类似金茂大厦、环球金融中心的钢管桩基础，施工时会产生噪声、振动和土体挤压效应，给周边环境带来很大影响。于是，该工程采用了施工噪声小，承载力大、造价低的钻孔灌注桩。但在350m以上超高层建筑，采用超大直径、超长钻孔灌注桩，在国内还是首次。其中难点在于，上海中心大厦的总重达到85万t，因主楼底面积有限，无法布设超过1000根桩，通过初步计算，每根桩的承载力至少要达到1000t，而常规直径1m、长度85m的钻孔灌注桩承载力不过800t。其次，将桩孔钻到80多米深⑨$_2$层作为桩基持力层，难度也非常大。

工程师们研发出新型成桩工艺体系和控制技术，采用桩底后注浆提高桩基承载力。所谓“后注浆”就是施工前预先在钢筋笼的侧面埋设注浆管，混凝土浇筑成桩达到预定强度后，在地面通过注浆管向桩底高压注入水泥浆。浆液可以从桩底挤出孔底沉渣，填充桩底缝隙，充实桩侧的泥皮，从而大幅提高单桩的承载力。通过桩基承载力试验，3根后注浆的钻孔灌注桩的单桩承载力均超过了2600t。最终，主楼桩基工程共打下了955根桩，每根桩直径1m，深86m。实现了世界上第一次在软土地基上建造重达85万t的单体建筑，为后续超高层建筑工程采用钻孔灌注桩提供了宝贵经验。上海中心大厦桩位平面布置图如图1-7所示。

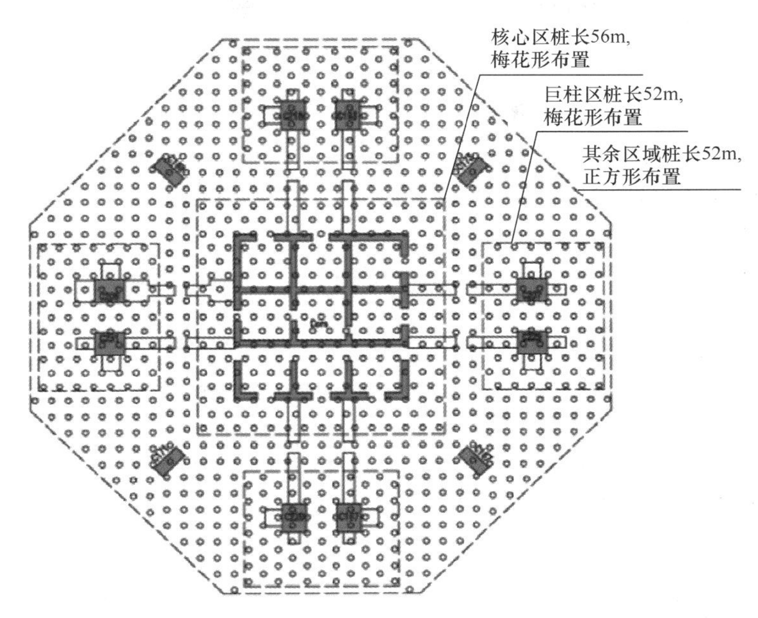

图 1-7　上海中心大厦桩位平面布置图（姜文辉等，2012）

1.5　工程事故案例

基础工程面临的最大问题在于地下情况难以全面了解，再加上建造当时的科学知识不足以及技术上的局限，国内外工程失败的例子也不在少数。这里仅以意大利比萨斜塔、中国苏州虎丘塔、加拿大特郎斯康谷仓、中国上海莲花河畔景苑小区楼房等几个案例说明掌握土力学理论的重要性。

（1）意大利比萨斜塔

比萨斜塔［图 1-8（a)］是因地基不均匀沉降而导致建筑物倾斜的典型案例。该塔位于意大利托斯卡纳省比萨城北面的奇迹广场上，是比萨大教堂的钟楼，始建于 1173 年，设计为垂直建造，但是于 1178 年建至第 4 层中部，高度约 29m 时，塔身便由于地基不均匀和土层松软而倾斜，于是停工。94 年后，于 1272 年复工，经 6 年时间，建完第 7 层，高 48m，再次停工中断 82 年。于 1360 年再复工，至 1372 年竣工，塔身倾斜向东南。比萨斜塔从地面到塔顶高 55m，共 8 层，总重约 14453t，圆形地基面积为 285m^2，对地面的平均压强为 497kPa。从 1918 年开始测量以来，塔身每年平均向南倾斜约 1mm。其顶部中心点偏离垂直中心线已达 5.5m 以上，塔基最大沉降量 3m，南北沉降差异达 1.8m，塔体倾角 5°30′（1991 年），倾斜速率为 4～6″/a。

经查，软黏土地基［图 1-8(b)］和地下水的不均匀波动是导致塔身倾斜的主要原因。为了挽救这座著名建筑，意大利政府采取了种种措施。早在 1930 年，塔基周围就被灌浆加固。1973 年又禁止在以斜塔为中心，半径 1.5km 范围内抽水。之后政府开始了系统的纠偏工程，主要采用如下技术手段：一是加箍，在斜塔上端紧箍数层不锈钢圈，在塔身外墙用钢索包裹，使塔体上下刚度整体增大，也能有效防止纠偏过程中产生的次应力对建筑结构的破坏。二是通过钢缆在北侧拉住斜塔，使塔身不致继续倾斜。三是堆载，在斜塔北侧，利用铅锭等重物对塔基予以施压。四是取土，使用斜钻定期抽取塔底软土。取土部位为塔北侧距塔基 1m 处，深度为 6m。1999 年 4 月底，先期投入的 12 孔取出浅层的淤泥与砂后，使斜塔回倾了 7mm，当年 5 月底，又增加 24 孔。五是塔基处理。在斜塔回倾一定程度以后，对塔基础进行加宽加厚处理，再去除铅块反压荷载。比萨斜塔拯救行动历时 17 年，耗资 4000 万美元，“扶正”后的比萨斜塔塔顶中心点偏离垂直线的距离比施工前减少 45cm，回归到 1838 年时的倾斜角度，至少可以再维持 300 年不倒。

(a) 比萨斜塔的全景

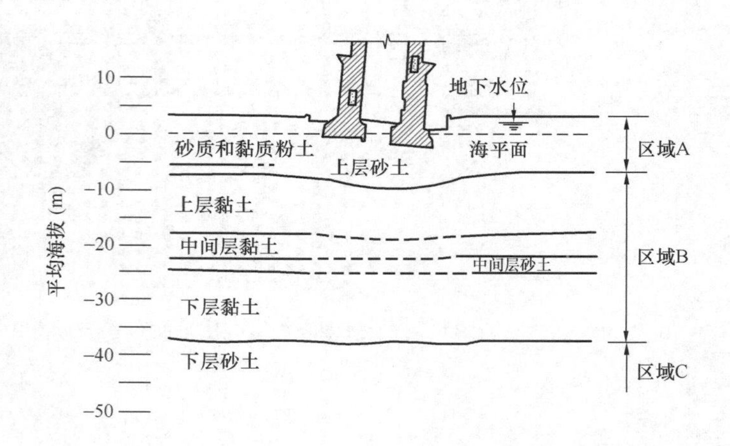

(b) 地层剖面

图 1-8 比萨斜塔

(2) 中国苏州虎丘塔

虎丘塔（图 1-9）是我国现存年代最久且倾斜度最大的楼阁式砖塔，位于苏州市西北虎丘公园山顶，距今已有 1000 多年的历史。全塔共 7 层，高 47.5m。塔的平面呈八角形，由外壁、回廊与塔心 3 部分组成。虎丘塔全部砖砌，外形完全模仿楼阁式木塔，每层都有 8 个壶门，拐角处的砖特制成圆弧形，十分美观。

1961 年国务院将此塔列为全国重点文物保护单位，至 1980 年该塔倾斜严重，塔顶偏离中心线 2.31m，斜度为 2.48°。经勘探发现，该塔位于倾斜基岩上，覆盖层一边深 3.8m，另一边为 5.8m。由于在 1000 余年前建造该塔时，没有采用扩大基础，直接将塔身置于地基上，造成了不均匀沉降，引起塔身倾斜，危及安全。1981—1986 年，苏州市政府对这座古塔进行了全面加固修缮，在塔底外围 2～2.8m 处共打了 44 个深坑，直至岩石层，再在坑里构筑混凝土壳体基础，基本控制了塔基沉降，稳定了塔身倾斜。

(3) 加拿大特朗斯康谷仓

加拿大特朗斯康谷仓包括每排 13 个、5 排共计 65 个圆筒仓，总容积 36368m^3。整体南北向长 59.44m，东西向宽 23.47m，高 31.00m。基础为钢筋混凝土筏板基础，厚度 61cm，埋深 3.66m。

谷仓于 1911 年动工，1913 年完工，空仓自重 20000t。1913 年 9 月开始装谷物，10 月 17 日当装了 31822m^3 谷物时，发现 1h 内竖向沉降达 30.5cm，并在 24h 内向西倾斜，倾斜角达 27°。最后，谷仓西端下沉 7.32m，东端上抬 1.52m，但上部钢筋混凝土筒仓则完好无损［图 1-10(a)］。

经调查，该工程事先未进行地基勘察，仅据邻近结构物基槽开挖试验结果，估算地基承载力为 352kPa，并应用到此谷仓。1952 年，工程师们对该工程进行再次分析和验算。通过勘察试验与计算确定地基实际承载力为 193.8～276.6kPa，远小于谷仓破坏时发生的压力 329.4kPa，因此，地基因超载发生强度破坏而滑动。

该工程的修复主要通过在基础底部做了 70 多个支撑于基岩上的混凝土墩，使用 388 个 50t 千斤顶以及支撑系统，才把仓体逐渐纠正过来，但其位置比原来降低了 4m［图 1-10(b)］。

图 1-9　苏州虎丘塔

(4) 中国上海莲花河畔景苑小区楼房

2009 年，上海市闵行区莲花河畔景苑小区一幢在建 13 层的楼房整体倒塌（图 1-11），造成 1 名工人死亡。根据专家组初步调查结果，房屋倾倒的主要原因是，大楼北侧在短期内堆土过高，最高处达 10m 左右；与此同

(a) 破坏状态

(b) 修复后状态

图 1-10　加拿大特朗斯康谷仓（Agaiby 等，2017）

图 1-11　中国上海莲花河畔景苑小区楼房倒塌事故

时，大楼南侧的地下车库基坑正在开挖，开挖深度 4.6m，大楼两侧的压力差使土体产生水平位移，过大的水平力超过了桩基的承载能力，导致桩基剪断、房屋倾倒。

1.6 各章内容和学习要求

本课程共分 14 章，第 1 章为绪论，第 2～14 章内容包括土力学的基本理论和基础工程设计原理。各章主要内容和学习要求如表 1-1 所示。

各章主要内容和学习要求 表 1-1

章号	学习要求
第 2 章 土的物质组成和粒径级配	了解土的形成和演变，掌握土的基本特征、物质组成、粒径级配试验、级配曲线等概念和方法
第 3 章 土的物理性质和状态	了解土的三相组成，掌握土的物理性质和土的物理状态指标的定义、计算公式和单位。要求熟练掌握各种物理性质指标的换算
第 4 章 土的工程分类	掌握几种土的工程分类体系的原则与定名方法
第 5 章 有效应力原理和自重应力	掌握有效应力原理和有效应力公式。了解土体应力状态。熟练掌握自重应力的计算方法
第 6 章 土中附加应力	理解基底压力、附加应力的概念，熟练掌握土中附加应力的计算方法
第 7 章 土的渗透性	要求熟练掌握土体渗流规律和渗透系数的确定方法。理解二维渗流基本控制方程和求解渗流场的方法。掌握渗透力、临界水力梯度计算方法，了解渗透破坏相关的几种工程现象
第 8 章 土的压缩性	掌握压缩、固结、沉降的基本概念。要求掌握土的压缩性指标的测定方法。了解饱和土的单向固结理论、固结度的概念和固结系数确定方法。掌握地基沉降计算方法，了解地基变形影响因素以及防止有害沉降的措施
第 9 章 土的抗剪强度	了解屈服和破坏的差别，掌握摩尔-库仑强度破坏准则，掌握测定土的抗剪强度的各种方法与指标。了解黏性土剪切性状与影响因素
第 10 章 土压力	掌握静止土压力、主动土压力和被动土压力产生的条件。掌握朗肯和库仑土压力理论的原理与计算方法。了解土压力的影响因素，掌握挡土墙的设计计算方法
第 11 章 地基承载力	掌握地基破坏过程和地基破坏模式。理解地基的临塑荷载、临界荷载的物理意义、计算方法。掌握地基承载力的概念、极限地基承载力计算方法和地基承载力特征值的确定方法
第 12 章 土坡稳定性分析	掌握斜坡破坏模式，掌握无限边坡稳定性分析方法、整体圆弧法，掌握条分法的基本假定和原理，了解强度折减法基本原理
第 13 章 浅基础	了解浅基础的各种类型，掌握基础设计基本原则和计算方法
第 14 章 桩基础	了解桩基础特点及适用条件，了解桩的分类。掌握单桩竖向承载力、群桩效应。了解桩的负摩擦力、抗拔承载力、水平承载力

需要指出的是，与其他力学分支相比，土力学还很不成熟、很不完善。表现在各章节之间相对独立，加之名词和术语较多，初学者常会感到头绪繁多，抓不住中心，难以消化理解。在学习过程中，应着重搞清概念，掌握原理和基本计算方法，注意基本假定和适用条件；抓住强度、变形、稳定与渗流这几个重点，找到各章内在联系；最后理论联系实际，学会基本的设计方法。

第 2 章　土的物质组成和粒径级配

2.1　概　　述

土是岩石风化的产物，其物质组成包括固态颗粒、孔隙中的液态水及其溶解物质以及孔隙中的气体。因此，土是由颗粒（固相）、水（液相）和气体（气相）所组成的三相体系。各种土的土粒大小（即粒度）和矿物成分都有很大差别，土的粒度成分或粒径级配（即土中各个粒组的相对含量）反映土粒均匀程度，可以影响土的物理力学性质；土粒与其周围的土中水可以发生复杂的物理化学作用，影响土的性质；土中气体对土的性质亦有较大影响。所以，要研究土的物理性质就必须先认识土的三相组成。本章将介绍土的形成和演变、物质组成和粒径级配等。

2.2　土的形成和演变

2.2.1　岩石的风化作用

岩石在自然界各种因素和外力的作用下遭到破碎与分解，导致颗粒变小及化学成分改变的现象称为岩石的风化。岩石风化后产生的物质与原生岩石有很大的区别。通常把风化作用分为物理风化、化学风化、生物风化三类，这三类风化经常是同时进行并且互相作用。由于影响风化的各种自然因素在地表最活跃，因此，风化作用也是随地表向地下逐渐减弱，达到一定深度后，风化作用基本消失。

1. 物理风化

物理风化是岩体在各种物理作用力的影响下，从大的块体分裂为小的石块或像砂粒大小的土粒的过程。风化后的产物仅仅由大变小，其化学成分不变。产生物理风化的原因如下：

图 2-1　裂隙岩体

（1）地质构造力

地壳的岩体承受着巨大的构造力，它可以使岩体断裂为大小不等的岩块（图 2-1）。在破碎带中岩体破碎为小石块甚至为土粒。岩体表面的卸荷也会形成卸荷裂缝，破坏岩体的整体性，甚至存在着片状的剥落现象。

（2）温差

岩石受气温变化影响产生机械破碎的机理可以从以下两方面解释：①岩石是热

的不良导体，岩石表面受热膨胀，岩石内部温度相对较低导致内部膨胀小，从而使表层和内层之间产生破裂。岩石表面受冷收缩时，内部温度相对于表层高，内部收缩小或不收缩，使表层岩石中产生许多与表面接近垂直的裂缝。长期反复的气温变化，使岩石从暴露在空气中的部分向岩石内部一层层剥落和破碎。②岩石是由各种矿物晶体组成的，不同矿物受热膨胀大小不同。当岩石受温度变化发生胀缩时，各种矿物胀缩不同，使矿物之间产生裂纹，长期反复作用，使完整岩石变为各种矿物颗粒碎屑。

（3）冰胀

在冬季，当岩体的裂隙中有水存在时，水结冰导致的冰胀力会扩大岩体的裂隙，从而造成更深更密的裂隙网（图 2-2）。

图 2-2　冰胀作用

（4）碰撞

风、水流、波浪的冲击及其挟带物对岩体表面的撞击等都有使岩体遭受破坏和剥蚀的作用，这种量变的积累，使巨大的岩石变成了散碎的颗粒（图 2-3、图 2-4）。

(a) 美国犹他州拱门国家公园的天然岩石拱门（风蚀）

(b) 美国羚羊谷（水蚀）

图 2-3　岩体受剥蚀作用

2. 化学风化

化学风化是指母岩表面受环境因素的作用而改变其矿物化学成分的过程。形成的新矿物，也称次生矿物。其中，环境因素包括水、空气及溶解在水中的氧气和碳酸气等。化学风化常见的原因如下：

（1）水解作用

指矿物成分被分解，并与水进行化学成分的交换，形成新矿物的过程，在此过程中新成分产生膨胀会使岩石胀裂。例如，正长石经过水解作用后，形成高岭石。此外，新生成的含水矿物强度低于原来的无水矿物，抵抗风化能力变弱。

（2）水化作用

指矿物与水接触后，发生化学反应，改变矿物原有的分子结构，形成新矿物的过程。

图 2-4　中国台湾野柳地质公园（浪蚀）

例如，硬石膏（$CaSO_4$）水化后成为含水石膏（$CaSO_4 \cdot 2H_2O$）。

（3）氧化作用

指矿物与氧气结合形成新矿物的过程，例如，黄铁矿（FeS_2）氧化后变成铁矾（$FeSO_4$）。

（4）溶解作用

指岩石中某些矿物成分被水溶解，以溶液形式流失的过程。此外，当水中含有一定量的CO_2或其他成分时，水的溶解能力会更强。例如，石灰岩中的方解石，遇含CO_2的水会生成重碳酸钙并溶解于水而流失，使石灰岩中形成溶蚀裂隙和空洞。

化学风化的结果是形成十分细微的土颗粒，其中最主要的为黏性土颗粒（粒径<0.005mm）及大量的可溶性盐类。细颗粒的表面积很大，具有吸附水分子的能力。

3. 生物风化

生物风化是指各种动植物及人类活动对岩石的破坏作用（图 2-5）。从生物的风化方式看，可分为生物的物理风化和生物的化学风化两种基本形式。

生物的物理风化主要是生物产生的机械力造成岩石破碎。例如，植物根系在生长过程中使岩石楔裂破碎，人类从事的爆破工作对周围岩石产生的破坏等，都属于生物的物理风化。生物化学风化则主要是生物产生的化学成分，引起岩石成分改变而使岩石破坏。例如，植物根分泌的某些有机酸、动植物死亡后遗体腐烂的产物以及微生物作用等，使岩石成分变化而遭到腐蚀破坏，都属于生物的化学风化。

图 2-5　生物风化作用

上述两种生物风化作用常常是同时存在、互相促进的；但是在不同地区，自然条件不同，风化作用又有主次之分。例如，在我国西北干旱大陆性气候地区，由于降水缺乏，气温变化剧烈，因此以物理风化为主；而在东南沿海地区，由于降雨充沛，气候潮湿炎热，因此以化学风化为主。

2.2.2　土的搬运和沉积

土从其形成的条件来看可以分为两大类，一类为残积土，另一类为搬运土。

1. 残积土

残积土是指母岩表层经风化作用破碎成为岩屑或细小颗粒后，未经搬运，残留在原地的堆积物（图 2-6）。其特征是颗粒表面粗糙、多棱角、粗细不均、无层理。

2. 搬运和沉积土

搬运土是指风化所形成的土颗粒，受自然力的作用，被搬运到远近不同的地点所沉积的堆积物，其特点是颗粒经过滚动和摩擦作用而变圆滑。在沉积过程中因受水流等自然力的分选作用而形成颗粒粗细不同的层次，粗颗粒下沉快，细颗粒下沉慢而形成不同粒径的土层。搬运和沉积过程对土的性质影响很大，下面将根据搬运的动力不同，介绍几类搬运土。

（1）坡积土

坡积土是残积土受重力、雨水或雪水的作用，被挟带到山坡或坡脚处聚积起来的堆积物。由于坡积土的搬运距离一般较短，来不及在土粒和石块尺寸上分选，因而坡积土中各种组成物的尺寸相差很大，性质很不均匀（图 2-7）。

图 2-6　玄武岩风化剖面和表层残积土

图 2-7　坡积物

（2）风积土

风积土是由风力带动土粒经过搬运再沉积下来的堆积物。风积土有两类，一类是沙丘（图 2-8），另一类是黄土。风力吹动砂粒在地面滚动，形成沙漠中的各种沙丘，这些沙丘在风力的推动下改变形状和位置。由于干旱地带土粒很细小，土粒之间联结力很弱，容易被风力带动吹向天空，经过长距离搬运后再沉积下来，形成广泛分布于全球的黄土。黄土主要分布于干旱地区，其特点是孔隙大、密度低；干燥时土粒间有胶结作用，其强度较大，但遇水后，其胶结作用降低或丧失，因而强度大多削弱并且产生较大的变形。

图 2-8　沙丘（风积土）

（3）冲积土

冲积土（图 2-9）是由于江河水流搬运所形成的沉积物，一般分布在河谷和冲积平原上。这类土由于经过较长距离的搬运，浑圆度和分选性都更为明显，常形成砂层和黏性土层交叠的地层。

（4）洪积土

洪积土是残积土和坡积土受洪水冲刷，并被挟带到山麓处沉积的堆积物。洪积土具有

(a) 冲积土　　(b) 冲积平原

图 2-9　冲积土和冲积平原

一定的分选性，搬运距离近的沉积颗粒较粗，力学性质较好；搬运距离远的则颗粒较细，力学性质较差。

（5）湖泊沼泽沉积土

湖泊沼泽沉积土是在极为缓慢的水流或静水条件下沉积形成的堆积物。这种土除了含有细微的颗粒外，常伴有由生物化学作用所形成的有机物，是具有特殊性质的淤泥或淤泥质土，其工程性质一般都很差。

（6）海相沉积土

海相沉积土是由水流挟带到大海沉积起来的堆积物，其颗粒细，表层土质松软，工程性质较差。

（7）冰碛（qì）土

冰碛土（图 2-10）是由冰川或冰水挟带搬运所形成的沉积物，其颗粒粗细变化较大，土质不均匀。

图 2-10　冰碛土

2.2.3　土的沉积与成岩作用

岩石风化形成的碎屑物在各种动力的搬运下，被搬运到地表低凹的地方沉积下来。沉积后的碎屑物处在一个新的物理化学环境中，再经过一系列的变化，最后固结成坚硬的沉积岩。这个改造过程称为成岩作用。沉积物在固结成岩过程中的变化是很复杂的，主要有以下几种作用。

1. 压固脱水作用

先沉积在下部的沉积物，在上覆沉积物重量产生的压力作用下发生排水固结现象称为压固脱水作用。强大的压力除了能使沉积物发生孔隙减少、密实度增大等物理变化外，在颗粒紧密接触处还能产生压溶等化学变化。例如，砂岩中石英颗粒间的锯齿状接触线和石灰岩中的缝合线构造等，都是在压溶作用下形成的。

2. 胶结作用

胶结作用是碎屑岩在成岩过程中的重要一环，是将松散的碎屑颗粒连接起来固结成岩石的过程。最常见的胶结物有硅质的蛋白石、玉髓，钙质的方解石，铁质的氢氧化铁和氧化铁，黏性土质的高岭石，硫酸质的石膏、硬石膏等。胶结物在岩石中很少是单一成分，大多数是多种胶结物的综合胶结。

3. 重结晶作用

沉积物中的非晶质物质和微小的晶质颗粒在溶解和扩散等作用下，非晶质的胶体能够脱水转化成晶体；原来的细微晶质颗粒，在一定条件下能够长成粗大的晶粒，这种转化称为重结晶。例如，二氧化硅的水合物 $SiO_2 \cdot nH_2O$ 可变成蛋白石，蛋白石再继续脱水，便可形成玉髓直至晶体石英。

4. 新矿物的形成

沉积物在向沉积岩的转化过程中，除了体积上的变化外，同时也会形成与新环境相适应的稳定矿物。例如，海相碳酸盐沉积物中的文石或高镁方解石，在成岩过程中可转化成一般的方解石等。

2.3 土的基本特征

土与一般建筑材料相比，具有三个基本特征，即碎散性、自然变异性和三相体。土的基本特征导致土的变形、强度、稳定、渗流等性质不同于一般固体和液体。下面分别介绍这三个基本特征。

1. 碎散性

土体是由大小不同的颗粒组成的，颗粒之间存在着大量的孔隙，这些孔隙可以透水和透气。颗粒之间有一定的黏聚力，但其黏聚力很弱。同其他材料相比（如岩石），可以近似地认为土体是碎散的，是一种以摩擦为主的集聚性材料。

2. 自然变异性

土是在漫长的地质年代和自然作用下形成的，由于土的生成条件和环境的不同，土体通常表现出自然变异性。土的自然变异性就是指土的工程性质随空间和时间变化的性质，有时也称为不均匀性。在同一场地、不同位置、不同深度的土的性质可能会存在明显差别。例如，同一土层中较深处的刚度一般大于较浅处的刚度。即使是在同一点位的土，其力学性质可能也会随方向的不同而变化。例如，土的竖向刚度一般大于水平刚度。图 2-11 展示了上海典型地质剖面和土体物理性质指标及力学参数范围。由图可见，土体物理力学参数范围变化很大。

3. 三相体

土是由固体颗粒、水和气三部分所组成的三相体系，饱和土体是由固体和水两相物质组成的，土体的力学性质比单相体复杂得多。例如，对同一饱和土体，其孔隙比不同，在同样外力作用下，其变形和强度均不同。孔隙比大的土体，受剪力作用时，体积被压缩，孔隙压力变大，刚度和强度减小；反之，孔隙比小的土体，受同样剪力作用，会产生体积膨胀，孔隙比变大，孔隙压力减小，有效应力增加，刚度和强度有可能变大。上述现象表明，饱和土体，在同样剪切应力作用下，随土的孔隙比的变化，会产生不同的刚度、变形及强度。因此，土比单相体复杂得多，如果再加上气相，土的性质就会变得更为复杂。

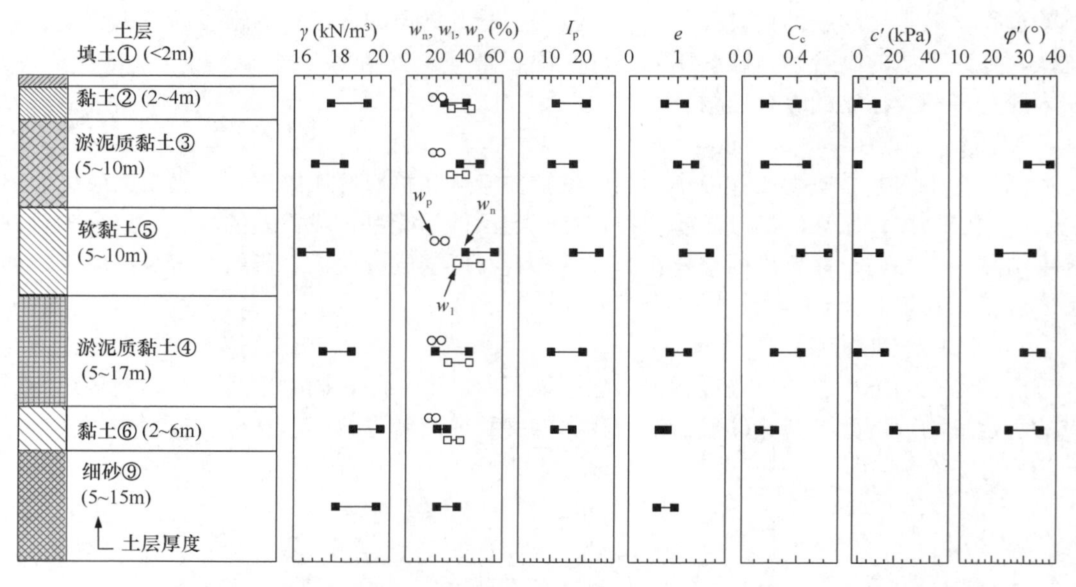

图 2-11　上海典型地质剖面和土体物理力学参数范围（Wang 等，2010）

2.4　固体颗粒和粒径级配

土是由无数个大小不同的固体颗粒混合而成。固体颗粒的矿物成分、颗粒大小、颗粒形状、颗粒搭配、与水的相互作用是决定土的物理力学性质的主要因素。本节首先分析粒径的大小及各种粒径所占的百分比，此外还要研究固体颗粒的矿物成分及颗粒的形状。

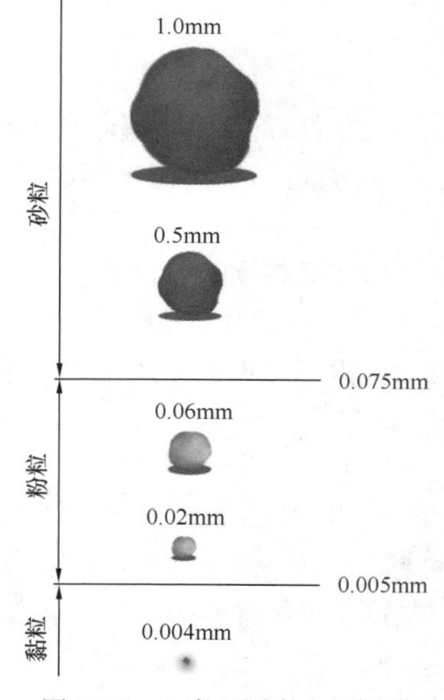

图 2-12　土中不同大小的颗粒示意图（Mitchell 等，2005）

2.4.1　颗粒大小和粒径分组

自然界中的土颗粒尺寸相差很大，造成颗粒大小悬殊的原因主要与土的矿物成分密切相关，也与土所经历的风化和搬运过程有关。

土粒的大小通常以粒径 d 表示。图 2-12 列出不同粒径大小的土粒的示意图。自然界的土一般都是由各种不同颗粒的土构成的混合土，单一粒径的土可以说不存在。为了研究方便，工程上通常把性质和粒径大小相接近的土粒划分为一组，称为粒组。表 2-1 列出了我国《土的工程分类标准》GB/T 50145—2007 规定的粒组划分。需要注意的是，土的粒径并非指土粒的真实直径，而是同筛孔直径（筛分法）或与实际土粒有相同沉降速度的理想球体的直径（水分法）相等效的名义粒径。

随着颗粒大小不同，土可以具有很不相似的性质。

例如粗颗粒的砾石，具有很大的透水性，完全没有黏性和可塑性；而细颗粒的黏土则透水性很小，黏性和可塑性较大。实际上，土体是各种大小不同颗粒的混合物。笼统地说，以砾石和砂粒为主要组成的土，称为粗粒土，有时也称为无黏性土；以粉粒和黏粒为主的土，称为细粒土，有时也称为黏性土。

土体的性质取决于土中各粒组的相对含量，各粒组的相对含量称为土的粒径级配。为了解土中各粒组的相对含量，必须先将各粒组分离，再分别确定重量，这就是粒径级配分析方法，又称颗粒级配分析方法（简称级配分析）。

土的粒组划分（GB/T 50145—2007）　　表 2-1

粒组	颗粒名称		粒径 d 的范围（mm）
巨粒组	漂石（块石）		$d>200$
	卵石（碎石）		$60<d\leqslant200$
粗粒组	砾粒	粗砾	$20<d\leqslant60$
		中砾	$5<d\leqslant20$
		细砾	$2<d\leqslant5$
	砂粒	粗砂	$0.5<d\leqslant2$
		中砂	$0.25<d\leqslant0.5$
		细砂	$0.075<d\leqslant0.25$
细粒组	粉粒		$0.005<d\leqslant0.075$
	黏粒		$d\leqslant0.005$

2.4.2　粒径级配试验

工程中常用的粒径级配分析方法为筛分法和水分法，这里简单介绍试验原理和方法，详细步骤可参考《土工试验方法标准》GB/T 50123—2019。筛分法适用于粒径大于0.075mm的粗粒和巨粒组，水分法适用于粒径小于0.075mm的细粒。当某种土同时含有粒径大于0.075mm和小于0.075mm的颗粒时，应联合使用这两种方法。0.075mm为美国标准筛200号筛的筛孔直径（表2-2列出了美国标准筛的编号和筛孔直径），即为《土的工程分类标准》GB/T 50145—2007中规定的细粒组与粗粒组的分界值（表2-1）。有时为简便起见，0.075mm也记为0.01mm。

1. 筛分法

筛分法，又称筛析法，是将完全干燥、分散的土样称重后置于一套孔径渐小的筛子的最上层（图2-13），置于振筛机上充分振动后，依次称出留在各层筛子上的土粒质量。小于某一粒径的土粒累积含量为：

$$X=\frac{m}{m_{\mathrm{d}}} \tag{2-1}$$

式中　X——小于某粒径的质量百分比（%），精确至0.1%；

m——小于某粒径的土粒的总质量（g）；

m_{d}——干燥试样的总质量（g）。

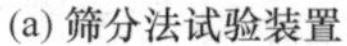

(a) 筛分法试验装置

(b) 标准筛

图 2-13　筛分法

美国标准筛尺寸　　表 2-2

筛号	4	5	8	10	16	30	40	60	100	200
孔径（mm）	4.750	4.000	2.360	2.000	1.180	0.600	0.425	0.250	0.150	0.075

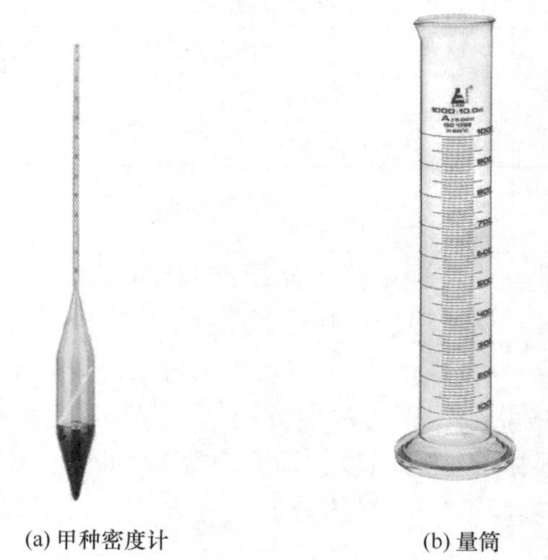

(a) 甲种密度计　　(b) 量筒

图 2-14　密度计试验装置

2. 水分法

水分法是利用不同粒径的土粒在水中下沉速度不同的原理，将粒径小于 0.075mm 的细粒部分进一步分组并确定含量的方法。图 2-14 为水分法的试验装置，主要包括密度计/比重计和量筒。由于采用了密度计/比重计，因此该方法又称为密度计法或比重计法。密度计可采用甲种密度计（刻度单位以在 20℃时每 100mL 悬液内所含土质量的克数来表示，刻度为 −5～50，最小分度值为 0.5）或乙种密度计（刻度单位以在 20℃时悬液的相对密度来表示，刻度为 0.995～1.020，最小分度值为 0.0002）。

试验方法是将一定量的土样（粒径＜0.075mm）放在量筒中，然后加纯水，经过搅拌，使土的大小颗粒在水中均匀分布，制成一定量均匀浓度的悬液（1000mL）。如图 2-15 所示，静置悬液随着时间增加，悬液中的颗粒下沉，密度计浮泡中心周围的悬液浓度降低，密度计逐步下沉。在此过程中，用密度计测出对应不同时间的不同悬液密度，根据密度计读数和土粒的下沉时间，计算出小于某粒径的质量百分比（%）。

水分法是依据斯托克斯（Stokes）定律进行颗粒成分分析，具体原理如下。根据斯托克斯（Stokes）定律，球状的细颗粒在水中的下沉速度与颗粒直径的平方成正比：

$$v=\frac{(G_{s}-G_{wT})\rho_{w0}g}{1800\times10^{4}\eta}d^{2} \tag{2-2}$$

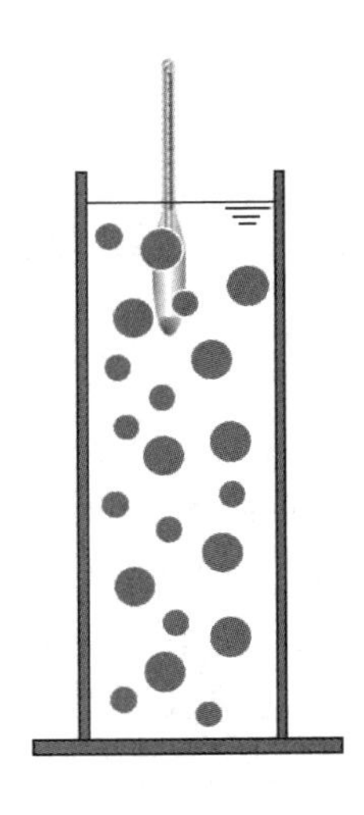
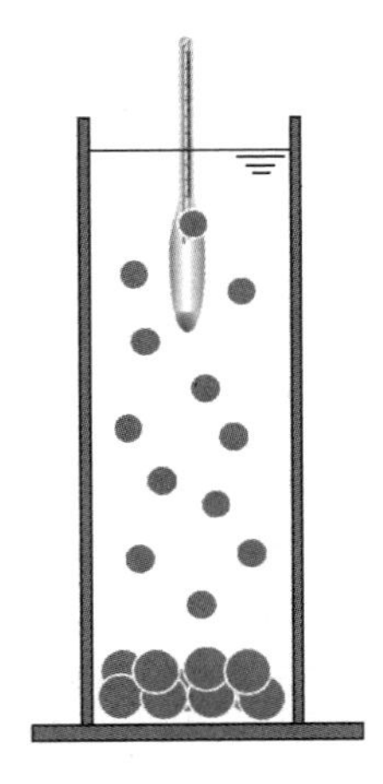
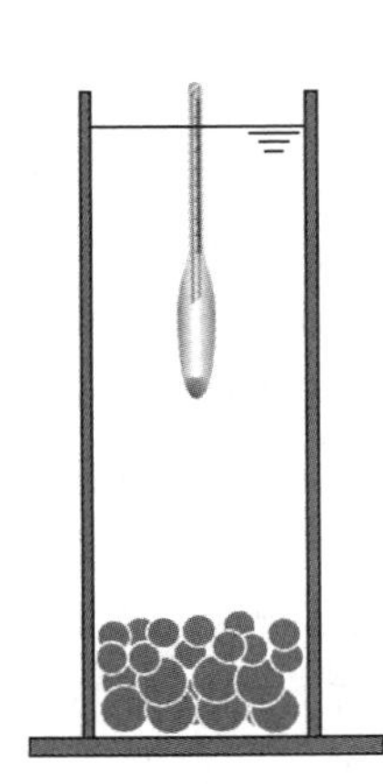

图 2-15　密度计法的原理

式中　v——颗粒下沉速度（cm/s）；

G_s——颗粒相对密度；

G_{wT}——温度为 T℃时水的相对密度；

ρ_{w0}——温度为 4℃时水的密度（g/cm^3）；

g——重力加速度（981cm / s^2）；

η——水的动力黏滞系数（1×10^{-6} kPa·s）；

d——粒径（mm）。

根据速度公式：

$$v=\frac{L}{t} \tag{2-3}$$

式中　t——土粒下沉时间（s）；

L——时间 t 内土粒落距（cm）。

密度计的读数既表示浮泡中心处的悬液浓度，也对应着浮泡中心的下沉距离，即土粒落距。因此，根据每一次密度计读数可求得土粒落距。

将式（2-3）代入式（2-2），颗粒直径可表示为：

$$d=\sqrt{\frac{1800\times10^4\eta}{(G_s-G_{wT})\rho_{w0}g}\frac{L}{t}}=K\sqrt{\frac{L}{t}} \tag{2-4}$$

式中　K——粒径计算系数，与悬液温度和土粒相对密度有关。《土工试验方法标准》GB/T 50123—2019 给出了不同温度和土粒相对密度对应的 K 值。

根据每一次悬液读数及纯水读数计算小于某粒径的质量百分比 X（%），并绘制颗粒大小分布曲线。以甲种密度计为例，小于某粒径的质量百分比 X 可按下式计算：

$$X=\frac{100}{m_d}C_s(R_1+m_T+n_w-C_D) \tag{2-5}$$

式中　X——小于某粒径的质量百分比（%），精确至 0.1%；

m_d——干燥试样的总质量（g）；

R_1——甲种密度计读数；

C_s——土粒相对密度校正值，可在《土工试验方法标准》GB/T 50123—2019 中查表；

m_T——悬液温度校正值，可在《土工试验方法标准》GB/T 50123—2019 中查表；

n_w——弯液面校正值；

C_D——分散剂校正值。

2.4.3 粒径级配曲线

土的粒组状况及其相对含量可以用粒径级配曲线描述。通过筛分法和水分法试验，测出各粒组的相对含量，计算出小于某粒径的质量百分比（%），试验结果绘制成粒径级配曲线，如图 2-16 所示。天然土体中所含颗粒的粒径往往跨度很大，相差悬殊，达几千倍甚至上万倍，并且细颗粒的含量对土的工程性质影响往往很大。因此，为了把粒径相差如此大的不同粒组表示在同一个坐标系下，粒径级配曲线的横坐标常常采用粒径 d 的对数；纵坐标为小于某粒径的质量百分比 X（%）。当土样同时含有粒径大于 0.075mm 的粗粒部分和粒径小于 0.075mm 的细粒部分时，应采用密度计法和筛分法联合分析，将密度计法和筛分法所得的颗粒大小分布曲线连成一条平滑的曲线。

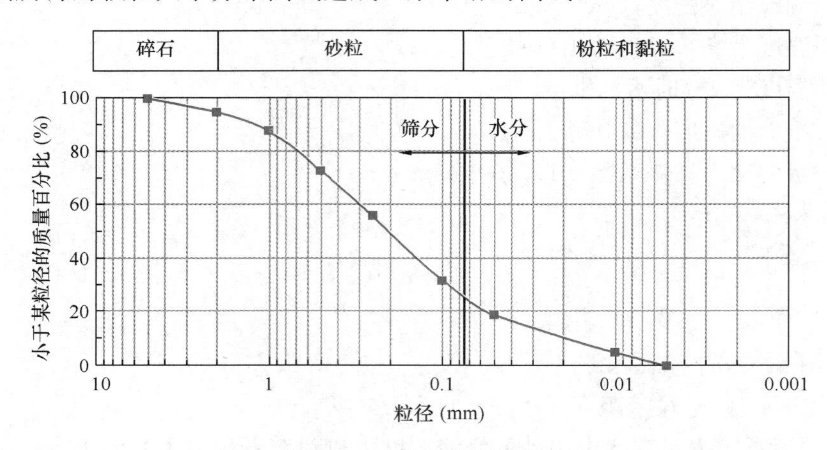

图 2-16 土的粒径级配曲线

【例 2-1】 取烘干土样 200g（全部可通过 10mm 筛），用筛分试验得到筛上土的质量如表 2-3 所示，筛分试验的筛余量即颗粒小于 0.1mm 的土颗粒的质量为 72g。用水分法进行土颗粒粒径分析，得到的土样细粒部分各粒组的含量如表 2-4 所示。

求：（1）该土样中小于某筛孔土的质量占总土质量的百分数。

（2）画出粒径级配曲线。

例 2-1 筛分法试验结果　　表 2-3

筛孔直径（mm）	筛上土的质量（g）	筛孔直径（mm）	筛上土的质量（g）
5.0	10	0.5	24
2.0	16	0.25	22
1.0	18	0.10	38

例 2-1 水分法试验结果　　表 2-4

粒组（mm）	含量（g）	粒组（mm）	含量（g）
0.1～0.05	20	0.01～0.005	7
0.05～0.01	25	<0.005	20

【解】(1) 将两种试验方法的结果相结合，求得各粒组的对应含量，如表 2-5 所示。

例 2-1 土样的筛分结果　　表 2-5

粒径（mm）	筛上土的质量（即粒组含量）(g)	筛下土的质量（即小于某粒径土的含量）(g)	小于该筛孔土的质量占总土质量的百分数（%）
5.0	10	190	95
2.0	16	174	87
1.0	18	156	78
0.5	24	132	66
0.25	22	110	55
0.10	38	72	36
0.05	—	52	26.0
0.01	—	27	13.5
0.005	—	20	10.0

(2) 粒径级配曲线如图 2-17 所示。

2.4.4 特征粒径和土的级配优劣标准

1. 特征粒径

在分析粒径级配曲线时，经常用到几个典型粒径。土的整体粗细常用平均粒径 d_{50} 表示，d_{50} 指土中大于此粒径和小于此粒径的土的含量均占 50%。因此，平均粒径 d_{50} 大，则整体上颗粒较粗，小则整体上颗粒较细。

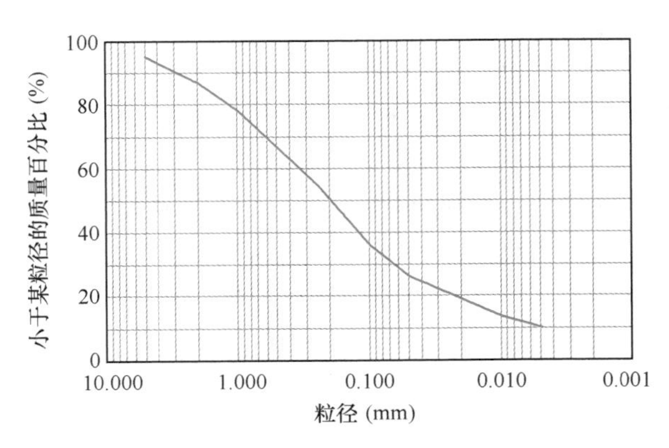

图 2-17　例 2-1 粒径级配曲线

粒径级配曲线的连续性特征和曲线的陡缓与土的颗粒分布均匀程度及级配优劣密切相关。为了表示土粒分布的均匀程度和粒径级配的优劣，通常取如下 3 种粒径作为特征粒径：

d_{10} ——小于此粒径的土粒质量占总质量的 10%，也称有效粒径；

d_{30} ——小于此粒径的土粒质量占总质量的 30%，也称连续粒径；

d_{60} ——小于此粒径的土粒质量占总质量的 60%，也称控制粒径。

【例 2-2】A、B、C 三种土样的粒径级配曲线如图 2-18 所示。试求：三种土样的特征粒径。

【解】根据图 2-18 得到三种土样的特征粒径如表 2-6 所示。

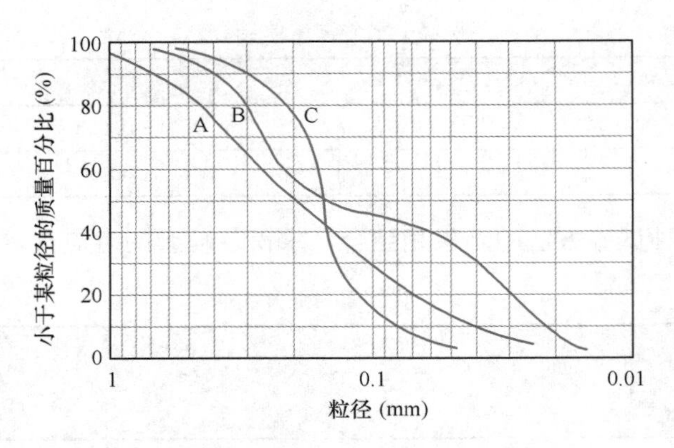

图 2-18　例 2-2 土样 A、B、C 的粒径级配曲线

例 2-2 特征粒径　　表 2-6

	d_{60}	d_{30}	d_{10}
土样 A	0.25	0.1	0.04
土样 B	0.22	0.04	0.022
土样 C	0.16	0.15	0.08

2. 不均匀系数 C_u

为了表示颗粒分布的均匀程度，定义土的不均匀系数 C_u：

$$C_u = d_{60}/d_{10} \tag{2-6}$$

C_u 愈大，表示土颗粒分布愈不均匀，即粗颗粒和细颗粒的大小相差愈悬殊。当粒径级配曲线连续时，C_u 愈大，d_{60} 和 d_{10} 就相距愈远，表示土中含有粗细不同的粒组，所含颗粒的直径相差悬殊，土不均匀。这一点体现在粒径级配曲线的形态上则是 C_u 愈大曲线就愈平缓；反之，曲线陡峭。粒径级配曲线连续且 C_u 愈大，细颗粒可以填充粗颗粒的孔隙，容易形成良好的密实度，物理和力学性质优良。

3. 曲率系数 C_c

如果粒径级配曲线的某一位置出现水平段，显然这个水平段范围所包含的粒组含量为零。这种土称为缺少中间粒组的土，其组成特征是颗粒粗的较粗，细的较细。在同样的压密条件下，得到的密度不如级配连续的土高，其工程性质也较差。

为表示级配曲线的曲率情况，定义曲率系数 C_c 为：

$$C_c = \frac{d_{30}^2}{d_{60} \times d_{10}} \tag{2-7}$$

如图 2-19 所示，土样①、②、③的 d_{60} 和 d_{10} 相等，分别为 0.33mm 和 0.005mm，则 3 个土样的不均匀系数 C_u 相等，均为 66。土样①、②、③的 d_{30} 分别为 0.061mm、0.024mm、0.078mm，则对应的曲率系数 C_c 分别为 2.26、0.35、3.69。

4. 土的级配优劣标准

工程上根据经验，用以下标准来定量衡量土的级配和性质的优劣。

（1）级配曲线光滑连续，坡度平缓，不存在平台段，能同时满足 $C_u > 5$ 及 $1 \leqslant C_c \leqslant 3$ 两个条件的土，属于级配良好土（图 2-19 中的土样①）。级配良好土易获得较大的密实

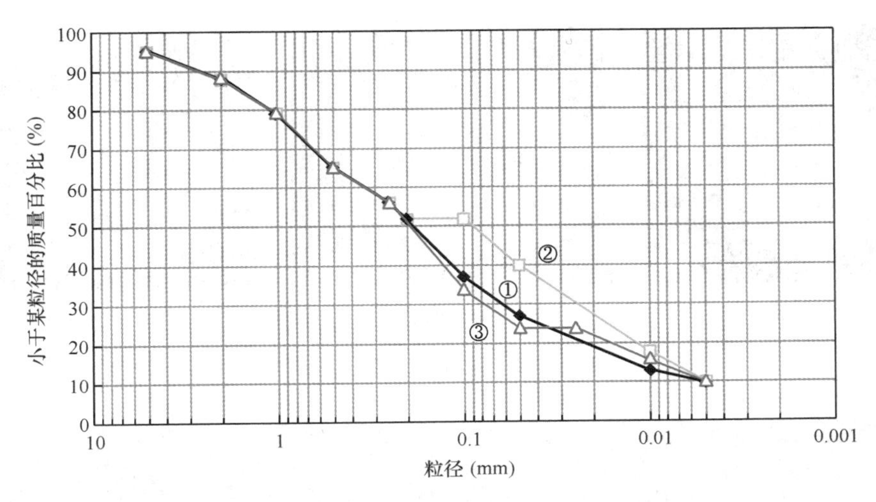

图 2-19 曲率系数 C_c 对粒径级配曲线的影响

度，具有较小的压缩性和较大的强度，工程性质优良。

(2) 级配曲线连续光滑，不存在平台段，但坡度陡峭，表明土粒粗细颗粒连续但均匀（例 2-2 中的土样 C）；或者粒径级配曲线虽然平缓但存在平台段，表明土粒粗细不均但存在不连续粒径（图 2-19 的土样②、③）。这两种情况都不能同时满足 $C_u > 5$ 及 $1 \leqslant C_c \leqslant 3$ 两个条件，属于级配不良土。

【例 2-3】 分别求【例 2-2】中的 3 种土样的不均匀系数 C_u 和曲率系数 C_c，并评估其工程性质。

【解】 对于土样 A，根据式（2-6）和式（2-7）以及表 2-6 计算：

$$C_u = \frac{d_{60}}{d_{10}} = \frac{0.25}{0.04} = 6.25$$

$$C_c = \frac{d_{30}^2}{d_{60}d_{10}} = \frac{0.1 \times 0.1}{0.25 \times 0.04} = 1.0$$

由于同时满足 $C_u > 5$ 及 $1 \leqslant C_c \leqslant 3$，因此土样 A 属于级配良好土。

对于土样 B，可计算得到 $C_u = 10, C_c = 0.33$。不满足 $1 \leqslant C_c \leqslant 3$，因此土样 B 属于级配不良土。

对于土样 C，可计算得到 $C_u = 2, C_c = 1.76$。不满足 $C_u > 5$，因此土样 C 也属于级配不良土。

2.5 土颗粒的矿物成分

土中的固体颗粒是由矿物构成的，土颗粒的矿物成分可以分为原生矿物和次生矿物两类。原生矿物是母岩物理风化的产物，仅形状和大小发生变化，化学成分并未改变。原生矿物主要有石英、长石、云母类矿物。这些矿物的化学性质较稳定，具有较强的抗水性和抗风化能力，亲水性较弱。一般粗颗粒的主要成分都是原生矿物，形状多为粒状，图 2-20 展示了扫描电子显微镜（SEM）下观察的石英矿物颗粒的 3 种形状。

次生矿物是原生矿物在进一步氧化、水化、水解及溶解等化学风化作用下而形成的新

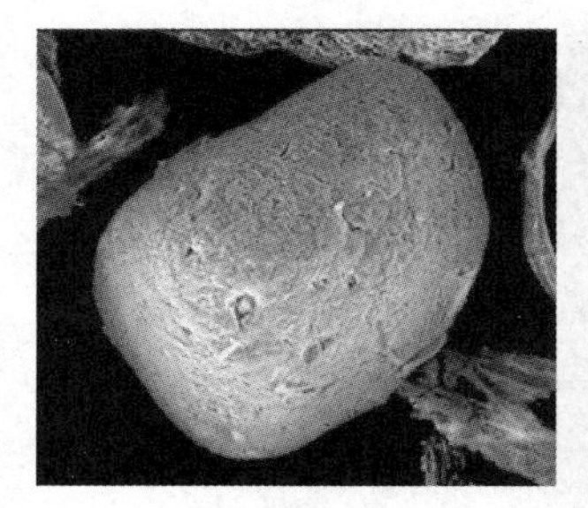

(a) 圆状

(b) 次圆状

(c) 棱角状

图 2-20　石英矿物颗粒形状（Kalińska 等，2018）

(a) 扁平状（高岭石）

(b) 管状/针状 (埃洛石Halloysite)

图 2-21　黏土矿物颗粒形状

的矿物，其颗粒变得更细，甚至形成胶体。土中常见的次生矿物有黏土矿物、无定形氧化物胶体和可溶盐，其中黏土矿物主要包括：高岭石、伊利石和蒙脱石 3 种。黏土矿物颗粒极细，是构成土中黏粒的主要矿物成分，形状多为片状或针状（图 2-21）。黏土矿物颗粒在土中的相对含量即使不大，也会对土体性质起控制性的作用。

黏土矿物对黏性土的影响很大，下面将做一些简单介绍。

1. 晶体结构

黏土矿物是一种复合的铝-硅酸盐晶体，由硅片和铝片构成的晶胞交互成层组叠而成，呈片状。硅片的基本单元是硅-氧四面体。它由一个居中的硅离子和 4 个在角点的氧离子构成，如图 2-22(a) 所示。6 个硅-氧四面体组成一个硅片，硅片底面的氧离子被相邻两个硅离子所共有，如图 2-22(b) 所示。硅片可简化表示为图 2-22(c)。

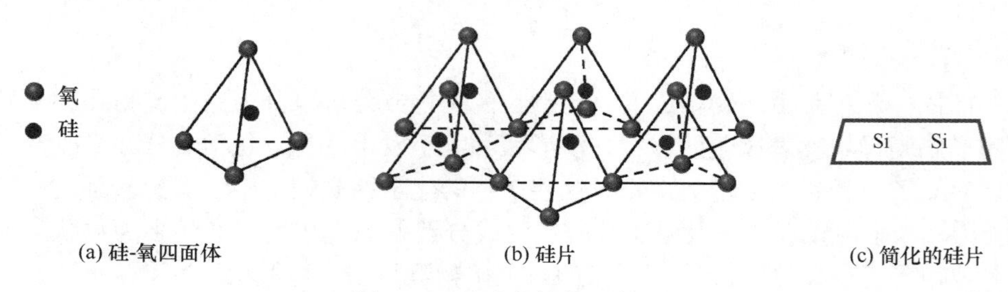

(a) 硅-氧四面体　　(b) 硅片　　(c) 简化的硅片

图 2-22　硅片的结构示意图

铝片的基本单元是铝一氢氧八面体。它由 1 个铝离子和 6 个氢氧离子构成，如图 2-23(a)所示。4 个八面体组成一个铝片，每个氢氧离子被相邻两个铝离子所共有，如图 2-23(b)所示。铝片可简化表示为图 2-23(c)。

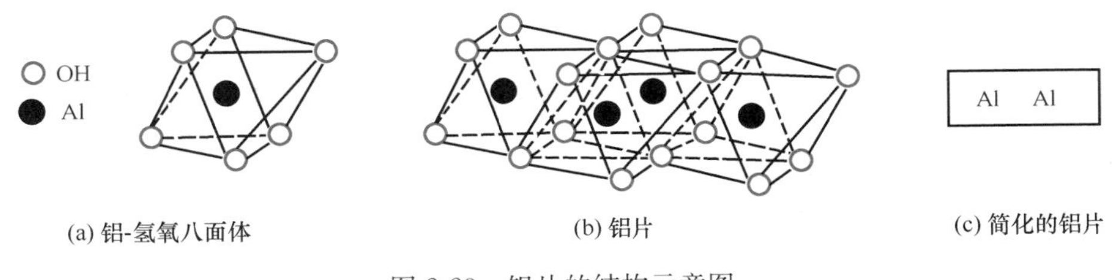

图 2-23 铝片的结构示意图

根据硅片和铝片的组叠形式不同，可以形成 3 种主要黏土矿物：高岭石、伊利石和蒙脱石。

（1）高岭石

高岭石的晶格为一个铝片和一个硅片上下叠合，如图 2-24(a) 所示，这种晶体结构称为 1∶1 的两层结构。晶层之间通过 O^{2-}、OH^- 相联结，称为氢键联结。氢键联结力较强，致使晶格不能自由活动，水难以进入晶格之间，因此高岭石是一种遇水较为稳定的黏性土矿物。同时，由于晶层之间的联结力较强，能组叠很多晶层，成为一个颗粒。因此高岭石矿物形成的黏粒较粗大，甚至可形成粉粒。与其他黏土矿物相比，高岭石的主要特征是颗粒较粗、亲水能力差、不易吸水膨胀和失水收缩，较为稳定。

（2）蒙脱石

蒙脱石的晶层结构是由两个硅片中间夹一个铝片所构成，如图 2-24(b) 所示，这种晶体结构称为 2∶1 型晶格，中间通过水分子相联结，联结力较弱，每个颗粒能组叠的晶层数量较少，水分子自由进出晶格间。因此，蒙脱石的主要特征是颗粒细小，具有显著的吸水膨胀、失水收缩的特性，亲水能力强。

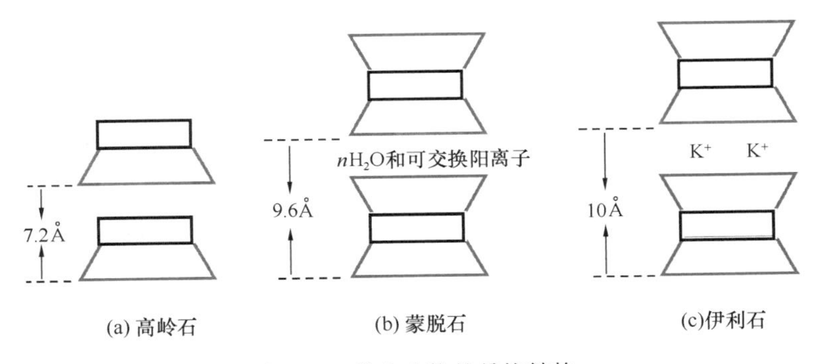

图 2-24 黏土矿物的晶格结构

（3）伊利石

伊利石是云母在碱性介质中风化的产物。与蒙脱石相似，是由两层硅片夹一层铝片所形成的 3 层结构，但晶层之间主要通过 K^+ 钾离子联结，如图 2-24(c) 所示。晶层之间联结强度弱于高岭石而高于蒙脱石，其特征也介于两者之间。

2. 黏土颗粒的带电性

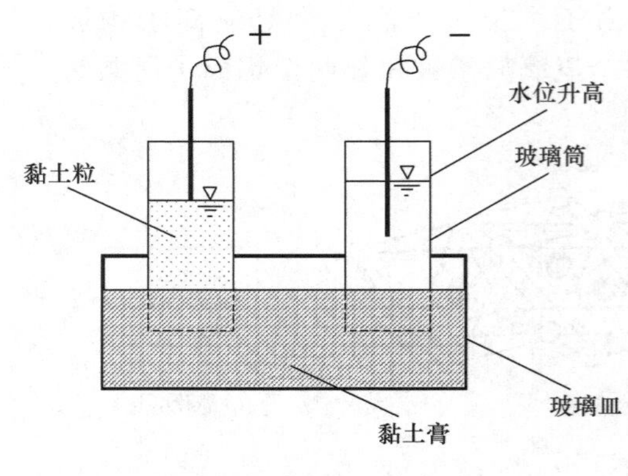

图 2-25 黏土电渗实验

莫斯科大学列伊期于 1809 年通过实验证明黏土颗粒是带电的。他把黏性土膏放在一个玻璃皿内，将两个无底的玻璃筒插入黏性土膏中，向玻璃筒中注入相同高度的清水，并将两个电极分别放入筒内的清水中，然后将直流电源与电极连接。通电后，可以发现放阳极的筒中，水面下降，水逐渐变浑，而放阴极的筒中水面逐渐上升，如图 2-25 所示。这种现象说明在电场中，黏土颗粒泳向阳极，而水则渗向阴极。前者称为电泳，后者称为电渗。土颗粒泳向阳极说明颗粒表面带有负电荷。

2.6 土中水和气

土中水可分为矿物中的结合水和土孔隙中的水两大类，如图 2-26 所示。充填在土孔隙间的水对土体的工程性质影响较大，因此本部分主要介绍土孔隙中的水。

2.6.1 土粒表面结合水

由于土粒表面的静电引力作用，且水分子是一种极性分子，水分子被极化并被吸附于土粒周围，形成一层水膜。这部分水通常被称为土粒表面结合水，简称结合水，结合水不传递静水压力且不能任意流动。结合水因离颗粒表面远近不同，故受电场作用力的大小不一样，可以分成强结合水和弱结合水两类。

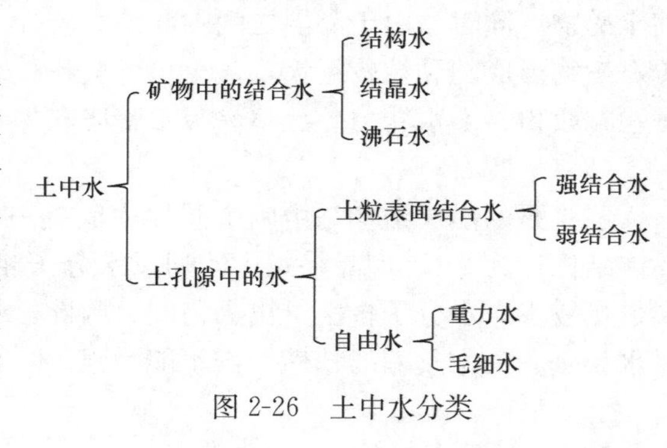

图 2-26 土中水分类

1. 强结合水

黏土颗粒表面带负电荷，颗粒四周形成一个电场。在电场作用范围内，水中阳离子（如 Na^{+}、Ca^{2+}、Al^{3+} 等）会被吸附在土颗粒周围。水分子是一种极性分子，在电场的作用下也会发生定向排列吸附在土颗粒周围（图 2-27）。黏土颗粒表面的负电荷，构成电场的内层，水中被吸引在颗粒表面的阳离子和定向排列的水分子构成电场的外层，合称为双电层。

强结合水是指牢固地被土粒表面吸附的一层极薄的水层。这些水分子完全失去自由活动的能力，紧密、整齐地排列着，其密度大于普通液态水的密度，且愈靠近土粒表面密度愈大，具有极大的黏滞性、弹性、抗剪强度，其力学性质类似固体。

2. 弱结合水

弱结合水是指强结合水以外、电场作用范围以内的水。弱结合水也受颗粒表面电荷所吸引而定向排列于土颗粒四周，但电场作用力随与土颗粒距离增大而减弱。这层水是一种黏滞水膜。受力时能由水膜较厚处缓慢转移到水膜较薄处，也可以因电场引力从一个土粒

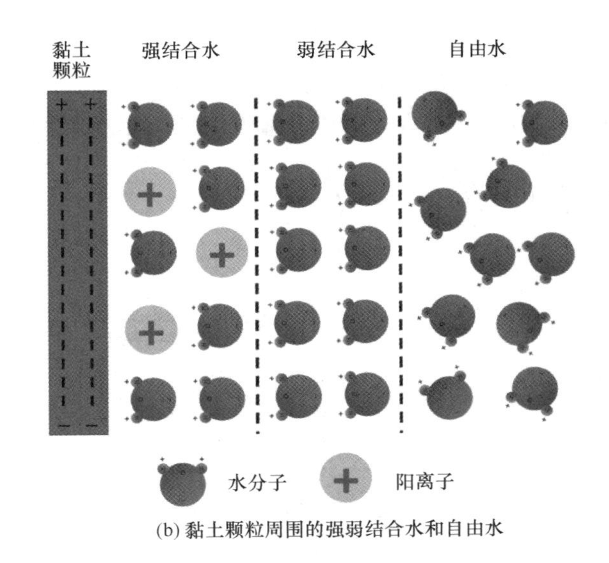

(a) 水分子结构示意图　　(b) 黏土颗粒周围的强弱结合水和自由水

图 2-27　水分子定向排列吸附在土颗粒周围

的周围转移到另一个土粒的周围。也就是说，弱结合水膜能发生变形，但不因自身的重力作用而流动。弱结合水的存在是黏性土在某一含水率范围内表现出可塑性的原因。弱结合水密度较强结合水小，但仍大于普通液态水，其厚度变化较大，但一般比强结合水厚得多。

总之，结合水性质不同于普通液态水，不受重力影响，主要存在于细粒土中，土粒表面静电引力对水分子起主导作用。

2.6.2　自由水

不受颗粒表面电场引力作用的水称为自由水。自由水又可分为毛细水和重力水两类。在介绍毛细水与重力水之前，首先介绍表面张力的概念。

1. 表面张力

表面张力是因为水-气分界面（又称收缩膜）内的水分子受力不平衡而产生的。如图 2-28(a) 所示，水体内部的水分子承受各向同值的力的作用，而收缩膜内的水分子有一指向水体内部的不平衡力的作用。为保持平衡，收缩膜内必须产生张力。收缩膜产生的这种张力，称为表面张力，符号为 σ_T（N/m），其作用方向与收缩膜表面相切，大小随温度的增加而减小，如图 2-28(b) 所示。表面张力使收缩膜具有弹性薄膜的性状，这种性状同充满气体的气球的性状相似，里面的压力大于外面的压力。

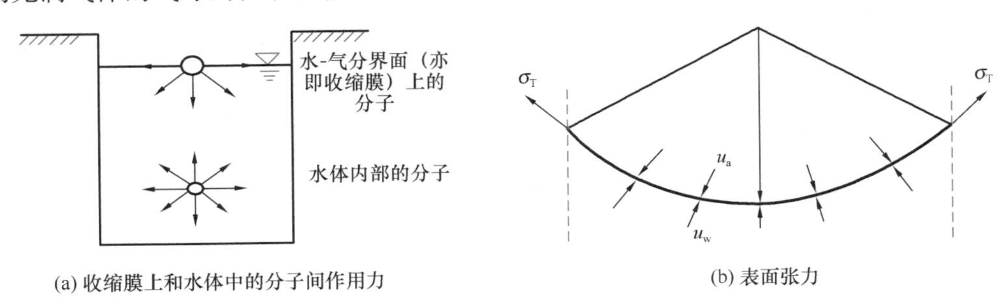

(a) 收缩膜上和水体中的分子间作用力　　(b) 表面张力

图 2-28　水-气分界面的表面张力现象

2. 毛细水

分布在土粒内部间相互贯通的孔隙，可以看成是许多形状不一，直径互异，彼此连通的毛细管，如图 2-29 所示。在毛细管周壁，水膜与空气的分界处存在着上述的表面张力 σ_T。水膜表面张力 σ_T 的作用方向与毛细管成夹角 α。由于表面张力的作用，毛细管内的水被提升到自由水面以上高度 h_c 处。

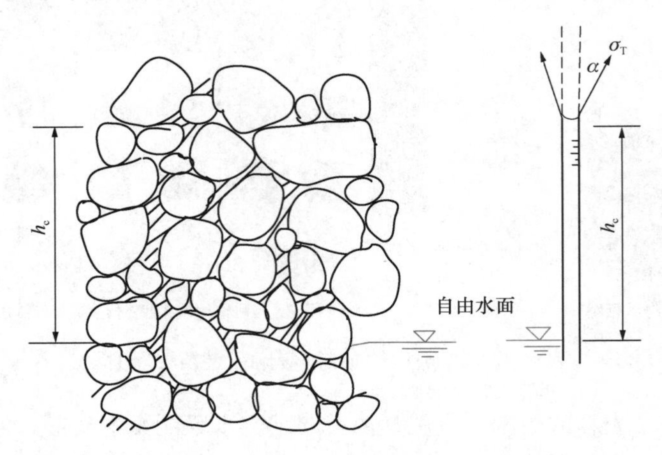

图 2-29　土中的毛细水升高

下面分析高度 h_c 的水柱的静力平衡条件。因为毛细管内水面处即为大气压，若以大气压力为基准，则该处压力为 0，故：

$$\pi r^2 h_c \gamma_w = 2\pi r \sigma_T \cos\alpha \tag{2-8}$$

$$h_c = \frac{2\sigma_T \cos\alpha}{r\gamma_w} \tag{2-9}$$

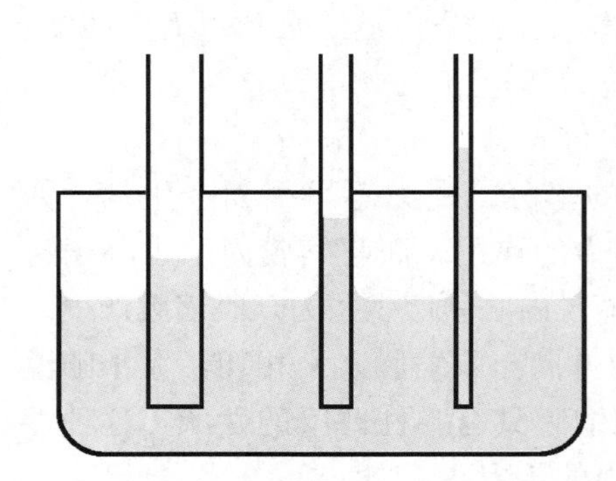

图 2-30　毛细管直径与毛细水的高度关系

式中，表面张力 σ_T 与温度有关。10℃时，$\sigma_T=0.0756\text{g/cm}$；20℃时，$\sigma_T=0.0742\text{g/cm}$。方向角 α 的大小与土颗粒和水的性质有关，r 为毛细管的半径，γ_w 为水的重度。

式（2-9）表明，毛细水高 h_c 与毛细管半径成反比（图 2-30）。显然土颗粒的直径愈小，孔隙的直径（也就是毛细管的直径）愈细，则毛细水的高度愈大。不同类型的土，土中毛细水高度也不同。需要指出的是，在黏性土中，因为土颗粒还受到四周电场作用力的吸引，故毛细水高不能简单地由式（2-9）计算。

若弯液面处毛细水的压力为 u_w，收缩膜上方与大气相通，即 $u_a=0$。根据图 2-29 分析该处水膜的平衡条件。取铅垂方向力的总和为 0，则有：

$$2\pi r \sigma_T \cos\alpha + u_w \pi r^2 = 0 \tag{2-10}$$

由式（2-9）和式（2-10）可得：

$$u_w = -\frac{2\sigma_T \cos\alpha}{r} = -h_c \gamma_w \tag{2-11}$$

式（2-11）表明，毛细水区域的孔隙水压力与一般静水压力的概念相同，它与水头高

度 h_c 成正比，负号表示负孔隙水压力。这样，自由水位上下的水压力分布如图 2-31 所示，自由水位以下为压力，自由水位以上毛细水区域内为拉力。颗粒承受水的反作用力。因此，自由水位以下，孔隙水对颗粒的作用为压力，则颗粒间的压力会减小；在自由水位以上毛细区域内，孔隙水对颗粒的作用为拉力，颗粒间的压力会增加。

如图 2-32 所示，在自由水位以上毛细区域内，孔隙水的收缩膜产生表面张力 σ_T，颗粒则受压力 p_c。由于压力 p_c 的作用，使颗粒联结在一起，这就是稍湿的砂土颗粒间也存在着某种粘结作用的原因。因此，毛细区域内负孔隙水压力又被称为基质吸力。“吸力”一词的含义就是这种孔隙水压力可以将颗粒吸附粘结在一起。

需要注意的是，这种粘结作用并不像黏性土一样是因为粒间分子力引起的。而是由毛细水引起的。当土中的水增加，孔隙被水占满，或者水分蒸发，变成干土，毛细角边水消失，颗粒间所引起的压力也消失了，就变成完全的散粒体。

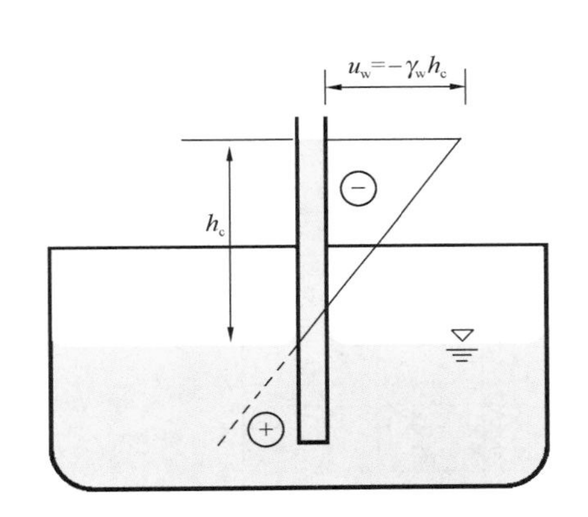

图 2-31　孔隙水压力分布图

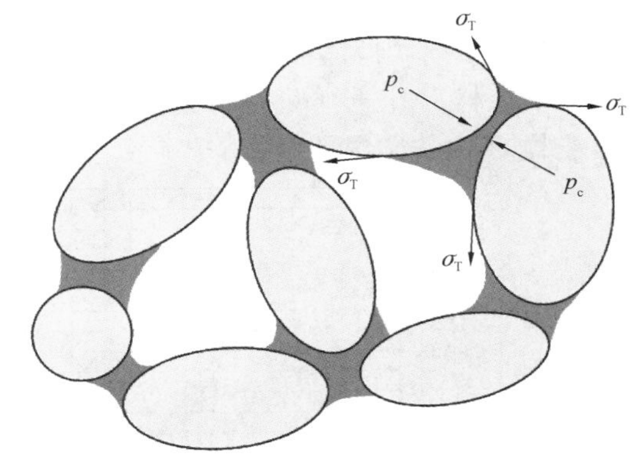

图 2-32　颗粒间隙处的弯液面和颗粒相互作用

3. 重力水

自由水面以下、土颗粒中结合水以外的水，仅在本身重力作用下运动，称为重力水，它存在于较粗大的孔隙中。土中的重力水能传递静水压力，与一般水的性质没有差别。

2.6.3　固态水和气态水

在常压下，当温度低于 0℃时，孔隙中的水冻结呈固态，以冰夹层、冰透镜体、细小的冰晶体等形式存在于土中。固态水在土中起胶结作用，提高了土的强度。但解冻后，土体的强度往往低于结冰前的强度，因为从液态水转为固态水时，体积膨胀，使土体孔隙增大，解冻后土结构变得松散。

土中气态水（水蒸气）是由土体中水分蒸发而成，并在地表与大气不断进行交换。气态水遇冷凝结成水滴，成为液态水，或进一步转换为固态水。土中气态水的含量较少，一般将其作为土中气体的一部分。

2.6.4　土中气

目前人们对土中气体的认识还比较有限，这里只做简单介绍。土中气体按其所处的状态和结构特点可分为以下几种类型：(1) 自由气体；(2) 四周为水和颗粒表面所封闭的气体；(3) 吸附于颗粒表面的气体；(4) 溶解于水中的气体。

通常认为自由气体与大气或外界环境连通，当外界气压不变时，自由气体对土的性质无大影响。封闭气体的体积与压力有关，压力增加，则体积缩小；压力减小，则体积胀大。因此，密闭气体的存在对土的变形有影响，同时还可阻塞土中的渗流通道，减小土的渗透性。另外，无论是自由气体还是封闭气体，不同的气体压力对土体的强度都会产生影响。其他两种气体目前研究不多，对土的性质的影响尚未完全清楚。

思考题与习题

2-1　土是如何形成和演变的？主要特征是什么？

2-2　土中水有哪几种存在状态？说明不同状态土的特征，并评价这些特征对土的工程性质的影响？

2-3　三种土样的粒径级配曲线如图 2-33 所示，试问如下判断是否正确，并对土样 A、B、C 的粒径级配优劣进行评价：

（1）土样 A 的不均匀系数比土样 B 的大；

（2）压实土样 B 比土样 C 可得到更大的干重度；

（3）土样 C 的黏粒含量最多。

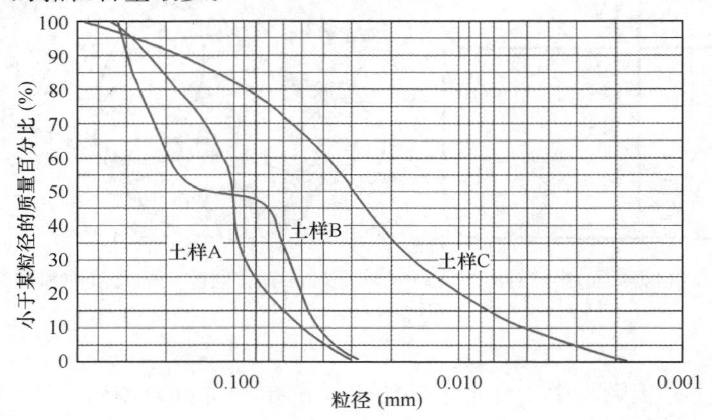

图 2-33　习题 2-3 图

2-4　土的粒径级配曲线是否可能出现图 2-34 中 A、B 两条曲线的情况，解释其原因。

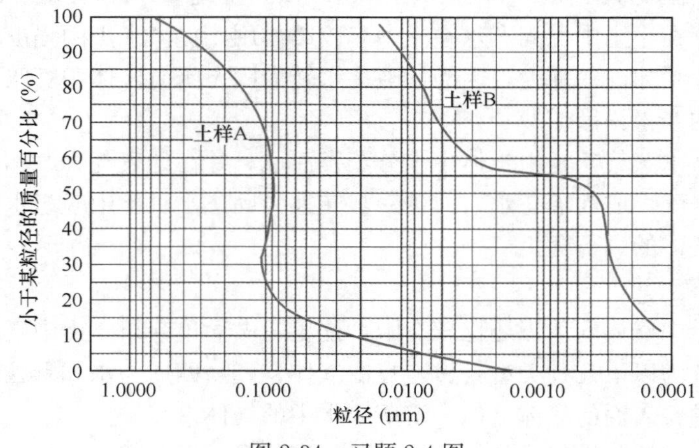

图 2-34　习题 2-4 图

2-5　土样 A、B 的颗粒分析结果如表 2-7 所示，试绘制土样 A、B 的粒径级配曲线，并判断土样 A、B 的级配优劣？

习题 2-5 表　　　　表 2-7

粒径（mm）		40	20	10	5	2	1	0.5	0.25	0.1	0.05	0.01	0.005	0.002
小于某粒径的质量百分比（%）	A		88	69	48	28	20	9	2					
	B							88	69	48	28	20	9	2

第3章　土的物理性质和状态

3.1　三相图和土的物理性质指标

3.1.1　三相图

对于一般的连续介质，例如钢材，密度就可以表明材料的密实程度。但土是三相体，要全面反映其性质与状态，就需要了解三相间在体积和质量方面的比例关系。为了形象反映土的三相组成及其比例关系，通常用三相图来表示土的三相组成。它将土中的固体颗粒、水和气体分别集中，并将其质量和体积分别标注在图的左右两侧，如图 3-1 所示。

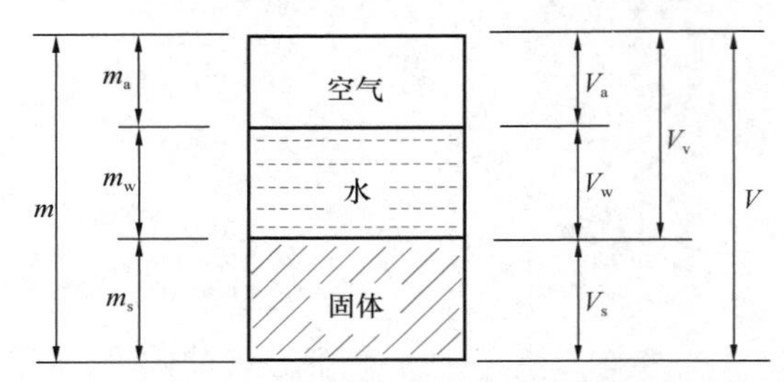

V—土的总体积；V_v—孔隙的体积；V_s—固体颗粒的体积；V_w—水的体积；V_a—气体的体积；m—土的总质量；m_s—固体颗粒的质量；m_w—水的质量；m_a—气体的质量

图 3-1　土的三相图

3.1.2　土的物理性质指标

土的物理性质指标包括土的密度、重度、孔隙性、含水率等相关的一系列指标。其基本定义如下。

1. 土的密度和重度

土的天然密度定义为单位体积天然土体（又称为现场土、原状土）的质量，以 t/m³ 或 g/cm³ 计：

$$\rho = \frac{m}{V} = \frac{m_s + m_w}{V} \tag{3-1}$$

式中，ρ 为天然密度。天然土的密度随着土的矿物组成、孔隙体积和水的含量而异，一般在 1.60～2.20g/cm³ 之间。工程计算上，还常用饱和密度和干密度，相应的定义分别为：

饱和密度——天然土完全饱和后（不改变孔隙体积）的密度，表示为：

$$\rho_{sat} = \frac{m_s + V_v \rho_w}{V} \tag{3-2}$$

干密度——天然土被完全烘干时（不改变孔隙体积）的密度，表示为：

$$\rho_d = \frac{m_s}{V} \tag{3-3}$$

对于同一种土，这几种密度在数值上有如下关系：

$$\rho_{sat} \geqslant \rho \geqslant \rho_d \tag{3-4}$$

相应于这几种密度，工程上用天然重度 γ、饱和重度 γ_{sat} 和干重度 γ_d 来表示土在不同含水状态下单位体积的重量。在数值上，它们等于相应的密度乘以重力加速度 g，单位为 kN/m³。

$$\gamma = \rho g \tag{3-5}$$

$$\gamma_{sat} = \rho_{sat} g \tag{3-6}$$

$$\gamma_d = \rho_d g \tag{3-7}$$

另外，静水下的土体可认为是完全饱和的，它受水的浮力作用，其重度等于土的饱和重度减去水的重度，称为浮重度 γ'，表示为：

$$\gamma' = \gamma_{sat} - \gamma_w \tag{3-8}$$

同样地，这几种重度在数值上有如下关系：

$$\gamma_{sat} \geqslant \gamma \geqslant \gamma_d > \gamma' \tag{3-9}$$

2. 土粒相对密度

土粒相对密度（工程上常称土粒比重）定义为固体土颗粒的密度与水的密度之比，即：

$$G_s = \frac{\rho_s}{\rho_w} \tag{3-10}$$

式中 ρ_s——土粒的密度；

ρ_w——水的密度。

ρ_w 一般取 4℃下蒸馏水的密度 1.0g/cm^3，因此土粒相对密度在数值上等于土粒的密度，是无量纲数。土粒相对密度主要取决于颗粒的矿物成分，不同土类差别不大，黏性土一般在 2.70～2.75；无黏性土在 2.65 左右，可按经验值选用。土粒相对密度可以通过室内试验测得，包括：相对密度瓶法、浮称法、虹吸筒法。

3. 土的孔隙性

工程上常用孔隙比 e 或孔隙率 n 表示土中孔隙的含量。

孔隙比 e——指孔隙体积与固体颗粒体积的比值，即：

$$e = \frac{V_v}{V_s} \tag{3-11}$$

孔隙率 n——指孔隙总体积占土体总体积的百分比，即：

$$n = \frac{V_v}{V} \times 100\% \tag{3-12}$$

不难证明两者之间可以用下式互换：

$$n = \frac{e}{1+e} \times 100\% \tag{3-13}$$

$$e = \frac{n}{1-n} \tag{3-14}$$

土的孔隙性随土体形成过程中所受的压力、粒径级配和颗粒排列的状况而变化。孔隙比和孔隙率都可用来表示同一种土的松、密程度。一般无黏性土的孔隙率小，黏性土的孔隙率大。例如，砂类土的孔隙率一般是 28%～35%；黏性土的孔隙率有时可高达 60%～70%，这种情况下，孔隙的体积比土颗粒的体积大，孔隙比大于 1.0。

4. 土的含水率

土的天然含水率定义为天然土体中水的质量与固体颗粒质量之比，以百分数表示：

$$w = \frac{m_w \times 100\%}{m_s} = \frac{m - m_s}{m_s} \times 100\% \tag{3-15}$$

天然含水率一般可简称为含水率。当天然土体完全饱和后，其含水率称为饱和含水率，用符号表示为 w_{sat}。

工程上往往需要知道孔隙中充满水的程度，这就是土的饱和度 S_r。饱和度定义为：

$$S_r = \frac{V_w}{V_v} \tag{3-16}$$

显然，干土的饱和度 $S_r = 0$，而饱和土的饱和度 $S_r = 1.0$。

常见土体的孔隙比、天然含水率、干重度如表 3-1 所示。

常见土的物理性质指标的数值范围（Das，2020） 表 3-1

土类	孔隙比 e	饱和含水率 w_{sat} (%)	干重度 γ_d (kN/m^3)
均质松砂	0.80	30	14.5
均质密砂	0.45	16	18.0
疏松粉土	0.65	25	16.0
密实粉土	0.40	15	19.0
硬黏土	0.60	21	17.0
软黏土	0.9～1.4	30～50	11.5～14.5
黄土	0.90	25	13.5
有机软黏土	2.5～3.2	90～120	6～8
冰碛土	0.30	10	21.0

三相图是计算土的物理性质指标的一种简单而又十分有用的工具。在图 3-1 的 9 个物理量中，只有 V_s、V_w、V_a、m_w、m_s 和 m_a 6 个独立的量。在土力学中，一般可忽略气体的质量，所以 $m_a \approx 0$；同时可近似认为水的相对密度等于 1.0，所以在数值上 $V_w = m_w$。此外，当研究这些量的相对比例关系时，可以假设其中任一个量等于 1.0，这样在三相换算中一般只需要有上述各量中的 3 个已知量，对于完全饱和或完全干燥的土则只需 2 个已知量，就可以确定各物理性质指标及其之间的关系。

【例 3-1】 某原状土样，经试验测得天然密度 $\rho = 1.67g/cm^3$，含水率 $w = 12.9\%$，土粒相对密度 $G_s = 2.67$，求孔隙比 e、孔隙率 n 和饱和度 S_r。

【解】 绘三相图，见图 3-2。

设土的体积 $V = 1.0cm^3$，根据密度定义，由式（3-1）得：

$$m = \rho V = 1.67g$$

根据含水率定义，由式（3-15）得：

$$m_w = wm_s = 0.129m_s$$

从三相图有：

$$m_w + m_s = m$$

$$0.129m_s + m_s = 1.67g$$

$$m_s = \frac{1.67}{1.129} = 1.479g$$

$$m_w = 1.67 - 1.479 = 0.191g$$

根据土粒相对密度定义，由式（3-10）计算土粒密度：

$$\rho_s = G_s\rho_w = 2.67 \times 1.0 = 2.67g/cm^3$$

计算土粒体积：

$$V_s = \frac{m_s}{\rho_s} = \frac{1.479}{2.67} = 0.554\text{cm}^3$$

水的密度 $\rho_w = 1.0\text{g/cm}^3$，故水体积：

$$V_w = \frac{m_w}{\rho_w} = \frac{0.191}{1.0} = 0.191\text{cm}^3$$

从三相图知：

$$V = V_a + V_w + V_s = 1\text{cm}^3$$

$$V_a = 1 - 0.554 - 0.191 = 0.255\text{cm}^3$$

至此，三相图中，三相组成的量，无论是体积或质量均已算出，将计算结果填入三相图中。

根据孔隙比定义，由式（3-11）得：

$$e = \frac{V_v}{V_s} = \frac{V_a + V_w}{V_s} = \frac{0.256 + 0.191}{0.554} = 0.805$$

根据孔隙率定义，由式（3-12）得：

$$n = \frac{V_v}{V} = \frac{0.256 + 0.191}{1} = 0.446 = 44.6\%$$

根据饱和度定义，由式（3-16）得：

$$S_r = \frac{V_w}{V_v} = \frac{V_w}{V_a + V_w} = \frac{0.191}{0.256 + 0.191} = 0.428 = 42.8\%$$

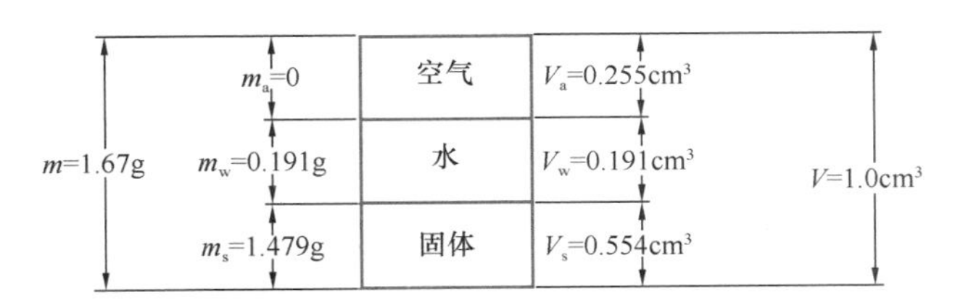

图 3-2　例 3-1 三相图

应当注意，例 3-1 中假设土的总体积 $V = 1.0\text{cm}^3$。事实上，因为三相图中 9 个量表达的是相对的比例关系，因此取三相图中任一个量等于任何数值进行计算都应得到相同的结果。只要假定已知的量选取合适，就可以减少计算量。表 3-2 是常用物理性质指标之间的换算公式，这些公式都可以很容易从三相图推算得到。

常用物理性质指标的换算公式　　表 3-2

指标名称	换算公式
天然重度 γ	$\gamma = \frac{G_s\gamma_w(1+w)}{1+e}$
干重度 γ_d	$\gamma_d = \frac{G_s\gamma_w}{1+e}$；$\gamma_d = \frac{\gamma}{1+w}$
饱和重度 γ_{sat}	$\gamma_{sat} = \frac{G_s + e}{1+e}\gamma_w$
浮重度 γ'	$\gamma' = \gamma_{sat} - \gamma_w$；$\gamma' = \frac{G_s - 1}{1+e}\gamma_w$

续表

指标名称	换算公式
孔隙比 e	$e=\frac{G_s\gamma_w}{\gamma_d}-1$；$e=\frac{G_s\gamma_w(1+w)}{\gamma}-1$；$e=\frac{n}{1-n}$
孔隙率 n	$n=\frac{e}{1+e}$；$n=1-\frac{\gamma_d}{G_s\gamma_w}$；$n=1-\frac{\gamma}{G_s\gamma_w(1+w)}$
饱和度 S_r	$S_r=\frac{wG_s}{e}$
饱和度 S_r、孔隙比 e、含水率 w 之间的关系	$S_re=wG_s$

【例 3-2】推导下面物理指标关系。

(1) $\gamma=\frac{G_s\gamma_w(1+w)}{1+e}$

(2) $e=\frac{G_s\gamma_w(1+w)}{\gamma}-1$

(3) $\gamma_d=\frac{G_s\gamma_w}{1+e}$

(4) $S_re=wG_s$

(5) $\gamma'=\frac{G_s-1}{1+e}\gamma_w$

(6) $w_{sat}=\left(\frac{\rho_w}{\rho_d}-\frac{1}{G_s}\right)\times100\%$

【解】假设土粒体积 V_s 为 1，

根据式（3-11）计算孔隙体积：

$$V_v=e$$

根据式（3-10）计算土粒的质量：

$$m_s=G_s\rho_w$$

根据式（3-15）计算孔隙中水的质量：

$$m_w=wG_s\rho_w$$

计算结果如图 3-3 所示。

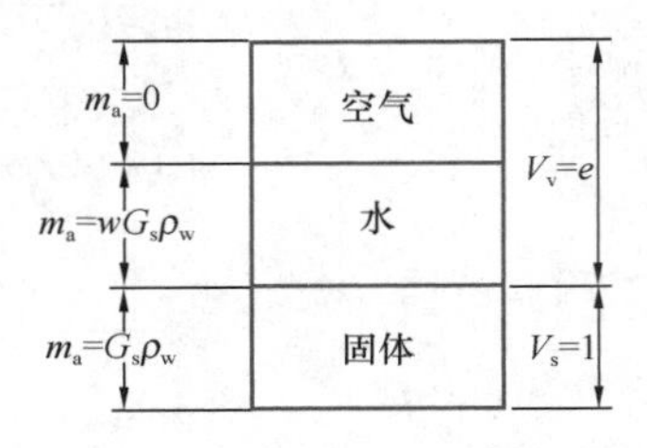

图 3-3　例 3-2 三相图

(1) $\gamma=\frac{mg}{V}=\frac{m_sg+m_wg}{V_s+V_v}=\frac{G_s\rho_wg+wG_s\rho_wg}{1+e}=\frac{G_s\gamma_w(1+w)}{1+e}$

(2) $\gamma=\frac{G_s\gamma_w(1+w)}{1+e}\Rightarrow e=\frac{G_s\gamma_w(1+w)}{\gamma}-1$

(3) $\gamma_d=\frac{m_sg}{V}=\frac{m_sg}{V_s+V_v}=\frac{G_s\rho_wg}{1+e}=\frac{G_s\gamma_w}{1+e}$

(4) $S_r=\frac{V_w}{V_v}=\frac{m_w}{\rho_wV_v}=\frac{wG_s\rho_w}{\rho_we}=\frac{wG_s}{e}\Rightarrow S_re=wG_s$

(5) $\gamma_{sat}=\frac{m_sg+\rho_wV_vg}{V_s+V_v}=\frac{G_s\rho_wg+e\rho_wg}{1+e}=\frac{(G_s+e)\gamma_w}{1+e}$

$\gamma'=\gamma_{sat}-\gamma_w=\frac{(G_s+e)\gamma_w}{1+e}-\gamma_w=\frac{(G_s-1)\gamma_w}{1+e}$

(6) $w_{sat}=\frac{m_w}{m_s}\times100\%=\frac{\rho_w V_v}{\rho_d V}\times100\%=\frac{\rho_w e}{\rho_d(1+e)}\times100\%$

$$\gamma_d=\frac{G_s\gamma_w}{1+e}\Rightarrow e=\frac{G_s\gamma_w}{\gamma_d}-1$$

$$w_{sat}=\frac{\rho_w\left(\frac{G_s\gamma_w}{\gamma_d}-1\right)}{\rho_d\left(\frac{G_s\gamma_w}{\gamma_d}\right)}=\frac{\gamma_w\left(\frac{G_s\gamma_w}{\gamma_d}-1\right)}{\gamma_d\left(\frac{G_s\gamma_w}{\gamma_d}\right)}=\left(\frac{\rho_w}{\rho_d}-\frac{1}{G_s}\right)\times100\%$$

【例 3-3】一击实试验：击实筒体积 1000cm³，测得湿土质量为 1.95kg，取一质量为 17.48g 的湿土，烘干后质量为 15.03g，计算含水率 w 和干重度 γ_d。

【解】计算水的质量 m_w=17.48−15.03=2.45g，土颗粒的质量 m_s=15.03g，根据式（3-15）计算含水率为：

$$w=\frac{m_w}{m_s}=16.3\%$$

土的天然重度：

$$\gamma=\frac{mg}{V}=\frac{1.95\times10\times10^{-3}\text{kN}}{10^3\times10^{-6}\text{m}^3}=19.5\text{kN/m}^3$$

根据表 3-2 计算土的干重度为：

$$\gamma_d=\frac{\gamma}{1+w}=\frac{1.95}{1+0.163}=16.8\text{kN/m}^3$$

【例 3-4】一体积为 50cm³ 的土样，湿土质量 0.09kg，烘干后质量为 0.068kg，土粒相对密度 G_s=2.69，求其孔隙比，若将土样压缩，使其干密度达到 1.61t/m³，土样孔隙比将减少多少？

【解】

（1）土的干重度为：

$$\gamma_d=\frac{m_s g}{V}=\frac{0.068\times10\times10^{-3}\text{kN}}{50\times10^{-6}\text{m}^3}=13.6\text{kN/m}^3$$

根据表 3-2：

$$\gamma_d=\frac{\gamma_w G_s}{1+e}\Rightarrow e=\frac{\gamma_w G_s}{\gamma_d}-1=\frac{10\times2.69}{13.6}-1=0.978$$

（2）土样压缩后的干重度为：

$$\gamma'_d=\rho_d g=16.1\text{kN/m}^3$$

故压缩后土的孔隙比为：

$$e'=\frac{\gamma_w G_s}{\gamma'_d}-1=\frac{10\times2.69}{16.1}-1=0.671$$

孔隙比的减少量为：

$$\Delta e=e-e'=0.978-0.671=0.307$$

【例 3-5】用体积为 72cm³ 的环刀取得某原状土样 132g，烘干后土质量为 122g，G_s = 2.72，试计算该土样的 w、e、S_r、γ、γ_{sat}、γ'、γ_d，并比较各重度的大小。

【解】

（1）根据式（3-1）计算土的密度：$\rho=\frac{m}{V}=\frac{132}{72}=1.83\text{g/cm}^3$

根据式（3-5）计算土的重度：$\gamma=\rho g=10\times1.83=18.3\text{kN/m}^3$

（2）根据式（3-15）计算土的含水率：

$$w=\frac{m-m_s}{m_s}\times100\%=\frac{132-122}{122}=8.2\%$$

（3）根据表 3-2 计算土的天然孔隙比：

$$e=\frac{G_s(1+w)\gamma_w}{\gamma}-1=\frac{2.72\times(1+0.082)\times10}{18.3}-1=0.61$$

（4）根据表 3-2 计算干重度：

$$\gamma_d=\frac{\gamma}{1+w}=\frac{18.3}{1+0.082}=16.91\text{kN/m}^3$$

（5）根据表 3-2 计算饱和重度：

$$\gamma_{sat}=\frac{G_s+e}{1+e}\gamma_w=20.68\text{kN/m}^3$$

（6）根据式（3-8）计算土的浮重度：

$$\gamma'=\gamma_{sat}-\gamma_w=10.68\text{kN/m}^3$$

（7）根据表 3-2 计算土的饱和度：

$$S_r=\frac{wG_s}{e}=\frac{0.082\times2.72}{0.61}=36.6\%$$

各重度之间大小关系为：$\gamma_{sat}>\gamma>\gamma_d>\gamma'$。

3.2 土的物理状态指标

土的物理状态，是指土的松密和软硬状态。对于无黏性土，一般指土的密实度；对于黏性土则是指土的软硬程度，又称稠度。

3.2.1 无黏性土的密实度

无黏性土，如砂土、卵石、砾石等，均为单粒结构。密实度是指固体颗粒排列的紧密程度。颗粒排列紧密，其结构就稳定，强度高且不易压缩，工程性质良好；反之，土体颗粒排列疏松，其结构常处于不稳定状态，强度低，易压缩，作为地基则为不良地基。因此，密实度是衡量无黏性土所处状态的重要指标。

孔隙比可以作为衡量土的密实度的一个指标。孔隙比小，说明土的密实度大。但这一指标也有局限性，例如，对于不同的砂土，相同的孔隙比却不能说明密实度也相同，因为砂土的密实程度还与颗粒的形状、大小及级配有关。工程上为了更好地描述无黏性土所处的密实程度，采用相对密实度作为衡量无黏性土的密实度指标。

相对密实度的定义式为：

$$D_r=\frac{e_{max}-e}{e_{max}-e_{min}} \tag{3-17}$$

式中 D_r——相对密实度；

e——现场土的孔隙比，也称天然孔隙比；

e_{max}——土在最松散状态下的孔隙比，也称最大孔隙比；

e_{min}——土在最密实状态下的孔隙比，也称最小孔隙比。

由土的干密度 ρ_d 与孔隙比 e 的关系式，可推导得到：

$$D_r = \left(\frac{\rho_d - \rho_{d,min}}{\rho_{d,max} - \rho_{d,min}}\right)\left(\frac{\rho_{d,max}}{\rho_d}\right) \tag{3-18}$$

式中 $\rho_{d,min}$——最小干密度，对应于 e_{max}；

$\rho_{d,max}$——最大干密度，对应于 e_{min}；

ρ_d——天然状态下的干密度，对应于天然孔隙比 e。

根据《土工试验方法标准》GB/T 50123—2019，最小干密度试验宜采用漏斗法和量筒法，最大干密度试验宜采用振动锤击法。

相对密实度能综合反映土的颗粒级配、土粒形状和结构等因素，在理论上是比较完善的一个指标。用相对密实度 D_r 判别砂土密实度的标准如表 3-3 所示。

用 D_r 判别砂土密实度标准 表 3-3

相对密实度 D_r	砂土的物理状态
$0 < D_r \leqslant \frac{1}{3}$	稍松
$\frac{1}{3} < D_r \leqslant \frac{2}{3}$	中密
$D_r > \frac{2}{3}$	密实

由式（3-17）可知，当 $e = e_{max}$ 时，$D_r = 0$，表示土处于最松状态；当 $e = e_{min}$ 时，$D_r = 1$，表示土处于最密状态。所以，理论上 D_r 的变化范围应在［0，1］之间。但是，由于无黏性土的天然孔隙比很难测定，而且在实验室条件下实际上很难取得准确的 e_{max} 和 e_{min} 值，这些都会导致 D_r 的计算结果不可靠。因此，相对密实度 D_r 这一指标虽然在理论上能够合理评价土的密实程度，但常因不能精确测定而使其应用受到限制。

根据《建筑地基基础设计规范》GB 50007—2011，砂土的密实度通常采用标准贯入试验的锤击数 N 间接判定，碎石土的密实度则采用重型圆锥动力触探的锤击数来确定。

标准贯入试验是用质量为 63.5kg 的穿心锤以 76cm 落距沿钻杆自由落下，将管状的标准贯入器击入 30cm 相应的击数（图 3-4）。具体试验方法和步骤是：采用回转钻进形成试验孔，用钻具钻至试验土层标高以上 15cm 处，将贯入器放入孔内，采用自动落锤法，锤击速率采用每分钟 15～30 击，将贯入器打入土中 15cm 后，开始记录每打入 10cm 的锤击数，累计打入 30cm 的锤击数为标准贯入击数 N，同时记录贯入深度与试验情况。试验结束，旋转钻杆，提出贯入器，取贯入器中的土样进行鉴别、描述、记录，并量测其长度。将需要保存的土样仔细包装、编号，以备试验之用。一般一个钻孔每隔 1.0～2.0m 进行一次标准贯入试验，对于土质不均匀的土层应增加试验点的密度。重型圆锥动力触探这里不做介绍。两种试验的具体方法和设备介绍可参考《土工试验方法标准》GB/T 50123—2019。

《建筑地基基础设计规范》GB 50007—2011 给出了如表 3-4 所示的砂土密实度判别标准。显然，N 值愈大，土的贯入阻力愈大，说明土层的密实度愈高，反之密实度则愈低。

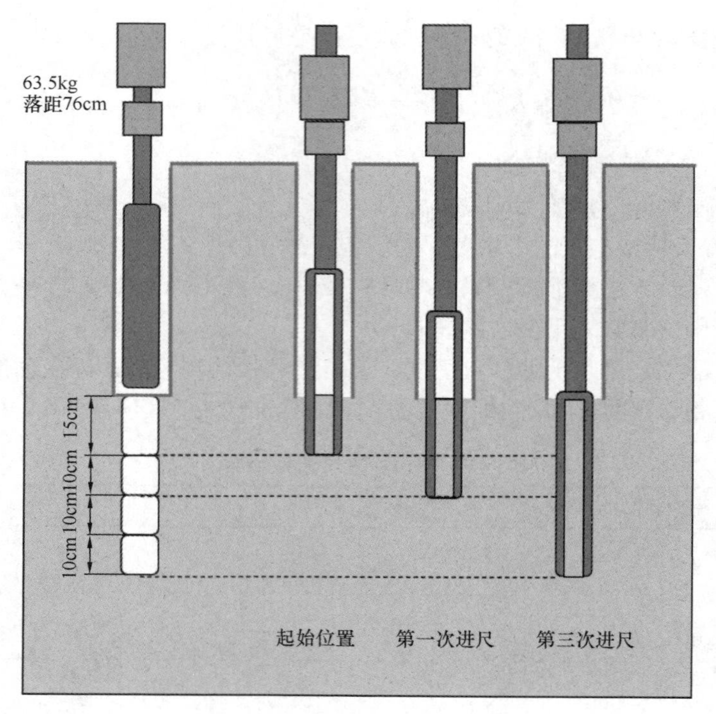

图 3-4　标准贯入试验示意图

天然砂土的密实度标准（GB 50007—2011）　　表 3-4

标准贯入试验锤击数 N	密实度	标准贯入试验锤击数 N	密实度
$N \leqslant 10$	松散	$15 < N \leqslant 30$	中密
$10 < N \leqslant 15$	稍密	$N > 30$	密实

【例 3-6】 某砂土土样的密度为 1.77g/cm³，含水率为 9.8%，土粒相对密度为 2.67，烘干后测定最小孔隙比为 0.461，最大孔隙比为 0.943，试求孔隙比和相对密实度，判断该砂土的密实程度。

【解】 由已知条件，根据表 3-2 可得孔隙比为：

$$e = \frac{G_s(1+w)\rho_w}{\rho} - 1 = \frac{2.67 \times (1+0.098) \times 1}{1.77} - 1 = 0.656$$

根据式（3-17）计算相对密实度为：

$$D_r = \frac{e_{max} - e}{e_{max} - e_{min}} = \frac{0.943 - 0.656}{0.943 - 0.461} = 0.595$$

因为 $\frac{1}{3} < D_r < \frac{2}{3}$，所以该砂土的密实度为中密。

3.2.2　黏性土的界限含水率

黏性土的物理状态特征不同于无黏性土。由于黏性土不是粒状结构，不存在最大和最小孔隙比。与密实度相比，黏性土的含水率指标更能反映其物理状态特征。

黏性土颗粒很细，土粒在其周围形成电场，吸引水分子及水中的阳离子向其表面靠近，形成结合水膜，土粒与水相互作用明显。当含水率很低时，水被颗粒表面的电荷紧紧吸引于其表面，成为强结合水膜［图 3-5(a)］。强结合水膜的性质接近固体的性质，根据水膜厚薄不同，土表现为固态或半固态。当含水率继续增加时，土中水以弱结合水的形式附着于土颗粒的表面［图 3-5(b)］，此时的黏性土在外力作用下可任意改变形状而不开裂，外力撤去后仍能保持改变后的形态，这种状态称为可塑态。土处于可塑状态的含水率的变化范围，大致相当于土粒所能吸附的弱结合水的含量。这一含量的大小主要取决于土的比表面积和矿物成分，比表面积大，亲水能力强的矿物成分高，可塑态含水率的变化范围也大。当含水率继续增大，土中除结合水外，还有相当数量的自由水，土粒之间被自由水隔开［图 3-5(c)］，相互间引力减小，此时土体不具有任何抗剪强度，而呈流动的液态。图 3-6 展示了随着含水率的变化，黏性土所表现的不同物理状态。

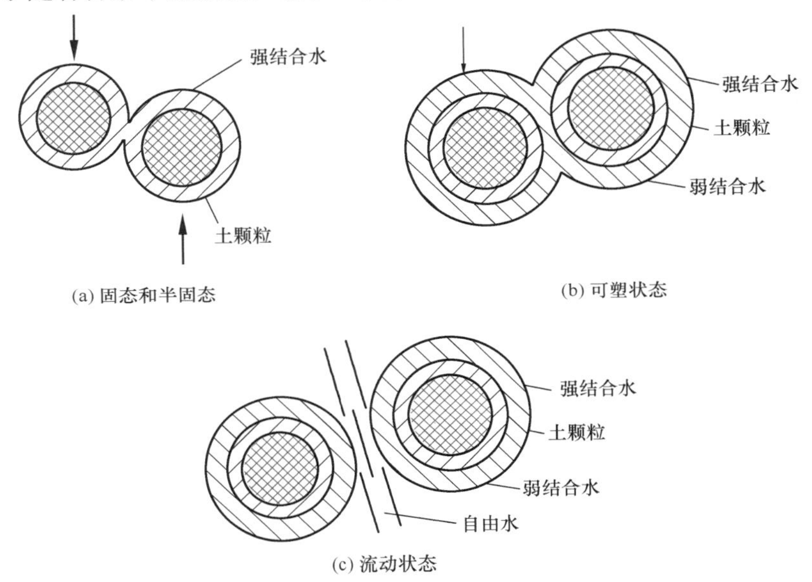

图 3-5　黏性土的状态随含水率的变化

1. 界限含水率和塑性指数

黏性土从一种状态进入另一种状态的分界含水率称为界限含水率。黏性土有液限 w_L、塑限 w_P 和缩限 w_S 三种界限含水率，如图 3-6 所示。液限 w_L 表示土从塑态转变为液态时

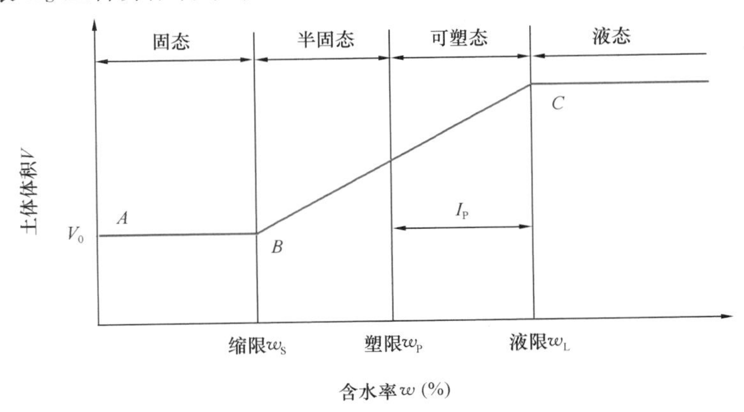

图 3-6　黏性土 V-w 关系示意图

的含水率；塑限 w_P 表示土从半固态转变为可塑态时的含水率；缩限 w_S 表示土从固态转变为半固态时的含水率。通常情况下，土体体积会随着含水率的减小而发生收缩现象，当含水率小于缩限后，土的体积将不随含水率的变化而变化。图 3-6 很清楚地显示了这一概念。V 表示土体体积，w 表示含水率，V_0 表示不再随 w 而变化的体积。当含水率小于缩限后，土的体积将不随含水率 w 的变化而变化。

液限、塑限最初是由瑞典科学家阿太堡（A. Atterberg）定义并提出相应的试验方法，后经太沙基和卡萨格兰德的研究和改进，被广泛应用于土木工程中，因此界限含水率又称为阿太堡界限（Atterberg limits）。

界限含水率由重塑土（原状土经烘干、碾碎，再按照原状土的密度和含水率重新制成的一种试验用土）在实验室内测定。可采用卡氏碟式液限仪（Casagrande method）测定液限；搓滚塑限法（又称搓条法）确定塑限；液塑限联合测定法（圆锥仪 Fall cone method）联合测定液限、塑限；采用收缩皿方法测定缩限。我国规范可参考《土工试验方法标准》GB/T 50123—2019，国外规范可参考 ASTM（American Society for Testing and Materials，美国材料与试验协会）试验规程（ASTM Test Designation D4318 和 D4943）。

应当注意，由于界限含水率均由重塑土在实验室内得到，而现场的原状土一般未受扰动，所以有时可能会出现天然含水率虽比液限大，但地基并未流动，仍具有一定的承载力的现象。

液限与塑限之差定义为塑性指数，用 I_P 表示，即：

$$I_P = w_L - w_P \tag{3-19}$$

塑性指数 I_P 习惯上用不带“%”的数表示。塑性指数反映了黏性土处于可塑状态的含水率变化的最大范围。I_P 愈大，表明土的颗粒愈细，比表面积也愈大，土中黏粒或亲水矿物的含量愈高，土处于可塑状态的含水率的变化范围就愈大。因此，塑性指数是反映土的矿物成分和颗粒粒径与孔隙水相互作用的大小及对土性产生重要影响的一个综合指标。工程上常用塑性指数对黏性土进行分类，具体内容详见第 4 章《土的工程分类》。

2. 液性指数

黏性土最主要的物理状态特征是稠度，即土的软硬程度。前面提到，土的颗粒愈细小，其比表面积就愈大，吸附结合水的能力也就愈强。可见土的比表面积和矿物成分不同，吸附结合水的能力也不一样。由此表明，含水率相同而比表面积不同的土，有可能处于不同的物理状态：黏性高的土，水的形态可能完全是结合水，处于塑态；而黏性低的土，则可能大部分已经是自由水了，有可能处于液态。所以，仅由含水率的绝对值大小，尚不能准确判断土的物理状态。

要说明黏性土的稠度状态，必须引入液性指数反映土的天然含水率和界限含水率之间相对关系。定义液性指数为：

$$I_L = \frac{w - w_P}{w_L - w_P} \tag{3-20}$$

式中　w——土的天然含水率（%）。当 $w < w_P$ 时，$I_L < 0$，土呈坚硬状态；当 $w = w_P$ 时，$I_L = 0$，土从半固态进入可塑状态；当 $w = w_L$ 时，$I_L = 1.0$，土由可塑态进入液态。因此，根据 I_L 值，可直接判定土的物理状态，液性指数又称稠度指标。

现行《建筑地基基础设计规范》GB 50007—2011 按 I_L 的大小，把黏性土分成 5 种状态，如表 3-5 所示。用液性指数判断黏性土物理状态的时候，要对计算结果加以具体分析。灵敏黏性土，天然含水率有可能大于液限，这时 $I_L > 1$。这类土重塑后，能形成一种黏性流动的液态。在超固结状态下沉积的土层，其天然含水率有可能小于塑限。在这种状态下，$I_L < 0$，即液性指数是负值。

黏性土的稠度标准（GB 50007—2011） **表 3-5**

液性指数	$I_L \leqslant 0$	$0 < I_L \leqslant 0.25$	$0.25 < I_L \leqslant 0.75$	$0.75 < I_L \leqslant 1$	$I_L > 1$
状态	坚硬	硬塑	可塑	软塑	流塑

【例 3-7】 某地基土样的天然含水率 $w = 19.3\%$，液限 $w_L = 28.3\%$，塑限 $w_P = 16.7\%$。

（1）计算该土的塑性指数 I_P 及液性指数 I_L；

（2）确定该土的物理状态。

【解】

（1）由式（3-19）可知塑性指数：

$$I_P = w_L - w_P = 28.3 - 16.7 = 11.6$$

再由式（3-20）得液性指数：

$$I_L = \frac{w - w_P}{w_L - w_P} = \frac{19.3 - 16.7}{28.3 - 16.7} = 0.224$$

（2）由表 3-5 可知 $0 < I_L = 0.224 < 0.25$，所以该土处于硬塑状态。

3.3 土的压实性

土木工程中会遇到大量的填方工程。在施工时，为了提高填土的强度，增加土的密实度，降低其透水性和压缩性，提高土体的刚度、强度和稳定性，通常采用夯打、振动、碾压等方法分层压实填土。压实是指土体在压实能量作用下，土颗粒克服粒间阻力，产生相对位移，使土中的孔隙减小，密度增加的过程。

经验表明，压实黏性土宜用夯击机具或压强较大的碾压机具，同时必须控制土的含水率。含水率太高或太低都得不到好的压密效果。压实无黏性土时，则宜采用振动机具，同时充分洒水。两种不同的做法表明黏性土和无黏性土具有不同的压实性。

3.3.1 黏性土的压实性

黏性土的压实性与含水率、压实能和土的类型都有关，一般以压实后的干重度来衡量。在实验室中通常通过击实试验来研究黏性土的压实性。

1. 击实试验

击实试验方法由美国工程师普洛克托首先提出。设备包括：击实筒、护筒、导筒、击锤及底板，如图 3-7 所示。试验前，将击实筒固定在底板上，击实筒的上部固定一个护筒，方便后面的击实。固定在导筒中的击锤用来击实土样。试验前，将土样分成 6～7 份，控制每份土具有不同的含水率。然后对具有不同含水率的土样分别进行击实试验，测量其含水率和干重度。

具体试验步骤如下：将某含水率的一份土样分三层装满击实筒；每装一层土样后，用击锤从土样上方固定高度处以自由落体方式击打土样固定次数，当三层土样填满击实筒且被击实后，取出击实筒中土样，测出击实筒中压实土的含水率 w 和重度 γ，并按下式计算干重度 γ_d。

$$\gamma_d = \frac{\gamma}{1+w} \tag{3-21}$$

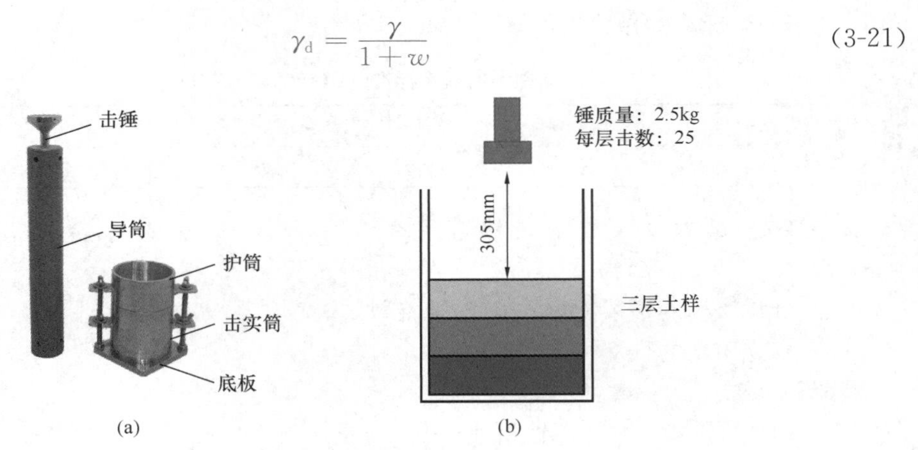

图 3-7 击实仪和击实试验示意图

当不同含水率土样都进行完击实试验后，以含水率为横坐标，干重度为纵坐标，绘制含水率—干重度曲线（也称击实曲线），如图 3-8所示。击实曲线表示这种土在不同含水率的情况下，按该种击实方式击实后，含水率和干重度之间的关系。击实试验具体操作过程可参考《土工试验方法标准》GB/T 50123—2019，国外规范可参考 ASTM 试验规程（ASTM Test Designation D-698）。对于标准普氏击实试验，这两个规范的规定是基本一致的，即击锤质量为 2.5kg，击实筒直径为 102mm（101.6mm），容积 947.4cm^3（1×10^{-3}m^3），落高为 305mm，每层土击 25 次。

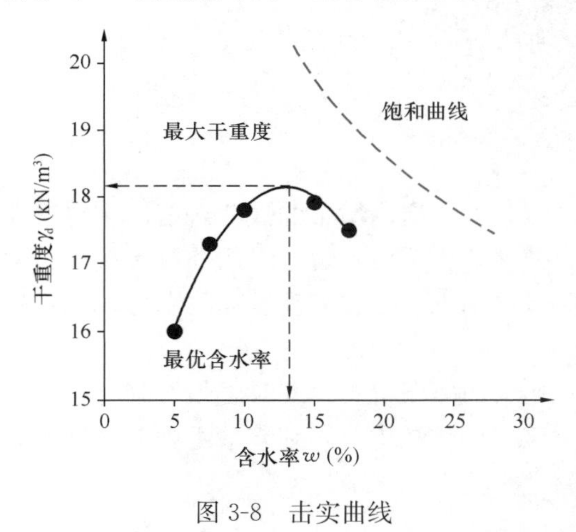

图 3-8 击实曲线

2. 最优含水率和最大干重度

黏性土在压实过程中存在最优含水率和最大干重度。由图 3-8 可见，在击实曲线的前半段，干重度随着含水率的增加逐渐增大，表明击实效果逐步提高；当含水率超过某一限值时，干重度随着含水率的增大而减小，表明击实效果逐步降低，这一含水率限值被称为最优含水率（w_{opt}），最优含水率对应的干重度峰值被称为最大干重度（$\gamma_{d,max}$），它代表以这种击实方式能够得到的最大干重度。

黏性土在最优含水率时击实效果最好。这是因为当含水率较小时，土中水主要是强结合水，土粒周围的结合水膜很薄，使得颗粒间具有很大的分子引力，阻止颗粒移动，击实比较困难；当含水率适当增大时，土中水包括强结合水和弱结合水，结合水膜变厚，土粒之间的联结力减弱而使土粒易于移动，击实效果好；但当含水率继续增大，以致土中出现自由水，由于黏性土的渗透性小，在击实过程中水来不及渗出，阻止土粒的靠拢，在压实曲线后半段击实效果反而下降。

对于给定含水率的土样，理论上将其压到最密就是将所有的气体都从孔隙中赶走。此时，土处于完全饱和状态，也达到了理论上该含水率下的最大压实度。土体的干重度可表示为：

$$\gamma_{\mathrm{d}}=\frac{G_{\mathrm{s}}\gamma_{\mathrm{w}}}{1+e} \tag{3-22}$$

将 $S_{\mathrm{r}}e=wG_{\mathrm{s}}$ 和 $S_{\mathrm{r}}=1$ 代入式（3-22），得到压密饱和状态的干重度 $\gamma_{\mathrm{d,\ zav}}$ 为：

$$\gamma_{\mathrm{d,\ zav}}=\frac{G_{\mathrm{s}}\gamma_{\mathrm{w}}}{1+wG_{\mathrm{s}}}=\frac{\gamma_{\mathrm{w}}}{w+\dfrac{1}{G_{\mathrm{s}}}} \tag{3-23}$$

$\gamma_{\mathrm{d,\ zav}}$ 的曲线就是理论上所能达到的最大压实曲线，也称饱和曲线，如图 3-8 中虚线所示。如图 3-8 所示，饱和曲线总是位于击实曲线右上方，击实曲线在峰值以右逐渐接近于饱和曲线，并大体上与它平行；在峰值以左，两根曲线差别较大，而且随着含水率减小，差值迅速增加。在饱和曲线上，当 $w=0$ 时，饱和曲线的干重度应等于土粒重度 γ_{s}。

3. 影响黏性土压实性的因素

黏性土的压实性除了与含水率有关外，还和土的类型和压实能有关。土的类型对压实曲线有很大影响。有学者研究了 35 个土样对应的压实曲线，归纳了 4 种代表类型。如图 3-9所示，A 型压实曲线有一个单峰，通常对应液限 30％～70％之间的黏性土；B 型有一个半峰，对应液限低于 30％的黏性土；C 型有两个峰，对应液限超过 70％或液限低于 30％的黏性土；D 型仅有单个半峰，对应液限超过 70％的黏性土。

同一种土，用不同的能量击实，得到的击实曲线会有一定的差异。图 3-10 给出了同

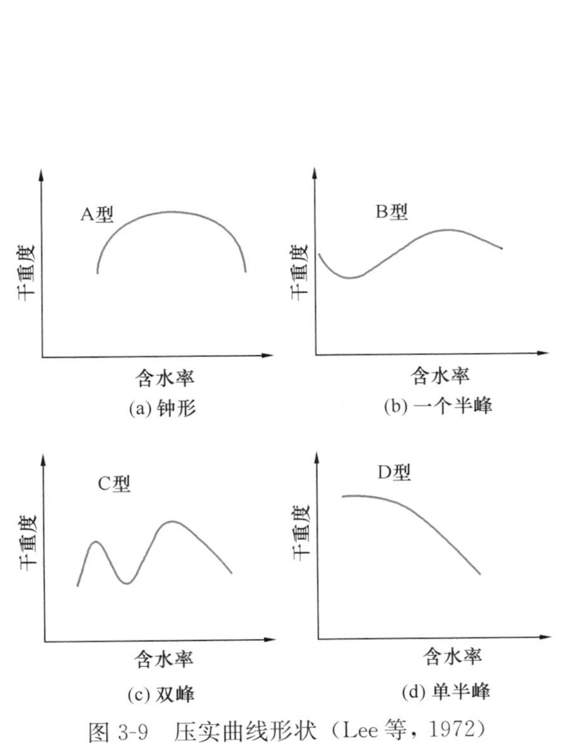

图 3-9　压实曲线形状（Lee 等，1972）

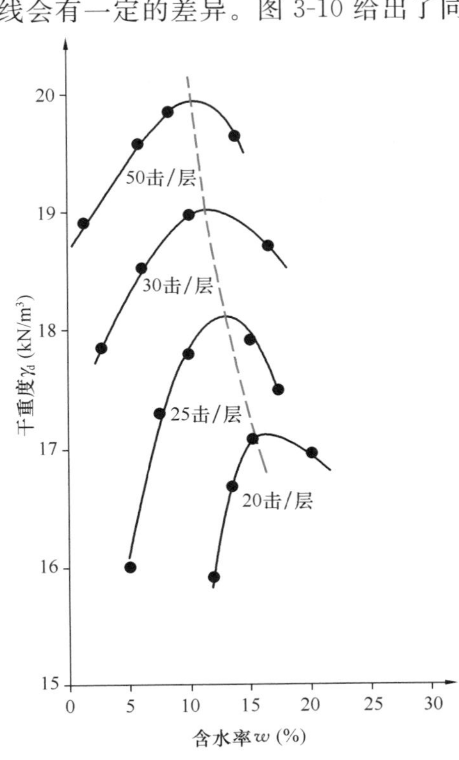

图 3-10　土的干重度和含水率的关系

一种土，击实次数分别为20次、25次、30次和50次的击实曲线。这些曲线对应的其他试验条件一致。图3-10表明，对于同一种土，最优含水率和最大干重度并不是恒定值。压实能越大，最优含水率越小，相应的最大干密度越高。

4. 黏性土的压实质量控制

由于黏性土存在最优含水率，因此在施工时应将土料的含水率控制在最优含水率左右，以期用较小的能量获得较高的密度。要根据具体工程对填土提出的要求和当地土料的天然含水率，选定合适的含水率，一般选用的含水率要求在 $w_{opt}\pm2\%$ 的偏差范围内。

黏性土压实质量的控制标准是压实系数 λ_c：

$$压实系数\ \lambda_c=\frac{现场干重度\ \gamma_d}{标准击实试验的最大干重度\ \gamma_{d,max}} \tag{3-24}$$

《建筑地基基础设计规范》GB 50007—2011和《建筑地基处理技术规范》JGJ 79—2012对建筑物的填土标准进行了统一规定，如表3-6所示。我国《公路路基设计规范》JTG D30—2015中规定：高速公路、一级公路的上路堤压实系数≥0.94，下路堤压实系数≥0.93。

压实填土地基压实系数控制值（GB 50007—2011） 表3-6

结构类型	填土部位	压实系数 λ_c	控制含水率（%）
砌体承重及框架结构	在地基主要受力层范围内	≥0.97	$w_{opt}\pm2$
	在地基主要受力层范围以下	≥0.95	
排架结构	在地基主要受力层范围内	≥0.96	
	在地基主要受力层范围以下	≥0.94	

3.3.2 无黏性土的压实性

无黏性土的压实性也与含水率有关，但一般不存在最优含水率。无黏性土在完全干燥或者充分洒水饱和的情况下容易压实到较大的干重度；潮湿状态，由于毛细压力增加了粒间阻力，土体不易被挤紧压实，因此干重度显著降低。粗砂在含水率为4%～5%，中砂在含水率为7%左右时，压实干重度最小，如图3-11所示。

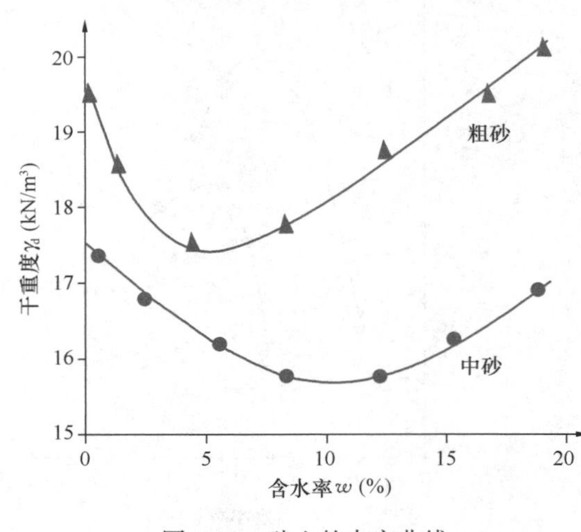

图3-11 砂土的击实曲线

无黏性土的压实标准，一般用相对密实度 D_r 控制。室内试验表明，对于饱和无黏性土，相对密实度大于0.70～0.75时，土的强度明显增加，变形显著减小。我国《公路桥涵地基与基础设计规范》JTG 3363—2019规定，砂石桩挤密地基要求达到的相对密实度，可取0.70～0.85。《水土保持工程设计规范》GB 51018—2014规定，土石坝的筑坝材料黏性土的填筑标准应按压实度确定，压实度不应小于94%；无黏性土的填筑标准按相对密实度确定，相对密实度不得小于0.65。

【例 3-8】在实验室中进行标准击实试验结果如表 3-7 所示，确定压实土的最大干重度和最优含水率。

例 3-8 表　　表 3-7

击实筒体积（cm^3）	土样重量（N）	含水率 w（%）
944	16.81	10
944	17.84	12
944	18.41	14
944	18.33	16
944	17.84	18

【解】首先计算天然重度的定义，再根据 $\gamma_d = \frac{\gamma}{1+w}$ 计算干重度，结果如表 3-8 所示。

例 3-8 计算结果　　表 3-8

击实筒体积（cm^3）	土样重量（N）	天然重度 γ（kN/m^3）	含水率 w（%）	干重度 γ_d（kN/m^3）
944	16.81	17.81	10	16.19
944	17.84	18.90	12	16.87
944	18.41	19.50	14	17.11
944	18.33	19.42	16	16.74
944	17.84	18.90	18	16.02

根据表中数据绘制压实曲线如图 3-12 所示，则可得最大干重度为 $17.11kN/m^3$，最优含水率为 14%。

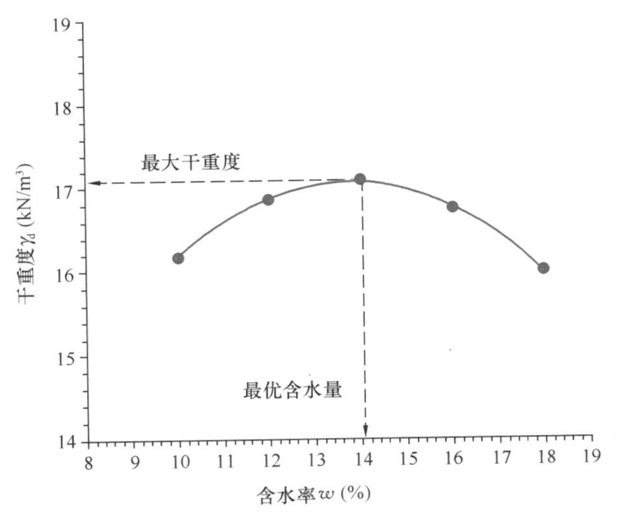

图 3-12　例 3-8 击实曲线

【例 3-9】某土料场为黏性土，天然含水率 $w = 21\%$，土料相对密度 $G_s = 2.70$，室内标准击实试验得到的最大干密度 $\rho_{d,max} = 1.85g/cm^3$，设计要求压实系数为 0.95，并要求

压实后的饱和度 $S_r \leqslant 0.9$，土料的天然含水率是否适于填筑？碾压时土料应控制多大的含水率？

【解】根据压实系数公式（3-24）计算填土的干密度：

$$压实系数 = \frac{现场测试的干重度\ \gamma_d}{标准击实试验的最大干重度\ \gamma_{d,\max}} = \frac{\rho_d g}{\rho_{d,\max} g} = 0.95$$

$$\rho_d = 1.85 \times 0.95 = 1.76 \mathrm{g/cm^3}$$

绘制土体三相图，设 $V_s = 1.0\mathrm{cm^3}$，如图 3-13 所示：

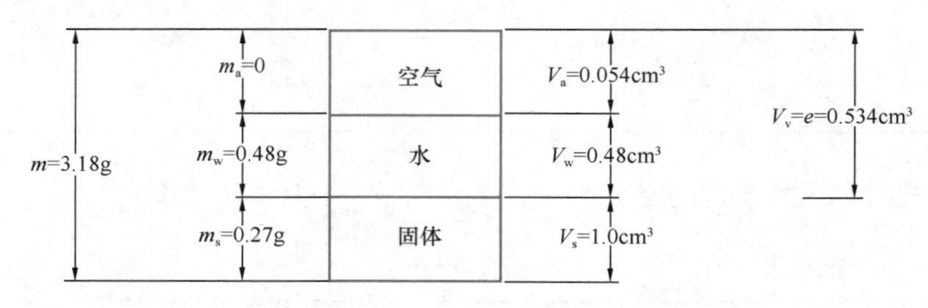

图 3-13　例 3-9 三相图

根据表 3-2 中 $\rho_d = \frac{G_s \rho_w}{1+e}$ 计算得孔隙比：

$$e = \frac{G_s \rho_w}{\rho_d} - 1 = 0.534$$

计算孔隙体积：

$$V_a = eV_s = 0.534\mathrm{cm^3}$$

按饱和度 $S_r = 0.9$ 控制含水率，根据饱和度计算水的体积：

$$V_w = S_r V_v = 0.9 \times 0.534 = 0.48\mathrm{cm^3}$$

则水的质量：

$$m_w = \rho_w V_w = 0.48\mathrm{g}$$

计算含水率：

$$w = \frac{m_w}{m_s} = \frac{0.48}{2.7} = 17.8\% \approx 18\%$$

因此，碾压时土料的含水率应控制稍小于 18%，而料场土体的天然含水率 $w = 21\%$，偏高 3%以上，不适于直接填筑，应进行翻晒处理。

3.4　土的结构性

土颗粒间的几何排列称为土的结构。土的结构受诸多因素影响，包括土颗粒的形状、大小和矿物组成，以及土中水的性质和成分。下面分别介绍无黏性土和黏性土的结构。

3.4.1　无黏性土的结构

无黏性土的常见结构包括单粒结构［图 3-14(a)］和蜂窝结构［图 3-14(b)］。

单粒结构一般是土粒在重力作用下堆积而成的，这种结构中土粒与周围土粒产生点对点相接触。无黏性土的颗粒一般为砾粒、砂粒和粉粒。砾粒间没有联结力，砂粒和粉粒潮

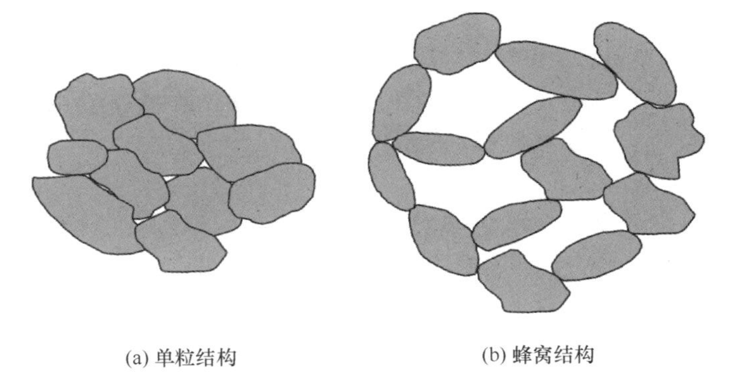

图 3-14　无黏性土的结构

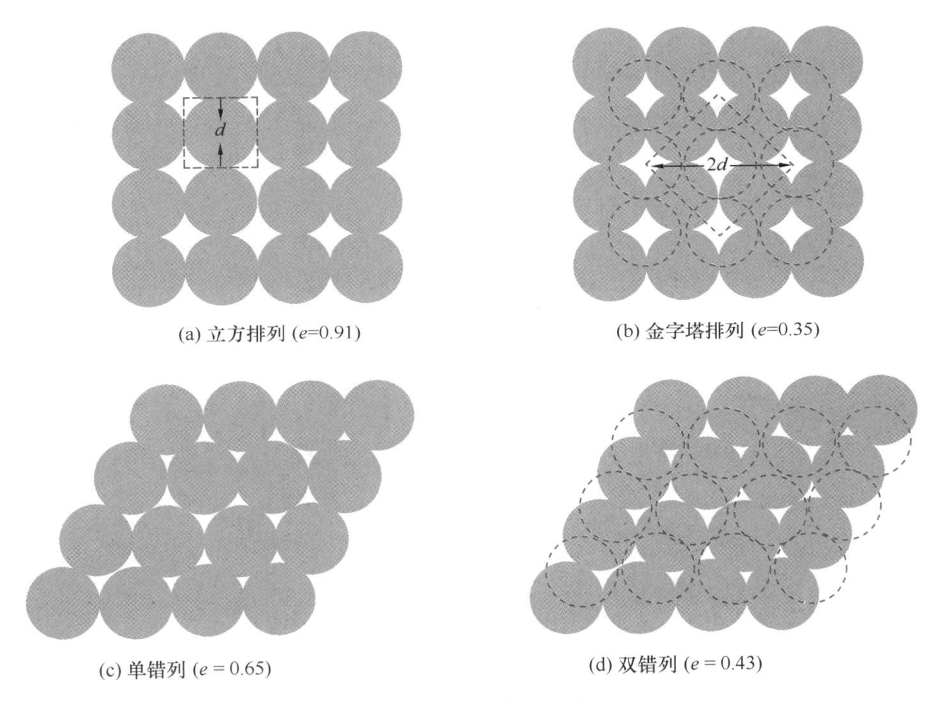

图 3-15　土的球体颗粒模型

湿时有微弱的联结，在干燥或完全浸没于水中时则没有联结。由于无黏性土的颗粒较大，比表面积小，土粒自重远大于粒间相互作用力，所以粒间联结很微弱，形成单粒结构。

土粒形状、粒径及相对位置都影响单粒结构土体的密实度，因此单粒结构土体的孔隙比变化范围较大。下面用球体颗粒模型说明颗粒排列产生的孔隙比变化。图 3-15(a) 表示简单立方排列，在该排列方式下结构松散，孔隙比为 $e=0.91$。图 3-15(b) 表示金字塔排列，在该排列方式下结构密实，孔隙比为 $e=0.35$。在这两个状态之间还存在其他排列方式，比如图 3-15(c) 的单错列结构（$e=0.65$），图 3-15(d) 的双错列结构（$e=0.43$）。

土粒与球体颗粒的不同之处在于土粒大小不均匀，形状也不规则。较小的颗粒可能填充较大颗粒之间的空隙，从而降低了孔隙比，但颗粒形状的不规则有时又会导致孔隙比增加。因此，实际土体孔隙比的范围与上述球体颗粒模型中得到的大致相同。

在蜂窝结构［图 3-14(b)］中，粉粒和砂粒可形成链条式的粒间接触，从而使土体具有较大的孔隙比。蜂窝结构不太稳定，土体可承受一定的静荷载，但在重载或冲击荷载作用下，结构会发生破坏并可导致变形过大。

3.4.2 黏性土的结构

黏性土的结构高度复杂，对其宏观力学性质有着重要影响。为了解黏性土的基本结构，下面以水中黏性土颗粒之间的作用力和结构来进行说明。

黏土颗粒微小，比表面积很大，重力往往不起主要作用，主要由粒间引力（主要为范德华力）与斥力（双电层产生黏土颗粒的互斥）主导其结构形成。当黏土颗粒开始分散在水中时，颗粒间距较大，颗粒间的斥力大于引力。因此，颗粒可以非常缓慢地沉降或保持悬浮状态，并发生布朗运动，形成分散结构，颗粒大致平行［图 3-16(a)］。随后，黏土颗粒在运动中逐渐聚集成絮凝体，絮凝体变大后在重力作用下沉降，形成絮凝结构［图 3-16(b)］。盐离子会抑制双电层从而导致颗粒间的排斥减小，因此，在盐水中，黏土颗粒更容易形成絮凝体并沉降。在海洋环境中形成的黏性土沉积物具有高度絮凝结构，淡水形成的沉积物大多为介于分散和絮凝之间的中间结构。一般来说，当孔隙比相同时，絮凝结构较分散结构具有更高的强度、更低的压缩性和更大的渗透性。

以上是黏性土的两种典型结构。实际上，天然土的结构通常不是单一的结构，而是先由颗粒连接成大小不等的团粒或片组，再由各种团粒和颗粒组成综合结构（图 3-17）。

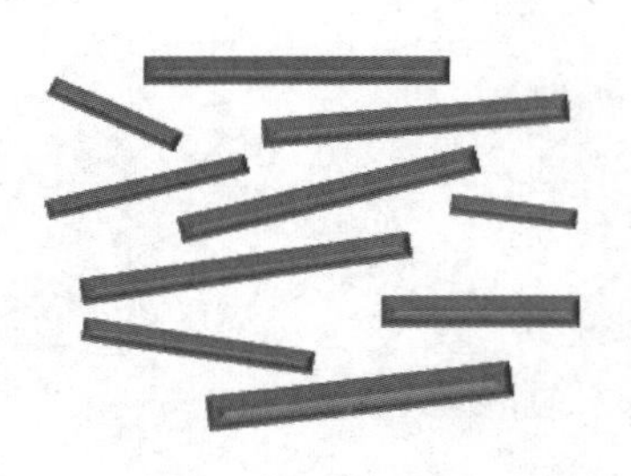

(a) 分散结构

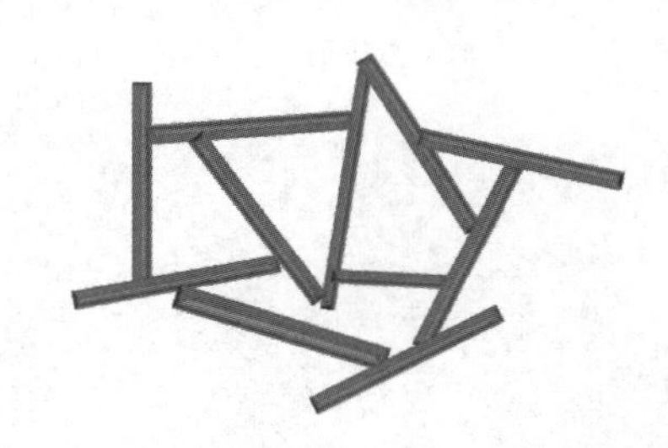

(b) 絮凝结构

图 3-16　黏性土的结构

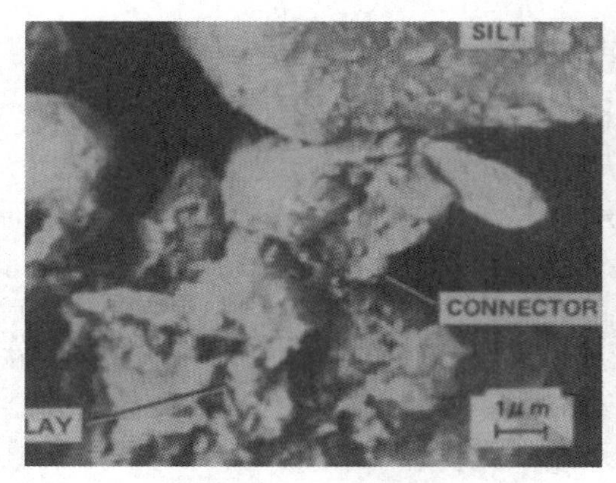

(a) 冰岛Breidmerkur粉质冰碛土

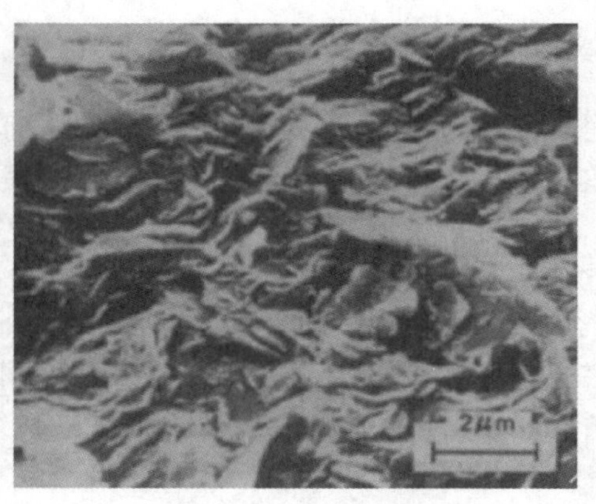

(b) 英国Immingham粉质黏土

图 3-17　典型黏土微观结构 SEM 照片（Mitchell 等，2005）

思 考 题 与 习 题

3-1　某土料的已知物理指标见表 3-9，求空格中的指标值。

习题 3-1 表　　**表 3-9**

物理指标		γ (kN/m³)	γ_d (kN/m³)	G_s	w (%)	e	n (%)	S_r (%)
土料	1			2.69	85		70	
	92	16.97		2.70		1.22		

3-2　已知原状土的含水率 $w = 28.1\%$，重度 $\gamma = 18.8\text{kN/m}^3$，土粒重度 $\gamma_s = 27.2\text{kN/m}^3$（或相对密度 $G_s = 2.72$），液限 $w_L = 30.1\%$，塑限 $w_P = 19\%$，试求：(1) 土的孔隙比 e 及土样饱和时的含水率和重度；(2) 确定土的分类名称及其物理状态。

3-3　某砂层的天然饱和重度 $\gamma_{sat} = 19.91\text{kN/m}^3$，土粒相对密度为 2.67，试验测得该砂最松时装满 1000cm^3 容器需干砂 1550g，最密状态时需干砂 1700g，求相对密实度是多少？

3-4　某干砂试样密度 1.69t/m^3，土粒相对密度为 2.70，置于雨中，若砂样体积不变，饱和度增加到 40%，求此砂样在雨中的重度和含水率。

3-5　某一施工现场需要填土，其坑的体积为 2000m^3，土方来源是从附近土丘开挖，经勘察，土粒相对密度为 2.70，含水率为 15%，孔隙比为 0.60，要求填土的含水率为 17%，干重度为 17.6kN/m^3：

(1) 取土场土的重度、干重度和饱和度分别是多少？

(2) 应从取土场开采多少方土？

(3) 碾压时应洒多少水？填土的孔隙比是多少？

3-6　用来修建土堤的土料料场，土的天然密度 $\rho = 1.92\text{ g/cm}^3$，含水率 $w = 20\%$，相对密度 $G_s = 2.70$。现要修建一压实干密度为 $\rho_d = 1.70\text{ g/cm}^3$，体积为 80000m^3 的土堤，如果备料裕量按 20% 考虑，求修建该土堤需在料场开挖天然土的体积。

3-7　从 A、B 两地土层中各取黏性土样进行试验，恰好其液、塑限相同，即：液限 $w_L = 45\%$，塑限 $w_P = 30\%$，但 A 地土的天然含水率为 45%，而 B 地土的天然含水率为 25%；试求 A、B 两地地基土的液性指数各是多少？通过判断土的状态，确定哪个地基土比较好？（提示：地基强度好坏与黏性土的液性指数有关）

3-8　影响土的压实因素有哪些？填土的压实质量又是如何控制的？

3-9　某土坝料场土的天然含水率 $w = 20\%$，土粒相对密度 $G_s = 2.70$，土的压实标准为 $\rho_d = 1.70\text{ g/cm}^3$，为避免过度碾压而发生剪切破坏，压实土的饱和度 S_r 不宜超过 0.85，问此料场的土料是否适合筑坝？如果不适合，建议采取什么措施？

3-10　地震烈度为 8 度的地震区要求砂土压实到相对密实度 $D_r = 0.7$ 以上，经测试某料场砂的最大干密度 $\rho_{d,max} = 1.96\text{g/cm}^3$，最小干密度 $\rho_{d,min} = 1.46\text{g/cm}^3$，问这种砂碾压到多大干密度才能满足抗震要求？（砂的相对密度 $G_s = 2.65$）。

3-11　某标准击实试验的试验结果如表 3-10 所示。

(1) 确定压实土的最大干密度和最优含水率，击实筒的容积为 943.3cm^3；

（2）确定在最优含水率时压实土的孔隙比和饱和度，相对密度 $G_s=2.68$。

习题 3-11 表 **表 3-10**

试验编号	击实筒中土样的质量（kg）	含水率 w（%）
1	1.78	5.0
2	1.87	7.5
3	1.95	10.0
4	1.98	12.5
5	2.02	15.0
6	1.97	17.5
7	1.90	20.0

第4章 土的工程分类

4.1 一般原则

自然界的土类众多，工程性质各异。土的分类是根据土的工程性质差异，将土划分成一定的类别。目前不同国家地区、不同行业根据工程特点和实践经验，制定了各种分类方法，但一般遵循下列两个基本原则。一是简明的原则，即采用尽可能简单的指标，确保工程中使用方便；二是工程特性差异的原则，即所采用的指标要在一定程度上区分不同类型工程用土的特性。例如，对于粗粒土，其工程性质取决于颗粒特征，所以常用粒度成分进行土的分类；对于细粒土，则采用反映土粒与水相互作用的可塑性指标进行土的分类。

4.2 《建筑地基基础设计规范》分类系统

我国《建筑地基基础设计规范》GB 50007—2011（以下简称《地基规范》）对土进行分类时，主要按颗粒级配和塑性指数对土进行划分，分为碎石土、砂土、粉土和黏性土。

1. 碎石土

粒径大于2mm的颗粒含量超过全重50%的土称为碎石土。根据颗粒级配和颗粒形状可细分为漂石、块石、卵石、碎石、圆砾和角砾（表4-1）。

碎石土分类（GB 50007—2011） 表4-1

土的名称	颗粒形状	颗粒级配
漂石	圆形及亚圆形为主	粒径大于200mm的颗粒含量超过全重50%
块石	棱角形为主	
卵石	圆形及亚圆形为主	粒径大于20mm的颗粒含量超过全重50%
碎石	棱角形为主	
圆砾	圆形及亚圆形为主	粒径大于2mm的颗粒含量超过全重50%
角砾	棱角形为主	

注：定名时应根据颗粒级配由大到小以最先符合者确定。

2. 砂土

粒径大于2mm的颗粒含量不超过全重50%，且粒径大于0.075mm的颗粒含量超过全重50%的土称为砂土。根据颗粒级配可细分为砾砂、粗砂、中砂、细砂和粉砂（表4-2）。

砂土分类（GB 50007—2011） 表4-2

土的名称	颗粒级配
砾砂	粒径大于2mm的颗粒含量占全重25%～50%
粗砂	粒径大于0.5mm的颗粒含量超过全重50%
中砂	粒径大于0.25mm的颗粒含量超过全重50%
细砂	粒径大于0.075mm的颗粒含量超过全重85%
粉砂	粒径大于0.075mm的颗粒含量超过全重50%

注：定名时应根据颗粒级配由大到小以最先符合者确定。

3. 粉土

粉土为介于砂土与黏性土之间，粒径大于0.075mm的颗粒含量不超过全重50%（即细粒含量超过50%），且塑性指数$I_P \leqslant 10$的土。一些地方规范（如上海、天津、深圳等）和行业规范，根据黏粒含量的多少对粉土进行了细分。例如，上海市《岩土工程勘察规范》DGJ 08—37—2018对粉土的划分如表4-3所示。

粉土分类（DGJ 08—37—2018） 表4-3

土的名称	颗粒级配
砂质粉土	粒径小于0.005mm的颗粒含量不超过全重10%
黏质粉土	粒径小于0.005mm的颗粒含量超过全重10%

4. 黏性土

细粒含量超过50%，且塑性指数I_P大于10的土称为黏性土。根据塑性指数I_P按表4-4分为粉质黏土和黏土。

黏性土分类（GB 50007—2011） 表4-4

土的名称	塑性指数I_P
黏土	$I_P > 17$
粉质黏土	$10 < I_P \leqslant 17$

注：塑性指数I_P应由76g圆锥体沉入土样中深度为10mm时测定的液限计算而得。

除此之外，《地基规范》还给出了具有特殊成分、状态特征的土（即特殊土）的定义，包括：淤泥和淤泥质土、泥炭和泥炭质土、红黏土、人工填土、膨胀土、湿陷性土等，这里不做介绍，具体内容详见《地基规范》。

【例4-1】有一土样的粒径级配分析结果如表4-5所示，并测得土中细粒部分的液限为40%，塑限为32%。试对该土样进行分类定名。

例 4-1 表　　　　表 4-5

粒径（mm）	>1.0	1～0.5	0.5～0.25	0.25～0.1	0.1～0.075	<0.075
粒组含量（%）	5	3	7	15	16	54

【解】采用《地基规范》分类法，粒径≥0.075mm 累积含量为 46%，不超过全部质量的 50%，且塑性指数 $I_P = w_L - w_P = 40 - 32 = 8 < 10$。综上，该土为粉土。

【例 4-2】如图 4-1 所示为两种土的级配曲线，A 土为无黏性土，B 土的液限 $w_L = 22\%$，塑限 $w_P = 14\%$。试对这两种土进行分类定名。

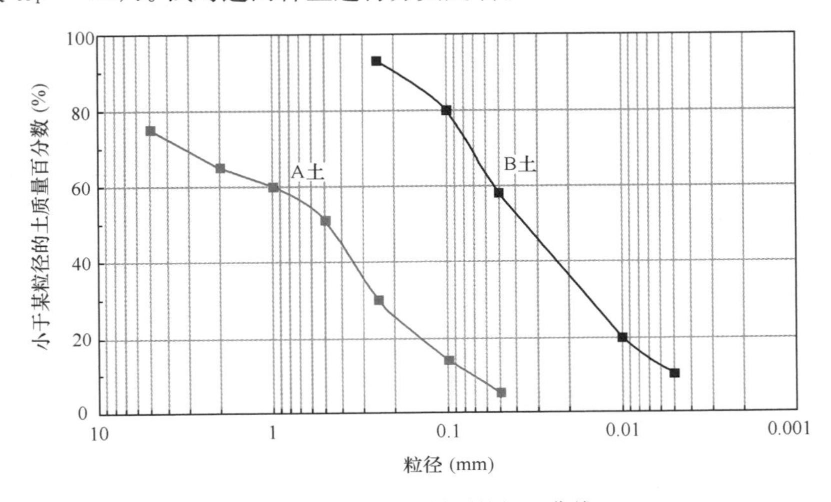

图 4-1　例 4-2 土样颗粒级配曲线

【解】采用《地基规范》分类法，由级配曲线可确定，A 土中粒径大于 2mm 的颗粒含量为 35%，不超过全重 50%，粒径大于 0.075mm 的颗粒含量为 90%，超过全重 50%，故 A 土属于砂土；又粒径大于 2mm 的颗粒含量占全重 35%，在 25%～50%范围内，故 A 土为砾砂。

B 土中粒径大于 2mm 的颗粒含量为 0，且粒径大于 0.075mm 的颗粒含量为 28%，不超过全重 50%，塑性指数 $I_P = 22 - 14 = 8 < 10$，故 B 土属于粉土；依据上海市《岩土工程勘察规范》DGJ 08—37—2018，由于粒径小于 0.005mm 的颗粒含量为 10%，不超过全重 10%，故 B 土为砂质粉土。

4.3　USCS（Unified Soil Classification System）分类系统

USCS（Unified Soil Classification System）分类系统，又称为土的统一分类系统，是由卡萨格兰德（Casagrande，1942）提出的一种土的工程分类系统。1952 年该系统被重新修订，后被写入 ASTM 试验规范。该系统考虑了土的粒度成分和塑性指标，主要适用于重塑土，但忽略了土的结构性，也无法考虑土的成因、年代对工程性质的影响。

1. 粒组划分

USCS 分类系统按照美国标准筛进行颗分试验。以 200 号筛（0.075mm）为粗细颗粒分界，以 4 号筛（4.75mm）为砂石分界，各粒组含量定义如下：

细粒含量——通过 200 号筛的百分比；

粗粒含量——留在 200 号筛上的百分比；

碎石含量——留在 4 号筛上的百分比；

砂粒含量——留在 200 号筛上的百分比减去留在 4 号筛上的百分比，即粗粒含量－碎石含量。

2. 分类方法

USCS 分类系统如表 4-6 所示，根据各粒组的含量、不均匀系数 C_u、曲率系数 C_c 和塑性图（图 4-2）确定土类代号。塑性图是美、英、日、德、印等国家长期用于细粒土分类的标准，国际上称其为卡萨格兰德塑性图。

USCS 分类系统 **表 4-6**

<table>
<tr><th colspan="4">分类标准</th><th>土类代号</th></tr>
<tr><td rowspan="8">粗粒土（粗粒含量＞50%）</td><td rowspan="4">碎石土（碎石含量＞50%）</td><td rowspan="2">细粒含量＜5%</td><td>$C_u \geqslant 4$ 且 $1 \leqslant C_c \leqslant 3$</td><td>GW</td></tr>
<tr><td>$C_u < 4$ 或 $C_c < 1$ 或 $C_c > 3$</td><td>GP</td></tr>
<tr><td rowspan="2">细粒含量＞12%</td><td>$I_P < 4$ 或低于 A 线</td><td>GM</td></tr>
<tr><td>$I_P > 7$ 且高于 A 线或落在 A 线上</td><td>GC</td></tr>
<tr><td rowspan="4">砂土（碎石含量≤50%）</td><td rowspan="2">细粒含量＜5%</td><td>$C_u \geqslant 6$ 且 $1 \leqslant C_c \leqslant 3$</td><td>SW</td></tr>
<tr><td>$C_u < 6$ 或 $C_c < 1$ 或 $C_c > 3$</td><td>SP</td></tr>
<tr><td rowspan="2">细粒含量＞12%</td><td>$I_P < 4$ 或低于 A 线</td><td>SM</td></tr>
<tr><td>$I_P > 7$ 且高于 A 线或落在 A 线上</td><td>SC</td></tr>
<tr><td rowspan="6">细粒土（细粒含量≥50%）</td><td rowspan="3">粉土、黏土（$w_L < 50\%$）</td><td rowspan="2">无机</td><td>$I_P > 7$ 且高于 A 线或落在 A 线上</td><td>CL</td></tr>
<tr><td>$I_P < 4$ 或低于 A 线</td><td>ML</td></tr>
<tr><td>有机</td><td>$\frac{w_{L\_OD}}{w_L} < 0.75$；OL 区域</td><td>OL</td></tr>
<tr><td rowspan="3">粉土、黏土（$w_L \geqslant 50\%$）</td><td rowspan="2">无机</td><td>I_P 高于 A 线或落在 A 线上</td><td>CH</td></tr>
<tr><td>I_P 低于 A 线</td><td>MH</td></tr>
<tr><td>有机</td><td>$\frac{w_{L\_OD}}{w_L} < 0.75$；OH 区域</td><td>OH</td></tr>
<tr><td>高度有机质土</td><td colspan="3">主要为有机物，颜色较深，含有机气味</td><td>Pt</td></tr>
</table>

注：1. 土类代号由两个缩写字母组成，符号含义如下：

G：Gravel，S：Sand，M：Inorganic silt，C：Inorganic clay，O：Organic silts and clays，Pt：Peat，muck and other highly organic soils；

W：Well-graded，P：Poorly graded；

L：Low plasticity（$w_L < 50\%$），H：High plasticity（$w_L \geqslant 50\%$）。

2. w_L：土样在风干后测得的液限；w_{L_OD}：土样经过烧失量试验后测得的液限。

3. $C_u = \frac{d_{60}}{d_{10}}$；$C_c = \frac{d_{30}^2}{d_{60} \times d_{10}}$。

4. 双重代号：对于细粒含量在 5%～12%之间的碎石土和砂土，需要使用双重代号；当 $4 \leqslant I_P \leqslant 7$，且点落在图 4-2 的阴影区时也需要用双重代号。

5. 确定土类代号后，再根据图 4-3～图 4-5 中的流程确定土的具体名称。

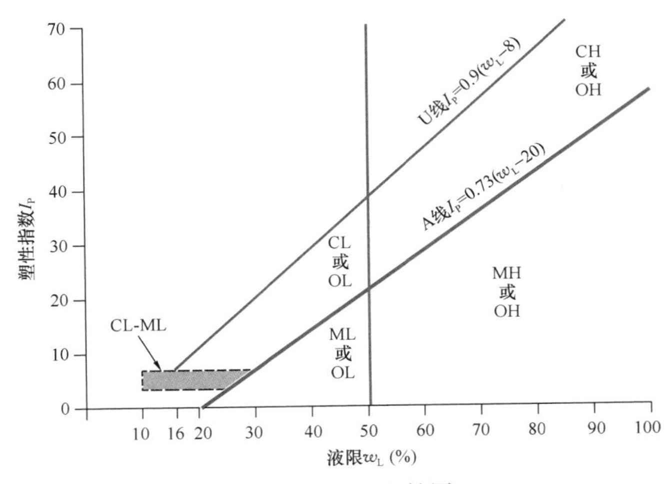

图 4-2 USCS 塑性图

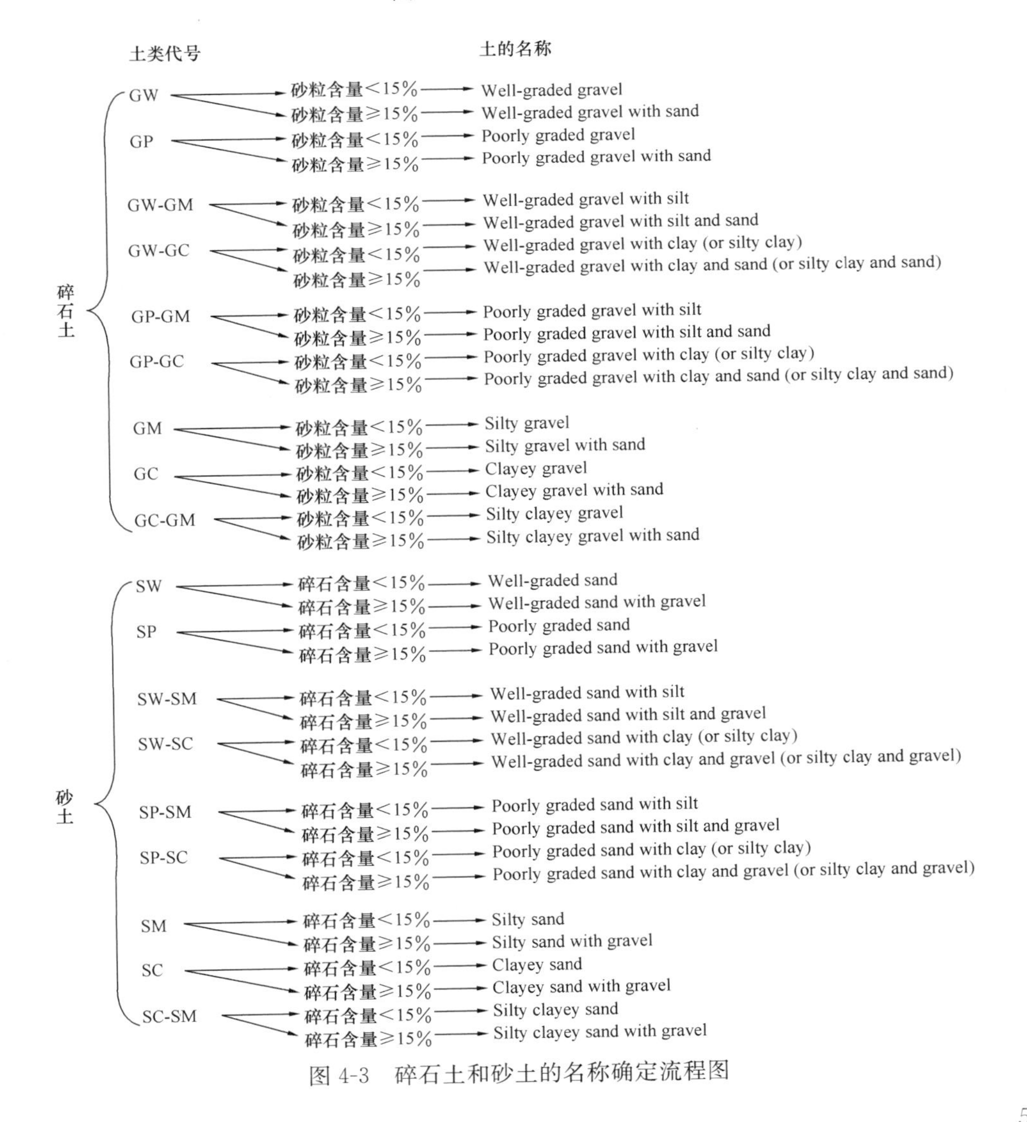

图 4-3 碎石土和砂土的名称确定流程图

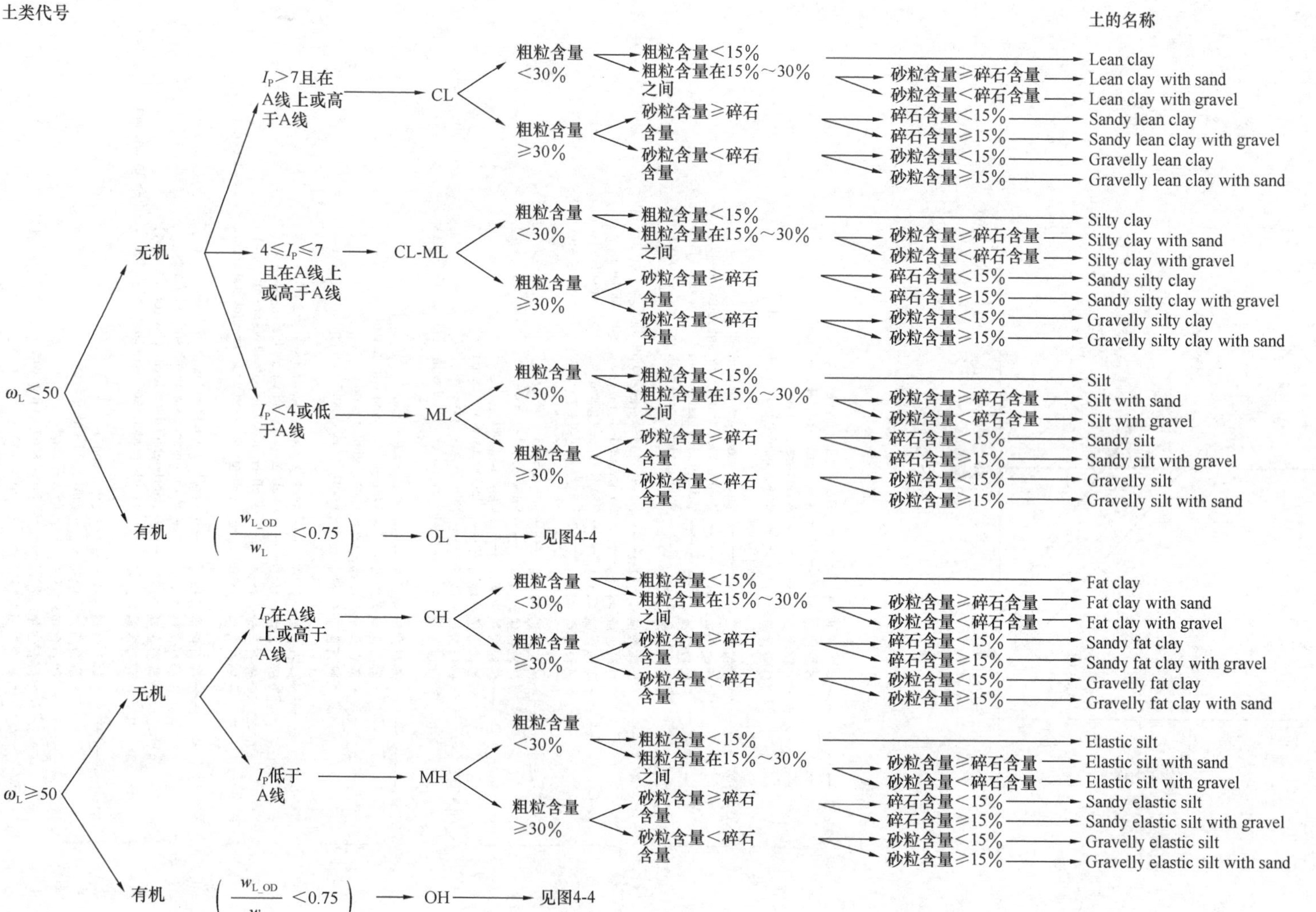

图 4-4 粉土与黏土的名称确定流程图

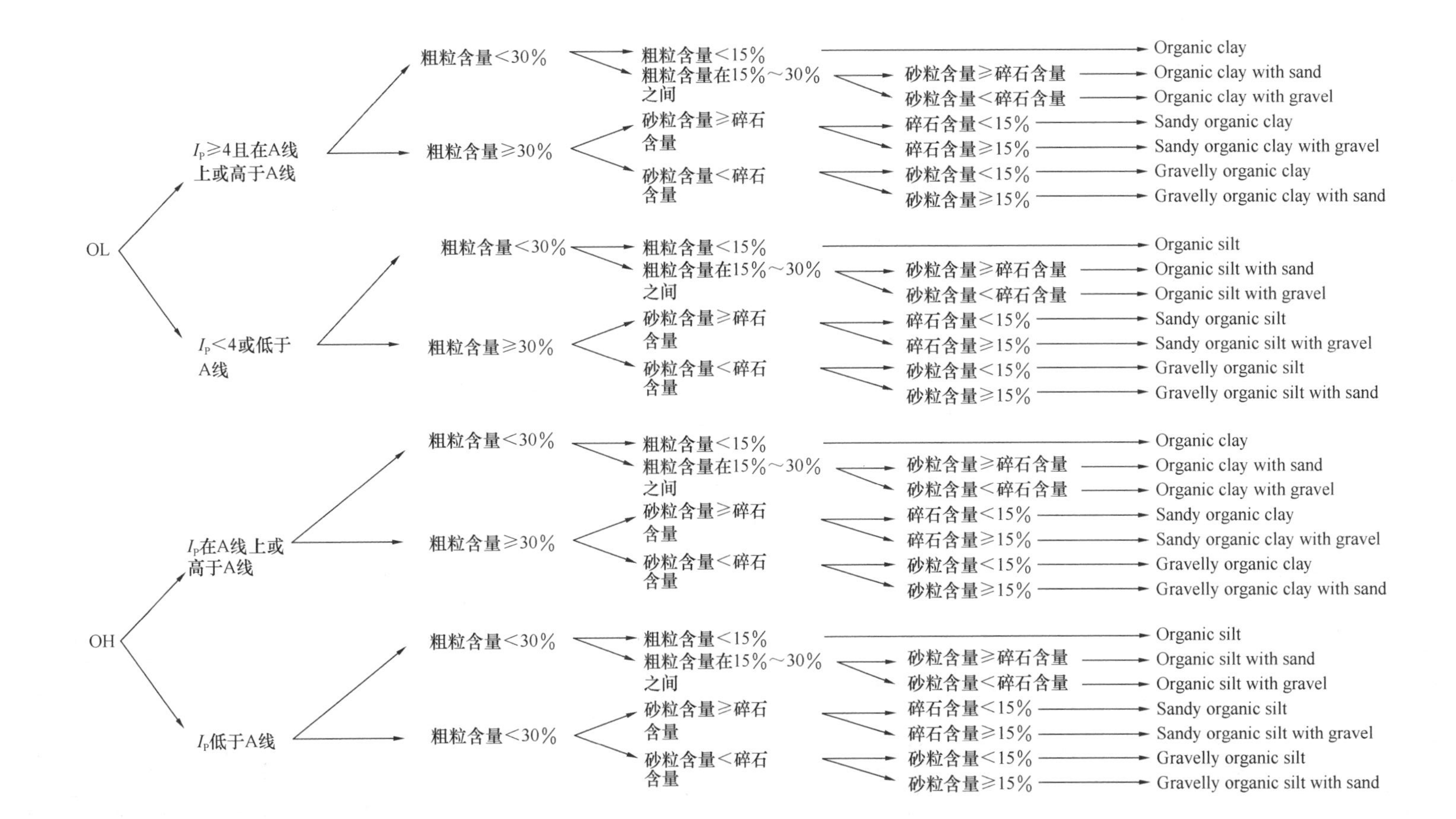

图 4-5　有机粉土与有机黏土的名称确定流程图

【例 4-3】有一无机土样的粒径分析结果如下：碎石含量为 0，细粒含量为 58%。已知土的液限 $w_L = 30$，塑性指数 $I_P = 10$。试根据 USCS 分类系统对该土进行分类并定名。

【解】细粒含量为 58%，由表 4-6 可知该土为细粒土。土的液限 $w_L = 30$，塑性指数 $I_P = 10$，由图 4-2 可知该土落在 A 线上方 CL 区域。

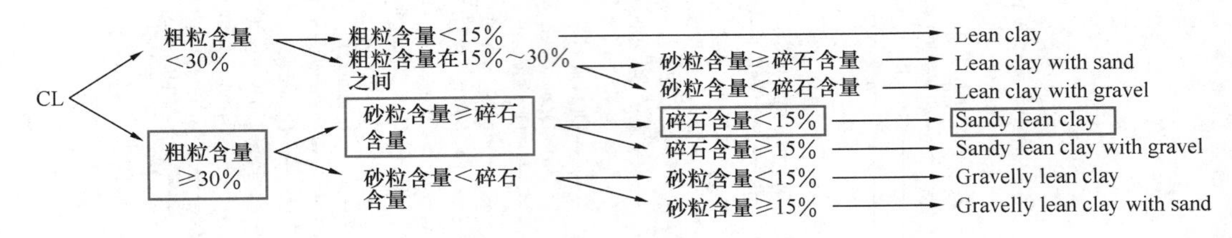

图 4-6　例 4-3 土的名称的确定

对于土的名称，参考图 4-4，粗粒含量为 100%－58%＝42%（＞30%），砂粒含量为 42%－0＝42%，又因为碎石含量为 0（＜15%）故砂粒含量＞碎石含量，由图 4-6 所示流程确定该土的名称为 Sandy lean clay。

【例 4-4】两种无机土的粒径级配曲线如图 4-7 所示，表 4-7 中给出了其液限和塑限，试根据 USCS 分类系统确定这两种土的土类代号和土的名称。

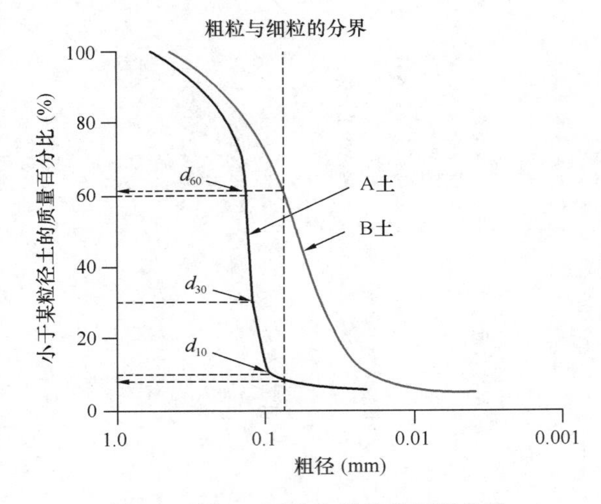

图 4-7　例 4-4 两种土的粒径级配曲线

例 4-4 两种土的液塑限　　表 4-7

	A 土	B 土
液限（%）	30	26
塑限（%）	22	20

【解】A 土：

由图 4-7 可知 A 土粗粒含量 92%（＞50%），由表 4-6 知 A 土为粗粒土，且其碎石含量为 0（＜50%），故为砂土。

因为细粒含量为 8%，在 5%～12%之间，所以需采用双重代号表示。

由 $d_{10}=0.085\text{mm}$，$d_{30}=0.12\text{mm}$，$d_{60}=0.135\text{mm}$ 得：

$$C_{\mathrm{u}}=\frac{d_{60}}{d_{10}}=\frac{0.135}{0.085}=1.59<6$$

$$C_{\mathrm{c}}=\frac{d_{30}^{2}}{d_{60}\times d_{10}}=\frac{0.12^{2}}{0.135\times 0.085}=1.25>1$$

故其中一个代号为 SP。

由液限 $w_{\mathrm{L}}=30$，塑性指数 $I_{\mathrm{P}}=30-22=8$（>7）知其处于图 4-2 中 A 线上方，故另一个代号为 SC。则该土的双重代号为 SP-SC。

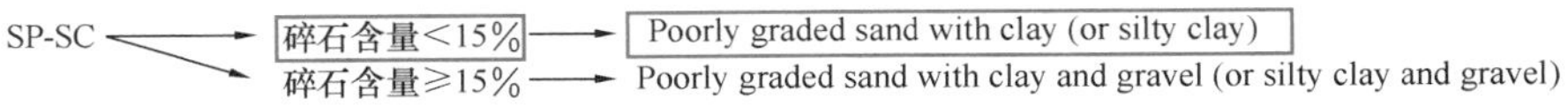

SP-SC
碎石含量<15% → Poorly graded sand with clay (or silty clay)
碎石含量≥15% → Poorly graded sand with clay and gravel (or silty clay and gravel)

图 4-8　例 4-4A 土名称的确定

为了确定土的名称，参考图 4-3，A 土碎石含量为 0（<15%），由图 4-8 确定 A 土名称为 Poorly graded sand with clay (or silty clay)。

B 土：

由图 4-7 可知 B 土细粒含量为 61%（>50%），由表 4-6 知 B 土为细粒土。由液限 $w_{\mathrm{L}}=26$（<50），塑性指数 $I_{\mathrm{P}}=26-20=6$ 知其处于图 4-2 中阴影区域，因此 B 土代号为 CL-ML。

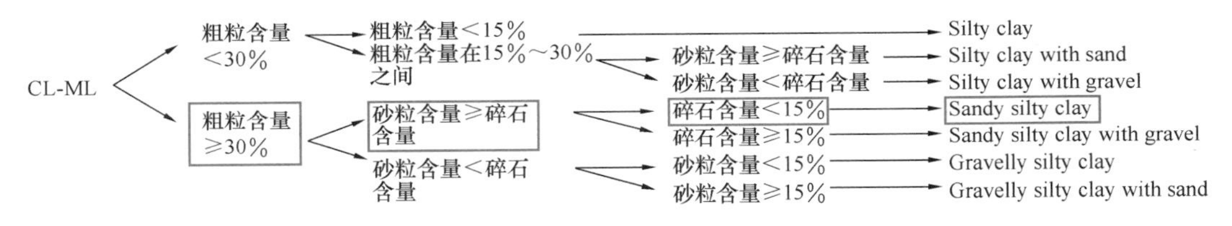

图 4-9　例 4-4B 土名称的确定

对于土的名称，根据图 4-4，B 土粗粒含量为 39%（>30%），碎石含量为 0（<15%），则砂粒含量为 39%，故砂粒含量>碎石含量，由图 4-9 确定 B 土名称为 Sandy silty clay。

4.4　USDA 分类系统

USDA（U.S. Department of Agriculture，美国农业部）以土壤为对象建立了一套分类系统，这套系统主要应用于农业领域。注意“土壤”一词，指地球表面能生长植物的一层疏松物质，与土力学中关注的“土”“土体”不是一个概念。一般来说，土壤的颗粒较细。因此，该分类方法基于以下粒径分组：0.05～2mm（砂粒），0.002～0.05mm（粉粒），小于 0.002mm（黏粒）。图 4-10 为 USDA 系统的土壤分类三角图，共包含黏土、砂土、粉土等 12 种土类。

三角图的使用方法可以通过一个例子来说明。假设根据颗分试验，A 土的砂粒含量为 30%、粉粒含量为 40%、黏粒含量为 30%。按照图 4-10 中箭头所示的方式确定这种土属于黏质壤土（Clay loam）。需注意，此三角图仅适用于能全部通过 10 号筛（2mm）的土。若有部分粒径超过 2mm（USDA 定义的碎石），则需要对碎石含量进行修正。例如，B 土包括 20%碎石、10%砂粒、30%粉粒和 40%黏粒，则修正后的各部分含量为：

砂粒：$\frac{10\%\times100}{100-20}=12.5\%$；

粉粒：$\frac{30\%\times100}{100-20}=37.5\%$；

黏粒：$\frac{40\%\times100}{100-20}=50\%$。

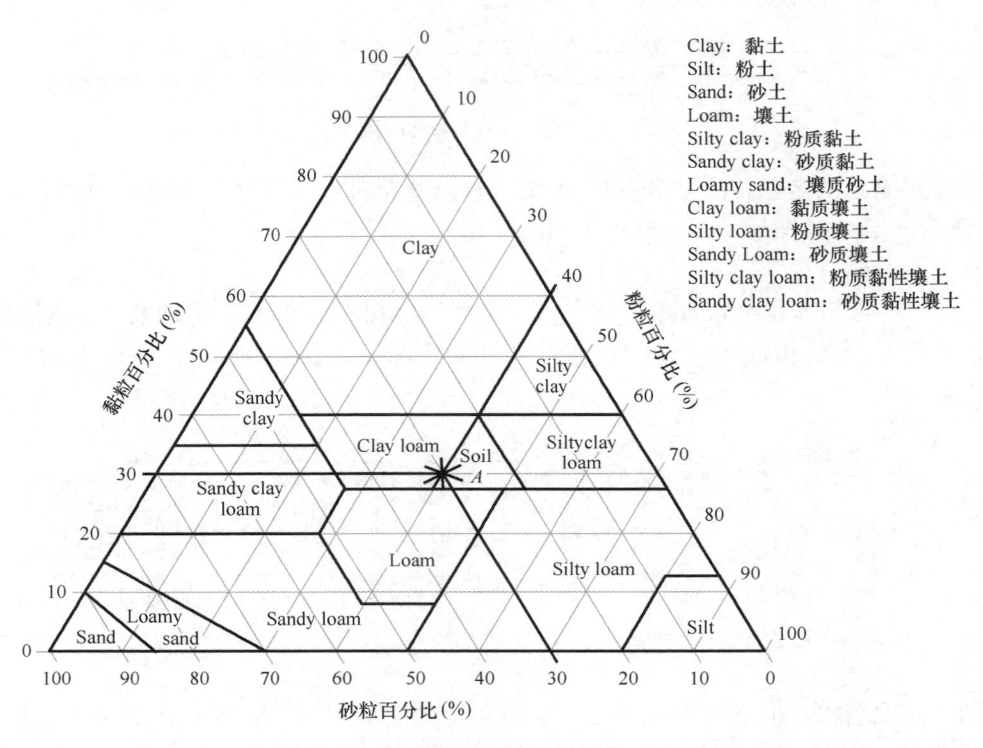

图 4-10　USDA 土壤分类系统的三角图

根据上述修正后的百分比，利用三角图可知该土为黏土（Clay）。由于该土所含的碎石成分较多，故可称之为砾质黏土。

【例 4-5】根据 USDA 土壤分类系统，确定表 4-8 中几种土的名称。

例 4-5 表 1　　　　**表 4-8**

粒组含量（%）	A	B	C	D
碎石	12	18	0	12
砂粒	25	31	15	22
粉粒	32	30	30	26
黏粒	31	21	55	40

【解】第一步，计算砂粒、粉粒和黏粒的修正百分比，如表 4-9 所示。

例 4-5 表 2　　　表 4-9

粒组含量（%）	A	B	C	D
砂粒	28.4	37.8	15.0	25.0
粉粒	36.4	36.6	30.0	29.5
黏粒	35.2	25.6	55.0	45.5

第二步，根据图 4-10 确定名称，结果如表 4-10 所示。

例 4-5 表 3　　　表 4-10

A	B	C	D
砾质黏性壤土（Gravelly clay loam）	砾质壤土（Gravelly loam）	黏土（Clay）	砾质黏土（Gravelly clay）

注：由于 A、B 与 D 土所含的碎石土成分较高，故在各自的名称前加上“砾质”。

思考题与习题

4-1　工程上为什么要对土进行分类？按照《建筑地基基础设计规范》GB 50007—2011 分类法地基土分几大类？各类土的划分依据是什么？

4-2　某土样的天然含水率 $w=36.4\%$，液限 $w_L=46.2\%$，塑限 $w_P=34.5\%$。(1) 计算土的塑性指数 I_P 及液性指数 I_L，并确定土的状态；(2) 试用《地基规范》分类法确定土的名称。

4-3　采用《地基规范》分类法，给表 4-11 中的 A、B、C、D、E 五种土样定名。

习题 4-3 表　　　表 4-11

粒径（mm）	小于某一粒径的含量（%）				
	土样 A	土样 B	土样 C	土样 D	土样 E
200	94	98	100	100	100
20	63	86	100	100	100
2	21	50	98	100	100
0.5	10	28	93	99	94
0.25	7	18	88	95	82
0.075	5	14	83	90	66
0.05	3	10	77	86	45
0.01	—	—	65	42	26
0.002	—	—	60	37	21
液限（%）	—	—	63	55	36
塑性指数	—	—	25	28	22

注：“—”表示不存在

4-4　土样甲、乙的粒径级配曲线如图 4-11 所示。甲土为无黏性土，乙土的液限 $w_L=32\%$，塑限 $w_P=14\%$。采用《地基规范》GB 50007—2011 分类法，对这两种土进

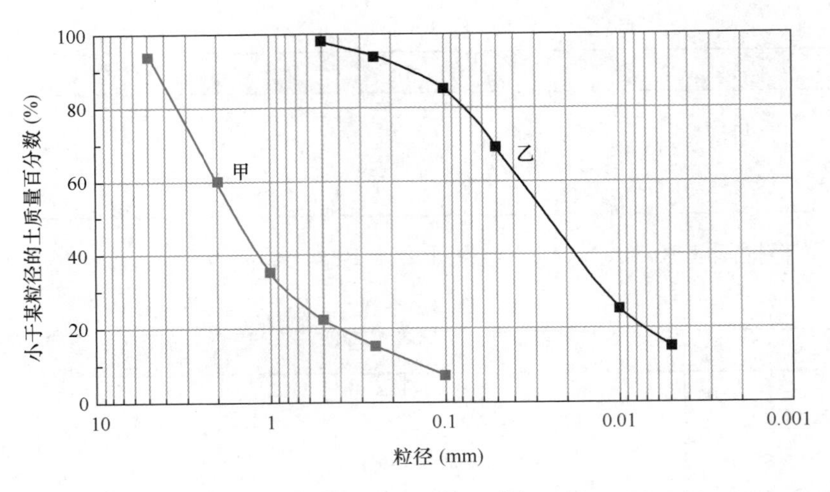

图 4-11　习题 4-4 图

行分类定名。

4-5　有一完全饱和的原状土样切满于容积为 21.7cm³ 的环刀内，称得总质量为 72.49g，经 105℃烘干至恒重为 61.28g。已知环刀质量为 32.54g，液限 $w_L = 33\%$，塑限 $w_P = 15\%$。试求：(1) 土样的含水率和孔隙比；(2) 采用《地基规范》GB 50007—2011 分类法，对该土样进行分类定名。

4-6　已知原状土的含水率 $w = 28.1\%$，重度 $\gamma = 18.8\text{kN/m}^3$，土粒重度 $\gamma_s = 27.2\text{kN/m}^3$（或相对密度 $G_s = 2.72$），液限 $w_L = 30.1\%$，塑限 $w_P = 19\%$，试求：(1) 土的孔隙比 e 及土样饱和时的含水率和重度；(2) 采用《地基规范》GB 50007—2011 分类法对该土样进行分类定名，并确定其物理状态。

4-7　根据 USCS 分类系统对表 4-12 中的土进行分类，确定代号和名称。1～12 号土均为非有机质土。

习题 4-7 表　　　　表 4-12

编号	通过的百分比（%）		液限	塑性指数	C_u	C_c
	4 号筛	200 号筛				
1	70	30	33	21		
2	48	20	41	22		
3	95	70	52	28		
4	100	82	30	19		
5	100	74	35	21		
6	87	26	38	18		
7	88	78	69	38		
8	99	57	54	26		
9	71	11	32	16	4.8	2.9
10	100	2			7.2	2.2
11	89	65	44	21		
12	90	8	39	31	3.9	2.1

4-8　表 4-13 给出了某非有机质土的级配试验结果，已知该土液限为 23%，塑限为 19%。根据 USCS 分类系统对该土进行分类，确定代号和名称。

习题 4-8 表　　　　**表 4-13**

筛号	4 号	10 号	20 号	40 号	80 号	200 号
通过该筛的百分比（%）	100	90	64	38	18	13

4-9　根据 USDA 分类系统，对表 4-14 中的几种土进行分类确定名称。各土均非有机质土。

习题 4-9 表　　　　**表 4-14**

土的编号	砂粒（%）	粉粒（%）	黏粒（%）
A	20	20	60
B	55	5	40
C	45	35	20
D	50	15	35
E	70	15	15

第 5 章　有效应力原理和自重应力

5.1 概　述

土体受力后的强度和变形问题是土力学关注的重点问题，而土的强度和变形并不取决于土中的总应力。事实上，在外荷载作用下土中的一部分应力由颗粒组成的土骨架承担，另一部分应力由孔隙中的介质（空气、水）承担。土骨架承担的这部分应力影响土体的抗剪强度，控制土体的变形，称为有效应力。上述思想便是有效应力原理的核心。有效应力原理是土力学理论的重要基础，是土力学区别于其他力学的一个重要内容。本章首先介绍有效应力原理，包括饱和土和非饱和土的有效应力公式，在此基础上介绍土的自重应力及其计算。

5.2 地基的应力状态

5.2.1 半无限空间和单元应力

由于地基表面以上为大气，因此，一般将地基假设为半无限空间，即向下和沿水平方向都延伸至无穷的空间。

在半无限空间中可建立如图 5-1 所示的直角坐标系。地基中某点的应力可以用一个正六面单元体上的应力来表示，作用在单元体上的 3 个法向应力（又称正应力）分别为 σ_x，σ_y，σ_z，6 个剪应力（又称切应力）分别为 $\tau_{xy}=\tau_{yx}$、$\tau_{yz}=\tau_{zy}$、$\tau_{zx}=\tau_{xz}$。剪应力角标前面一个符号表示剪应力作用面的法线方向，后一个符号表示剪应力的作用方向。

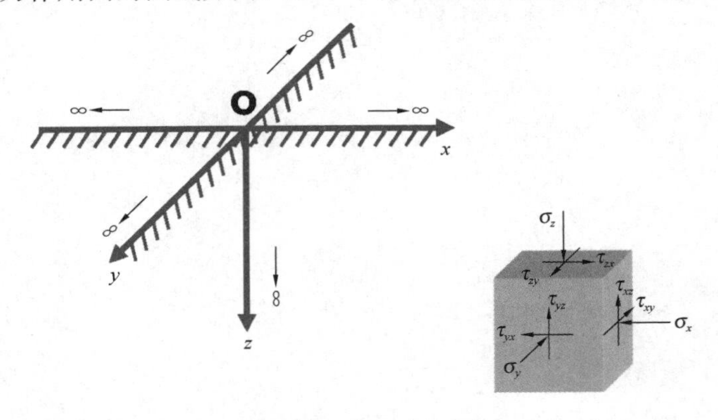

图 5-1　半无限空间和单元土体的应力

需要指出，土是散粒体，一般不能承受拉力。因此，在土力学中为方便起见，规定法向应力以压应力为正，拉应力为负，与材料力学中的符号规定相反。剪应力以使单元体产生逆时针旋转趋势为正。在图 5-1 中所示的法向应力及剪应力均为正值。

5.2.2 应力状态

地基应力状态，指的是地基中的土体所处的应力状态。地基中的典型应力状态一般有如下 3 种。

1. 三维应力状态

在半无限空间表面有局部荷载作用时地基中的应力状态属于三维应力状态（又称三向应力状态或空间应力状态）。此时，地基中每一点的应力都与 3 个坐标 x、y、z 有关，每一点的应力状态都可用 9 个应力分量来表示，其应力矩阵可表示为：

$$\boldsymbol{\sigma}=\begin{bmatrix}\sigma_x & \tau_{xy} & \tau_{xz}\\ \tau_{yx} & \sigma_y & \tau_{yz}\\ \tau_{zx} & \tau_{zy} & \sigma_z\end{bmatrix} \tag{5-1}$$

由于剪应力对角对称，因此 9 个量中只有 6 个独立分量。三维应力状态是地基中最普遍的一种应力状态，例如，柱下独立基础下地基中各点应力就是典型的三维应力状态（图 5-2）。

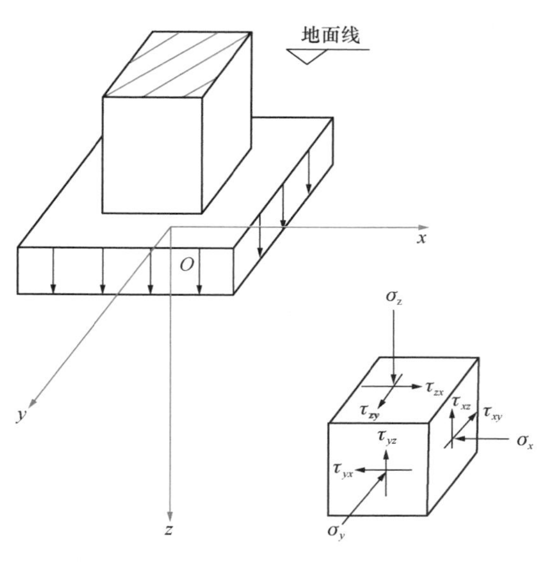

图 5-2 柱下独立基础下地基中三维应力状态

2. 平面应变状态

对于堤坝下地基中的应力状态(图 5-3)，y 方向的尺寸比 x 方向的尺寸大很多，任一 xOz 截面上的应力大小和分布形式均相同，因此任一 xOz 截面均可认为是对称面。在对称面上，剪应力必须为 0，否则不满足对称性。因此，有 $\tau_{yx}=\tau_{yz}=0$，其应力矩阵可表示为：

$$\boldsymbol{\sigma}=\begin{bmatrix}\sigma_x & 0 & \tau_{xz}\\ 0 & \sigma_y & 0\\ \tau_{zx} & 0 & \sigma_z\end{bmatrix} \tag{5-2}$$

由任一 xOz 截面为对称面这一条件，同样可以得到沿 y 方向的应变 $\varepsilon_y=0$，因此，应变只发生在 xOz 面上，故这种应力状态称为平面应变状态。

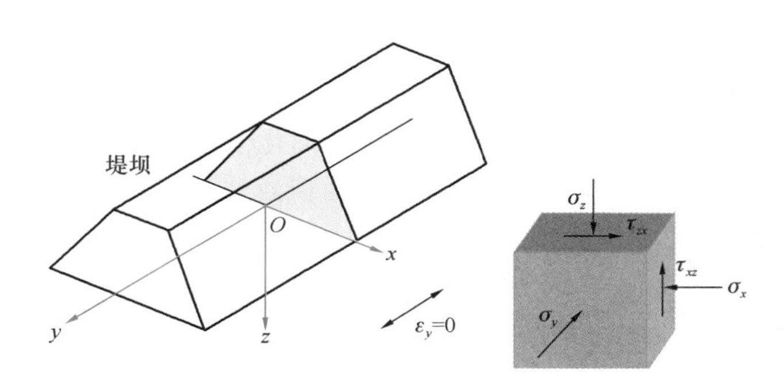

图 5-3 平面应变状态

3. 侧限应力状态

侧限应力状态是指侧向应变均为 0 的一种应力状态。“侧限”一词即指土体的侧向变形都被限制了。在工程中，地表水平的地基单纯在自重作用下的应力状态称为侧限应力状态。

把地基视为半无限空间，当地表为水平面时，同一深度处土单元的受力条件均相同，如图 5-4 所示，A、B 点的应力应该是完全一样的。此时，任何竖直面（xOz 面、yOz 面）均可看作是对称面，因此剪应力均为 0，即 $\tau_{xy}=\tau_{yz}=\tau_{zx}=0$，其应力矩阵可表示为：

$$\boldsymbol{\sigma}=\begin{bmatrix}\sigma_x & 0 & 0\\ 0 & \sigma_y & 0\\ 0 & 0 & \sigma_z\end{bmatrix} \tag{5-3}$$

且由对称性有：

$$\sigma_x=\sigma_y \tag{5-4}$$

土体无侧向变形只有竖直向变形，即：

$$\varepsilon_x=\varepsilon_y=0 \tag{5-5}$$

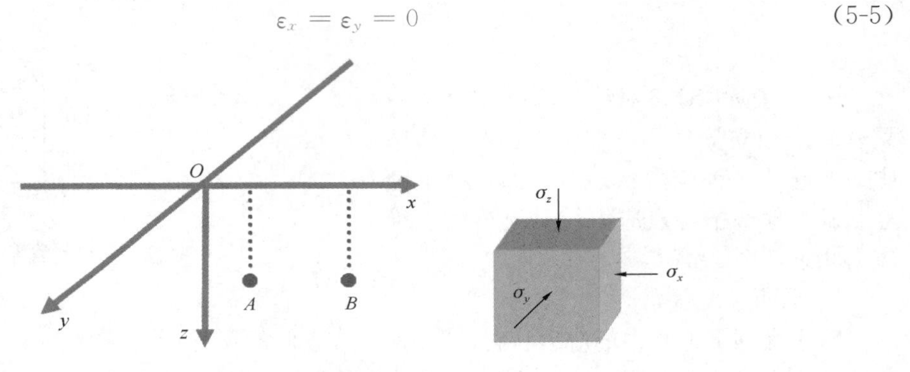

图 5-4　侧限应力状态

5.3　有效应力原理

5.3.1　饱和土的有效应力

1923 年，太沙基提出了饱和土的有效应力原理，阐明了土体与一般固体材料的区别，奠定了现代土力学变形和强度理论的基础，使土力学从一般固体力学中分离出来成为一门独立的学科。

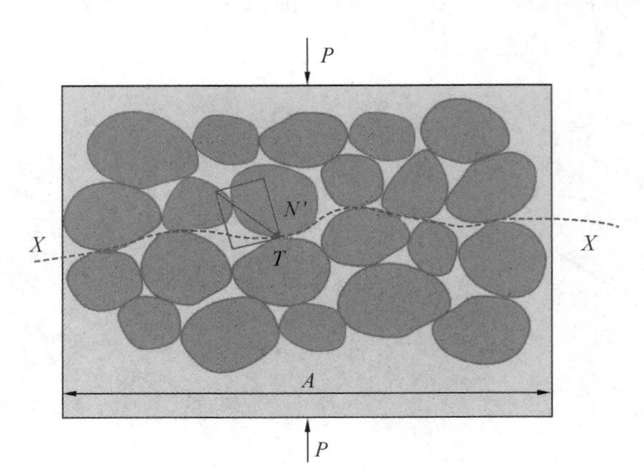

图 5-5　有效应力原理的示意图

有效应力原理可以通过如图 5-5 所示的简化模型描述。在饱和土中截取一水平面积为 A 的土柱，法向力 P 作用在土柱上，则截面 A 上的总正应力为：

$$\sigma=\frac{P}{A} \tag{5-6}$$

在土柱内部假设有一截面 X-X 穿过土颗粒接触点。截面 X-X 上任一点的接触力都可以分解为沿法向、切向的分力，即 N'、T。由孔隙水产生的应力为孔隙水压力 u_w。假定土颗粒间仅存在点接触，孔隙水压力 u_w 作用在整个 X-X 面，则 X-X 面法向力的平衡方程为：

$$P = \sum N' + u_w A \tag{5-7}$$

即

$$\frac{P}{A} = \frac{\sum N'}{A} + u_w$$

定义土颗粒接触产生的平均正应力（即土骨架承担的正应力）为有效应力：

$$\sigma' = \frac{\sum N'}{A} \tag{5-8}$$

则

$$\sigma = \sigma' + u_w \tag{5-9}$$

式（5-9）为饱和土有效应力原理的基本公式，称为有效应力公式。需要注意的是，土中任意一点的孔隙水压力 u_w 在各个方向上的作用力大小是相等的，孔隙水压力 u_w 不能使土颗粒产生位移（孔隙水压力对土颗粒本身的压缩量很小，一般不予考虑）；只有有效应力能引起土颗粒的相对错动和位移，使孔隙体积发生改变，土体发生压缩变形。此外，土颗粒间的接触面积很小，一般实际接触面积仅是截面面积 A 的 1%～3%。因此，土颗粒间实际接触应力并不等于有效应力 σ'，它比有效应力高并呈随机分布。

5.3.2 非饱和土的有效应力

工程中遇到的土一般为非饱和土，存在土粒、孔隙水、孔隙气（图 5-6）。经典的饱和土力学原理与概念并不完全符合其实际性状。由于太沙基有效应力公式在描述饱和土性状方面取得的巨大成功，使人们不约而同地把建立非饱和土的有效应力公式作为目标。1955 年，毕肖普（Bishop）提出了非饱和土的有效应力公式：

$$\sigma' = \sigma - u_a + \chi(u_a - u_w) \tag{5-10}$$

式中，χ 是与土体饱和度相关的试验参数，饱和土 $\chi = 1$，干土 $\chi = 0$；u_a 为孔隙气压力；u_w 为孔隙水压力。

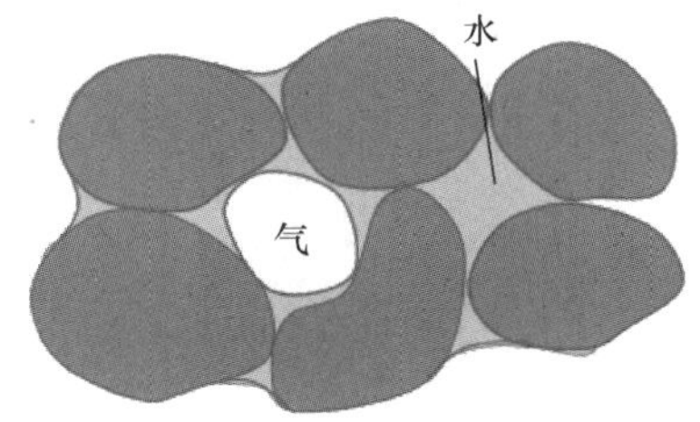

图 5-6　非饱和土的示意图

毕肖普的非饱和土有效应力公式同时考虑了孔隙气和孔隙水的影响，在一段时间内得到了广泛的认同。Donald（1961）和 Blight（1961）曾分别用粉土和击实黏土进行试验，以验证毕肖普公式的正确性。然而，研究发现参数 χ 受土类及其他因素的影响，而应力状态变量应该与土的性质无关。因此，不能把（$\sigma - u_a$）和（$u_a - u_w$）两个变量混合作为非饱和土的应力变量，必须建立各自独立的应力状态变量。1977 年，Morgenstern 和 Fredlund 提出了建立在多相连续介质力学基础上的非饱和土应力分析方法，建议用两个独立的应力状态变量（$\sigma - u_a$）和（$u_a - u_w$）表示非饱和土的应力。在此基础上，Fredlund（1978）建立了基于双应力状态变量的非饱和土抗剪强度表达式，将摩尔-库仑准则推广到以 τ、（$\sigma - u_a$）和（$u_a - u_w$）为坐标轴的三维空间。具体内容本书不做展开讨论。有兴趣的读者可参考 Fredlund 非饱和土力学相关论著。

5.4 自 重 应 力

5.4.1 竖向自重应力

1. 总自重应力的基本公式

如图 5-7 所示，假定地基为均质的半无限弹性体，土重度为 γ。取高度为 z，截面积 $A=1$ 的土柱为隔离体。由于地基中土体仅受自重应力作用，因此，此时地基应力状态为侧限应力状态，土柱侧面的剪应力为 0。假定土柱重量为 F_w，底面上的正应力大小为 σ_{sz}，由 z 方向力的平衡条件可得：

$$\sigma_{sz}A = F_w = \gamma z A \tag{5-11}$$

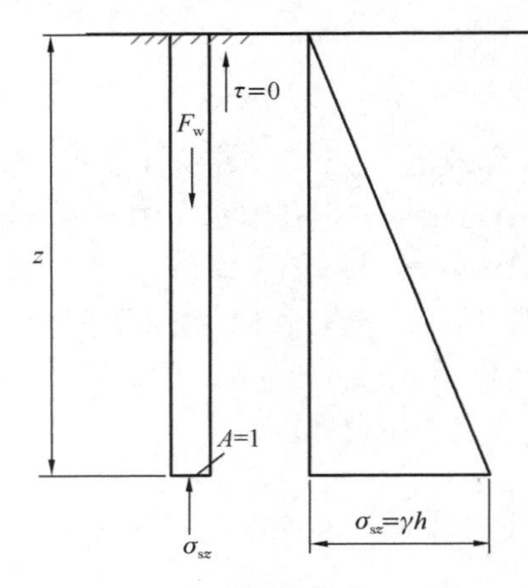

图 5-7 均质地基的自重应力

于是竖向总自重应力为：

$$\sigma_{sz} = \gamma z \tag{5-12}$$

可以看出，σ_{sz} 沿深度线性增加，呈三角形分布。

地基往往是成层的，设各土层厚度及重度分别为 h_i 和 $\gamma_i(i=1,2,\cdots,n)$，可得在第 n 层土底面上自重应力的计算公式为：

$$\sigma_{sz} = \gamma_1 h_1 + \gamma_2 h_2 + \cdots + \gamma_n h_n = \sum_{i=1}^{n}\gamma_i h_i \tag{5-13}$$

图 5-8 给出两层土的情况。由于每层土的重度 γ_i 值不同，故自重应力沿深度的分布呈折线形。式 (5-13)表达的是总自重应力，是土层自上而下重量的累积。

2. 有效自重应力

(1) 地下水位在地表

如图 5-9 所示，假设地下水位在地表面处，z 深度处土体竖向总应力等于 z 深度以上土的单位面积重量，即：

$$\sigma_{sz} = \gamma_{sat} z \tag{5-14}$$

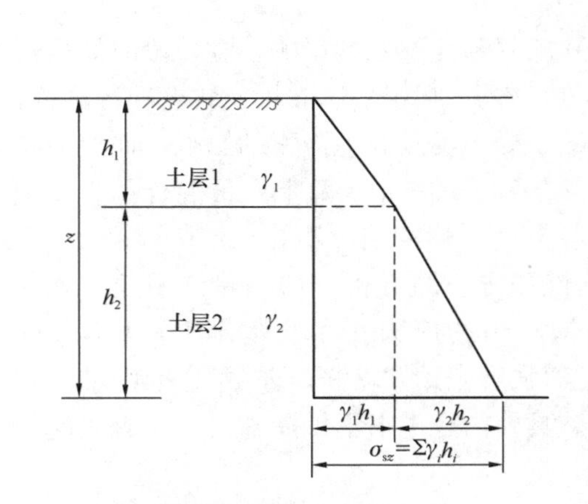

图 5-8 成层地基的自重应力

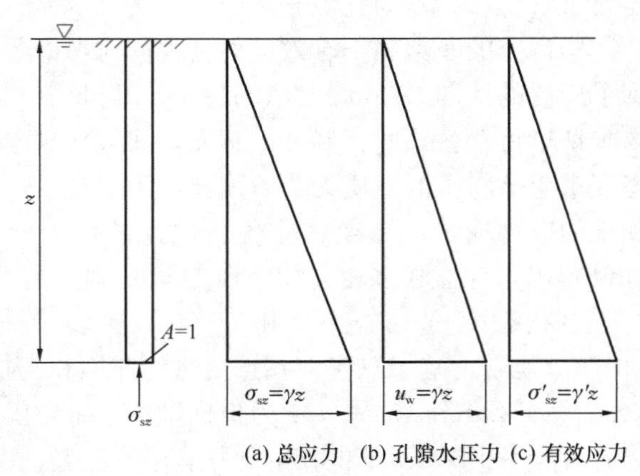

图 5-9 地下水在地表条件下均质地基中的力

式中，γ_{sat} 为土的饱和重度。

当有地下水存在时，应首先确定是否需考虑水的作用。对于砂性土一般认为孔隙中的水可自由流动，因此孔隙水压力为静水压力，即：

$$u_w = \gamma_w z \tag{5-15}$$

则由有效应力公式，z 深度处的竖向有效自重应力为：

$$\sigma'_{sz} = \sigma_{sz} - u_w = (\gamma_{sat} - \gamma_w)z = \gamma' z \tag{5-16}$$

式中，γ' 为浮重度。上式表明，考虑了静水产生的孔隙水压力即相当于考虑了浮力的作用，因此，水下部分的重度直接按浮重度来取值。

成层地基各层土的厚度和浮重度分别为 h_i 和 γ'_i（$i=1, 2, \cdots, n$），则可得第 n 层土底面上有效自重应力的计算公式为：

$$\sigma'_{sz} = \gamma'_1 h_1 + \gamma'_2 h_2 + \cdots + \gamma'_n h_n = \sum_{i=1}^{n} \gamma'_i h_i \tag{5-17}$$

图 5-10 给出了两层土的情况。由于各层土的 γ'_i 一般不相等，故有效自重应力沿深度的分布呈折线形。

（2）地下水位在地表以下一定深度处

如图 5-11 所示，地基土为两层砂土，地下水位在一定深度处。地下水位以上土的重度按天然重度 γ_1 和 γ_2 计算，则 b 点土的有效自重应力等于总自重应力，为：

$$\sigma'_{sz} = \gamma_1 h_1 + \gamma_2 h_2 \tag{5-18}$$

地下水位以下按浮重度计算，则 c 点土的有效自重应力为：

$$\sigma'_{sz} = \gamma_1 h_1 + \gamma_2 h_2 + \gamma'_2 h_3 \tag{5-19}$$

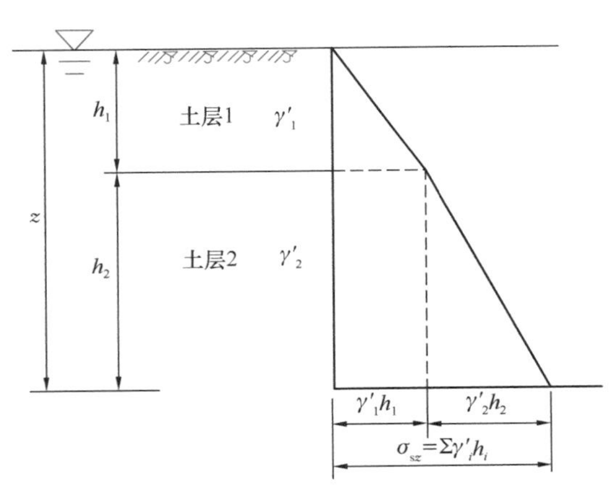

图 5-10　地下水在地表条件下成层地基的自重应力

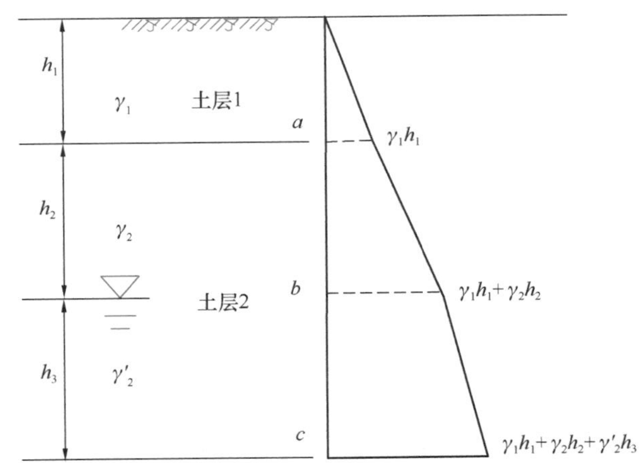

图 5-11　地下水位在一定深度时成层地基的自重应力

黏性土的有效自重应力需根据其物理状态而定，可按以下原则计算：

（1）当水下黏性土的液性指数 $I_L \geqslant 1$ 时，土处于流动状态，土颗粒间有大量自由水存在，骨架受到水的浮力作用，此时有效自重应力计算方法与上述砂土相同。

（2）当其液性指数 $I_L < 0$ 时，土处于固体或半固状态，土中自由水受到土颗粒间结合水膜的阻碍而不能传递静水压力，此时土骨架不受水的浮力作用，可认为该层黏土为不

透水层。

不透水层内的自重应力应按上覆土层的水土总重计算，即只计算总自重应力。因此，在有效自重应力分布图上，该不透水层的应力用总自重应力表达，不透水层与上覆土层交界面处的应力大小将发生突变。需要注意的是，因为总自重应力是土层自上而下重量的累积，因此总自重应力分布图总是连续的。其他不透水层（如岩层）的自重应力计算与上述相同。

（3）当 $0 < I_L < 1$ 时，土处于可塑状态，此时很难确定土骨架是否受到水的浮力作用，在实践中一般要具体分析，按不利状态来考虑。

【例 5-1】 砂土地基分为两层，物理性质指标如下：第一层土厚 2m，$G_s = 2.7$，$e = 1.0$；第二层土厚 3m，$G_s = 2.65$，$e = 1.3$。地下水位在地表，试计算竖向有效自重应力，并画出分布图。（g 取 10N/kg）

【解】 第一层土的浮重度为：$\gamma' = \dfrac{G_s - 1}{1 + e}\gamma_w = \dfrac{2.7 - 1}{1 + 1.0} \times 10 = 8.5\text{kN/m}^3$；

第二层土的浮重度为：$\gamma' = \dfrac{G_s - 1}{1 + e}\gamma_w = \dfrac{2.65 - 1}{1 + 1.3} \times 10 = 7.2\text{kN/m}^3$；

第一层土顶面 a 点：$z = 0$，$\sigma'_{sz} = 0$；

第一层土底面 b 点：$z = 2\text{m}$，$\sigma'_{sz} = 8.5 \times 2 = 17\text{kPa}$；

第二层土底面 c 点：$z = 5\text{m}$，$\sigma'_{sz} = 17 + 7.2 \times 3 = 38.6\text{kPa}$。

竖向有效自重应力 σ'_{sz} 沿深度分布如图 5-12 所示。

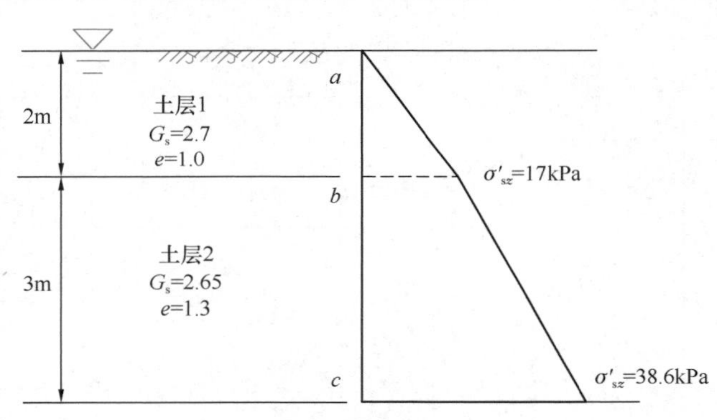

图 5-12　例 5-1 图

【例 5-2】 如图 5-13 所示为一水下地层，地层为饱和黏土层，水面在地层表面以上 25m。从地层 15m 深度处的 a 点取土样进行土工试验，得到土粒相对密度 $G_s = 2.78$，含水率 $w_{sat} = 54\%$（g 取 10N/kg）。试求：

（1）a 点的竖向有效自重应力。

（2）若水位线下降到地层表面，a 点的竖向有效自重应力如何变化？

（3）若水位线下降到地下 3m 处，a 点

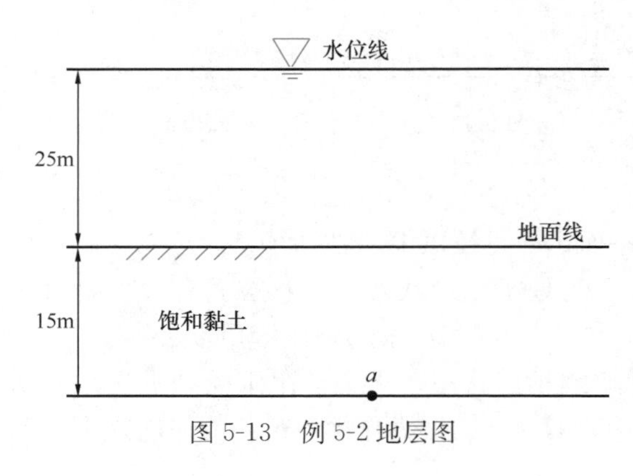

图 5-13　例 5-2 地层图

的竖向有效自重应力如何变化？

【解】(1) 土的饱和重度为 $\gamma_{sat}=\dfrac{G_s+e}{1+e}\gamma_w$。

由 $e=\dfrac{wG_s}{S_r}$，以及饱和土 $S_r=1$，可得饱和状态下 $e=w_{sat}G_s$。

代入饱和重度公式可得：

$$\gamma_{sat}=\frac{(1+w_{sat})G_s}{1+w_{sat}G_s}\gamma_w=\frac{(1+0.54)\times 2.78}{1+2.78\times 0.54}\times 10=17.1\text{kN/m}^3;$$

a 点的总自重应力为：$\sigma_{sz}=10\times 25+17.1\times 15=506.5\text{kPa}$；

假设该饱和黏土层中孔隙水自由流动，土骨架中孔隙水压力为静水压力，则

a 点的孔隙水压力为：$u_w=10\times(25+15)=400\text{kPa}$；

a 点的竖向有效自重应力为：$\sigma'_{sz}=\sigma_{sz}-u_w=106.5\text{kPa}$。

(2) 若水位线下降到地层表面，a 点的竖向有效自重应力为：

$\sigma'_{sz}=(17.1-10)\times 15=106.5\text{kPa}$，故 a 点的竖向有效自重应力不变。

(3) 由于黏土渗透性较低，假设水位下降后，水面以上的土体含水率保持不变，

则 a 点的竖向有效自重应力为：

$$\sigma'_{sz}=17.1\times 3+(17.1-10)\times(15-3)=136.5\text{kPa},$$

故 a 点的竖向有效自重应力增加。

【例 5-3】如图 5-14 所示某地层剖面，试计算 a、b 和 c 三点的竖向总自重应力、孔隙水压力和有效自重应力。(g 取 10N/kg)

【解】a 点：

总应力：$\sigma_{sz}=0$

孔隙水压力：$u_w=0$

有效应力：$\sigma'_{sz}=0$

b 点：

总应力：$\sigma_{sz}=18.0\times 6=108\text{kPa}$

孔隙水压力：$u_w=0$

有效应力：$\sigma'_{sz}=\sigma_{sz}-u_w=108\text{kPa}$

c 点：

总应力：$\sigma_{sz}=108+19.25\times 13$

$=358.25\text{kPa}$

孔隙水压力：$u_w=10\times 13=130\text{kPa}$

有效应力：$\sigma'_{sz}=\sigma_{sz}-u_w=358.25-130$

$=228.25\text{kPa}$

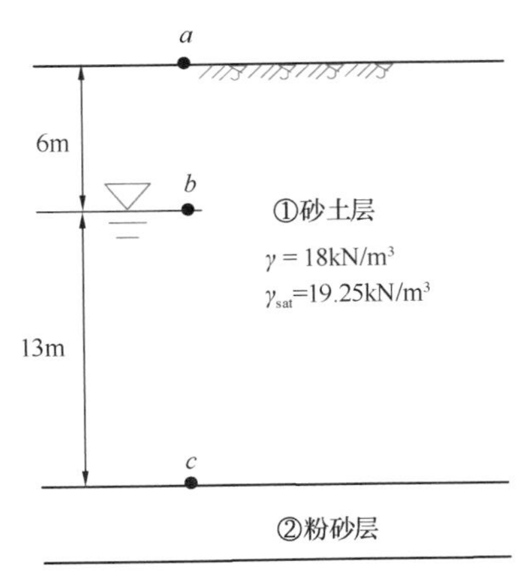

图 5-14　例 5-3 地层剖面图

【例 5-4】现有一地基如图 5-15 所示，各土层的物理性质指标为：第一层土为细砂，地下水位以上的天然重度 $\gamma=19\text{kN/m}^3$，土粒重度 $\gamma_s=25.9\text{kN/m}^3$，天然含水率 $w=18\%$；第二层土为黏土，饱和重度 $\gamma_{sat}=17.0\text{kN/m}^3$，天然含水率 $w=50\%$，$w_L=48\%$，$w_P=25\%$。地下水位埋深 2m。试绘制土中有效自重应力的分布。(g 取 10N/kg)

【解】第一层土为细砂，地下水位以下的细砂要考虑浮力的作用，浮重度 γ' 公式为：

$$\gamma' = \frac{(G_s - 1)\gamma_w}{1 + e} = \frac{\gamma_s - \gamma_w}{1 + e}$$

因此，需计算孔隙比 e。由 $\gamma = \frac{\gamma_s(1 + w)}{1 + e}$ 可得：

$$e = \frac{\gamma_s(1 + w)}{\gamma} - 1 = \frac{25.9(1 + 0.18)}{19} - 1 = 0.609$$

代入上式得：

$$\gamma' = \frac{(25.9 - 10)}{(1 + 0.609)} = 9.88\text{kN/m}^3。$$

第二层为黏土，其液性指数 $I_L = \frac{w - w_P}{w_L - w_P} = \frac{50 - 25}{48 - 25} = 1.1 > 1$，因此考虑水的浮力作用，其浮重度为：

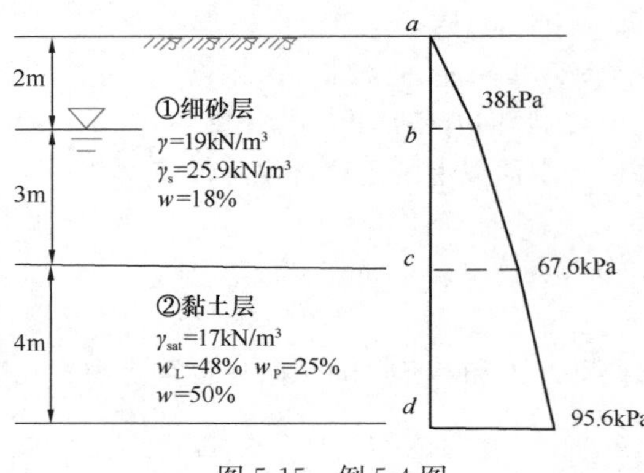

图 5-15 例 5-4 图

$$\gamma' = 17.0 - 10 = 7.0\text{kN/m}^3。$$

a 点：$z = 0$，$\sigma'_{sz} = 0$。

b 点：$z = 2\text{m}$，$\sigma'_{sz} = 19 \times 2 = 38\text{kPa}$。

c 点：$z = 5\text{m}$，$\sigma'_{sz} = 38 + 9.88 \times 3 = 67.6\text{kPa}$。

d 点：$z = 9\text{m}$，$\sigma'_{sz} = 67.6 + 7.0 \times 4 = 95.6\text{kPa}$。

土层中有效自重应力 σ'_{sz} 的分布如图 5-15所示。

5.4.2 侧向自重应力

自重应力状态为侧限应力状态，有：

$$\varepsilon_x = \varepsilon_y = 0 \tag{5-20}$$

此时，土中总自重应力和有效自重应力可表示为：

$$\sigma_s = \begin{bmatrix} \sigma_{sx} & 0 & 0 \\ 0 & \sigma_{sy} & 0 \\ 0 & 0 & \sigma_{sz} \end{bmatrix} \qquad \sigma'_s = \begin{bmatrix} \sigma'_{sx} & 0 & 0 \\ 0 & \sigma'_{sy} & 0 \\ 0 & 0 & \sigma'_{sz} \end{bmatrix} \tag{5-21}$$

土的变形是由有效应力产生的。假设地基土在自重应力作用下产生弹性变形。根据弹性力学的广义虎克定律，有：

$$\varepsilon_x = \frac{\sigma'_{sx}}{E} - \frac{\mu}{E}(\sigma'_{sy} + \sigma'_{sz}) \tag{5-22}$$

式中，E 为弹性模量（土力学中一般用地基变形模量 E_0 代替），μ 为泊松比。代入上式得：

$$\frac{\sigma'_{sx}}{E} - \frac{\mu}{E}(\sigma'_{sy} + \sigma'_{sz}) = 0 \tag{5-23}$$

根据式（5-4），在侧限应力状态下有：

$$\sigma_{sx} = \sigma_{sy} \tag{5-24}$$

由于孔隙水在各个方向上的压力相同，则：

$$\sigma'_{sx} = \sigma'_{sy} \tag{5-25}$$

将式（5-25）代入式（5-23），可得侧向自重应力 σ'_{sx} 和 σ'_{sy} 为：

$$\sigma'_{sx} = \sigma'_{sy} = \frac{\mu}{1-\mu}\sigma'_{sz} = K_0\sigma'_{sz} \tag{5-26}$$

式中，$K_0 = \frac{\mu}{1-\mu}$ 为土的静止侧压力系数，又称静止土压力系数，K_0 和 μ 根据土的种类和密度不同而异，可通过试验来确定，或通过土的基本物理力学指标来间接获得，详见第10章。

对于总自重应力而言，式（5-26）的关系一般不成立，即 $\sigma_{sx} = \sigma_{sy} \neq K_0\sigma_{sz}$。根据有效应力公式，侧向总自重应力可表示为：

$$\sigma_{sx} = \sigma_{sy} = K_0\sigma'_{sz} + u_w \tag{5-27}$$

【例 5-5】 如图 5-16 所示，某场地自上而下的土层分布为：顶部为 1m 厚杂填土层，$\gamma = 16\text{kN/m}^3$；中部为 5m 厚粉质黏土层，$\gamma = 19.25\text{kN/m}^3$，$\gamma' = 10\text{kN/m}^3$，$K_0 = 0.32$；底部为砂土层。地下水位在地表以下 2m 深处。试求地表下 4m 深处土的竖向和侧向有效自重应力、竖向和侧向总自重应力。（g 取 10N/kg）

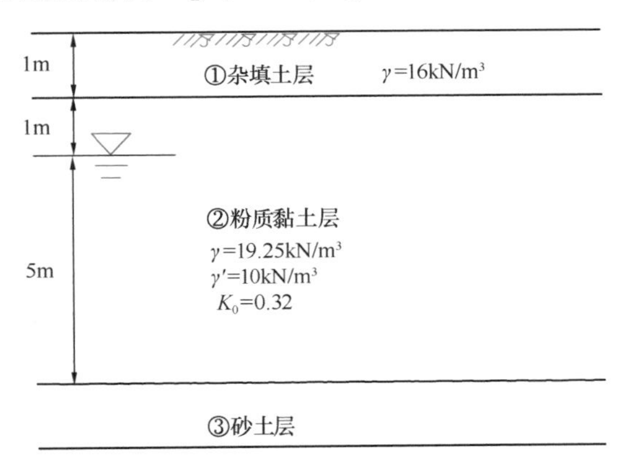

图 5-16　例 5-5 图

【解】 地表下 4m 深处土的有效自重应力计算如下：

竖向：$\sigma'_{sz} = 16 \times 1 + 19.25 \times 1 + 10 \times 2 = 55.25\text{kPa}$

侧向：$\sigma'_{sx} = K_0\sigma_{sz} = 0.32 \times 55.25 = 17.68\text{kPa}$

相应的总自重应力如下：

假设粉质黏土层中孔隙水可自由流动，

则该点孔隙水压力为：$u_w = 10 \times 2 = 20\text{kPa}$

竖向：$\sigma_{sz} = \sigma'_{sz} + u_w = 55.25 + 20 = 75.25\text{kPa}$

侧向：$\sigma_{sx} = \sigma'_{sx} + u_w = 17.68 + 20 = 37.68\text{kPa}$

思考题与习题

5-1　如何理解有效应力原理？其适用范围？

5-2　何谓自重应力？水位面以下，土体的水平向总自重应力应该如何计算？

5-3　地下水位的升降对土中有效自重应力分布有什么影响？

5-4　某地基如图 5-17 所示，地下水位因某种原因骤然下降至 35.0 高程，细砂层的重度为 $\gamma=18.2\text{kN/m}^3$，问此时地基中的自重应力有何改变？

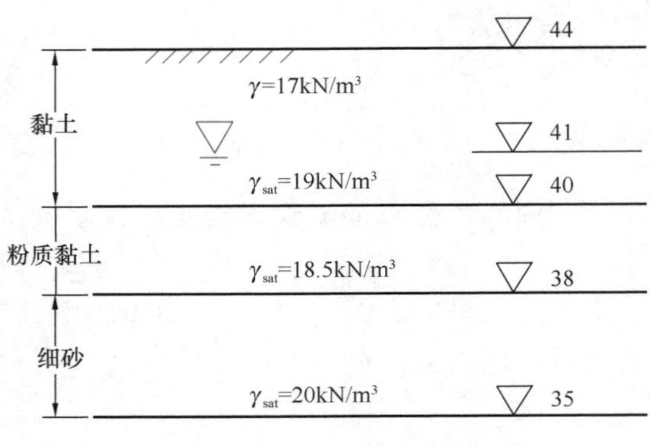

图 5-17　习题 5-4 图

5-5　如图 5-18 所示的基坑，底面积为 $20\times10\text{m}^2$，黏土层 $\gamma_{sat}=19.6\text{kN/m}^3$，求基坑下土层中 a、b（中点）、c 三点的孔隙水压力、有效应力、总应力，并绘出它们沿深度的分布图。

5-6　某土体的剖面如图 5-19 所示。试计算：

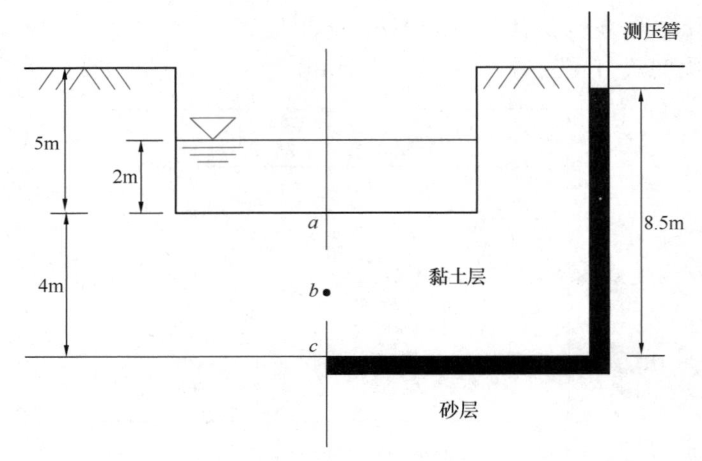

图 5-18　习题 5-5 图

(1) a、b 和 c 三点的竖向总应力、孔隙水压力和有效应力。

(2) 若 c 点的竖向有效应力为 111kPa，则地下水位线需要如何变化？变化多少米？

5-7　如图 5-20 所示，计算水下地基自重应力分布。

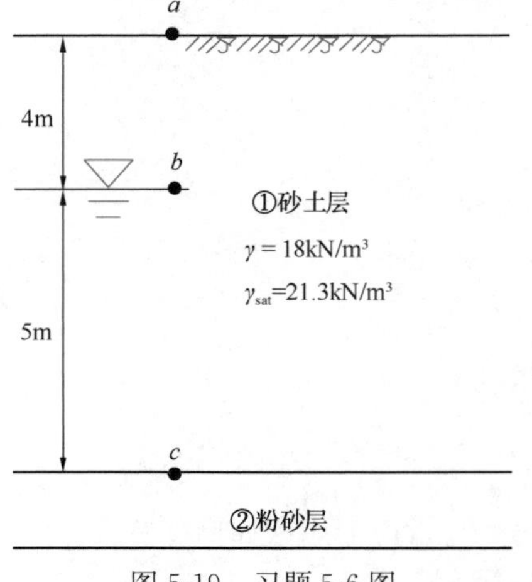

图 5-19　习题 5-6 图

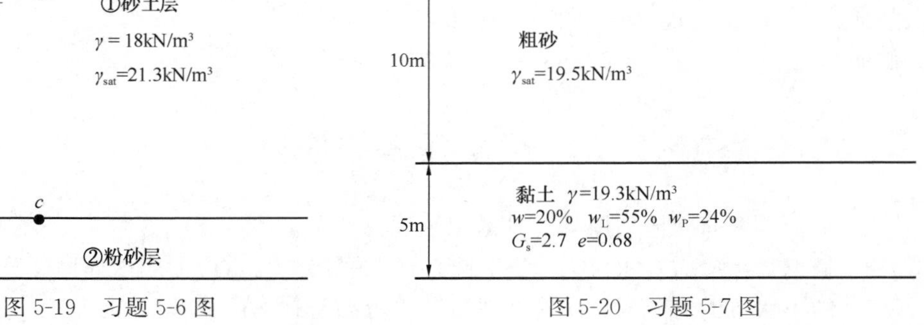

图 5-20　习题 5-7 图

5-8　如图 5-21 所示，某黏土层位于两砂土层之间，假设其天然含水率 w 小于塑限 w_P，不能传递静水压力。下层砂土受承压水作用，且孔隙水压力在层内均匀分布，水头高出地面 3m。已知砂土重度（水上）为 $\gamma = 16.5\text{kN/m}^3$，饱和重度为 $\gamma_{sat} = 18.8\text{kN/m}^3$；黏土的重度为 $\gamma = 17.3\text{kN/m}^3$。试求土中总应力 σ、孔隙水压力 u_w 以及有效应力 σ'，并绘图表示。

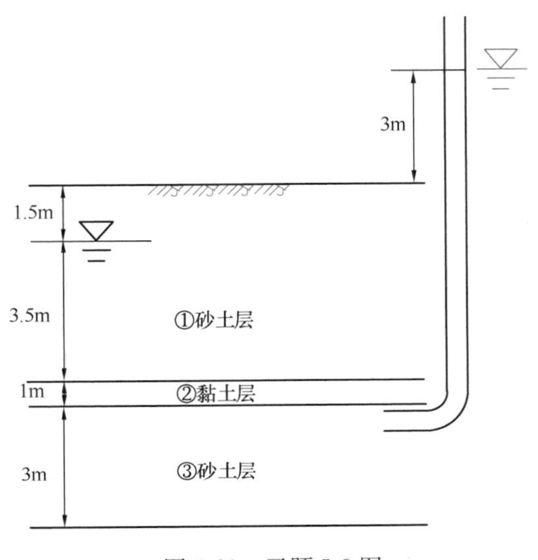

图 5-21　习题 5-8 图

5-9　如图 5-22 所示，某场地自上而下的土层分布为：顶部为 1m 厚黏土层，$\gamma = 16\text{kN/m}^3$，$K_0 = 0.70$；中部为 6m 厚粉土层，$\gamma = 19\text{kN/m}^3$，$\gamma' = 10\text{kN/m}^3$，$K_0 = 0.55$；底部为砂土层，$\gamma_{sat} = 20\text{kN/m}^3$，$K_0 = 0.50$。地下水位在地表以下 2m 深处。试绘制土的竖向和侧向有效自重应力分布图。（g 取 10N/kg）

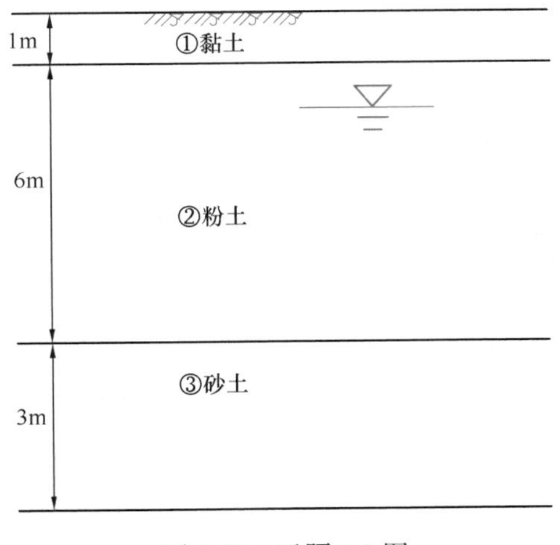

图 5-22　习题 5-9 图

第6章 土中附加应力

6.1 概 述

地基中的应力主要来源于两方面，一方面是土体自身重量所产生的自重应力，另一方面是外荷载所引起的附加应力，下称土中附加应力。一般情况下，自然界中的土体在自重应力作用下已产生固结沉降，因而自重应力不会导致土体产生额外变形。而在地基上建造建筑物时，基础将来自建筑物的荷载传递给地基，这会在土体中产生附加应力，引起地基变形，从而使建筑物产生一定的沉降。若沉降量在允许范围内，则不会对建筑物造成危害；若沉降量过大则会影响建筑物的使用，甚至会使土体发生整体破坏而失去稳定。因此，研究土中的附加应力是研究地基变形和稳定的重要前提。

本章首先介绍基底压力，包括基底压力的分布规律及简化计算，在此基础上推出基底附加压力的计算公式。之后介绍土中附加应力，包括其基本假定，集中荷载、线荷载、条形基础和矩形基础荷载作用下土中附加应力的计算。基底附加压力和土中附加应力的计算为本章重点内容。

6.2 基 底 压 力

建筑物的荷载是通过基础传到土中的。图6-1展示了矩形基础和条形基础。在外部荷载作用下，基础底面的压力分布形式将对土中应力产生直接的影响。事实上，基础底面的压力分布涉及上部结构、基础和地基的共同作用，是一个十分复杂的课题，但在简化分析中一般将其看作是弹性理论中的接触压力问题。基础底面的压力分布与基础的大小、刚度、形状、埋置深度、地基土性质及荷载大小和分布等因素有关。在理论分析中综合考虑

(a) 矩形基础

(b) 条形基础

图6-1 矩形基础和条形基础

所有因素是十分困难的，下面讨论基底压力分布的基本概念及简化计算方法。

6.2.1 基底压力的分布规律

首先我们讨论不同刚度基础与地基的接触压力分布问题。如图 6-2（a）所示，若一个基础的抗弯刚度 $EI=0$，则这种基础为绝对柔性基础，基础底面的压力分布将与基础上作用的荷载分布相同，此时基础底面的沉降呈现中央大边缘小的情形。实际工程中可以把柔性较大（刚度较小），能适应地基变形的基础看作是柔性基础。例如，土坝或路堤本身可近似假定不传递剪应力，则由其自身重力引起的基底压力分布就与其断面形状相似，为梯形分布，如图 6-2（b）所示，则土坝或路堤可视为柔性基础。

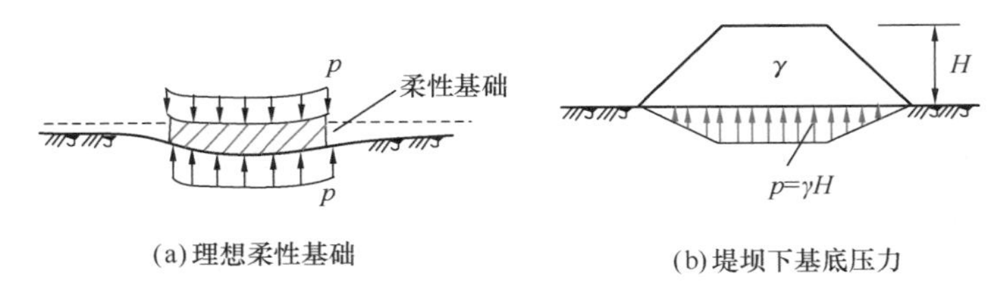

图 6-2　柔性基础底面的压力分布特征

刚度很大（$EI=\infty$）、不能适应地基变形的基础为刚性基础，如混凝土实体结构的桥梁墩台基础（图 6-3）。由于刚性基础不会发生挠曲变形，所以在中心荷载作用下，基底各点的沉降是相同的，这时基底压力分布为马鞍形分布，即中央小边缘大（按弹性理论的解答，边缘应力为无穷大），如图 6-3（a）所示。随着荷载的增大，基础边缘应力也相应增大，该处地基土将首先产生塑性变形，边缘应力不再增加，而中央部分则继续增大，从而使基底压力重新分布，呈抛物线分布，如图 6-3（b）所示。如果荷载继续增大，则基底压力会进一步发展为钟形分布，如图 6-3（c）所示。这表明，刚性基础底面的压力分布形状同荷载大小有关。另外，根据试验研究，刚性基础底面压力分布还同基础埋置深度和土的性质有关。需要指出的是，上述刚性基础底面压力分布的演化过程只是一种理想化的情形，真实情况要复杂得多。

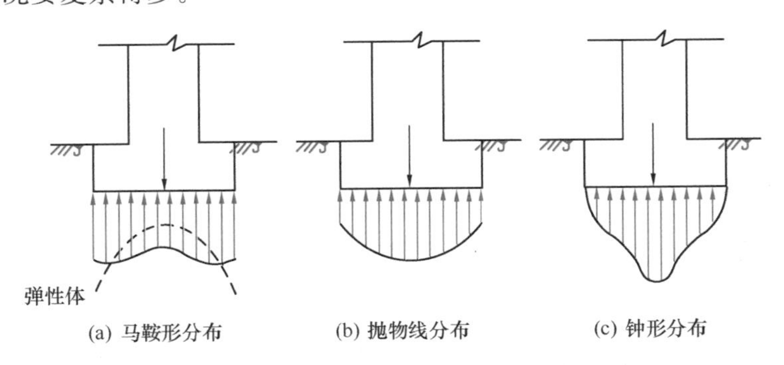

图 6-3　刚性基础底面的压力分布特征

实际工程中许多基础的刚度一般均处于上述两种极端情况之间，称为有限刚度基础。对于有限刚度基础底面的压力分布，可根据基础的实际刚度和土的性质，用弹性地基上梁和板的方法或数值计算方法进行计算，详见第 13 章《浅基础》的相关内容。

6.2.2 基底压力的简化计算

基底压力的分布形式是十分复杂的，但根据弹性理论和土中实际应力的量测结果可知，当作用在基础上的荷载总值一定时，基底压力分布形状对土中应力分布的影响只限定在基础附近一定深度范围内，一般地，当深度超过基础宽度的 1.5～2.0 倍时，它的影响已不显著。因此，实践中可近似地认为基底压力分布呈线性变化，并采用材料力学的有关公式进行计算。

1. 中心荷载作用

如图 6-4（a）所示，当荷载作用在矩形基础形心处时，基底压力 p 按材料力学中的中心受压公式计算，即：

$$p = \frac{F}{A} \tag{6-1}$$

式中，F 为作用在基础底面中心的竖直荷载；A 为基础底面积。对于荷载沿长度方向均匀分布的条形基础，可沿长度方向截取单位长度进行基底压力 p 的计算。

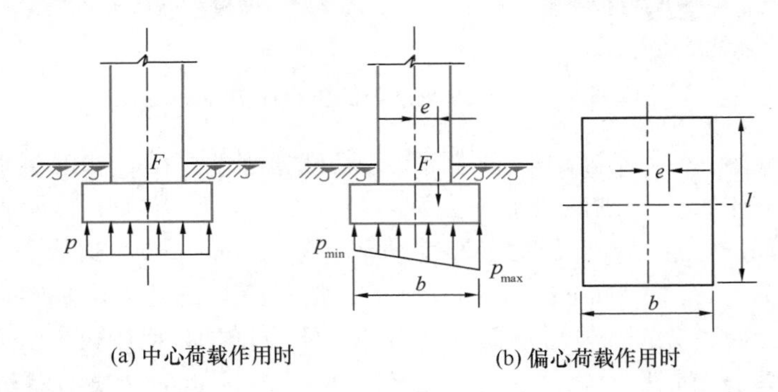

图 6-4 基底压力简化计算方法

2. 偏心荷载作用

矩形基础受偏心荷载作用时如图 6-4（b）所示，基底压力 p 按材料力学中的偏心受压公式计算，即：

$$\begin{cases} p_{max} = \dfrac{F}{A} + \dfrac{M}{W} = \dfrac{F}{A}\left(1 + \dfrac{6e}{b}\right) \\ p_{min} = \dfrac{F}{A} - \dfrac{M}{W} = \dfrac{F}{A}\left(1 - \dfrac{6e}{b}\right) \end{cases} \tag{6-2}$$

式中，F、M 分别为作用在基础底面中心的竖直荷载和弯矩，$M = Fe$；e 为荷载偏心距；W 为基础底面的抗弯截面系数，对矩形基础 $W = \dfrac{lb^2}{6}$；b、l 分别为基础底面的宽度和长度。

由式（6-2）可知，根据荷载偏心距 e 的大小，基底压力的分布可能会出现如图 6-5 所示的 3 种情况。

（1）当 $e < \dfrac{b}{6}$ 时，$p_{min} > 0$，基底压力呈梯形分布，如图 6-5（a）所示。

（2）当 $e = \dfrac{b}{6}$ 时，$p_{min} = 0$，基底压力呈三角形分布，如图 6-5（b）所示。

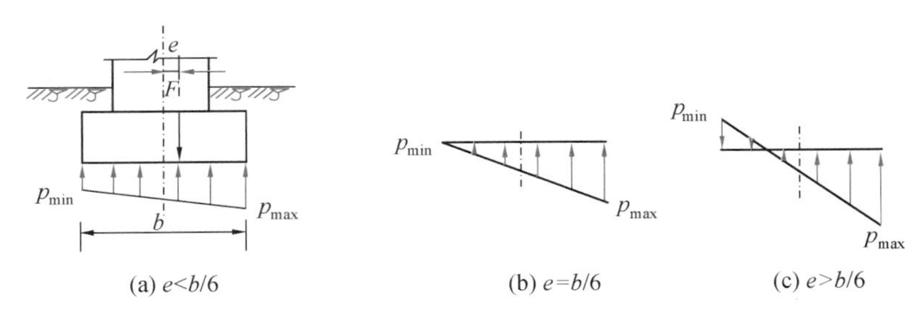

(a) $e<b/6$　　(b) $e=b/6$　　(c) $e>b/6$

图 6-5　偏心荷载时基底压力分布的几种情况

（3）当 $e>\dfrac{b}{6}$ 时，$p_{\min}<0$，表明距偏心荷载较远的基底边缘压力为负值，亦即会产生拉应力，如图 6-5（c）所示，但由于地基土不能承受拉应力，此时产生拉应力部分的地基土将与基底脱离，而使基底压力重新分布。实际上，地基土与基底脱离在工程上一般是不允许的，需进行设计调整，如调整基础尺寸或偏心距。

3. 水平荷载作用

对于承受水平荷载作用的建筑物，基础将受到倾斜荷载的作用，如图 6-6 所示。在倾斜荷载作用下，除要引起竖向基底压力外，还会引起水平向应力。计算时，可将倾斜荷载 F 分解为竖向荷载 F_{v} 和水平荷载 F_{h} 两部分，并假定由 F_{h} 引起的基底水平应力 p_{h} 均匀分布于整个基础底面。则对于矩形基础，有：

$$p_{\mathrm{h}}=\frac{F_{\mathrm{h}}}{A} \tag{6-3}$$

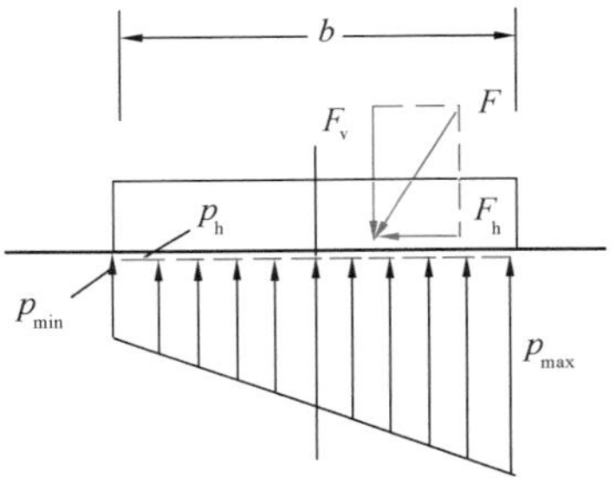

图 6-6　倾斜荷载作用下基底压力计算

式中，p_{h} 为基底水平应力；A 为基础底面积。对于条形基础，也可沿长度方向截取单位长度进行计算。

6.2.3　基底附加压力的计算

一般浅基础总是置于天然地面以下一定深度，该处原有的自重应力由于基坑开挖而卸除。因此，将建筑物建造后的基底压力扣除基底标高处原有自重应力后，才是新增加到地基的基底附加压力。

由图 6-7 可知，基底附加压力为：

$$p_0=p-\sigma'_{sz}=p-\gamma_0 d \tag{6-4}$$

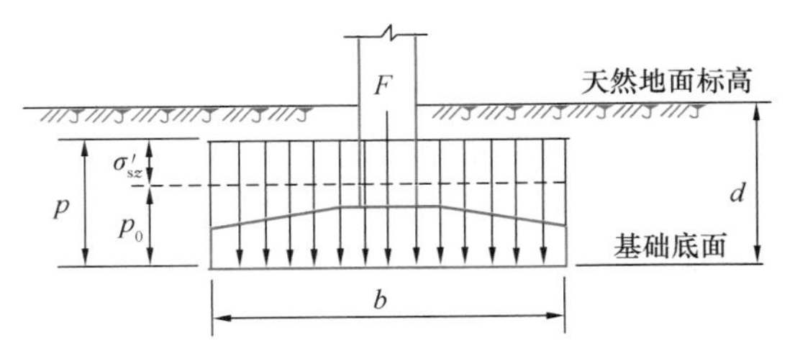

图 6-7　基底附加压力的计算

式中　p——基底压力；

σ'_{sz}——基底处土中有效自重应力，$\sigma'_{sz}=\gamma_0 d$；

γ_0——基础底面标高以上天然土层的加权平均重度，$\gamma_0=(\gamma_1 h_1+\gamma_2 h_2+\cdots)/(h_1+h_2+\cdots)$，其中地下水位下的重度取浮重度；

d——基础埋深，从天然地面算起，对于有一定厚度新填土的情形，应从原天然地面起算。

由式（6-4）还可以看出，增大基础埋深 d 可以减小附加压力 p_0。利用这一原理，在工程上可以通过增大埋置深度的方法来减小附加压力，从而达到减小建筑物沉降的目的。

另外，当基坑平面尺寸较大或深度较大时，基坑底面将发生明显的回弹，且中间的回弹量大于边缘处的回弹量。在沉降计算中应考虑这一因素，具体方法是：将 σ'_{sz} 乘以一个系数 α，即将式（6-4）中的 σ'_{sz} 用 $\alpha\sigma'_{sz}$ 代替，来修正基底附加压力。一般可根据经验取 $\alpha=0\sim1$，这样考虑回弹后基底附加压力是增加的。

【例 6-1】 如图 6-8 所示，柱下独立矩形基础的尺寸为 3m×2m，埋深为 2.4m，柱传递给基础的竖向力 F 为 1200kN。已知地基土的天然重度 $\gamma=18\text{kN/m}^3$，饱和重度 $\gamma_{sat}=21\text{kN/m}^3$，地下水位在地面以下 1.2m 处。求基础底面的附加压力。（g 取 10N/kg）

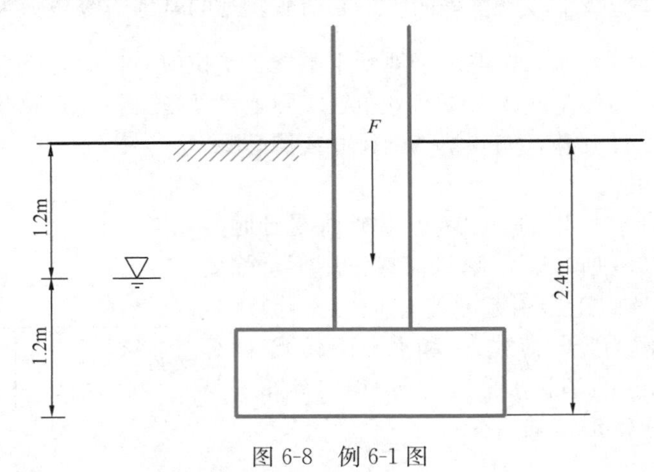

图 6-8 例 6-1 图

【解】 设基础的重度 $\gamma_G=20\text{kN/m}^3$，则基底压力为：

$$p=\frac{F}{A}+\gamma_G h-\gamma_w h_w=\frac{1200}{3\times2}+20\times2.4-10\times1.2=236\text{kPa}$$

基底附加压力为：

$$p_0=p-\gamma_0 d=236-[18\times1.2+(21-10)\times1.2]=201.2\text{kPa}$$

6.3 土中附加应力

计算出基底附加压力后，即可把它看作是作用在半无限空间表面上的局部荷载，再根据力学理论求算土体中的附加应力。土的真实应力-应变关系是非常复杂的，实际中多对其进行简化处理。目前在计算地基中的附加应力时，常把土当成线弹性体，即假定其应力-应变呈线性关系，服从广义虎克定律，从而可直接应用弹性理论得出应力解析解。这种假定是对真实土体性质的高度简化，但实践证明，尽管用弹性理论得到的土中应力解答有误差，但在一定条件下仍可满足工程需要。

6.3.1 基本假定

在土中附加应力的求解中，假定地基为均匀、各向同性的半无限弹性体。下面对相关假定的具体含义作说明：

1. 连续介质

弹性理论中的应力概念与受力体是连续介质的概念是紧密相连的。土是由三相物质组成的碎散颗粒集合体，不是连续介质，因此在研究土体内部微观受力情况时（例如颗粒之间的接触力和颗粒的相对位移），必须把土当成散粒状的三相体来看待；但当研究宏观土体的受力问题时（例如建筑地基沉降问题），研究土体的尺寸远远大于土颗粒的尺寸，此时可以把土体当作连续体来对待，从平均应力的概念出发，用一般材料力学的方法来定义土中应力。在第 5 章《有效应力原理和自重应力》中，实际已经采用了连续介质的假定。

2. 线弹性体

理想弹性体的应力与应变呈线性关系，且应力卸除后变形可以完全恢复。土不是纯弹性材料而是弹塑性材料，它的应力、应变关系是非线性和弹塑性的。图 6-9 表明，即使在很低的应力情况下，土的应力-应变关系也表现出曲线特性，而且在应力卸除后，应变也不能完全恢复。但考虑到一般建筑物荷载在地基中引起的应力增量 $\Delta\sigma$ 不是很大，距离土的破坏强度尚远，土中尚没有发生塑性破坏的区域或塑性破坏的区域很小。此时将土的应力-应变关系简化为直线，用弹性理论求解土中的应力分布，对一般工程来说不仅方便，而且足够准确。但要指出一点，对一些十分重要、对沉降有特殊要求的建筑物，用弹性理论进行土体中的应力分析可能精度不够，这时，必须借助土的弹塑性理论才能得到比较符合实际的应力与变形解答。

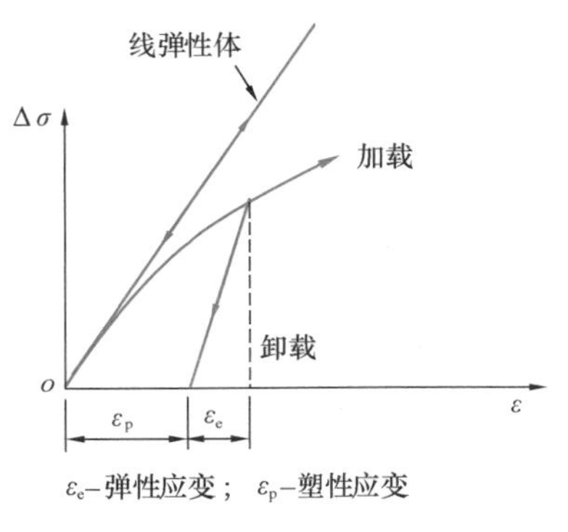

图 6-9　土的应力-应变关系

3. 均质、各向同性

所谓均质，是指受力体各点的性质相同；各向同性则是指在同一点处各个方向上的性质相同。天然地基往往是由成层土所组成，而且常常是各向异性的，因此视土体为均质各向同性将带来误差。但当土层性质变化不大时，这样假定的误差通常也在容许范围之内。如果土层性质变化较大，就要考虑非均质或各向异性的影响，进行必要的修正。

此外，需要指出的是，实际工程中基底附加压力一般作用在地表下一定深度处，因此假定荷载作用在半无限空间表面上所得到的结果也只是一种近似的解答，但对于一般浅基础而言，这种假设所造成的误差可以忽略不计。

6.3.2　竖向集中荷载作用下的土中附加应力（布辛内斯克解）

假定地基为均匀、各向同性的半无限弹性体。在地基表面作用一竖向集中荷载 F（图 6-10），计算地基内任一点 M 处的应力（不考虑弹性体的体积力）。这一课题的解答由法国数学家布辛内斯克（Boussinesq J V，1885）完成，故称为布辛内斯克解。当采用直角坐标系时，土中 3 个正应力分量如下：

$$\Delta\sigma_z = \frac{3Fz^3}{2\pi R^5} \tag{6-5}$$

$$\Delta\sigma_x = \frac{3F}{2\pi}\left\{\frac{zx^2}{R^5} + \frac{1-2\mu}{3}\left[\frac{R^2-Rz-z^2}{R^3(R+z)} - \frac{x^2(2R+z)}{R^3(R+z)^2}\right]\right\} \tag{6-6}$$

$$\Delta\sigma_y = \frac{3F}{2\pi}\left\{\frac{zy^2}{R^5} + \frac{1-2\mu}{3}\left[\frac{R^2-Rz-z^2}{R^3(R+z)} - \frac{y^2(2R+z)}{R^3(R+z)^2}\right]\right\} \tag{6-7}$$

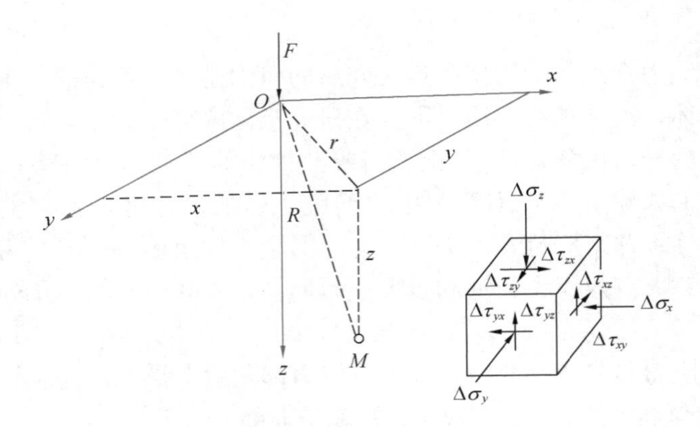

图 6-10 竖向集中荷载作用下土中附加应力

式中 x、y、z —— M 点的坐标，$R=\sqrt{x^2+y^2+z^2}$；

μ ——地基土的泊松比。这里的Δ符号表示此应力是基底附加压力对应的附加应力，以与自重应力区别。

在上述应力表达式中，对工程应用意义最大的是竖向应力 $\Delta\sigma_z$ 的计算。为方便起见，式（6-5）可改写为：

$$\Delta\sigma_z=\frac{3Fz^3}{2\pi R^5}=\frac{3F}{2\pi z^2}\frac{1}{[1+(r/z)^2]^{\frac{5}{2}}}=\alpha\frac{F}{z^2} \tag{6-8}$$

式中，$r=\sqrt{x^2+y^2}$；$\alpha=\dfrac{3}{2\pi}\times\dfrac{1}{[1+(r/z)^2]^{\frac{5}{2}}}$，称为应力系数（无因次），是 r/z 的函数，可由表 6-1 查得。需要指出的是，为简化表达，本书附加应力 $\Delta\sigma_z$ 统一不加有效应力符号。

集中荷载作用下的应力系数 α **表 6-1**

r/z	α	r/z	α	r/z	α	r/z	α	r/z	α
0.00	0.4775	0.50	0.2733	1.00	0.0844	1.50	0.0251	2.00	0.0085
0.05	0.4745	0.55	0.2466	1.05	0.0744	1.55	0.0224	2.20	0.0058
0.10	0.4657	0.60	0.2214	1.10	0.0658	1.60	0.0200	2.40	0.0040
0.15	0.4516	0.65	0.1978	1.15	0.0581	1.65	0.0179	2.60	0.0029
0.20	0.4329	0.70	0.1762	1.20	0.0513	1.70	0.0160	2.80	0.0021
0.25	0.4103	0.75	0.1565	1.25	0.0454	1.75	0.0144	3.00	0.0015
0.30	0.3849	0.80	0.1386	1.30	0.0402	1.80	0.0129	3.50	0.0007
0.35	0.3577	0.85	0.1226	1.35	0.0357	1.85	0.0116	4.00	0.0004
0.40	0.3294	0.90	0.1083	1.40	0.0317	1.90	0.0105	4.50	0.0002
0.45	0.3011	0.95	0.0956	1.45	0.0282	1.95	0.0095	5.00	0.0001

【例 6-2】 在地基表面作用一集中力 $F=200\text{kN}$，计算深度 $z=3\text{m}$ 处水平面上竖向应力 $\Delta\sigma_z$ 分布，以及距 F 作用点 $r=1\text{m}$ 处竖直面上的竖向法向应力 $\Delta\sigma_z$ 分布。

【解】 可按式（6-8）计算各点的竖向应力 $\Delta\sigma_z$，计算结果列于表 6-2 及表 6-3 中。图 6-11给出深度 $z=3\text{m}$ 处水平面上及 $r=1\text{m}$ 处竖直面上 $\Delta\sigma_z$ 的分布曲线。

例 6-2 表 1　z=3m 处水平面上竖向应力$\Delta\sigma_z$的计算　　表 6-2

r(m)	0	1	2	3	4	5
r/z	0.00	0.33	0.67	1.00	1.33	1.67
α	0.4775	0.3582	0.1768	0.0844	0.0358	0.0161
$\Delta\sigma_z$(kPa)	10.6	8.0	3.9	1.9	0.8	0.4

例 6-2 表 2　r=1m 处竖直面上竖向应力$\Delta\sigma_z$的计算　　表 6-3

z(m)	0	1	2	3	4	5
r/z	∞	1	0.5	0.33	0.25	0.20
α	0	0.0844	0.2733	0.3582	0.4103	0.4329
$\Delta\sigma_z$(kPa)	0	16.9	13.7	8.0	5.1	3.5

由图 6-11 $\Delta\sigma_z$ 的分布曲线可以看出，在任一水平面上，$\Delta\sigma_z$ 值随着与集中力作用点距离的增大而迅速减小。在不通过集中力作用点的任一竖向剖面上，土体表面处 $\Delta\sigma_z=0$，随着深度增加，$\Delta\sigma_z$ 先逐渐增大，在某一深度处达到最大值后又逐渐减小。进一步分析可知，随着深度 z 的增加，集中力作用线上的 $\Delta\sigma_z$ 减小，而水平面上的应力分布趋于均匀。

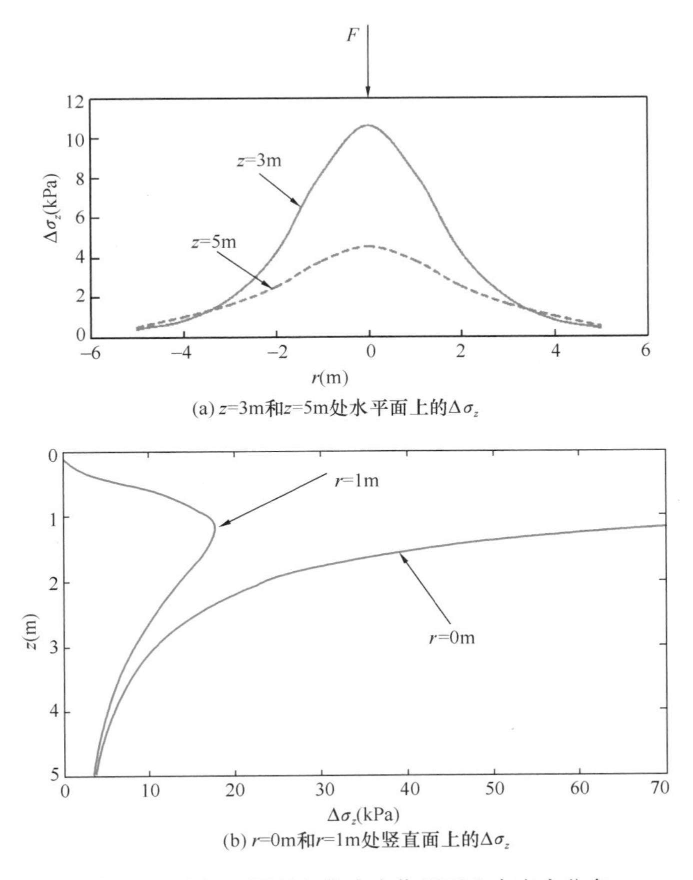

(a) z=3m和z=5m处水平面上的$\Delta\sigma_z$

(b) r=0m和r=1m处竖直面上的$\Delta\sigma_z$

图 6-11　例 6-2 图竖向集中力作用下土中应力分布

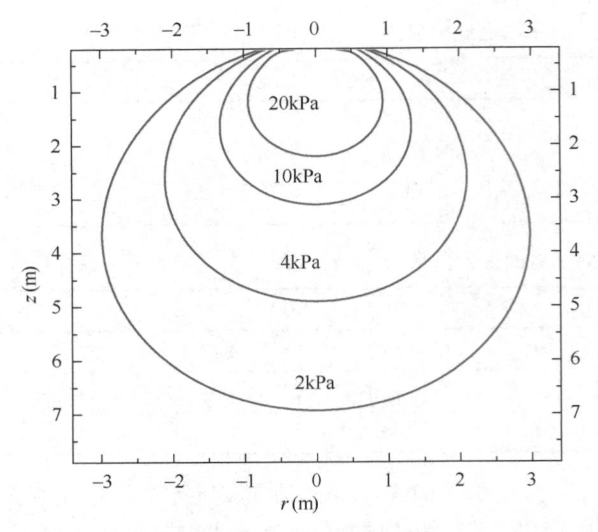

图 6-12　集中荷载作用下附加应力等值线（应力泡）

在空间上将 $\Delta\sigma_z$ 值相同的点连接成曲面，则可以得到如图 6-12 所示的 $\Delta\sigma_z$ 等值线分布图，其空间曲面的形状如气泡状，所以也称为应力泡。图 6-12 表明，集中力 F 在地基中引起的附加应力 $\Delta\sigma_z$ 随至作用点距离的增大而无限扩散。应注意，集中力作用点（$z=0$，$r=0$）处附加应力为无穷大。

集中荷载只在理论意义上存在，但集中荷载作用下的应力分布的解答是土中附加应力计算中一个最基本的公式。利用这一解答，根据弹性理论的叠加原理或者通过数值积分的方法可以得到各种分布荷载作用下土中应力的计算公式，下面展开讨论。

6.3.3　条形基础下的土中附加应力

当一定宽度、无限长的条形基础承受荷载，且荷载在各个截面上的分布都相同时，土中应力状态为平面应变状态。这时垂直于长度方向的任意截面内附加应力的大小及分布规律都是相同的，与所取截面位置无关。虽然实际建筑中并没有无限长的条形基础，但研究表明，当基础长度大于 10 倍基础宽度时，其应力分布与无限长条形基础的应力分布相差甚少，因此像墙基、路基、挡土墙及堤坝等条形基础，均可按平面应变问题计算地基中的附加应力。

1. 竖向线荷载（弗拉曼解）

在地表沿竖直方向作用无限长的均布线荷载 p，如图 6-13 所示，求在地基中任意点 M 处的附加应力。该课题的解答首先由弗拉曼(Flamant)得出，故又称弗拉曼解。

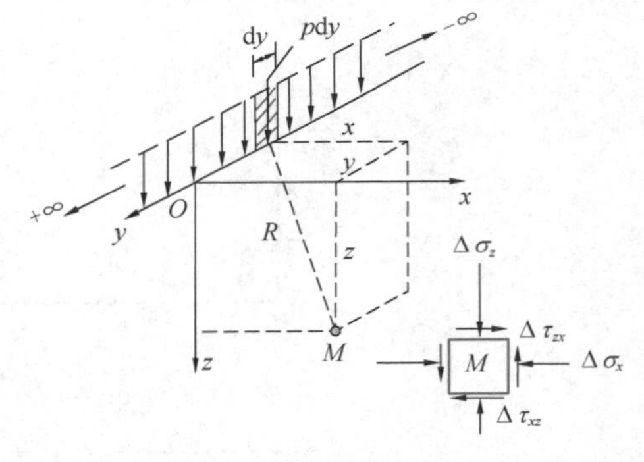

图 6-13　线荷载作用下的土中附加应力

在线荷载方向上取微分长度 dy，作用在上面的荷载 $p$dy 可以看成集中力，在 M 点处引起的应力为 $\mathrm{d}\sigma_z=\dfrac{3pz^3}{2\pi R^5}\mathrm{d}y$，则：

$$\Delta\sigma_z=\int_{-\infty}^{\infty}\frac{3pz^3\mathrm{d}y}{2\pi(x^2+y^2+z^2)^{5/2}}=\frac{2pz^3}{\pi(x^2+z^2)^2} \tag{6-9}$$

类似地，有：

$$\Delta\sigma_x=\frac{2px^2z}{\pi(x^2+z^2)^2} \tag{6-10}$$

式中　p——线荷载（kN/m）；其他符号见图 6-13。

由广义虎克定律和平面应变状态 $\varepsilon_y=0$ 的条件，有：

$$\Delta\sigma_y=\mu(\sigma_x+\sigma_z) \tag{6-11}$$

虽然实际中并不存在真实的线荷载，但可以把它看作是条形基础在宽度趋于零时的特殊情况。以弗拉曼解为基础，通过积分就可以推导出条形基础上作用着各种分布荷载时附加应力计算公式。

2. 竖向均布荷载

如图 6-14 所示，宽度为 b 的条形基础在地基表面上作用均布荷载 p，计算土中任一点 $M(x, z)$ 的竖向应力 $\Delta\sigma_z$。为此，在条形基础的宽度方向上取微分宽度 $d\xi$，将其上作用的荷载 $dp = pd\xi$ 视为线荷载，dp 在 M 点处引起的竖向附加应力为 $d\sigma_z$。利用弗拉曼解，在荷载分布宽度范围 b 内进行积分，即可求得 M 点处的附加应力：

$$\begin{aligned}\Delta\sigma_z &= \int_0^b d\sigma_z = \int_0^b \frac{2z^3 p}{\pi[(x-\xi)^2 + z^2]^2} d\xi \\ &= \frac{p}{\pi}\left[\arctan\frac{n}{m} - \arctan\frac{n-1}{m} + \frac{mn}{m^2+n^2} - \frac{m(n-1)}{m^2+(n-1)^2}\right] \\ &= \alpha_u p\end{aligned} \tag{6-12}$$

式中　α_u ——应力系数，是 $n = \frac{x}{b}$ 和 $m = \frac{z}{b}$ 的函数，可从表 6-4 中查得。

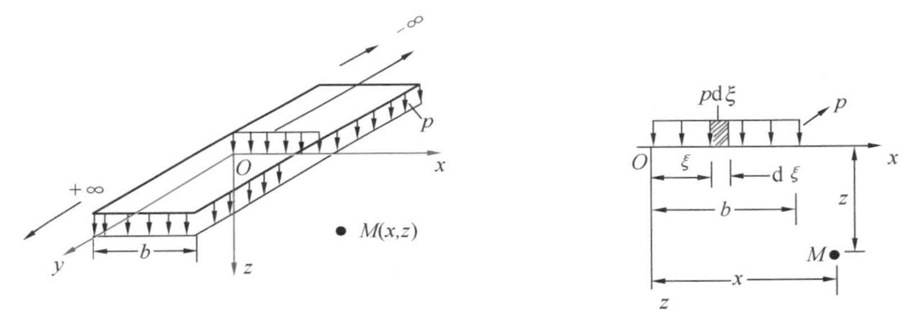

图 6-14　条形基础均布荷载作用下土中附加应力计算

应力系数 α_u 值　　表 6-4

$m = \frac{z}{b}$	$n = \frac{x}{b}$							
	0.00	0.25	0.50	0.75	1.00	1.25	1.50	2.00
0.0	0.500	1.000	1.000	1.000	0.500	0.000	0.000	0.000
0.2	0.498	0.937	0.977	0.937	0.498	0.059	0.011	0.001
0.4	0.489	0.797	0.881	0.797	0.489	0.173	0.056	0.010
0.6	0.468	0.679	0.755	0.679	0.468	0.243	0.111	0.026
0.8	0.440	0.586	0.642	0.586	0.440	0.276	0.155	0.048
1.0	0.409	0.510	0.550	0.510	0.409	0.288	0.185	0.071
1.2	0.375	0.450	0.477	0.450	0.375	0.287	0.202	0.091
1.4	0.345	0.400	0.420	0.400	0.345	0.279	0.210	0.107
2.0	0.275	0.298	0.306	0.298	0.275	0.242	0.205	0.134
3.0	0.198	0.206	0.208	0.206	0.198	0.186	0.171	0.136
4.0	0.153	0.156	0.158	0.156	0.153	0.147	0.140	0.122
6.0	0.104	0.105	0.106	0.105	0.104	0.102	0.100	0.094

3. 三角形分布荷载

图 6-15 给出条形基础下三角形分布荷载作用的情形。坐标轴原点取在三角形荷载的零点处，荷载分布最大值为 p，计算地基土中 $M(x, z)$ 点的竖向应力 $\Delta\sigma_z$。此时，可按弗拉曼解在条形基础宽度范围 b 内积分。

在条形基础的宽度方向上取微分单元 $d\xi$，将其上作用的荷载 $dp=\frac{\xi}{b}p\,d\xi$ 视为线荷载，dp 在 M 点处引起的竖向附加应力为 $d\sigma_z$，则三角形分布荷载在 M 点处引起的附加应力为：

$$\begin{aligned}\Delta\sigma_z &= \int_0^b d\sigma_z = \frac{2z^3 p}{\pi b}\int_0^b \frac{\xi d\xi}{[(x-\xi)^2+z^2]} \\ &= \frac{p}{\pi}\left[n\left(\arctan\frac{n}{m}-\arctan\frac{n-1}{m}\right)\right. \\ &\quad \left.-\frac{m(n-1)}{(n-1)^2+m^2}\right] \\ &= \alpha_s p\end{aligned} \tag{6-13}$$

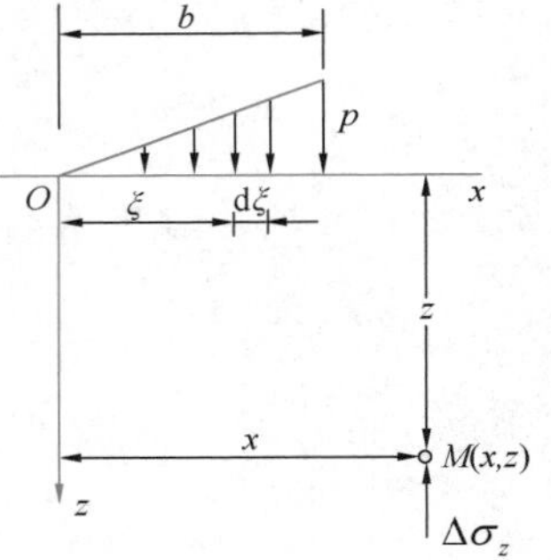

图 6-15 条形基础三角形分布荷载作用下土中附加应力计算

式中 α_s ——应力系数，是 $n=\frac{x}{b}$ 和 $m=\frac{z}{b}$ 的函数，可从表 6-5 中查得。

应力系数 α_s 值 表 6-5

$m=\frac{z}{b}$	$n=\frac{x}{b}$										
	−1.50	−1.0	−0.5	0.0	0.25	0.50	0.75	1.0	1.5	2.0	2.5
0.00	0.000	0.000	0.000	0.000	0.250	0.500	0.750	0.500	0.000	0.000	0.000
0.25	0.000	0.001	0.004	0.075	0.258	0.480	0.645	0.422	0.015	0.002	0.000
0.50	0.002	0.005	0.022	0.127	0.262	0.409	0.473	0.353	0.062	0.012	0.003
0.75	0.005	0.014	0.045	0.153	0.247	0.334	0.360	0.295	0.101	0.028	0.010
1.00	0.011	0.025	0.064	0.159	0.224	0.275	0.287	0.250	0.121	0.046	0.018
1.50	0.023	0.045	0.085	0.147	0.177	0.198	0.202	0.187	0.126	0.069	0.036
2.00	0.035	0.057	0.089	0.127	0.143	0.153	0.155	0.148	0.115	0.078	0.048
3.00	0.046	0.062	0.080	0.096	0.101	0.104	0.105	0.102	0.091	0.074	0.057
4.00	0.048	0.058	0.067	0.075	0.077	0.079	0.079	0.078	0.073	0.064	0.054
5.00	0.045	0.052	0.057	0.061	0.063	0.063	0.063	0.063	0.060	0.055	0.049
6.00	0.042	0.046	0.049	0.052	0.052	0.053	0.053	0.053	0.051	0.048	0.044

【例 6-3】 如图 6-16 所示，一路堤高度为 5m，顶宽为 10m，底宽为 20m，已知填土重度 $\gamma=20kN/m^3$。试求路堤中心线下 O 点（$z=0$）及 M 点（$z=10m$）处的竖向附加应力 $\Delta\sigma_z$ 值。

【解】 路堤重量产生的荷载为梯形分布，其最大值 $p=\gamma H=20\times5=100kPa$，将梯形荷载（$abcd$）划分为三角形荷载（$ebc$）与三角形荷载（$ead$）之差，然后利用式（6-13）进行叠加计算，即：

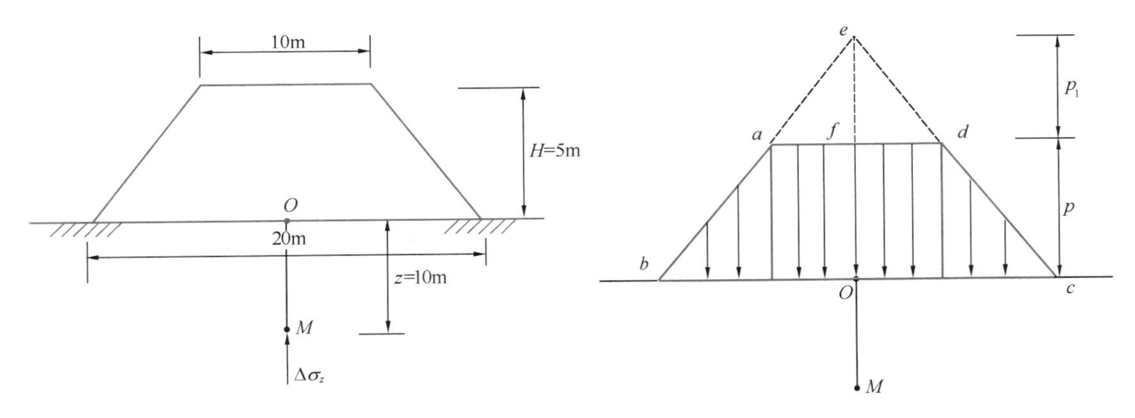

图 6-16　例 6-3 图

$$\Delta\sigma_z = 2(\sigma_{z,ebO} - \sigma_{z,eaf}) = 2[\alpha_{s1}(p + p_1) - \alpha_{s2}p_1]$$

式中　p_1——三角形荷载（eaf）的最大值；

（$p+p_1$）——三角形荷载（ebO）的最大值。

由几何关系可知：

$$p_1 = p = 100\text{kPa}$$

应力系数 α_{s1}、α_{s2} 可由表 6-5 查得，其结果列于表 6-6 中。

例 6-3 表应力系数 α_s 计算表　　**表 6-6**

编号	荷载作用面积	$n=\frac{x}{b}$	O 点（$z=0$）		M 点（$z=10$m）	
			$m=\frac{z}{b}$	α_s	$m=\frac{z}{b}$	α_s
1	ebO	$\frac{10}{10}=1$	0	0.500	$\frac{10}{10}=1$	0.250
2	eaf	$\frac{5}{5}=1$	0	0.500	$\frac{10}{5}=2$	0.148

于是可得 O 点的附加应力为：

$$\Delta\sigma_z = 2\times[0.5\times(100+100) - 0.5\times100] = 100\text{kPa}$$

同理可得 M 点的附加应力为：

$$\Delta\sigma_z = 2\times[0.25\times(100+100) - 0.148\times100] = 70.4\text{kPa}$$

6.3.4　矩形基础下的土中附加应力

1. 均布荷载

（1）角点下附加应力

图 6-17 表示 $l\times b$ 矩形基础下有均布荷载 p 作用在地基表面。为计算角点 O 下某深度处 M 点的竖向附加应力值 $\Delta\sigma_z$，可在基底范围内取单元面积 $\mathrm{d}A=\mathrm{d}x\mathrm{d}y$，作用在单元面积上的分布荷载可以用集中力 $\mathrm{d}F$ 表示，即有 $\mathrm{d}F=p\mathrm{d}x\mathrm{d}y$。由布辛内斯克解［式（6-8）］，可得集中力 $\mathrm{d}F$ 在 M 点引起的 $\mathrm{d}\sigma_z$ 为：

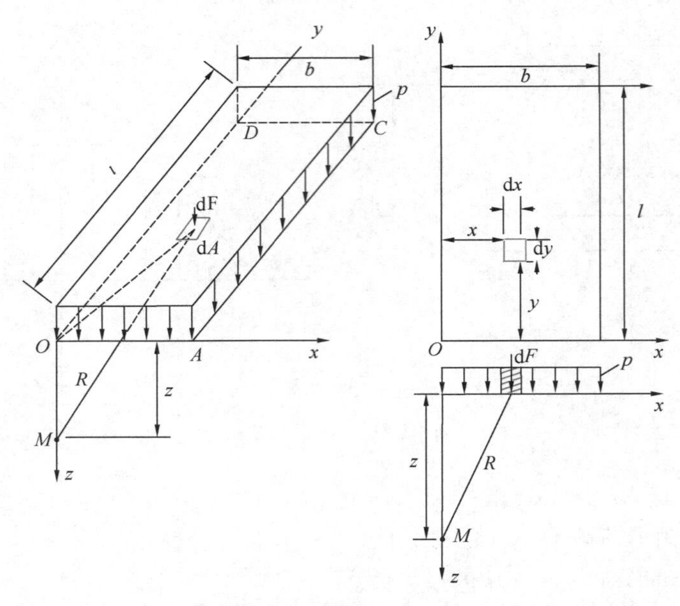

图 6-17 均布荷载作用、矩形基础下角点处竖向应力的计算

$$\mathrm{d}\sigma_z = \frac{3}{2\pi}\frac{pz^3}{(x^2+y^2+z^2)^{5/2}}\mathrm{d}x\mathrm{d}y \tag{6-14}$$

在矩形面积均布荷载 p 作用下，土中 M 点的竖向应力 $\Delta\sigma_z$ 值可以通过在基底面积范围内对 $\mathrm{d}\sigma_z$ 进行积分求得，即：

$$\begin{aligned}\Delta\sigma_z &= \iint_A \mathrm{d}\sigma_z = \frac{3z^3}{2\pi}p\int_0^l\int_0^b \frac{1}{(x^2+y^2+z^2)^{5/2}}\mathrm{d}x\mathrm{d}y \\ &= \frac{p}{2\pi}\left[\frac{mn(1+n^2+2m^2)}{(m^2+n^2)(1+m^2)\sqrt{1+m^2+n^2}} + \arctan\frac{n}{m\sqrt{1+m^2+n^2}}\right] \\ &= \alpha_a p\end{aligned} \tag{6-15}$$

式中，$\alpha_a = \frac{1}{2\pi}\left[\frac{mn(1+n^2+2m^2)}{(m^2+n^2)(1+m^2)\sqrt{1+m^2+n^2}} + \arctan\frac{n}{m\sqrt{1+m^2+n^2}}\right]$，称为角点应力系数，是 $n=\frac{l}{b}$ 和 $m=\frac{z}{b}$ 的函数，可由表 6-7 查得。这里应特别注意，l 为矩形面积的长边，b 为矩形面积的短边。

矩形基础角点下应力系数 α_a 值 表 6-7

$m=\frac{z}{b}$	$n=\frac{l}{b}$									
	1.0	1.2	1.4	1.6	1.8	2.0	3.0	4.0	5.0	10.0
0	0.250	0.250	0.250	0.250	0.250	0.250	0.250	0.250	0.250	0.250
0.2	0.249	0.249	0.249	0.249	0.249	0.249	0.249	0.249	0.249	0.249
0.4	0.240	0.242	0.243	0.243	0.244	0.244	0.244	0.244	0.244	0.244
0.6	0.223	0.228	0.230	0.232	0.232	0.233	0.234	0.234	0.234	0.234

续表

$m=\frac{z}{b}$	$n=\frac{l}{b}$									
	1.0	1.2	1.4	1.6	1.8	2.0	3.0	4.0	5.0	10.0
0.8	0.200	0.208	0.212	0.215	0.217	0.218	0.220	0.220	0.220	0.220
1.0	0.175	0.185	0.191	0.196	0.198	0.200	0.203	0.204	0.204	0.205
1.2	0.152	0.163	0.171	0.176	0.179	0.182	0.187	0.188	0.189	0.189
1.4	0.131	0.142	0.151	0.157	0.161	0.164	0.171	0.173	0.174	0.174
1.6	0.112	0.124	0.133	0.140	0.145	0.148	0.157	0.159	0.160	0.160
1.8	0.097	0.108	0.117	0.124	0.129	0.133	0.143	0.146	0.147	0.148
2.0	0.084	0.095	0.103	0.110	0.116	0.120	0.131	0.135	0.136	0.137
2.5	0.060	0.069	0.077	0.083	0.089	0.093	0.106	0.111	0.114	0.115
3.0	0.045	0.052	0.058	0.064	0.069	0.073	0.087	0.093	0.096	0.099
4.0	0.027	0.032	0.036	0.040	0.044	0.048	0.060	0.067	0.071	0.076
5.0	0018	0.021	0.024	0.027	0.030	0.033	0.044	0.050	0.055	0.061
7.0	0.010	0.011	0.013	0.015	0.016	0.018	0.025	0.031	0.035	0.043
9.0	0.006	0.007	0.008	0.009	0.010	0.011	0.016	0.020	0.024	0.032
10.0	0.005	0.006	0.007	0.007	0.008	0.009	0.013	0.017	0.020	0.028

(2) 任意一点的附加应力（角点法）

如图 6-18 所示，在矩形面积 $abcd$ 上作用有均布荷载 p，计算任意点 M 处的竖向应力 $\Delta\sigma_z$。M 点的竖向投影点 A 可以在矩形面积 $abcd$ 范围之内，也可能在矩形面积 $abcd$ 范围之外。此时可以用式（6-15）按下述叠加方法进行计算，这种计算方法即“角点法”。

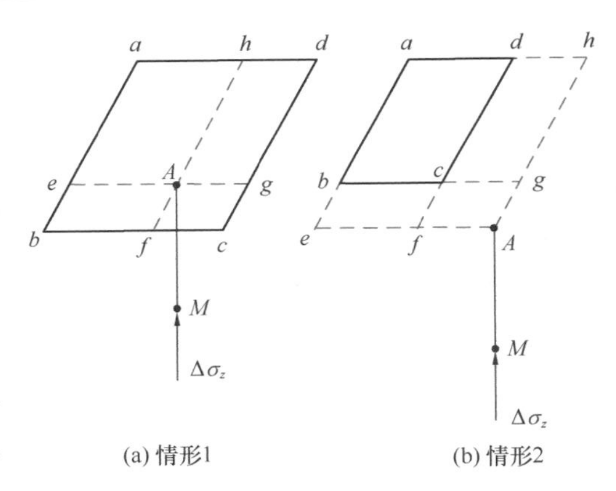

(a) 情形1　　(b) 情形2

图 6-18　角点法示意图

如图 6-18（a）所示，若 A 点在矩形面积范围之内，则计算时可以通过 A 点将受荷面积 $abcd$ 划分为 4 个小矩形面积 $aeAh$、$ebfA$、$hAgd$ 和 $Afcg$。这时 A 点分别在 4 个小矩形面积的角点上，这样就可以用式（6-15）分别计算 4 个小矩形面积均布荷载在角点 A 下 M 点处引起的附加应力 $\Delta\sigma_{zi}$，再进行叠加，即：

$$\Delta\sigma_z = \sum\Delta\sigma_{zi} = \Delta\sigma_{z,aeAh} + \Delta\sigma_{z,ebfA} + \Delta\sigma_{z,hAgd} + \Delta\sigma_{z,Afcg} \tag{6-16}$$

若 A 点在矩形面积范围之外，则计算时可按图 6-18（b）进行面积划分，分别计算出矩形面积 $aeAh$、$beAg$、$dfAh$ 和 $cfAg$ 在角点 A 下 M 点处引起的竖向应力 $\Delta\sigma_{zi}$，然后按下述叠加方法计算，即：

$$\Delta\sigma_z = \Delta\sigma_{z,aeAh} - \Delta\sigma_{z,beAg} - \Delta\sigma_{z,dfAh} + \Delta\sigma_{z,cfAg} \tag{6-17}$$

【例 6-4】 如图 6-19 所示，在长度 $l=6$m、宽度 $b=4$m 的矩形基础上作用 $p=$

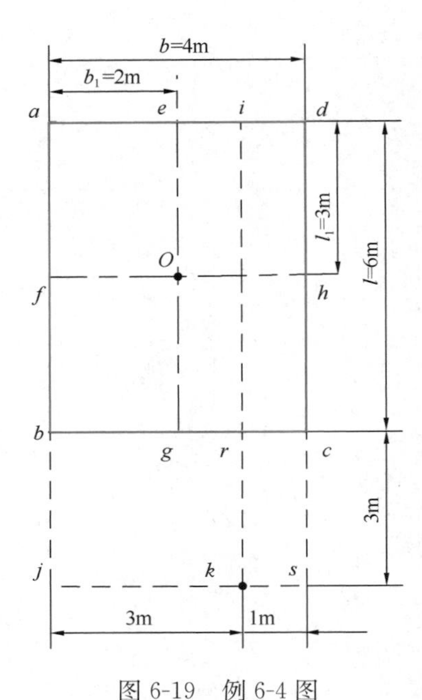

图 6-19　例 6-4 图

100kN/m² 的均布荷载。试计算：（1）矩形基础中点 O 下深度 $z=8\text{m}$ 处 M 点竖向附加应力 $\Delta\sigma_z$ 值；（2）矩形基础外 k 点下深度 $z=6\text{m}$ 处 N 点的竖向附加应力 $\Delta\sigma_z$ 值。

【解】（1）将矩形面积 $abcd$ 通过中心点 O 划分成 4 个相等的小矩形面积（$afOe$、$Ofbg$、$eOhd$ 及 $Ogch$），此时 M 点位于 4 个小矩形面积的角点下，可按角点法进行计算。

考虑矩形面积 $afOe$，已知 $n=\dfrac{l_1}{b_1}=\dfrac{3}{2}=1.5$，$m=\dfrac{z}{b_1}=\dfrac{8}{2}=4$，由表 6-7 插值得角点应力系数 $\alpha_a=0.038$；故得：

$$\Delta\sigma_z=4\Delta\sigma_{z,afOe}=4\times0.038\times100=15.2\text{kPa}$$

（2）将 k 点置于假设矩形面积的角点处，按角点法计算 N 点的竖向应力。

可以将 N 点的竖向应力看作是由矩形面积 $ajki$ 与 $iksd$ 引起的竖向应力之和，再减去矩形面积 $bjkr$ 与 $rksc$ 引起的竖向应力，即：

$$\Delta\sigma_z=\Delta\sigma_{z,ajki}+\Delta\sigma_{z,iksd}-\Delta\sigma_{z,bjkr}-\Delta\sigma_{z,rksc}$$

附加应力系数计算结果列于表 6-8 中，则 N 点的竖向应力为：

$$\Delta\sigma_z=100\times(0.131+0.051-0.084-0.035)=100\times0.063=6.3\text{kPa}$$

例 6-4 表角点法计算附加应力系数　　　　**表 6-8**

荷载作用面积	$n=\dfrac{l}{b}$	$m=\dfrac{z}{b}$	α_a
$ajki$	$\dfrac{9}{3}=3$	$\dfrac{6}{3}=2$	0.131
$iksd$	$\dfrac{9}{1}=9$	$\dfrac{6}{1}=6$	0.051
$bjkr$	$\dfrac{3}{3}=1$	$\dfrac{6}{3}=2$	0.084
$rksc$	$\dfrac{3}{1}=3$	$\dfrac{6}{1}=6$	0.035

2. 三角形荷载

如图 6-20 所示，矩形基础在地基表面上作用三角形分布荷载，为计算荷载为 0 的角点下深度 z 处 M 的竖向应力 $\Delta\sigma_z$ 值，将坐标原点取在荷载为 0 的角点上，z 轴通过 M 点。取单元面积 $\text{d}A=\text{d}x\text{d}y$，其上作用集中力 $\text{d}F=\dfrac{x}{b}p\,\text{d}x\text{d}y$。

同样，可由布辛内斯克解［式（6-8）］在基底面积范围内进行积分求得 $\Delta\sigma_z$ 为：

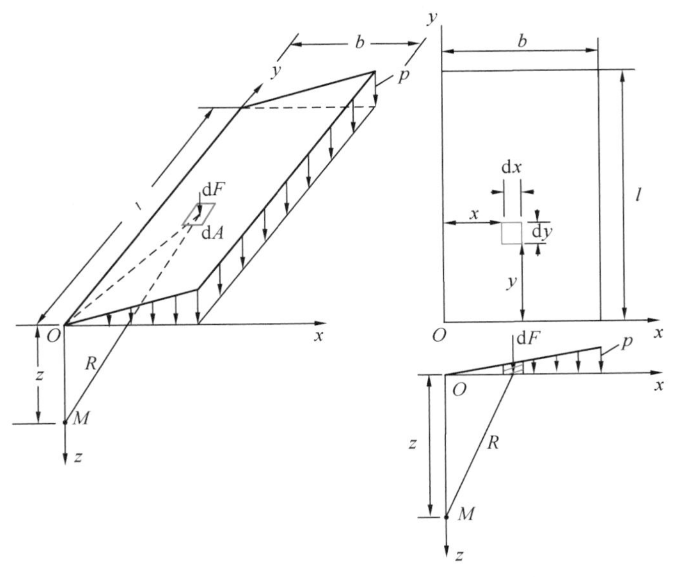

图 6-20　三角形分布荷载、矩形基础下附加应力计算

$$\begin{aligned}\Delta\sigma_z &= \frac{3z^3}{2\pi}p\int_0^l\int_0^b\frac{\frac{x}{b}\mathrm{d}x\mathrm{d}y}{(x^2+y^2+z^2)^{\frac{5}{2}}} \\ &= \frac{mn}{2\pi}\left[\frac{1}{\sqrt{n^2+m^2}}-\frac{m^2}{(1+m^2)\sqrt{1+m^2+n^2}}\right]p=\alpha_t p\end{aligned} \tag{6-18}$$

式中，$\alpha_t=\frac{mn}{2\pi}\left[\frac{1}{\sqrt{n^2+m^2}}-\frac{m^2}{(1+m^2)\sqrt{1+m^2+n^2}}\right]$称为应力系数，为$n=\frac{l}{b}$和$m=\frac{z}{b}$的函数，可由表 6-9 查得。这里应注意上述 b 值不是指基础的宽度，而是指三角形荷载分布方向的基础边长，l 为另一方向的长度，如图 6-20 所示。

矩形基础、三角形分布荷载、压力为零的角点下应力系数 α_t 值　　　　**表 6-9**

$m=\frac{z}{b}$	$n=\frac{l}{b}$							
	0.2	0.6	1.0	1.4	1.8	3.0	8.0	10.0
0	0.0000	0.0000	0.0000	0.0000	0.0000	0.0000	0.0000	0.0000
0.2	0.0223	0.0296	0.0304	0.0305	0.0306	0.0306	0.0306	0.0306
0.4	0.0269	0.0487	0.0531	0.0543	0.0546	0.0548	0.0549	0.0549
0.6	0.0259	0.0560	0.0654	0.0684	0.0694	0.0701	0.0702	0.0702
0.8	0.0232	0.0553	0.0688	0.0739	0.0752	0.0773	0.0776	0.0776
1.0	0.0201	0.0508	0.0666	0.0735	0.0766	0.0790	0.0796	0.0796
1.2	0.0171	0.0450	0.0615	0.0698	0.0738	0.0774	0.0783	0.0783
1.4	0.0145	0.0392	0.0554	0.0644	0.0692	0.0739	0.0752	0.0753
1.6	0.0123	0.0339	0.0492	0.0586	0.0639	0.0667	0.0715	0.0715
1.8	0.0105	0.0294	0.0435	0.0528	0.0585	0.0652	0.0675	0.0675
2.0	0.0090	0.0255	0.0384	0.0474	0.0533	0.0607	0.0636	0.0636
2.5	0.0063	0.0183	0.0284	0.0362	0.0419	0.0514	0.0547	0.0548
3.0	0.0046	0.0135	0.0214	0.0280	0.0331	0.0419	0.0474	0.0476
5.0	0.0018	0.0054	0.0088	0.0120	0.0148	0.0214	0.0296	0.0301
7.0	0.0009	0.0028	0.0047	0.0064	0.0081	0.0124	0.0204	0.0212
10.0	0.0005	0.0014	0.0024	0.0033	0.0041	0.0066	0.0128	0.0139

【例 6-5】如图 6-21 所示，有一矩形基础长 $l=5\text{m}$，宽 $b=3\text{m}$，三角形分布荷载作用在地基表面，荷载最大值 $p=100\text{kPa}$。试计算 O 点下深度 $z=3\text{m}$ 处的竖向附加应力 $\Delta\sigma_z$ 值。

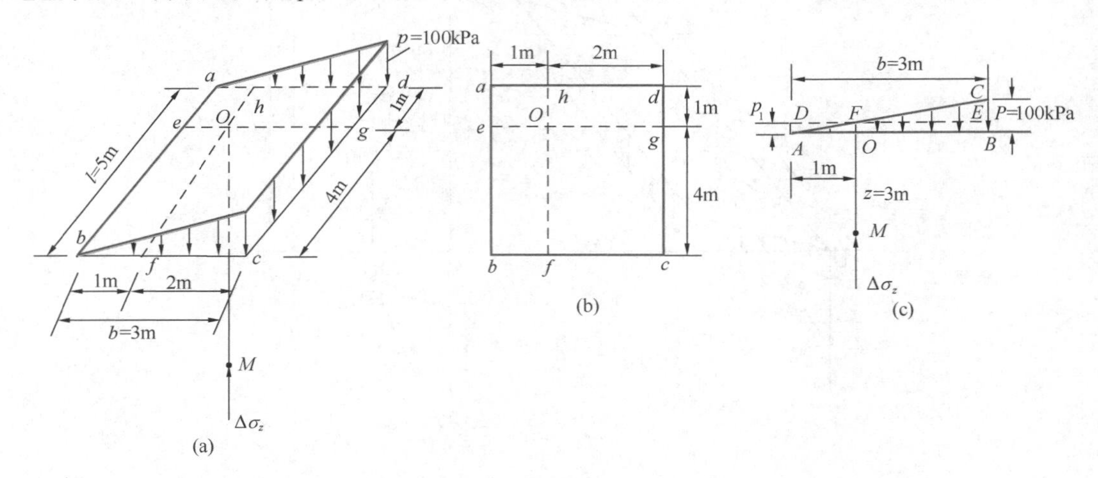

图 6-21　例 6-5 图

【解】求解时需要通过两次叠加来计算。第一次是荷载作用面积的叠加，可利用前面的角点法计算；第二次是荷载分布图形的叠加。

（1）荷载作用面积的叠加

如图 6-21（a）、图 6-21（b）所示，由于 O 点位于矩形面积 $abcd$ 内。通过 O 点将矩形面积划分为 4 块，假定其上作用均布荷载 p_1，即图 6-21（c）中的荷载 $DABE$，$p_1=100/3=33.3\text{kPa}$。

则在 M 点处产生的竖向应力 $\Delta\sigma_{zi}$ 可用角点法进行计算，即：

$$\Delta\sigma_{z1}=\Delta\sigma_{z1,aeOh}+\Delta\sigma_{z1,ebfO}+\Delta\sigma_{z1,Ofcg}+\Delta\sigma_{z1,hOgd}=p_1(\alpha_{a1}+\alpha_{a2}+\alpha_{a3}+\alpha_{a4})$$

其中，α_{a1}、α_{a2}、α_{a3}、α_{a4} 分别为各块面积的应力系数，可由表 6-7 查得，结果列于表 6-10。

例 6-5 表 1 应力系数 α_{ai} 计算　　　　表 6-10

编号	荷载作用面积	$n=\frac{l}{b}$	$m=\frac{z}{b}$	α_{ai}
1	$aeOh$	$\frac{1}{1}=1$	$\frac{3}{1}=3$	0.045
2	$ebfO$	$\frac{4}{1}=4$	$\frac{3}{1}=3$	0.093
3	$Ofcg$	$\frac{4}{2}=2$	$\frac{3}{2}=1.5$	0.156
4	$hOgd$	$\frac{2}{1}=2$	$\frac{3}{1}=3$	0.073

于是可得：

$$\Delta\sigma_{z1}=p_1\sum\alpha_{ai}=33.3\times(0.045+0.093+0.0156+0.073)$$
$$=33.3\times0.367=12.2\text{kPa}$$

（2）荷载分布图形的叠加

由角点法求得的应力 $\Delta\sigma_{z1}$ 是由均布荷载 p_1 引起的，但实际作用的荷载是三角形分布。为此，可以将图 6-21（c）所示的三角形分布荷载 ABC 分割成 3 块，即均布荷载 $DABE$、三角形荷载 AFD 和 CFE。三角形荷载 ABC 等于均布荷载 $DABE$ 减去三角形荷载 AFD，再加上三角形荷载 CFE。这样，将此三块分布荷载产生的附加应力进行叠加即可。

三角形分布荷载 AFD，其最大值为 p_1，作用在矩形面积 $aeOh$ 及 $ebfO$ 上，并且 O 点在荷载为 0 处。因此，它在 M 点引起的附加应力 $\Delta\sigma_{z2}$ 是两块矩形面积上三角形分布荷载引起的附加应力之和，可按式（6-18）计算，即：

$$\Delta\sigma_{z2} = \Delta\sigma_{z2,aeOh} + \Delta\sigma_{z2,ebfO} = p_1(\alpha_{t1} + \alpha_{t2}),$$

其中，应力系数 α_{t1}、α_{t2} 可由表 6-9 查得，结果列于表 6-11 中。于是可求得 $\Delta\sigma_{z2}$ 为：

$$\Delta\sigma_{z2} = 33.3 \times (0.0214 + 0.0430) = 2.1\text{kPa}。$$

例 6-5 表 2 应力系数 α_{ti} 计算 **表 6-11**

编号	荷载作用面积	$n=\frac{l}{b}$	$m=\frac{z}{b}$	α_{ti}
1	$aeOh$	$\frac{1}{1}=1$	$\frac{3}{1}=3$	0.0214
2	$ebfO$	$\frac{4}{1}=4$	$\frac{3}{1}=3$	0.0430
3	$Ofcg$	$\frac{4}{2}=2$	$\frac{3}{2}=1.5$	0.0672
4	$hOgd$	$\frac{1}{2}=0.5$	$\frac{3}{2}=1.5$	0.0346

三角形分布荷载 CFE 的最大值为 $p-p_1$，作用在矩形面积 $Ofcg$ 及 $hOgd$ 上，同样 O 点也在荷载为 0 处。因此，它在 M 点处产生的竖向应力 $\Delta\sigma_{z3}$ 是两块矩形面积上三角形分布荷载引起的附加应力之和，应力系数 α_{t3}、α_{t4} 可由表 6-9 查得，结果列于表 6-11 中，则：

$$\begin{aligned}\Delta\sigma_{z3} &= \Delta\sigma_{z3,Ofcg} + \Delta\sigma_{z3,hOgd} = (p-p_1)(\alpha_{t3}+\alpha_{t4}) \\ &= (100-33.3)\times(0.0672+0.0346) = 6.8\text{kPa}\end{aligned}$$

将上述计算结果进行叠加，即可求得三角形分布荷载 ABC 在 M 点产生的竖向应力 $\Delta\sigma_z$，即：

$$\Delta\sigma_z = \Delta\sigma_{z1} - \Delta\sigma_{z2} + \Delta\sigma_{z3} = 12.2 - 2.1 + 6.8 = 16.9\text{kPa}。$$

6.3.5 水平荷载作用土中附加应力

1. 水平集中力（西罗提解）

地基表面作用有平行于 xoy 面的水平集中力 P_h 时，求解在地基中任意点 $M(x, y, z)$ 所引起的应力问题，已由西罗提（V. Cerruti）用弹性理论解出，称为西罗提解。这里只给出竖向附加应力 $\Delta\sigma_z$ 的表达式：

$$\Delta\sigma_z = \frac{3P_h}{2\pi}\cdot\frac{xz^2}{R^5} \tag{6-19}$$

式中符号见图 6-22。

2. 矩形面积上水平均布荷载

当矩形基础对地基表面作用有水平均布荷载 p_h 时（图 6-23），可利用西罗提解进行积分，求出矩形角点下任意深度 z 处的附加应力 $\Delta\sigma_z$：

$$\Delta\sigma_z = \mp\alpha_h p_h \tag{6-20}$$

式中，$\alpha_{\mathrm{h}}=\dfrac{1}{2\pi}\left[\dfrac{m}{\sqrt{m^{2}+n^{2}}}-\dfrac{mn^{2}}{(1+n^{2})\sqrt{1+m^{2}+n^{2}}}\right]$，称为矩形面积作用水平均布荷载时角点下的应力分布系数，可查表 6-12。其中 $m=\dfrac{l}{b}$，$n=\dfrac{z}{b}$，b 为平行于水平荷载作用方向的边长，l 为垂直于水平荷载作用方向的边长。

式（6-20）表明，在同一深度 z，四个角点下的附加应力 $\Delta\sigma_z$ 绝对值相同，但应力符号有正负之分。如图 6-23 所示，c、a 点下 $\Delta\sigma_z$ 取负值，b、d 点下取正值。此外，可利用角点法和应力叠加原理计算水平荷载作用下土中任意点的附加应力 $\Delta\sigma_z$。

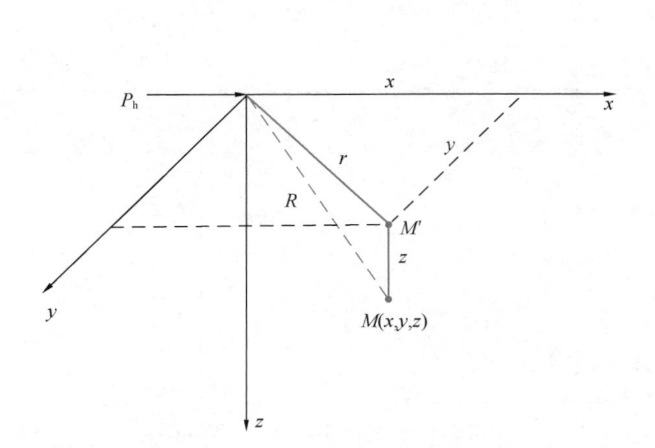

图 6-22 水平集中力作用于地表

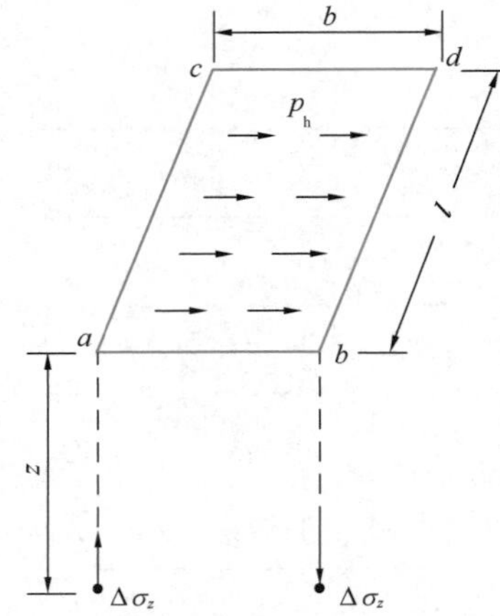

图 6-23 矩形面积作用水平均布荷载时角点下的 $\Delta\sigma_z$

矩形面积受水平均布荷载作用时角点下的应力系数 α_h 值　　表 6-12

$n=z/b$	$m=l/b$										
	1.0	1.2	1.4	1.6	1.8	2.0	3.0	4.0	6.0	8.0	10.0
0.0	0.1592	0.1592	0.1592	0.1592	0.1592	0.1592	0.1592	0.1592	0.1592	0.1592	0.1592
0.2	0.1518	0.1523	0.1526	0.1528	0.1529	0.1529	0.1530	0.1530	0.1530	0.1530	0.1530
0.4	0.1328	0.1347	0.1356	0.1362	0.1365	0.1367	0.1371	0.1372	0.1372	0.1372	0.1372
0.6	0.1091	0.1121	0.1139	0.1150	0.1156	0.1160	0.1168	0.1169	0.1170	0.1170	0.1170
0.8	0.0861	0.0900	0.0924	0.0939	0.0948	0.0955	0.0967	0.0969	0.0970	0.0970	0.0970
1.0	0.0666	0.0708	0.0735	0.0753	0.0766	0.0774	0.0790	0.0794	0.0795	0.0796	0.0796
1.2	0.0512	0.0553	0.0582	0.0601	0.0613	0.0624	0.0645	0.0650	0.0652	0.0652	0.0652
1.4	0.0395	0.0433	0.0460	0.0480	0.0494	0.0505	0.0528	0.0534	0.0537	0.0537	0.0538
1.6	0.0308	0.0341	0.0366	0.0385	0.0400	0.0410	0.0436	0.0443	0.0446	0.0447	0.0447
1.8	0.0242	0.0270	0.0293	0.0311	0.0325	0.0336	0.0362	0.0370	0.0374	0.0375	0.0375
2.0	0.0192	0.0217	0.0237	0.0253	0.0266	0.0277	0.0303	0.0312	0.0317	0.0318	0.0318
2.5	0.0113	0.0130	0.0145	0.0157	0.0167	0.0176	0.0202	0.0211	0.0217	0.0219	0.0219
3.0	0.0070	0.0083	0.0093	0.0102	0.0110	0.0117	0.0140	0.0150	0.0156	0.0158	0.0159
5.0	0.0018	0.0021	0.0024	0.0027	0.0030	0.0032	0.0043	0.0050	0.0057	0.0059	0.0060
7.0	0.0007	0.0008	0.0009	0.0010	0.0012	0.0013	0.0018	0.0022	0.0027	0.0029	0.0030
10.0	0.0002	0.0003	0.0003	0.0004	0.0004	0.0005	0.0007	0.0008	0.0011	0.0013	0.0014

6.4 影响土中应力分布的因素

1. 附加应力分布的特点

图 6-24 为地基中附加应力的等值线图。可以看出，地基中的竖向附加应力 $\Delta\sigma_z$ 具有如下分布规律。

（1）$\Delta\sigma_z$ 的分布范围相当大，不仅发生在荷载面积之内，而且还分布到荷载面积以外。

（2）在不同深度 z 处的各个水平面上，以基底中心轴线处的 $\Delta\sigma_z$ 为最大，并随与中心轴线距离的增大而减小。

（3）在荷载范围内任一竖直线上，竖向附加应力随深度的增大而逐渐减小；荷载范围外则是随深度先增大再减小。

（4）方形荷载所引起的 $\Delta\sigma_z$ 的影响深度要比条形荷载小得多。例如，方形荷载中心下 $z=2b$ 处 $\Delta\sigma_z\approx0.1p$，而在条形荷载作用下，$\Delta\sigma_z=0.1p$ 等值线出现在约 $z=6b$ 处；$\Delta\sigma_z=0.2p$ 的等值线出现在方形荷载下约 $1.5b$ 处，条形荷载下约 $3b$ 深度处。

在工程中，一般把基础底面至 $\Delta\sigma_z=0.2p$ 的这部分土层称为主要受力层，其含义是：建筑物荷载主要由该层土来承担，地基沉降的绝大部分也是由这部分土层压缩所引起的。

（5）由图 6-24（c）、图 6-24（d）可见，水平向附加应力 $\Delta\sigma_x$ 的影响范围较浅，表明地基的侧向变形主要发生在浅层土体；剪应力 $\Delta\tau_{xz}$ 的最大值出现在荷载边缘，故位于基

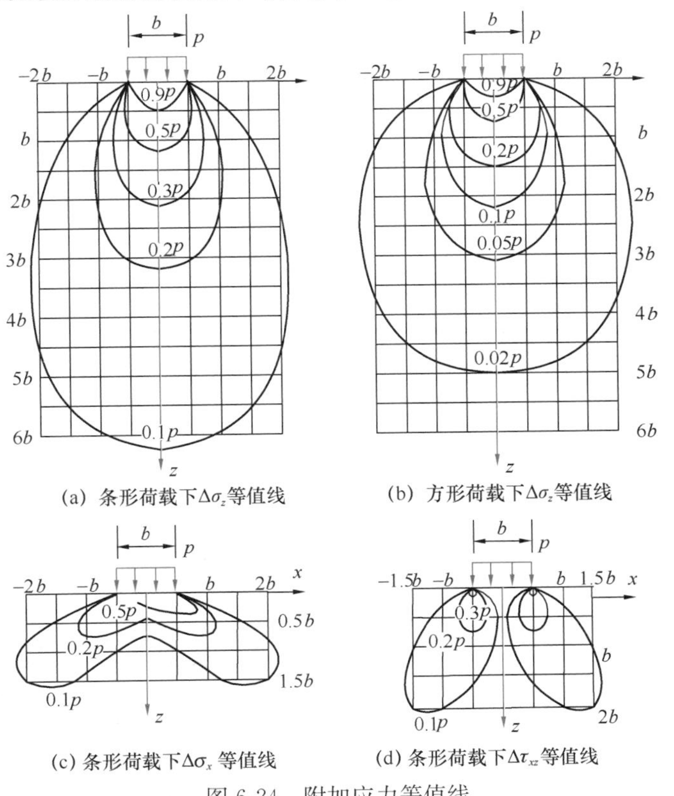

(a) 条形荷载下$\Delta\sigma_z$等值线

(b) 方形荷载下$\Delta\sigma_z$等值线

(c) 条形荷载下$\Delta\sigma_x$ 等值线

(d) 条形荷载下$\Delta\tau_{xz}$等值线

图 6-24　附加应力等值线

础边缘下的土容易发生剪切破坏。

2. 地基的影响

前面介绍的附加应力的计算均是考虑均质各向同性地基的情况，因而求得的土中附加应力与土的性质无关。实际上，地基往往是由不同压缩性土层组成的成层地基。例如，在软土地区常会遇到一层硬黏土或密实的砂层覆盖在软弱土层上；而在一些山区，则常会遇到厚度不大的可压缩土层覆盖在近似刚性的岩层上。研究表明，成层地基的应力分布与均质各向同性地基的应力分布相比有较大差别，一般可分为两种情况：

（1）上软下硬

如图 6-25（a）所示，上层土中中轴线附近的附加应力 $\Delta\sigma_z$ 将比均质地基时增大；离开中轴线，应力逐渐减小，至某一距离后，应力小于均匀地基时的应力。这种现象称为“应力集中”现象。应力集中的程度主要与荷载宽度 b 和可压缩土层厚度 h 之比有关。随着 h/b 的增大，应力集中现象将减弱。

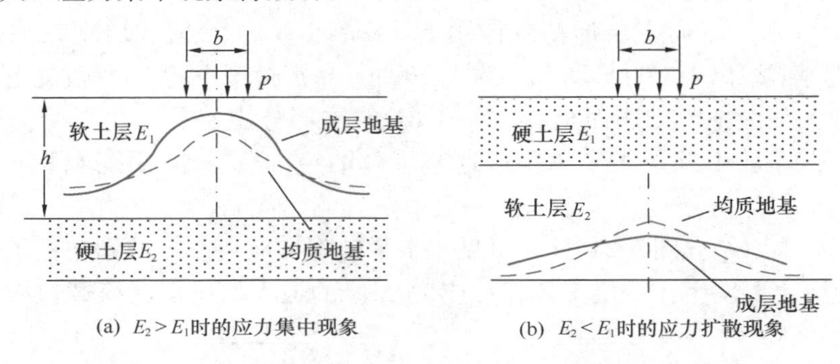

图 6-25 成层地基对附加应力分布的影响

（2）上硬下软

如图 6-25（b）所示，当硬土层覆盖在软弱土层上时，中轴线附近附加应力将有所减小，出现“应力扩散”现象。由于应力分布比较均匀，地基的沉降也相应较为均匀。随着硬土层厚度的增大，下层软弱土层的应力扩散现象将更为显著。

应力集中和应力扩散现象有很大的实用意义。例如，在软土地区，当表面有一层硬壳层时，由于应力扩散作用可以减少地基的沉降，所以在设计中基础应尽量浅一些，在施工中也应采取一定的保护措施，避免其遭受破坏。

在工程中还会遇到另一种非均质现象，即地基土变形模量 E 随深度逐渐增大的情况，这在砂土地基中是十分常见的。这类土的非均质现象将使地基中的应力向荷载中轴线附近集中，与前述成层地基的第一种情况类似。

此外，天然沉积的土层因沉积条件和应力状态的不同而常常呈现各向异性的特征。例如，层状结构的水平薄交互地基，在垂直方向和水平方向的变形模量 E 就有所不同，从而影响土层中附加应力的分布。研究表明，在泊松比 μ 相同的条件下，当水平方向的变形模量 E_h 大于竖直方向的变形模量 E_v 时（即 $E_h>E_v$），地基中将出现应力扩散现象；而当水平方向的变形模量 E_h 小于竖直方向的变形模量 E_v 时（即 $E_h<E_v$），地基中将出现应力集中现象。

思考题与习题

6-1　土中应力计算用了哪些基本假定？其各自假定有何意义？

6-2　怎样简化土中应力计算模型，在工程应用中应该注意哪些问题？

6-3　何谓基底压力和基底附加压力？它们有何区别？

6-4　柔性基础底面和刚性基础底面的压力分布特征有何不同？

6-5　集中荷载和分布荷载作用下土中应力计算是否有内在联系？

6-6　试讨论土中应力计算对工程环境的依赖性。

6-7　柱下单独基础底面尺寸为 3m×2m，柱传给基础的竖向力 $F=1000\text{kN}$，弯矩 $M=180\text{kN}\cdot\text{m}$，试计算 p、p_{max}、p_{min}、p_0，并画出基底压力的分布图。

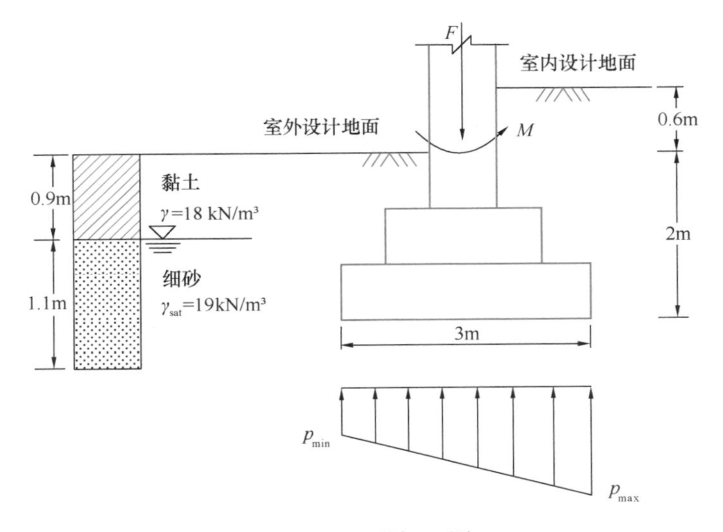

图 6-26　习题 6-7 图

6-8　某场地地表 0.5m 为新填土，$\gamma=16\text{kN/m}^3$，填土下为黏土，$\gamma=18.5\text{kN/m}^3$，$w=20\%$，$G_s=2.71$，地下水位在地表下 1m。现设计一柱下独立基础，已知基底面积 $A=5\text{m}^2$，埋深 $d=1.2\text{m}$，上部结构传给基础的轴心荷载为 $F=1000\text{kN}$。试计算基底附加压力 p_0。

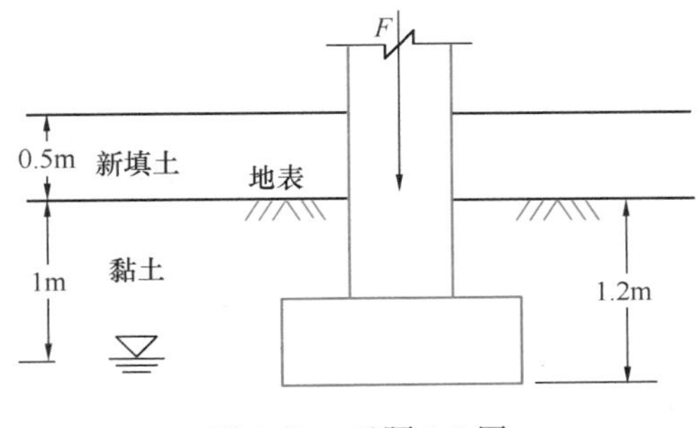

图 6-27　习题 6-8 图

6-9　有相邻两荷载面积 A 和 B，其尺寸、相应位置及所受荷载如图 6-28 所示。若考虑相邻荷载 B 的影响，试求 A 荷载中心点以下深度 $z=2$m 处的竖向附加应力 σ_z。

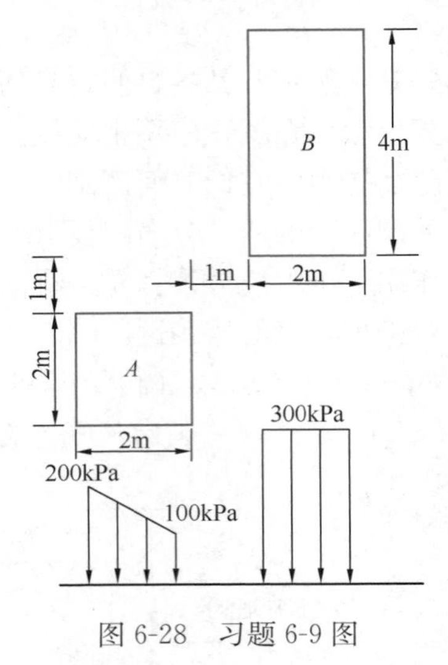

图 6-28　习题 6-9 图

6-10　已知矩形受荷面积如图 6-29 所示，求 A 点深度 10m 处的垂直附加应力是中心 O 下同一深度垂直附加应力的百分之几？

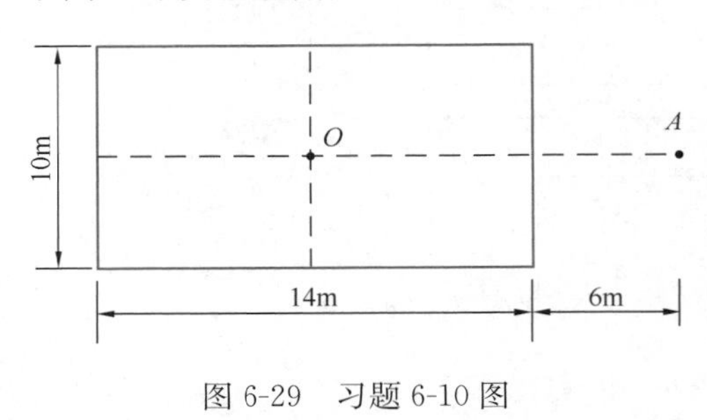

图 6-29　习题 6-10 图

6-11　方形基础Ⅰ分布有均布荷载 $p=20$kPa，A、B、C 三点位置如图 6-30 所示，求距地面 5m 深处 A、B、C 三点的垂直附加应力各为多少？如果方形Ⅰ和方形Ⅱ的周边之间的方框面积上有均布荷载 $p=20$kPa，而方形Ⅱ面积上分布的均布荷载 $p=8$kPa，同样求 5m 深处 A、B、C 三点的垂直附加应力各为多少？

6-12　某港口码头剖面尺寸及简化后作用在基础顶面的荷载包括集中力 P，水平力 H 和分布荷载 q 如图 6-31 所示，试求 A、B 两边点下垂直线上的附加应力分布（算至 $z=3b$），并绘出 $\Delta\sigma_z$ 的分布图。图中集中力 P 的偏心距为 0.5m。

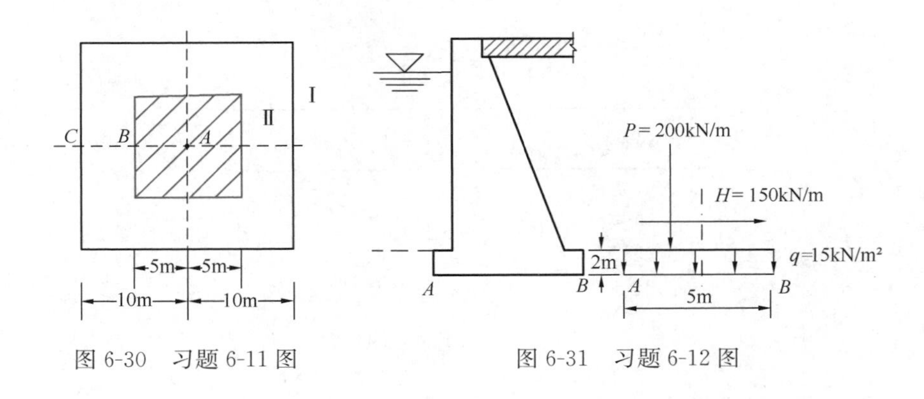

图 6-30　习题 6-11 图　　　图 6-31　习题 6-12 图

6-13　选择一种最简单的方法，计算图 6-32 中所示荷载作用下，O 点下的附加应力分布（深度算至 $z=3b$）。

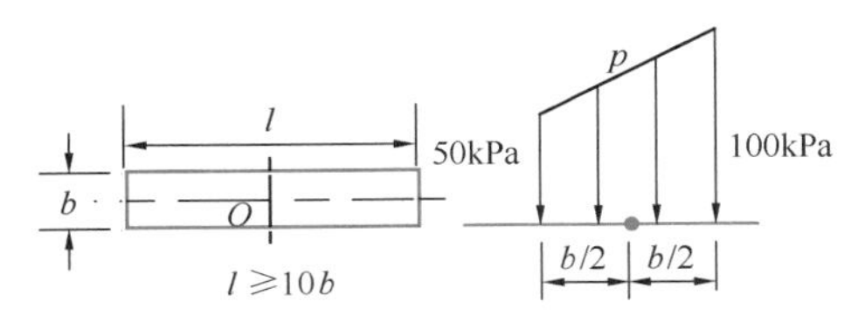

图 6-32　习题 6-13 图

6-14　如图 6-33 所示条形基础作用均布荷载 $p_0=100\text{kPa}$，A、B 两点以下 4m 处的附加应力分别为 $\Delta\sigma_{zA}=54.9\text{kPa}$、$\Delta\sigma_{zB}=40.9\text{kPa}$，求 D、C 两点以下 8m 处的附加应力 $\Delta\sigma_{zD}$ 和 $\Delta\sigma_{zC}$。

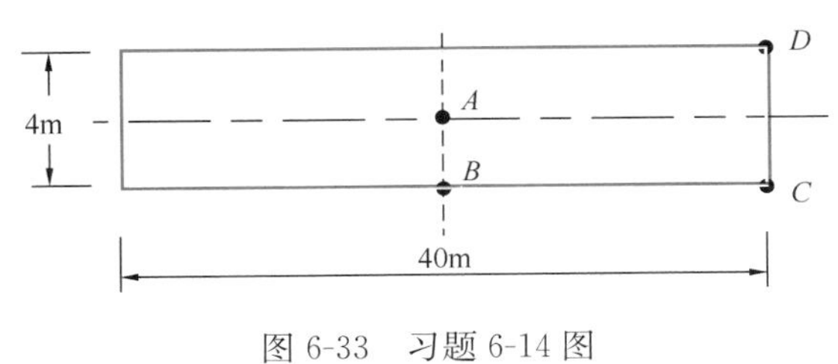

图 6-33　习题 6-14 图

第7章　土的渗透性

7.1　概　　述

土的孔隙在空间是互相连通的。当土中不同位置存在水位差时，水在能量作用下，从能量高的位置向能量低的位置流动。水从土体孔隙中透过的现象称为渗透。土体具有被水透过的性质称为土的渗透性，或称透水性。液体（如地下水、地下石油）在土孔隙或其他透水性介质中的流动问题称为渗流（图 7-1）。

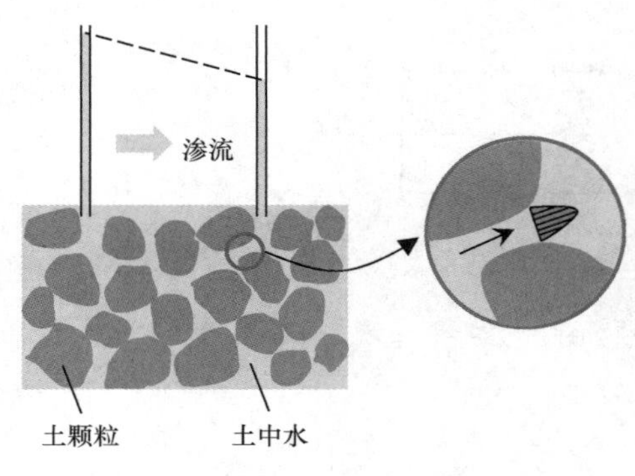

图 7-1　土体中的渗流

工程中许多问题都与土的渗透性密切相关，归纳起来主要包括下述 3 个方面：

（1）渗流量：如基坑开挖或施工围堰时的渗水量及排水量计算，土堤坝身、坝基的渗水量，水井的供水量或排水量等。

（2）渗透破坏：土中的渗流会对土颗粒施加作用力，即渗流力，当渗流力过大时就会引起土颗粒或土体的移动，产生渗透变形，甚至渗透破坏。例如，有不少堤坝溃决和基坑失稳事故是由渗透破坏引起的（图 7-2）。

（3）渗流控制：当渗流量或渗透变形不满足设计要求时，就要研究工程措施进行渗流控制。

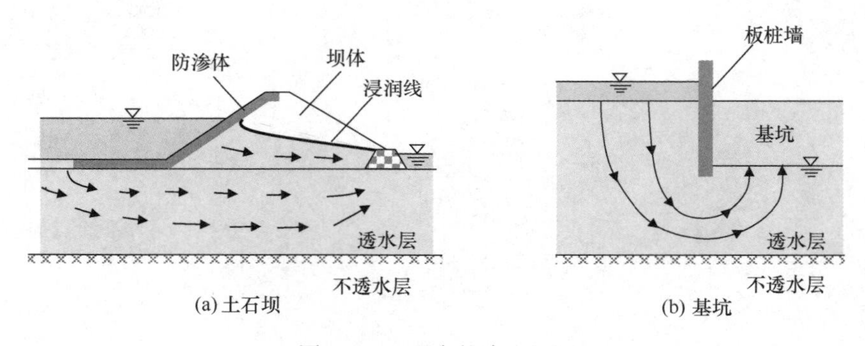

图 7-2　工程中的渗流问题

渗透性与强度、变形特性一起，是土力学中的重要课题。本书主要介绍饱和土的渗透性及渗流规律、二维渗流和流网及其应用、渗透破坏。非饱和土的渗透性较复杂，在此不作介绍。

7.2 渗流规律和渗透系数

7.2.1 土的渗透性

由于土体颗粒大小和排列具有任意性，水在孔隙中流动的实际路线是不规则的，渗流的方向和速度都是变化的。为了研究问题方便，在渗流分析时常将复杂的渗流土体简化为一种理想的渗流模型，如图 7-3 所示。该模型不考虑渗流路径的迂回曲折而只分析渗流的主要流向，认为整个空间均为渗流所充满，假定同一过水断面上渗流模型的流量等于真实渗流的流量，任一点处渗流模型的压力等于真实渗流的压力。

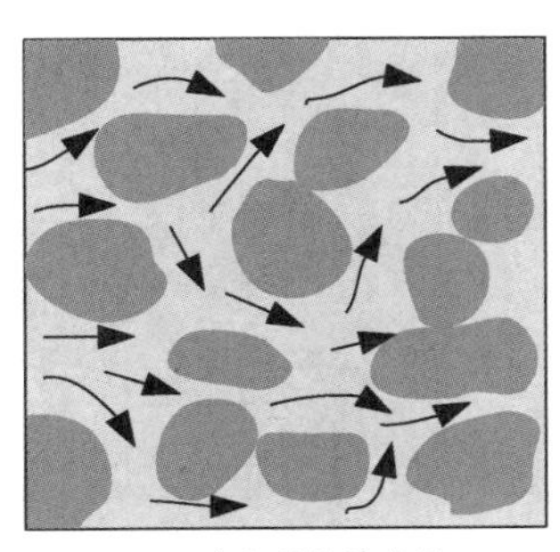

(a) 实际的渗流土体

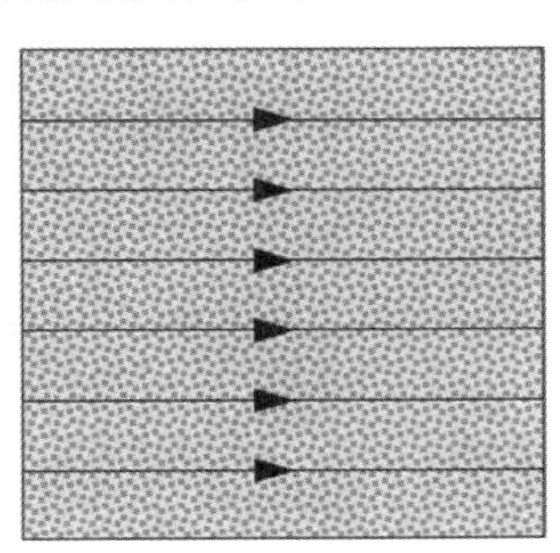

(b) 理想的渗流土体

图 7-3 渗流模型分析

1. 渗流速度

水在饱和土体中渗流时，在垂直于渗流方向取一个土体截面，该截面叫过水断面。在时间 t 内渗流通过该断面的体积渗流量为 Q，则渗流速度 v 为：

$$v=\frac{Q}{At} \tag{7-1}$$

式中 A——过水断面的面积。

渗流速度 v 代表过水断面上的平均流速，并不代表水在孔隙通道中的真实流速。实际上过水断面包括土颗粒和孔隙所占据的面积，只有孔隙的部分能通过水流，因此真实平均流速为：

$$\bar{v}=\frac{Q}{nAt} \tag{7-2}$$

式中 n——土体的孔隙率。但一般仍采用渗流速度 v 来代表土体的平均渗流速度。

2. 水头

如图 7-4 所示，水在土中任意一点的水头可以表示成：

$$h=z+\frac{u_{\mathrm{w}}}{\gamma_{\mathrm{w}}}+\frac{v^2}{2g} \tag{7-3}$$

式中 z——该点相对于选定基准面的高度，代表位置势能，因此又称为位置水头；

u_{w}——该点孔隙水压力；

v——渗流速度；

h——总水头，表示该点单位质量孔隙水的总机械能；

γ_w——水的重度；

g——重力加速度；

$\frac{u_w}{\gamma_w}$——孔隙水压力对应的水柱高，代表压力势能，又称为压力水头；

$\frac{v^2}{2g}$——单位质量孔隙水所具有的动能，又称为速度水头。

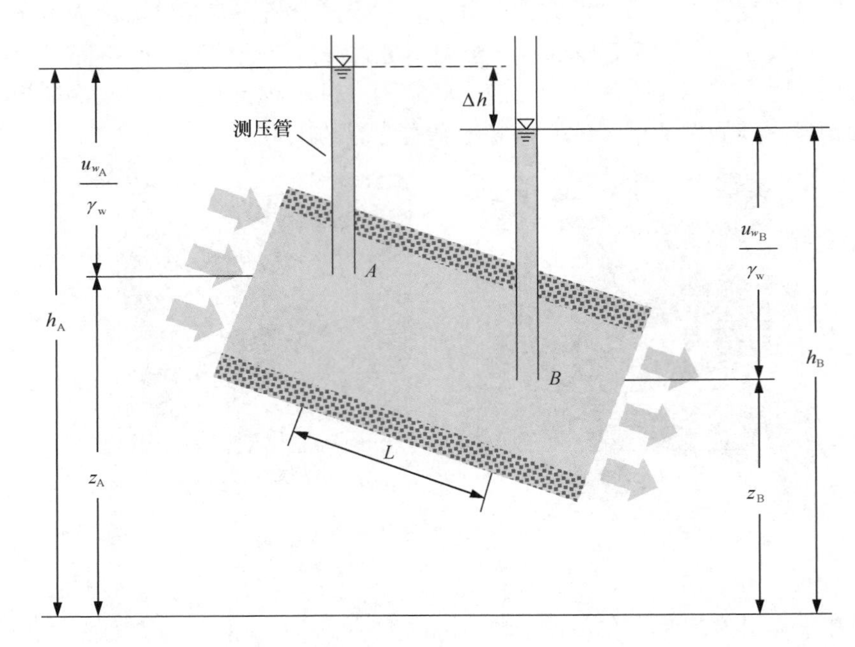

图 7-4　水在土中渗流示意图

由于水在土中渗流时受到的土阻力较大，一般情况下渗流的速度很小，例如，取一个较大的水流速度 $v=1.5\text{cm/s}$，它产生的速度水头大约为 0.0012cm，这和位置水头或压力水头差几个数量级，因此在土力学中一般忽略速度水头对总水头和水头差的影响。那么，式（7-3）可简化为：

$$h = z + \frac{u_w}{\gamma_w} \tag{7-4}$$

3. 水力梯度

在单位流程中水头损失的多少称为水力梯度：

$$i = \frac{\Delta h}{L} \tag{7-5}$$

式中　Δh——A 点与 B 点的水头差（又称水头损失）；

L——渗流长度。

值得注意的是，水在土中的渗流是从高水头向低水头流动，而不是从高压力向低压力流动。以图 7-4 为例，土中 A、B 点分别设置一根测压管。所谓测压管（Piezometer），就是测量液体相对压强的一种细管状仪器。一般为玻璃管，上端开口与大气相通，下端与被测液体连通，管内液体便沿管上升至某一高度。测压管内水柱的高度为压力水头 $\frac{u_w}{\gamma_w}$。如

图 7-4 所示，$\frac{u_{w_A}}{\gamma_w} < \frac{u_{w_B}}{\gamma_w}$，即 A 点的压力水头小于 B 点；但渗流方向仍然是从 A 点流向 B 点，这是因为 A 点的水头大于 B 点的水头。因此，水流渗透的方向取决于水头而不是压力水头。虽然位置水头 z 的大小与基准面的选取有关，但是在实际计算中最关心的不是总水头 h 的大小，而是水头差 Δh 的大小，因而基准面可以任意选取。

7.2.2 达西定律

1852～1855 年期间，达西（H. Darcy）为了研究水在砂土中的流动规律，进行了大量的渗流试验，得出了层流条件下渗流速度和水头损失之间关系的渗流规律，即达西定律。图 7-5 为达西渗透试验装置。试验筒中部装满砂土。砂土试样长度为 L，截面积为 A，从试验筒顶部右端注水，使水位保持稳定，砂土试样两端各装一支测压管，测得测压管水位差为 Δh，试验筒右端底部留一个排水口排水。

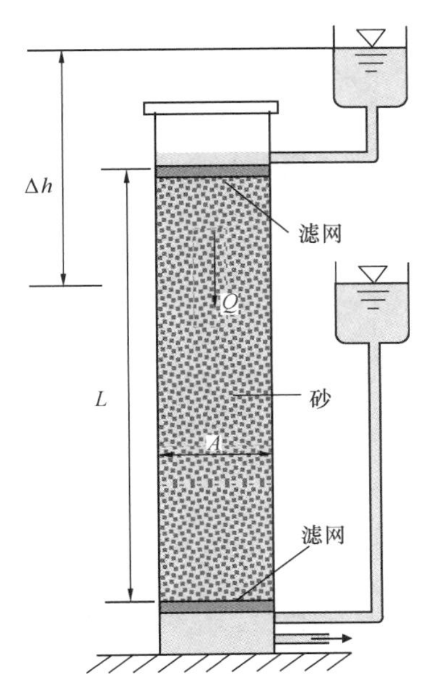

图 7-5 达西渗透试验

试验结果表明：在某一时段 t 内，水从砂土中流过的渗流量 Q 与过水断面 A 和土体两端测压管中的水位差 Δh 成正比，与两个测压管间的距离 L 成反比，即：

$$\frac{Q}{t} = k\frac{\Delta hA}{L} \tag{7-6}$$

式中 k——土的渗透系数。

由渗流速度 v 和水力梯度的定义，达西定律可表示为：

$$v = ki \tag{7-7}$$

式（7-7）称为达西公式，表示水在砂土中的渗流速度与水力梯度成正比。定义 q 为单位时间渗流量（简称单位渗流量），则由式（7-6），达西定律也可表示为：

$$q = kiA \tag{7-8}$$

【例 7-1】 如图 7-6 所示，在恒定的总水头差之下水自下而上透过两个土样，从土样 1 顶面溢出，试求：

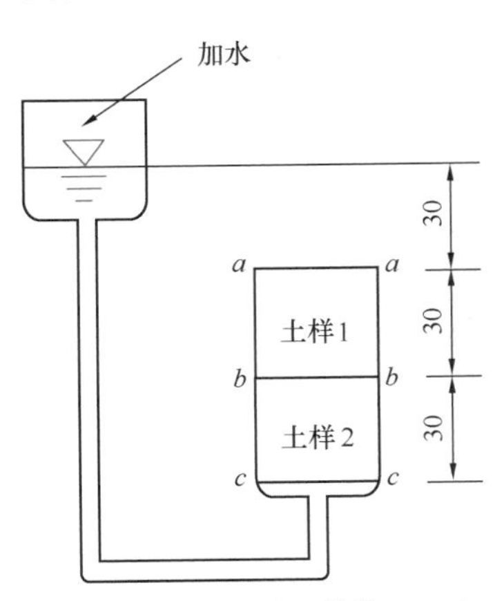

图 7-6 例 7-1 图（单位：cm）

（1）以土样 2 底面 c-c 为基准面，求该面的总水头和压力水头。

（2）已知水流经土样 2 的水头损失为总水头差的 30%，求 b-b 面的总水头和压力水头。

（3）若已知土样 2 的渗透系数为 0.05cm/s，试求渗流速度和土样 1 的渗透系数。

【解】 本题为定水头试验，水自下而上流过两个土样。

（1）以 c-c 为基准面，则有：

位置水头 $z_c = 0$，压力水头 $h_{wc} = 90\text{cm}$，总水头 $h_c = 90\text{cm}$

（2）已知 $\Delta h_{bc} = 30\% \Delta h_{ac}$，而 Δh_{ac} 由图 7-6 知，为 30cm，则：

$$\Delta h_{bc} = 30\% \Delta h_{ac} = 0.3 \times 30 = 9\text{cm}$$

则：b-b 面总水头 $h_b = h_c - \Delta h_{bc} = 90 - 9 = 81\text{cm}$

而 z_b=30cm，故 $h_{wb} = h_b - z_b = 81 - 30 = 51\text{cm}$

(3) 已知 k_2=0.05cm/s，渗流速度为：

$$v = k_2 i_2 = k_2 \Delta h_{bc}/L_2 = 0.05 \times 9/30 = 0.015\text{cm}^3/\text{s}/\text{cm}^2 = 0.015\text{cm/s}$$

因为 $i_1 = \Delta h_{ab}/L_1 = (\Delta h_{ac} - \Delta h_{bc})/L_1 = (30-9)/30 = 0.7$

且由连续性条件：$v = k_1 i_1 = k_2 i_2$

则土样 1 的渗透系数为：$k_1 = k_2 i_2 / i_1 = 0.015/0.7 = 0.021\text{cm/s}$

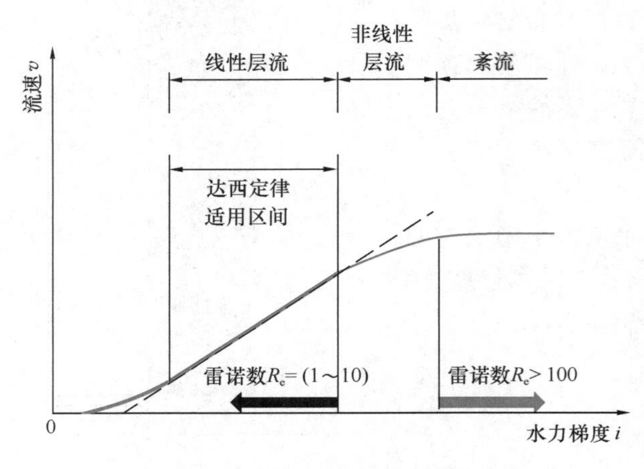

图 7-7 水力梯度与渗流速度的关系

研究表明，达西定律所表示渗流速度与水力梯度呈正比关系是在特定水力条件下的试验结果。图 7-7 为实际土体中水力梯度与渗流速度之间的关系曲线，图中虚线表示达西定律。当水流速度很小，雷诺数 R_e 为 1～10 之间时，渗流服从达西定律。水流速度增加到惯性力占优势的非线性层流和层流向紊流过渡时，达西定律不再适用，这时雷诺数 R_e 在 10～100 之间；随着雷诺数 R_e 继续增大，水流进入紊流状态，达西定律完全不适用。此外，一般认为黏土中自由水的渗流必然会受到结合水膜黏滞阻力的影响，只有当水力梯度达到一定数值后黏土中才能发生渗流，将这一水力梯度称为黏性土的起始水力梯度 i_0。

7.2.3 渗透系数的测定

渗透系数 k 是代表土的渗透性强弱的定量指标，也是渗流计算时必须用到的一个基本参数。不同种类的土，k 值差别很大。因此，准确测定土的渗透系数是一项十分重要的工作。渗透系数的测定方法主要分室内试验测定和现场测定两大类。

1. 室内试验测定

实验室中测定渗透系数 k 的仪器种类和试验方法很多，但从试验原理上大体可分为常水头法和变水头法两种。

(1) 常水头法

常水头试验法就是在整个试验过程中保持水头为一常数，从而水头差也为常数，如图 7-8 (a)所示的试验装置与前面所述的达西渗透试验装置都属于这种类型。

试验时，在透明塑料筒中装填截面面积为 A，长度为 L 的饱和试样，打开阀门，使水自上而下流经试样，并自出水口处排出。待水头差 Δh 和渗出单位流量 q 稳定后，量测经过一定时间 t 内流经试样的总流量 Q，则根据达西定律得出渗透系数为：

$$k = \frac{QL}{A\Delta h t} \tag{7-9}$$

常水头试验适用于测定透水性大的砂性土的渗透系数。黏性土由于渗透系数很小，渗透水量很少，用这种试验不易准确测定，须改用变水头试验。

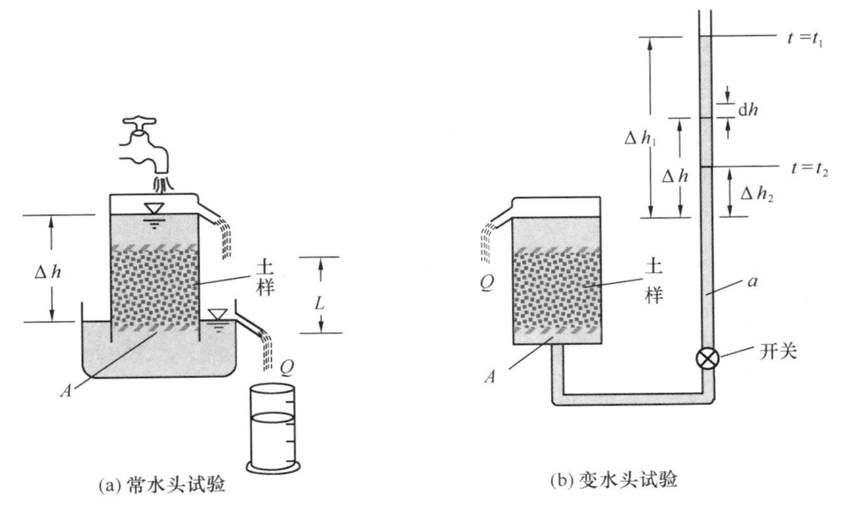

图 7-8　渗透试验装置示意图

（2）变水头法

变水头试验法就是试验过程中水头差一直在随时间而变化，其装置见图 7-8（b）。水流从一根直立带有刻度的玻璃管和 U 形管自下而上流经土样。试验时，将玻璃管充水至需要的高度后，开动秒表，测记起始水头差 Δh_1，经过时间 t 后，再测记终了水头差 Δh_2，通过达西定律建立流量关系，即可推出渗透系数 k 的表达式。具体推导如下。

设试验过程中任意时刻 t 作用于试样两端的水头差为 Δh，经过 $\mathrm{d}t$ 时段后，管中水位下降 $\mathrm{d}h$，则 $\mathrm{d}t$ 时间内流入试样的水量为：

$$\mathrm{d}Q_{\mathrm{in}} = -a\mathrm{d}(\Delta h) \tag{7-10}$$

式中，a 为玻璃管断面积；右侧的负号表示水量随 Δh 的减少而增加。

根据达西定律，$\mathrm{d}t$ 时间内流出试样的渗流量为：

$$\mathrm{d}Q_{\mathrm{out}} = kiA\mathrm{d}t = k\frac{\Delta h}{L}A\mathrm{d}t \tag{7-11}$$

式中　A——试样断面积；

　　　L——试样长度。

根据水流连续原理，应有 $\mathrm{d}Q_{\mathrm{in}} = \mathrm{d}Q_{\mathrm{out}}$，即：

$$-a\mathrm{d}(\Delta h) = k\frac{\Delta h}{L}A\mathrm{d}t \tag{7-12}$$

$$\mathrm{d}t = -\frac{aL}{kA}\frac{\mathrm{d}(\Delta h)}{\Delta h} \tag{7-13}$$

等式两边同时求积分，即：

$$\int_0^t \mathrm{d}t = -\frac{aL}{kA}\int_{\Delta h_1}^{\Delta h_2}\frac{1}{\Delta h}\mathrm{d}(\Delta h) \tag{7-14}$$

则可得：

$$t=\frac{a}{k}\frac{L}{A}\ln\frac{\Delta h_1}{\Delta h_2} \tag{7-15}$$

整理后得到土的渗透系数：

$$k=\frac{aL}{At}\ln\frac{\Delta h_1}{\Delta h_2} \tag{7-16}$$

改用常用对数表示，则上式可写为：

$$k=2.3\frac{aL}{At}\lg\frac{\Delta h_1}{\Delta h_2} \tag{7-17}$$

通过选定几组不同的 Δh_1，Δh_2 值，分别测出所需的时间 t，利用式（7-16）或式（7-17）计算渗透系数 k，最后取平均值作为该土样的渗透系数。

【例 7-2】 设做变水头渗透试验的黏土试样的截面积为 30cm²，厚度为 40cm。渗透仪细玻璃管的内径为 0.4cm，试验开始时的水位差为 145cm，经过 7min25s 观察的水位差为 100cm，试求试样的渗透系数。

【解】

$$k=\frac{aL}{A(t_2-t_1)}\ln\frac{h_1}{h_2}=\frac{3.14\times0.2^2\times4}{30\times(7\times60+25)}\ln\frac{145}{100}=1.4\times10^{-5}\text{cm/s}$$

即试样的渗透系数为 1.4×10^{-5}cm/s。

2. 渗透系数的现场测定

实验室测定渗透系数 k 的优点是设备简单，费用较省。但是，由于土的渗透性与土的结构有很大关系，地层中水平方向和垂直方向的渗透性往往不一样；再加之取样时的扰动，不易取得具有代表性的原状土样，特别是砂土。因此，室内试验测出的 k 值往往不能很好地反映现场中土的实际渗透性质。为了量测地基的实际渗透系数，可直接在现场进行 k 值的原位测定。

常用现场井孔抽水试验或注水试验的方法进行渗透系数 k 值测定。对于均质的粗粒土层，用现场抽水试验测出的 k 值往往会比室内试验更为可靠。下面主要介绍用抽水试验确定 k 值的方法。注水试验的原理与抽水试验类似。

图 7-9 为一现场井孔抽水试验示意图。首先，在现场打一口试验井，贯穿要测定 k 值

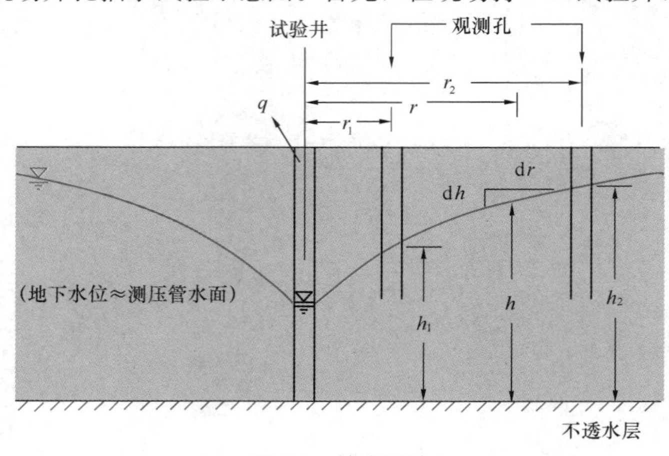

图 7-9　抽水试验

的砂土层，在距井中心不同距离处设置一个或两个观测孔。然后自井中以不变的速率连续进行抽水。抽水造成地下水位逐渐下降，形成一个以井孔为轴心的漏斗状地下水面。待稳定后，测定试验井和观测孔中的稳定水位。

水头差形成的水力梯度，使水流向井内。假定水流是水平流向时，则流向试验井的过水断面是一系列的同心圆柱面。待出水量和井中的动水位稳定一段时间后，测得的单位时间抽水量为 q，观测孔距试验井轴线的距离分别为 r_1、r_2，观测孔内的水位高度为 h_1、h_2，通过达西定律即可求出土层的平均 k 值。具体方法如下。

围绕试验井抽取一过水断面，该断面距井中心距离为 r，水面高度为 h，则过水断面积 A 为：

$$A = 2\pi rh \tag{7-18}$$

假设该过水断面上各处水力梯度为常数，且等于地下水位线在该处的坡度时，则有：

$$i = \frac{\mathrm{d}h}{\mathrm{d}r} \tag{7-19}$$

根据达西定律，单位时间自井内抽出的水量为：

$$q = kiA = k\frac{\mathrm{d}h}{\mathrm{d}r} \cdot 2\pi rh \tag{7-20}$$

$$q\frac{\mathrm{d}r}{r} = 2\pi kh\,\mathrm{d}h \tag{7-21}$$

等式两边进行积分：

$$q\int_{r_1}^{r_2}\frac{\mathrm{d}r}{r} = 2\pi k\int_{h_1}^{h_2} h\,\mathrm{d}h \tag{7-22}$$

得：

$$q\ln\frac{r_2}{r_1} = \pi k(h_2^2 - h_1^2) \tag{7-23}$$

从而得出：

$$k = \frac{q}{\pi}\frac{\ln(r_2/r_1)}{(h_2^2 - h_1^2)} \tag{7-24}$$

或用常用对数表示，则为：

$$k = 2.3\frac{q}{\pi}\frac{\lg(r_2/r_1)}{(h_2^2 - h_1^2)} \tag{7-25}$$

现场测定值 k 可以获得较为可靠的场地平均渗透系数，但试验所需费用较多，故要根据工程规模和勘察要求确定是否需要采用。

7.2.4 渗透系数的影响因素

渗透系数与多种因素有关。首先，孔隙通道大小直接影响土的渗透性。一般情况下，细粒土的孔隙通道比粗粒土的小，其渗透系数也较小。级配良好的土，粗粒间的孔隙被细粒所填充，它的渗透系数比级配不良的土小。在黏性土中，黏粒表面结合水膜的厚度与颗粒的矿物成分有很大关系，结合水膜的厚度越大，土粒间的孔隙通道越小，其渗透性也就越小。

同一种类型的土，孔隙比越大，则土中过水断面越大，渗透系数也就越大。若孔隙比相同，絮凝结构的黏性土，其渗透系数比分散结构的大。成层土在水平方向的渗透系数一般远大于垂直方向的。

渗透系数可根据颗粒级配来估计。表 7-1 给出了几个经典的经验公式。不同类型土体的渗透系数取值范围也可参考表 7-2。

渗透系数的经验公式　　表 7-1

公式	文献	适用条件和符号说明
哈赞公式 $k=C_{\mathrm{H}}\cdot d_{10}^{2}$	Hazen（1892）	砂土 k——渗透系数（cm/s） C_{H}——哈赞常数（40～150） d_{10}——有效粒径（cm）
太沙基公式 $k=2d_{10}^{2}\cdot e^{2}$	Terzaghi & Peck（1964）	砂性土 k——渗透系数（cm/s） d_{10}——有效粒径（cm） e——孔隙比
$k=6.3C_{\mathrm{u}}^{-3/8}d_{20}^{2}$	《水利水电工程地质勘察规范》GB 50487—2008	砂性土和黏性土 d_{20}——占总重 20%的土粒粒径（mm） C_{u}——不均匀系数

常见土体渗透系数的取值范围　　表 7-2

土的类别	渗透系数 k（cm/s）	土的类别	渗透系数 k（cm/s）
黏土	$<10^{-7}$	中砂	$1.0\times10^{-2}\sim1.5\times10^{-2}$
粉质黏土	$10^{-6}\sim10^{-5}$	中粗砂	$1.5\times10^{-2}\sim3.0\times10^{-2}$
粉土	$10^{-5}\sim10^{-4}$	粗砂	$2.0\times10^{-2}\sim5.0\times10^{-2}$
粉砂	$10^{-4}\sim10^{-3}$	砾砂	10^{-1}
细砂	$2.0\times10^{-3}\sim5.0\times10^{-3}$	砾石	$>10^{-1}$

7.2.5　分层地基的等效渗透系数

天然地基往往由渗透性不同的多个土层所组成。在计算渗流量时，为简便起见，常把分层地基等效为厚度为各层之和的均质地基，该均质地基的渗透系数为等效渗透系数。

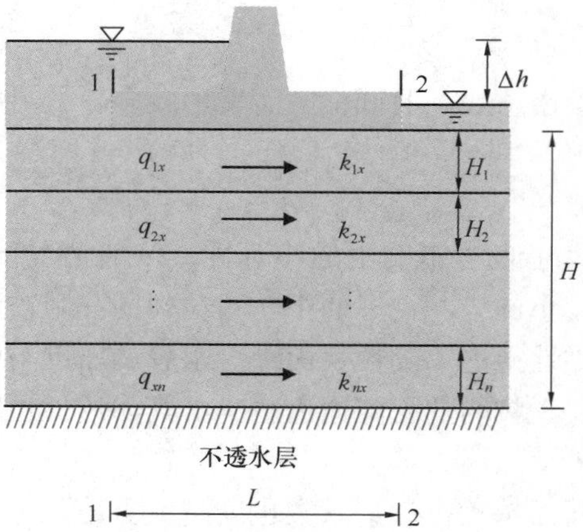

假设各层土的渗透系数和厚度已知，下面分别对平行或垂直层面方向的渗流，推导分层地基的等效渗透系数。

1. 平行层面的渗流

如图 7-10 所示为一建造在分层透水地基上的挡水建筑物。水流自断面 1-1 流至断面 2-2，渗流长度为 L、水头损失为 Δh。已知各土层水平向的渗透系数分别为 k_{1x}，k_{2x}，…，k_{nx}，厚度分别为 H_1，H_2，…，H_n，地基总厚度为 H。假定通过各土层的单位时间渗流量为 q_{1x}，

图 7-10　与层面平行的渗流

q_{2x}，…，q_{nx}，则通过整个土层的总渗流量 q_x 为：

$$q_x = q_{1x} + q_{2x} + \cdots + q_{nx} = \sum_{i=1}^{n} q_{ix} \tag{7-26}$$

由于渗流只沿水平方向发生，因而通过各土层相同距离的水头损失均相等，各土层的水力梯度及整个土层的平均水力梯度亦相等。根据达西定律，有：

$$q_x = k_x i H \tag{7-27}$$

$$q_{ix} = k_{ix} i H_i \tag{7-28}$$

将式（7-27）和式（7-28）代入式（7-26）后可得：

$$k_x i H = \sum_{i=1}^{n} k_{ix} i H_i \tag{7-29}$$

可得地基水平向等效渗透系数 k_x 如下：

$$k_x = \frac{1}{H} \sum_{i=1}^{n} k_{ix} H_i \tag{7-30}$$

由式（7-30）可知，k_x 是各层土渗透系数的加权平均值，加权系数与土层厚度成正比。

2. 垂直层面的渗流

图 7-11 为承压水流经总厚度为 H 的分层地基，渗流与层面垂直。各土层竖向渗透系数分别为 k_{1z}，k_{2z}，…，k_{nz}，厚度分别为 H_1，H_2，…，H_n。总水头损失为 Δh，通过厚度为 H_i 的第 i 层土的水头损失为 Δh_i。这种垂直层面的渗流有如下特点：

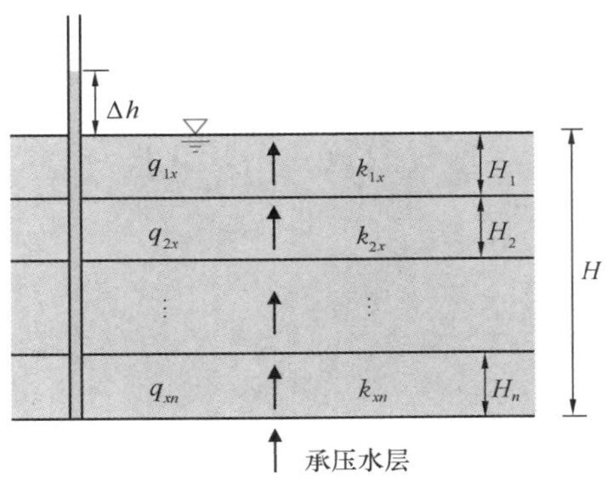

图 7-11　与层面垂直的渗流

（1）根据连续性条件，流经各层的流速与等效均质地基的流速相同：

$$k_{1z} \frac{\Delta h_1}{H_1} = k_{2z} \frac{\Delta h_2}{H_2} = \cdots = k_{iz} \frac{\Delta h_i}{H_i} = v \tag{7-31}$$

（2）总水头损失等于各层水头损失之和：

$$\Delta h = \sum_{i=1}^{n} \Delta h_i \tag{7-32}$$

由式（7-31）可得：

$$\Delta h_i = v \frac{H_i}{k_{iz}} \tag{7-33}$$

同时，对于等效均质地基，由达西定律可得：

$$v = k_z \frac{\Delta h}{H} \tag{7-34}$$

式中，k_z 为垂直向等效渗透系数。由上式可得：

$$\Delta h = v \frac{H}{k_z} \tag{7-35}$$

将式（7-33）和式（7-35）代入式（7-32）可得：

$$v \frac{H}{k_z} = \sum_{i=1}^{n} v \frac{H_i}{k_{iz}} \tag{7-36}$$

可得垂直向等效渗透系数 k_z 为：

$$k_z = \frac{H}{\sum_{i=1}^{n} \frac{H_i}{k_{iz}}} \tag{7-37}$$

由式（7-37）可知，透水性能最弱的土层对 k_z 的影响最大。

【例 7-3】某场地地基由 3 个土层组成，各土层厚度和渗透系数如图 7-12 所示，假定各土层竖直方向渗透系数和水平方向渗透系数相同，计算该场地水平方向等效渗透系数和竖直方向等效渗透系数，以及它们之间的比值。

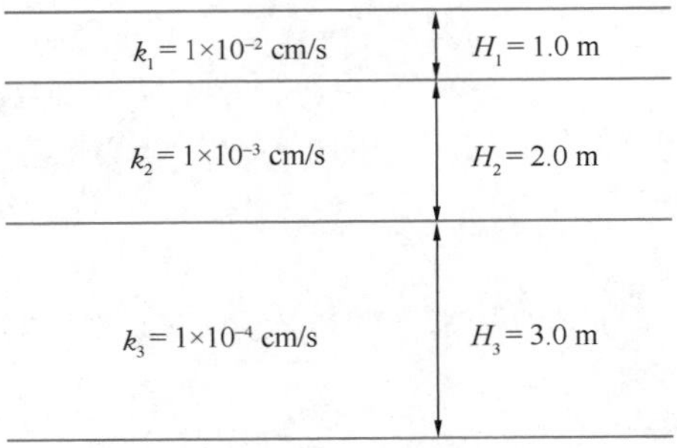

$k_1 = 1\times10^{-2}$ cm/s　　$H_1 = 1.0$ m

$k_2 = 1\times10^{-3}$ cm/s　　$H_2 = 2.0$ m

$k_3 = 1\times10^{-4}$ cm/s　　$H_3 = 3.0$ m

图 7-12　例 7-3 图

【解】根据所给条件可得：

$$\begin{aligned} H &= H_1 + H_2 + H_3 \\ &= (1.0 + 2.0 + 3.0)\text{m} = 6.0\text{m} \end{aligned}$$

水平方向等效渗透系数为：

$$\begin{aligned} k_x &= \frac{1}{H}\sum_{i=1}^{n} k_{ix} H_i \\ &= \frac{1}{6.0} \times (1 \times 10^{-2} \times 1.0 + 1 \times 10^{-3} \times 2.0 + 1 \times 10^{-4} \times 3.0)\text{cm/s} \\ &= 2.05 \times 10^{-3}\text{cm/s} \end{aligned}$$

竖直方向等效渗透系数为：

$$\begin{aligned} k_z &= \frac{H}{\sum_{i=1}^{n} \frac{H_i}{k_{iz}}} \\ &= \frac{6.0}{\frac{1.0}{1 \times 10^{-2}} + \frac{2.0}{1 \times 10^{-3}} + \frac{3.0}{1 \times 10^{-4}}}\text{cm/s} \\ &= 1.87 \times 10^{-4}\text{cm/s} \end{aligned}$$

它们之间的比值为：

$$\frac{k_x}{k_z} = \frac{2.05 \times 10^{-3}}{1.87 \times 10^{-4}} = 10.96$$

7.3　二维渗流与流网

工程中涉及的渗流问题一般为二维或三维问题。在特定条件下，如坝基、河岸路堤及基坑挡土墙等，可以简化为二维问题（即平面问题）。图 7-13 为坝下地基的平面渗流。对于该类问题可先建立渗流微分方程，然后结合边界条件和初始条件进行求解。但一般而言，渗流问题的边界条件往往是十分复杂的，一般很难给出严密的数学解析解，为此可采用电模拟试验法或图绘流网法，也可以采用有限元法等数值计算手段。其中，图绘流网法直观明了，在工程中有着广泛的应用，而且其精度一般能够满足实际需要。所谓流网是由流线（图 7-13 中实线）和等势线（图 7-13 中虚线）两组互相垂直交织的曲线所组成。在稳定渗流情况下流线表示水的运动线路，等势线表示水头的等值线，即每一条等势线上的总水头都是相等的。本节先给出平面渗流基本微分方程的推导，然后再介绍流网的性质及其应用。

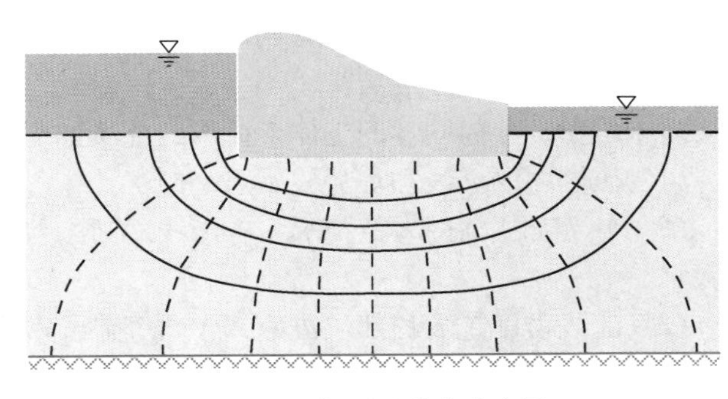

图 7-13　坝下地基渗流流网

7.3.1　二维渗流连续方程

在二维渗流平面内取一微元体（图 7-14），微元体的长度和高度分别为 dx、dz，厚度为 $dy=1$，图 7-14 给出了单位时间内从微元体四边流入或流出的水量。假定：

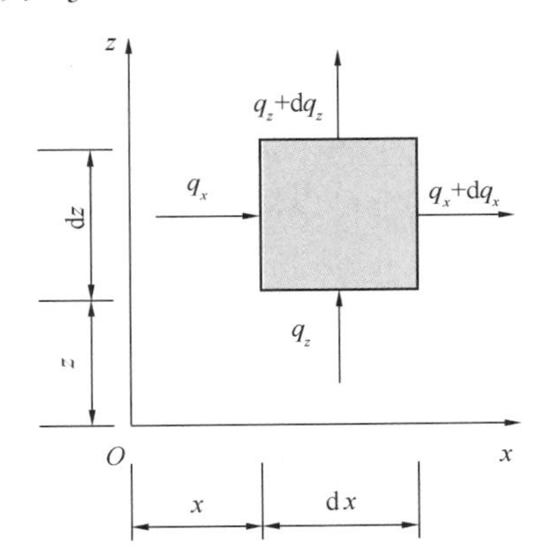

图 7-14　二维渗流的微元体

（1）土体和水都是不可压缩的；

（2）二维渗流平面内（x，z）点处的总水头为 h。

在 x 轴方向，x 和 $x+dx$ 处的水力梯度分别为 i_x 和 i_x+di_x；在 z 轴方向，z 和 $z+dz$ 处的水力梯度分别为 i_z 和 i_z+di_z。则有：

$$i_x=\frac{\partial h}{\partial x},\quad i_z=\frac{\partial h}{\partial z} \tag{7-38}$$

$$di_x=\frac{\partial ^2h}{\partial ^2x}dx,\quad di_z=\frac{\partial ^2h}{\partial ^2z}dz \tag{7-39}$$

根据达西定律，流入和流出微元体的水量分别为：

$$q_x=k_xi_xdzdy,\quad q_z=k_zi_zdxdy \tag{7-40}$$

$$q_x+dq_x=k_x(i_x+di_x)dzdy,\quad q_z+dq_z=k_z(i_z+di_z)dxdy \tag{7-41}$$

根据能量守恒定理，单位时间内流入的水量应该等于流出的水量，那么：

$$q_x+q_z=q_x+dq_x+q_z+dq_z \tag{7-42}$$

将式（7-40）、式（7-41）和 $dy=1$ 代入式（7-42），并经适当简化得：

$$k_xdi_xdz+k_zdi_zdx=0 \tag{7-43}$$

将式（7-39）代入式（7-43），即可得：

$$k_x\frac{\partial ^2h}{\partial x^2}+k_z\frac{\partial ^2h}{\partial z^2}=0 \tag{7-44}$$

当土是均质各向同性，即 $k_x=k_z$，则有：

$$\frac{\partial ^2h}{\partial x^2}+\frac{\partial ^2h}{\partial z^2}=0 \tag{7-45}$$

式（7-45）为描述二维稳定渗流的连续方程，即著名的拉普拉斯（Laplace）方程。从上述推导过程来看拉普拉斯方程所描述的渗流问题应该是：稳定渗流，满足达西定律，水和土体是不可压缩的，均匀介质。

7.3.2 流网的特征及应用

1. 流网的性质

对于均质、各向同性的土体，流网的性质如下：

(1) 流网中的流线和等势线是正交的；

(2) 各等势线间的差值相等，各流线之间的差值也相等，那么各个网格的长宽之比为常数；

(3) 流线密度越大的部位流速越大，等势线密度越大的部位水力梯度越大。

2. 流网的绘制

流网的绘制方法很多，在工程上往往通过模型试验或者数值计算来绘制流网，也可以采用手绘法来近似绘制流网。但是无论哪种方法都必须遵守流网的性质，同时也要满足流场的边界条件，以保证解的唯一性。

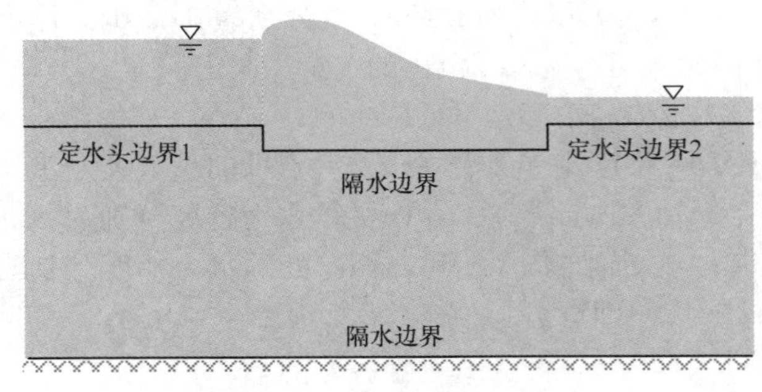

图 7-15　流网的边界条件

这里主要介绍手绘法绘制流网的基本方法。该方法的最大优点就是简便迅速，能应用于建筑物边界轮廓等较复杂的情况，而且其精度一般不会比土质不均匀性所引起的误差大，完全可以满足工程精度要求，在实际工程中得到广泛应用。下面根据图 7-15 和图 7-16 说明绘制流网的步骤。

(1) 确定流网的边界和边界条件（图 7-15）。

(2) 根据流网的边界条件绘制出边界流线和等势线（图 7-16）。坝基轮廓线 A-B-C-D 和不透水层面 E-F 为流网的边界流线，上下游透水地基表面 A'-A 和 D-D' 为边界等势线（第 1 条和第 11 条）。

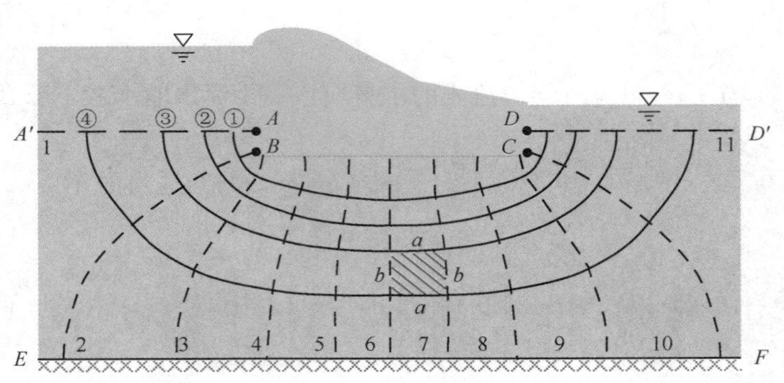

图 7-16　流网的绘制

(3) 初步绘制流网：按边界趋势先大致绘制出几条流线如①、②、③、④，每条流线必须与边界等势线正交。然后再从中央向两边绘制等势线，如先绘制中线 6，再绘制 5 和 7，依次向两边推进，每条等势线与流线必须正交，并且弯曲成曲线正方形。

(4) 对初步绘制的流网进行修改，直至大部分网格满足曲线正方形为止。由于边界条件的不规则，在边界突变处很难绘制成曲线正方形，这主要是由于流网图中流线和等势线的根数有限造成的，只要满足网格的平均长度和宽度大致相等，就不会影响整个流网的精度。一个精度高的流网，需要经过多次修改才能最后完成。

3. 流网的应用

由流网可以计算流场内各点的水头、水力梯度、流速及渗流量，下面以图 7-16 为例对流网的应用进行说明。

（1）水头

根据流网的性质可知，任意相邻等势线之间的势能差值相等，即水头损失相同，那么相邻两条等势线之间的水头损失为：

$$\Delta h = \frac{\Delta H}{N} \tag{7-46}$$

式中 ΔH——水从上游渗透到下游的总水头损失；

N——等势线间隔数。

以图 7-16 为例，首先确定一个基准面，如可取原地面为基准面。根据图中绘制的等势线，得到等势线间隔数 N 为 10。再根据式（7-46）计算出的水头损失就可以计算出渗流场中任意一点的水头。

（2）水力梯度

流网中任意一网格的平均水力梯度为：

$$i = \frac{\Delta h}{a} \tag{7-47}$$

式中 a——计算网格处流线的长度；

Δh——计算网格内的水头差。

流网中最大的水力梯度也叫溢出梯度，是地基渗透稳定的控制梯度。

（3）渗流量

流网中任意相邻流线之间的单位渗透流量是相同的。现在来计算如图 7-16 所示阴影网格的流量。根据达西定律，网格中任意一点的渗透速度为：

$$v = ki$$

那么，单位流量为：

$$\Delta q = v\Delta A = kib \cdot 1 = k\frac{\Delta h}{a}b = k\frac{b}{a}\frac{\Delta H}{N} \tag{7-48}$$

式中 b——计算网格的宽度。

若假设 $a=b$，则：

$$\Delta q = k\Delta h = k\frac{\Delta H}{N} \tag{7-49}$$

那么，通过渗流区的总单位流量为：

$$q = \sum_{m=1}^{M}\Delta q = Mk\Delta h = k\Delta H\frac{M}{N} \tag{7-50}$$

式中 M——流网中的流槽数，即流线数减 1。以图 7-16 为例，流槽数为 $M=5$。

则通过坝基流场的总渗流量为：

$$Q = qL \tag{7-51}$$

式中　L——坝基的延伸长度。

【例 7-4】 某地基由板桩墙隔水如图 7-17 所示。板桩墙延伸长度 $L=1000\text{m}$，地基土层渗透系数 $k=4\times10^{-6}\text{m/s}$，水的重度取 $\gamma_w=9.8\text{kN/m}^3$，求：

（1）板桩墙左侧 A、B、C 和土中 D、E、F 处的孔压（注：$A\sim F$ 点距离地表深度分别为 0m，1.15m，2.15m，3.15m，4.10m 和 5.35m）；

（2）流过地基的总渗流量。

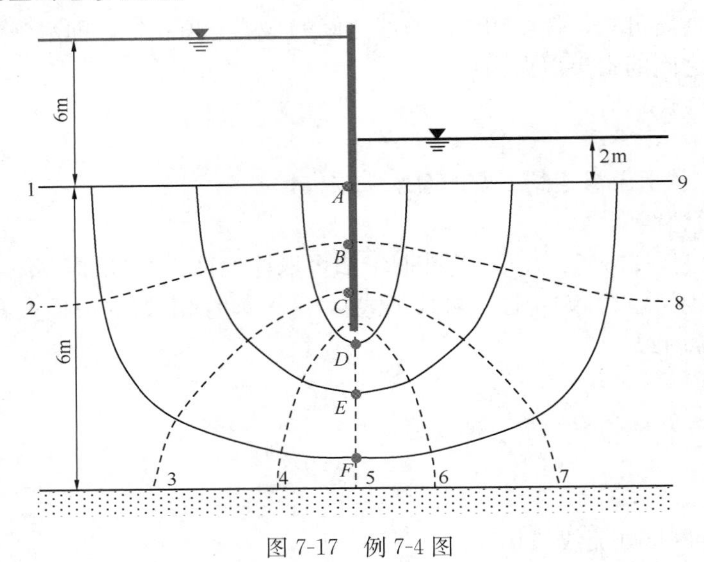

图 7-17　例 7-4 图

【解】（1）由图 7-17 可知，板桩墙左侧地面为边界等势线（第 1 条等势线），总水头 $H_1=6+6=12\text{m}$；右侧地面也为边界等势线（第 9 条等势线），总水头 $H_2=6+2=8\text{m}$。等势线间隔数 $N=8$，流槽数 $M=4$，板桩墙上 A、B 和 C 位于第 1、2 和 3 条等势线处，D、E 和 F 位于第 5 条等势线处。

板桩墙两侧的总水头损失为：

$$\Delta H = 12 - 8 = 4\text{m}$$

相邻两条等势线之间的水头损失为：

$$\Delta h = \frac{\Delta H}{N} = 0.5\text{m}$$

A、B 和 C 处的总水头分别为：

$$H_A = 12\text{m}$$

$$H_B = 12 - 0.5 = 11.5\text{m}$$

$$H_C = 11.5 - 0.5 = 11\text{m}$$

D、E 和 F 处的总水头为：

$$H_D = 12 - 0.5\times(5-1) = 10\text{m}$$

以基岩面为基准面，A、B、C、D、E 和 F 的位置水头分别为：

$z_A = 6\text{m}$；$z_B = 4.85\text{m}$；$z_C = 3.85\text{m}$；$z_D = 2.85\text{m}$；$z_E = 1.90\text{m}$；$z_F = 0.65\text{m}$

故 A、B、C、D、E 和 F 的孔压分别为：

$$u_A = \gamma_w(H_A - z_A) = 58.80\text{kPa}$$
$$u_B = \gamma_w(H_B - z_B) = 65.17\text{kPa}$$
$$u_C = \gamma_w(H_C - z_C) = 70.07\text{kPa}$$
$$u_D = \gamma_w(H_D - z_D) = 70.07\text{kPa}$$
$$u_E = \gamma_w(H_D - z_E) = 79.38\text{kPa}$$
$$u_F = \gamma_w(H_D - z_F) = 91.63\text{kPa}$$

（2）单位渗流量为：

$$q = k\Delta H\frac{M}{N} = 4\times10^{-6}\times4\times\frac{4}{8}\text{m}^2/\text{s} = 8\times10^{-6}\text{m}^2/\text{s}$$

总渗流量为：

$$Q = qL = 8\times10^{-3}\text{m}^3/\text{s}$$

7.4　渗流力和渗透破坏

渗流引起的渗透破坏问题主要有两大类：一是由于渗流力的作用，使土体颗粒流失或局部土体产生移动，导致土体变形甚至失稳；二是由于渗流作用，使水压力或浮力发生变化，导致土体或结构物失稳。前者主要表现为流砂和管涌，后者则表现为岸坡滑动或挡土墙等结构物整体失稳。

7.4.1　渗流力

水在土体中流动时，由于受到土粒的阻力，引起水头损失，从作用力与反作用力的原理可知，水流经过时必定对土颗粒施加一种渗流作用力。为研究方便，称单位体积土颗粒所受到的渗流作用力为渗流力。

图 7-18 为一个渗透破坏试验，左侧贮水箱初始水位与土样顶面水位相齐，试样两端没有水头差。升高贮水箱，使土样下端水头高于上端水头，产生自下而上的渗流。将土骨

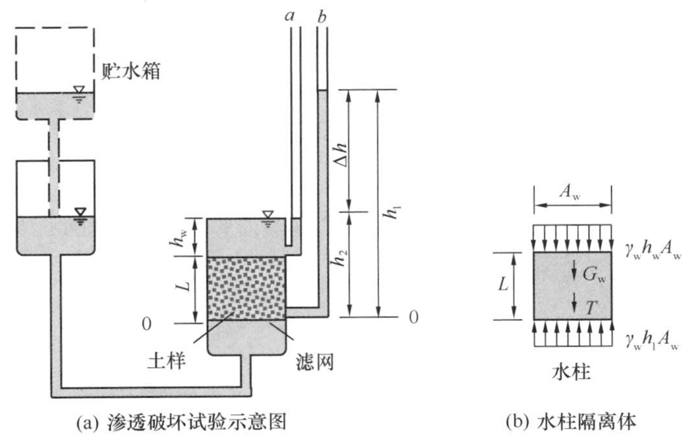

(a) 渗透破坏试验示意图　　(b) 水柱隔离体

图 7-18　饱和土体的渗流力计算

架和水分开来取隔离体，则对假想水柱隔离体［图 7-18（b)］来说，作用在其上的力有：

（1）水柱重力 G_w 为 $G_w = LA_w\gamma_w$。

（2）水柱上下两端面的边界水压力 $\gamma_w h_w A_w$ 和 $\gamma_w h_1 A_w$。

（3）设单位体积土体内的土粒对水流阻力为 t，则土粒对水流总阻力 $T = tLA_w$，方向竖直向下。

考虑水柱的平衡，可得：

$$A_w\gamma_w h_w + G_w + T = \gamma_w h_1 A_w \tag{7-52}$$

从而有：

$$t = \frac{\gamma_w(h_1 - h_w - L)}{L} = \frac{\gamma_w \Delta h}{L} = \gamma_w i \tag{7-53}$$

水对土的渗流力，其大小应与土对水的阻力相等，方向相反。则单位体积土体内的渗流力 $j=t$，方向竖直向上，即：

$$j = \gamma_w i \tag{7-54}$$

从式（7-54）可知，渗流力是一种体积力，量纲与 γ_w 相同。渗透力的大小和水力梯度成正比，其方向与渗透方向一致。

7.4.2 渗流条件下的有效自重应力

在渗流条件下，土层中的孔隙水压力高于或低于静止孔隙水压力，有效自重应力也会相应地与静水条件下有所区别。

如果渗流由上向下，如图 7-19（a）所示，则渗透力的方向与重力方向相同。根据静力平衡条件，土中有效自重应力将增大，即：

$$\sigma'_{sz} = \gamma' z + \gamma_w iz \tag{7-55}$$

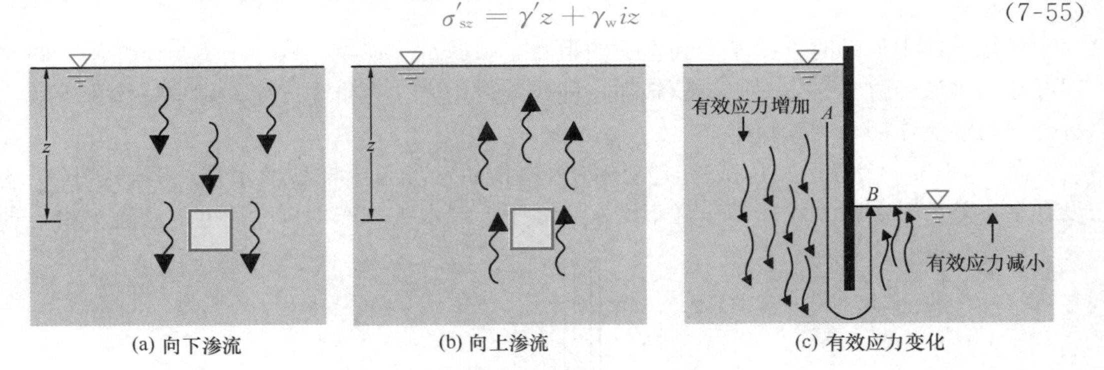

图 7-19 渗流对有效应力的影响

如果渗流由下向上［图 7-19（b)］，则渗透力的方向与重力方向相反。土中有效自重应力将减小，即：

$$\sigma'_{sz} = \gamma' z - \gamma_w iz \tag{7-56}$$

在岩土工程中，渗透力的影响是十分重要的。例如，对于图 7-19（c）所给出的基坑支挡结构，渗透力的存在将会减小其稳定性。一方面，支挡结构左侧土体中的渗流方向向下，增大了土体中的有效应力，从而增大了左侧土体对结构物的侧向压力；另一方面，右侧土体中的渗流方向向上，减小了土体的有效应力，亦即减小了右侧土体对支挡结构物的侧向压力作用。这两者的作用均对支挡结构物的稳定产生不利影响。

7.4.3 流砂

在图 7-18 的试验装置中，若贮水箱不断上提，则 Δh 逐渐增大，从而作用在土体中的渗流力也逐渐增大。当 Δh 增大到某一数值，向上的渗流力克服了向下的重力，有效应力为零，颗粒群发生悬浮、移动的现象称为流砂（sand boil）或流土现象。这种现象多发生在级配均匀的饱和细、粉砂和粉土层中。一般都是突发性的，对工程危害极大，如图 7-20所示。

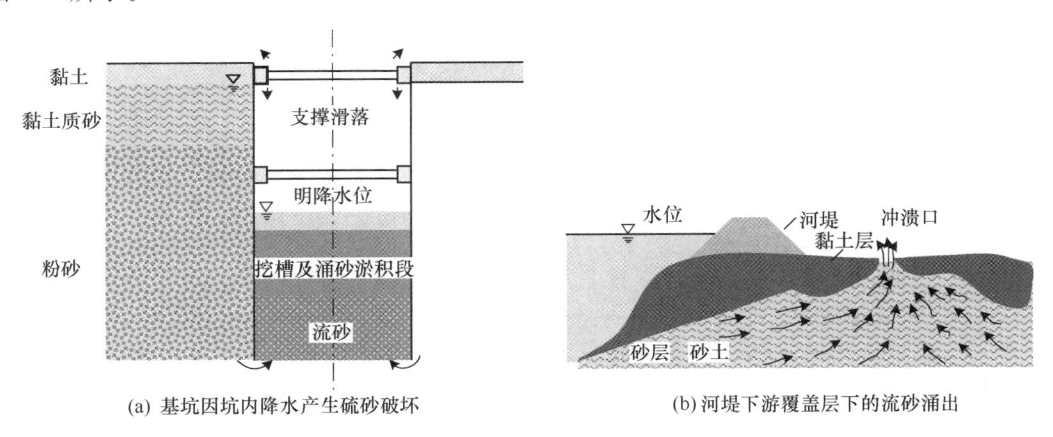

图 7-20　流砂现象引起破坏

流砂现象的产生不仅取决于渗流力的大小，同时与土的颗粒级配、密度及透水性等条件相关。使土开始发生流砂现象时的水力梯度称为临界水力梯度 i_{cr}，由式（7-56）可知，渗流力 $\gamma_w i$ 等于土的浮重度 γ' 时，土处于产生流砂的临界状态，因此临界水力梯度 i_{cr}为：

$$i_{cr}=\frac{\gamma'}{\gamma_w}=(G_s-1)(1-n)=\frac{(G_s-1)}{1+e} \tag{7-57}$$

临界水力梯度与土性密切相关。我国工程经验表明流砂现象多发生在下列特征的土层中：

（1）土的颗粒组成中，黏粒含量小于 10%，粉粒、砂粒含量大于 75%；

（2）土的不均匀系数 C_u小于 5；

（3）含水率大于 30%；

（4）孔隙比大于 0.75；

（5）黏性土中夹有砂层时，其厚度大于 25cm。

国外文献资料也有类似的标准，即：孔隙比 $e>0.75\sim0.80$，有效粒径 $d_{10}<0.1$mm 及不均匀系数 C_u小于 5 的细砂最易发生流砂现象。

流砂现象的防治原则是：

（1）减小或消除水头差，如采取基坑外的井点降水法降低地下水位（图 7-21）；

（2）增长渗流长度，如打板桩使地下水产生绕流（图 7-17）；

（3）在渗流出口处的地表用透水材料覆盖压重以平衡渗流力；

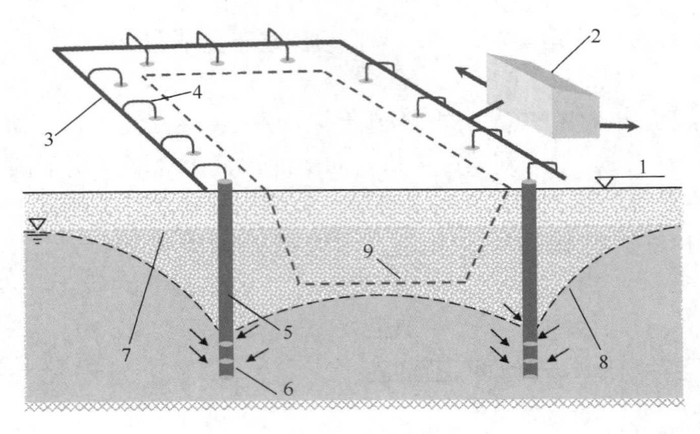

图 7-21　井点降水

1—地面；2—水泵房；3—总管；4—弯联管；5—井点管；
6—滤管；7—原有地下水位；8—降低后地下水位线；9—基坑

（4）土层加固处理，如冻结法、注浆法等。

7.4.4　管涌和潜蚀

在水流渗透作用下，土中的细颗粒在粗颗粒形成的孔隙中移动，以至流失；随着土的孔隙不断扩大，渗流速度不断增加，较粗的颗粒也相继被水流逐渐带走，最终导致土体内形成贯通的渗流通道，如图 7-22 所示，这种现象称为管涌。可见，管涌破坏一般有发展过程，是一种渐进性质的破坏。

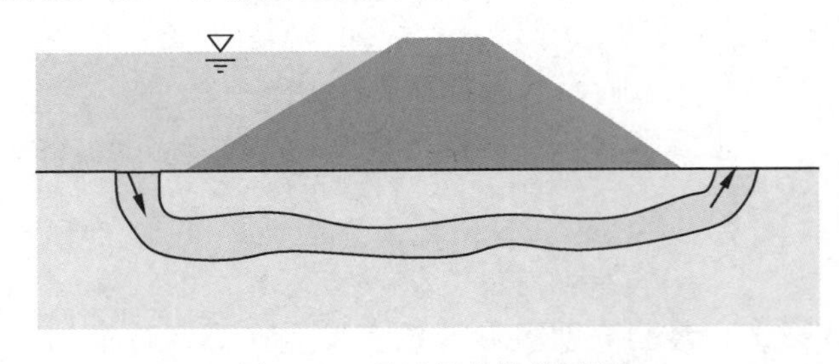
图 7-22　通过坝基的管涌图

土是否发生管涌，首先取决于土的性质。管涌多发生在砂性土中，其特征是颗粒大小差别较大，往往缺少某种粒径，孔隙直径大且相互连通。

产生管涌必须具备两个条件：

（1）几何条件：土中粗颗粒所构成的孔隙直径必须大于细颗粒的直径，这是必要条件，一般不均匀系数 $C_u>10$ 的土才会发生管涌；

（2）水力条件：渗流力能够带动细颗粒在孔隙间滚动或移动是发生管涌的水力条件，可用管涌的水力梯度来表示，但管涌临界水力梯度的计算至今尚未成熟。对于重大工程，应尽量由试验确定。

防治管涌现象，一般可从下列两个方面采取措施：（1）改变水力条件，降低水力梯度，如打板桩；（2）改变几何条件，在渗流逸出部位铺设反滤层是防止管涌破坏的有效措施。

在自然界，在一定条件下同样会发生上述渗透破坏作用，为了与人类工程活动所引起的管涌相区别，通常称之为潜蚀。潜蚀作用有机械的和化学的两种。机械潜蚀是指渗流的机械力将细粒冲走；化学潜蚀是指水流溶解了土中的易溶盐或胶结物使土变松散，细土粒被水冲走。机械和化学两种作用往往是同时存在的。

【例 7-5】如图 7-23 所示，饱和黏土层的厚度为 9m，其下层为厚度 3m 的饱和砂土层，砂土层受承压水的作用。若在饱和黏土层进行基坑开挖，试计算最大开挖深度 D。(g 取 10N/kg)

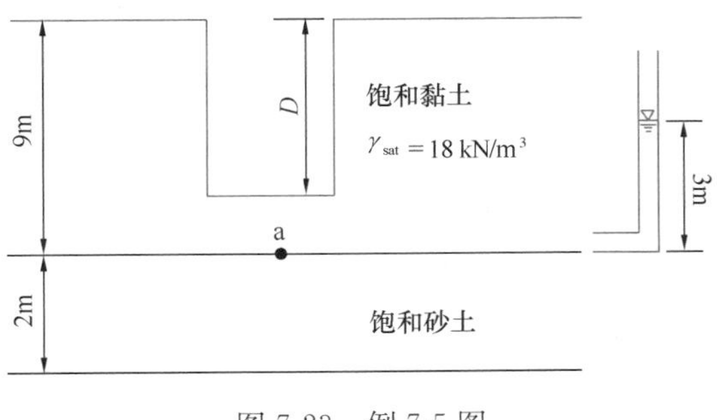

图 7-23　例 7-5 图

【解】基坑开挖后由于卸载作用，底部土可能会发生隆起。此时需要考虑 a 点的稳定性。开挖深度为 D 时，a 点受到上覆土层的自重应力：

$$\sigma_{sz}=\gamma_{sat}(9-D)=18\times(9-D)$$

承压水产生的孔隙水压力由测压管直接读取计算得到：

$$u_w=\gamma_w\times3=30\text{kPa}$$

当总自重应力等于孔隙水压力时，a 点的有效应力为 0：

$$\sigma_{sz}-u_w=18\times(9-D)-30=0$$

此时开挖深度为 $D=7.3$m。

【例 7-6】如图 7-24 所示，地表水由上向下渗流。在土中 A 点和 B 点分别设置两个测压管，A 点和 B 点之间的距离为 2m，水头损失 0.2m。计算离地表 6m 处土单元的有效自重应力。(g 取 9.8N/kg)

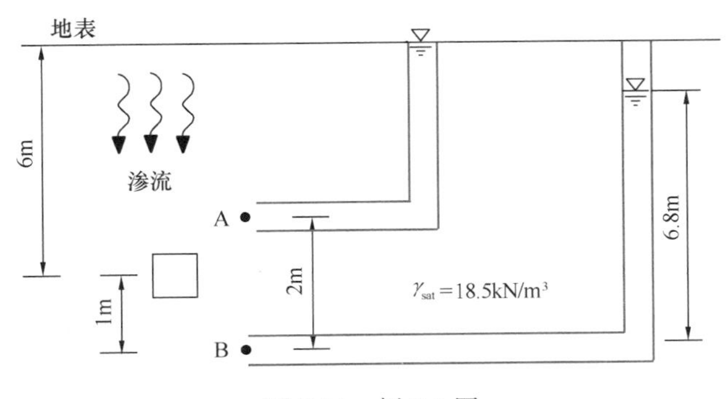

图 7-24　例 7-6 图

【解】A 点和 B 点之间的水头损失为 $\Delta H=0.2$m，渗流长度 $L=2$m。

于是可得水力梯度为：

$$i=\frac{\Delta H}{L}=\frac{0.2}{2}=0.1$$

离地表 6m 处土单元的有效自重应力为：

$$\sigma'_{sz}=(\gamma_{sat}-\gamma_w)z+i\gamma_w z=(18.5-9.8)\times6+0.1\times9.8\times6=58.1\text{kPa}$$

【例 7-7】如图 7-25 所示，在长为 10cm，面积 8cm^2 的圆筒内装满砂土。经测定，砂土的土粒相对密度 $G_s=2.65$，孔隙比 $e=0.9$，筒下端与管相连，管内水位高出筒 5cm（固定不变），流水自下而上通过试样后可溢流出去。试求：

（1）渗流力的大小；

（2）临界水力梯度 i_{cr} 值，判断是否会发生流砂现象。

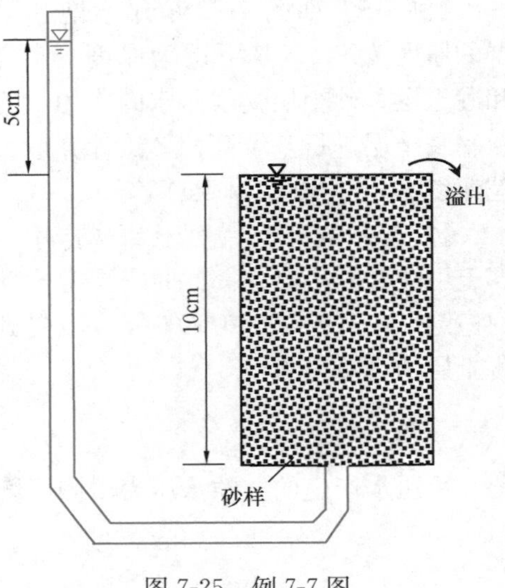

图 7-25　例 7-7 图

【解】（1）水力梯度：

$$i=\frac{\Delta h}{L}=\frac{5}{10}=0.5$$

渗流力的大小：

$$j=\gamma_w i=\gamma_w\frac{\Delta h}{L}=10\times 0.5=5\text{kN/m}^3$$

（2）土的浮重度：

$$\gamma'=\gamma_{sat}-\gamma_w=\frac{G_s-1}{1+e}\gamma_w$$

$$=\frac{2.65-1}{1+0.9}\times 10\text{kN/m}^3=8.7\text{kN/m}^3$$

临界水力梯度：

$$i_{cr}=\frac{\gamma'}{\gamma_w}=\frac{8.7}{10}=0.87$$

因为 $i<i_{cr}$，所以不会发生流砂现象。

思考题与习题

7-1　什么是土的渗透性和渗流？产生渗流的根本原因是什么？

7-2　达西定律的应用条件和适用范围是什么？例如如果将水换成煤油，该定律是否还适用？并说明理由。

7-3　测量渗透系数有哪些方法？其各自的优缺点是什么？影响土的渗透系数的因素是什么？

7-4　如何计算渗透力？它是怎样引起渗透破坏的？

7-5　渗透破坏的主要形式有哪些？其各自的机理和条件是什么？又该如何防治？

7-6　什么是流网？如何绘制流网？其具有什么样的性质？又能解决渗流中哪些问题？

7-7　定水头渗透试验中，渗透仪直径 $D=75$mm，在 $L=200$mm 渗流直径上的水头损失 $h=83$mm，在 60s 时间内的渗水量 $Q=71.6\text{cm}^2$，求土的渗透系数。

7-8　某渠道与河流平行，渠道与河流的水平距离为 35m，水位分别为 58.0m 与 53.0m。在渠道与河流之间的土体中有一厚度为 0.6m 的倾斜砂层，砂土的渗透系数 $k=$

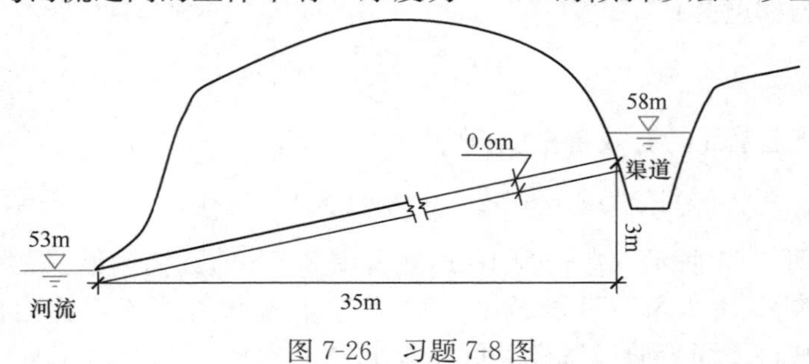

图 7-26　习题 7-8 图

2×10^{-3}cm/s，试求 100m 长的渠道，每昼夜有多少水量流入河内？

7-9　图 7-27 为变水头渗透试验装置，细砂试样直径为 75mm，长 105mm，直立测管直径为 10mm，当 $h_1=500$mm 时，秒表开始计数，当 $h_2=250$mm 时停止，时间读数为 19.6s。重复试验由 $h_1=250$mm 降到 $h_2=125$mm 的历时为 19.4s，问两次试验结果是否符合达西定律，并计算细砂渗透系数 k。

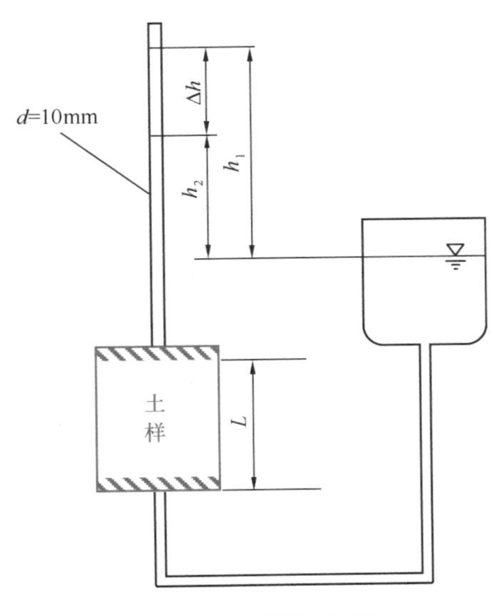

图 7-27　习题 7-9 图

7-10　如图 7-28 所示，在 5.0m 厚的黏土层（渗透性低，可视为不透水）下有一砂土层厚 6.0m，其下为不透水基岩。为测定该砂土的渗透系数，打一钻孔到基岩顶面并以 10^{-2}m^3/s 的速率从孔中抽水。在距抽水孔 15m 和 30m 处各打一观测孔穿过黏土层进入砂土层，测得孔内稳定水位分别在地面以下 3.0m 和 2.5m，试求该砂土的渗透系数。

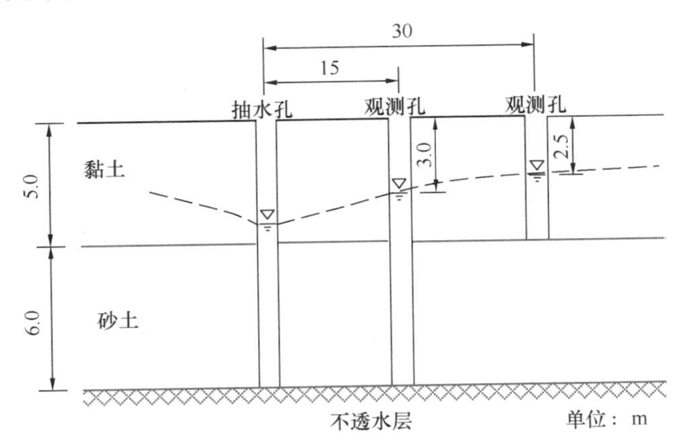

图 7-28　习题 7-10 图

7-11　某渗透试验装置中有 A、B、C 三种土样，上下水头差 $\Delta h=35$cm，渗透系数分别为 $k_A=1\times10^{-2}$ cm/s，$k_B=3\times10^{-3}$ cm/s，$k_C=5\times10^{-4}$ cm/s，方管断面为 10cm×10cm，试计算：(1) 渗流经 A 土样后的水头降落 Δh_A 为多少？(2) 若要保持该水头差，

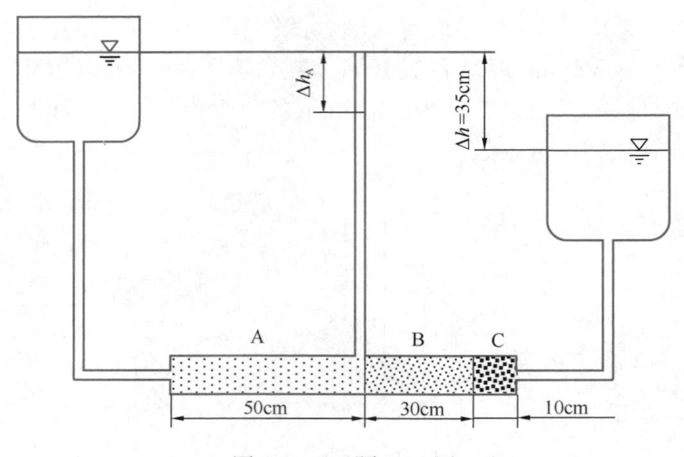

图 7-29　习题 7-11 图

需要在试验中保持多大的供水量？

7-12　有一地基剖面如图 7-30 所示，在不透水岩层上覆盖有 4 层水平砂层，各砂层的厚度及渗透系数均已给出，试求平均水平与垂直渗透系数 k_h 与 k_v 值是多少？

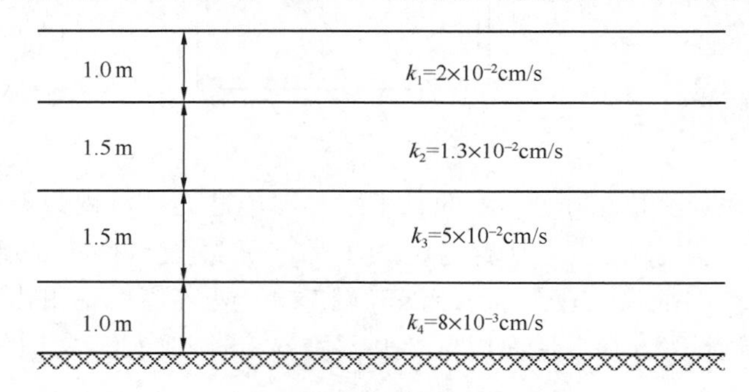

图 7-30　习题 7-12 图

7-13　某板桩打入透土层后形成的流网如图 7-31 所示。已知透水土层深 18.0m，渗透系数 $k=3\times10^{-4}$mm/s，板桩打入土层表面以下 9.0m，板桩前后水深如图所示。试求：(1) 图中所示 a、b、c、d、e 各点的孔隙水压力（点 b、d 分别在板桩的前后）；(2) 地基

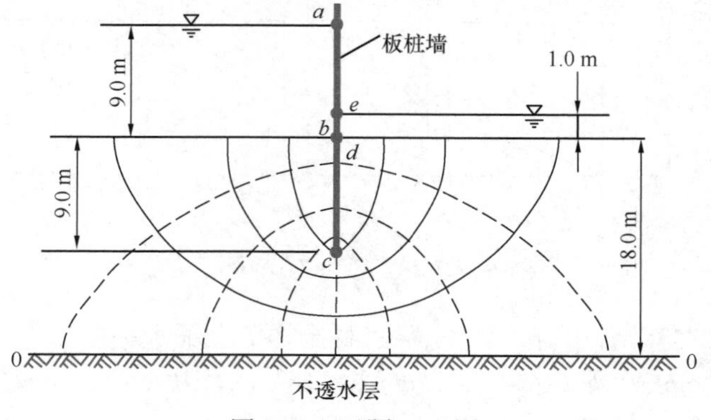

图 7-31　习题 7-13 图

的单位透水量。

7-14　某大坝及地下水流网如图 7-32 所示。土的渗透系数 $k=3.6\times10^{-5}\text{m/s}$，饱和重度 $\gamma_{sat}=18.4\text{kN/m}^3$，$\gamma_w=9.8\text{kN/m}^3$，$A$ 点距离地面 $H=12\text{m}$。(1) 以基岩面为基准，试求 A、B 和 C 处的总水头；(2) 求 A 点的孔压和竖向有效应力；(3) 求该大坝的单位渗流量。

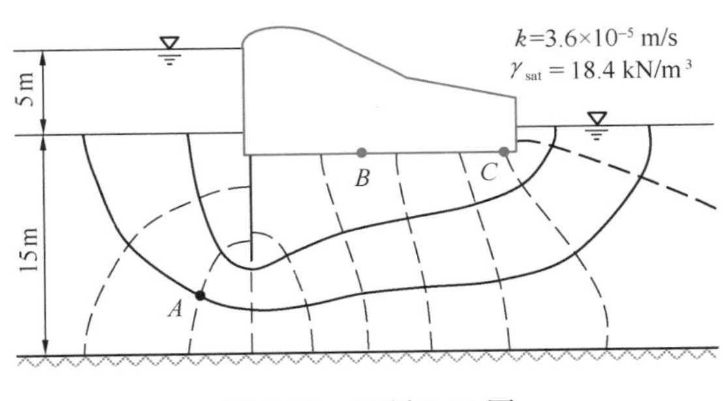

图 7-32　习题 7-14 图

7-15　如图 7-33 所示，在饱和黏土层中进行钻孔勘测，观察到其下覆砂土层含有承压水，孔中的水上升高度为 6m。已知饱和黏土的土粒相对密度 $G_s=2.68$，含水率 $w=29\%$，试计算饱和黏土层稳定的情况下，该土层可开挖的最大深度。

7-16　如图 7-34 所示，饱和黏土层的厚度为 7m，其下层为厚度 2m 的饱和砂土层，砂土层受承压水的作用。饱和黏土层的开挖深度为 5m。试问当坑中水深 h 为多少时，饱和黏土层能够维持稳定性？

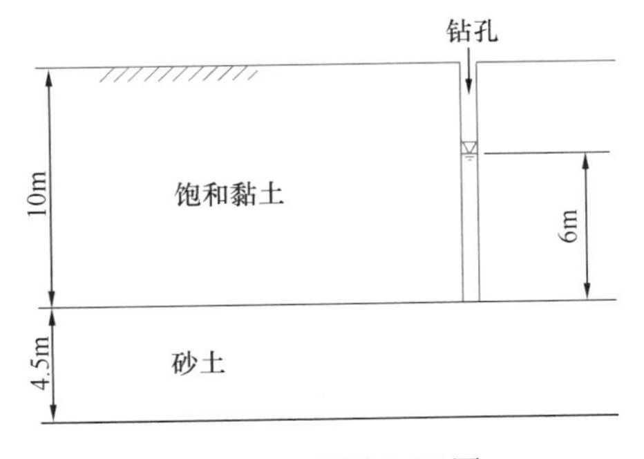

图 7-33　习题 7-15 图

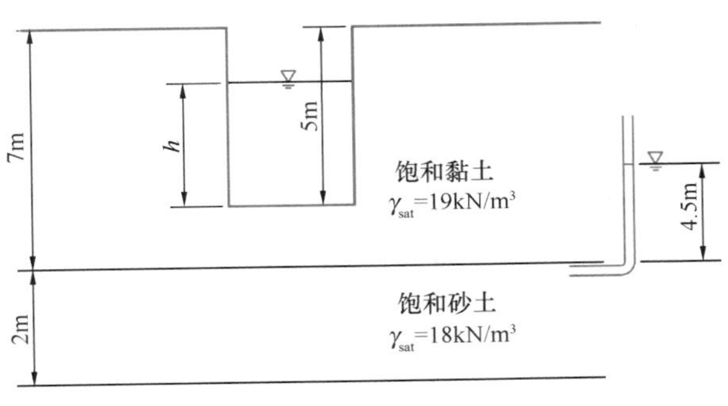

图 7-34　习题 7-16 图

7-17　某砂土地层中发生由下向上的渗流。若砂土的土粒相对密度 $G_s=2.68$，试计算当孔隙比 e 分别为 0.38、0.48、0.6、0.7 和 0.8 时的临界水力梯度 i_{cr}，并画出 i_{cr} 随 e 变化的曲线。

7-18　如图 7-35 所示，水箱中砂土的高度为 2m，水的高度为 0.7m。开启阀门并注入水，在砂土中产生向上的渗流。砂土的土粒相对密度 $G_s=2.67$，孔隙比 $e=0.52$。(1) 计算 a、b 两点的总应力、孔隙水压力和有效应力；(2) 计算单位渗流力。

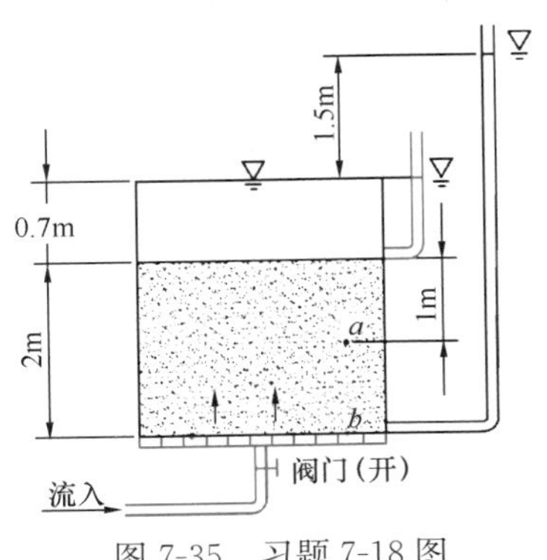

图 7-35　习题 7-18 图

【本章附录】渗流分析有限元数值模拟

COMSOL Multiphysics 是一款多物理场的有限元数值模拟软件，可以通过几何建模、定义材料属性、设置物理场控制方程来描述物理过程，通过有限元数值方法求解获得计算结果。这里以 COMSOL Multiphysics 数值模拟软件为例，对例 7-4 进行建模和求解，并绘制流网。

软件的操作界面由以下部分组成：

（1）功能区/菜单栏：包括完成建模任务的主要命令菜单；

（2）模型开发器：可通过构建模型树来定义模型及其组件，包括：几何、网格、物理场、边界条件、研究（具体分析内容）、求解器（数值方法）、后处理以及结果的可视化展示。

（3）设置窗口：用于模型开发器中具体内容的设定；

（4）图形窗口：用于计算结果的可视化；

（5）信息窗口：用于显示非图形信息，如求解器信息、节点的数据、集群/云计算/批处理等作业信息。

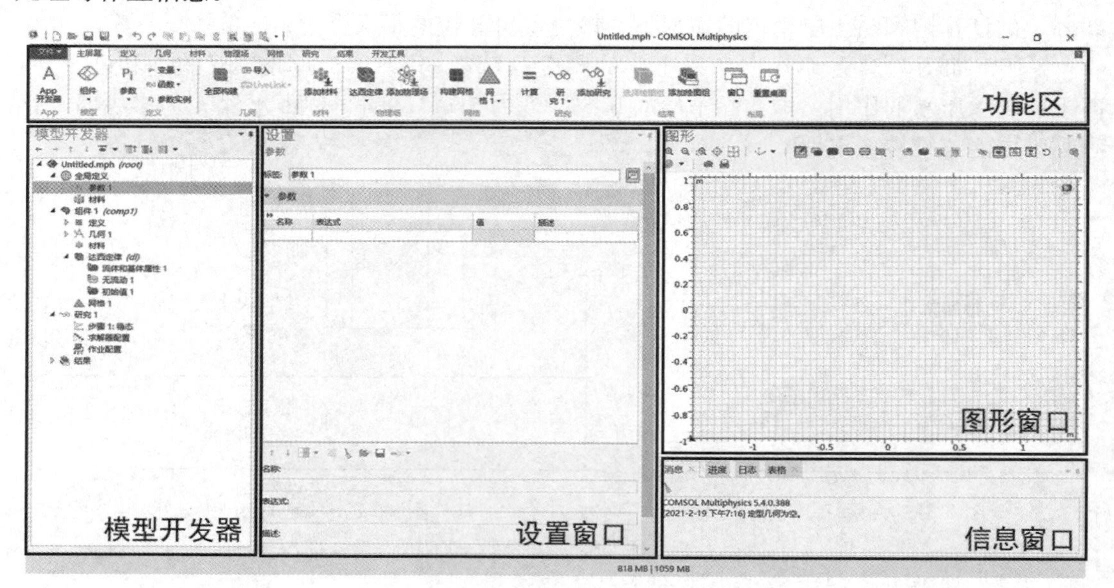

图 7-36　COMSOL Multiphysics 操作界面

下面对例 7-4 建模，绘制等势线、流网和 $A \sim F$ 处孔压剖面，并计算单位流量。具体步骤如下：

1. 新建模型

（1）打开 COMSOL Multiphysics，选择“模型向导”，选择“二维”；

（2）选择“流体流动/多孔介质和地下水流/达西定律”，单击“添加”，选择“研究”；

（3）在“一般研究”中选择“稳态”，点击完成，得到如图 7-37 所示的工作界面。

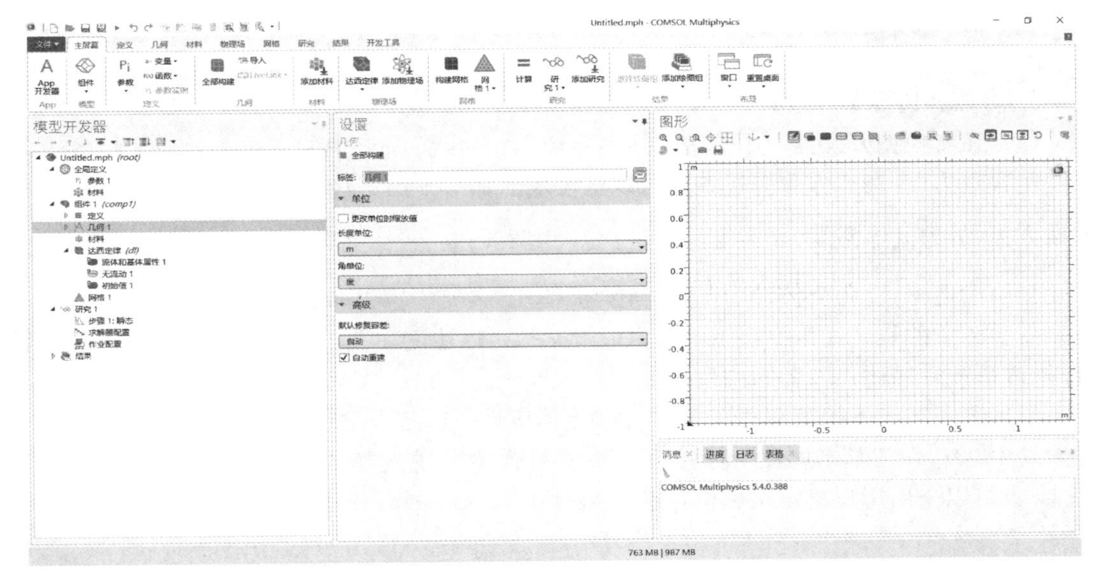

图 7-37　新建模型的界面

2. 几何绘制

（1）绘制“矩形”作为地基。在“模型开发器”的“几何”处点击右键，选择“矩形”。在设置窗口的“大小与位置”标签下，宽度输入 12，高度输入 6，其他标签下均使用默认值。这样便创建了左下角位于原点，宽度 12m，高度 6m 的水平矩形。

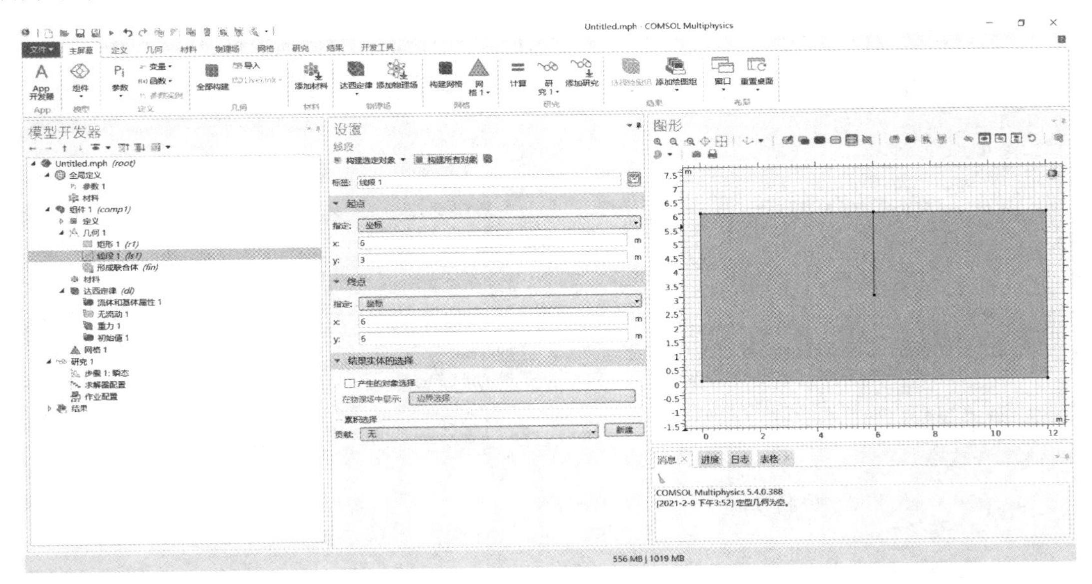

图 7-38　模型绘制

（2）绘制“线段”作为板桩墙。同样地，“几何”处右击，选择“线段”。在设置窗口的“起点”和“终点”标签下，指定为“坐标”，x、y 处分别输入 6、3 和 6、6，如图 7-38所示。这样便创建了两点坐标为（6，3）和（6，6）的线段。完成后点击“构建所有对象”。

注：例 7-4 为无限长地基，这里模型水平方向的长度取为地层厚度的两倍，即 12m，避免边界效应的影响。

3. 参数和边界条件设置

（1）在“模型开发器”中选中“达西定律”，在设置窗口中的“重力效应”标签下勾选“包含重力”。在“方程”标签里可以选模块的基本方程。其中，$\nabla\cdot(\rho\boldsymbol{u})=Q_{\mathrm{m}}$ 为拉普拉斯方程，ρ 为流体密度，$\boldsymbol{u}$ 为流速向量，Q_{m} 为源项；$u=-\dfrac{\kappa}{\mu}(\nabla p+\rho\boldsymbol{g})$ 为达西方程，κ 为多孔介质渗透率，μ 为流体动力黏度，p 为流体压力，$\boldsymbol{g}$ 为重力向量（图 7-39）。

需要注意的是，在该模块中，可以通过 κ 和 μ 描述流动性，也可以通过水力传导率 K（即渗透系数）描述，二者的关系为 $\kappa/\mu=K/\rho/g$。

（2）选中“流体和基本属性 1”，在“流体属性”标签下“密度 ρ”选择“用户定义”，并输入 1000；在“基本属性”标签下“渗透率模型”中选择“水力传导率 K”，并输入 4e-6，也可以采用用户自定义单位，输入 4e-4（cm/s）（图 7-40）。

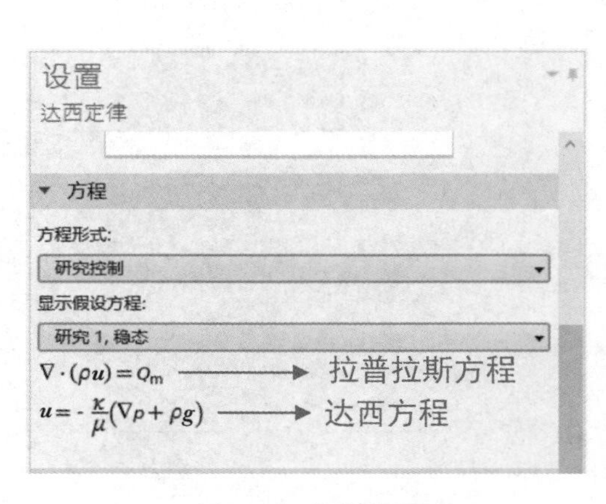

图 7-39　控制方程

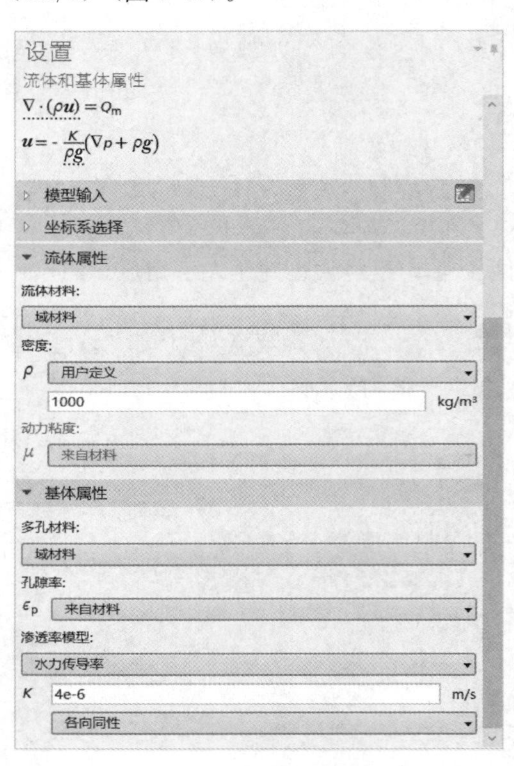

图 7-40　参数设置

（3）选择“压力头”边界条件（即压力水头），在图形窗口中选中左上边界，并在设置窗口输入 6（图 7-41）；同样地，将右上边界设置为 2m 压力水头。

（4）选择“内壁”边界条件，选中中间线段，表示将板桩墙设置为该边界条件（图 7-42）。内壁边界条件的方程如图 7-42 所示，表示该边界无流量。

4. 网格设置

在“模型开发器”中，选中网格，并在设置窗口点击“全部构建”。该默认三角形网

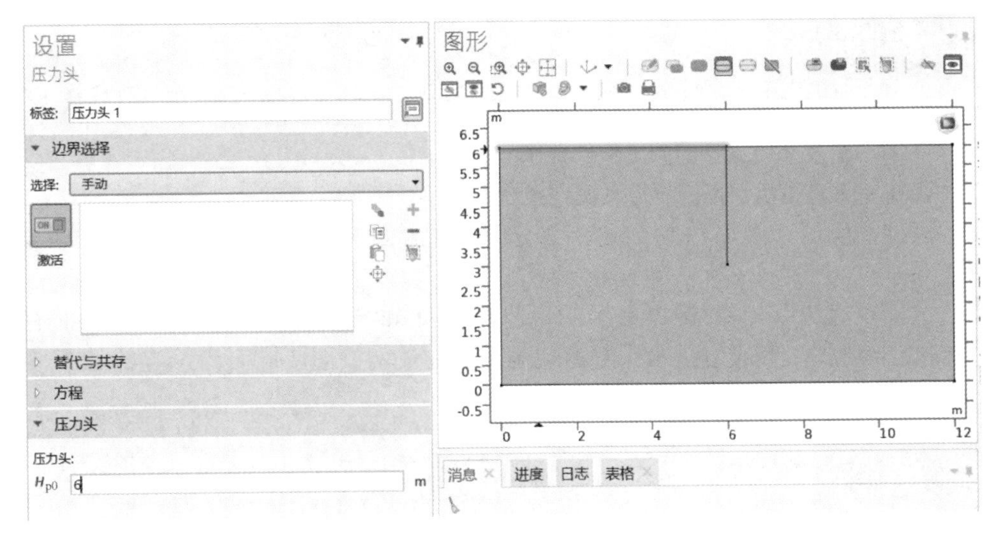

图 7-41　施加定水头边界条件

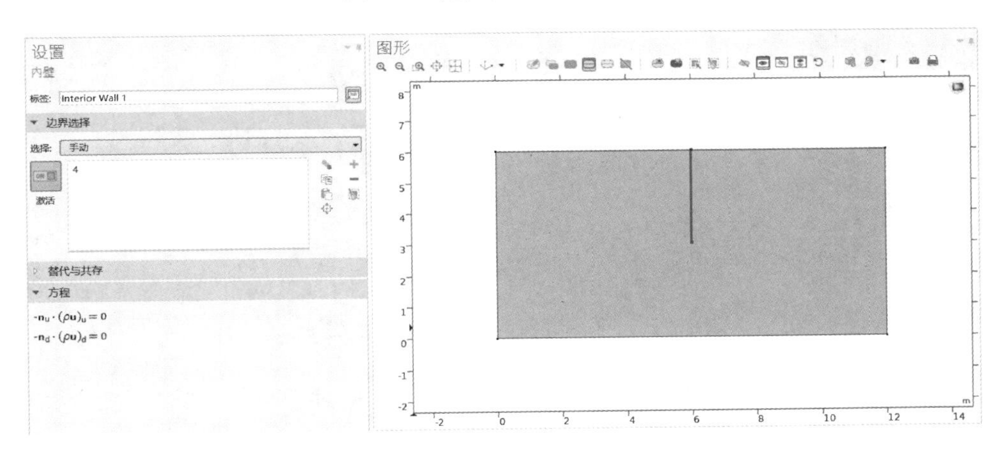

图 7-42　施加内壁边界条件

格足以合理计算上述问题，可以选择更细化的网格（图 7-43），也可以在“网格 1”处右

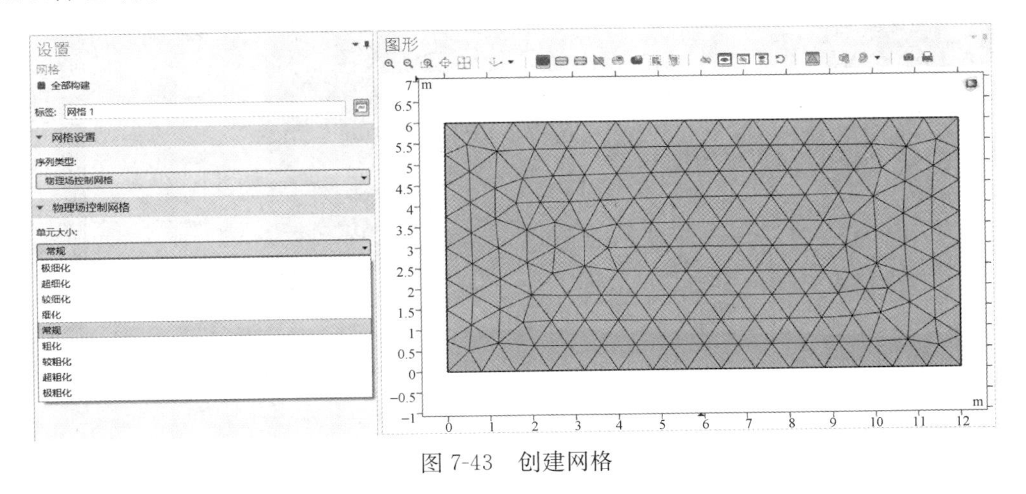

图 7-43　创建网格

击，设置其他网格形式。

5. 计算

在“模型开发器”中，右击“研究 1”，选择“计算”，采用默认求解配置即可。

计算结果的分析和展示通过以下步骤来实现：

（1）孔压水头等值线分布与流线流网绘制

在“模型开发器”中，右击“结果”，选择“二维绘图组”。选择“等值线”，参数设置见图 7-44，dl. H 表示总水头，range（8，0.5，12）表示自 8～12m，间隔 0.5m 绘制总水头。选择“流线”，参数设置见图 7-44，dl. u 和 dl. v 分别表示水平和竖直方向的速度分量。点击“绘制”，形成包括水头等值线与流线的流网（图 7-45）。

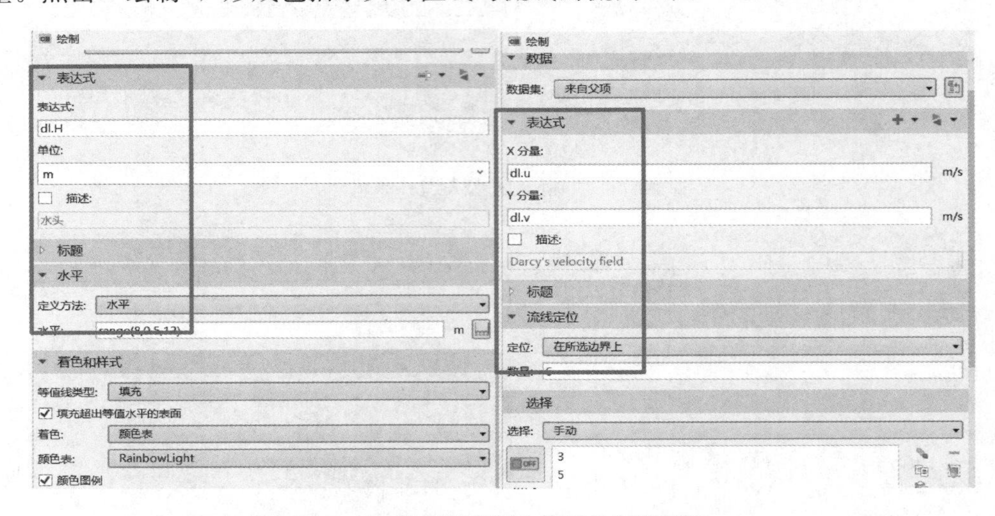

图 7-44　流网等值线和流线绘制的设置

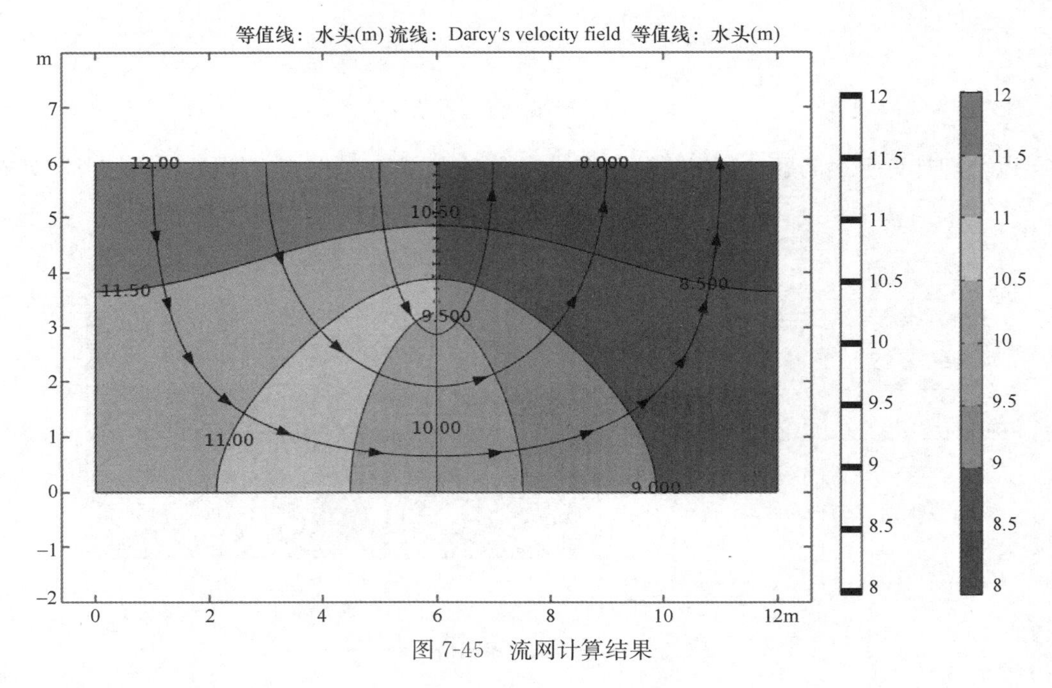

图 7-45　流网计算结果

（2）板桩墙左侧孔压水头剖面图绘制

在“模型开发器”中，右击“一维绘图组”，点击“二维截线”。在“设置窗口”的“点1”和“点2”处分别输入 X：5.99 和 5.99，Y：0 和 6。单击“结果”，选择“一维绘图组”的“线图”，参数设置见图 7-46。点击“绘制”，形成孔压水头剖面图。可以看到有限元解和例 7-5 的解有略微差异，主要原因是原题中流网为手工绘制不够精确，A～F 各点总水头的计算值存在误差。

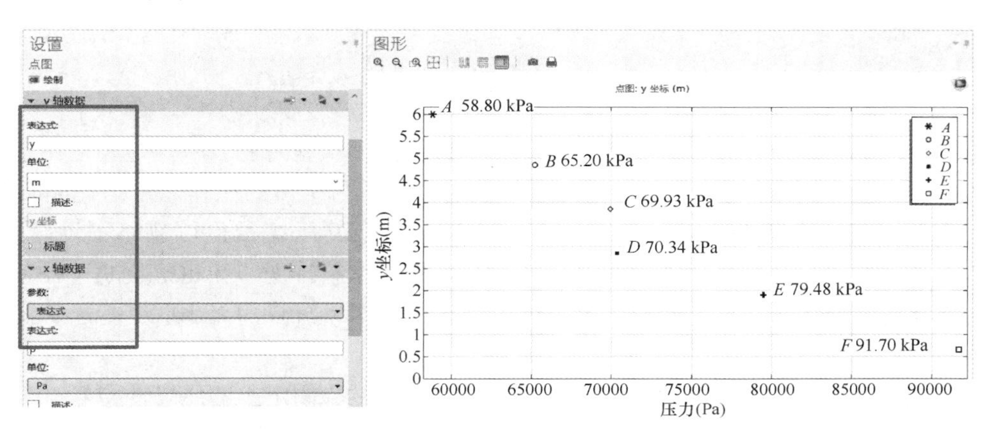

图 7-46　板桩墙左侧孔压水头剖面图绘制的参数设置和结果

（3）单位渗流量的计算

在“模型开发器”中，右击“派生值”，选择“线积分”处。设置如下参数，点击“计算”，单位渗流量的计算结果显示于右下方。

可以看到，有限元计算的单位渗流量为 $-7.428\times10^{-6}\text{m}^2/\text{s}$，负号表示方向，表示与 Y 轴方向相反，即在该边界向下渗流。原题中单位渗流量计算结果为 $8\times10^{-6}\text{m}^2/\text{s}$，这是因为原题中流网精度不够。

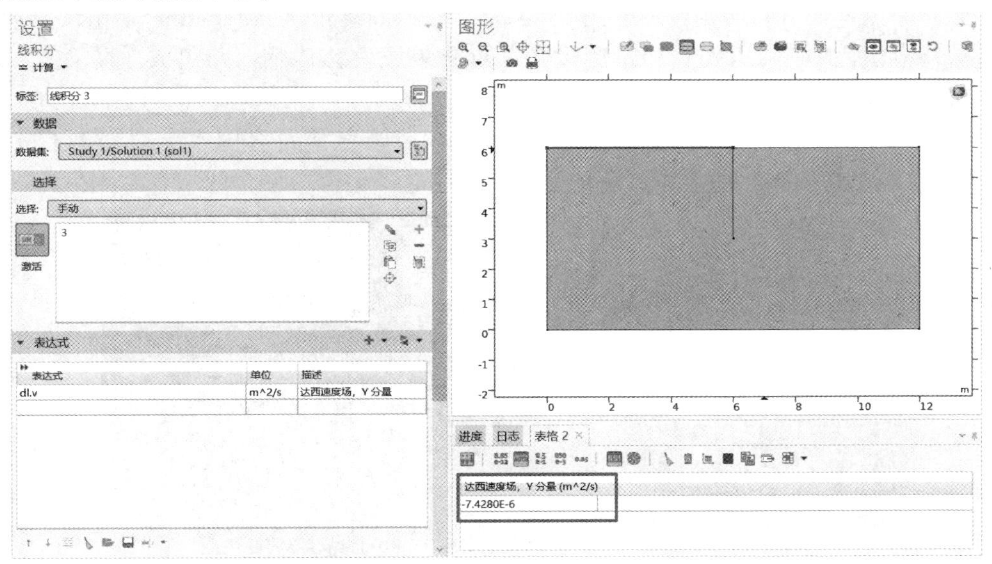

图 7-47　单位渗流量的计算

第8章 土的压缩性

8.1 概述

土的压缩性是指土体在压力作用下体积缩小的特性。试验研究表明，饱和土在一般压力（100～600kPa）作用下，土粒自身和土中水的压缩量与土体的压缩总量之比是很微小的（小于1/400），可以忽略不计，土中气一般很少量，其压缩量也可忽略不计。因此，土的压缩是泛指土中孔隙体积的缩小，土粒调整位置、重新排列、互相挤紧的过程。

地基在荷载作用下会产生竖直方向的变形，称为沉降。沉降的大小取决于建筑物的重量与分布、地基土类型、各土层厚度和压缩性等。

计算地基沉降时，必须取得土的压缩性指标。室内试验测定土的压缩性指标，主要通过侧限条件（不允许土样侧向变形）的压缩试验。本章首先介绍压缩试验及压缩性指标，然后介绍天然土的固结状态、原始压缩曲线及地基沉降量的计算方法；最后讨论固结理论。

8.2 压缩试验和压缩性指标

8.2.1 试验方法

土的一维压缩特性可通过侧限压缩试验（又称固结试验，oedometer test/consolidation test）来测定。试验所用设备［图8-1（a）］称为固结仪（oedometer），由固结容器、加压设备（杠杆式或气压式）和量测设备（百分表或位移传感器）组成［图8-1（b）］。图8-2（a）所示为固结容器的示意图，主要包括：金属环刀、刚性护环、透水石和加压上盖等［图8-2（b）］。环刀、透水板的技术性能和尺寸参数应符合国家标准《土工试验仪器 环刀》SL370—2006切土环刀及相关标准的规定。

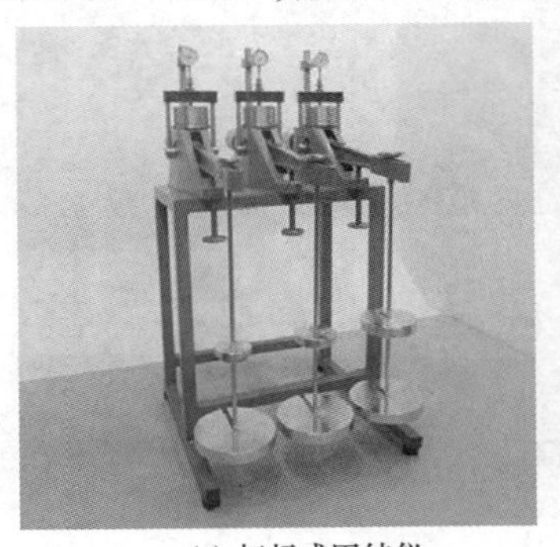

(a) 杠杆式固结仪

(b) 固结容器和百分表

图8-1

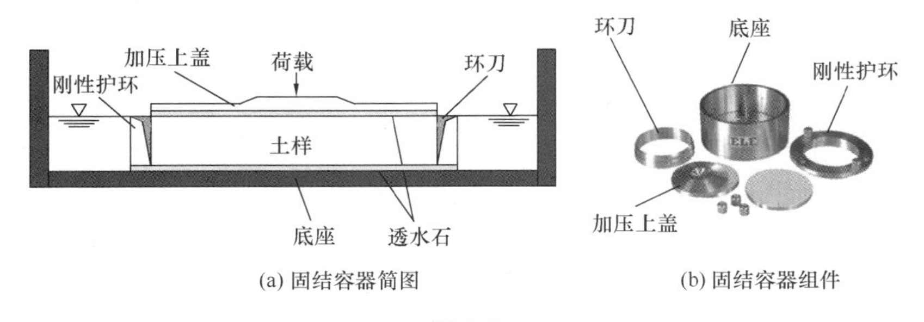

(a) 固结容器简图　　(b) 固结容器组件

图 8-2

试验用土样一般采用天然状态的原状土，也可根据工程需要制备给定密度和含水率的扰动土试样。试验时用金属环刀小心切入原状土样并置于刚性护环内，土样上下各垫一块透水石，土样受压后土中水可以通过上下透水石双向排出。由于金属环刀和刚性护环的限制，土样在竖向压力作用下只能发生竖向压缩，而无侧向变形（侧限应力状态），因此被称为"侧限"压缩试验。

对土样逐级加压并测定各级压力作用下土样竖向变形稳定后的孔隙比。根据《土工试验方法标准》GB/T 50123—2019 要求，试验的加载方式为应力控制法。为保证试样与仪器上下各部件之间接触良好，试验开始一般先施加 1kPa 的预压荷载，然后调整读数为零。加荷等级宜为 12.5kPa、25kPa、50kPa、100kPa、200kPa、400kPa、800kPa、1600kPa、3200kPa，最后一级压力应大于地基中计算点的自重应力与预估的地基附加应力之和。只需测定压缩系数时，最大压力不小于 400kPa。

标准压缩试验以试样在每级压力下固结 24h 作为稳定条件。当不需要测定沉降速率时，稳定标准规定为每级压力下固结 24h 或试样变形每小时变化不大于 0.01mm。测记稳定读数后，再施加第 2 级压力。依次逐级加压至试验结束。

需要做回弹试验时，可在某级压力（大于上覆有效压力）下固结稳定后卸压，直至卸至第 1 级压力。每次卸压后的回弹稳定标准与加压相同，并测记每级压力及最后一级压力时的回弹量。

8.2.2 压缩曲线

压缩曲线是压缩试验的直接成果，是孔隙比与压力的关系曲线。

首先确定试样的初始孔隙比：

$$e_0 = G_s(1 + w_0)(\rho_w/\rho_0) - 1 \tag{8-1}$$

其中，G_s、w_0、ρ_0、ρ_w 分别为土粒相对密度、初始含水率、土的初始密度和水的密度。

压缩试验是在土样上施加压力，由于土样上下放置了透水石。因此，可以认为固结完成后压力都是作用在土骨架上的竖向有效正应力 σ_z'。为简化表达，故在下文中有时省略下标 z，σ' 即表示竖向有效应力。

设土样的初始高度为 H_0，受压后土样高度为 H，ΔH 为 σ' 作用下土样的稳定压缩量，如图 8-3 所示。土样在受压前初始孔隙比为 e_0，受压后孔隙比为 e。根据侧限条件，土样受压前后的试样高度之比即为土体体积之比，即：

$$\frac{H}{H_0} = \frac{1 + e}{1 + e_0} \tag{8-2}$$

可得：

$$e = e_0 - \frac{\Delta H}{H_0}(1+e_0) \tag{8-3}$$

因此，只要测定土样的初始含水率、初始密度和 ΔH，就可按式（8-3）计算出相应的孔隙比 e，从而绘制压缩曲线。

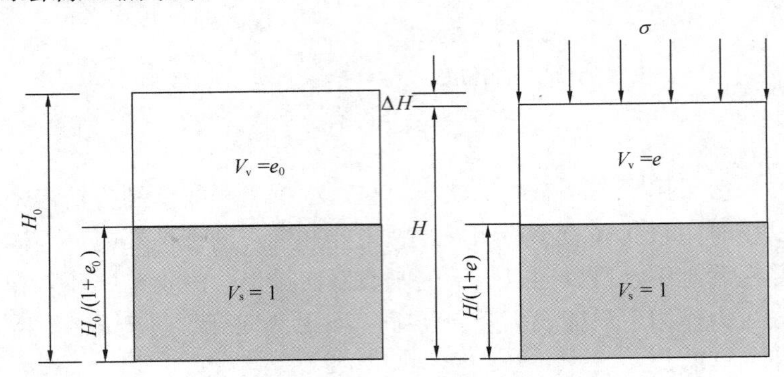

图 8-3　侧限条件下土样孔隙比的变化

压缩曲线可按两种方式绘制：一种是按普通直角坐标绘制 e-σ' 曲线［图 8-4（a）］，另一种是横坐标改取 σ' 的常用对数（10 为底）值，绘制 e-lgσ' 曲线［图 8-4（b）］。值得注意的是，对于绝大多数类型的土体，可以认为 e-lgσ'曲线上压力较大的部分存在近似直线段（可用直线趋近试验曲线），而 e-σ' 曲线则不存在近似直线段，这个性质在下文压缩性指标的确定中再详细阐述。

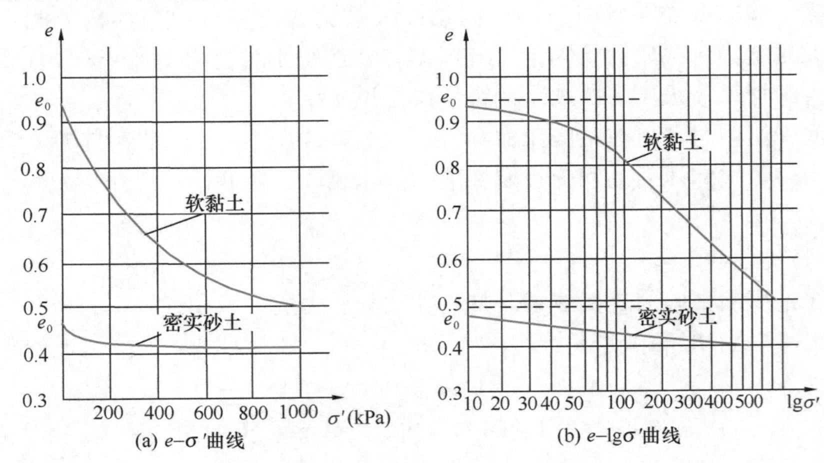

图 8-4　典型土的压缩曲线

对于某些基础底面积和埋深都较大的基坑，基坑开挖会造成地基土压力减小（应力释放），引起坑底回弹。因此，应进行土的回弹再压缩试验。在试验中加压到某值后不再加压［图 8-5（a）中 ac 段压缩曲线］并进行逐级卸载，可观察到土样的回弹，测定各级压力作用下土样回弹稳定后的孔隙比，绘制相应的孔隙比与压力的关系曲线［图 8-5（a）中 cd 段曲线］，称为回弹曲线。卸载完毕后，土样并不能完全恢复到初始孔隙比 e_0 的 a 点处，这表明土的压缩变形是由弹性变形和残余变形两部分组成的，而且以后者为主。如重新逐级加压，可测得土样在各级压力下再压缩稳定后的孔隙比，从而绘制再压缩曲线［图 8-5（a）中 dfg 曲线］。其中 fg 段仍沿 ac 段的趋势，如同未经过卸载和再加载过程。在如图 8-5（b）所示的 e-$\lg\sigma'$ 曲线上，同样可以看到这种现象。

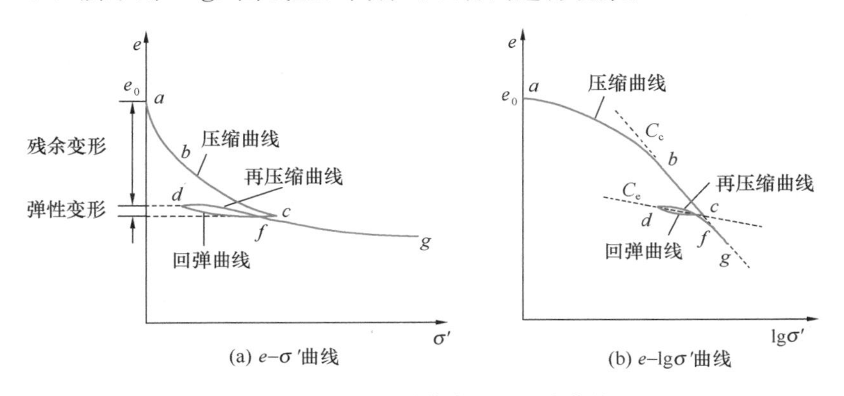

图 8-5　土的回弹曲线和再压缩曲线

8.2.3　土的压缩指标

1. e-σ' 曲线确定的指标

按 e-σ' 曲线可确定土的压缩系数 a、压缩模量 E_s、体积压缩系数 m_v、回弹模量 E_c 等压缩性指标。

（1）压缩系数 a（coefficient of compressibility）

压缩曲线愈陡，说明在同一压力段内，孔隙比的减小显著，因而土的压缩性愈高。压缩系数 a 是孔隙比减小量与有效压力增量的比值（单位：$\mathrm{MPa^{-1}}$ 或 $\mathrm{kPa^{-1}}$），即 e-σ' 曲线中某一压力段的切线斜率：

$$a=-\frac{\mathrm{d}e}{\mathrm{d}\sigma'} \tag{8-4}$$

实际应用中，土的压缩系数一般用 e-σ' 曲线的割线斜率表示，如图 8-6 所示。设压力由 σ'_1 增加到 σ'_2，相应的孔隙比由 e_1 减小到 e_2，则与压力增量 $\Delta\sigma'=\sigma'_2-\sigma'_1$ 相对应的孔隙比变化为 $\Delta e=e_2-e_1$。则压缩系数 a 可表示为：

$$a=-\frac{\Delta e}{\Delta\sigma'}=\frac{e_1-e_2}{\sigma'_2-\sigma'_1} \tag{8-5}$$

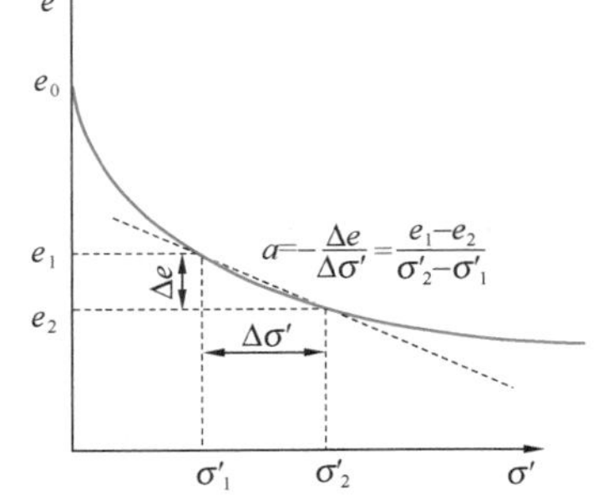

图 8-6　e-σ' 曲线中确定 a

由图 8-4 可见，压缩曲线的斜率是随压力区段变化的，一般而言，压力小的区间，压力曲线越陡。在工程勘察和设计中，通常采用由 $\sigma'_1=0.1\mathrm{MPa}$（100kPa）增加到 $\sigma'_2=0.2\mathrm{MPa}$（200kPa）时的压缩系数来评定土的压缩性，标记为 $a_{1\text{-}2}$。根据《建筑地基基础设计规范》GB 50007—2011，采用压缩系数值 $a_{1\text{-}2}$ 作为土的压缩性的判定标准，将地基土划分为低、中、高压缩性，如表 8-1 所示。

土的压缩性分类（GB 50007—2011）　　表 8-1

$a_{1\text{-}2}$ 范围（$\mathrm{MPa^{-1}}$）	土的压缩性分类
$a_{1\text{-}2}<0.1$	低压缩性土
$0.1\leqslant a_{1\text{-}2}<0.5$	中压缩性土
$a_{1\text{-}2}\geqslant 0.5$	高压缩性土

（2）压缩模量 E_s（modulus of compressibility）

土的压缩模量 E_s，又称侧限模量，是土体在侧限条件下的竖向压应力增量与竖向应变的比值（单位：MPa）。设压力由 σ'_1 增加到 σ'_2，相应的孔隙比由 e_1 减小到 e_2。已知 $\Delta e/(1+e_1)$ 表示土样的竖向应变，得到土的压缩模量 E_s：

$$E_s = \frac{\Delta\sigma'}{-\Delta e/(1+e_1)} = \frac{\sigma'_2 - \sigma'_1}{e_1 - e_2}(1+e_1) \tag{8-6}$$

压缩模量 E_s 值越小，土的压缩性越高。参照低压缩性土 $a_{1\text{-}2} < 0.1\text{MPa}^{-1}$ 时，近似取 $e_1 = 0.6$，则有 $E_{s1\text{-}2} > 16\text{MPa}$；高压缩性土 $a_{1\text{-}2} \geqslant 0.5\text{MPa}^{-1}$ 时，近似取 $e_1 = 1.0$，则 $E_{s1\text{-}2} \leqslant 4\text{MPa}$。

（3）体积压缩系数 m_v（coefficient of volume compressibility）

土的体积压缩系数 m_v 是按 e-σ' 曲线求得的第三个压缩性指标，是土体的体积应变（侧限条件下等于竖向应变）与竖向压应力的比值（单位：MPa^{-1}），即土的压缩模量的倒数。设压力由 σ'_1 增加到 σ'_2，相应的孔隙比由 e_1 减小到 e_2，则：

$$m_v = \frac{-\Delta e/(1+e_1)}{\Delta\sigma'} = \frac{e_1 - e_2}{\sigma'_2 - \sigma'_1}\frac{1}{(1+e_1)} = 1/E_s \tag{8-7}$$

体积压缩系数 m_v 值越大，土的压缩性越高。

（4）回弹模量 E_c

地基土的回弹模量 E_c 是按 e-σ' 曲线求得的第 4 个压缩性指标。其定义是土体在侧限条件下卸荷或再加载时竖向压应力增量与竖向应变的比值，计算公式与压缩模量类似，只是利用回弹再压缩 e-σ' 曲线。

2. e-$\lg\sigma'$ 曲线确定的指标

按 e-$\lg\sigma'$ 曲线可确定土的压缩指数 C_c、回弹指数 C_e 等压缩性指标。

（1）压缩指数 C_c（compression index）

压缩曲线绘成 e-$\lg\sigma'$ 曲线时，后半段接近直线（图 8-7）。定义土的压缩指数 C_c 为 e-$\lg\sigma'$ 曲线中直线段的斜率：

$$C_c = -\frac{\Delta e}{\Delta\lg\sigma'} = \frac{e_1 - e_2}{\lg\sigma'_2 - \lg\sigma'_1} = \frac{e_1 - e_2}{\lg(\sigma'_2/\sigma'_1)} \tag{8-8}$$

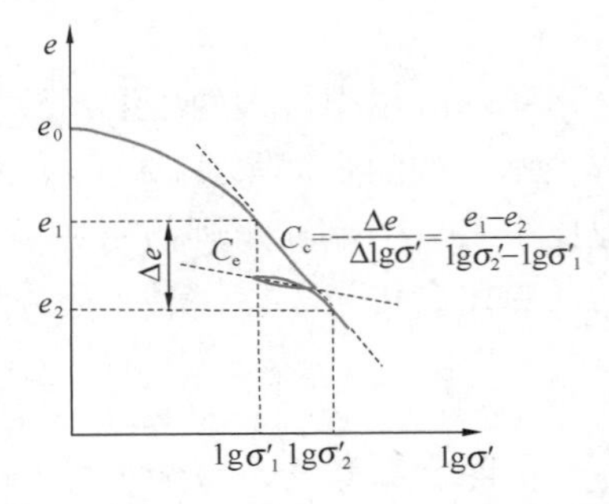

图 8-7　e-$\lg\sigma'$ 曲线中确定 C_c

压缩指数 C_c 为一无量纲数，表示 σ' 每变化一个对数周（10 倍）所引起的孔隙比变化。同压缩系数 a 一样，压缩指数 C_c 值越大，土的压缩性越高。低压缩性土的 C_c 值一般小于 0.2，C_c 值大于 0.4 为高压缩性土。

（2）回弹指数 C_e

压缩试验得到 e-$\lg\sigma'$ 曲线中回弹曲线和再压缩曲线可近似认为直线，且二者接近重合。取回弹曲线与再压缩曲线的平均斜率为回弹指数 C_e，公式与压缩指数 C_c 类似。

表 8-2 给出了压缩指数 C_c 的经验公式，试验表明对于多数类型的土，压缩指数 C_c 的值在 0.1～0.8；回弹指数 C_e 一般在 0.015～0.35，或者可为（0.1～0.2）C_c。

压缩指数 C_c 的经验公式 表 8-2

经验公式	提出者及年份
$C_c = 0.007(100w_L - 7)$	Skempton（1944）
$C_c = 0.009(100w_L - 10)$	Terzaghi and Peck（1967）
$C_c = 0.234w_L G_s$	Nagaraj and Murthy（1985）
$C_c = 1.35\dfrac{I_P}{100}$	Schofield and Wroth（1968）

注：w_L 为液限（单位为%）；G_s 为土粒相对密度；I_P 为塑性指数（不带%）。

【例 8-1】某土样初始高度 $H_0=2.54$cm，截面面积 $A=30.68\text{cm}^2$，土粒相对密度 $G_s=2.75$，烘干后质量 $m_s=128$g，进行压缩试验的结果如表 8-3 所示。求该土的初始干密度 ρ_d、初始孔隙比 e_0，并在表格中补充土样在各级压力下固结完成后对应的孔隙比 e。

例 8-1 表 1 表 8-3

σ'（kPa）	固结完成后土样高度 H（cm）	σ'（kPa）	固结完成后土样高度 H（cm）
0	2.540	400	2.389
50	2.488	800	2.324
100	2.465	1600	2.225
200	2.431	3200	2.115

【解】土的初始干密度：

$$\rho_d = \frac{m_s}{V} = \frac{128}{30.68 \times 2.54} = 1.643\text{g/cm}^3$$

由 $\rho_d = \dfrac{\rho_w G_s}{1+e_0}$，可得：

$$e_0 = \frac{\rho_w G_s}{\rho_d} - 1 = \frac{1.0 \times 2.75}{1.643} - 1 = 0.674$$

压力 $\sigma'=50$kPa 下固结完成后对应的孔隙比 e_1：

$$e_1 = e_0 - \frac{\Delta H}{H_0}(1+e_0) = 0.674 - \frac{2.540 - 2.488}{2.540}(1+0.674) = 0.640$$

以此类推，计算得土样在压力下固结完成后对应的孔隙比 e，见表 8-4。

例 8-1 表 2 表 8-4

σ'（kPa）	固结完成后土样高度 H（cm）	孔隙比 e
0	2.540	0.674
50	2.488	0.640
100	2.465	0.625
200	2.431	0.602
400	2.389	0.574
800	2.324	0.532
1600	2.225	0.466
3200	2.115	0.394

【例 8-2】某原状土的室内侧限压缩试验结果见表 8-5。求土的压缩系数 $a_{1\text{-}2}$、压缩模量 $E_{s1\text{-}2}$ 并判别土的压缩性大小。

例 8-2 表 1　　表 8-5

σ'（kPa）	50	100	200	400
e	0.964	0.952	0.936	0.914

【解】土的压缩系数为：

$$a_{1\text{-}2}=\frac{e_1-e_2}{\sigma'_2-\sigma'_1}=\frac{0.952-0.936}{0.2-0.1}=0.16\text{MPa}^{-1}$$

压缩模量为：

$$E_{s1\text{-}2}=\frac{1+e_1}{a_{1\text{-}2}}=\frac{1+0.952}{0.16}=12.2\text{MPa}^{-1}$$

因为 $0.1\text{MPa}^{-1}<a_{1\text{-}2}<0.5\text{MPa}^{-1}$，所以该土为中等压缩性土。

8.3　天然土层的固结状态

天然土层在历史上受过的最大固结压力（即在固结过程中所受的最大竖向有效应力）称为先期固结压力（pre-consolidation pressure）。在研究沉积土层的应力历史时，通常将先期固结压力与当前竖向有效自重应力的比值定义为超固结比（Over Consolidation Ratio，OCR），表示如下：

$$\text{OCR}=\sigma'_c/\sigma'_{sz} \tag{8-9}$$

式中　σ'_c——先期固结压力（kPa）；

σ'_{sz}——当前竖向有效自重应力（kPa）。

根据超固结比可将土分为正常固结土、超固结土和欠固结土三类：

（1）正常固结土：在历史上所经受的先期固结压力等于现有覆盖土重（OCR＝1）；

（2）超固结土：历史上曾经受过大于现有覆盖土重的先期固结压力（OCR＞1），OCR 值越大就表示超固结作用越大；

（3）欠固结土：先期固结压力小于现有覆盖土重（OCR＜1）。

如图 8-8 所示，A 类土层经历了漫长的地质年代逐渐沉积到现在地面，在土的自重作用下已经达到固结稳定状态［图 8-8（a）］，其先期固结压力 σ'_c 等于当前自重应力 $\sigma'_{sz}=\gamma h$（假设地下水位很深，地基为均质地层，γ 为土体天然重度，h 为计算点深度），所以 A 类土层是正常固结土。

B 类土层在历史上本是相当厚的覆盖沉积层，在土的自重作用下也已达到稳定状态，图 8-8（b）中虚线表示当时沉积层的地表，后来由于流水或冰川等剥蚀作用而形成现在的地面，因此先期固结压力为 $\sigma'_c=\gamma h_c$（h_c 为剥蚀前的深度）超过了当前土体自重应力 $\sigma_{sz}'=\gamma h$，所以 B 类土层是超固结土。

C 类土层尚未达到固结稳定状态，如新近沉积黏性土、人工填土等由于沉积后经历年

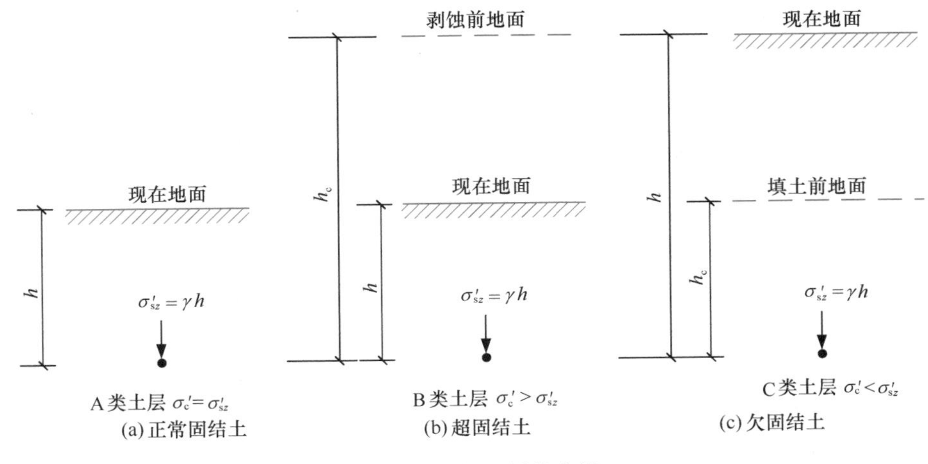

图 8-8　沉积土层的分类

代时间不久，其自重固结作用尚未完成，图 8-8（c）中虚线表示填土前的地面，因此 σ'_c($\sigma'_c=\gamma h_c$，h_c 代表填土前地面下的计算点深度）小于当前土体自重应力 $\sigma'_{sz}=\gamma h$，所以C类土是欠固结土。

确定先期固结压力 σ'_c 最常用的方法是卡萨格兰德建议的经验作图法（Casagrande，1936)，作图步骤如下（图 8-9）：

（1）从 e-lgσ'曲线上找出曲率半径最小的一点 A，过 A 点作水平线 $A1$ 和切线 $A2$；

（2）作 $\angle 1A2$ 的平分线 $A3$，与 e-lgσ'曲线中直线段的延长线相交于 B 点；

（3）B 点所对应的有效应力就是先期固结压力 σ'_c。

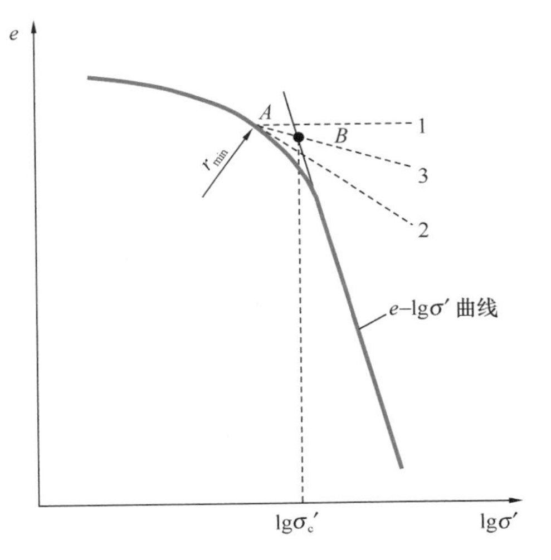

图 8-9　确定先期固结压力的卡萨格兰德法

必须指出，采用这种作图法确定先期固结压力，对取土质量和压缩试验的要求都较高。在压缩试验中，如果需要确定原状土的先期固结压力，分级的加压率（某级荷载增量与前一级荷载总量之比）宜小于 1，可采用 0.5 或 0.25（《土工试验方法标准》GB/T 50123—2019)。最后一级压力应使 e-lgσ'曲线下段出现较长的直线段。绘制 e-lgσ'曲线时要选用适当的比例尺，否则有时很难找到一个曲率半径最小的 A 点，因此，不一定都能得出可靠的结果。

确定先期固结压力还应结合场地地形、地貌等形成历史的调查资料加以判断，例如历史上由于自然力（流水、冰川等地质作用的剥蚀）和人工开挖等剥去原始地表土层，或在现场堆载预压作用等，都可能使土层成为超固结土；而新近沉积的黏性土和粉土、海滨淤泥以及年代不久的人工填土等则属于欠固结土。此外，当地下水位发生前所未有的下降后，也会使土层处于欠固结状态。

【例 8-3】某饱和黏土的土粒相对密度 $G_s=2.73$，进行压缩试验，土样初始高度 $H_0=19.0$mm，试验结束时含水率 $w_1=19.8\%$，压缩试验结果如表 8-6 所示。

例 8-3 表 1　　表 8-6

σ'（kPa）	0	54	107	214	429	858	1716	3432	0
24h 后千分表读数（mm）	5.000	4.747	4.493	4.108	3.449	2.608	1.676	0.737	1.480

（1）绘制 e-lgσ' 曲线并求解先期固结压力；

（2）求竖向有效应力 σ' 在 100～200kPa 区间和 1000～1500kPa 区间时，体积压缩系数 m_v 分别是多少；

（3）求竖向有效应力 σ' 在 1000～1500kPa 区间时，压缩指数 C_c 是多少。

【解】表 8-6 说明试验先施加各级荷载，结束时竖向有效应力 σ' 回到 0kPa。

首先，由含水率 $w_1=19.8\%$ 求得试验结束时的孔隙比：

$$e_1 = w_1 G_s = 19.8\% \times 2.73 = 0.541$$

土的初始孔隙比可表示为：

$$e_0 = e_1 + \Delta e$$

由 $\dfrac{\Delta e}{1+e_0} = \dfrac{\Delta H}{H_0}$，可得：

$$\frac{\Delta e}{\Delta H} = \frac{1+e_0}{H_0} = \frac{1+e_1+\Delta e}{H_0}$$

从初始千分表读数 5.000mm 到试验结束 1.480mm，可得 $\Delta H = 3.520$。

所以：

$$\frac{\Delta e}{3.520} = \frac{1.541+\Delta e}{19.0}$$

则可得整个试验过程的孔隙比变化量：

$$\Delta e = 0.350$$

因此，可得初始孔隙比为：

$$e_0 = 0.541 + 0.350 = 0.891$$

则可得：

$$\frac{\Delta e}{\Delta H} = \frac{1.891}{19.0}$$

即：$\Delta e = 0.0996\Delta H$

根据 $\Delta e = 0.0996\Delta H$ 可得表 8-7。

例 8-3 表 2　　表 8-7

σ'（kPa）	ΔH（mm）	Δe	孔隙比 e
0	0	0	0.891
54	0.253	0.025	0.866
107	0.507	0.050	0.841

续表

σ'（kPa）	ΔH（mm）	Δe	孔隙比 e
214	0.892	0.089	0.802
429	1.551	0.154	0.737
858	2.239	0.238	0.653
1716	3.324	0.331	0.560
3432	4.263	0.424	0.467
0	3.520	0.350	0.541

根据卡萨格兰德经验作图法作出图 8-10，可确定先期固结压力 $\sigma'_c = 325\text{kPa}$。

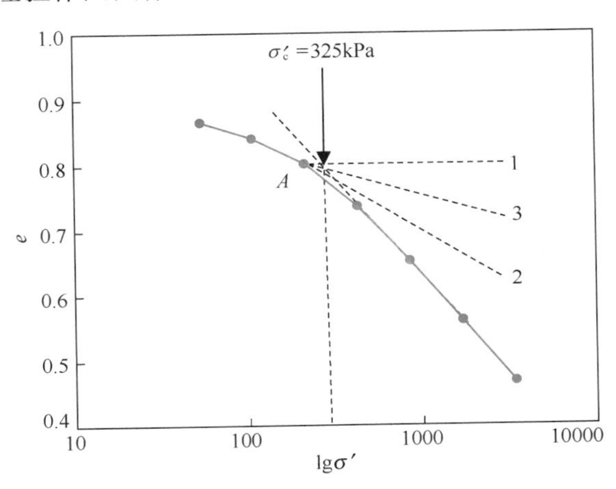

图 8-10 例 8-3 图 1 e-lgσ'曲线

（2）根据图 8-10，得到 $\sigma'_1 = 100\text{kPa}$，$\sigma'_2 = 200\text{kPa}$，分别对应 $e_1 = 0.845$，$e_2 = 0.808$，代入

$$m_v = \frac{1}{1+e_1} \times \frac{e_2 - e_1}{\sigma'_2 - \sigma'_1}$$

得：

$$m_v = \frac{1}{1.845} \times \frac{0.037}{100} = 0.2\text{MPa}^{-1}$$

对于 $\sigma'_1 = 1000\text{kPa}$，$\sigma'_2 = 1500\text{kPa}$，有 $e_1 = 0.632$，$e_2 = 0.577$，代入

$$m_v = \frac{1}{1+e_1} \times \frac{e_2 - e_1}{\sigma'_2 - \sigma'_1}$$

得：

$$m_v = \frac{1}{1.632} \times \frac{0.055}{500} = 0.067\text{MPa}^{-1}$$

（3）

$$C_c = = \frac{e_1 - e_2}{\lg(\sigma'_2/\sigma'_1)} = \frac{0.632 - 0.577}{\lg(1500/1000)} = 0.31$$

【例 8-4】某土样压缩试验结果如表 8-8 所示。

例 8-4 表 1　　　　表 8-8

σ' (kPa)	孔隙比 e	备注
25	0.93	加载
50	0.92	
100	0.88	
200	0.81	
400	0.69	
800	0.61	
1600	0.52	
800	0.535	卸载
400	0.555	
200	0.57	

(1) 绘制 e-lgσ' 曲线并确定先期固结压力 σ'_c；

(2) 求解压缩指数 C_c 和 C_e/C_c 的值；

(3) 根据 e-lgσ' 曲线确定 $\sigma'=1000$kPa 时，孔隙比 e 是多少？

【解】(1) 根据卡萨格兰德经验作图法绘制图 8-11，可确定先期固结压力 $\sigma'_c=120$kPa。

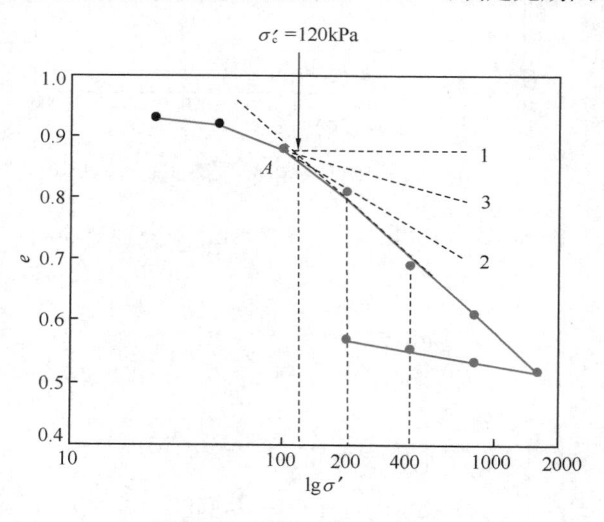

图 8-11　例 8-4 图 e-lgσ'曲线

(2) 根据 e-lgσ' 曲线，对于加载和卸载阶段有：

例 8-4 表 2　　　　表 8-9

阶段	孔隙比 e	σ' (kPa)
加载	0.8	200
	0.7	400
卸载	0.57	200
	0.55	400

根据加载阶段可计算出压缩指数：

$$C_c = \frac{e_1 - e_2}{\lg(\sigma'_2/\sigma'_1)} = \frac{0.8 - 0.7}{\lg(400/200)} = 0.33$$

根据卸载阶段可计算出回弹指数：

$$C_e = \frac{e_1 - e_2}{\lg(\sigma'_2/\sigma'_1)} = \frac{0.57 - 0.55}{\lg(400/200)} = 0.0664 \approx 0.07$$

$$\frac{C_e}{C_c} = \frac{0.07}{0.33} = 0.21$$

（3）将 $e_1 = 0.8$，$\sigma_1 = 200\text{kPa}$，$C_c = 0.33$ 代入

$$C_c = \frac{e_1 - e_3}{\lg(\sigma'_3/\sigma'_1)}$$

$$0.33 = \frac{0.8 - e_3}{\lg(1000/200)}$$

$$e_3 = 0.8 - 0.33\lg(1000/200) \approx 0.57$$

8.4 原始压缩曲线

原始压缩曲线是指现场土层实际对应的压缩曲线，如图 8-12 中 ac 线所示（图中“原始”一词代表真实现场状态）。而原始压缩曲线不能由室内试验直接测得，因为在取样和试验过程中，即使通过各种方法尽量保持试样的天然孔隙比不变，扰动影响仍然会引起压缩试验试样中有效应力的降低，如图 8-12 中的水平线 bd 所示。当试样在室内压缩试验加压时，孔隙比变化将沿室内压缩曲线发展，如图 8-12 中 dc 线所示（图中“室内”一词代表室内试验）。

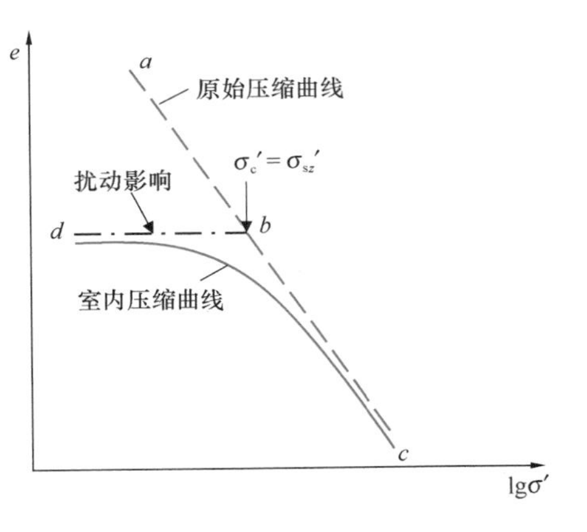

图 8-12 正常固结土的扰动对压缩曲线的影响

原始压缩曲线一般通过室内压缩曲线加以修正后求得，在修正压缩曲线前，首先要弄清楚土层所经受的应力历史，判断土体处于正常固结或超固结还是欠固结状态，再根据不同情况进行室内压缩曲线到原始压缩曲线的修正。

对于正常固结土，如图 8-12 所示，e-$\lg\sigma'$ 曲线中的 ab 段表示正常固结土在历史过程中达到固结稳定状态的过程，其中 b 点压力是先期固结压力 σ'_c，它等于现有覆盖土自重应力 σ'_{sz}。在现场应力增量的作用下，孔隙比 e 的变化将沿着 ab 段的延伸线发展（图中虚线 bc 段）。正常固结土的原始压缩曲线，可根据 J. H. 施莫特曼（Schmertmann，1955）的方法将室内压缩曲线按下列步骤加以修正后求得（图 8-13）：

（1）由 e-$\lg\sigma'$ 曲线作图分析得到 AB 线，B 点横坐标对应先期固结压力 σ'_c，σ'_c 等于现场 σ'_{sz} 则判定为正常固结土。

（2）确定原始压缩曲线上的 b 点：其横坐标为试样的现场 σ'_{sz}，其纵坐标为现场孔隙比 e_0（如果土样从现场到试验过程中保持不变形，则为压缩试验初始孔隙比）。

（3）确定原始压缩曲线上的 c 点：根据大量室内压缩试验发现，若将试样加以不同程度的扰动，所得出的室内压缩曲线直线段，大致都交于孔隙比 $e=0.42e_0$。因此，推想原始压缩曲线也交于该点，由室内压缩曲线上孔隙比等于 $0.42e_0$ 处确定 c 点。

（4）作 bc 直线，bc 线段就是原始压缩曲线的直线段，按该线段的斜率确定正常固结土的压缩指数 C_c 值。

（5）对于欠固结土，由于自重作用下的压缩尚未稳定，只能近似按正常固结土一样的方法求得原始压缩曲线。

对于超固结土，如图 8-14 所示，原始压缩曲线 abc 中 b 点压力是先期固结压力 σ'_c，后来有效应力减少到现有自重应力 σ'_{sz}（原始回弹再压缩曲线 bb_1 上 b_1 点的压力）。在现场应力增量的作用下，孔隙比将沿着原始再压缩曲线 b_1b 变化，当压力超过先期固结压力后，曲线将与原始压缩曲线的延伸线（bc 段）重新连接。

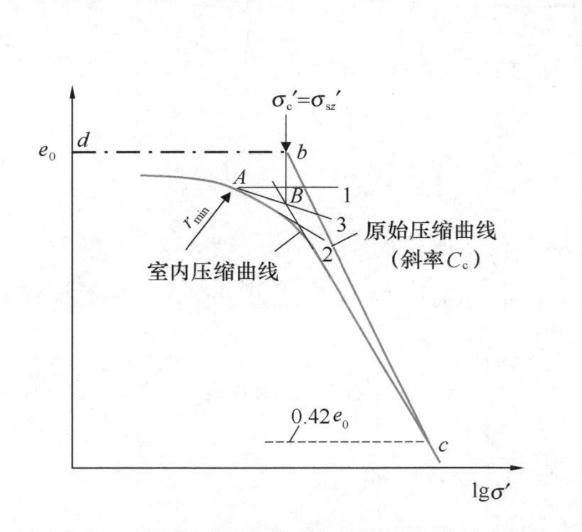

图 8-13　正常固结土的原始压缩曲线的确定

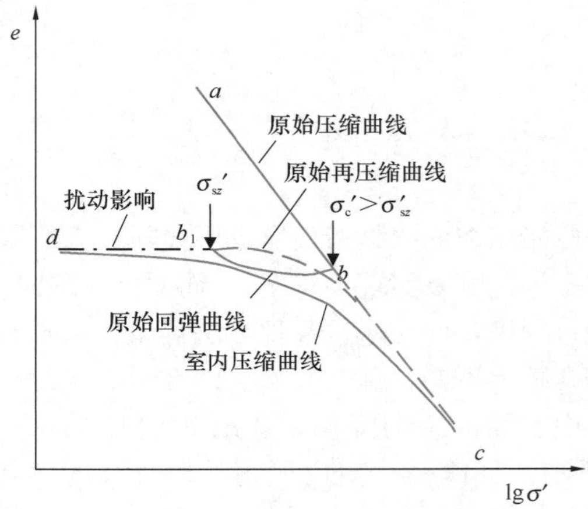

图 8-14　超固结土样的扰动对压缩曲线的影响

超固结土的原始压缩曲线，可按下列步骤求得（图 8-15）：

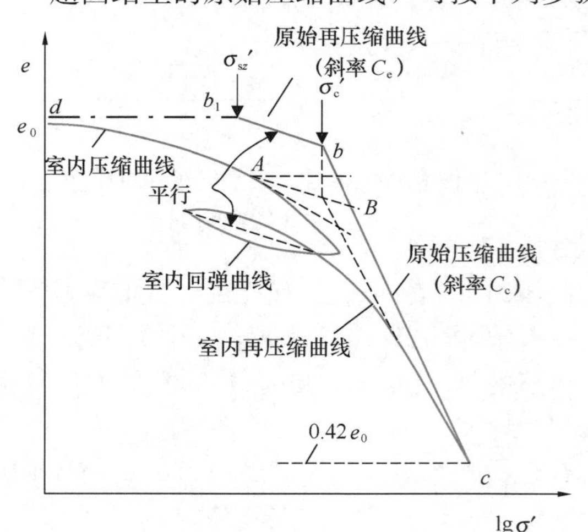

图 8-15　超固结土样的原始压缩和原始再压缩曲线的确定

（1）由 $e\text{-}\lg\sigma'$ 曲线作图分析得到 AB 线，B 点横坐标对应先期固结压力 σ'_c，σ'_c 大于现场自重压力 σ'_{sz} 则判定为超固结土。

（2）作 b_1 点，其横纵坐标分别为试样的 σ'_{sz} 和现场孔隙比 e_0。

（3）过 b_1 点作一直线，与过 B 点的垂线交于 b 点，b_1b 代表原始再压缩曲线。b_1b 线段的斜率取为室内回弹曲线与再压缩曲线的平均斜率，根据经验认为原始压缩曲线的回弹指数 C_e 等于该平均斜率。

（4）由室内压缩曲线上孔隙比等于 $0.42e_0$ 处确定 c 点。

（5）连接 bc 直线，即得原始压缩曲线的直线段，取其斜率作为压缩指数 C_c 值。

8.5 地基沉降计算

8.5.1 沉降的分类

在荷载作用下，地基沉降通常可分为如下 3 部分，如图 8-16 所示。

（1）瞬时沉降：施加荷载后，地基在很短时间内产生的沉降。一般认为，瞬时沉降是土骨架在荷载作用下产生的弹性变形，通常根据弹性理论公式来对其进行估算。

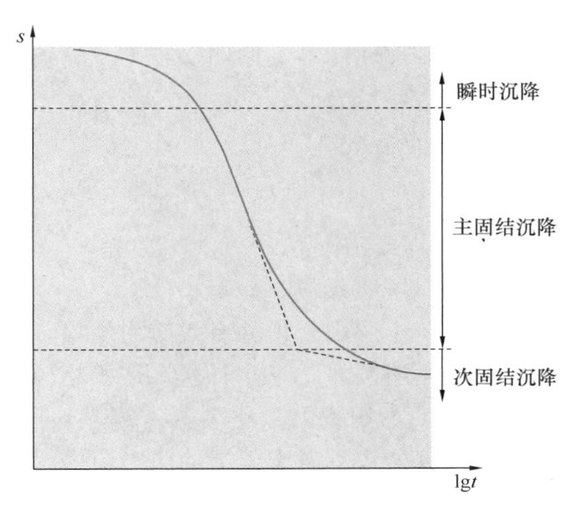

图 8-16 沉降分类示意图

（2）主固结沉降：是由饱和土在荷载作用下发生固结过程而产生的，一般会持续较长的一段时间。这部分沉降是工程中主要考虑的。一般认为压缩试验在每一级荷载加载 24h 后超孔压已基本消失，固结完成。因此，压缩试验得到的压缩曲线可直接用于计算地基加载固结产生的最终沉降量。沉降发展过程需根据后文介绍的固结理论计算。

（3）次固结沉降：指孔隙水压力完全消散，主固结沉降完成后的那部分沉降。通常认为次固结沉降是由于土颗粒之间的蠕变及重新排列而产生的。

需要注意的是，对于不同的土类，这 3 部分沉降在总沉降量中所占的比例不同。对于透水性好的碎石土和砂土，受力后孔隙水迅速排出，所需的固结时间很短，一般不按固结问题考虑，其沉降主要是瞬时沉降；对于一般的饱和黏性土，其沉降以主固结沉降为主；有机质土、高压缩性黏土的次固结沉降量较大，其他土类的次固结沉降量较小，一般均可忽略。

通常认为地基土层在自重作用下压缩已稳定，地基沉降的外因主要是建筑物荷载在地基中产生的附加应力。地基在附加应力作用下发生压缩直至稳定后的沉降量称为地基的最终沉降量。本书中最终沉降量的计算只考虑主固结沉降部分。如工程需要考虑瞬时沉降和次固结沉降，可参考相关资料计算。

8.5.2 均质薄土层一维压缩量的计算方法

如图 8-17 所示，假定地基中可压缩土层为均质薄层土（水平方向尺寸比土层厚度大很多），在地表施加连续均布荷载 p_0。荷载施加后土层处于侧限条件，仅发生竖直方向的压缩（一维压缩）。土层压缩稳定后，土层内产生的有效应力增量（即有效附加应力）为 $\Delta\sigma'_z = p_0$。

1. 基本方法

若试验测得 e-σ' 曲线，则可根据曲线查得地基当前竖向有效自重应力 σ'_{sz} 和施加荷载土层内的最终有效应力（$\sigma'_{sz} + \Delta\sigma'_z$）对应的孔隙比 e_0 和 e，从而计算得到土层的压缩量为：

$$s=\frac{e_0-e}{1+e_0}H \qquad (8\text{-}10)$$

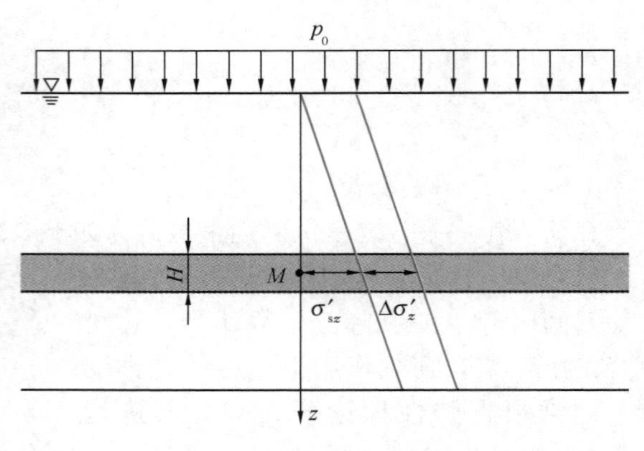

图 8-17　均质薄土层一维压缩量的计算

式中　e_0——当前地基土的孔隙比；

e——地基压缩后的孔隙比；

H——土层当前厚度。

若已知 e-σ' 曲线对应的压缩指标，也可通过压缩指标计算，例如：

$$s=\frac{\Delta\sigma'_z}{E_s}H \qquad (8\text{-}11)$$

$$s=\frac{a\Delta\sigma'_z}{1+e_0}H \qquad (8\text{-}12)$$

式中　E_s——压缩模量；

a——压缩系数；

$\Delta\sigma'_z$——土层内产生的有效应力增量。

注意：压缩系数 a、压缩模量 E_s 等指标应根据实际地层的应力水平确定。

2. 考虑应力历史的方法

以上计算公式不考虑土层的应力历史。当需要考虑应力历史时，应先采用 e-$\lg\sigma'$ 曲线求得先期固结压力 σ'_c，从而判定土体的超固结程度，然后分情况进行土层压缩量的计算。

(1) 正常固结土

正常固结土的压缩量可采用下式计算（图 8-18）：

$$s=\frac{H}{1+e_0}C_c\lg\left[\frac{(\sigma'_{sz}+\Delta\sigma'_z)}{\sigma'_{sz}}\right] \qquad (8\text{-}13)$$

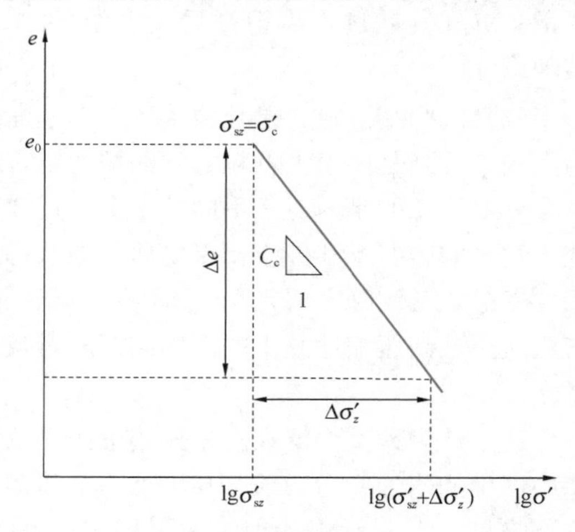

图 8-18　正常固结土的沉降计算

式中　C_c——压缩指数；

σ'_{sz}——地基当前竖向有效自重应力；

$\sigma'_{sz}+\Delta\sigma'_z$——土层内的最终竖向有效应力。

(2) 超固结土

超固结土需按照附加应力的大小计算压缩量。

(1) 当 $\sigma'_{sz}+\Delta\sigma'_z<\sigma'_c$ 时［图 8-19 (a)］：

$$s=\frac{H}{1+e_0}\left[C_e\lg\left(\frac{(\sigma'_{sz}+\Delta\sigma'_z)}{\sigma'_{sz}}\right)\right] \qquad (8\text{-}14)$$

(2) 当 $\sigma'_{sz}+\Delta\sigma'_z>\sigma'_c$ 时［图 8-19 (b)］：

$$s=\frac{H}{1+e_0}\left[C_e\lg\left(\frac{\sigma'_c}{\sigma'_{sz}}\right)+C_c\lg\left(\frac{(\sigma'_{sz}+\Delta\sigma'_z)}{\sigma'_c}\right)\right] \qquad (8\text{-}15)$$

式中　C_e——回弹指数；

C_c——压缩指数。

(3) 欠固结土的土层压缩量

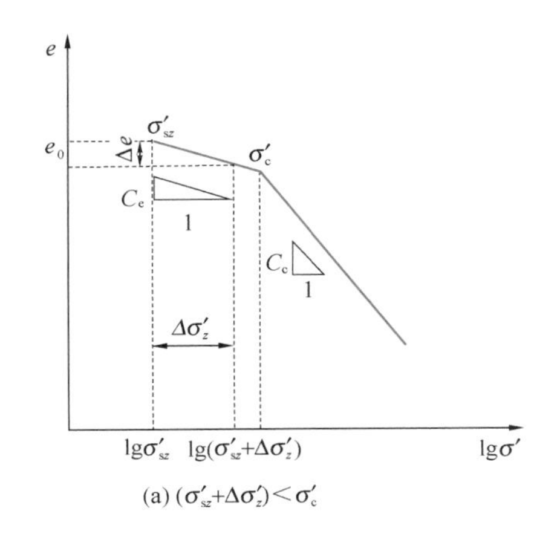

(a) $(\sigma'_{sz}+\Delta\sigma'_z)<\sigma'_c$

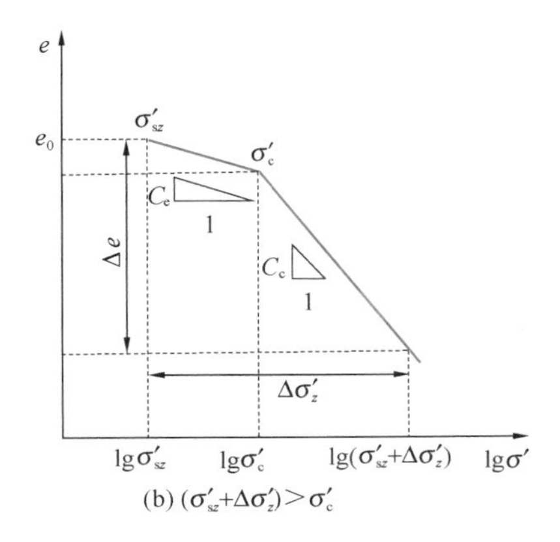

(b) $(\sigma'_{sz}+\Delta\sigma'_z)>\sigma'_c$

图 8-19　超固结土的沉降计算

欠固结土的压缩量包括两部分：(1) 由土的自重应力增量（即先期固结压力 σ'_c 与目前有效自重应力 σ'_{sz} 之差）引起的沉降；(2) 由附加应力 $\Delta\sigma'_z$ 产生的沉降(图 8-20)。

$$s=\frac{H}{1+e_0}\left[C_c\lg\left(\frac{\sigma'_{sz}+\Delta\sigma'_z}{\sigma'_c}\right)\right] \tag{8-16}$$

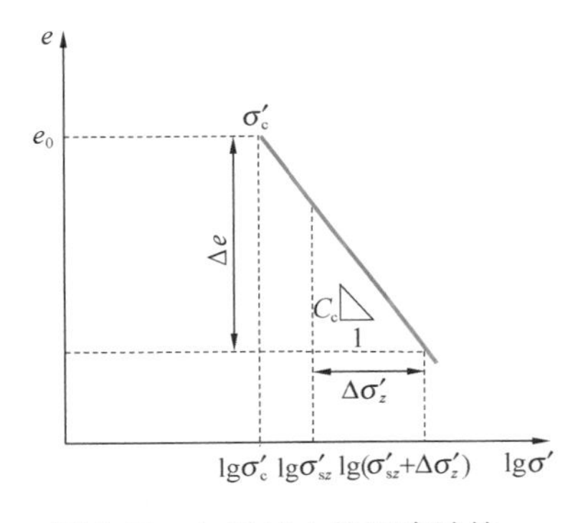

图 8-20　欠固结土的沉降计算

8.5.3　地基沉降计算的分层总和法

分层总和法是地基最终沉降量计算的一种常用方法。基本思路是先将地基分为若干水平土层，再计算每层土的压缩量，然后累计起来，即为总的地基沉降量（图 8-21）。

1. 基本假设

(1) 地基为半无限空间弹性体，各土层为均质、各向同性土体；

(2) 在建筑物荷载作用下，地基土层只产生竖向压缩变形，因而在沉降计算中可应用室内压缩试验确定的压缩指标；

(3) 按基础中心点下所受附加应力进行基础最终沉降量计算，当考虑差异沉降时，要以基础两端点下的附加应力进行计算。

(4) 分层总和法一般假设地基土为正常固结土，不考虑应力历史的影响。

2. 计算步骤

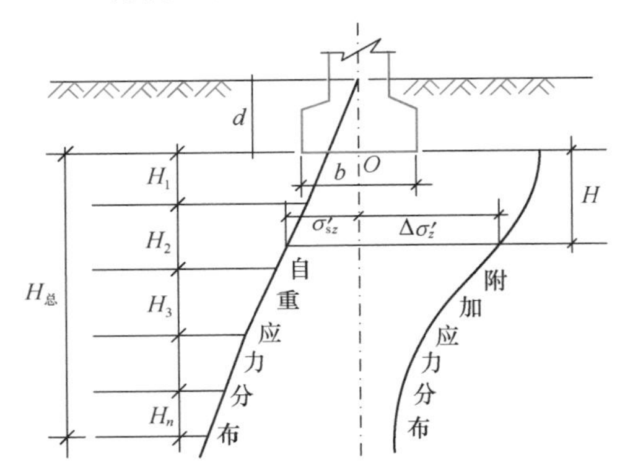

图 8-21　分层总和法计算地基沉降

(1) 按比例绘制地质剖面图和基础剖面图。

(2) 地基分层。

为使地基沉降计算比较精确，将地基分为若干水平土层。分层需考虑以下因素：地质剖面图中土层界面、地下水位应为分层面；每层厚度应小于 0.4b（b 为基础宽度）；基础底面附近附加应力数值大且曲线的曲率大，分层厚度应小些，使各分层的附加应力分布曲线以直线代替。

（3）根据第5章计算地基土的竖向有效自重应力 σ'_{sz}，计算结果按比例绘于基础中心线的左侧。

（4）根据第6章计算土中附加应力 $\Delta\sigma'_z$，将附加应力计算结果按比例绘于基础中心线的右侧。

（5）由自重应力分布和附加应力分布曲线，确定沉降计算深度（地基压缩层）$H_{总}$。在此深度处的附加应力 $\Delta\sigma'_z$ 为自重应力 σ'_{sz} 的10%（高压缩性土）或20%（一般土）。

（6）计算各层的平均竖向有效自重应力 $\bar{\sigma}'_{sz}$ 和平均附加应力 $\Delta\bar{\sigma}'_z$，按照均质薄土层的压缩量计算公式计算各土层的压缩量。例如，可利用压缩模量计算如下：

$$s_i = \frac{\Delta\bar{\sigma}'_{zi}}{E_{si}} H_i \tag{8-17}$$

式中 $\Delta\bar{\sigma}'_{zi}$ ——第 i 层土的平均附加应力；

E_{si} ——第 i 层土的压缩模量；

H_i ——第 i 层土的厚度。

（7）将地基压缩层范围内各土层压缩量相加，可得地基总沉降量：

$$s_{总} = \sum_{i=1}^{n} s_i \tag{8-18}$$

《建筑地基基础设计规范》GB 50007—2011中地基变形计算方法采用上述分层总和法的计算原理。与本书中介绍方法的主要区别在于：（1）根据变形收敛性确定计算地基压缩深度；（2）根据工程实践经验，引入沉降经验计算系数修正分层总和法的计算值。沉降经验计算系数根据地区沉降观测资料及经验确定，取值在0.2～1.4之间，表明分层总和法的计算值与实际观测结果差异较大。由于沉降计算理论的不完善以及计算参数的不确定性大，各国工程设计中地基沉降计算一般都采用半理论半经验的方法。

【例8-5】某矩形基础底面尺寸为4.0m×2.5m，上部结构传到基础表面的竖向荷载 F=1500kN。土层厚度、地下水位等如图8-22所示，各土层的压缩试验数据见表8-10。

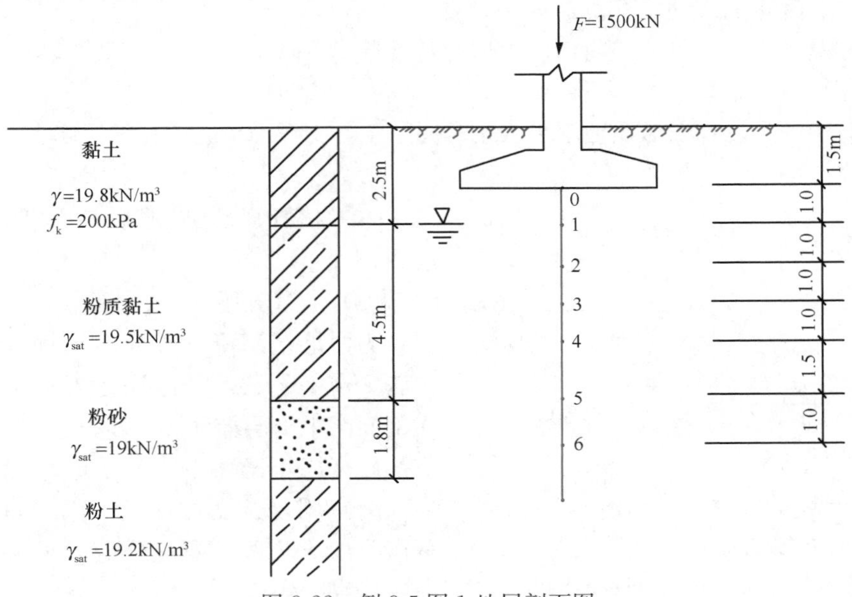

图8-22 例8-5图1 地层剖面图

（1）计算粉土和粉砂的压缩系数 $a_{1\text{-}2}$ 并评定其压缩性；

（2）绘制黏土、粉质黏土和粉砂的压缩曲线；

（3）用分层总和法计算基础的最终沉降量。

例 8-5 表 1 **表 8-10**

e ＼ σ'（kPa）土层	0	50	100	200	300
黏土	0.827	0.779	0.750	0.722	0.708
粉质黏土	0.744	0.704	0.679	0.653	0.641
粉砂	0.889	0.850	0.826	0.803	0.794
粉土	0.875	0.813	0.780	0.740	0.726

【解】（1）查表 8-10，得：

粉土压缩系数：$a_{1\text{-}2}=\dfrac{e_1-e_2}{\sigma'_2-\sigma'_1}=\dfrac{0.780-0.740}{0.2-0.1}=0.4\ \text{MPa}^{-1}$

粉砂压缩系数：$a_{1\text{-}2}=\dfrac{e_1-e_2}{\sigma'_2-\sigma'_1}=\dfrac{0.826-0.803}{0.2-0.1}=0.23\ \text{MPa}^{-1}$

因为粉土和粉砂的压缩系数 $a_{1\text{-}2}$ 均满足 $0.1\text{MPa}^{-1}<a_{1\text{-}2}<0.5\text{MPa}^{-1}$，所以该粉土及粉砂均为中等压缩性土。

（2）绘制黏土、粉质黏土和粉砂的压缩曲线如图 8-23 所示。

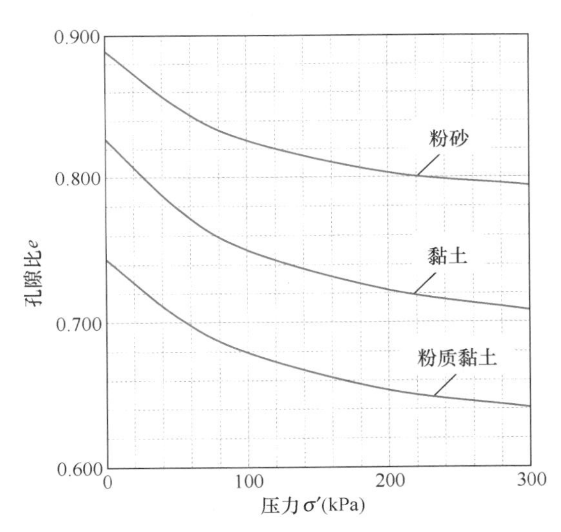

图 8-23　例 8-5 图 2 压缩曲线

（3）用分层总和法计算基础的最终沉降量

① 对地基分层，分层情况见图 8-22 和表 8-11。

② 计算基底附加压力：

基底压力来自外荷载和基础自重，假设基础材料的重度为 20kN/m³，

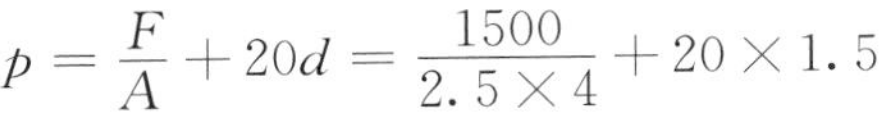

$$p=\frac{F}{A}+20d=\frac{1500}{2.5\times4}+20\times1.5$$

$$=180\text{kPa}$$

基底处土的自重压力：　$\sigma'_z=\gamma_0 d=19.8\times1.5=29.7\text{kPa}$

基底附加压力：　$p_0=p-\sigma'_z=180-29.7=150.3\text{kPa}$

③ 计算自重应力 σ'_{sz}：

0 点　$\sigma'_{sz}=29.7\text{kPa}$

1 点　$\sigma'_{sz}=29.7+19.8\times1=49.5\text{kPa}$

2 点　$\sigma'_{sz}=49.5+(19.5-10)\times1=59.0\text{kPa}$

其余各点的 σ'_{sz} 计算结果见表 8-11。

④ 计算附加应力 $\Delta\sigma'_z$：

基底中心点可看成是 4 个相等的小矩形面积的公共角点，其长宽比 $l/b=2/1.25=1.6$，用角点法得到 $\Delta\sigma'_z$ 的计算结果列于表 8-11。

⑤ 确定沉降计算深度：

对粉砂层，已知其为中压缩层，要求 $\Delta\sigma'_z < 0.2\sigma'_{sz}$。

在 5.5m 深处（点 5），$\Delta\sigma'_z/\sigma'_{sz}=20.6/92.3=0.22>0.2$（不行），

在 6.5m 深处（点 6），$\Delta\sigma'_z/\sigma'_{sz}=15.5/101.3=0.15<0.2$（可以）。

图 8-24 为根据计算结果绘制的应力分布图。

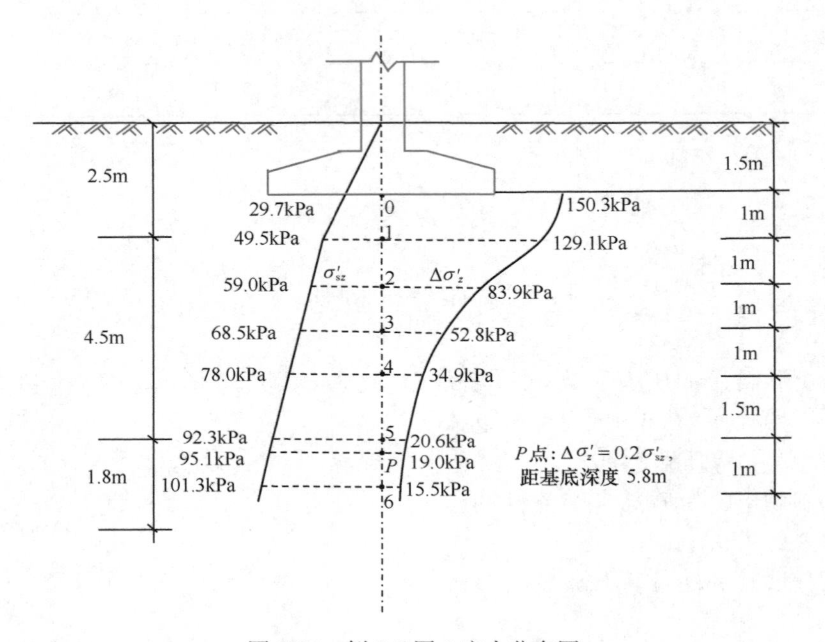

图 8-24 例 8-5 图 3 应力分布图

⑥ 计算各分层的自重应力平均值 $\bar{\sigma}'_{sz}$ 和平均附加应力 $\Delta\bar{\sigma}'_z$，以及 $\bar{\sigma}'_{sz}+\Delta\bar{\sigma}'_z$ 见表 8-11。

⑦ 确定各分层受压前后的孔隙比：

例如，对 0～1 分层，按 $\bar{\sigma}'_{sz}=39.6$kPa 从黏土压缩曲线上查得 $e_{1i}=0.787$，按 $\bar{\sigma}'_{sz}+\Delta\bar{\sigma}'_z=179.3$kPa 查得 $e_{2i}=0.725$。其余各分层孔隙比的确定结果列于表 8-11。

⑧ 计算各分层土的压缩量 Δs_i：

例如，对 0～1 分层：

$$\Delta s_i=\frac{e_{1i}-e_{2i}}{1+e_{1i}}H_i=\frac{0.787-0.725}{1+0.787}\times 1000=34.7\text{mm}$$

⑨ 计算基础的最终沉降量：

$$s=\sum_{i=1}^{n}\Delta s_i=34.7+22.9+15.9+10.7+9.8+3.8=97.8\text{mm}$$

例 8-5 表 2

表 8-11

点	自基底算起的深度 z（m）	自重应力 σ'_{sz}（kPa）	角点法求附加应力 $n=l/b$	角点法求附加应力 $m=z/b$	角点法求附加应力 α_a	角点法求附加应力 $\Delta\sigma'_z=4\alpha_a p_0$	$\Delta\sigma'_z/\sigma'_{sz}$
0	**0**	29.7	2/1.25 =1.6	0	0.250	150.3	
1	**1.0**	49.5		0.8	0.215	129.1	
2	**2.0**	59.0		1.6	0.140	83.9	
3	**3.0**	68.5		2.4	0.088	52.8	
4	**4.0**	78.0		3.2	0.058	34.9	
5	**5.5**	92.3		4.4	0.034	20.6	**0.22**
6	**6.5**	101.3		5.2	0.026	15.5	**0.15<0.2**

分层	厚度 H_i（m）	自重应力平均值 $\bar{\sigma}'_{sz}$（kPa）	附加应力平均值 $\Delta\bar{\sigma}'_z$（kPa）	$\bar{\sigma}'_{sz}+\Delta\bar{\sigma}'_z$（kPa）	压缩曲线	受压前孔隙比 e_{1i}	受压后孔隙比 e_{2i}	压缩量 $\Delta s_i=\frac{e_{1i}-e_{2i}}{1+e_{1i}}H_i$（mm）
0～1	**1.0**	39.6	139.7	179.3	黏土	0.787	0.725	34.7
1～2	**1.0**	54.3	106.5	160.8	粉质黏土	0.700	0.661	22.9
2～3	**1.0**	63.8	68.4	132.2		0.695	0.668	15.9
3～4	**1.0**	73.3	43.9	117.2		0.690	0.672	10.7
4～5	**1.5**	85.2	27.8	113.0		0.685	0.674	9.8
5～6	**1.0**	96.8	18.1	114.9	粉砂	0.827	0.820	3.8

8.6 固 结 理 论

8.6.1 土的固结模型

对于饱和土，受压后孔隙体积缩小，会导致孔隙中的水被挤出土体。饱和土受外压产生孔隙水排出、体积压缩的全过程，称为土的固结。下面借助一个弹簧活塞力学模型来说明饱和土的固结过程。如图 8-25 所示，在一个装满水的圆筒中，上部安置一个带孔的活塞，活塞与筒底之间安装一个弹簧，以模拟饱和土层。弹簧可视为土骨架，圆筒中的水相当于孔隙中的自由水。

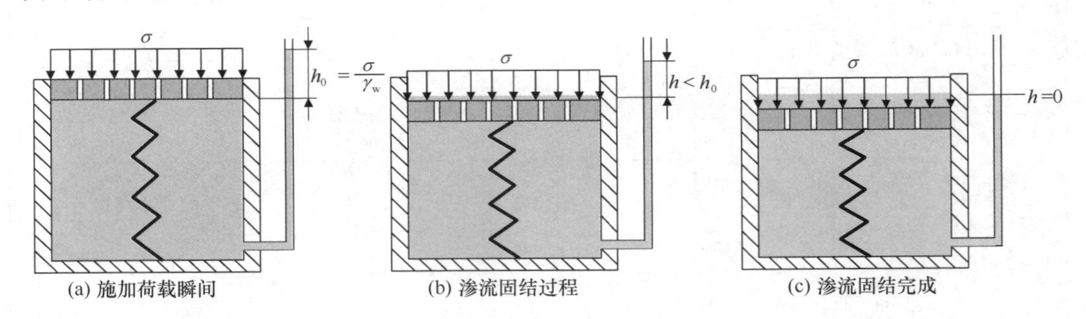

图 8-25　饱和土的固结模型

饱和土的固结过程包括下面几个阶段：

(1) 如图 8-25 (a) 所示，当活塞顶面骤然施加压力 σ 的瞬时，圆筒中的水尚未来得及从活塞的细孔排出，外界压力 σ 完全由水承担。由此产生的孔隙水压力是由于土体本应发生应变，但一时排水受阻产生的，是超出静水压力的部分，因此称为超静孔隙水压力(excess pore water pressure)，简称超孔压。为与静水条件下的孔隙水压力区别，这里标记为 u_e。此时弹簧没有变形和受力，即 $u_e=\sigma$，$\sigma'=0$。图中测压管中水位高度表示超孔压 u_e 产生的水头，在此瞬时 $h=u_e/\gamma_w=\sigma/\gamma_w$。

(2) 如图 8-25 (b) 所示，经过一段时间 t 后，水不断通过细孔从顶面流出，活塞下降，弹簧因压缩而受力。此时，有效应力 σ' 逐渐增大，超孔压 u_e 逐渐减小。

(3) 如图 8-25 (c) 所示，当经历很长时间 t 后，筒中水停止流出，外力 σ 完全作用在弹簧上。这时超孔压 $u_e=0$，有效应力 $\sigma'=\sigma$，固结完成。

总之，固结过程包括：土体受荷、孔隙水排出、超孔压消散、有效应力增加、孔隙体积减小这几个要素。在固结过程中，孔隙水的排出速度取决于排水距离、土体渗透系数以及土的压缩性等因素。一般认为，碎石土和砂土的渗透系数很大，孔隙水排出速度快，完成固结的时间短，在外荷载施加后不久，压缩变形已经稳定；黏性土渗透系数小，完成固结时间长，在某些情况下需要几年甚至几十年压缩变形才能稳定。

8.6.2 太沙基单向固结理论

太沙基单向固结理论是求解土体单向固结过程中孔隙水压力变化的理论。单向固结是指孔隙水只沿竖直方向渗流，同时土体也只沿竖直方向压缩，在水平方向无渗流、无变形。因此，单向固结理论亦称一维固结理论，适用于荷载分布面积很大、靠近地表的薄土层。通过固结理论给出的解，可以在地基最终沉降量计算的基础上进一步得到在某一时间地基发生的沉降变形。

单向固结理论基于以下基本假设：

（1）连续、均布、不随时间变化的荷载施加在土层表面，瞬时所产生的附加应力沿土层深度 z 呈均匀分布。

（2）土粒和孔隙水均不可压缩。土的排水和压缩只限竖直单向，水平方向不排水不变形。

（3）土层完全饱和、均匀，且在压缩过程中，渗透系数 k 和压缩系数 a、压缩模量 E_s 等压缩指标均不发生变化。

下面以单面排水的土层固结问题为例，给出单向固结的微分方程和解答。

1. 单向固结微分方程

如图 8-26 所示，饱和黏性土层厚度为 H_{dr}，地表为透水层，土层底面不透水。连续均匀分布荷载 p_0 竖直作用于土层顶面，且不随时间变化。地下水位在地表。

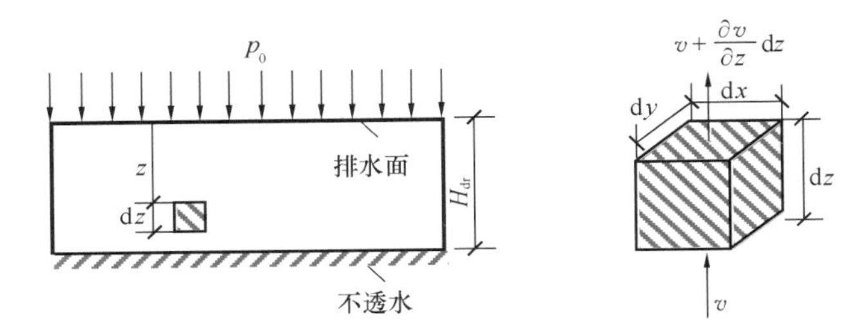

图 8-26　饱和土固结过程中单元土体渗流分析

在深度 z 处，取一个单元土体进行分析，单元厚度为 dz。设单元底面流速为 v，顶面流速为 $v+\frac{\partial v}{\partial z}dz$，则 dt 时间内单元土体内挤出的水量 ΔQ 为：

$$\Delta Q=\left[\left(v+\frac{\partial v}{\partial z}dz\right)-v\right]dxdydt=\frac{\partial v}{\partial z}dxdydzdt \tag{8-19}$$

根据达西定律：

$$v=ki=k\frac{\partial h}{\partial z} \tag{8-20}$$

式中　k——土的渗透系数；

　　　h——总水头。

在固结过程中地层的总水头可表示为：

$$h=z+\frac{u_s+u_e}{\gamma_w} \tag{8-21}$$

式中　z——位置水头；

　　　u_s——地下水产生的静水孔隙水压力；

　　　u_e——固结产生的超静孔隙水压力。

在地基中取任一水平面为基准面，由于地下水位始终保持水平（静水状态），则 $z+\frac{u_s}{\gamma_w}$ 不随深度变化。

因此：

$$v = k\frac{\partial h}{\partial z} = \frac{k}{\gamma_w}\frac{\partial u_e}{\partial z} \tag{8-22}$$

$$\frac{\partial v}{\partial z} = \frac{k}{\gamma_w} \times \frac{\partial^2 u_e}{\partial z^2} \tag{8-23}$$

代入式（8-19）得单元土体内挤出的水量 ΔQ 为：

$$\Delta Q = \frac{k}{\gamma_w} \times \frac{\partial^2 u_e}{\partial z^2}\mathrm{d}x\mathrm{d}y\mathrm{d}z\mathrm{d}t \tag{8-24}$$

单元土体的体积压缩量是由孔隙体积压缩产生的，可用孔隙比 e 的变化来表示：

$$\Delta V = \frac{\mathrm{d}e}{1+e_0}\mathrm{d}x\mathrm{d}y\mathrm{d}z \tag{8-25}$$

式中，e 为孔隙比，$\mathrm{d}e$ 为孔隙比变化量，e_0 为初始孔隙比。

作用于土层顶面的竖直荷载 p_0 使得土体内产生瞬时附加应力 $\Delta\sigma_z$，假设附加应力沿深度方向均匀分布且等于外荷载，即 $\Delta\sigma_z = p_0$。由于地表施加的荷载不随时间变化，因此，在 z 深度处的竖向附加应力也保持不变。地层中自重应力 σ'_{sz} 也是恒定的，所以：

$$\mathrm{d}\sigma'_z = \mathrm{d}(\sigma'_{sz} + \Delta\sigma_z - u_e) = -\frac{\partial u_e}{\partial t}\mathrm{d}t \tag{8-26}$$

再由压缩系数 a 的定义式 $a = -\frac{\mathrm{d}e}{\mathrm{d}\sigma}$，可得孔隙比变化量如下：

$$\mathrm{d}e = -a\mathrm{d}\sigma' = a\frac{\partial u_e}{\partial t}\mathrm{d}t \tag{8-27}$$

代入式（8-25）得：

$$\Delta V = \frac{a}{1+e_0} \times \frac{\partial u_e}{\partial t}\mathrm{d}x\mathrm{d}y\mathrm{d}z\mathrm{d}t \tag{8-28}$$

对饱和土体，土粒和孔隙水均不可压缩，那么施加荷载后，挤出的水量 ΔQ 等于体积压缩量 ΔV，即：

$$\frac{k}{\gamma_w} \times \frac{\partial^2 u_e}{\partial z^2}\mathrm{d}x\mathrm{d}y\mathrm{d}z\mathrm{d}t = \frac{a}{1+e_0} \times \frac{\partial u_e}{\partial t}\mathrm{d}x\mathrm{d}y\mathrm{d}z\mathrm{d}t \tag{8-29}$$

化简可得单向固结的微分方程为：

$$\frac{\partial u_e}{\partial t} = C_v\frac{\partial^2 u_e}{\partial z^2} \tag{8-30}$$

式中，C_v 为土的固结系数，定义为：

$$C_v = \frac{k(1+e_0)}{\gamma_w a} \tag{8-31}$$

由前面压缩模量 E_s 与压缩系数 a 的关系，也可得到：

$$C_v = \frac{kE_s}{\gamma_w} \tag{8-32}$$

2. 固结方程的解

由固结方程可见，超静孔隙水压力 u_e 既是时间函数，又是深度函数，即 $u_e = u_e(z, t)$。对于如图 8-26 所示的边界（单面排水）和受荷情况，其初始和边界条件分别如下。

（1）初始条件：施加荷载瞬时，附加应力 $\Delta\sigma_z$ 完全由孔隙水来承担，因此超静孔隙水压力 u_e 初始分布为均匀，即：

$$u_e = p_0(0 \leqslant z \leqslant H_{dr}, t = 0);$$

（2）边界条件：

上表面排水 $u_e=0(z=0,0<t<\infty)$；

下表面不透水 $\left.\frac{\partial u_e}{\partial z}\right|=0 \quad (z=H_{dr},0<t<\infty)$。

应用傅里叶级数，求得固结方程的解析解如下：

$$u_e=\frac{4p_0}{\pi}\sum_{m=1}^{\infty}\frac{1}{m}\sin\frac{m\pi z}{2H_{dr}}\exp\left(-m^2\frac{\pi^2}{4}T_v\right) \tag{8-33}$$

式中 m——奇数正整数，即1，3，5，…；

p_0——地表施加的荷载（kPa）；

H_{dr}——土层排水距离（m）；

T_v——时间因子，$T_v=\frac{C_v}{H_{dr}^2}t$。

图8-27展示了单面排水条件下地层中超静孔隙水压力分布随深度和时间因子的变化。注意，式（8-33）为单面排水时解析解，如实际排水条件为双面排水，将式中排水距离H_{dr}取为土层厚度一半即可。例如，在压缩试验中，试样通过透水石双面排水，因此可视为上下两部分各为单面排水，其超静孔隙水压力分布以及有效应力的变化如图8-28所示。

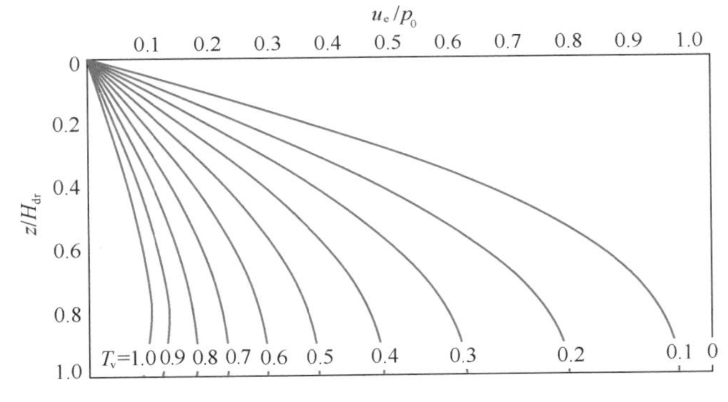

图8-27 单面排水时超静孔隙水压力等值线图

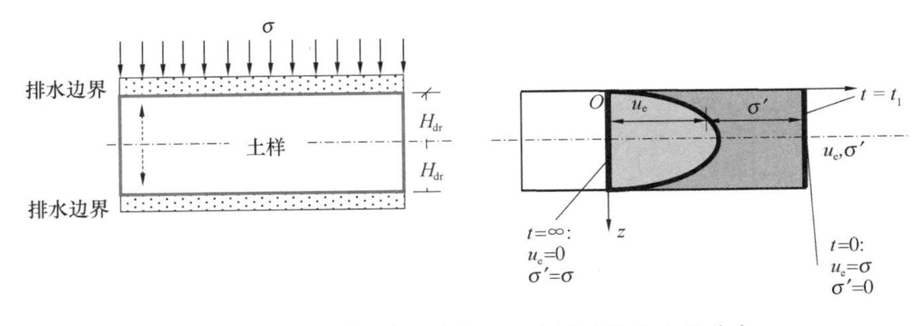

图8-28 压缩试验中超孔隙水压力和有效应力的分布

8.6.3 固结度

1. 地基的固结度

图8-29为单面排水条件下某一时刻t的孔压和有效应力分布随时间变化的示意图，这里用来介绍固结度的概念。

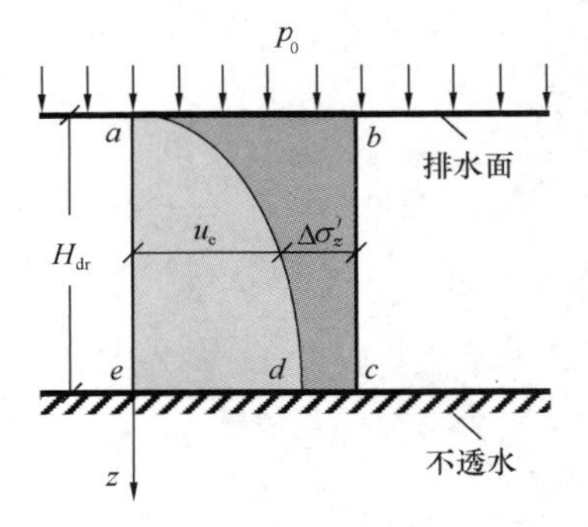

图 8-29　固结度的计算

固结度 $U_{z,t}$ 是指地基中某一深度 z 处经过时间 t 后的固结程度，定义如下：

$$U_{z,t} = \frac{\Delta\sigma'_z(z,t)}{\Delta\sigma_z(z)} \tag{8-34}$$

式中　$\Delta\sigma'_z(z,t)$——深度 z 处经过时间 t 后的有效附加应力（kPa）；

$\Delta\sigma_z(z)$——初始竖向附加应力（kPa）。

当连续均匀分布荷载 p_0 施加在地基表面时，一般认为该瞬时产生的附加应力与荷载 p_0 相等，且沿深度方向均匀分布，即 $\Delta\sigma_z(z) = p_0$。因此，固结度也可按如下方式表示：

$$U_{z,t} = \frac{p_0 - u_e(z,t)}{p_0} = 1 - \frac{u_e(z,t)}{p_0} \tag{8-35}$$

式中　$u_e(z,t)$——深度 z 处在 t 时刻的超静孔隙水压力。

2. 地基平均固结度

在工程实际中，上述地基中某一深度 z 处的固结度不方便使用。为此，引入整个土层深度方向的平均固结度的概念，采用 t 时刻有效应力分布面积和最终有效应力分布面积的比值（图 8-29）来表示平均固结度 U_t：

$$U_t = \frac{\text{应力面积 } abcd}{\text{应力面积 } abce} = \frac{\text{应力面积 } abce - \text{应力面积 } ade}{\text{应力面积 } abce} = 1 - \frac{\int_0^{H_{dr}} u_e(z,t)\,dz}{\int_0^{H_{dr}} p_0\,dz} \tag{8-36}$$

将式（8-33）代入式（8-36）得：

$$U_t = 1 - \frac{8}{\pi^2}\sum_{m=1}^{\infty}\left[\frac{1}{m^2}\exp\left(-\frac{m^2\pi^2}{4}T_v\right)\right] \tag{8-37}$$

上式中级数收敛很快，当 $U_t > 30\%$ 时可近似地取式中的第一项：

$$U_t = 1 - \frac{8}{\pi^2}\exp\left(-\frac{\pi^2}{4}T_v\right) \tag{8-38}$$

当固结度 $U_t < 60\%$ 时，式（8-37）也可用以下关系式近似：

$$T_v = \frac{\pi}{4}U_t^2 \tag{8-39}$$

图 8-30 为固结理论中从微分方程到超孔隙水压力 $u_e(z,t)$ 的解析解，再到平均固结度 U_t 的逻辑关系。

为了更清晰展示平均固结度 U_t 与时间因子的关系，可以按式（8-37）绘制出如图 8-31 所示的 $U_t - T_v$ 关系曲线①，对应边界条件为上排水、下不透水，初始条件为附加应力均匀分布。

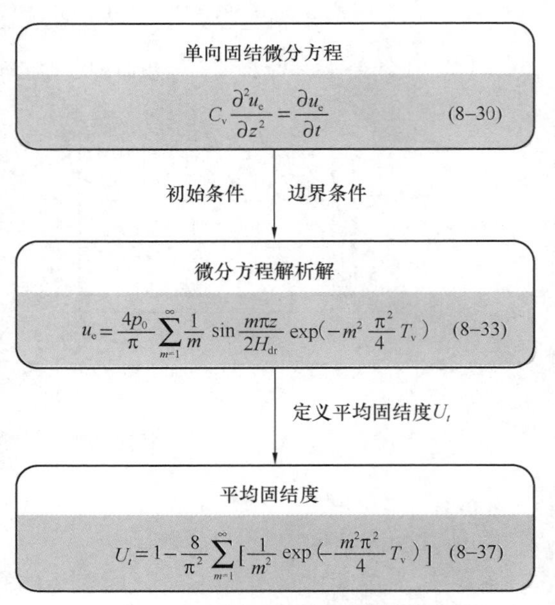

图 8-30　固结理论的逻辑关系图

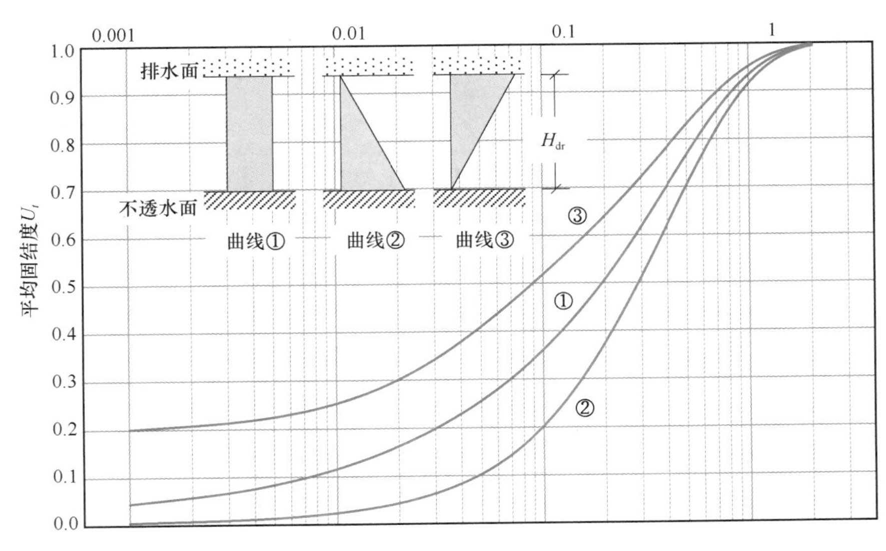

图 8-31　U_t-T_v 关系曲线

3. 不同附加应力分布下的地基平均固结度

在实际工程中，由于土层所受荷载类型和状态不同，土体的竖向总附加应力（即初始超静孔隙水压力）的分布也不同，典型的附加应力分布如图 8-32 所示，图中 α 为附加应力比，其定义为 $\alpha=\Delta\sigma'_{zt}/\Delta\sigma'_{zb}$（$\Delta\sigma'_{zt}$：土层顶面附加应力；$\Delta\sigma'_{zb}$：土层底面附加应力），各种分布对应的实际工程条件为：

（1）矩形：压缩土层厚度薄，或大面积均布荷载作用；

（2）三角形：土层在自重应力作用下固结；

（3）倒三角形：基础底面积较小或压缩土层较厚，传至压缩土层底面的附加应力接近零。当然，在土层较薄且基础面积有限的情况下，压缩土层底面的附加应力仍大于 0，因此土层内附加应力分布为倒梯形。

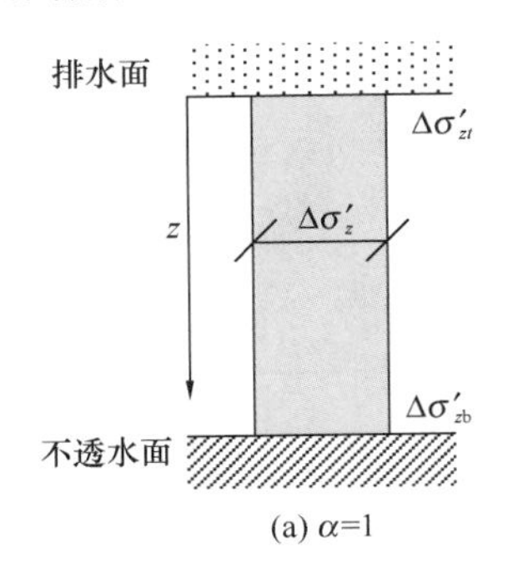

(a) $\alpha=1$

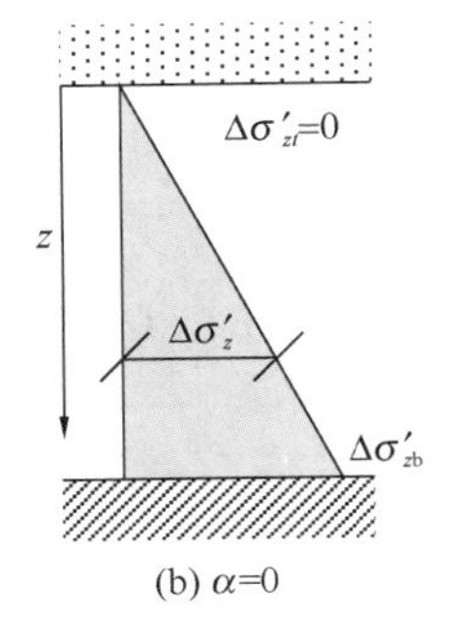

(b) $\alpha=0$

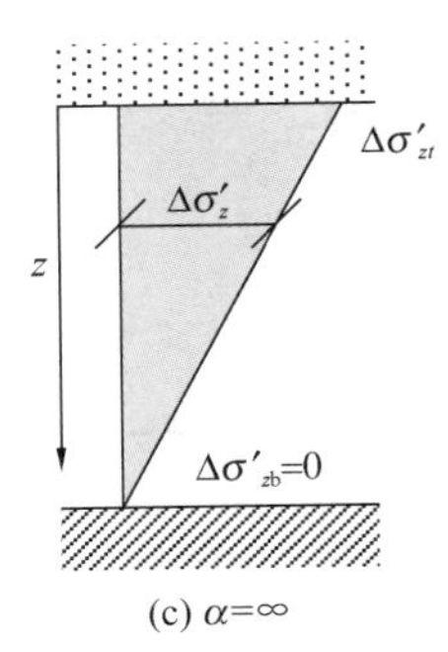

(c) $\alpha=\infty$

图 8-32　典型附加应力分布

平均固结度（U_t）-时间因子（T_v） 表 8-12

U_t(%)	T_v，$\alpha=0$	T_v，$\alpha=1$
0	0	0
5	0.003	0.002
10	0.050	0.008
15	0.075	0.018
20	0.101	0.031
25	0.128	0.049
30	0.157	0.071
35	0.187	0.096
40	0.220	0.126
45	0.255	0.159
50	0.294	0.197
55	0.336	0.239
60	0.384	0.287
65	0.438	0.340
70	0.501	0.403
75	0.575	0.477
80	0.665	0.567
85	0.782	0.684
90	0.946	0.848
95	1.227	1.129

时间因子（T_v）-平均固结度（U_t） 表 8-13

T_v	U_t(%)，$\alpha=0$	U_t(%)，$\alpha=1$
0	0	0
0.005	1.000	8.012
0.01	2.000	11.285
0.05	10.000	25.231
0.1	19.775	35.682
0.3	50.775	61.324

续表

T_v	$U_t(\%),\alpha=0$	$U_t(\%),\alpha=1$
0.5	69.946	76.395
1	91.248	93.126
1.5	97.451	97.998
2	99.258	99.417

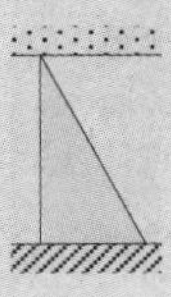

表 8-12 和表 8-13 给出了均匀和三角形附加应力分布下时间因子 T_v 与平均固结度 U_t 相对应的数值。可以看出，对于单面排水（上排水、下不透水）、时间因子相同时，均匀分布的固结度 U_t 大于三角形分布的固结度，即前者的固结速度要大于后者。其他附加应力分布情况，可运用叠加原理求得解答。例如，对于如图 8-33 中所示附加应力为梯形分布情况，有：

$$U_t = \frac{2\alpha U_R + (1-\alpha)U_T}{1+\alpha} \tag{8-40}$$

式中，U_R 为 t 时刻均匀分布附加应力（$\alpha=1$）作用下的土层平均固结度；U_T 为 t 时刻三角形附加应力（$\alpha=0$）作用下的土层平均固结度。

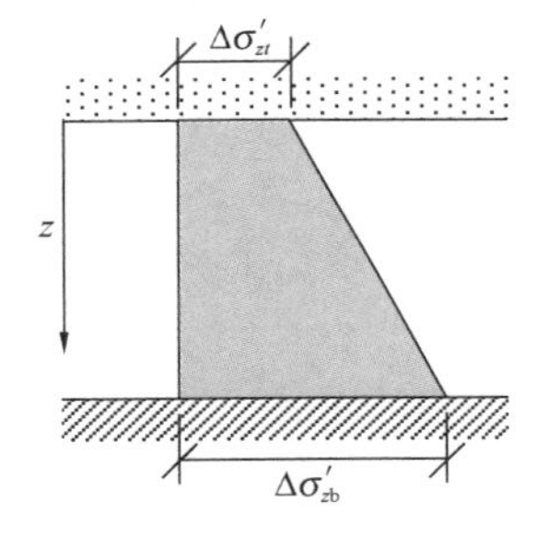

图 8-33 附加应力梯形分布

对于图 8-32（b）、图 8-32（c）中单面排水的三角形和倒三角形分布，可绘制 $U_t - T_v$ 关系曲线，见图 8-31 中曲线②和曲线③。

8.6.4 固结沉降量计算

地基的最终沉降量 s 可以通过式（8-17）、式（8-18）计算。在此基础上，若要计算地基的沉降速率，则一般是根据固结系数 C_v 和时间 t 计算时间因子 T_v，再由图 8-31 根据 T_v 得到固结度 U_t，最终可得到某时刻的沉降量 s_t：

$$s_t = U_t s \tag{8-41}$$

$T_v = \frac{C_v t}{H_{dr}^2}$ $t \longleftrightarrow T_v \Longleftrightarrow U_t \longleftrightarrow s_t$ $s_t = U_t s$

图 8-34 固结沉降计算的思路

图 8-34 给出了固结沉降计算的思路。

【例 8-6】 某场地 3m 厚饱和黏土层在某荷载作用下双面排水达到 90%固结度需要 75d，求黏土在该荷载下的固结系数。

【解】

图 8-31 中曲线①表示单面排水固结度与时间因子 T_v 的关系。对于双面排水，$H_{dr} = \frac{3}{2} = 1.5\text{m}$。

查得 90%固结度对应 $T_v = 0.848$，则：

$$\frac{C_v t_{90}}{H_{dr}^2} = 0.848$$

得：

$$\frac{C_v(75\text{d})}{(1.5\text{m})^2} = 0.848$$

解得：

$$C_v = 0.0254\text{m}^2/\text{d}$$

【例 8-7】压缩试验中土样厚度为 0.025m，双面排水施加各级荷载，结果如下：荷载为 150kN/m²时，孔隙比 $e = 1.1$；荷载为 300kN/m²时，孔隙比 $e = 0.9$。假设在 150kN/m² 荷载作用下，达到 50%固结度用时 120s。求：

（1）土样的渗透系数 k（γ_w 取 10kN/m³）；

（2）现场土层 1.8m 厚，单面排水，达到 60%固结度所需时间 t_{60}。

【解】

（1）压缩系数 $a = -\frac{\Delta e}{\Delta \sigma'} = \frac{1.1 - 0.9}{150} = 0.00133\text{kPa}^{-1} = 1.33\text{MPa}^{-1}$

固结过程双面排水，$H_{dr} = 1.25$cm。查得单面排水 50%固结度对应 $T_v = 0.197$，则：

$$\frac{C_v t_{50}}{H_{dr}^2} = 0.197$$

得：

$$C_v = \frac{0.197 \times (0.0125\text{m})^2}{120/(24 \times 60 \times 60)\text{d}} = 0.0222\text{m}^2/\text{d}$$

再由

$$C_v = \frac{k(1 + e_0)}{\gamma_w a}$$

可得：

$$k = \frac{C_v \gamma_w a}{1 + e_0} = \frac{0.0222\text{m}^2/\text{d} \times 10\text{kN/m}^3 \times 0.00133\text{kPa}^{-1}}{1 + 1.1}$$
$$= 1.41 \times 10^{-4}\text{m/d} = 1.63 \times 10^{-9}\text{m/s}$$

（2）60%固结度对应的 $T_v = 0.286$

$$t_{60} = \frac{T_v H_{dr}^2}{C_v} = \frac{0.286 \times 1.8^2}{0.0222\text{m}^2/\text{d}} = 41.7\text{d}$$

【例 8-8】某一场地地基中有一层厚度为 2m 的黏土层。取该黏土土层的土样做室内压缩试验，并在与现场土层对应的附加应力相同的荷载条件下进行沉降速率的测定，获得了时间-变形量曲线。已知在室内试验中，试样高度 25mm，达到 50%固结度所需要的时间为 195s。

（1）在同样的压力和排水条件下，现场黏土层达到 50%固结度需要多少天?

（2）现场黏土层达到 30%固结度需要多少天?

【解】（1）室内试验条件是双面排水，故排水距离为试样高度的一半。由于现场的附加压力和排水条件与室内试验相同，因此 U_t-T_v 的关系曲线是相同的。因此，50%固结度对应相同的 T_v：

$$\frac{C_v t_1}{H_{dr1}^2} = \frac{C_v t_2}{H_{dr2}^2}$$

可得：

$$\frac{t_1}{H_{\mathrm{dr1}}^2}=\frac{t_2}{H_{\mathrm{dr2}}^2}$$

即：

$$\frac{195\mathrm{s}}{\left(\frac{0.025\mathrm{m}}{2}\right)^2}=\frac{t_2}{\left(\frac{2\mathrm{m}}{2}\right)^2}$$

解得：

$$t_2=1248000\mathrm{s}=14.44\mathrm{d}$$

（2）由式（8-39）可知，当固结度 $U_t<60\%$ 时，有近似关系式：

$$T_{\mathrm{v}}=\frac{\pi}{4}U_t^2$$

再根据 $\frac{C_{\mathrm{v}}t}{H_{\mathrm{dr}}^2}=T_{\mathrm{v}}$，可得：

$$\frac{t_2}{t_3}=\frac{U_2^2}{U_3^2}$$

因此：

$$\frac{14.44\mathrm{d}}{t_3}=\frac{50^2}{30^2}$$

$$t_3=5.2\mathrm{d}$$

【例 8-9】 如图 8-35 所示，某砂土地基中夹有一层正常固结的黏土层，孔隙比 $e_0=1.0$，压缩指数 $C_{\mathrm{c}}=0.36$。

（1）今在地面大面积堆载 $q=100\mathrm{kN/m^2}$，黏土层会产生多大的压缩？（计算不需分层）

（2）若黏土的固结系数 $C_{\mathrm{v}}=3\times10^{-3}\mathrm{cm^2/s}$，则达到 80%固结度时黏土层压缩量是多少？需多少天？

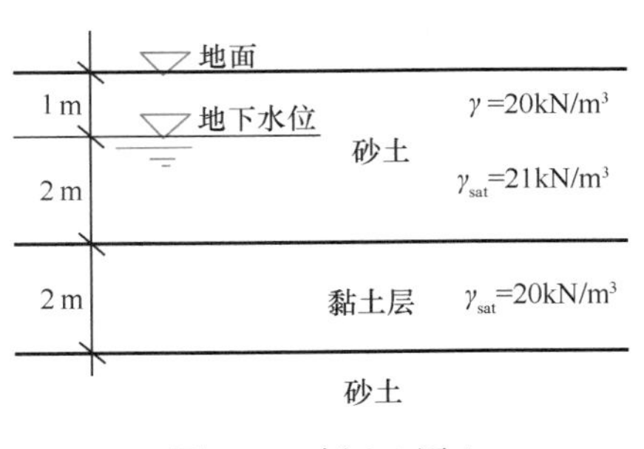

图 8-35　例 8-9 图 1

（3）压缩完成后，若地下水位下降 2m，黏土层是否会产生新的压缩量？若会，压缩量为多少？（计算不需分层，水位下降后的砂土重度 $\gamma=20\mathrm{kN/m^3}$）

【解】（1）黏土层为一薄土层，采用中心深度处自重应力代表该土层所受自重应力：

$$\sigma'_{\mathrm{sz}}=20\times1+(21-9.8)\times2+(20-9.8)\times1=52.6\mathrm{kPa}$$

地面大面积堆载，则黏土层产生的附加应力为 $\Delta\sigma'_z=100\mathrm{kN/m^2}$，产生的最终压缩量为：

$$\begin{aligned}s&=\frac{H}{1+e_0}C_{\mathrm{c}}\lg\left[\frac{(\sigma'_{\mathrm{sz}}+\Delta\sigma'_z)}{\sigma'_{\mathrm{sz}}}\right]\\&=200\times\frac{0.36}{1+1.0}\times\lg\left(\frac{52.6+100}{52.6}\right)\\&=16.7\mathrm{cm}\end{aligned}$$

（2）当 $U_t=80\%$时，黏土层压缩量为：

$$s_t=U_t\times s=0.8\times16.7=13.4\mathrm{cm}$$

固结度 $U_t=80\%$ 时，对应 $T_v=0.567$（单面排水、均匀附加应力分布）。又 $H_{dr}=H/2=1m$，$C_v=3\times10^{-3}cm^2/s=0.02592m^2/d$。所以：

$$t=\frac{T_vH_{dr}^2}{C_v}=\frac{0.567\times(1)^2}{0.02592}=21.9d$$

（3）堆载后孔隙比为：

$$e_1=e_0-C_c\lg\left[\frac{(\sigma'_{sz}+\Delta\sigma'_z)}{\sigma'_{sz}}\right]=1.0-0.36\times\lg\left(\frac{52.6+100}{52.6}\right)=0.833$$

水位下降后自重应力：$\sigma'_{sz}=20\times1+20\times2+(20-9.8)\times1=70.2kPa$

考虑堆载产生的附加应力，此时土中应力为 $\sigma'_{降水后}=70.2+100=170.2kPa$，因此地下水位下降后土中应力增加，会产生新的压缩量。

考虑堆载后土层有 16.7cm 的压缩量，则现在土层厚度为 200－16.7＝183.3cm。

水位下降后的压缩量为：

$$\begin{aligned}s&=H_{new}\frac{1}{1+e_0}C_c\lg\left(\frac{\sigma'_{降水后}}{\sigma'_{降水前}}\right)\\&=183.3\times\frac{0.36}{1+0.833}\times\lg\left(\frac{170.2}{152.6}\right)\\&=1.71cm\end{aligned}$$

【例 8-10】某地基中软土层厚 $H=20m$，渗透系数 $k=1\times10^{-6}cm/s$，固结系数 $C_v=0.03cm^2/s$，其表面透水，下卧层为砂层，地表作用有 $p=100kPa$ 的均布荷载，设荷载瞬时施加，求：

（1）固结沉降完成 1/4 时所需的时间（不计砂层的压缩）；

（2）施工 1 年后地基的固结沉降。

【解】（1）固结度 $U_t=0.25$，查表 8-12 得到 $T_v=0.049$（单面排水、均匀附加应力分布）。地基双面排水，则排水距离 $H_{dr}=20m/2=10m$，$C_v=0.03cm^2/s=0.2592\ m^2/d$。

固结沉降完成 1/4 时所需的时间为：

$$t=\frac{T_vH_{dr}^2}{C_v}=\frac{0.049\times(10m)^2}{0.2592m^2/d}=18.9d$$

（2）1 年时间，对应时间因子为：

$$T_v=\frac{C_vt}{H_{dr}^2}=\frac{0.2592m^2/d\times365d}{(10m)^2}=0.946$$

固结度大于 30%，则固结度可用近似公式（8-35）为：

$$U_t=1-\frac{8}{\pi^2}e^{-\frac{\pi^2}{4}T_v}=1-\frac{8}{\pi^2}e^{-\frac{\pi^2}{4}\times0.946}=0.921$$

注：也可根据表 8-13 查表计算。

压缩模量为：

$$E_s=\frac{C_v\gamma_w}{k}=\frac{0.03\times10^{-4}m^2/s\times10kN/m^3}{10^{-8}m/s}=3000kPa=3MPa$$

最终沉降量为：

$$s=\frac{p}{E_s}H=\frac{100kPa\times20000mm}{3000kPa}=666.7mm$$

则 1 年后地基的固结沉降为：

$$s_t = U_t \times s = 0.921 \times 666.7 = 614\text{mm}$$

8.7 固结系数的测定

由图 8-31 可知，当土层厚度确定后，某一时刻土层的固结度由固结系数 C_v 决定，固结系数越大，土体固结越快。因此，正确测定固结系数对估计地基的沉降速率有重要意义。由固结微分方程可知，固结系数的定义式为：

$$C_v = \frac{k(1+e_0)}{\gamma_w a} \tag{8-42}$$

式中 k——渗透系数（m/s）；

γ_w——水的重度（kN/m^3）；

a——压缩系数（MPa^{-1}）；

e_0——初始孔隙比。

由于式（8-42）中的土性参数不易选用，且不是定值，所以采用上式得到的固结系数来估计地基沉降速率，难以得到满意的结果。因此，常采用试验方法测定固结系数，一般是通过压缩试验，绘制在一定压力下的时间-变形量曲线，再结合理论公式来确定固结系数 C_v。

根据《土工试验方法标准》GB/T 50123—2019 要求，需要测定沉降速率和固结系数时，施加每一级压力后宜按时间顺序测读试样的高度变化：6s、15s、1min、2min15s、4min、6min15s、9min、12min15s、16min、20min15s、25min、30min15s、36min、42min15s、49min、64min、100min、200min、400min、23h、24h，直至稳定为止。这样可以得到一定压力下的时间-变形量曲线

下面主要介绍时间平方根法与时间对数法。

8.7.1 时间平方根法

时间平方根法由泰勒（Taylor）提出，是根据压缩试验下某级压力下的变形量与时间平方根的关系曲线来确定固结系数的一种方法。

由上一节可知，固结度 $U_t < 60\%$ 时，式(8-37)的近似关系式为 $T_v = \frac{\pi}{4}U_t^2$，可见固结度 U_t 与 $\sqrt{T_v}$ 呈直线关系，其表达式为：

$$U_t = \sqrt{\frac{4}{\pi}T_v} = 1.128\sqrt{T_v} \tag{8-43}$$

如图 8-36 所示，以 U_t 为纵坐标，$\sqrt{T_v}$ 为横坐标，把近似解［式（8-43）］绘制成一直线 OA_1，理论解［式（8-37）］为图中 OA 曲线，$U_t < 60\%$ 的一段与 OA_1 重合。

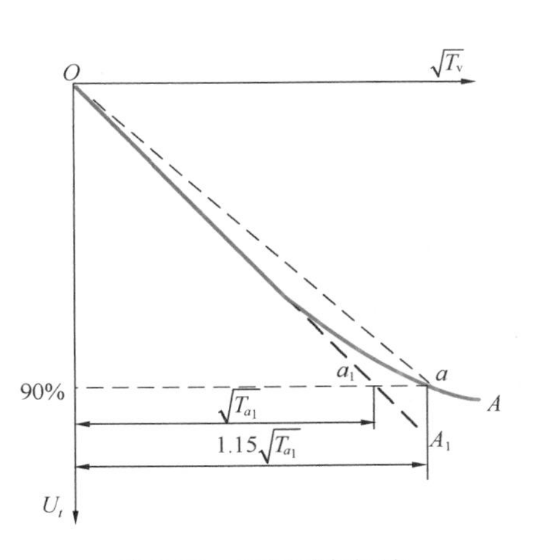

图 8-36 时间平方根法

根据理论解，当 $U_t = 90\%$ 时，$T_v = 0.848$，$\sqrt{T_v} = 0.920$；根据近似解则可得 $\sqrt{T_v} = 0.798$，两者

之比为 0.920/0.798=1.15。即当 $U_t = 90\%$ 时，理论曲线上的 $\sqrt{T_v}$ 是近似曲线上的 1.15 倍。根据这个关系，通过原点做一条直线，其斜率为 OA_1 的 1.15 倍，则可在理论曲线上找到 $U_t = 90\%$ 的点 a。

a 点所对应的时间为土样达到 90%固结度所对应的时间值 t_{90}。将 $T_v = 0.848$ 和 t_{90} 代入 $T_v = \frac{C_v t}{H_{dr}^2}$，得到固结系数 C_v 为：

$$C_v = \frac{0.848 H_{dr}^2}{t_{90}} \tag{8-44}$$

【例 8-11】如表 8-14 所示为某饱和黏土在压力为 50kPa 时进行固结试验的数据，已知土样直径为 75mm，初始高度为 20mm，土样双面排水。试利用时间平方根法确定该土样的固结系数。

例 8-11 表 1　　表 8-14

时间 t	0.25min	1min	2.25min	4min	9min	16min	25min	36min	24h
变形量（mm）	0.08	0.15	0.22	0.28	0.40	0.46	0.49	0.51	0.59

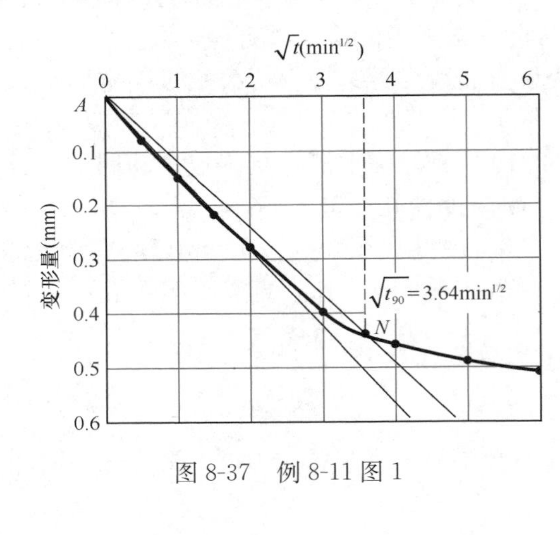

图 8-37　例 8-11 图 1

【解】首先根据试验数据绘制出变形量-时间平方根关系曲线，如图 8-37 所示，然后延长曲线开始段的直线，交纵坐标于点 A（A 为理论零点）。过点 A 作另一条直线，令其横坐标为前一直线横坐标的 1.15 倍，得到一直线与变形量-时间平方根曲线的交点 N，其横坐标值为 $\sqrt{t_{90}} = 3.64\text{min}^{1/2}$，所以 $t_{90} = 13.25\text{min}$。

土样初始高度 $H_0 = 20\text{mm}$，最终高度 $H_f = H_0 - 0.5 = 19.41\text{mm}$，所以平均最大排水距离为：

$$H_{dr} = \frac{H_0 + H_f}{4} = \frac{20 + 19.41}{4} = 9.85\text{mm}$$

因此固结系数为：

$$C_v = \frac{0.848 H_{dr}^2}{t_{90}} = \frac{0.848 \times 9.85^2}{13.25} = 6.2\text{mm}^2/\text{min}$$

8.7.2　时间对数法

根据压缩试验在某级压力下变形与时间对数的曲线确定固结系数的方法，称为时间对数法。如图 8-38 所示为某级压力下变形量 d 与时间 t 的对数之间的关系曲线（d-lg$t$）。该曲线可大致分为 3 段：初始段为曲线，中间一段（主固结）和后面一段（次固结）为直线段，两直线段间有一过渡曲线。确定固结系数的步骤如下：

（1）两直线段交点所对应的时间代表主固结完成，即 $U_t = 100\%$。对应的时间为 t_{100}，变形量为 d_{100}。

（2）如前所述，$U_t < 60\%$ 时的理论曲线近似为 $U_t^2 = \frac{4}{\pi} T_v$，这表明理论曲线的初始段

应符合以下规律：即变形增加 1 倍，时间将增加 4 倍。故在初始段上找任意两点 A 与 B，使 B 点的横坐标为 A 点的 4 倍，即 $t_B = 4t_A$，此时 A、B 两点间纵坐标的差 Δ 应等于 A 点与起始点纵坐标的差，据此可以定出 $U_t = 0$ 时刻的纵坐标 d_0。为准确起见，可依据上述方法得到多个初始坐标，然后取平均值。

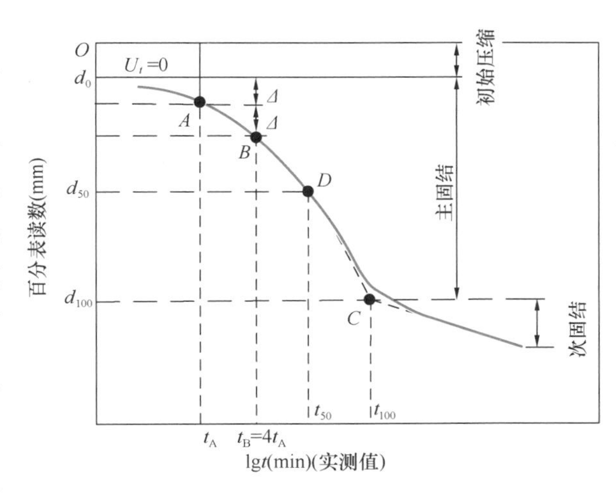

图 8-38　时间对数法

（3）取 d_0 和 d_{100} 的中点 d_{50} 表示固结度 $U_t = 50\%$，此时对应 $T_v = 0.197$，时间为 t_{50}。将 $T_v = 0.197$ 和 t_{50} 代入 $T_v = \frac{C_v t}{H_{dr}^2}$，计算固结系数得：

$$C_v = \frac{0.197 H_{dr}^2}{t_{50}} \tag{8-45}$$

思考题与习题

8-1　（1）利用 e-σ' 曲线计算土的沉降时应该注意什么？而利用 e-lgσ' 曲线计算土的沉降有何优点？

（2）在地基土的最终沉降量计算中，土中附加应力是指有效应力还是总应力？

8-2　试述压缩系数、压缩指数、压缩模量和固结系数的定义、用途和确定方法。

8-3　先期固结压力代表什么意义？如何用它来判别土的固结情况？

8-4　分层总和法的基本假定是什么？试述其计算步骤。

8-5　黏性土和砂土地基在受荷载后，其沉降特性是否相同？

8-6　在正常固结（压缩）土层中，如果地下水位升降，对建筑物的沉降有什么影响？

8-7　太沙基一维固结理论的基本假设是什么？

8-8　有一压缩试验，其压力与孔隙比关系见表 8-15。

（1）试绘出 e-lgσ' 曲线；

（2）在 e-lgσ' 曲线上确定压缩指数 C_c。

习题 8-8 表　　　　表 8-15

σ' (kPa)	0	9.81	19.62	39.24	79.48	156.96	313.92	627.84	1255.68
e	2.073	2.057	2.042	2.015	1.976	1.927	1.713	1.349	1.020

8-9　对一黏土试样进行侧限压缩试验，测得当 $\sigma_1' = 100$kPa 和 $\sigma_2' = 200$kPa 时土样相应的孔隙比分别为：$e_1 = 0.932$ 和 $e_2 = 0.885$，试计算 $\alpha_{1\text{-}2}$ 和 $E_{s1\text{-}2}$，并评价该土的压缩性。

8-10　水面下有近代沉积层，以地面下 5m 取样测得含水率为 180%，重度为 12.8kN/m³，土粒相对密度为 2.59，从该土样的 e-lgσ' 曲线上找出先期固结压力为

12.0kN/m²；试确定该土层的固结状态。

8-11　在如图 8-39 所示的地基上修建条形基础，基础宽度 $b=2\text{m}$。荷载 $F=160\text{kN/m}$，基础埋深为 1m。黏土层试样的压缩试验结果如表 8-16 所示。试求：

（1）地基土的自重应力，并绘制分布图。

（2）基础中心以下的附加应力分布曲线。（深度算至基底以下 $3b$）

（3）基础中心的最终沉降量。（采用分层总和法计算）

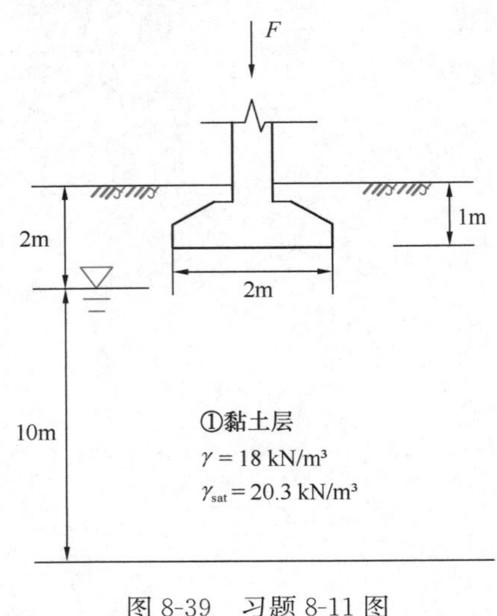

图 8-39　习题 8-11 图

习题 8-11 表　　表 8-16

σ' (kPa)	0	50	100	200	300
e	0.920	0.870	0.852	0.830	0.820

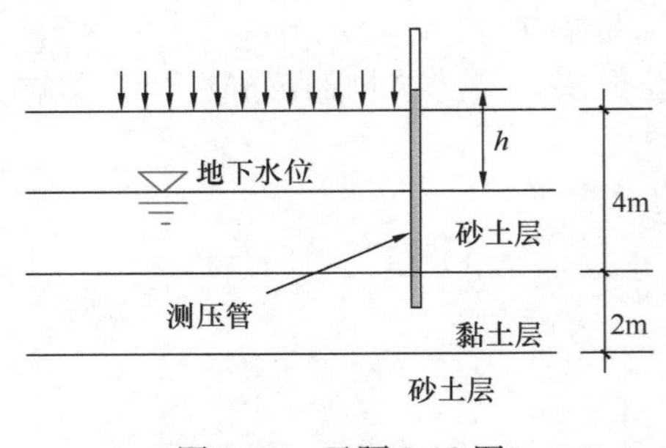

图 8-40　习题 8-12 图

8-12　某砂土地基中间夹有一层厚 2m 的正常固结黏土层。地下水位在地面以下 2m 深处。砂土层的饱和重度 21kN/m³，天然重度 19kN/m³。黏土层的天然孔隙比 1.0，饱和重度 20kN/m³，压缩指数 $C_c=0.4$，固结系数 $C_v=2.0\times10^{-4}\text{cm}^2/\text{s}$，今在地面大面积堆载 100kPa，试求：

（1）堆载施加瞬时，测压管水头高出地下水位多少米？黏土层压缩稳定后，图 8-40 中 h 等于多少米？

（2）试计算黏土层的最终压缩量（不必分层）。堆载施加 30d 后，黏土层压缩量为多少？（假定土层平均固结度可用 $U_t=1-\frac{8}{\pi^2}\exp\left(-\frac{\pi^2}{4}T_v\right)$ 确定）

8-13　如图 8-41 所示为一堆场的地基剖面，砂土层厚度 3m，黏土层厚度 3m，其下为不透水层。地下水位在地面以下 2m。在堆场表面施加了 150kPa 大面积堆载。从黏土层中心取出一个试样做压缩试验（试样厚度 2cm，上下均放透水石），黏土层压缩试验资料如表 8-17 所示。试计算：

（1）黏土层最终将产生的压缩量；

（2）测得压缩试验中当固结度达到 80%时需要 7min，求地基中天然黏土层的固结度达到 80%时需要多少天？

习题 8-13 表　　　　**表 8-17**

σ'（kPa）	0	50	100	200	300	400
e	0.89	0.75	0.68	0.6	0.58	0.56

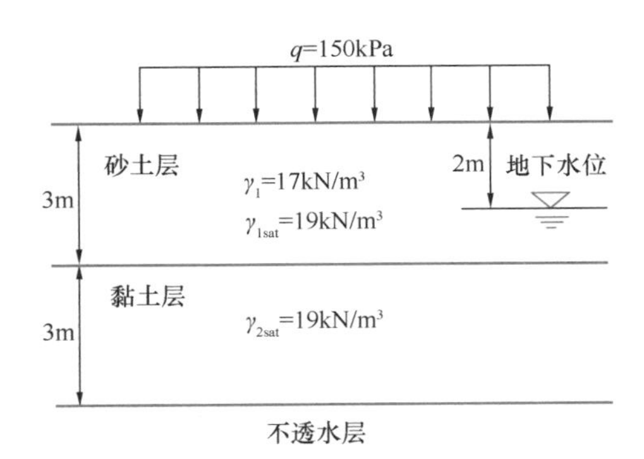

图 8-41　习题 8-13 图

8-14　已知基础中点垂线上的附加应力如图 8-42 所示，饱和黏土层底部为不透水坚硬岩层，黏土的初始孔隙比 $e_1=0.90$，而最终孔隙比 $e_2=0.86$；若土的渗透系数为 1×10^{-8}cm/s，试求此基础沉降与时间的关系曲线。

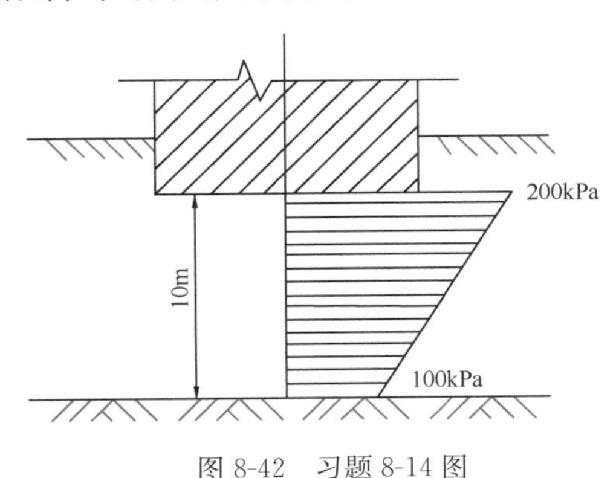

图 8-42　习题 8-14 图

第9章 土的抗剪强度

9.1 概　　述

与土颗粒自身压碎破坏相比，土体更容易产生相对滑移的剪切破坏。土的抗剪强度通常是指土体抵抗剪切破坏的能力，即在某种破坏状态时的最大广义剪切力。以平面应变情况下的土体稳定分析为例，若某点的剪应力达到其抗剪强度，在该点剪切面两侧的土体将产生相对位移且产生滑动破坏，该剪切面也称滑动面或破坏面。随着荷载的继续增加，土体中的剪应力达到抗剪强度的区域也愈来愈大，最后滑动面连成整体，土体发生整体剪切破坏并丧失稳定性，图 9-1 给出了土体剪切破坏的两个例子。

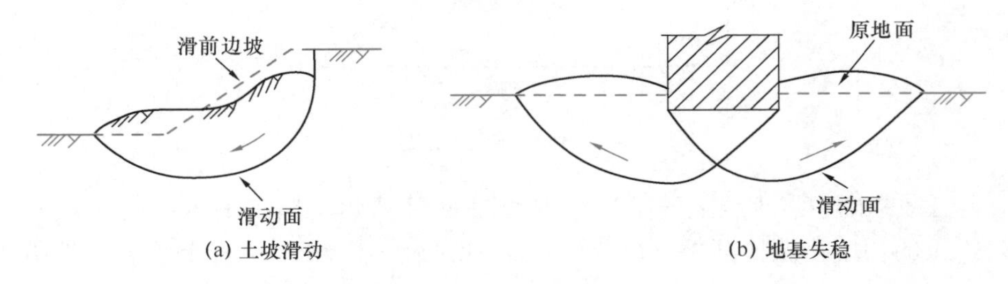

图 9-1　土体剪切破坏的两个例子

土的抗剪强度是土的重要力学指标之一。建筑物和结构物（包括路、坝、塔、桥等）的地基承载力，挡土墙、地下结构的土压力，以及工程边坡和自然边坡的稳定性等均由土的抗剪强度控制。就地基承载力、土压力和边坡稳定性分析而言，土的抗剪强度是最重要的计算参数。能否正确确定土的抗剪强度，是设计和工程成败的关键所在。试验研究发现，饱和土体的抗剪强度取决于很多因素，包括有效应力、有效黏聚力、摩擦角、应力历史、应变、应变速率、应力路径、土的结构、孔隙比、温度、时间等。由于土的性质十分复杂，各种影响因素不是相互独立的，并且抗剪强度的具体函数形式也是未知的。因此，抗剪强度问题目前仍没能很好地解决，强度理论仍然是土力学中的一个重要研究方向。本章主要介绍工程中最常使用的饱和土强度理论和相应参数的确定方法。

9.2 土的强度理论

9.2.1 屈服与破坏

屈服是与塑性变形密切相连的。塑性变形是指加载又卸载后产生了不可恢复的变形。塑性变形初始发生的点或面（在应力-应变曲线中为点，在三维应力空间中为面），称为初始屈服点或初始屈服面。

最简单的弹塑性模型为理想弹塑性模型，如图 9-2 中的曲线①所示。曲线①是由一根斜线和一根水平线所组成。斜线表示材料处于弹性阶段，其特点为：（1）应力-应变呈线性关系；（2）变形是完全弹性的，即没有不可恢复的塑性变形。所以，应力与应变的关系是唯一的，不受应力路径和应力历史的影响。水平线段表示理想弹塑性材料处于塑性阶段，其特点为：（1）此段应变都是不可恢复的塑性变形；（2）一旦发生塑性应变，应力不再继续增加，塑性应变持续发展，直至破坏。斜线与水平线的交点 c 所对应的应力是开始发生塑性应变的应力，称为屈服应力 $(\sigma_1-\sigma_3)_y$。对于理想弹塑性模型而言，屈服应力又是导致材料破坏的应力，所以也是破坏应力 $(\sigma_1'-\sigma_3')$。因此，c 点既是屈服点，又是破坏点。

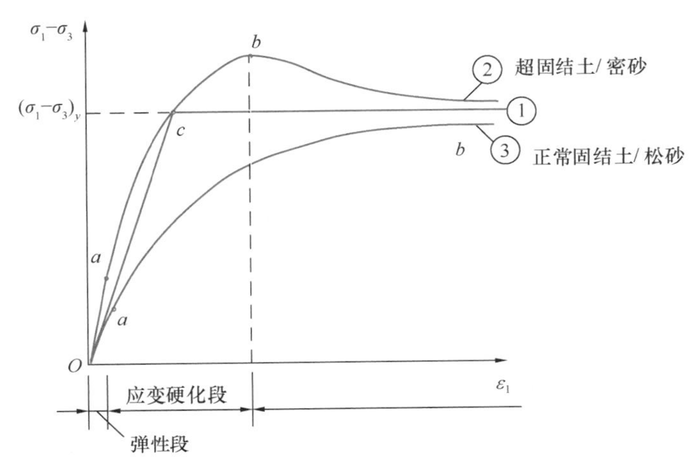

图 9-2　土的应力-应变关系曲线

土既不是弹性材料，也不是理想弹塑性材料，而是一种弹塑性材料。在应力作用下，弹性变形和塑性变形几乎同时发生。图 9-2 中曲线②表示超固结土或密砂的应力-应变关系曲线，曲线③表示正常固结土或松砂的应力-应变关系曲线。与理想弹塑性模型的曲线①相比，不但曲线的形状不同，其性质也有很大差异。土开始发生屈服的应力很小，在图 9-2 中应力-应变关系曲线②③的起始阶段 $\overline{Oa}$，可以认为接近线弹性的性状。$\overline{Oa}$ 之后在应力增加所产生的应变中，既有可恢复的弹性应变，也有不可恢复的塑性应变，表明土已进入屈服阶段。但与理想弹塑性模型不同，塑性应变增加了土对继续变形的阻力。所以，开始屈服以后，不是应力保持不变，而是能够继续承受更大的应力，屈服点的位置不断提高。这种现象称为应变硬化或加工硬化。屈服点提高到峰值 b 点，土体才发生破坏。曲线②③中 $\overline{ab}$ 段为土的应变硬化阶段，该段上的每一点都可以认为是土的屈服点。曲线②到达峰值 b 以后，应变再继续发展，应力反而下降。这种强度随应变增加而降低的现象，称为应变软化或加工软化。在应变软化阶段，土处于失稳或破坏阶段。总而言之，土的屈服点并不是一个单一值，而是与应变发展程度有关的值。

本章重点是土的抗剪强度，因此不详细讨论研究土的应力-应变关系曲线及应力、应变的发展与变化过程。实际上破坏是整个变形发展过程的某一特殊点或特殊阶段。土的破坏，总是和它以前所受的应力与应变发展过程密切相关。因此，不讨论土的应变或变形过程如何，直接研究土的破坏或强度，是一种高度的简化。

9.2.2 摩尔-库仑强度破坏准则

土的抗剪强度由两部分组成，一部分是摩阻力（与法向应力成正比例），另一部分是土粒之间的黏聚力，它是由于黏土颗粒之间的胶结作用和静电引力效应等因素引起的。库仑（Coulomb，1773）根据砂土的抗剪强度试验，将土的抗剪强度 τ_f 表达为剪切破坏面上法向应力（正应力）σ 的函数，即：

$$\tau_f = \sigma\tan\varphi \tag{9-1}$$

又提出了适合黏性土的更普通的表达式：

$$\tau_f = c + \sigma\tan\varphi \tag{9-2}$$

式中 τ_f——抗剪强度（kPa）；

σ——剪切破坏面上的法向应力（kPa）；

c——黏聚力（kPa）；

φ——内摩擦角（°）。

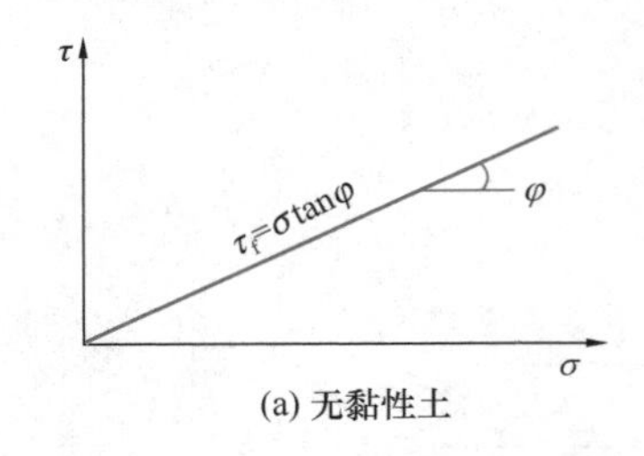

(a) 无黏性土

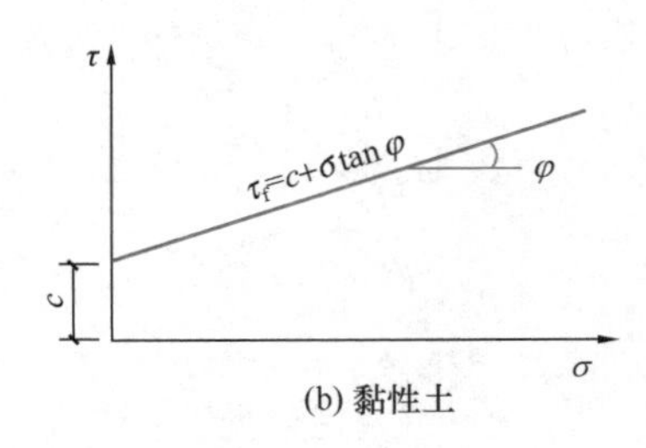

(b) 黏性土

图 9-3 抗剪强度与法向应力之间的关系

式（9-1）和式（9-2）统称为库仑公式，c、φ 统称为土的抗剪强度指标/强度参数。将库仑公式表示在 τ-σ 坐标中为两条直线，如图 9-3 所示。注意，图 9-3 中将土分为无黏性土和黏性土，区别在于土体是否存在黏聚力。但实际自然界上绝大多数土体都是既有 φ 又有 c 的。

摩尔（Mohr，1910）研究颗粒材料时发现，颗粒材料的破坏是剪切破坏，当颗粒材料体内任一平面上的剪应力等于抗剪强度时该点就发生破坏。在破坏面上的剪应力，即抗剪强度 τ_f，是该面上法向应力 σ 的函数，即：

$$\tau_f = f(\sigma) \tag{9-3}$$

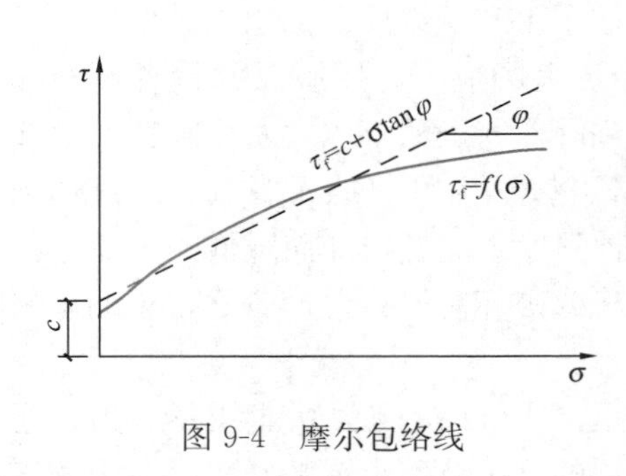

图 9-4 摩尔包络线

这个函数在 τ-σ 坐标系中是一条曲线，称为摩尔包络线，又称为破坏包络线、抗剪强度包线，如图 9-4 实线所示。摩尔包络线表示颗粒材料受到不同应力作用达到极限状态时，剪切破坏面上法向应力 σ 与抗剪强度 τ_f 的关系。

理论分析和试验都证明，土体的摩尔包络线通常可以近似地用直线代替，如图 9-4 中的虚线所示，该直线方程就是库仑公式表达的方程。由库仑公式表示摩尔包络线的强度理论，称为摩尔-库仑强度准则。

土的抗剪强度不仅与土的性质有关，还与试验时的排水条件、剪切速率、应力状态和应力历史等许多因素有关，其中最重要的是试验时的排水条件。根据太沙基（Terzaghi）

的有效应力原理，土体内的剪应力只能由土骨架承担，因此，土的抗剪强度 τ_f 应表示为剪切破坏面上有效应力 σ' 的函数，此时，摩尔-库仑强度准则应表达为：

$$\tau_f = \sigma' \tan\varphi'$$

$$\tau_f = c' + \sigma' \tan\varphi' \tag{9-4}$$

式中 σ'——剪切破坏面上的有效应力；

c'——有效黏聚力；

φ'——有效内摩擦角。

因此，土的抗剪强度有两种表达方法，一种是以总应力 σ 表示剪切破坏面上的法向应力，称为抗剪强度总应力法，相应的 c、φ 称为总应力强度指标；另一种则以有效应力 σ' 表示剪切破坏面上的法向应力，称为抗剪强度有效应力法，c' 和 φ' 称为有效应力强度指标。试验研究表明，土的抗剪强度取决于土粒间的有效应力，然而，总应力法在应用上比较方便，许多实际工程问题的分析方法仍建立在总应力法的基础上沿用至今。

9.2.3 极限平衡状态

当土单元发生剪切破坏时，即破坏面上剪应力达到其抗剪强度 τ_f 时，称该单元达到极限平衡状态。极限平衡状态可以理解为一种临界破坏状态。

土单元中不同方向的平面上作用着不同大小的法向应力-剪应力组合，规定只要有一个平面上的法向应力-剪应力组合满足摩尔-库仑强度准则表达式规定的 τ_f-σ 关系，该单元就达到极限平衡状态。

下面以平面应变问题为例进行详细说明。

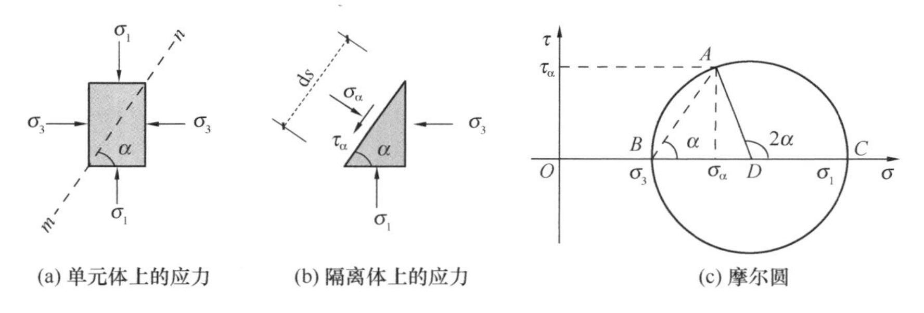

图 9-5 土体中任意点的应力

取一单元土体［图 9-5（a）］，设作用在该单元体上的主应力为 σ_1 和 σ_3（$\sigma_1 > \sigma_3$），在单元体内与大主应力 σ_1 作用平面成任意角 α 的 mn 平面上有法向应力 σ_α 和剪应力 τ_α。为了建立 σ_α、τ_α 与 σ_1、σ_3 之间的关系，取 mn 切割出的隔离体［图 9-5（b）］进行分析，将各力分别在水平和垂直方向投影，根据静力平衡条件得：

$$\sigma_3 ds\sin\alpha - \sigma_\alpha ds\sin\alpha + \tau_\alpha ds\cos\alpha = 0 \tag{9-5}$$

$$\sigma_1 ds\cos\alpha - \sigma_\alpha ds\cos\alpha - \tau_\alpha ds\sin\alpha = 0 \tag{9-6}$$

式中，ds 为 mn 平面在单元体切割出来的长度。

联立求解以上方程，则 mn 平面上的法向应力和剪应力为：

$$\left.\begin{aligned} \sigma_\alpha &= \frac{1}{2}(\sigma_1 + \sigma_3) + \frac{1}{2}(\sigma_1 - \sigma_3)\cos 2\alpha \\ \tau_\alpha &= \frac{1}{2}(\sigma_1 - \sigma_3)\sin 2\alpha \end{aligned}\right\} \tag{9-7}$$

由材料力学可知，以上 σ_α、τ_α 与 σ_1、σ_3 之间的关系也可以用摩尔应力圆（Mohr，1882）表示［图 9-5（c）］。在 τ-σ 直角坐标系中，按一定的比例尺，沿 σ 轴截取 OB 和 OC 分别表示 σ_3 和 σ_1，以 D 点为圆心，$(\sigma_1-\sigma_3)/2$ 为半径作一圆，从 DC 开始逆时针旋转角度 2α，使 DA 线与圆周交于 A 点，可以证明，A 点的横坐标即为斜面 mn 上的法向应力 σ_α，纵坐标即为剪应力 τ_α。这样，摩尔圆就可以表示土体中一点的应力状态，圆周上各点的坐标就表示该点在相应平面上的法向应力和剪应力。

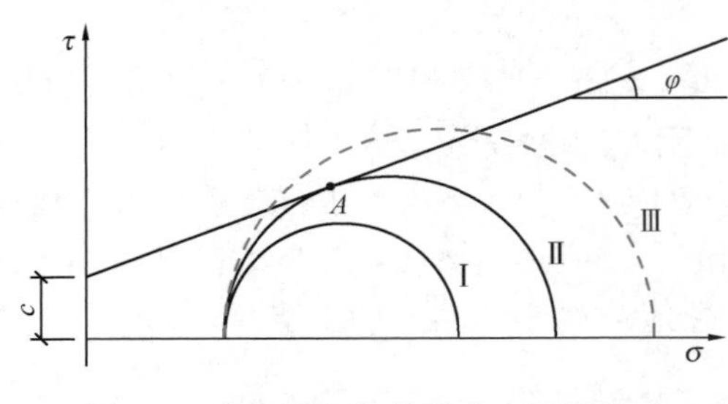

图 9-6　摩尔圆与抗剪强度之间的关系

如果给定了土的抗剪强度参数 c、φ 及土中某点的应力状态，则可将抗剪强度包线与摩尔圆画在同一张坐标图上（图 9-6）。它们之间的关系有以下三种情况：（1）圆Ⅰ位于抗剪强度包线的下方，说明该点在任何平面上的剪应力都小于土所能发挥的抗剪强度（$\tau<\tau_f$），因此不会发生剪切破坏；（2）圆Ⅱ与强度包线相切，切点为 A，说明在 A 点所代表的平面上，剪应力正好等于抗剪强度（$\tau=\tau_f$），该点就处于极限平衡状态，则圆Ⅱ称为极限应力圆；（3）圆Ⅲ的情况是不可能存在的，因为剪应力不可能超过抗剪强度，即不存在 $\tau>\tau_f$ 的情况。根据极限应力圆与抗剪强度包线相切的几何关系，可建立下面的极限平衡条件。

在土中取一单元体，如图 9-7（a）所示，设 $m'n'$ 为剪切破坏面，与大主应力的作用面成破裂角 α_f。该点处于极限平衡状态时的摩尔圆如图 9-7（b）所示。将强度包线延长与 σ 轴相交于 R 点，由三角形 ARD 可知：$\overline{AD}=\overline{RD}\sin\varphi$。

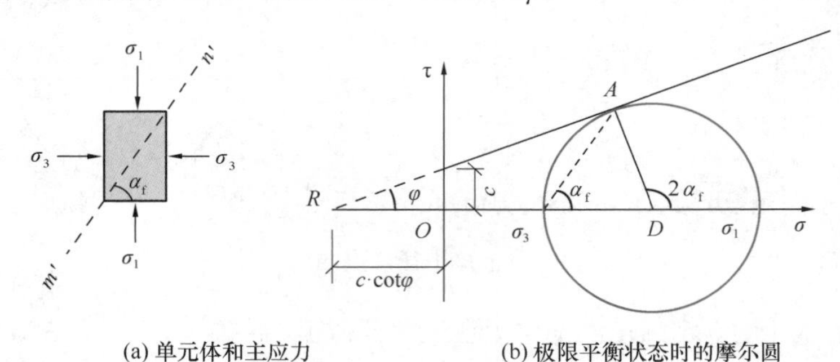

图 9-7　土体中一点达到极限平衡状态时的摩尔圆

因　　$$\overline{AD}=\frac{1}{2}(\sigma_1-\sigma_3),\ \overline{RD}=c\cdot\cot\varphi+\frac{1}{2}(\sigma_1+\sigma_3)$$

故　　$$\sin\varphi=(\sigma_1-\sigma_3)/(\sigma_1+\sigma_3+2c\cot\varphi) \tag{9-8}$$

化简后得：

$$\sigma_1=\sigma_3\frac{1+\sin\varphi}{1-\sin\varphi}+2c\sqrt{\frac{1+\sin\varphi}{1-\sin\varphi}} \tag{9-9}$$

$$\sigma_3=\sigma_1\frac{1-\sin\varphi}{1+\sin\varphi}-2c\sqrt{\frac{1-\sin\varphi}{1+\sin\varphi}} \tag{9-10}$$

由三角函数关系可以证明：

$$\frac{1+\sin\varphi}{1-\sin\varphi}=\tan^2\left(45^\circ+\frac{\varphi}{2}\right) \tag{9-11}$$

$$\frac{1-\sin\varphi}{1+\sin\varphi}=\tan^2\left(45^\circ-\frac{\varphi}{2}\right) \tag{9-12}$$

代入式（9-9）、式（9-10），得出极限平衡状态下主应力满足条件为：

$$\sigma_1=\sigma_3\tan^2\left(45^\circ+\frac{\varphi}{2}\right)+2c\tan\left(45^\circ+\frac{\varphi}{2}\right) \tag{9-13}$$

$$\sigma_3=\sigma_1\tan^2\left(45^\circ-\frac{\varphi}{2}\right)-2c\tan\left(45^\circ-\frac{\varphi}{2}\right) \tag{9-14}$$

对于无黏性土，由于 $c=0$，则由式（9-13）和式（9-14）可知，无黏性土的极限平衡条件为：

$$\sigma_1=\sigma_3\tan^2\left(45^\circ+\frac{\varphi}{2}\right) \tag{9-15}$$

$$\sigma_3=\sigma_1\tan^2\left(45^\circ-\frac{\varphi}{2}\right) \tag{9-16}$$

在图 9-7（b）的三角形 ARD 中，由外角与内角的关系可得破裂角为：

$$\alpha_f=45^\circ+\varphi/2 \tag{9-17}$$

上式说明破坏面与大主应力 σ_1 作用面的夹角为 $(45^\circ+\varphi/2)$，与小主应力 σ_3 作用面的夹角为 $(45^\circ-\varphi/2)$。

【例 9-1】已知地基中某点受到大主应力 $\sigma_1=700\text{kPa}$、小主应力 $\sigma_3=200\text{kPa}$ 的作用，试求：

（1）最大剪应力值及最大剪应力作用面与大主应力面的夹角；

（2）作用在与小主应力面成 30°角的面上的法向应力和剪应力。

【解】（1）摩尔应力圆顶点所代表的平面上的剪应力为最大剪应力，其值为：

$$\tau_{max}=\frac{1}{2}(\sigma_1-\sigma_3)=\frac{1}{2}\times(700-200)=250\text{kPa},$$

该平面与大主应力作用面的夹角为 $\alpha=45^\circ$；

（2）若平面与小主应力面成 30°，则该平面与大主应力面的夹角为

$\alpha=90^\circ-30^\circ=60^\circ$，该面上的法向应力 σ 和剪应力 τ 计算如下：

$$\begin{aligned}\sigma&=\frac{1}{2}(\sigma_1+\sigma_3)+\frac{1}{2}(\sigma_1-\sigma_3)\cos2\alpha\\&=\frac{1}{2}\times(700+200)+\frac{1}{2}\times(700-200)\times\cos(2\times60^\circ)=325\text{kPa}\end{aligned}$$

$$\begin{aligned}\tau&=\frac{1}{2}(\sigma_1-\sigma_3)\sin2\alpha\\&=\frac{1}{2}\times(700-200)\times\sin(2\times60^\circ)=216.5\text{kPa}。\end{aligned}$$

9.3 剪切试验

土的抗剪强度是决定建筑物地基和各种土工结构物稳定的关键参数，因此正确测定土

的抗剪强度指标对实际工程具有非常重要的意义。国内外众多专家对土的抗剪强度及其试验方法进行了广泛的讨论，目前有多种类型的仪器和设备可用于测定抗剪强度指标。

土的抗剪强度试验可分为室内试验和原位试验。室内试验的特点是土体状态比较明确，试验条件容易控制。但是室内试验要求从现场采取试样，且在采集试样的过程中尽可能减少对试样的扰动，以免引起试样的应力释放和原位土体的结构破坏。尽管如此，仍不可避免产生试样的扰动，导致室内试验测得的土体参数与现场实际有较大的差别。为弥补室内试验的不足，可在现场进行原位试验。原位试验的特点是试验直接在现场进行，不需要取样，因此能够较为准确地反映出土的结构特性。

本节主要介绍直接剪切试验、三轴压缩试验、无侧限压缩试验和十字板剪切试验，其中前三种试验是室内试验，十字板剪切试验是原位试验。需要指出的是，每种试验仪器和试验方法均有一定的适用性和局限性，在试验成果整理等方面也有各自不同的做法，因此，针对不同的工程背景和土类，灵活选用合适的试验方法，获得对工程有意义的抗剪强度指标，是我们需要了解和掌握的技能。

9.3.1 直接剪切试验

直接剪切试验简称直剪试验，是常用的室内试验方法之一，可直接测出给定剪切面上土的抗剪强度。直剪试验原理如图 9-8 所示。试验时，首先向试样施加某一竖向压力 F_N，土样受竖向应力 σ（$\sigma=\frac{F_N}{A}$，A 为试样面积），然后通过对试验装置施加水平推力 F_S，逐渐增加剪切面上的剪切力 $\tau\left(\tau=\frac{F_S}{A}\right)$，使试样在上下装置之间的水平接触面上产生剪切变形。随着剪切变形的发展，土样中的抗剪强度逐渐发挥出来，直到剪应力等于土的抗剪强度时，土样剪切破坏。

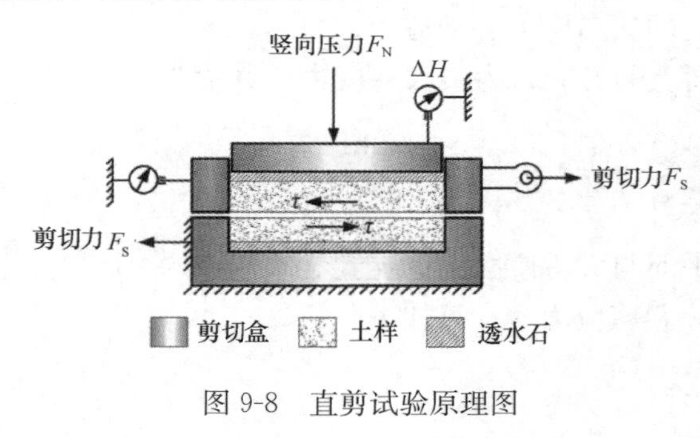

图 9-8　直剪试验原理图

直剪试验所用仪器称为直接剪切仪，简称为直剪仪。直剪仪分为应变控制式和应力控制式两种，目前我国普遍采用的是应变控制式直剪仪。直剪仪的主要部件由固定的上盒和可移动的下盒组成，试样置于剪切盒中。如图 9-8 所示，在剪切过程中，由上方量表测量试样的竖向变形，由左侧量力环测量试样在剪切过程中受到的剪切力 τ。

直剪仪可对不同规格的试样展开试验，一般来说，使用的试样为直径 61.8 mm、高 20 mm 的圆柱形试样。试验时，应首先在试样上施加竖向压力，随后控制下盒匀速位移，测量试样所受剪力，如剪力不再变化，表示试样已剪损。对同一种土（重度和含水率相同）至少取 4 个试样，分别在不同竖向应力 σ 下剪切破坏，一般可取竖向应力 σ 为 100kPa、200kPa、300kPa、400kPa。垂直压力可一次性施加，若土质松软，也可分级施加以防试样挤出。

土样的抗剪强度是用剪切破坏时的剪应力来度量。试验后，应以剪应力 τ 为纵坐标，剪切应变 γ 为横坐标，绘制剪切过程中剪应力与剪切应变之间关系曲线，如图 9-9（a）所示，通常可取峰值作为试样的抗剪强度 τ_f，也叫峰值强度，如图中虚线所示。经历峰值强度之后，试样在法向应力不变的情况下，剪切应变 γ 不断增加，剪切应力 τ 持续降低，直至常数值，此时剪切应力保持不变，但其剪应变不断增加的状态称为残余状态，相对应的剪切应力称为残余强度。

当完成不同竖向应力的直剪试验后，以抗剪强度 τ_f 为纵坐标，竖向应力 σ 为横坐标，绘制 τ_f-σ 关系曲线，如图 9-9（b）所示。试验结果表明，对于黏土和粉土，τ_f-σ 关系曲线基本上呈直线关系，该直线与横轴的夹角为内摩擦角 φ，在纵轴上的截距为黏聚力 c；对于无黏性土则是通过原点的一条直线。这条曲线可用含有 c、φ 的直线方程表示，就是土的抗剪强度曲线/摩尔-库仑破坏包络线，如图 9-9（b）所示。

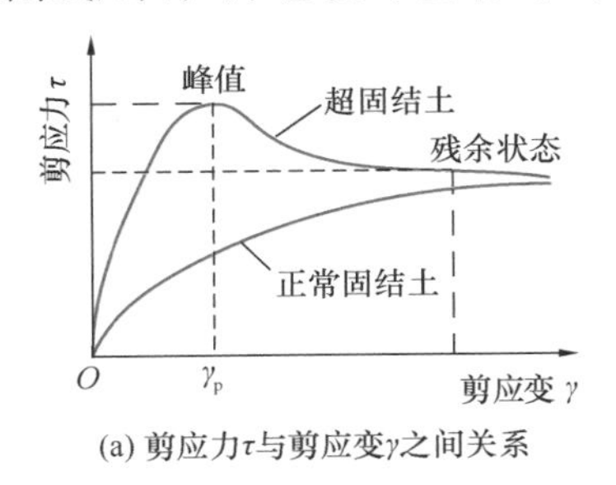

(a) 剪应力τ与剪应变γ之间关系

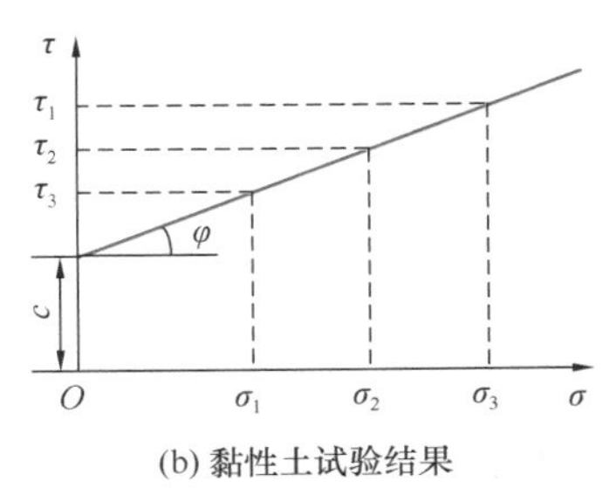

(b) 黏性土试验结果

图 9-9　直接剪切试验结果

为了近似模拟土体在实际工程中受剪力作用时的排水条件，直剪试验可采用快剪、固结快剪和慢剪三种试验模式。快剪试验是在试样施加竖向应力 σ 后，立即以 0.8～1.2 mm/min 的速率对试样施加剪力使试样被剪切破坏；固结快剪试验是允许试样在竖向应力 σ 下排水，待土体固结稳定后，再快速施加水平剪应力使试样剪切破坏；慢剪试验也是允许试样在竖向应力 σ 下排水，待土体固结稳定后，再以缓慢的速率（剪切速率小于 0.02mm/min）施加水平剪应力使试样剪切破坏。

直剪仪具有构造简单、操作方便以及试验时间短等优点，在实际工程中被广泛应用。在基础设计问题中，有时必须确定土与混凝土、钢材或木材等基础材料接触面之间的强度指标，如图 9-10（a）所示。利用直剪试验可以测得接触面的强度指标，这是直剪试验的一大优点。方法是将基础材料置于上盒内，然后将土体置于下盒内，如图 9-10（b）所示，具体试验步骤按正常方式进行。

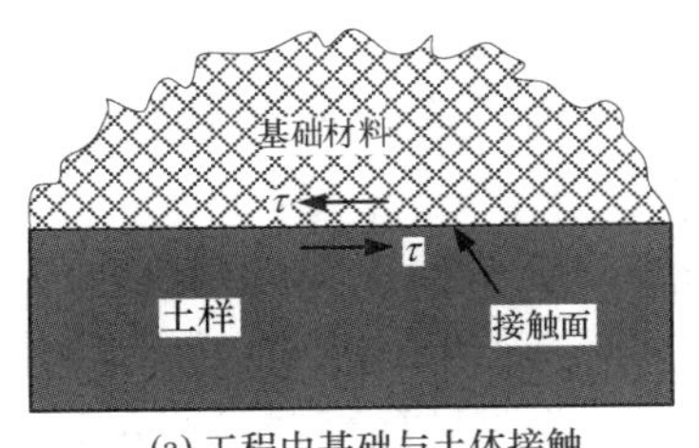

(a) 工程中基础与土体接触

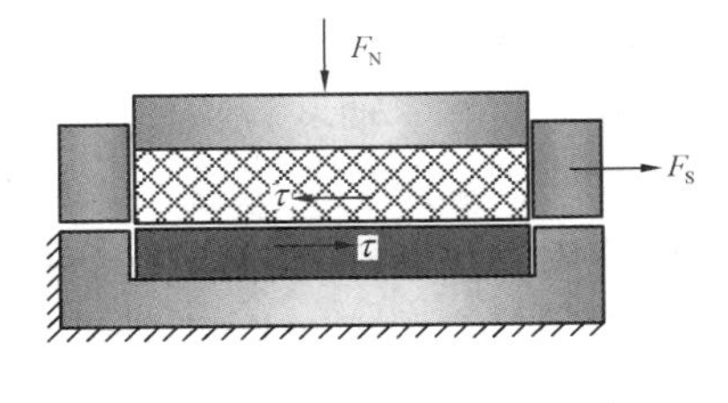

(b) 土与基础材料接触面的直剪试验

图 9-10　土与基础材料接触面的抗剪强度测试

直剪试验也存在若干缺点：

（1）试样剪切面限定在上下盒之间的平面，而不是沿试样最薄弱面剪切破坏；

（2）剪切面上剪应力分布不均匀，在边缘会发生应力集中现象破坏时会先从边缘开始；

（3）在剪切过程中，土样剪切面逐渐缩小，竖向荷载容易发生偏心，而在计算抗剪强度时却是按受剪面积不变和剪应力均匀分布；

（4）试验时不能严格控制排水条件，不能量测孔隙水压力，在进行快速剪切时，试样仍有可能排水，因此快剪试验和固结快剪试验仅适用于渗透系数小于10^{-6}cm/s的细粒土。

【例 9-2】某种土在 100 kPa、200 kPa、300 kPa、400 kPa 的法向压力下进行直剪试验，测得抗剪强度分别为 67 kPa、119 kPa、161 kPa 与 215 kPa。

（1）试用作图法求土的抗剪强度指标 c、φ 值；

（2）若作用在这种土某平面上的法向应力与剪应力分别是 200kPa 与 120kPa，问该土是否剪坏？如果发生破坏，求破坏面与大主应力作用面的夹角；破坏面与最大剪应力作用面是否一致？

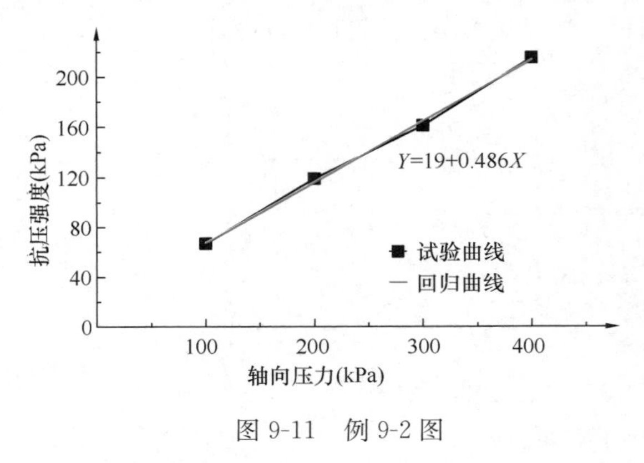

图 9-11　例 9-2 图

【解】（1）根据已知数据作图如图 9-11 所示。

从图中可回归得到直线方程为 $Y=19+0.468X$ 则：

$$c = 19\text{kPa},$$
$$\varphi = \arctan(0.468) = 25.08°。$$

（2）因 $\tau_f = c + \sigma\tan\varphi = 19 + 0.468 \times 200 = 19 + 93.6 = 112.6\text{kPa} < \tau = 120\text{kPa}$，所以土体受剪破坏；

破坏面与大主应力作用面的夹角是：

$$\alpha_f = 45° + \frac{25.08°}{2} = 57.54°$$

最大剪切力作用面与大主应力作用面的夹角为 $\frac{90°}{2} = 45°$，所以破坏面与最大剪应力作用面不一致。

9.3.2　三轴剪切试验

1. 试验设备和试验方法

三轴剪切试验（简称三轴试验）是使用最广泛的抗剪强度室内试验方法。三轴试验可以控制土样剪切时的排水条件，还能进行土体固结。

三轴试验所使用的仪器称为三轴仪，一般由压力室、轴向加荷系统、径向加压系统、孔隙水压力量测系统以及体积变化测量系统等组成，如图 9-12 所示。压力室是一个由加载帽、基座和透明有机玻璃圆筒组成的密闭容器，试验时试样被橡胶膜包裹后放于加载帽和中央底座之间，通过“O”形橡胶圈密封起来。加载帽和基座均安装有透水石。三轴试验一般采用圆柱形试样，试样高度 h 与直径 D 之比（h/D）应为 2～2.5，典型的试样直径 D 分别为 39.1mm、61.8mm 以及 101.0mm。

下面以饱和黏土的三轴剪切试验为例，介绍试验方法和主要步骤：

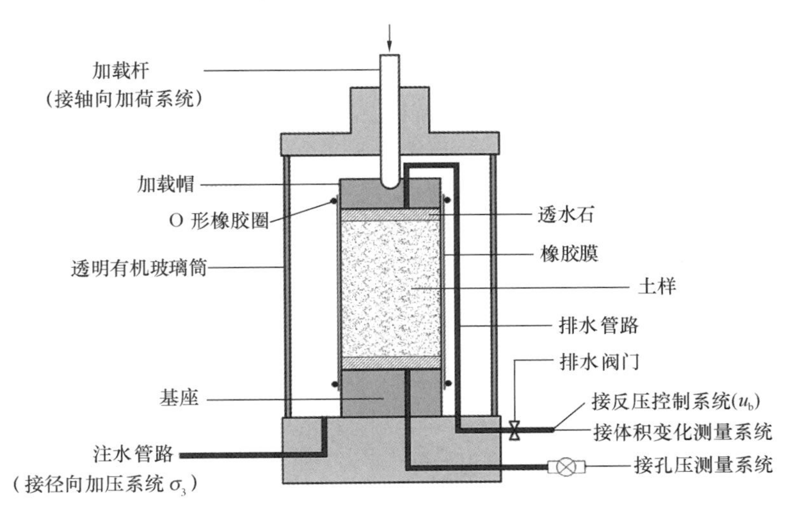

图 9-12　三轴试验仪示意图

(1) 制取土样：将原状土取出来之后，用制样器将土样切成直径为 39.1mm、高度为 80mm 的圆柱形土样。

(2) 装样：将套有橡胶膜的土样安装在加载帽和中央底座之间，并用“O”形橡胶圈密封。

(3) 饱和：通常采用反压饱和法使土样饱和。反压饱和法的基本原理是：通过外界的加压装置提供一个压力 u_b（反压），将除气水压入土样之中，从而使土样中孔隙水压力升高，待孔隙水压力提高到一定程度时，土样中的残余空气将在压力作用下溶解在水中，从而实现土样的饱和。具体操作如下：

① 利用反压饱和法饱和土样时，由于施加反压会导致土样的孔隙水压力升高，为了保证试样在饱和过程中不被破坏，试验时首先要先通过注水管路向有机玻璃筒内注水，通过径向加压系统对试样施加一定的围压预压力 $(\sigma_3)_0$，这个值与后续固结阶段的围压 σ_3 无关；

② 然后通过反压控制系统向试样内注水，并逐级增加反压 u_b 直至试样饱和。这里需要说明两点：一是在进行反压饱和操作时，图 9-12 中所示的排水阀门打开，排水管路作为反压注水管道使用；二是当增加反压时，围压也需要同步增加；

③ 反压饱和效果可以通过测量斯肯普顿（Skempton）孔压系数 B 值来检验（利用孔压系数 B 检测饱和度原理见第 9.4 节）。B 值越大，饱和度越高。对于黏土而言，若 B 值达到 0.95 以上，可认为土样已经饱和。

(4) 固结：试样饱和之后，调整试样所受围压 σ_3 和轴向压力 σ_1（常规三轴试验一般采用等向固结，即 $\sigma_1=\sigma_3$），让试样固结，通过与排水管路连接的体积变化测量系统测量试样排水体积。当试样排水体积基本不变（排水速率为零）时，可认为固结阶段已完成。

(5) 剪切：固结结束后对试样进行剪切，直到试样发生破坏。可以采用位移控制或应力控制两种方法对试样施加轴向压力 σ_1。试验过程中，使用数据采集装置实时记录下试样所受轴向压力 σ_1、围压 σ_3、孔隙水压力 u_w 以及试样的竖向变形 δ_h。剪切过程中通过打开或关闭排水阀门可实现排水或不排水剪切试验。

（6）处理数据：对试验记录试验数据进行分析。

2. 试验中的应力变化

下面继续以饱和黏土三轴试验为例，介绍试样在试验各阶段的应力变化。试样在固结阶段，在各向受到围压 σ_3，在整个固结过程中保持不变（称为等向固结），这时试样受到三个方向的主应力相等，不产生剪应力，如图 9-13（a）所示。固结过程试样处在排水状态。

固结完成后，开始剪切试样，通过轴向加荷系统对试样施加竖向压力。随着竖向压力不断增大，竖向应力增量 $\Delta\sigma(\Delta\sigma=\sigma_1-\sigma_3)$ 不断增大，最终试样因受剪切力而破坏，试样受力状态如图 9-13（b）所示。

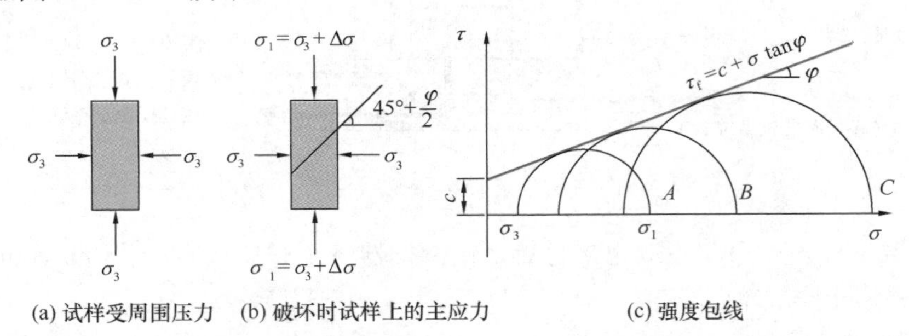

图 9-13　三轴试验应力变化和强度包线

设剪切破坏时在试样上的竖向应力增量为 $\Delta\sigma$，则试样上的大主应力为 $\sigma_1=\sigma_3+\Delta\sigma$。而小主应力为 σ_3。竖向应力增量 $\Delta\sigma(\Delta\sigma=\sigma_1-\sigma_3)$ 通常也被称为轴向偏差应力、主应力差，或简称为偏应力。以 $\Delta\sigma$ 为直径可画出一个极限应力圆，如图 9-13（c）所示中圆 A。用同一种土样的若干个试样（三个及三个以上）按上述方法分别进行试验，每个试样施加不同的围压 σ_3，可分别得出剪切破坏时的大主应力 σ_1 和小主应力 σ_3，将这些结果绘成一组极限应力圆，如图 9-13（c）所示中的圆 A、B 和 C。由于这些试样都剪切至破坏，根据摩尔-库仑准则，作一组极限应力圆的公共切线，即为土的抗剪强度包线，通常近似取为一条直线，该直线与横坐标的夹角为土在固结不排水试验条件下的内摩擦角 φ，直线与纵坐标的截距为土的黏聚力 c。

3. 不同类型的三轴试验

三轴试验依据试样剪切前的固结方式和剪切时的排水条件，可以分为三种试验方法，分别如下：

（1）固结排水剪切试验（CD-test，consolidation drained test）

整个试验过程中始终打开排水阀，不但要使试样在围压 σ_3 作用下充分排水固结（至 $\Delta u_{w0}=0$），而且在剪切过程中也要让试样充分排水固结（不产生 Δu_{w1}）；因而剪切速率应尽可能缓慢，直至试样剪切破坏。

（2）固结不排水剪切试验（CU-test，consolidation undrained test），简称固结不排水剪

打开排水阀，让试样在施加围压 σ_3 时排水固结，试样的含水率将发生变化。待固结稳定后（至 $\Delta u_{w0}=0$）关闭排水阀，在不排水条件下施加轴向偏差压力 $\Delta\sigma$，产生孔隙水压力增量 Δu_{w1}。剪切过程中，试样的含水率保持不变，但 Δu_{w1} 不断变化。至剪切破坏时，试样的孔隙水压力 $u_{wf}=\Delta u_{w1}$，破坏时的孔隙水压力完全由试样受剪引起。

（3）不固结不排水剪切试验（UU-test，unconsolidation undrained test），简称不固结不排水剪

“不固结”是指试样仍保持着原有的现场有效固结压力不变，在三轴压力室内不再固结。“不排水”是指试样无论施加围压 σ_3 还是轴向压力 σ_1，整个试验过程均保持排水阀门关闭，不允许试样排水，故该过程中试样的含水率保持不变，直至试样剪切破坏。试样在受剪前，不排水条件下的围压 σ_3 会在土内引起一定的初始孔隙水压力 Δu_{w3}（而非 $\Delta u_{w0}=0$），施加轴向偏差压力 $\Delta\sigma$ 后，引起的孔隙水压力增量为 Δu_{w1}。至剪切破坏时，试样的孔隙水压力 $u_{wf}=\Delta u_{w1}+\Delta u_{w3}$。

三种试验方法的孔隙水压力变化情况见表 9-1。

4. 三轴试验的强度指标

（1）固结排水抗剪强度

在固结排水剪切试验中，一般让同一土样在几种不同的围压 σ_3 作用下固结，再进行排水剪切试验，得到几个直径不同的极限应力圆，如图 9-14 所示。这几个应力圆的公切线就是固结排水试验的强度包线。由于试样在固结和剪切的全过程中始终不产生孔隙水压力，总应力圆与有效应力圆完全重合，包络线完全一致，其总应力指标等于有效应力强度指标，即 $c'=c_d$，$\varphi'=\varphi_d$。

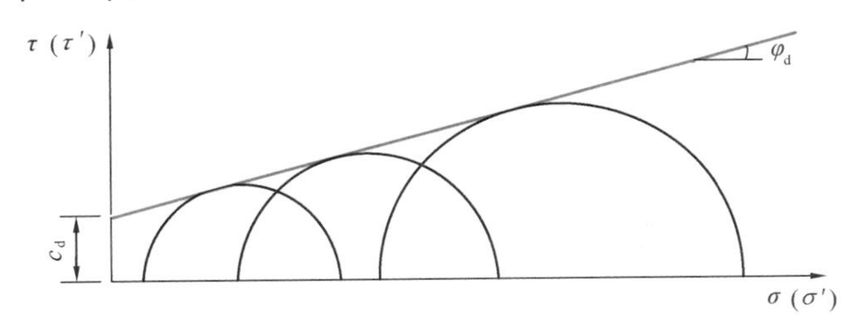

图 9-14　饱和黏性土固结排水试验的应力圆和强度包线

（2）固结不排水抗剪强度

如果让土样先在几种不同的围压 σ_3 作用下固结，继而进行不排水剪切试验，也可以得到几个直径不同的极限应力圆，如图 9-15 所示。这几个应力圆的公切线就是固结不排水试验的破坏包线。此包线与 σ 轴的倾角为 φ_{cu}，与 τ 轴的截距为 c_{cu}。φ_{cu} 和 c_{cu} 称为固结不排水抗剪强度指标。φ_{cu} 值一般在 10°～25°。

图 9-16 中 BC 线为正常固结黏性土的试验结果，其中实线代表总应力圆和总应力强度包线，虚线代表有效应力圆和有效强度包线。若饱和黏土试样从未固结过，则其呈泥浆状，不排水强度为零，直线 BC 的延长段将通过原点。实际上，从天然土层取出的试样，总具有一定的先期固结压力（如图 9-16 中 B 点对应的横坐标 σ_c 所示）。因此，以先期固结压力 σ_c 为界，若固结阶段的围压 $\sigma_3<\sigma_c$，则土样处于超固结状态。

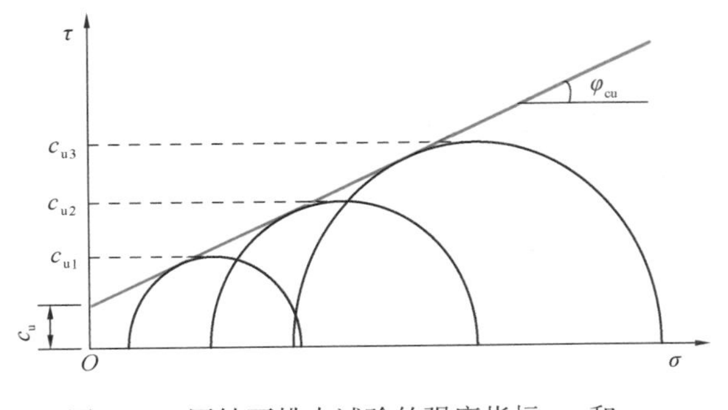

图 9-15　固结不排水试验的强度指标 c_{cu} 和 φ_{cu}

实际操作上一般不作如此复杂的划分，只要作多个极限应力圆的公切线（图 9-16 中 AD 线），即可获得固结不排水试验的总应力强度包线和总应力强度指标 c_{cu}、φ_{cu}。

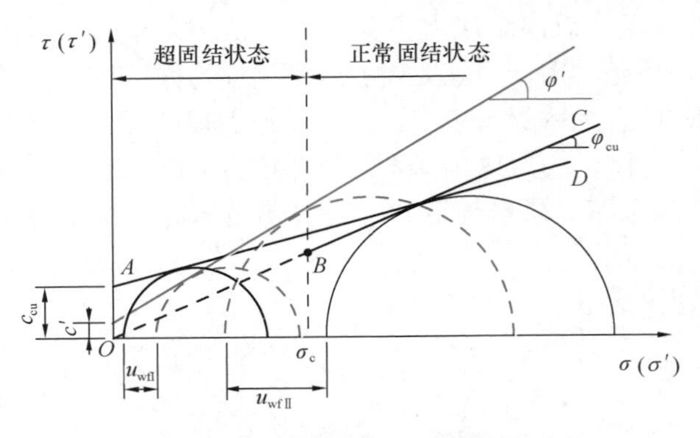

图 9-16 饱和黏性土固结不排水试验的应力圆和强度包线

从固结不排水试验结果推求 c' 和 φ' 的方法可利用图 9-16 加以说明。将固结不排水试验所得的总应力条件下的极限应力圆（图 9-16 中的各实线圆），移动相应的 u_{wf} 值的距离，而圆的直径保持不变，就可获得有效应力条件下的极限应力圆（图 9-16 中的各虚线圆）。按各虚线圆求其公切线，即为该土的有效应力强度包线，据之可确定有效应力强度指标 c' 和 φ'。

需要指出的是，超固结状态土剪切过程中有体积膨胀的趋势（第 9.5 节），因此孔隙水压力为负值，有效应力圆向右侧移动，而正常固结土有体积压缩趋势，产生的孔隙水压力为正值。因此，有效应力强度指标与总应力强度指标相比，通常有 $c' < c_{cu}$，$\varphi' > \varphi_{cu}$ 的规律（图 9-16）。

（3）不固结不排水抗剪强度

不固结不排水（UU）剪切试验中，试样从现场土层中取出后，在三轴试验压力室中不经历固结阶段，直接在围压 σ_3 下进行三轴剪切。图 9-17 中 3 个实线圆Ⅰ、Ⅱ、Ⅲ分别代表 3 个试样在 3 种不同大小的 σ_3 作用下破坏时的总应力圆。

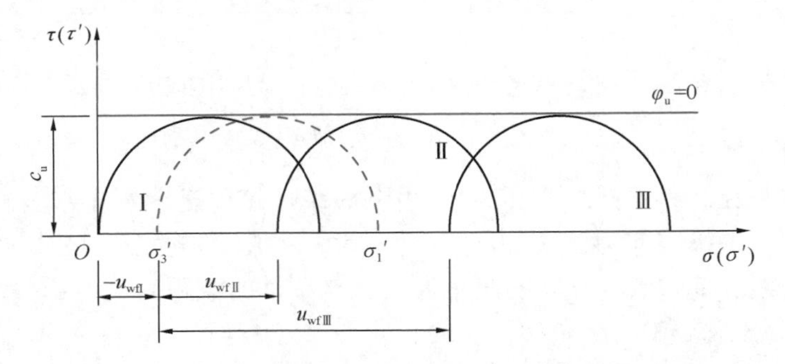

图 9-17 饱和黏性土不固结不排水试验的应力圆和强度包线

不固结不排水试验通常在饱和黏土试样上进行，如果试样完全饱和，则无论围压如何，试样破坏时的轴向偏差压力 $\Delta\sigma$ 实际上都是一样的，在图 9-17 中表现为总应力摩尔圆Ⅰ、Ⅱ、Ⅲ的大小相等、位置不同。图 9-17 中抗剪强度包线为一条水平线（不排水内摩擦角 $\varphi_u = 0$）。此时试样的不排水抗剪强度为：

$$\tau_f = c_u = \frac{1}{2}(\sigma_1 - \sigma_3) \tag{9-18}$$

式中 c_u ——土的不排水抗剪强度（kPa）。

在不固结不排水试验中，无论围压如何，试样破坏时的轴向偏差压力 $\Delta\sigma$ 总是相等的。理解这一点对于深刻认识不固结不排水剪切试验的强度指标至关重要，下面结合图 9-18 对这一点进行详细解释。

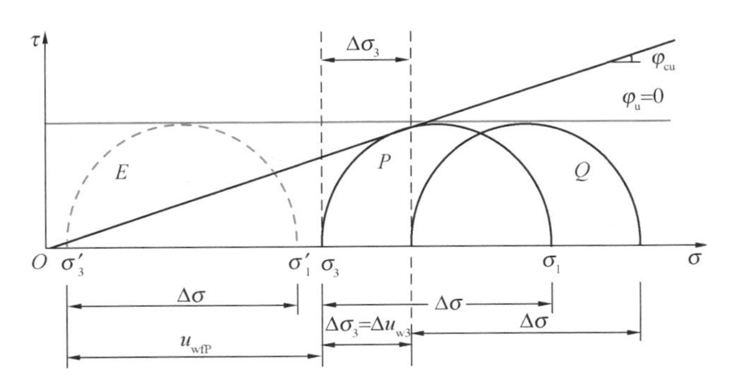

图 9-18 饱和黏性土不固结不排水试验中 $\varphi_u=0$ 的推导

假设有一黏土试样（编号 P）在原位应力状态对应的围压 σ_3 下开展 UU 试验，则该试样等同于实施了固结不排水 CU 试验。试样破坏时的总应力摩尔圆可以用图 9-18 中的圆 P 表示。假设此时试样 P 中的孔隙水压力等于 u_{wfP}。则有：

$$\sigma_3' = \sigma_3 - u_{wfP} \tag{9-19}$$

$$\sigma_1' = (\sigma_3 + \Delta\sigma) - u_{wfP} = \sigma_1 - u_{wfP} \tag{9-20}$$

总应力摩尔圆 P 与其对应的有效应力摩尔圆的大小是相同的。图 9-18 中的圆 E 是圆 P 对应的有效应力摩尔圆。

另有一黏土试样（编号 Q），在围压 $\sigma_3 + \Delta\sigma_3$ 条件下实施 UU 试验，直至剪切破坏。围压中 σ_3 的部分不会产生孔隙水压力，而围压中 $\Delta\sigma_3$ 部分引起孔隙水压力增加，孔压增量设为 Δu_{w3}。

根据第 9.4 节斯肯普顿孔压系数 B 的相关内容可知，对于在不排水条件下受到等向压缩作用的饱和黏土来说，其孔压系数 B 等于 1。因此，孔压增量 Δu_{w3} 等于其围压增量 $\Delta\sigma_3$，即 $\Delta u_{w3} = \Delta\sigma_3$。

试样 Q 中实际有效围压为 $\sigma_3 + \Delta\sigma_3 - \Delta u_{w3} = \sigma_3$，这与施加轴向偏差压力前试样 P 的有效围压是相等的。因此，试样 Q 在后续不排水剪切过程应在与试样 P 相同的轴向偏差压力 $\Delta\sigma$ 下破坏。试样 Q 破坏时，对应的有效应力为：

$$\sigma_3' = (\sigma_3 + \Delta\sigma_3) - (\Delta u_{w3} + u_{wfP}) = \sigma_3 - u_{wfP} \tag{9-21}$$

$$\sigma_1' = (\sigma_3 + \Delta\sigma_3 + \Delta\sigma) - (\Delta u_{w3} + u_{wfP}) = (\sigma_3 + \Delta\sigma) - u_{wfP} = \sigma_1 - u_{wfP} \tag{9-22}$$

故试样 Q 对应的有效应力摩尔圆仍是圆 E。圆 E、P 和 Q 的直径都是一样的。这说明在 UU 试验中，可以选择对试样施加任何大小的围压值，只要试样在试验过程中是饱和（B=1）及不排水的，剪切破坏时的偏差应力 $\Delta\sigma$ 就会是相同的。因此，尽管图 9-17 中的 3 个总应力圆的位置不同，但它们都对应着同一个有效应力圆（如图 9-17 中的虚线圆所示）。

总结一下，以上 3 种三轴试验在固结和剪切过程中的孔隙水压力变化、破坏时的应力条件和所得到的强度指标如表 9-1 所示。

三种试验方法中的应力条件、孔隙水压力变化和强度指标 **表 9-1**

试验方法	孔隙水压力 u_w 的变化		破坏时的应力条件		强度指标
	剪前	剪切过程中	总应力	有效应力	
CD 试验	$\Delta u_{w0}=0$	$\Delta u_{w1}=0$ (任意时刻)	$\sigma_{1f}=\sigma_3+\Delta\sigma$ $\sigma_{3f}=\sigma_3$	$\sigma'_{1f}=\sigma_3+\Delta\sigma$ $\sigma'_{3f}=\sigma_3$	c_d,φ_d
CU 试验	$\Delta u_{w0}=0$	$u_{wf}=\Delta u_{w1}\neq 0$ (不断变化)	$\sigma_{1f}=\sigma_3+\Delta\sigma$ $\sigma_{3f}=\sigma_3$	$\sigma'_{1f}=\sigma_3+\Delta\sigma-u_{wf}$ $\sigma'_{3f}=\sigma_3-u_{wf}$	c_{cu},φ_{cu}
UU 试验	Δu_{w3}	$u_{wf}=\Delta u_{w1}+\Delta u_{w3}\neq 0$ (不断变化)	$\sigma_{1f}=\sigma_3+\Delta\sigma$ $\sigma_{3f}=\sigma_3$	$\sigma'_{1f}=\sigma_3+\Delta\sigma-u_{wf}$ $\sigma'_{3f}=\sigma_3-u_{wf}$	c_u,φ_u

三轴仪的突出优点是能控制排水条件，也可以量测试样中孔隙水压力的变化。此外，试样的应力状态也比较明确，破裂面是在试样最弱处，而不像直剪仪那样限定在上下盒之间。三轴仪还用以测定土的其他力学性质，如弹性模量，因此它是土工试验不可缺少的设备。

值得注意的是，在三轴试验中试样处于轴对称应力状态，即 $\sigma_2=\sigma_3$，而实际上土体的受力状态未必都属于这类轴对称情况，因此常规三轴仪实现的应力状态不是真正的三维应力状态。如果在真三轴压缩仪中开展试验，试样可在不同的三个主应力（$\sigma_1\neq\sigma_2\neq\sigma_3$）作用下进行试验。

【例 9-3】 对一组 3 个饱和黏土试样，进行三轴固结不排水剪切试验，3 个土样分别在 σ_3=100kPa、200kPa 和 300kPa 下进行固结，而剪破时的大主应力分别为 σ_1 = 205kPa、385kPa 和 570kPa，同时测得剪破时的孔隙水压力依次为 u_w = 63kPa、110kPa 和 150kPa。试用作图法求该饱和黏性土的总应力强度指标 c_{cu}、φ_{cu} 和有效应力强度指标 c'、φ'。

【解】 σ_3 = 100kPa、200kPa 和 300kPa，σ_1 = 205kPa、385kPa 和 570kPa，u_w = 63kPa、110kPa 和 150kPa，故 σ'_3 = 37kPa、90kPa 和 150kPa，σ'_1 = 142kPa、275kPa 和 420kPa。用作图法得，c_{cu} = 9.33kPa，φ_{cu} = 16.60°，c' = 15.353kPa，φ' = 25.47°。

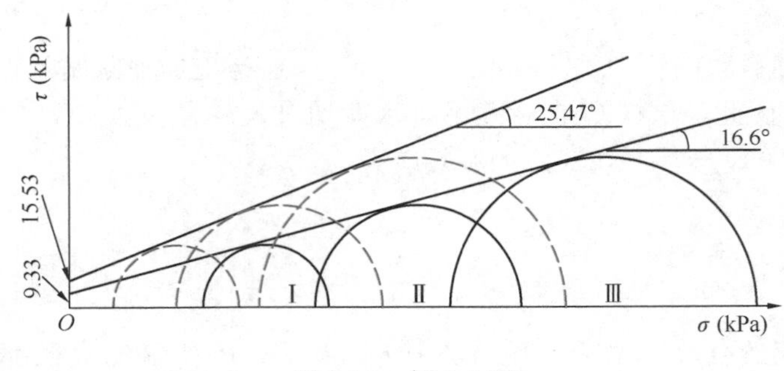

图 9-19 例 9-3 图

9.3.3 无侧限压缩试验

无侧限压缩试验如同在三轴仪中进行 $\sigma_3=0$ 的不排水试验一样，侧向不受任何限制地进行压缩剪切。由于无黏性土在无侧限条件下难以成型，故该试验主要用于黏性土，尤其饱和黏性土。

无侧限压缩试验采用应变式控制的压缩仪（图 9-20），仪器包括荷载传感器、加压框架及升降螺杆。试验步骤如下：

（1）制备试样：将土样切削成高度 h 为 80mm 的圆柱体试样，试样直径 D 可为 35～40mm，在试样两端涂抹一层凡士林；

（2）放置试样，传感器归零：将试样放置在如图 9-20（a）所示的上下加载板之间，缓缓转动手轮，使上方加压螺杆与量力环接触但无压力，以此为初始状态，将位移计和测力计的读数归零；

（3）进行压缩剪切：匀速摇动手轮或使用电动转轮匀速压缩试样，同时记录测力计和位移计的读数，一般每 0.5%应变记录一次位移计和测力计的读数，当应变超过 3%后，可以每 1%应变记录一次数据；

（4）判断压缩破坏或结束：当测力计的读数达到峰值或者保持不变后，继续压缩 3%应变可以结束压缩［图 9-20（b）］。若试验中测力计没有出现明显的峰值也没有稳定的读数，则需将试样压缩至 20%应变方可结束。

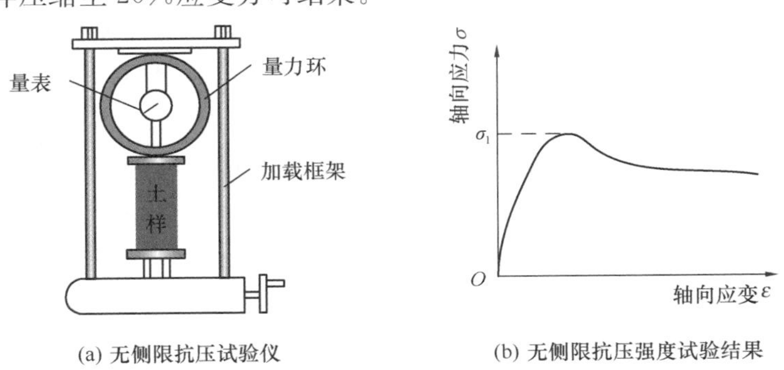

图 9-20　无侧限抗压强度试验

在无侧限压缩试验中，假设在安装或剪切过程中没有孔隙水从样品中流失。因此，试样在测试过程中始终保持饱和状态，试样体积、含水率或孔隙比在试验中均不发生变化。由于仪器功能限制，试验时无法测得试样的孔隙水压力，有效应力也无法计算。因此，在无侧限试验中测得的不排水抗剪强度以总应力表示（图 9-21）。

试验中试样不受任何侧向压力的作用（$\sigma_3=0$），在破坏时，最小主应力为零（$\sigma_3=0$），大主应力为 σ_1（图 9-21）。剪切破坏时试样所能承受的最大轴向压力 σ_1 称为无侧限抗压强度 q_u。当轴向应力最大值 σ_1 不明显时，取轴向应变为 15%对应的应力作为无侧限抗压强度 q_u。

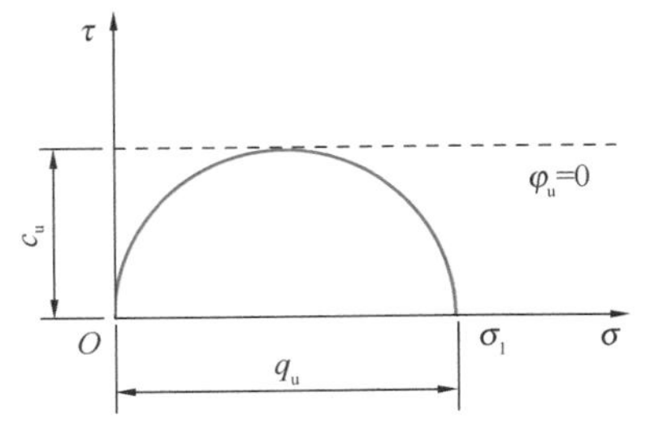

图 9-21　无侧限抗压强度试验的强度包线

无侧限抗压试验结果，只能作一个极限应力圆（$\sigma_1=q_u$，$\sigma_3=0$），如图 9-21 所示。因此就难以作出摩尔破坏包线。对于饱和黏性土，三轴不固结不排水（UU）试验得到的破坏包线近似于一条水平线，即 $\varphi_u=0$。理论上讲，UU 试验得到的不排水抗剪强度 c_u 应等于无侧限抗压强度试验所得的抗剪强度。因此，由无侧限抗压强度试验所得的极限应力圆的水平切线就是土样抗剪强度破坏包线，即：

$$\tau_f = c_u = q_u/2 \tag{9-23}$$

式中　c_u——土的不排水抗剪强度；

q_u——无侧限抗压强度。

利用无侧限抗压强度试验可以测定饱和土的灵敏度 S_t。土的灵敏度是同一土的原状样与重塑样（完全扰动但含水率不变）的强度之比：

$$S_t = \frac{q_u}{q_0} \tag{9-24}$$

式中　q_u——原状土无侧限抗压强度；

q_0——重塑土无侧限抗压强度。

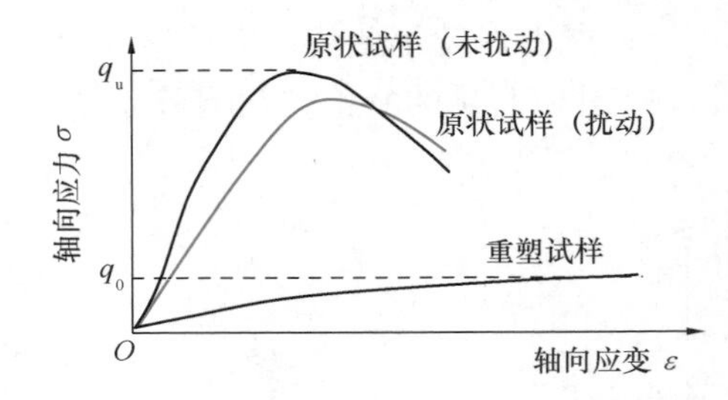

图 9-22　原状土和重塑土的无侧限抗压试验结果对比

图 9-22 中给出了从无侧限抗压试验结果中读取 q_u 和 q_0 值的方法。需要说明的是，试验结束时原状试样的轴向应变值通常要比重塑试样小，这是由于判断这两类试样完成压缩试验的条件不同：对于原状样，当测力计的读数达到峰值或者保持不变后，继续压缩 3%应变即可结束压缩；而对于重塑样，由于试验中测力计不会出现明显的峰值也没有稳定的读数，故需将试样压缩至 20%应变才可结束。就上海地区黏土而言，通常原状试样达到峰值强度时的轴向应变仅在 6%～8%。

对于常见类型的土，无侧限抗压强度的范围如表 9-2 所示。

不同土的无侧限抗压强度（Das，2020）　　表 9-2

土的物理状态	无侧限抗压强度 q_u（kN/m^2）
流塑（$I_L>1$）	0～25
软塑（$0.75<I_L\leqslant1$）	25～50
可塑偏软（$0.5<I_L\leqslant0.75$）	50～100
可塑偏硬（$0.25<I_L\leqslant0.5$）	100～200
硬塑（$0<I_L\leqslant0.25$）	200～400
坚硬（$I_L\leqslant0$）	>400

无侧限抗压试验作为一种常见的抗剪强度试验，试验原理简单，操作方便，试验要求较低，用时较少，在工程中应用广泛，但存在缺点：

（1）通常室内土工试验采用的原状试样在取样过程中都受到了一定程度的扰动，因此无侧限抗压试验测得的试样强度比实际强度（未扰动）要低。图 9-22 中给出了未受扰动原状试样与受过扰动试样的无侧限抗压强度试验测量结果。显然，受过扰动原状土样的强度比未受扰动的原状试样的强度小。

（2）由于无侧向约束，土样的长径比会影响试验结果，随着长径比的增大，土样会出现弯曲破坏，而不是单纯的受压破坏。

(3) 试样中段部位完全不受约束，因此，当试样接近破坏时，往往被压成鼓形，这时试样中的应力显然不是均匀的。

【例 9-4】对某饱和试样进行无侧限抗压强度试验，得无侧限抗压强度为 160kPa。如果对同种土进行三轴不固结不排水剪试验，围压 σ_3 为 180kPa，问总竖向压力 σ_1 为多少时，试样将发生破坏？

【解】饱和软黏土 $\varphi_u = 0$，不排水抗剪强度 $c_u = \frac{q_u}{2} = \frac{160}{2} = 80\text{kPa}$，

代入 $\sigma_1 = \sigma_3 \tan^2\left(45° + \frac{\varphi}{2}\right) + 2c\tan\left(45° + \frac{\varphi}{2}\right)$ 得：

$$\sigma_1 = \sigma_3 + 2c_u = 180 + 2 \times 80 = 340\text{kPa}$$

9.3.4 原位十字板剪切试验

若想要通过室内抗剪强度试验获得土体的原位强度，则要采用原状土试样进行试验，但由于试样在采取、运送、保存和制备等方面不可避免地受到扰动，特别是对于高灵敏度的软黏土，室内试验结果的精度就受到影响。原位测试的优势在于测定土体的范围大，能反映土体结构对强度的影响。在抗剪强度的原位测试方法中，广泛应用的是原位十字板剪切试验。原位十字板剪切试验无须钻孔取得原状土样，避免了土样扰动及天然应力状态的改变，长期以来被认为是一种对于饱和软黏土极为适用的原位测试方法，可用来测定饱和软黏性土的抗剪强度、判断软土固结程度和灵敏度等。

十字板剪切仪的构造如图 9-23 所示。其主要部件为十字板探头、轴杆、施加扭力设备和测力装置。试验时先将套管打到预定深度，并将套管内的土清除。将十字板装在转杆的下端后，通过套管压入土中，压入深度约为 750mm。然后由地面上的扭力设备对转杆施加扭矩，使埋在土中的十字板旋转，直至土剪切破坏。破坏面为十字板旋转所形成的圆柱面。设剪切破坏时所施加的扭矩为 M，则它应该与剪切破坏圆柱面（包括侧面和上下面）上的抗剪强度所产生的抵抗力矩相等，即：

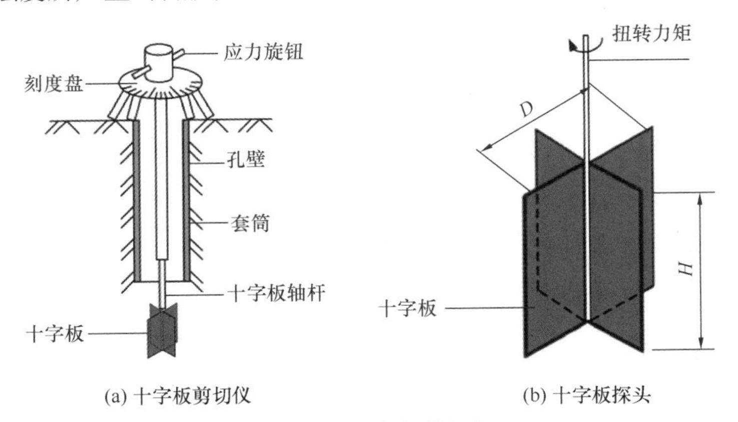

图 9-23 十字板剪切仪

$$\begin{aligned} M &= \pi DH \cdot \frac{D}{2}\tau_V + 2 \cdot \frac{\pi D^2}{4} \cdot \frac{D}{3} \cdot \tau_H \\ &= \frac{1}{2}\pi D^2 H\tau_V + \frac{1}{6}\pi D^3 \tau_H \end{aligned} \tag{9-25}$$

式中　M——剪切破坏时的扭矩（kN·m）；

τ_V、τ_H——垂直面和水平面上的抗剪强度（kPa）；

H、D——十字板的高度和直径（m）。

在实际土层中，τ_V 和 τ_H 不同。爱斯（Aas，1965）曾利用不同 D/H 的十字板剪切仪测定饱和软黏土的抗剪强度。试验结果表明：对于正常固结饱和软黏土，$\tau_H/\tau_V=1.5\sim2.0$；对于弱超固结的饱和软黏土，$\tau_H/\tau_V=1.1$。这一试验结果说明，天然土层的抗剪强度是非等向的，即水平面的抗剪强度大于垂直面上的抗剪强度。这主要是由于水平面上的固结压力大于侧向固结压力的缘故。

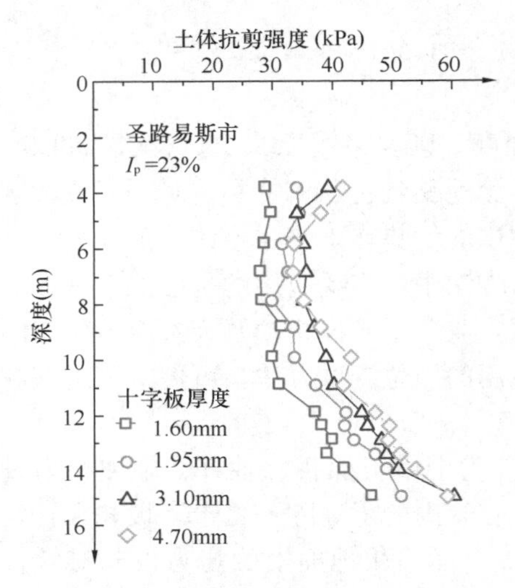

图 9-24　十字板厚度对原位十字板剪切试验结果的影响（LaRochelle 等，1973）

实用上为了简化计算，在常规的十字板试验中仍假设 $\tau_H=\tau_V=\tau_f$，将这一假设代入式（9-3）得：

$$\tau_f=\frac{2M}{\pi D^2\left(H+\dfrac{D}{3}\right)} \tag{9-26}$$

式中　τ_f——原位十字板测定的抗剪强度（kPa）；

其余符号同前。

图 9-24 为 LaRochelle 等（1973）利用原位十字板试验测得的美国圣路易斯市不同深度黏土层的不排水抗剪强度。从图中可以看到，黏土的不排水抗剪强度随深度的增加呈非线性增长，并且随着十字板厚度的减小，原位土体抗剪强度呈减小趋势。

原位十字板剪切试验适用于饱和软黏土。由于原位十字板剪切试验属于不排水剪切的试验条件，其结果一般与无侧限抗压强度试验结果接近，即 $\tau_f=c_u\approx q_u/2$。十字板剪切试验的优点是构造简单，操作方便，原位测试时对土的结构扰动也较小，故在实际中广泛得到应用。但在软土层中夹砂薄层时，测试结果失真或偏高。

9.3.5　剪切试验的对比

表 9-3 给出不同剪切试验的优缺点。

主要剪切试验的优缺点对比　　表 9-3

试验类型	试验结果	优点	缺点	工程适用性
直剪试验	土的抗剪强度 c，φ	操作简单、历时较短	排水条件不可控、不能测量孔压	多用于快速施工且对孔隙水压力要求不高的工程
三轴试验	土的抗剪强度 c'，φ'	排水条件可控，可测量孔压，应力状态明确	试验操作较为复杂，耗时长	适用性广，如地基稳定性及承载力等相关问题
无侧限压缩试验	无侧限抗压强度 q_u	试验原理简单，操作方便，试验要求较低，用时较少	若取样扰动大，则不能反映土体真实强度	用于黏土地层上快速施工的工程项目

续表

试验类型	试验结果	优点	缺点	工程适用性
十字板原位试验	土的不排水抗剪强度 c_u	构造简单，操作方便，容易获得原位状态下的抗剪强度	在软土层中夹砂薄层时，测试结果失真或偏高	适用于软黏土地层，尤其是难以取得原状样的软土地层

【例 9-5】某软土层用十字板做剪切试验，十字板高 $H=0.2$m，直径 $D=0.1$m，剪切破坏时扭矩 $M=0.5$kN·m，在同样深度取土进行重塑的无侧限抗压强度试验，无侧限抗压强度=200kPa。试计算：

（1）该软土抗剪强度；

（2）土的灵敏度。

【解】（1）由式（9-26）可知，该软土不排水抗剪强度为：

$$\tau_f = \frac{2M}{\pi D^2\left(H+\dfrac{D}{3}\right)} = \frac{2\times0.5}{\pi\times0.1^2\times(0.2+\dfrac{0.1}{3})} = 136.49\text{kPa}$$

（2）由式（9-23），该软土层原位的无侧限抗压强度为：

$$q_u = 2\times\tau_f = 2\times136.49 = 272.98\text{kPa}$$

又因为该土层重塑土的无侧限抗压强度=200kPa，则由式（9-24），土的灵敏度为：

$$S_t = \frac{q_u}{q_0} = \frac{272.98}{200} = 1.36$$

9.4 三轴试验的孔压系数

根据有效应力原理可知，已知土体中总应力后，需要确定孔隙水压力来求得有效应力。三轴试验中，在围压和轴向压力等附加应力作用下，土体中将产生多大的超静孔隙水压力，也是十分重要的问题。

这里需要说明的是，为了与孔隙水压力的增量形式保持一致，这一节统一将不固结不排水试验中施加的围压 σ_3 和轴向压力 σ_1 分别用其增量形式 $\Delta\sigma_3$ 和 $\Delta\sigma_1$ 代替。

图 9-25（c）展示了不固结不排水三轴试验结束后单元土体的应力状态。等号左侧的图 9-25（a）、图 9-25（b）按照孔隙水压力的产生规律拆解了图 9-25（c）的应力状态（每张图的上方都标注了此应力状态下单元土体的孔隙水压力值）：图 9-25（a）中，土单元受到各向相等的围压 $\Delta\sigma_3$ 的作用，引起的孔隙水压力增量为 Δu_{w3}；图 9-25（b）中，土单元在

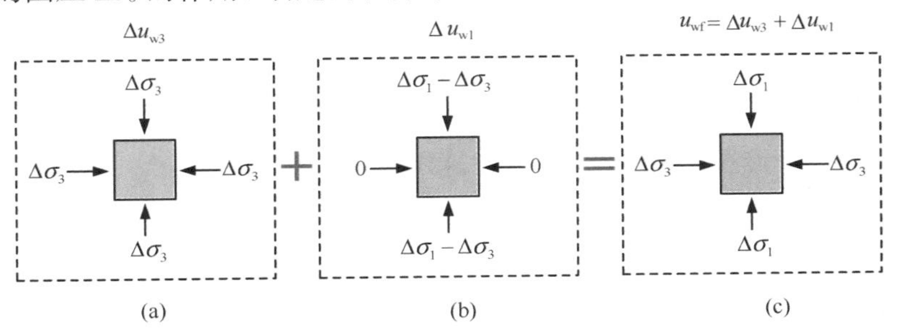

图 9-25　三轴试验中孔压的变化

轴向偏差应力 $\Delta\sigma_1 - \Delta\sigma_3$ 的作用下剪切，引起的孔隙水压力增量为 Δu_{w1}。不固结不排水三轴试验的累计孔压变化可以表示为 $u_{wf} = \Delta u_{w1} + \Delta u_{w3}$。

通过上述分析可知，Δu_{w3} 表示土体在等向压缩情况下产生的孔隙水压力变化，而 Δu_{w1} 表示土体在轴向偏差应力 $\Delta\sigma_1 - \Delta\sigma_3$ 下剪切所产生的孔隙水压力变化。下面分别对这两种情况进行分析。

1. 等向压缩情况（各向应力相等）

假设土骨架为弹性体（弹性模量和泊松比分别为 E 和 μ）。土骨架的变形是由土中有效应力引起的，故在等向压缩情况下，土骨架的体积变化为：

$$\Delta V = \frac{3(1-2\mu)}{E} V \cdot \Delta\sigma'_3 \tag{9-27}$$

式中，V 为土体（土骨架）总体积；$\Delta\sigma'_3$ 是土中的有效应力。这里需要说明的是土骨架与土颗粒是不同的概念，土骨架是由土颗粒相互接触形成的含有孔隙的构架体，土骨架是可以压缩的，而土颗粒无法压缩，土骨架的体积表征的是整个土体的体积。

定义土体的体积压缩系数 $C_s = 3(1-2\mu)/E$，式（9-27）可以写成：

$$\Delta V = C_s V \Delta\sigma'_3 \tag{9-28}$$

式中，土体的体积压缩系数 C_s 的物理意义是单位应力增量引起的单位土骨架体积变化 $\left(\frac{\Delta V}{V}\right)$。

另外，从土中孔隙的角度来看，孔压增量 Δu_{w3} 引起土中孔隙流体体积的改变（孔隙水和孔隙气体积的变化）。假定孔隙流体变形为弹性变形，定义孔隙流体的等向体积压缩系数为 C_v，故等向压缩情况下孔隙的压缩量可表示为：

$$\Delta V_v = C_v n V \Delta u_{w3} \tag{9-29}$$

式中　n——孔隙率，nV 即为压缩前土中孔隙的总体积；

C_v——孔隙的体积压缩系数，它是单位孔压增量引起的单位孔隙体积变化 $\left(\frac{\Delta V_v}{nV}\right)$。

由于土中固体颗粒几乎是不可压缩的，故在不排水条件下可以认为土骨架的体积变化 ΔV 全部来自孔隙流体的体积变化，即 $\Delta V = \Delta V_v$，由式（9-28）和式（9-29）得：

$$C_s V \Delta\sigma'_3 = C_v n V \Delta u_{w3} \tag{9-30}$$

根据太沙基有效应力原理：

$$\Delta\sigma'_3 = \Delta\sigma_3 - \Delta u_{w3} \tag{9-31}$$

将式（9-31）代入式（9-30），整理后可得：

$$\frac{\Delta u_{w3}}{\Delta\sigma_3} = \frac{C_s}{C_s + nC_v} \tag{9-32}$$

上式也就是 A. W. 斯肯普顿（Skempton，1954）提出的孔压系数 B：

$$B = \frac{\Delta u_{w3}}{\Delta\sigma_3} = \frac{C_s}{C_s + nC_v} = \frac{1}{1 + n\frac{C_v}{C_s}} \tag{9-33}$$

孔压系数 B 表示在等向压缩条件下，由 $\Delta\sigma_3$ 引起的超静孔隙水压力增量 Δu_{w3} 与总应力增量 $\Delta\sigma_3$ 之比。

对于饱和土，孔隙中完全充满水，孔隙流体的压缩系数 C_v 为水的压缩系数 C_w，由于水几乎不可压缩，C_w 远远小于土骨架的压缩系数 C_s，$C_v/C_s \to 0$，故 $B=1$，即 $\Delta u_{w3}=\Delta\sigma_3$；对于孔隙中充满气体的干土，此时孔隙的等向体积压缩系数 C_v 约等于气体的压缩系数，即接近于无穷大，$C_v/C_s \to \infty$，故 $B=0$；对于一般非饱和土，B 的取值在 0～1 之间，土的饱和度越小（孔隙中的含水率越低），C_v/C_s 越大，B 值越小。

由此可见，B 值可作为反映土体饱和程度的指标。在进行饱和土的固结排水/不排水剪切试验时，需要在固结结束前对试样进行饱和，饱和的效果通过测量 B 值来检验（即"B 检测"），B 值越大，试样饱和度越高。土体的饱和度与 B 值的关系受土体软硬程度影响，如图 9-26 所示。对于软土（包括黏土和砂土）而言，一般要求 $B \geqslant 0.95$，即可保证饱和度 $S_r > 96\%$。

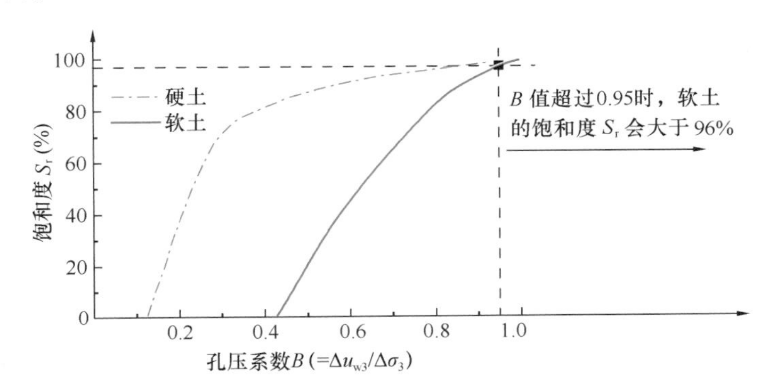

图 9-26　孔压系数 B 与饱和度 S_r 的关系

2. 剪切情况（存在轴向偏差应力 $\Delta\sigma_1-\Delta\sigma_3$）

如图 9-25（b）所示，在试样上施加轴向偏差应力（$\Delta\sigma_1-\Delta\sigma_3$），在试样中产生了孔隙压力增量 Δu_{w1}。根据有效应力原理，此时轴向有效应力增量为：

$$\Delta\sigma'_1=(\Delta\sigma_1-\Delta\sigma_3)-\Delta u_{w1} \tag{9-34}$$

此时侧向有效应力增量为：

$$\Delta\sigma'_3=0-\Delta u_{w1}=-\Delta u_{w1} \tag{9-35}$$

与等向压缩情况下的推导类似，此时引起土体体积变化的应力来自土体中的平均有效应力 $\Delta p'$。在常规三轴试验中平均有效应力增量 $\Delta p'=\frac{1}{3}(\Delta\sigma'_1+2\Delta\sigma'_3)$。在图 9-25（b）中 $\Delta p'=\frac{1}{3}(\Delta\sigma_1-\Delta\sigma_3)-\Delta u_{w1}$。故土骨架的体积变化为：

$$\Delta V=C_sV\left[\frac{1}{3}(\Delta\sigma_1-\Delta\sigma_3)-\Delta u_{w1}\right] \tag{9-36}$$

孔压增量 Δu_{w1} 引起孔隙流体体积的变化为：

$$\Delta V_v=C_vnV\Delta u_{w1} \tag{9-37}$$

同理，在不排水条件下，土骨架体积变化与孔隙流体的体积变化相等，即 $\Delta V=\Delta V_v$，得：

$$\Delta u_{w1}=B\cdot\frac{1}{3}(\Delta\sigma_1-\Delta\sigma_3) \tag{9-38}$$

以上，分别分析了等向压缩和剪切过程中的体积变化规律，得出了孔隙水压力增量与总应力增量的关系，将式（9-32）和式（9-38）相加，就得到图 9-25（c）中的总孔压增量：

$$\Delta u_w = \Delta u_{w1} + \Delta u_{w3} = B\left[\Delta\sigma_3 + \frac{1}{3}(\Delta\sigma_1 - \Delta\sigma_3)\right] \tag{9-39}$$

由前述对孔压系数 B 的讨论可知，饱和土的 B 值为 1，代入式（9-39）故对于饱和土的不固结不排水三轴剪切试验，总孔压增量为：

$$\Delta u_w = \Delta\sigma_3 + \frac{1}{3}(\Delta\sigma_1 - \Delta\sigma_3) \tag{9-40}$$

在饱和土的固结不排水剪切试验中，由于试样在 $\Delta\sigma_3$ 作用下固结稳定，故 $\Delta u_{w3} = 0$，于是有：

$$\Delta u_w = \Delta u_{w1} = \frac{1}{3}(\Delta\sigma_1 - \Delta\sigma_3) \tag{9-41}$$

在固结排水剪切试验中，超静孔压全部消散，即 $\Delta u_w = 0$。

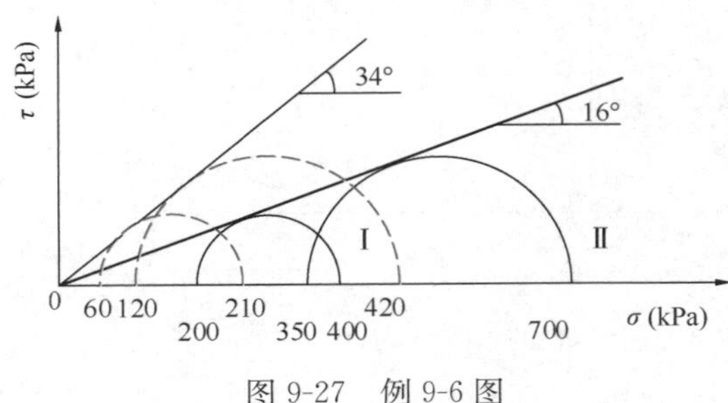

图 9-27　例 9-6 图

【例 9-6】 某正常固结黏土试样在三轴仪中进行固结不排水试验，破坏时的孔隙水压力为 u_{wf}，两个试样的试验结果为：

试样Ⅰ：$\sigma_3 = 200\text{kPa}$，$\sigma_1 = 350\text{kPa}$，$u_{wf} = 140\text{kPa}$；

试样Ⅱ：$\sigma_3 = 400\text{kPa}$，$\sigma_1 = 700\text{kPa}$，$u_{wf} = 280\text{kPa}$。试求：

（1）用作图法确定该黏土试样的 c_{cu}，φ_{cu} 和 c'，φ'；

（2）试样Ⅱ破坏面上的法向有效应力和剪应力。

【解】（1）用作图法（图 9-12）确定该黏土试样的 $c_{cu}=0$，$\varphi_{cu}=16°$ 和 $c' = 0$，$\varphi' = 34°$；

（2）试样Ⅱ破坏面与大主应力作用面的夹角为 $\alpha_f = 45° + \frac{34°}{2} = 62°$，则试样Ⅱ破坏面上的法向有效应力和剪应力分别为：

$$\sigma' = \frac{\sigma_1' + \sigma_3'}{2} + \frac{\sigma_1' - \sigma_3'}{2}\cos 2\alpha_f = \frac{420+120}{2} + \frac{420-120}{2} \times \cos 62° = 186.12\text{kPa},$$

$$\tau' = \frac{\sigma_1' - \sigma_3'}{2}\sin 2\alpha_f = \frac{420-120}{2} \times \sin 62° = 124.36\text{kPa}。$$

【例 9-7】 有一圆柱形试样，在 $\sigma_1 = \sigma_3 = 100\text{kPa}$ 作用下，测得孔隙水压力 $u=40\text{kPa}$，然后沿 σ_1 方向施加应力增量 $\Delta\sigma_1 = 50\text{kPa}$，又测得孔隙水压力的增量 $\Delta u = 32\text{kPa}$，求：

（1）孔隙水压力系数 B；

（2）有效应力 σ_1' 和 σ_3'。

【解】（1）在 $\sigma_1 = \sigma_3 = 100\text{kPa}$ 作用下，$\Delta u = 40\text{kPa}$，则根据超静孔隙压力有：

$$B = \frac{\Delta u_3}{\Delta\sigma_3} = \frac{40}{100} = 0.4；$$

（2）有效应力：

$$\sigma_1' = \sigma_1 + \Delta\sigma_1 - u = 100 + 50 - 72 = 78\text{kPa}$$
$$\sigma_3' = \sigma_3 - u = 100 - 72 = 28\text{kPa}。$$

9.5 黏性土的抗剪强度

9.5.1 黏性土的剪切性状

图 9-28 分别展示了正常固结黏土和超固结黏土在三轴排水剪切试验中的轴向偏差应力 $(\sigma_1-\sigma_3)$ - 轴应变 ε_1 - 体积应变 ε_v 三者的关系（简称应力-应变-体变关系）曲线。从图 9-28（a）中可以看出，正常固结黏土的应力-应变关系呈单调增加，体积应变表现为压缩变形（$\varepsilon_v>0$，称为剪缩）。而对于图 9-28（b）中的强超固结黏土（超固结比很大），其到达峰值强度时的应变较小，且体积应变先表现为压缩变形（剪缩），继而转为体积膨胀（$\varepsilon_v<0$，称为剪胀）。

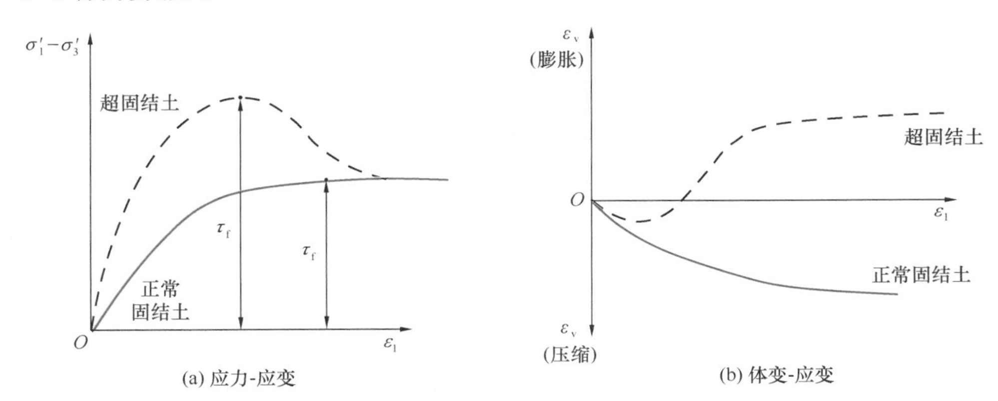

图 9-28 正常固结土与强超固结土的应力-应变-体变关系（排水剪切试验）

9.5.2 黏性土抗剪强度的影响因素

黏性土的抗剪强度受众多因素的影响，大致可以分为内部因素和外部因素两类。内部因素与土本身性质和状态有关，包括：土的颗粒组成、矿物成分、孔隙比、含水率（饱和度）、初始应力和应变、应力历史及结构性等。外部因素又分为与周围环境有关的因素（如排水条件、温度及孔隙水的性质等）以及与外荷载有关的因素（如加荷速率以及应力状态等）。总体而言，饱和黏性土的抗剪强度的主要影响因素为颗粒矿物成分、应力历史、固结状态和排水条件，下面将分别对这些影响因素进行讨论。这里需要指出的是，由于试验手段不同（如三轴试验和直剪试验），获得的指标不一样，在讨论黏性土抗剪强度的影响因素时，既有从强度指标 c、φ 入手的，也有从抗剪强度 τ_f 入手的。

1. 颗粒矿物成分的影响

颗粒矿物成分对黏性土抗剪强度的影响很大，主要体现在对其摩擦角 φ 的影响上。对于高岭石、蒙脱石和伊利石这三大黏土矿物成分来说，高岭石的摩擦角大于伊利石，伊利石的摩擦角大于蒙脱石。土的塑性指数可以反映黏土粒度和矿物成分对土性的影响，一般来说，随着黏土塑性指数的增大，其内摩擦角呈现减小趋势（图 9-29）。此外，黏土的实际抗剪强度还与黏粒间结合水及双电层性质有关。

2. 固结状态和排水条件的影响

固结状态和排水条件不同得到的抗剪强度指标也不同，具体讨论见第 9.3 节。对比固

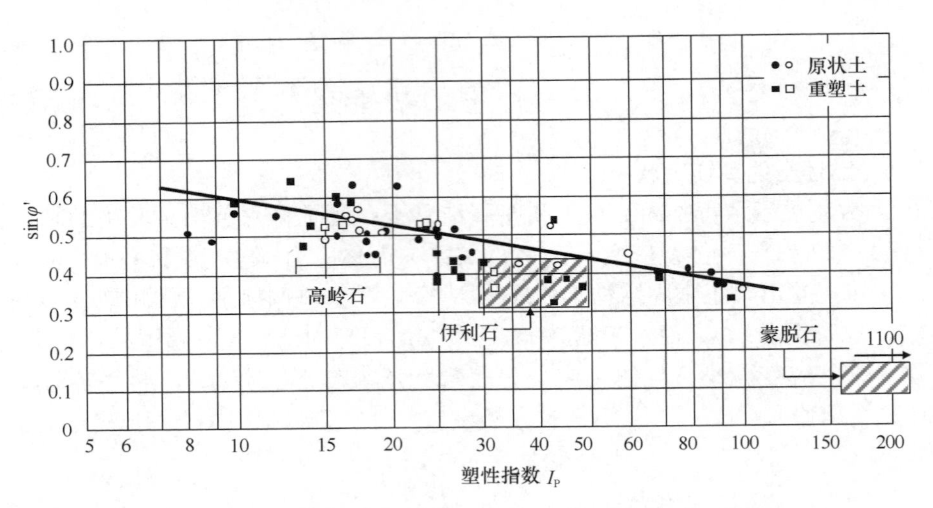

图 9-29　正常固结黏土抗剪强度指标（峰值摩擦角）与塑性指数的关系
（Mitchell 等，2005）

结排水试验和固结不排水试验的结果，可以得出排水条件对土体抗剪强度的影响。

现有正常固结饱和黏土试样的固结排水/固结不排水剪切试验结果，在图 9-30 中绘制为 A、B、C、D 四个总应力摩尔圆：其中圆 A、圆 C 为试样在固结不排水试验条件下破坏时的总应力摩尔圆（蓝色），圆 B、圆 D 为固结排水条件下的总应力摩尔圆（黑色）；且圆 A 和圆 B 的试验围压 σ_3 相等，为 $\sigma_{3\text{-}\mathrm{I}}$，圆 C 和圆 D 的试验围压 σ_3 相等（$\sigma_{3\text{-}\mathrm{II}}$）。由图 9-30可见，在围压 σ_3 相等的情况下，排水条件下试样破坏时的大主应力 σ_1 总大于不排水条件下的 σ_1。由摩尔圆 A、C 绘制出固结不排水试验的抗剪强度包线，由摩尔圆 B、D 绘制出固结排水试验的抗剪强度包线，可以发现固结排水试验得出的抗剪强度指标 φ_d 大于固结不排水抗剪强度指标 φ_{cu}。

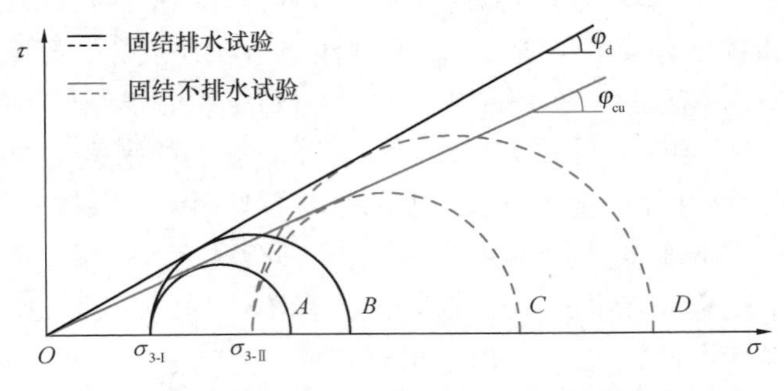

图 9-30　排水条件对正常固结土强度的影响

3. 应力历史的影响

黏性土的抗剪强度在一定程度上还受应力历史的影响，一般用超固结比 OCR 表示应力历史对黏土性质的影响。

图 9-31 展示了超固结比 OCR 对黏土不排水抗剪强度的影响。对不同 OCR 的试样进行试验，其结果如图 9-31（a）所示。将图 9-31（a）按固结压力 σ'_{sz} 归一化处理可以得到不排水强度随 OCR 的变化，如图 9-31（b）所示。可见黏土的抗剪强度和 OCR 呈非线性

增长关系。

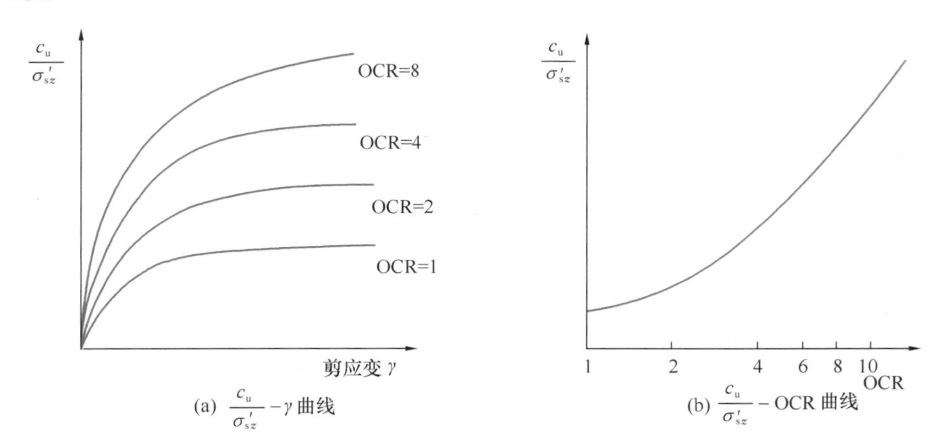

图 9-31　饱和黏土的不排水抗剪强度与 OCR 关系（殷宗泽，2007）

根据图 9-31（b）中 $\frac{c_u}{\sigma'_{sz}}$ 随超固结比的变化，可以得到如图 9-32 所示在不同固结比时超固结土的 $\left(\frac{c_u}{\sigma'_{sz}}\right)_{OC}$ 与正常固结土 $\left(\frac{c_u}{\sigma'_{sz}}\right)_{NC}$ 的比值。该图是由 5 种黏土的固结不排水试验得到的，可以看出，这 5 种土的曲线很接近，实用上可以用下式表示这个比值与超固结比的关系。

$$\frac{\left(\frac{c_u}{\sigma'_{sz}}\right)_{OC}}{\left(\frac{c_u}{\sigma'_{sz}}\right)_{NC}}=(OCR)^m \tag{9-42}$$

式中　$\left(\frac{c_u}{\sigma'_{sz}}\right)_{OC}$——超固结土不排水强度与固结压力之比；

$\left(\frac{c_u}{\sigma'_{sz}}\right)_{NC}$——正常固结土不排水强度与固结压力之比；

m——经验指数，取 0.8。

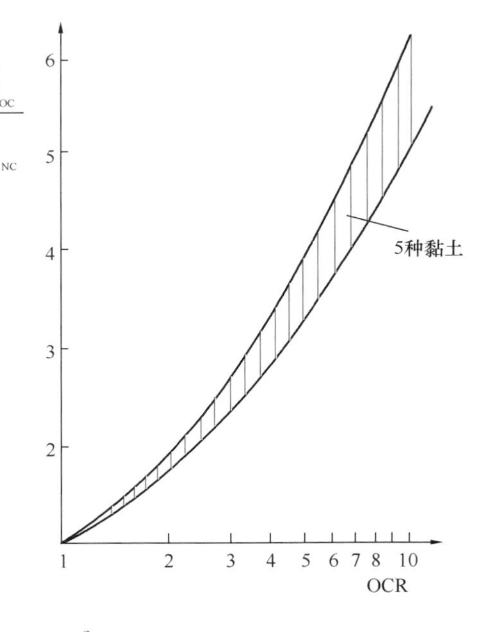

图 9-32　$\frac{c_u}{\sigma'_{sz}}$ 比值随超固结比 OCR 变化曲线（殷宗泽，2007）

9.5.3　黏性土抗剪强度指标的选择

黏性土的强度性状是很复杂的，强度指标与试验方法、试验条件都有关，而实际工程中的应力状态和排水条件又是千变万化的。因此，用实验室的试验条件去模拟现场条件毕竟还会有差别。因此，对于某个具体工程问题，如何确定土的抗剪强度指标并不是一件容易的事情。

强度指标选择的基本原则是：首先要根据工程问题的性质确定不同排水的试验条件，进而决定采用总应力或有效应力的强度指标，然后选择室内或现场的试验方法。一般认为，由三轴固结不排水试验确定的有效应力强度 c' 和 φ' 宜用于分析地基的长期稳定性

（例如土坡的长期稳定性，挡土结构物的长期土压力、软土地基上结构物的长期稳定性等）；而对于饱和软黏土的短期稳定性问题，则宜采用不固结不排水试验的强度指标 c_u，即 $\varphi_u = 0$，以总应力法进行分析。一般工程问题多采用总应力法分析，其指标和测试方法的选择大致如下。

若建筑物施工速度较快，而地基土的透水性和排水条件不良时，可采用三轴仪不固结不排水试验或直剪仪快剪试验的结果；如果地基荷载增长速率较慢，地基土的透水性不太小（如低塑性的黏土）以及排水条件较好时（如黏土层中夹砂层），则可以采用三轴仪固结排水或直剪仪慢剪试验结果；如果介于以上两种情况之间，可用三轴仪固结不排水或直剪仪固结快剪试验结果。由于实际加荷情况和土的性质是复杂的，而且在建筑物的施工和使用过程中都要经历不同的固结状态，因此，在确定强度指标时还应结合工程经验。

辛格（Singh，1976）对一些工程问题需要采用的抗剪强度指标及其测定方法进行列表说明（表 9-4），可供参考。该表主要推荐用有效应力法分析稳定性；在某些特殊情况下，如饱和黏性土的稳定性验算，可用 $\varphi_u = 0$ 总应力法分析。该表具体应用时，仍需结合工程实际条件，不能照搬。如果采用有效应力强度指标 c'、φ'，还需要准确测定土体的孔隙水压力分布。

强度指标的选用 **表 9-4**

工程类别	需要解决问题	强度指标	试验方法
1. 饱和黏土地基上结构或填方的基础	短期稳定性	c_u，$\varphi_u = 0$	不排水三轴、无侧限抗压试验、现场十字板剪切试验
	长期稳定性	c'，φ'	固结排水或固结不排水试验
2. 部分饱和砂和粉质砂土地基上的基础	短期和长期稳定性	c'，φ'	固结排水或固结不排水试验
3. 无支撑、地下水位以下的基坑开挖	快速开挖时的稳定性	c_u，$\varphi_u = 0$	不排水试验
	长期稳定性	c'，φ'	排水或固结不排水试验
4. 坚硬的裂隙土和风化土层的开挖	短期稳定性		不排水试验
	长期稳定性	c'，φ'	排水或固结不排水试验
5. 有支撑的黏土基坑开挖	坑底隆起	c_u，$\varphi_u = 0$	不排水试验
6. 天然边坡	长期稳定性	c'，φ'	固结排水或固结不排水试验
7. 挡土结构物的土压力	挖方时总压力	c_u，$\varphi_u = 0$	不排水试验
	长期土压力	c'，φ'	固结排水或固结不排水试验
8. 不透水土坝	施工期或完工后的短期稳定性	c'，φ'	固结排水或固结不排水试验
	稳定渗流期的长期稳定性	c'，φ'	固结排水或固结不排水试验
	水位骤降时的稳定性	c'，φ'	固结排水或固结不排水试验
9. 透水土坝	8 中所述三种稳定性	c'，φ'	排水试验
10. 黏土地基上的填方，其施工速率允许土体部分固结	短期稳定性	c_u，$\varphi_u = 0$	不排水试验
		c'，φ'	固结排水或固结不排水试验

思考题与习题

9-1 何为强度和土的抗剪强度？

9-2 土的破坏准则是怎么表达的？何为摩尔-库仑破坏准则？

9-3 何为土的极限平衡条件？它与土的破坏准则是一回事吗？

9-4 测定土的抗剪强度的试验方法有哪些？试述各自的原理和优缺点。

9-5 正常固结黏土的抗剪强度包线过原点，即其黏聚力 c 为零。这是否意味着它在各种固结压力下都不存在任何黏聚力？饱和黏土试样的不固结不排水试验的抗剪强度包线是水平的，即只有黏聚力，这是否说明土颗粒间就没有摩擦力？

9-6 在何种现场条件下采用排水试验的抗剪强度参数？在何种现场条件下采用不排水试验的抗剪强度参数？

9-7 某砂土进行三轴剪切试验，在轴向偏差应力 $\Delta\sigma=200$kPa，围压 $\sigma_3=100$kPa 时，土样被剪切破坏，试求：

（1）绘制应力圆；

（2）求砂土的内摩擦角；

（3）计算破裂面上的正应力 σ 和剪应力 τ 各是多少？

9-8 砂土地基中某点，其最大剪应力及相应的法向应力分别为 150kPa 和 300kPa。若该点发生破坏，试求：

（1）砂土的内摩擦角（用角度表示）；

（2）破坏面上的法向应力和剪应力。

9-9 黏土地基强度指标为 $c'=30$kPa，$\varphi'=25°$，地基内某点大应力为 $\sigma'_1=200$kPa，求这点的抗剪强度值。

9-10 土的有效内摩擦角为 30°，有效黏聚力为 12kPa。取该土样做固结不排水剪切试验，测得土样破坏时 $\sigma_3=260$kPa，$\sigma_1-\sigma_3=135$kPa。求该土样破坏时的孔隙水压力。

9-11 地基内某点的应力为 $\sigma_x=250$kPa、$\sigma_y=100$kPa、$\tau_{xy}=-\tau_{yx}=40$kPa，并已知土的强度指标 $\varphi=30°$、$c=0$，该点是否剪坏？

9-12 一组超固结原状土样固结不排水剪的结果如表 9-5 所示，试分别用总应力法和有效应力法绘制强度包线，求土抗剪强度指标 φ_{cu}、c_{cu} 与 φ'、c'，请问由试验结果是否可以说明该土是超固结的？

习题 9-12 表 **表 9-5**

数据项	试验 1	试验 2	试验 3	试验 4
围压（kPa）	100	200	400	600
破坏时轴向偏差应力（kPa）	410	520	720	980
破坏时的孔隙水压力（kPa）	−65	−10	80	180

9-13 某饱和黏性土进行无侧限抗压强度试验测得不排水抗剪强度 $c_u=60$kPa，若用同样的土样进行三轴不固结不排水试验，施加的围压 $\sigma_3=200$kPa，问土样在多大的轴向压力下发生破坏？

第10章　土　压　力

10.1　概　　述

挡土结构物是用来支挡土体，防止土体产生坍塌和滑移，保证结构稳定性的一类结构物（图10-1）。代表性的挡土结构物包括：道路工程中用来支挡两侧开挖边坡和路堤的挡土墙、桥梁工程中连接路堤的桥台、港口的码头及基坑工程中的挡土墙、散体材料堆场的侧墙。此外，建筑物地下室、地下人防通道、隧道、涵洞、输油管道等地下结构物也是典型的挡土结构物。

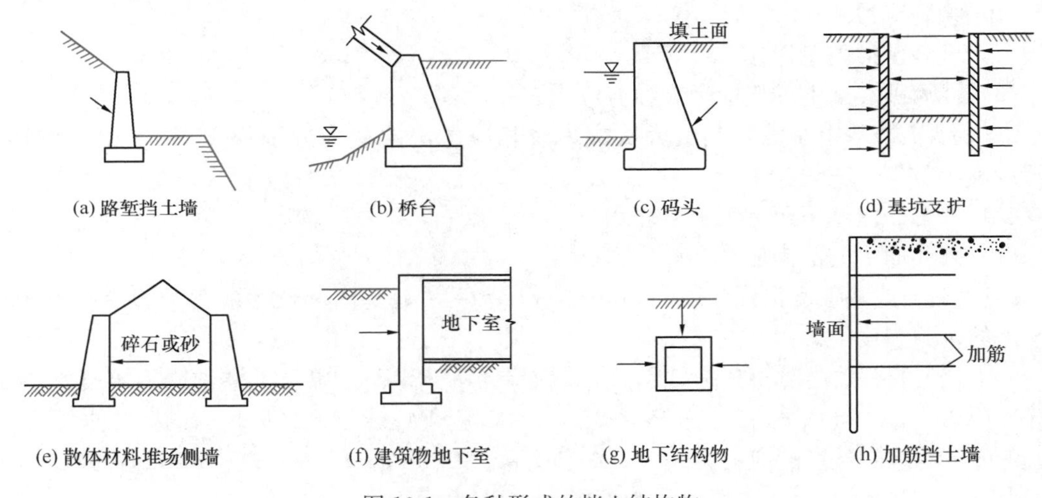

图10-1　各种形式的挡土结构物

挡土墙特指结构形式为墙体的挡土结构物。挡土墙在支挡土体的同时受到土体的侧向压力即土压力的作用。土压力的计算是挡土墙断面设计和稳定验算的主要依据，而形成土压力的主要荷载一般包括土体自身重量引起的侧向压力、水压力、影响区范围内的构筑物荷载、施工荷载和交通荷载等。在某些特定的条件下，还需要计算地震作用下挡土墙上可能引起的侧向压力，即动土压力。

挡土墙按其刚度和位移方式可以分为刚性挡土墙和柔性挡土墙两大类。前者如由砖、石或混凝土所构筑的断面较大的挡土墙。对于这类挡土墙，由于其刚性较大，在侧向土压力作用下仅能发生整体平移或转动，墙身的挠曲变形可以忽略。而后者如结构断面尺寸较小的钢筋混凝土桩、地下连续墙或各种材料的板桩等。由于其刚度较小，在侧向土压力作用下会发生明显的挠曲变形。本章重点讨论适用于刚性挡土墙的古典土压力理论，对于柔性挡土墙则只作简要说明。

10.2 墙体位移与土压力类型

一般而言，土压力的大小及其分布规律同挡土墙位移的方向和大小、土的性质、挡土墙的高度等因素有关。一般根据挡土墙位移的方向和大小，将土压力分为 3 种类型。

（1）静止土压力。如图 10-2（a）所示，若刚性的挡土墙静止不动，则此时作用在挡土墙上的土压力称为静止土压力。作用在单位长度挡土墙上的静止土压力合力用 E_0（kN/m）表示，静止土压力强度用 p_0（kPa）表示。

（2）主动土压力。如图 10-2（b）所示，若挡土墙在墙后填土压力的作用下，向离开填土的方向移动，这时作用在墙上的土压力将由静止土压力逐渐减小。当墙后的土体达到极限平衡状态，并出现连续剪切破坏的滑动面，墙后土体下滑，这时土压力减小到最小值。此时的土压力称为主动土压力。主动土压力合力和强度分别用 E_a（kN/m）和 p_a（kPa）表示。

（3）被动土压力。如图 10-2（c）所示，若挡土墙在外力作用下，向填土方向移动，这时作用在墙上的土压力将由静止土压力逐渐增大，一直到土体达到极限平衡状态，并出现连续滑动面，墙后土体将向上挤出隆起，这时土压力增至最大值。此时的土压力称为被动土压力。被动土压力合力和强度分别用 E_p（kN/m）和 p_p（kPa）表示。

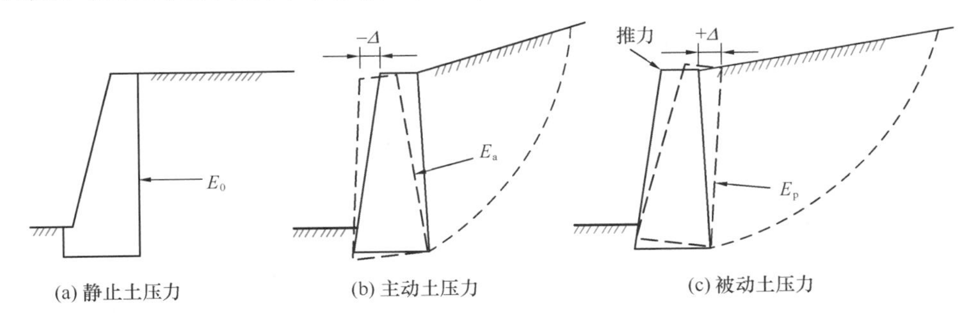

图 10-2　土压力的 3 种类型

图 10-3 给出土压力与挡土墙顶位移之间的关系。这里假设挡土墙运动方式是绕墙趾转动［图 10-3（a）］。由图 10-3（b）可见，挡土结构物要达到被动土压力所需的位移远大于产生主动土压力所需的位移。根据大量观测和试验研究，可给出砂土和黏土中产生主动和被动土压力所需的墙顶位移参考值，见表 10-1。

产生主动和被动土压力所需的墙顶位移参考值（Das，2020）　　表 10-1

墙后土体类型	Δ_a/H	Δ_p/H
松散砂土	0.001～0.002	0.01
密实砂土	0.0005～0.001	0.005
软黏土	0.02	0.04
硬黏土	0.01	0.02

在挡土墙高度和填土条件相同的情况下，土压力之间有如下关系：$E_a < E_0 < E_p$。主动和被动土压力对应的状态是墙后土体的极限平衡状态，也就是说是极端情况产生的土压

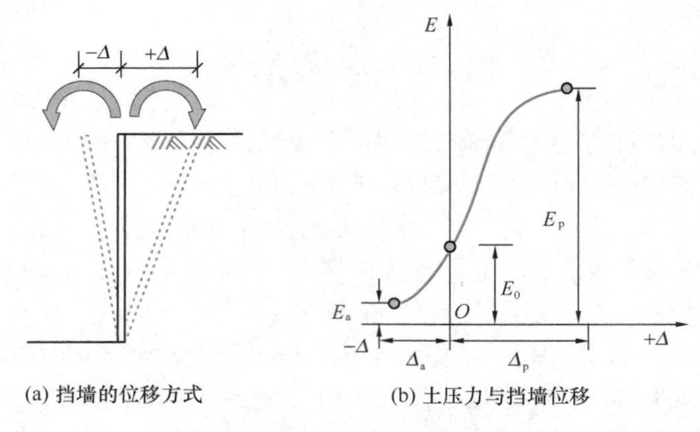

(a) 挡墙的位移方式　　(b) 土压力与挡墙位移

图 10-3　土压力与挡土墙位移关系图

力。实际大部分工程的土体状态介于上述 3 种状态之间，土压力的实际大小也介于上述 3 种土压力之间。目前，根据土的实际应力-应变关系，利用数值计算手段，可以较为精确地确定挡土墙位移与土压力大小之间的定量关系，这对于一些重要的工程是十分必要的。

10.3　静止土压力

当挡土墙完全没有侧向位移、偏移和自身弯曲变形时，作用在挡墙上的土压力即为静止土压力。例如，重力式挡土墙一般自重较大，实际位移很小，就会产生这种土压力。这时，墙后土体应处于侧限应力状态，与土的自重应力状态相同，因此可用计算自重应力的方法确定静止土压力的大小。

10.3.1　静止土压力强度的基本公式

如图 10-4（a）所示，在半无限空间中 z 深度取一个土体单元。由于半无限空间内每一竖直面都是对称面，土体单元的竖直面和水平面上的剪应力都等于零，其应力状态为侧限应力状态。所以，大主应力等于竖向自重应力

$$\sigma_1 = \sigma_{sz} = \gamma z \tag{10-1}$$

小主应力等于水平向自重应力

$$\sigma_3 = \sigma_{sx} = K_0 \sigma_{sz} = K_0 \gamma z \tag{10-2}$$

式中，γ 为墙后填土的重度，kN/m³；K_0 为侧压力系数。

设想用一垛墙代替左侧土体，若墙背垂直光滑（无摩擦剪应力），则代替后，右侧土体中的应力状态并没有改变，仍处于侧限应力状态，如图 10-4（b）所示。σ_x 由原来表示土体内部的应力，现在变成土对墙的压强。因此，静止土压力的强度 p_0（单位：kPa）为

$$p_0 = K_0 \gamma z \tag{10-3}$$

因此，侧压力系数 K_0 又称为静止土压力系数。

将土单元的应力状态用摩尔圆表示在 τ-σ 坐标系中，如图 10-4（d）所示。可以看出，这种应力状态离破坏包线还很远，属于弹性平衡应力状态。

由式（10-1）可知，p_0 沿墙高呈三角分布。如图 10-4（c）所示，若墙高为 H，则作

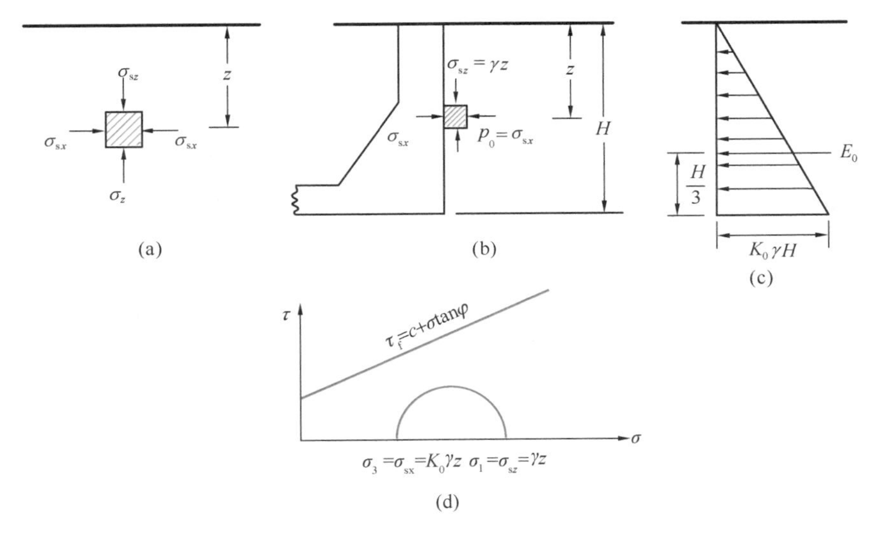

图 10-4 静止土压力计算

用于单位长度挡墙上的总静止土压力 E_0 为：

$$E_0 = \frac{1}{2}K_0\gamma H^2 \quad (\text{单位:kN/m}) \tag{10-4}$$

10.3.2 静止土压力系数 K_0 的取值

静止土压力系数 K_0 可根据实验测定，也可根据经验公式计算。研究证明，K_0 值主要与土类、土体密度有关，黏性土的 K_0 值还与应力历史有关系。下列经验公式可供估计 K_0 值之用。

对于无黏性土及正常固结黏性土（Jaky，1948）有：

$$K_0 = 1 - \sin\varphi' \tag{10-5}$$

式中，φ' 为有效内摩擦角。显然，对这类土，K_0 值均小于 1.0。也可依据《建筑地基基础设计规范》GB 50007—2011 的建议值（表 10-2）来确定。

静止土压力系数 K_0 值（GB 50007—2011） 表 10-2

土类	坚硬土	硬塑—可塑黏性土、粉质黏土、砂土	可塑—软塑黏性土	软塑黏性土	流塑黏性土
K_0	0.2～0.4	0.4～0.5	0.5～0.6	0.6～0.75	0.75～0.8

对于超固结黏性土，可用正常固结土的 K_0 值与超固结比的经验公式进行估算：

$$(K_0)_{OC} = (K_0)_{NC} \cdot (OCR)^m \tag{10-6}$$

式中，$(K_0)_{OC}$ 为超固结土的 K_0；$(K_0)_{NC}$ 为正常固结土的 K_0 值；OCR 为超固结比；m 为经验系数，一般可用 $m=0.41$。

图 10-5 代表超固结比 OCR 与 K_0 值范围的关系，可以看出，对于 OCR 较大的超固结土，K_0 值可远大于 1.0。

10.3.3 几种典型工程情况下的静止土压力

式（10-3）表明，静止土压力强度 p_0 实质是满足以下条件：

$$p_0 = K_0\sigma_z \tag{10-7}$$

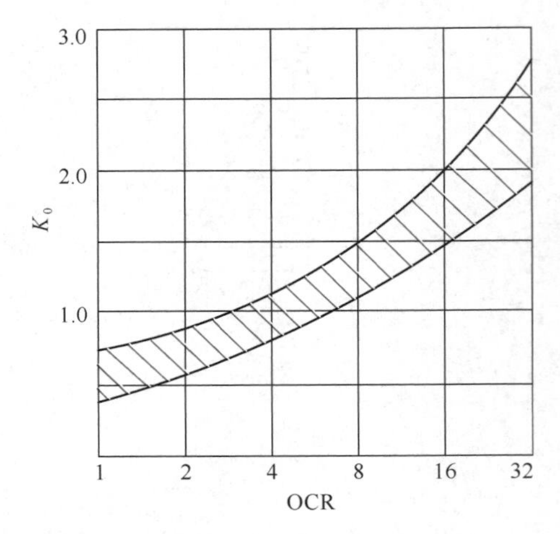

图 10-5　K_0 与超固结比 OCR 的关系

在实际工程中，墙后土体可能存在地表有荷载、墙后地基为分层土和存在地下水等情况，下面分别讨论。

1. 填土表面有荷载作用

如图 10-6 所示，墙后填土表面有连续均布荷载 q，相当于在深度 z 处的竖向应力 σ_z 增加 q：

$$\sigma_z = \gamma z + q \tag{10-8}$$

代入式（10-7）即可得到填土表面有均布荷载 q 作用时的静止土压力：

$$p_0 = (\gamma z + q)K_0 \tag{10-9}$$

对应的土压力分布如图 10-6 所示。

2. 墙后为成层填土

当墙后填土为成层土时，仍可按式（10-7）计算静止土压力。但应注意在土层分界面上，由于上下两层土的抗剪强度指标 φ 不同，静止土压力系数也不同，使土压力的分布有突变。如图 10-7 所示，各点的土压力分别为：

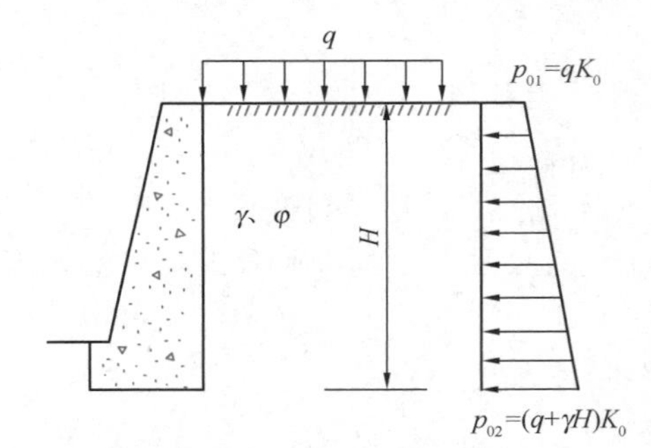

图 10-6　地表有荷载时的静止土压力

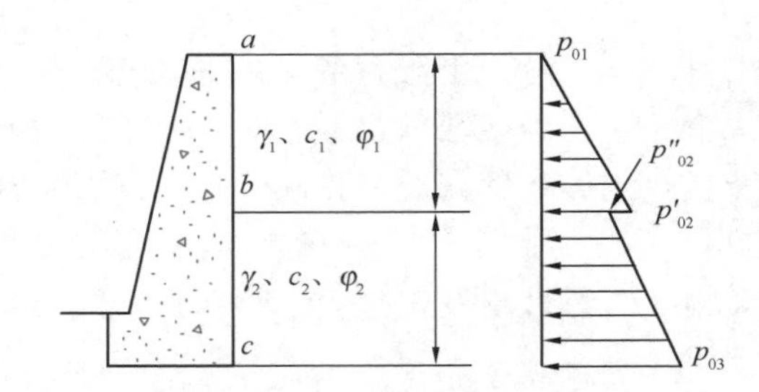

图 10-7　成层填土中的静止土压力

a 点　　$p_{01} = 0$

b 点上（在第 1 层土中）　　$p'_{02} = \gamma_1 h_1 K_{01}$

b 点下（在第 2 层土中）　　$p''_{02} = \gamma_1 h_1 K_{02}$

c 点　　$p_{03} = (\gamma_1 h_1 + \gamma_2 h_2)K_{02}$

式中，K_{01}，K_{02} 分别为第 1 层和第 2 层土的静止土压力系数。

3. 墙后填土有地下水

挡土墙后填土常会有地下水存在，此时挡土墙除承受侧向土压力作用之外，还受到水压力的作用。对地下水位以下部分的土体对挡墙产生的侧压力，可采用“水土分算”或者“水土合算”的方法。下面简单介绍水土分算和水土合算的基本方法：

（1）水土分算法

采用浮重度 γ' 计算地下水位以下的竖向有效应力 σ'_z，计算静止土压力强度：

$$p_0 = K_0 \sigma'_z \tag{10-10}$$

此时静止土压力系数 K_0 按有效应力强度指标计算。再计算静水压力，最终墙后土体作用在墙背的总侧压力为静止土压力（有效）与静水压力的叠加。

（2）水土合算法

对于地下水位以下的土体采用饱和重度 γ_{sat} 计算竖向总应力 σ_z，再利用式（10-7）计算总的侧压力强度，此时静止土压力系数 K_0 取总应力试验方法确定的侧压力系数，或者采用总应力强度指标估算。

对一般工程而言，采用水土分算方法得到的总侧压力相对保守，因此建议按水土分算的原则进行静止土压力计算，即先分别计算土压力和水压力，然后再将两者叠加。但本章为简化公式表达，如无特殊说明，后续公式图表省略有效应力符号。

【例 10-1】 某挡土墙高 5m，填土重度 $\gamma=18.5\text{kN/m}^3$，浮重度 $\gamma'=9.0\text{kN/m}^3$，静止土压力系数 $K_0=0.5$，地下水位距填土面 2.5m，试采用水土分算的方法，计算作用在墙背的总侧向土压力 E_0（包括水压力）及作用点位置，并绘出侧压力沿墙高的分布图。

【解】 如图 10-8 所示，各点的静止土压力分别为：

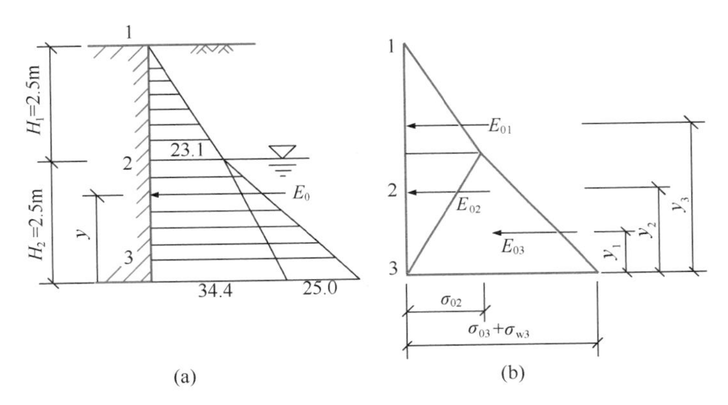

图 10-8　例 10-1 图

1 点：$p_{01}=0$，

2 点：$p_{02}=K_0\gamma h_1=0.5\times18.5\times2.5=23.1\text{kPa}$，

3 点：土压力 $p_{03}=K_0(\gamma h_1+\gamma' h_2)=0.5\times(18.5\times2.5+9\times2.5)=34.4\text{kPa}$，

水压力 $p_{w3}=\gamma_w h_2=10\times2.5=25.0\text{kPa}$，

总侧压力 $p_3=p_{03}+p_{w3}=34.4+25.0=59.4\text{kPa}$；

侧压力分布图如图 10-1（a）所示。

为求土压力合力 E_0 及其作用位置，将分布图分解为三个小三角形，如图 10-8（b）所示。在求出各小三角形的面积 E_{0i}（即分力）和形心位置 y_i（即分力作用位置）后，按合力公式求合力 E_0 及作用位置 y，计算过程如下：

$$E_{01}=\frac{1}{2}p_{02}h_1=\frac{1}{2}\times23.1\times2.5=28.9\text{kN/m};$$

$$y_1=h_2+\frac{1}{3}h_1=2.5+\frac{1}{3}\times2.5=3.33\text{m};$$

$$E_{02}=\frac{1}{2}p_{02}h_2=\frac{1}{2}\times23.1\times2.5=28.9\text{kN/m};$$

$$y_2=\frac{2}{3}h_2=\frac{2}{3}\times2.5=1.67\text{m};$$

$$E_{03}=\frac{1}{2}(p_{03}+p_{w3})h_2=\frac{1}{2}\times 59.4\times 2.5=74.3\text{kN/m};$$

$$y_3=\frac{1}{3}h_2=\frac{1}{3}\times 2.5=0.83\text{m};$$

$$E_0=\sum_{i=1}^{3}E_{0i}=E_{01}+E_{02}+E_{03}=28.9+28.9+74.3=132.1\text{kN/m};$$

$$y=\frac{\sum_{i=1}^{3}E_{0i}y_i}{E_0}=\frac{28.9\times 3.33+28.9\times 1.67+74.3\times 0.83}{132.1}=1.56\text{m}。$$

10.4 朗肯土压力理论

10.4.1 基本原理

朗肯土压力理论是根据半无限空间的应力状态和土单元体（土中一点）的极限平衡条件而得出的土压力理论。图 10-9（a）表示地表为水平面的半无限空间。在离地表 z 深度处取一单元体，当整个土体都处于静止状态时，各点都处于弹性平衡状态。此时的应力状态用摩尔圆表示为如图 10-9（c）所示的圆Ⅰ。

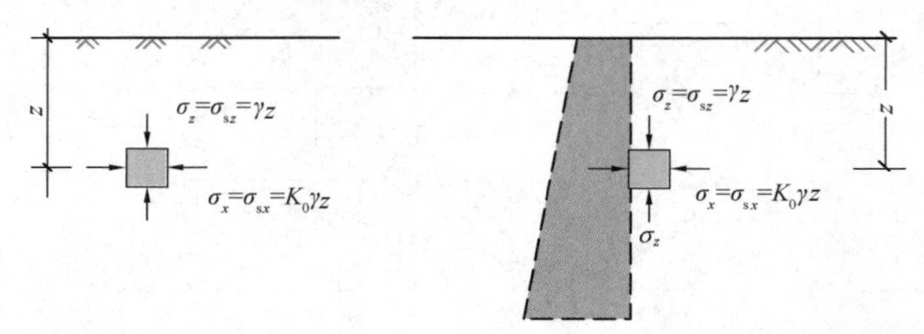

(a) 半无限空间中土单元应力状态　　(b) 光滑直立的挡土墙后的土单元应力状态

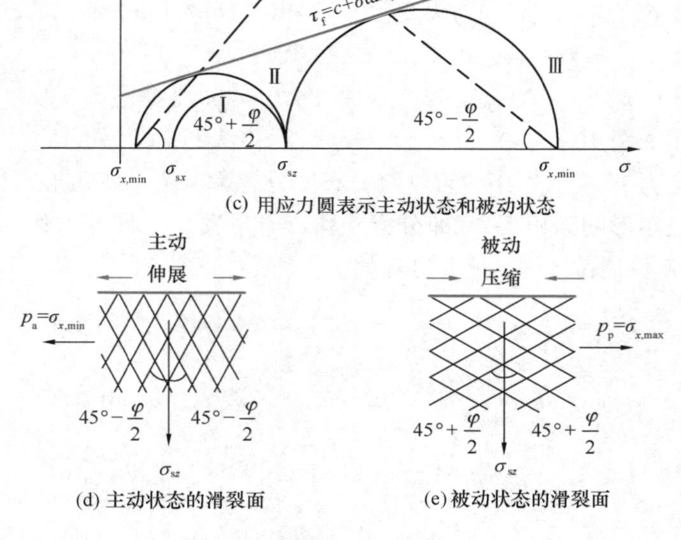

(c) 用应力圆表示主动状态和被动状态

(d) 主动状态的滑裂面　　(e) 被动状态的滑裂面

图 10-9　极限平衡状态的示意图

假设以墙背光滑、直立的挡土墙代替半无限空间左边的土［图 10-9（b）］。墙背与土的接触面上没有摩擦力的产生，所以剪应力为零。则土体中任意水平面和竖直墙面为主平面，作用在这两个平面上的应力为主应力。因此，用墙代替左侧土体后，原来的应力条件没有发生变化，单元土体的应力状态仍可以用应力圆Ⅰ来表示。极限平衡状态，由此推导出主动、被动土压力计算的理论公式。

设想由于某种原因，整个土体在水平方向均匀地伸展或压缩。如果土体在水平方向伸展，如图 10-9（d）所示，则 σ_x 随位移的增大而逐渐减少，应力圆圆心逐渐左移，当 σ_x 小到一定值时，应力圆与抗剪强度包线相切，如图 10-9（c）中圆Ⅱ，此时大主应力 $\sigma_1 = \sigma_{sz}$，小主应力 $\sigma_3 = \sigma_{x,\min}$。此时土体达到极限平衡状态，土中出现两组滑裂面，并与竖直方向成 $45° - \varphi/2$ 的夹角。

反之，如果土体在水平方向压缩，如图 10-9（e）所示，则竖向应力 σ_{sz} 不变，σ_x 随位移增大而增大，应力圆圆心逐渐右移，当 σ_x 达到一定值时应力圆与库仑直线相切，如图 10-9（c）的中的圆Ⅲ，此时 $\sigma_1 = \sigma_{x,\max}$，$\sigma_3 = \sigma_{sz}$。土体达到极限平衡状态，同时产生两组滑裂面，均与竖直方向成 $45° + \varphi/2$ 的夹角。

图 10-9（d）、图 10-9（e）中极限平衡状态分别对应主动土压力和被动土压力时的应力状态，因此，又称为主动极限平衡状态、被动极限平衡状态，简称主动状态、被动状态。

10.4.2 朗肯主动土压力公式

对于如图 10-10 所示的挡土墙，设墙背光滑、直立，墙后填土面水平、无限长。当挡土墙偏移土体时，大主应力 σ_1 保持不变，等于竖向自重应力 $\sigma_{sz} = \gamma z$；小主应力 σ_3 逐渐减小直至达到极限值。对于黏性土，由极限平衡条件可得 σ_3 为：

$$\sigma_3 = \sigma_1 \tan^2(45° - \varphi/2) - 2c\tan(45° - \varphi/2) \tag{10-11}$$

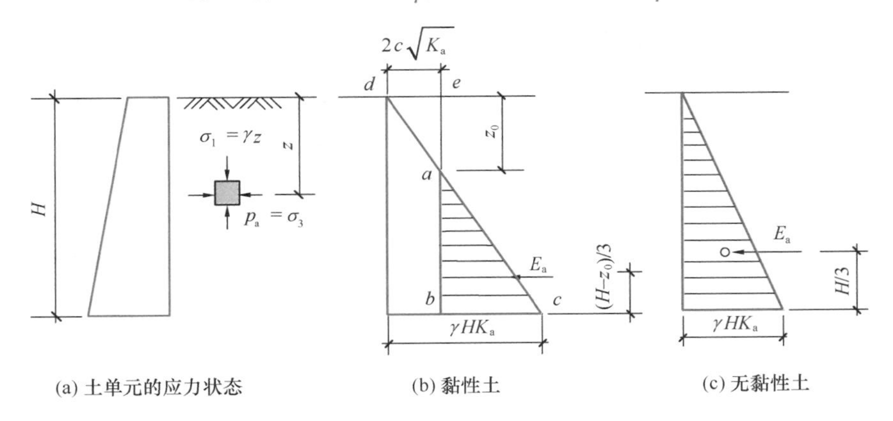

图 10-10　主动土压力强度分布图

作用在墙体上的主动土压力强度 p_a 等于小主应力 σ_3，将 $\sigma_1 = \gamma z$ 代入上式，可得主动土压力强度 p_a 为：

$$p_a = \gamma z K_a - 2c\sqrt{K_a} \tag{10-12}$$

式中　p_a——主动土压力强度（kPa）；

K_a——朗肯主动土压力系数，$K_a = \tan^2(45° - \varphi/2)$；

c——填土的黏聚力（kPa）；

φ——填土的内摩擦角（°）；

z——点的深度（m）。

由式（10-12）可知，黏性土的主动土压力强度包括两部分：一部分是土自重引起的土压力 $\gamma z K_a$，另一部分是由黏聚力 c 引起的负侧压力 $2c\sqrt{K_a}$。这两部分土压力叠加的结果如图 10-10（b）所示，其中 ade 部分是负侧压力，对墙背是拉力，但实际上墙与土在很小的拉力作用下就会分离，故在计算土压力时，这部分应忽略不计，因此黏性土的土压力分布仅是 abc 部分。

a 点离填土面的深度 z_0 常称为临界深度，在填土面无荷载的条件下，可令式（10-12）为零求得 z_0 值，即：

$$p_a = \gamma z_0 K_a - 2c\sqrt{K_a} = 0$$

得

$$z_0 = 2c/(\gamma\sqrt{K_a}) \tag{10-13}$$

如取单位墙长计算，则主动土压力 E_a 为：

$$E_a = (1/2)\gamma H^2 K_a - 2cH\sqrt{K_a} + 2c^2/\gamma \tag{10-14}$$

式中，E_a 为主动土压力，kN/m，E_a 通过在三角形压力分布 abc 的形心，即作用在离墙底 $(H - z_0)/3$ 处。

对于无黏性土有 $c = 0$，因此主动土压力强度 p_a 为：

$$p_a = \gamma z K_a \tag{10-15}$$

无黏性土的主动土压力强度与 z 成正比，沿墙高的压力呈三角形分布，如图 10-10（c）所示，如取单位墙长计算，则主动土压力 E_a 为：

$$E_a = (1/2)\gamma H^2 K_a \tag{10-16}$$

E_a 作用在离墙底 $H/3$ 处。

10.4.3 朗肯被动土压力公式

当墙受到外力作用而推向土体达到被动状态时［图 10-11（a）］，小主应力 σ_3 等于竖向自重应力 $\sigma_{sz} = \gamma z$，大主应力 σ_1 达到极限值。于是由极限平衡条件：

$$\sigma_1 = \sigma_3 \tan^2(45° + \varphi/2) + 2c\tan(45° + \varphi/2) \tag{10-17}$$

此时，作用在墙体上的被动土压力强度 p_p 等于大主应力 σ_1，将 $\sigma_3 = \gamma z$ 代入上式，可得被动土压力强度 p_p 为：

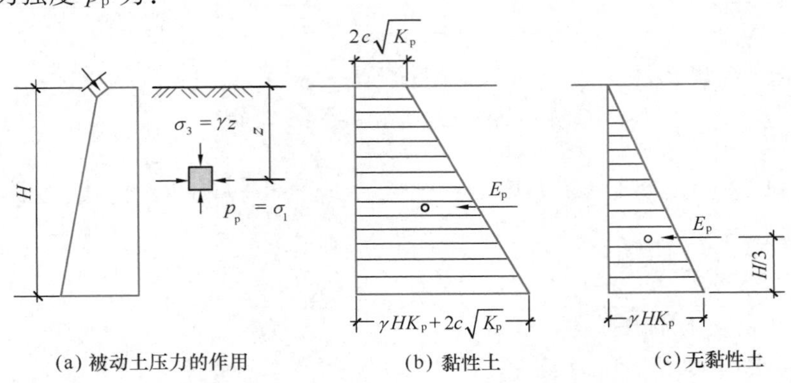

图 10-11　被动土压力强度分布图

$$p_p = \gamma z K_p + 2c\sqrt{K_p} \tag{10-18}$$

式中，K_p 为朗肯被动土压力系数，$K_p = \tan^2(45° + \varphi/2)$；其余的符号同前。

无黏性土的被动土压力强度 p_p 为：

$$p_p = \gamma z K_p \tag{10-19}$$

黏性土被动土压力强度呈梯形分布，无黏性土被动土压力强度呈三角形分布。取单位墙长计算，则被动土压力 E_p：

黏性土：
$$E_p = (1/2)\gamma H^2 K_p + 2cH\sqrt{K_p} \tag{10-20}$$

无黏性土：
$$E_p = (1/2)\gamma H^2 K_p \tag{10-21}$$

对于墙后地表有荷载、地基为分层土等情况，可参考静止土压力一节的相关描述，修改主动土压力强度公式，此处从略。墙后填土存在地下水的情况，对砂性土，可按水土分算的原则进行；而对于黏性土则可根据现场情况和工程经验，按水土分算或水土合算进行。

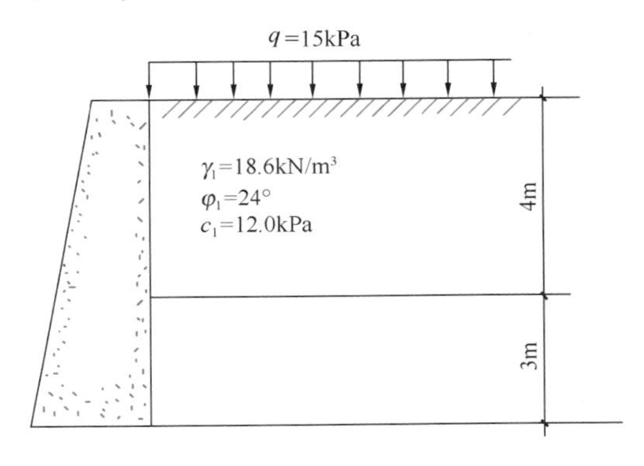

图 10-12　例 10-2 图 1

【例 10-2】某挡土墙高 7m，墙背竖直光滑，填土面水平，并作用有连续的均布荷载 q=15kPa，墙后填土分两层，其物理力学性质指标如图 10-12 所示，试采用朗肯土压力理论计算墙背所受主动土压力分布、合力及其作用点位置。

【解】因墙背竖直、光滑，填土面水平，符合朗肯土压力条件，故两层土的主动土压力系数分别为：

$$K_{a1} = \tan^2\left(45° - \frac{\varphi_1}{2}\right) = \tan^2\left(45° - \frac{24°}{2}\right) = 0.422$$

$$K_{a2} = \tan^2\left(45° - \frac{\varphi_2}{2}\right) = \tan^2\left(45° - \frac{20°}{2}\right) = 0.490$$

填土表面土压力强度为：

$$p_{a1} = qK_{a1} - 2c\sqrt{K_{a1}} = 15 \times 0.442 - 2 \times 12.0 \times \sqrt{0.442} = -9.26\text{kPa}$$

第一层底部土压力强度为：

$$\begin{aligned} p_{a2}^{上} &= (q + \gamma_1 h_1)K_{a1} - 2c_1\sqrt{K_{a1}} \\ &= (15 + 18.6 \times 4) \times 0.422 - 2 \times 12.0 \times \sqrt{0.422} \\ &= 22.14\text{kPa} \end{aligned}$$

第二层顶部土压力强度为：

$$\begin{aligned} p_{a2}^{下} &= (q + \gamma_1 h_1)K_{a2} - 2c_2\sqrt{K_{a2}} \\ &= (15 + 18.6 \times 4) \times 0.490 - 2 \times 8 \times \sqrt{0.490} \\ &= 32.61\text{kPa} \end{aligned}$$

第二层底部土压力强度为：

$$p_{a3} = (q + \gamma_1 h_1 + \gamma_2 h_2)K_{a2} - 2c_2\sqrt{K_{a2}}$$

$$= (15 + 18.6 \times 4 + 19.5 \times 3) \times 0.490 - 2 \times 8 \times \sqrt{0.490}$$
$$= 61.27\text{kPa}$$

临界深度 z_0 的计算：

由：$p_{a1} = (q + \gamma_1 z_0)K_{a1} - 2c_1\sqrt{K_{a1}} = 0$

即：$p_{a1} = (15 + 18.6 \times z_0) \times 0.422 - 2 \times 12.0 \times \sqrt{0.422} = 0$

解得：$z_0 = 1.18\text{m}$；

墙后总侧压力为：

$$E_a = \frac{1}{2} \times 22.14 \times (4 - 1.18) + 32.61 \times 3 + \frac{1}{2} \times (61.27 - 32.61) \times 3$$
$$= 31.22 + 97.83 + 42.99 = 172.04\text{kN/m}$$

其作用点距墙踵的距离 x 为：

$$x = \frac{1}{172.04}\left[31.22 \times \left(3 + \frac{4 - 1.18}{3}\right) + 97.83 \times \frac{3}{2} + 42.99 \times \frac{3}{3}\right]$$
$$= \frac{1}{172.04}(123.01 + 146.75 + 42.99)$$
$$= 1.82\text{m}$$

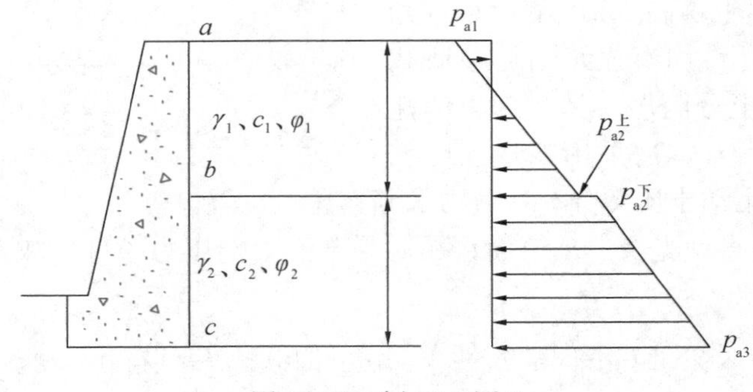

图 10-13　例 10-2 图 2

10.5　库仑土压力理论

10.5.1　基本原理

库仑在 1776 年提出的土压力理论也是著名的古典土压力理论之一。最初适用于墙后填土为均质无黏性土的情况，后来又推广到黏性土。其基本假定是：当挡土墙背离土体移动或推向土体时，墙后土体达到极限平衡状态，其滑动面是通过墙脚 B 的平面 BC（图 10-14），假定滑动土楔 ABC 是刚体，则根据土楔 ABC 的静力平衡条件，按平面问题可解得作用在挡土墙上的土压力。

10.5.2　无黏性土的主动土压力计算

如图 10-15 所示，挡土墙的墙背 AB 倾斜，与竖直方向的夹角为 ε；填土表面 AC 是一倾斜平面，与水平方向的夹角为 β。当挡土墙在土压力作用下离开填土向外移动时，墙后土体会逐渐达到主动极限平衡状态，此时土体中将产生两个通过墙脚 B 的滑动面 AB 及 BC。假定滑动面 BC 与水平方向的夹角为 α。

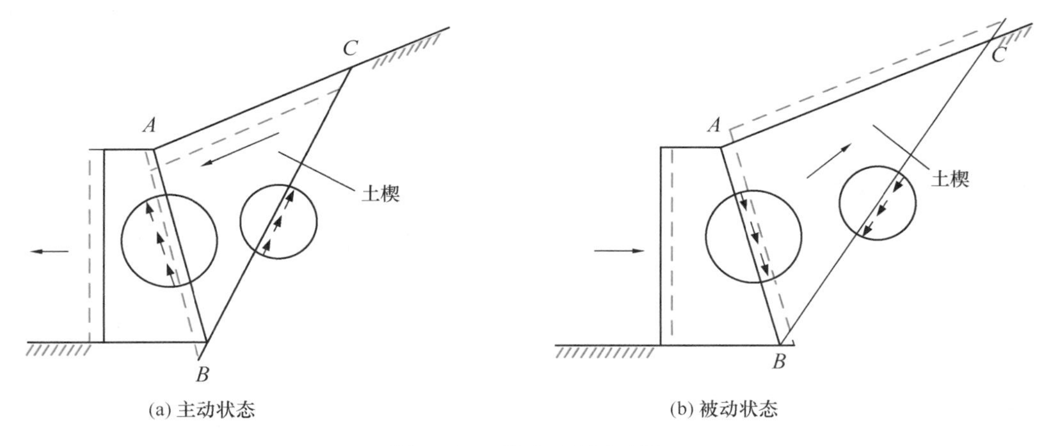

图 10-14　库仑土压力理论

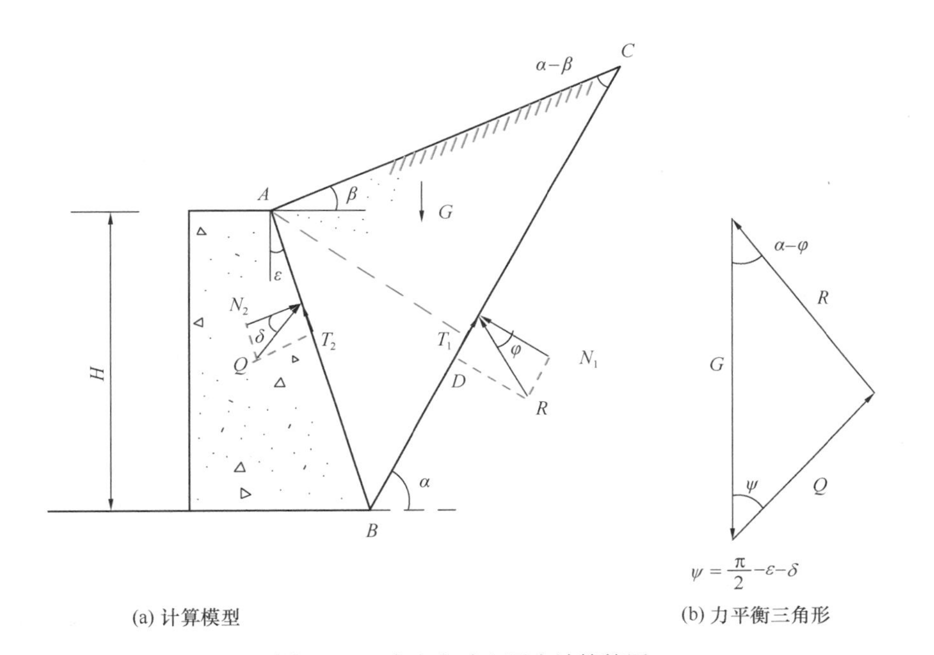

图 10-15　库仑主动土压力计算简图

取单位长度挡土墙进行分析，作用在土楔 ABC 上的力有以下几个：

（1）土楔 ABC 的重力 G

若 α 值已知，则土楔 ABC 形状和尺寸确定，G 的大小、方向及作用点位置均已知。

（2）土体作用在滑动面 BC 上的反力 R

R 是 BC 面上摩擦力 T_1 与法向反力 N_1 的合力。当墙后填土为均质无黏性土（$c=0$）时，R 与 BC 面法线间的夹角等于土的内摩擦角 φ。由于土楔 ABC 相对于滑动面 BC 右边的土体是向下移动的，故摩擦力 T_1 向上。R 的作用方向已知，大小未知。

（3）挡土墙对土楔的作用力 Q

Q 与墙背法线间的夹角等于墙背与填土间的摩擦角 δ。由于土楔 ABC 相对于墙是向下滑动的，故摩擦力 T_2 也是向上的。Q 的作用方向已知，大小未知。

如图 10-15 所示，根据滑动土楔 ABC 的静力平衡条件，可绘出 G、R 和 Q 的力平衡三角形。由正弦定理得：

$$\frac{G}{\sin[\pi-(\psi+\alpha-\varphi)]}=\frac{Q}{\sin(\alpha-\varphi)} \tag{10-22}$$

式中，$\psi=\frac{\pi}{2}-\varepsilon-\delta$。

由图 10-15 可知：

$$G=\frac{1}{2}\overline{AD}\cdot\overline{BC}\cdot\gamma \tag{10-23}$$

$$\overline{AD}=\overline{AB}\cdot\sin\left(\frac{\pi}{2}+\varepsilon-\alpha\right)=H\cdot\frac{\cos(\varepsilon-\alpha)}{\cos\varepsilon} \tag{10-24}$$

$$\overline{BC}=\overline{AB}\cdot\frac{\sin\left(\frac{\pi}{2}+\beta-\varepsilon\right)}{\sin(\alpha-\beta)}=H\cdot\frac{\cos(\beta-\varepsilon)}{\cos\varepsilon\cdot\sin(\alpha-\beta)} \tag{10-25}$$

代入得：

$$G=\frac{1}{2}\gamma H^2\frac{\cos(\varepsilon-\alpha)\cdot\cos(\beta-\varepsilon)}{\cos^2\varepsilon\cdot\sin(\alpha-\beta)} \tag{10-26}$$

将式（10-26）代入式（10-22），得：

$$Q=\frac{1}{2}\gamma H^2\cdot\left[\frac{\cos(\varepsilon-\alpha)\cdot\cos(\beta-\varepsilon)\cdot\sin(\alpha-\varphi)}{\cos^2\varepsilon\cdot\sin(\alpha-\beta)\cdot\cos(\alpha-\varphi-\varepsilon-\delta)}\right] \tag{10-27}$$

式中，γ、H、ε、β、δ、φ 均为常数。

Q 随滑动面 BC 的倾角 α 而变化。当 $\alpha=\frac{\pi}{2}+\varepsilon$ 时，$G=0$，滑动面 BC 与滑动面 AB 重合，土楔 ABC 面积为 0，故 $Q=0$；当 $\alpha=\varphi$ 时，由式（10-27）知 $Q=0$，即土楔 ABC 可完全依靠摩擦力稳定在滑动面 BC 上，墙背 AB 与土体没有相互作用。当 α 在 $\left(\frac{\pi}{2}+\varepsilon\right)$ 和 φ 之间变化时，Q 存在一个极大值。这个极大值 Q_{max} 即为所求的主动土压力 E_a。

为求得 Q_{max} 值，可将式（10-27）对 α 求导数，并令：

$$\frac{dQ}{d\alpha}=0 \tag{10-28}$$

由式（10-28）解得 α 值代入式（10-27），即可得库仑主动土压力计算公式为：

$$E_a=Q_{max}=\frac{1}{2}\gamma H^2K_a \tag{10-29}$$

其中

$$K_a=\frac{\cos^2(\varphi-\varepsilon)}{\cos^2\varepsilon\cdot\cos(\delta+\varepsilon)\left[1+\sqrt{\frac{\sin(\delta+\varphi)\cdot\sin(\varphi-\beta)}{\cos(\delta+\varepsilon)\cdot\cos(\varepsilon-\beta)}}\right]^2} \tag{10-30}$$

式中 γ、φ——填土的重度及内摩擦角；

H——挡土墙的高度；

ε——墙背与竖直方向夹角，当墙背俯斜时为正（如图 10-15 所示），仰斜为负；

δ——墙背与填土间的摩擦角（简称墙土摩擦角），与墙背面粗糙程度、填土性质等有关，表 10-3 根据《建筑地基基础设计规范》GB 50007—2011 给出了 δ 的建议值；

β——填土的水平方向倾角；

K_a——库仑主动土压力系数，它是 φ、δ、ε、β 的函数。表 10-4 列出了 $\beta=0$ 时 K_a 的值。

墙土摩擦角的建议值（GB 50007—2011）　　表 10-3

挡土墙情况	摩擦角 δ
墙背平滑、排水不良	(0～0.33) φ
墙背粗糙，排水良好	(0.33～0.50) φ
墙背很粗糙、排水良好	(0.50～0.67) φ
墙背与填土间不可能滑动	(0.67～1.00) φ

库仑主动土压力系数 K_a（$\beta=0$）　　表 10-4

墙背倾斜	ε(°)	δ(°)	K_a					
			φ(°)					
			20	25	30	35	40	45
仰斜	−15	$\frac{1}{3}\varphi$	0.370	0.285	0.216	0.161	0.118	0.083
		$\frac{1}{2}\varphi$	0.357	0.274	0.208	0.156	0.114	0.081
		$\frac{2}{3}\varphi$	0.346	0.266	0.202	0.153	0.112	0.079
	−10	$\frac{1}{3}\varphi$	0.398	0.314	0.245	0.189	0.144	0.106
		$\frac{1}{2}\varphi$	0.358	0.303	0.237	0.184	0.139	0.104
		$\frac{2}{3}\varphi$	0.375	0.295	0.232	0.180	0.139	0.104
	−5	$\frac{1}{3}\varphi$	0.427	0.344	0.276	0.219	0.172	0.132
		$\frac{1}{2}\varphi$	0.415	0.334	0.268	0.214	0.618	0.131
		$\frac{2}{3}\varphi$	0.406	0.327	0.263	0.211	0.168	0.131
竖直	0	$\frac{1}{3}\varphi$	0.458	0.377	0.309	0.251	0.202	0.160
		$\frac{1}{2}\varphi$	0.447	0.367	0.301	0.246	0.199	0.160
		$\frac{2}{3}\varphi$	0.438	0.361	0.297	0.244	0.200	0.162
俯斜	+5	$\frac{1}{3}\varphi$	0.492	0.412	0.344	0.286	0.236	0.192
		$\frac{1}{2}\varphi$	0.482	0.404	0.338	0.282	0.234	0.193
		$\frac{2}{3}\varphi$	0.450	0.398	0.335	0.282	0.236	0.197

续表

墙背倾斜	ε(°)	δ(°)	K_a					
			φ(°)					
			20	25	30	35	40	45
俯斜	+10	$\frac{1}{3}\varphi$	0.530	0.451	0.384	0.325	0.273	0.228
		$\frac{1}{2}\varphi$	0.520	0.444	0.378	0.322	0.273	0.230
		$\frac{2}{3}\varphi$	0.514	0.439	0.377	0.323	0.277	0.237
	+15	$\frac{1}{3}\varphi$	0.573	0.495	0.428	0.369	0.316	0.270
		$\frac{1}{2}\varphi$	0.564	0.489	0.424	0.368	0.318	0.274
		$\frac{2}{3}\varphi$	0.559	0.486	0.425	0.371	0.325	0.284
	+20	$\frac{1}{3}\varphi$	0.622	0.546	0.478	0.419	0.365	0.317
		$\frac{1}{2}\varphi$	0.615	0.541	0.476	0.463	0.370	0.325
		$\frac{2}{3}\varphi$	0.611	0.540	0.479	0.474	0.381	0.340

如果填土面水平（$\beta=0$），墙背竖直（$\varepsilon=0$）及墙背光滑（$\delta=0$）时，由式（10-30）可得：

$$K_a=\frac{\cos^2\varphi}{(1+\sin\varphi)^2}=\frac{1-\sin^2\varphi}{(1+\sin\varphi)^2}=\frac{1-\sin\varphi}{1+\sin\varphi}=\tan^2\left(45°-\frac{\varphi}{2}\right) \tag{10-31}$$

式（10-31）即为朗肯主动土压力系数的表达式。可见，在填土水平、墙背竖直及墙背光滑条件下，两种土压力理论得到的结果是一致的。

由式（10-29）可以看出，主动土压力 E_a 是墙高 H 的二次函数。将式（10-29）中 H 用 z 替换，再将 E_a 对 z 求导，可得主动土压力强度 p_a：

$$p_a=\frac{dE_a}{dz}=\frac{d}{dz}\left(\frac{1}{2}\gamma z^2K_a\right)=\gamma zK_a \tag{10-32}$$

可见，主动土压力强度 p_a 沿墙高按直线规律分布。

由图 10-16 可以看出，主动土压力 E_a 的方向与墙背法线成 δ 角，其作用点在墙高的三分之一处。可以将合力 E_a 分解为水平分力 E_{ax} 和竖向分力 E_{ay} 两部分，即：

$$E_{ax}=E_a\cos\theta=\frac{1}{2}\gamma H^2K_a\cos\theta \tag{10-33}$$

$$E_{ay}=E_a\sin\theta=\frac{1}{2}\gamma H^2K_a\sin\theta \tag{10-34}$$

式中，θ 为 E_a 与水平面的夹角，且 $\theta=\delta+\varepsilon$。

10.5.3 无黏性土的被动土压力计算

如图 10-17 所示，当挡土墙在外力作用下推向填土，直至墙后土体达到被动极限平衡状态时，墙后土体将出现通过墙脚的两个滑动面 AB 和 BC。由于滑动土体 ABC 向上挤出隆起，故在滑动面 AB 和 BC 上的摩阻力 T_2 及 T_1 作用方向向下，与主动平衡状态时的情形正好相反。

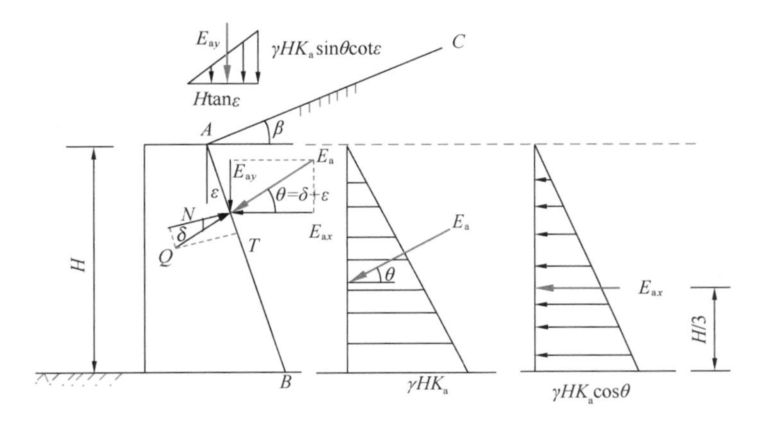

图 10-16　库仑主动土压力的方向和分布

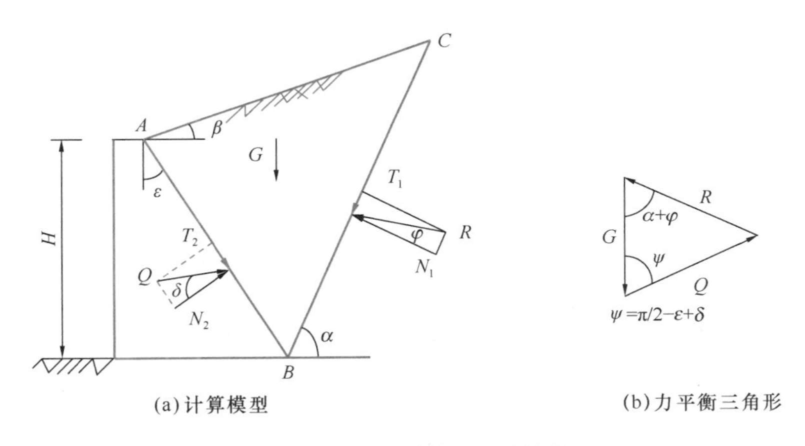

图 10-17　库仑被动土压力计算

根据滑动土体 ABC 的静力平衡条件，同样可给出力平衡三角形［图 10-17（b）］。由正弦定理可得：

$$Q=G\frac{\sin(\alpha+\varphi)}{\sin\left(\frac{\pi}{2}+\varepsilon-\delta-\alpha-\varphi\right)} \tag{10-35}$$

由式（10-35）可知，在其他参数不变的条件下，Q 值随滑动面 BC 的倾角 α 而变化，作用在墙背上的被动土压力应该是其中的最小值 $Q_{\min}$。为了求得 $Q_{\min}$，同样可对式（10-35）求导数，并令：

$$\frac{\mathrm{d}Q}{\mathrm{d}\alpha}=0 \tag{10-36}$$

由式（10-36）解得 α 值，并代入式（10-35），即可得库仑被动土压力 E_p 的计算公式为：

$$E_p=Q_{\min}=\frac{1}{2}\gamma H^2K_p \tag{10-37}$$

$$K_p = \frac{\cos^2(\varphi+\varepsilon)}{\cos^2\varepsilon \cdot \cos(\varepsilon-\delta)\left[1-\sqrt{\frac{\sin(\delta+\varphi)\cdot\sin(\varphi+\beta)}{\cos(\varepsilon-\delta)\cdot\cos(\varepsilon-\beta)}}\right]^2} \tag{10-38}$$

式中，K_p 为库仑被动土压力系数。

库仑被动土压力合力 E_p 的作用方向与墙背法线呈 δ 角。由式（10-37）可以看出，被动土压力 E_p 也是墙高 H 的二次函数。将式（10-37）中的 E_p 对 z 求导数，可得：

$$p_p = \frac{dE_p}{dz} = \frac{d}{dz}\left(\frac{1}{2}\gamma z^2 K_p\right) = \gamma z K_p \tag{10-39}$$

式（10-39）表明，被动土压力强度 p_p 沿墙高为线性分布。由图 10-18 可以看出，被动土压力合力的作用点在墙高的 1/3 处。可以将合力 E_p 分解为水平分力 E_{px} 和竖向分力 E_{py} 两部分，即：

$$E_{px} = E_p\cos\theta = \frac{1}{2}\gamma H^2 K_p\cos\theta \tag{10-40}$$

$$E_{py} = E_p\sin\theta = \frac{1}{2}\gamma H^2 K_p\sin\theta \tag{10-41}$$

式中，θ 为 E_p 与水平面的夹角，且 $\theta = \varepsilon - \delta$。

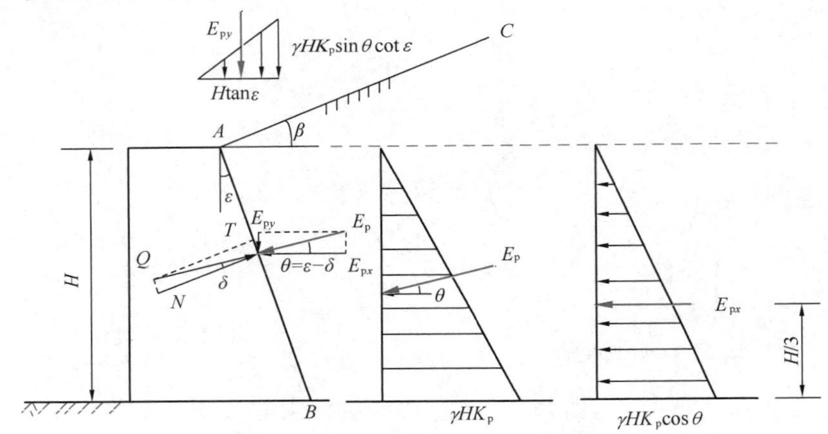

图 10-18　库仑被动土压力的方向和分布

10.5.4　黏性土中的库仑主动土压力计算

库仑土压力最早是基于填土为无黏性土的假定，但在实际工程中墙后土体大多为具有一定黏聚力的填土，所以将库仑土压力理论推广到黏性土中是十分必要的。为此，有学者提出“等效内摩擦角”的概念，将黏性土的黏聚力作用折算成内摩擦角，在此基础上建立相应的计算公式。等效内摩擦角可用 φ_D 表示。下面是工程中常采用的两种等效内摩擦角 φ_D 的确定方法。

（1）根据土压力相等的概念计算：

假定墙背竖直、光滑，墙后填土水平。由朗肯主动土压力计算公式（10-14）知，墙后填土有黏聚力存在时的主动土压力为：

$$E_{a1} = \frac{1}{2}\gamma H^2\tan^2\left(45^\circ - \frac{\varphi}{2}\right) - 2cH\tan\left(45^\circ - \frac{\varphi}{2}\right) + \frac{2c^2}{\gamma} \tag{10-42}$$

如果按等效内摩擦角的概念（无黏聚力）计算，则有：

$$E_{a2} = \frac{1}{2}\gamma H^2 \tan^2\left(45° - \frac{\varphi_D}{2}\right) \tag{10-43}$$

令 $E_{a1} = E_{a2}$，即可得：

$$\tan\left(45° - \frac{\varphi_D}{2}\right) = \tan\left(45° - \frac{\varphi}{2}\right) - \frac{2c}{\gamma H} \tag{10-44}$$

于是，可得等效内摩擦角 φ_D 为：

$$\varphi_D = 2\left\{45° - \arctan\left[\tan\left(45° - \frac{\varphi}{2}\right) - \frac{2c}{\gamma H}\right]\right\} \tag{10-45}$$

（2）根据抗剪强度相等的概念计算

对于图 10-19 所绘的挡土墙，可由土的抗剪强度包线，通过作用在墙底位置处黏性土抗剪强度与无黏性土抗剪强度相等的概念来计算等效内摩擦角 φ_D，即有：

$$\varphi_D = \arctan\left(\tan\varphi + \frac{c}{\sigma_v}\right) \tag{10-46}$$

式中，σ_v 为墙底位置处竖直应力；c 为黏聚力；φ 为内摩擦角。

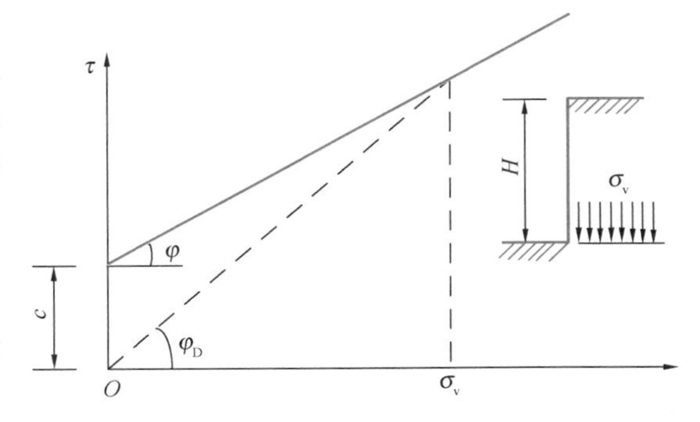

图 10-19　等效内摩擦角的计算

需要指出，等效内摩擦角的概念只是一种简化的工程处理方法，其物理意义并不明确，计算土压力时有时会产生较大的误差。

【例 10-3】 某挡土墙高 4m，墙背倾斜角 $\varepsilon=20°$，填土面倾角 $\beta=10°$，填土重度 $\gamma=20kN/m^3$，$\varphi=30°$，$c=0$，填土与墙背的摩擦角 $\delta=15°$，如图 10-20（a）所示，试按库仑理论求：

（1）主动土压力大小、作用点位置和方向；

（2）主动土压力强度沿墙高的分布。

【解】（1）根据 $\delta=15°$，$\varepsilon=20°$，$\beta=10°$，$\varphi=30°$，按式（10-30）得 $K_a=0.560$，则主动土压力为：

$$E_a = \frac{1}{2}\gamma H^2 K_a = \frac{1}{2} \times 20 \times 4^2 \times 0.560 = 89.6kN/m$$

E_a 土压力作用点距离墙底的垂直距离：

$$\frac{H}{3} = \frac{4}{3} = 1.33m$$

作用方向：与水平面的夹角为 $\theta = \varepsilon + \delta = 20° + 15° = 35°$，如图 10-20（b）所示。

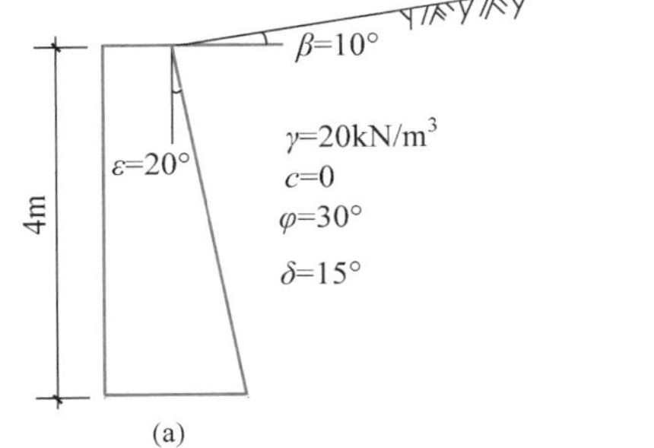

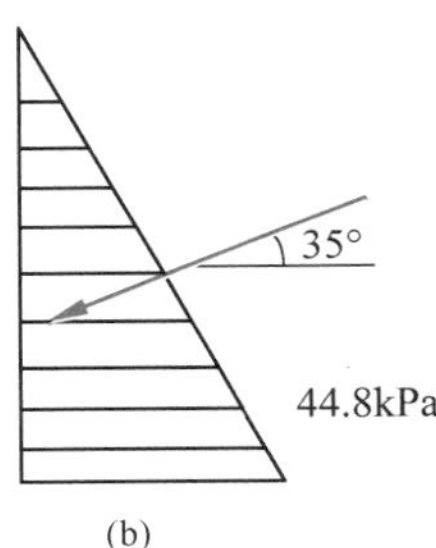

图 10-20　例 10-3 图

(2) 土压力强度沿墙高呈三角形分布，墙底处主动土压力强度为

$$\sigma_a = \gamma z K_a = 20 \times 4 \times 0.560 = 44.8\text{kPa}$$

土压力分布图如图 10-20（b）所示。

10.6 关于土压力理论的说明

10.6.1 土压力理论的比较

朗肯土压力理论和库仑土压力理论均属于极限状态土压力理论，即它们所计算出的土压力均是墙后土体处于极限平衡状态下的主动或被动土压力。但这两种理论在具体分析时，分别根据不同的假定来计算挡墙背后的土压力，两者只有在最简单的情况下（填土水平 $\beta=0$、墙背竖直 $\varepsilon=0$ 及墙背光滑条件下 $\delta=0$）才有相同的结果。下面总结一下两种理论的具体差别和对计算结果的影响。

朗肯土压力理论从土中一点的极限平衡条件出发，首先求出作用在挡土墙的土压力强度及其分布形式，然后再计算总的土压力。其概念明确、公式简单，对于黏性土和无黏性土都可以直接计算，故在工程中得到广泛应用。但这一理论不考虑墙背与填土之间摩擦作用，故其主动土压力计算结果偏大，而被动土压力计算结果则偏小。

库仑土压力理论根据墙后滑动土楔的整体静力平衡条件推导土压力计算公式，先求作用在墙背上的总的土压力，需要时再计算土压力强度及其分布形式。该理论考虑了墙背与土体之间的摩擦力，并可用于墙背倾斜、填土倾斜的复杂情况。但由于它假设填土是无黏性土，因此不能用库仑理论的原公式直接计算黏性土的土压力，尽管后来又发展了许多改进的方法，但一般均较为复杂。此外，库仑土压力理论假设墙后填土破坏时，滑动面是一平面，而实际上土体的滑动面应该为曲面，因而其计算结果与实际情况有较大的差别（图 10-21）。工程实践表明，在计算主动土压力时，这种偏差约为 2%～10%，可以认为精度可满足实际工程的需要；但在计算被动土压力时，由于实际滑动面接近于对数螺旋线，因此计算结果误差较大，有时可达 2～3 倍，甚至更大。

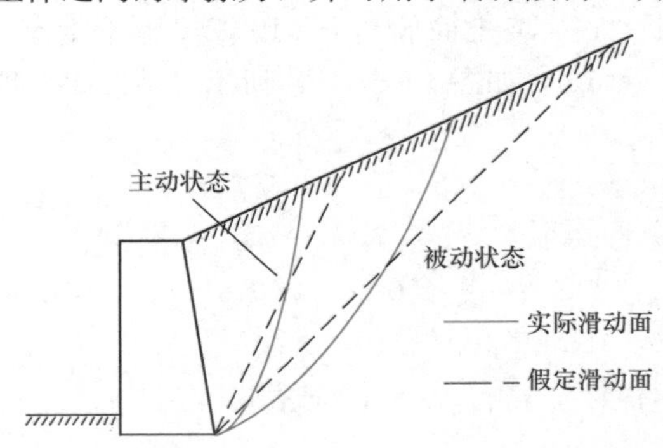

图 10-21 实际滑动面与库仑土压力理论中假定滑动面的比较

库仑理论计算的主动土压力值比朗肯理论结果略小，而且库仑理论由于考虑了挡墙摩擦的影响，土压力合力存在倾角。因此，总体而言，利用朗肯理论计算的主动土压力结果来评价挡土墙稳定性时偏安全。

10.6.2 土压力实际分布规律

1. 土压力沿墙高的分布

朗肯和库仑土压力理论都假定墙背土压力随深度呈线性分布，但从一些室内模型试验和现场观测结果来看，实际情况较为复杂。事实上，土压力的大小及沿墙高的分布规律与挡土墙的形式和刚度、墙面的粗糙程度、填土的性质和倾角，墙的位移方式等因素密切相关。

即使对于刚性挡土墙而言，土压力沿墙高的分布也与墙的位移方式有较大的关系。一般地，当挡墙以墙踵为中心，向偏离填土的方向转动时，才满足朗肯土压力理论的极限平衡假定，此时土压力沿墙高的分布为三角形分布［图 10-22（a）］，其值为 $K_a\gamma z$；当挡墙以墙顶为中心，偏离填土方向相对转动，而墙体上端不动，则此处附近土压力与静止土压力 $K_0\gamma z$ 接近，下端向外变形很大，土压力应该比主动土压力 $K_a\gamma z$ 还小很多，土压力沿墙高的分布为非线性分布［图 10-22（b）］；当挡土墙偏离填土方向发生水平位移时，上端附近土压力处于静止土压力 $K_0\gamma z$ 和主动土压力 $K_a\gamma z$ 之间，而下端附近土压力比主动土压力 $K_a\gamma z$ 还要小，土压力分布也为非线性分布［图 10-22（c）］；当挡墙以墙中为中心，向填土方向相对转动时，上端墙体挤压土体，土压力分布与被动土压力 $K_p\gamma z$ 接近，而下端附近墙体外移，土压力比主动土压力 $K_a\gamma z$ 要小，土压力沿墙高的分布为曲线分布［图 10-22（d）］。

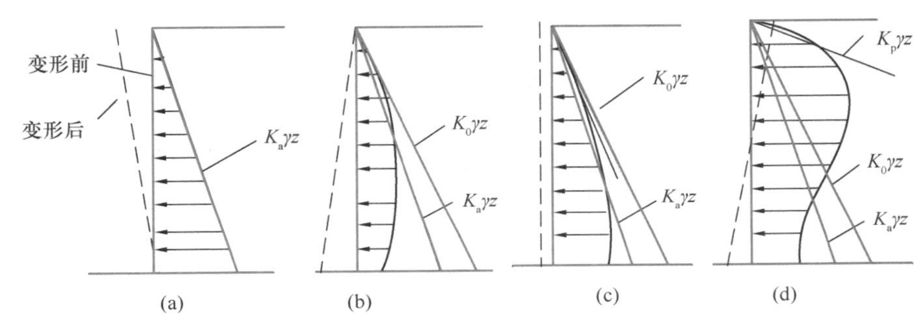

图 10-22　挡土墙位移方式对土压力分布的影响

以上为挡土墙刚度较大而自身变形可以忽略的情形。如果挡土墙刚度较小（如各类板桩墙），则其受力过程中会产生自身的挠曲变形，墙后土压力分布图形呈不规则的曲线分布，也不适宜按刚性挡土墙所推导的经典土压力理论计算公式进行计算，具体讨论这里不再展开。

2. 土压力沿挡土墙长度的分布

朗肯理论和库仑理论均将挡土墙作为平面问题来考虑，也就是取无限长挡墙的单位长度来研究。实际上，所有挡土墙的长度都是有限的，作用在挡土墙上的土压力随其长度而变化，即作用在中间断面上的土压力与作用在两端断面上的土压力有明显的不同，是一个空间问题。

土压力随挡土墙长度方向的这种空间效应与墙背填土的破坏机理有关。当挡土墙在填土或外力作用下产生一定位移后，填土中形成两个不同的应力区。其中，随同墙体位移的这一部分土体处于塑性应力状态，远离墙体未产生位移的土体则保持弹性应力状态。而处于两个应力区域之间的土体虽未产生明显的变形，但由于受到周边土体的影响，在靠近产生较大变形的土体部分产生应力松弛现象，并逐步过渡到弹性应力状态，从而形成一个过渡区域。

对于松散的土，应力的传递主要依靠颗粒接触面间的相互作用来进行。在过渡区内，当介质的一个方向产生微小变形或应力松弛时，与之正交的另一个方向就极易形成较强的卸荷拱作用，并且随土体变形的增长而更为明显。当变形达到一定值后，土体中的拱作用得到充分发挥，最终形成所谓的极限平衡拱。这样，在平衡拱范围内的土体随同墙体产生明显的变形，而在平衡拱以外的土体并未由于墙体的位移而产生明显的变形。

当平衡拱土柱随同墙体向前产生较大的位移时，由于受到底部地基的摩擦阻力作用，土柱的底面形成一曲线形的滑动面，即在墙背面形成一个截柱体形的滑裂土体，从而使作用在挡土墙上的土压力沿长度方向呈对称的分布规律（图 10-23）。对于长度较短的挡土墙，卸荷拱作用非常明显，必须考虑其空间效应问题。

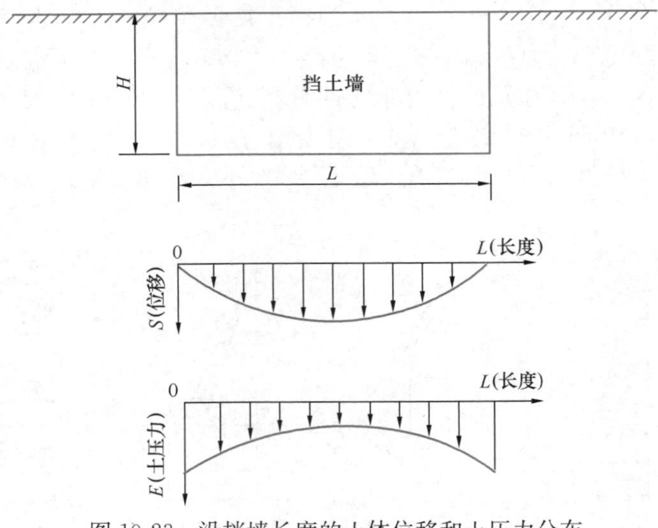

图 10-23　沿挡墙长度的土体位移和土压力分布

10.6.3　有限宽度填土的土压力

对有限宽度材料侧压力问题的研究始于对筒仓填料竖向应力和侧压力的研究。Jassen（1895）提出的微元体极限平衡分析法奠定了有限宽度土压力研究的基础。然而，由于实际工程中碰到的有限宽度土压力问题较少，导致目前对有限宽度土压力问题的研究也相对较少。近年来，由于实际工程的复杂化，基坑挡土墙与已有地下结构外墙之间的距离越来越近（图 10-24），坑外土体宽度小于土体宽度影响土压力的临界值，因此，越来越多的学者对有限宽度土体的土压力问题进行了深入研究，并指出了库仑土压力理论在有限宽土体中的局限性。

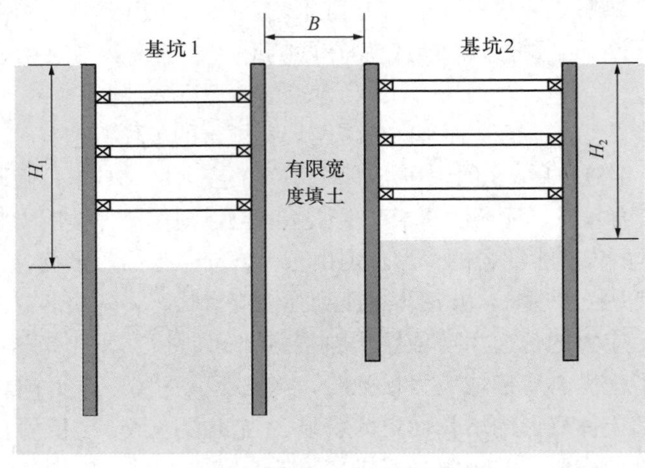

图 10-24　有限宽度填土示意图

研究表明，库仑土压力理论只适用于墙后土体宽度较大或土体无限宽的情况，当地下工程围护墙邻近已有地下结构时，墙后土体宽度较小，无法形成完整库仑假定的滑裂面时，库仑土压力理论不再适用。大量试验和现场监测的结果表明，有限宽度土体的土压力的大小随填土宽度的变化而改变，变化规律如图 10-25 所示。其次，库仑主动土压力理论中，墙后土体为刚塑性体和主动土压力呈线性分布的假设忽略了墙土摩擦引起墙后土体应力重分布对土压力分布的影响，在实际情况下，由于墙后存在土拱效应，主动土压力沿墙身呈非线性分布。

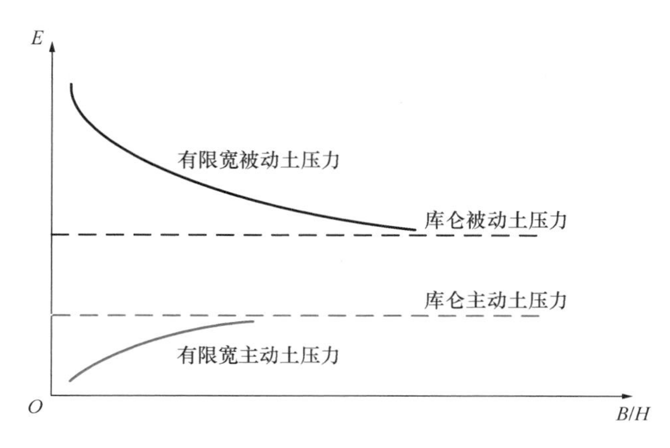

图 10-25　墙后土体宽深比 B/H 对土压力合力的影响

10.6.4　非极限土压力

库仑在运用土楔的平衡求解墙背上的土压力时，假定墙体的位移达到极限状态，土体内部和墙与土的滑动面上的摩擦力均达到了其最大值。但这只是一种较为特殊的工况，实际工程中一般很难达到极限状态。为了满足实际工程需要，将未达到极限位移的土体定义为“非极限状态”，此时的土压力称为非极限土压力。非极限土压力的分布如图 10-26 所示，此时的墙体位移介于主动极限位移 Δ_a 到被动极限位移 Δ_p 之间，而土压力也位于主动土压力和被动土压力之间。

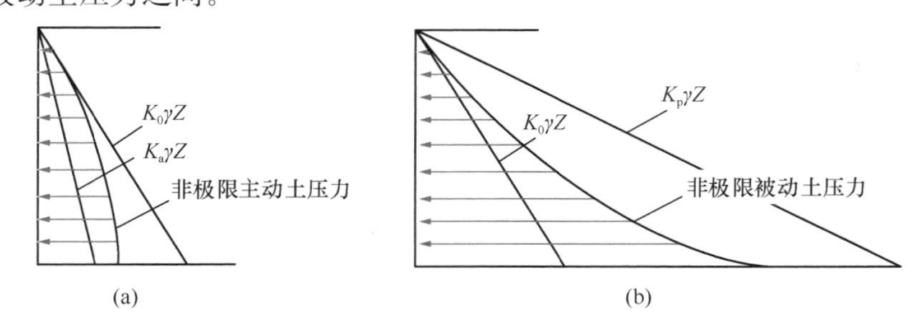

图 10-26　非极限土压力的分布

对于非极限土压力的研究方法主要有两种：第一种方法是基于土压力与挡墙位移的近似关系，引入双曲线等函数模型来表示墙体在任意位移 Δ 时的非极限主动、被动土压力 $E(\Delta)$ 。第二种方法是将土体强度逐步发挥的过程具体化为摩擦角随挡墙侧移而逐步发挥，并建立摩擦角发挥值 φ_m 与土体位移 Δ 之间的数学关系，进而通过摩擦角发挥值 φ_m 进行平衡分析。学者们通过研究发现，在非极限状态下，随着挡墙位移的增加，内摩擦角发

挥值 φ_m 由一个初始状态 φ_0 逐渐增大至最大值 φ，同时墙土摩擦角发挥值 δ_m 也随着位移的增大而由初始的摩擦角 δ_0 逐渐增大至最大值 δ，摩擦角的发挥过程通常由直线型、似正弦函数模型、似指数模型等进行模拟。

10.6.5 圆形基坑的土压力

圆形基坑由于自身具备很多优良特性，越来越受到工程师们的青睐。圆形基坑的围护结构和土压力都是轴对称的，土压力沿着径向作用使得墙体同样发生径向的位移。对坑外土体进行分析可以看出（图 10-27），当土压力的作用使墙体向坑内移动时，坑外土体并不能随着墙体发生同步位移，而是保持自立，形成"自立拱"。

"自立拱"在平面应变挡土墙问题中是不存在的，因为平面土压力问题没有考虑中间主应力的作用，而圆形基坑需要考虑中间主应力 σ_θ（环向应力）的作用，这也是圆形基坑土压力与平面土压力的主要差别。"自立拱"的作用（拱效应）使得土体本身具有较强的环向外扩作用，进而使得作用在墙体上的土压力减小。因此，圆形深基坑在有场地条件和满足使用要求的情况下得到了较为广泛的应用，例如高层建筑的基坑、地铁风井以及大型桥梁的围堰工程等。

圆形基坑中"拱效应"的大小与基坑的半径 r_0 和深度有关，随着半径的减小和深度的增加，这种"拱效应"也越来越大。如图 10-28 所示，当半径较小时，由于"拱效应"的存在使得基坑周围的土压力减小，而当半径很大时（>1000m），圆形基坑的土压力与平面情况下朗肯土压力结果一致。这是容易理解的，因为随着半径的增加，土压力的"拱效应"逐渐减弱而退化到平面应变情况。

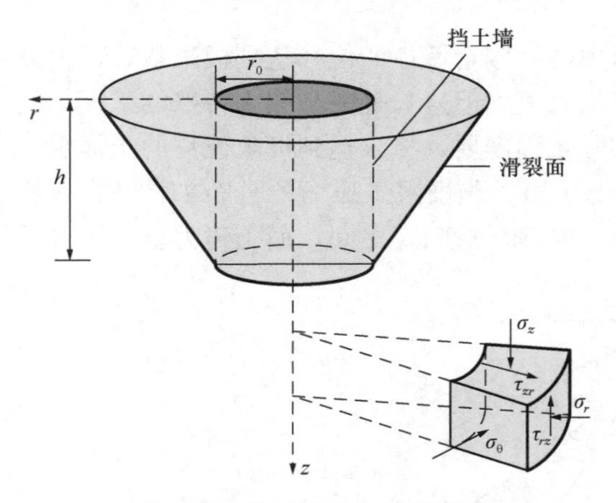

图 10-27 圆形基坑的分析模型

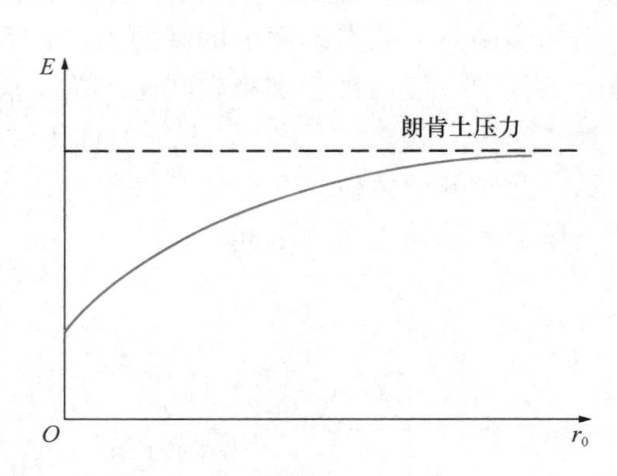

图 10-28 土压力随圆形基坑半径 r_0 的变化

10.7 挡土墙的设计计算

10.7.1 挡土墙的类型

一般根据建筑场地的地形与地质条件，挡土墙的用途、高度与重要性，尽量就地取材，安全而经济地选择挡土墙类型。挡土墙的结构形式有多种，较常用有重力式、悬臂式、扶壁式、板桩式等。

1. 重力式挡土墙

重力式挡土墙一般由砖、石或混凝土材料建造，墙身截面较大，墙体的抗拉强度较小，主要依靠墙身的自重来保持稳定。如图 10-29 所示，依据挡土墙墙背的倾斜方向可分为：仰斜式、直立式、俯斜和衡重式（注：衡重式挡土墙是利用衡重台上部填土的重力而墙体重心后移以抵抗土压力的挡土墙）。由于重力式挡土墙多就地取材，结构简单，施工方便，是工程中广泛应用的一种类型，但重力式挡土墙工程量大，沉降大。

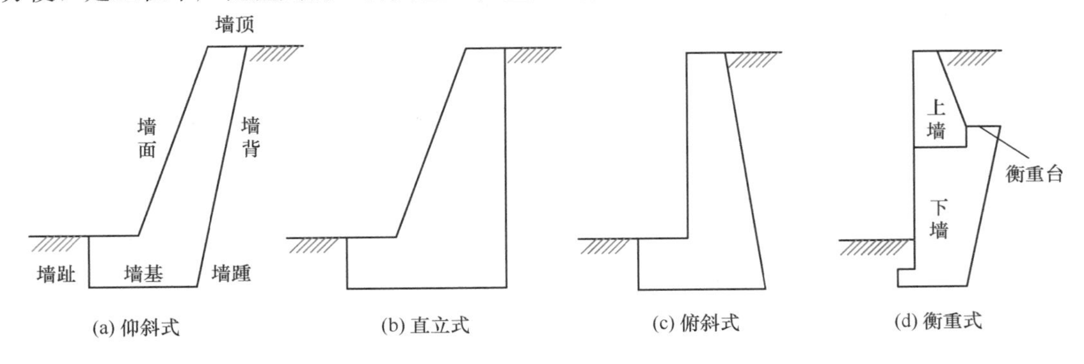

图 10-29　重力式挡土墙

2. 悬臂式挡土墙

悬臂式挡土墙，由立臂、墙趾悬臂和墙踵悬臂三部分构成，如图 10-30 所示。悬臂式挡土墙常用钢筋混凝土材料浇筑而成。悬臂式挡土墙的截面尺寸较小，重量比较轻，主要依靠墙踵悬臂上的土重来维持。墙身内需配钢筋来承担墙身所受的拉力。这类挡土墙的优点是能充分利用钢筋混凝土的受力特性，承受较大的拉应力，但费钢材、技术复杂。根据《边坡规范》，悬臂式挡墙的适用高度不宜超过 6m。

3. 扶壁式挡土墙

扶壁式挡土墙由底板及固定在底板上的直墙和扶壁构成，如图 10-31 所示。当悬臂式挡土墙较高时，挡土墙的立臂受到的弯矩和产生的挠度都较大，为增加悬臂的抗弯能力，沿墙长纵长，每隔一定的距离设置一道扶壁。墙的稳定主要依靠扶壁和扶壁间的土重来维持。这种挡土墙因造价高，施工困难，故一般只在重要的或大型土建工程中采用。根据《边坡规范》，扶壁式挡墙的适用高度不宜超过 10m。

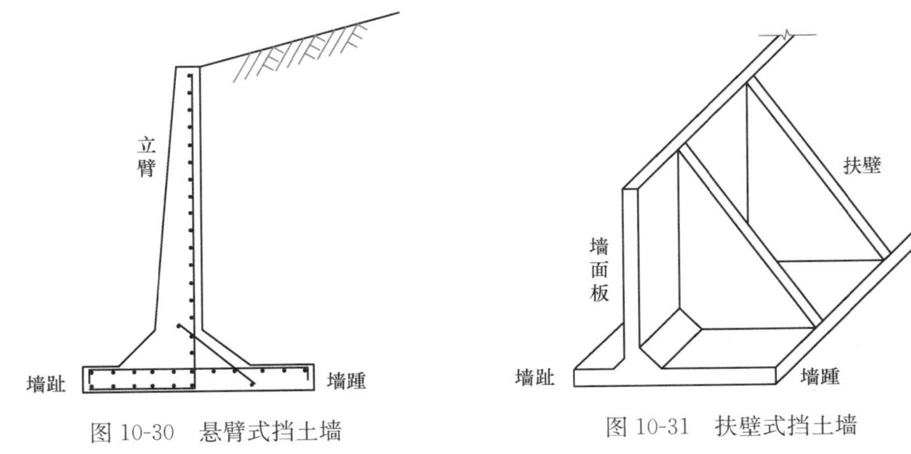

图 10-30　悬臂式挡土墙

图 10-31　扶壁式挡土墙

4. 板桩式挡土墙

板桩式挡土墙分为无锚板桩和锚定式板桩两种，如图 10-32 所示。板桩一般采用木板、钢板或钢筋混凝土板。无锚板桩由埋入土中的部分和悬臂两部分组成，因此又称为悬臂式板桩；锚板桩由板桩、锚杆组成；锚定式板桩墙由板桩、锚杆和锚定板组成。在建筑工程深基坑支护和码头工程中采用较多，在大型水利工程施工围堰中也有采用。

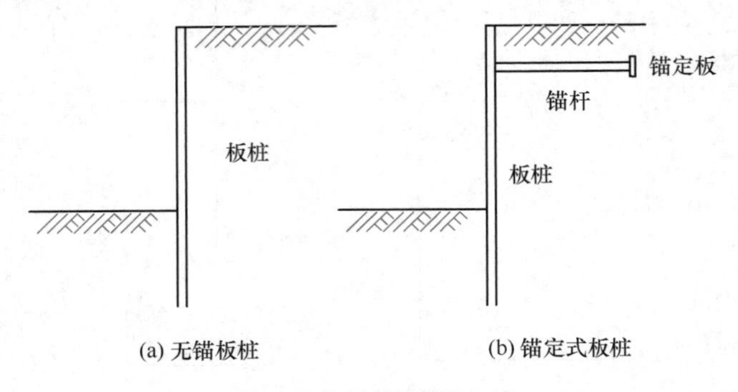

图 10-32　板桩式挡土墙

此外还有空箱式［图 10-33（a)］、锚杆式［图 10-33（b)］、加筋式［图 10-33（c)］等其他形式的挡土墙。

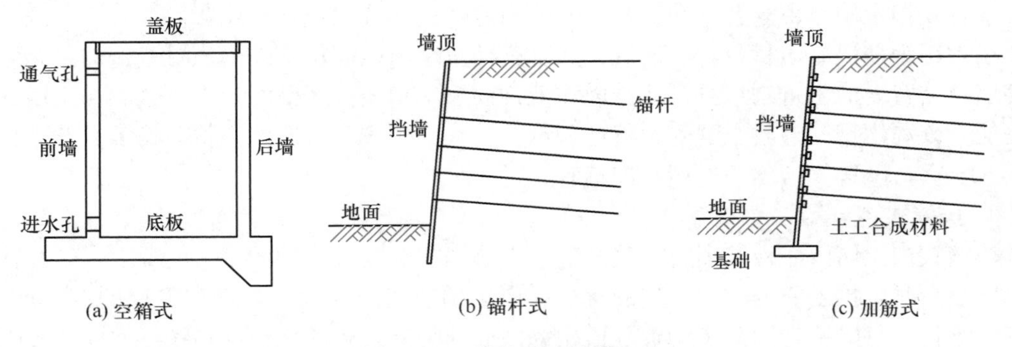

图 10-33　其他形式的挡土墙

10.7.2　挡土墙的计算

本节主要依据《建筑地基基础设计规范》GB 50007—2011 对重力式挡土墙的计算进行介绍，对于悬臂式和扶壁式挡土墙，其计算内容、计算原则和安全系数可以借用，但荷载计算有所不同，此处从略。

挡土墙截面尺寸一般按照试算法确定，即先根据挡土墙的工程地质、填土性质、荷载情况以及墙体材料和施工条件凭经验初步拟定截面尺寸，然后进行验算，如不满足要求，则修改截面尺寸或采取其他措施。

1. 挡土墙计算的内容

挡土墙计算的内容包括：

（1）稳定性验算，包括抗倾覆稳定性验算和抗滑移稳定性验算；

（2）地基承载力验算；

（3）墙身材料强度验算。墙身材料强度符合现行《混凝土结构设计规范》GB

50010—2010 和《砌体结构设计规范》GB 50003—2011 等的要求。

2. 作用在挡土墙上的荷载

作用在挡土墙上的荷载由墙身自重 G 、土压力和基底反力。土压力是作用在挡土墙上的主要荷载，此外，若挡土墙排水不良，填土积水必须计入水压力，对地震区还应考虑地震效应等。验算稳定性时，土压力及自重的荷载分项系数可取 1.0；当土压力作为外荷载时，应取 1.2 的荷载分项系数。

3. 挡土墙稳定性验算

（1）土压力计算

对于土质边坡，边坡的主动土压力应按下式进行计算：

$$E_a = \frac{1}{2}\psi_a \gamma h^2 K_a \tag{10-47}$$

式中 E_a——主动土压力，kN；

ψ_a——主动土压力增大系数，挡土墙高度小于 5m 时宜取 1.0，高度 5～8m 时宜取 1.1，高度大于 8m 时宜取 1.2；

γ——填土的重度，kN/m^3；

K_a——主动土压力系数。地基规范建议土压力可按朗肯理论或库仑土压力理论计算，对于 c、φ 值都有的一般土，K_a 按《建筑地基基础设计规范》GB 50007—2011 附录 L 中公式计算或查图表。

（2）抗倾覆稳定性验算

挡土墙的破坏大部分是倾覆破坏。如图 10-34 所示，要保证挡土墙在土压力的作用下不发生绕墙趾 O 点的倾覆，必须要求抗倾覆稳定性安全系数 K_t（O 点的抗倾覆力矩与倾覆力矩之比）大于规范允许值，一般取 1.6，即：

$$K_t = \frac{Gx_0 + E_{az}x_f}{E_{ax}z_f} \geqslant 1.6 \tag{10-48}$$

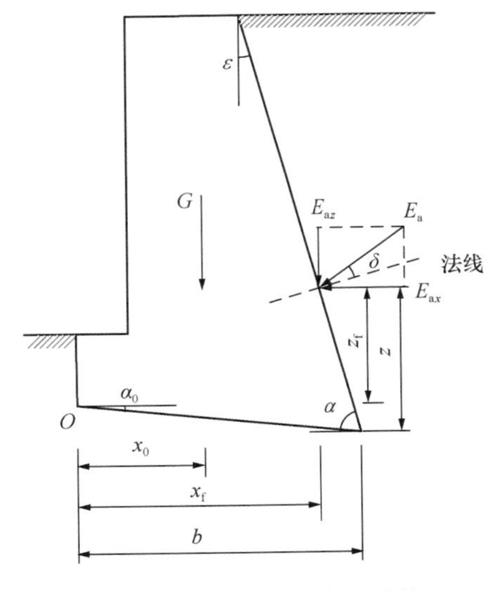

图 10-34 抗倾覆稳定性验算

式中 E_{ax}——E_a 的水平分力（kN/m），$E_{ax} = E_a\cos(\varepsilon + \delta)$；

E_{az}——E_a 的竖直分力（kN/m），$E_{az} = E_a\sin(\varepsilon + \delta)$；

G——挡土墙每延米自重（kN/m）；

x_f——土压力作用点至 O 点的水平距离（m），$x_f = b - z\tan\varepsilon$；

z_f——土压力作用点至 O 点的竖直距离（m），$z_f = z - b\tan\alpha_0$；

x_0——挡土墙重心距墙趾的水平距离（m）；

b——基底的水平投影宽度（m）；

z——土压力作用点距墙踵的高度（m）。

若抗倾覆验算不满足要求，可采取以下措施进行处理：

① 增大挡土墙断面尺寸，使 G 增大，但工程量相应增大。

② 伸长墙趾，加大 x_0，但墙趾过长，若厚度不够，则需配置钢筋。

③ 墙背做成倾斜，减小土压力。

（3）抗滑稳定性验算

在土压力作用下，挡土墙也可能沿基础底面发生滑动，如图 10-35 所示。因此，要求挡墙的抗滑稳定性安全系数 K_s（抗滑力与滑动力之比）大于规范允许值 1.3，即：

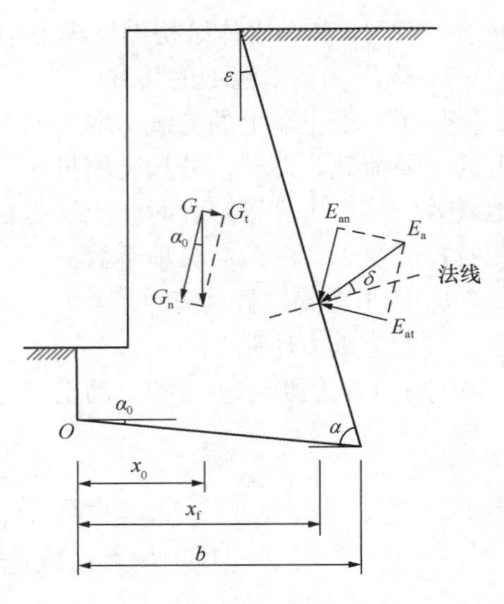

图 10-35　抗滑稳定性验算

$$K_s = \frac{(G_n + E_{an})\mu}{E_{at} - G_t} \geqslant 1.3$$

式中　G_n——挡土墙自重垂直于基底平面方向的分力（kN/m），$G_n = G\cos\alpha_0$；

G_t——挡土墙自重平行于基底平面方向的分力（kN/m），$G_t = G\sin\alpha_0$；

E_{an}——E_a 垂直于基底平面方向分力(kN/m)，$E_{an} = E_a\sin(\varepsilon + \alpha_0 + \delta)$；

E_{at}——E_a 平行于基底平面方向分力（kN/m），$E_{at} = E_a\cos(\varepsilon + \alpha_0 + \delta)$；

δ——墙土摩擦角，取值见表 10-3；

μ——挡土墙基底对地基的摩擦系数，由试验确定，当无试验资料时，可参考表 10-5选用。

挡土墙基底对地基的摩擦系数 μ 值（GB 50007—2011）　　**表 10-5**

土的类别		摩擦系数 μ
黏性土	可塑	0.25～0.30
	硬塑	0.30～0.35
	坚硬	0.35～0.45
粉土		0.30～0.40
中砂、粗砂、砾砂		0.40～0.50
碎石土		0.40～0.60
岩石	软质岩	0.40～0.60
	表面粗糙的硬质岩	0.65～0.75

注：1. 对于易风化的软质岩土和塑性指数 I_P 大于 22 的黏性土，基底摩擦系数应通过试验确定；

2. 对于碎石土，可根据其密实程度、填充物状况、风化程度等确定。

如果抗滑移验算不满足要求，可以采取以下措施进行处理：

① 增大挡土墙断面尺寸，使 G 增大，增大抗滑力。

② 墙基底面做成砂石垫层，以提高 μ，增大抗滑力。

③ 墙底做成逆坡，利用滑动面上部分反力来抗滑，如图 10-36（a）所示。

④ 在软土地基上，其他方法无效或不经济时，可在墙踵后加拖板，利用拖板上的土重来抗滑，拖板与挡土墙之间应该用钢筋连接，如图 10-36（b）所示。

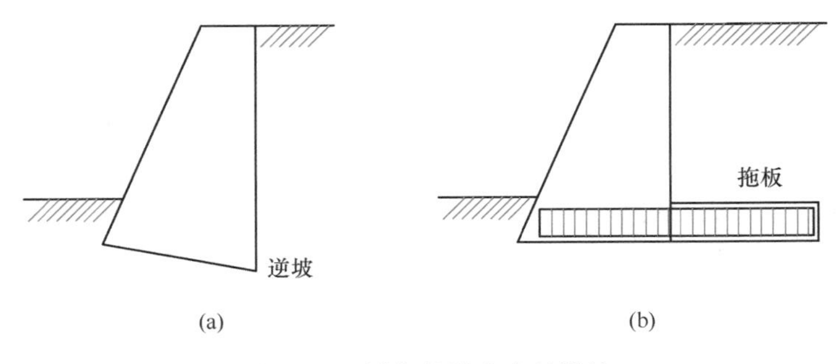

图 10-36　增加抗滑稳定的措施

【例 10-4】某挡土墙高 $H=6\text{m}$，墙背垂直光滑，墙后填土面水平，墙顶宽度 $a=1\text{m}$，基底宽度 $b=2.5\text{m}$，挡土墙材料为毛石混凝土，砌体重度 $\gamma_d=22\text{kN/m}^3$，填土重度 $\gamma=19\text{kN/m}^3$，其主动土压力系数 $K_a=0.22$，土压力增大系数 $\psi_a=1.1$，基底摩擦系数 $\mu=0.5$，试验算挡土墙的稳定性。挡土墙截面尺寸见图 10-37。

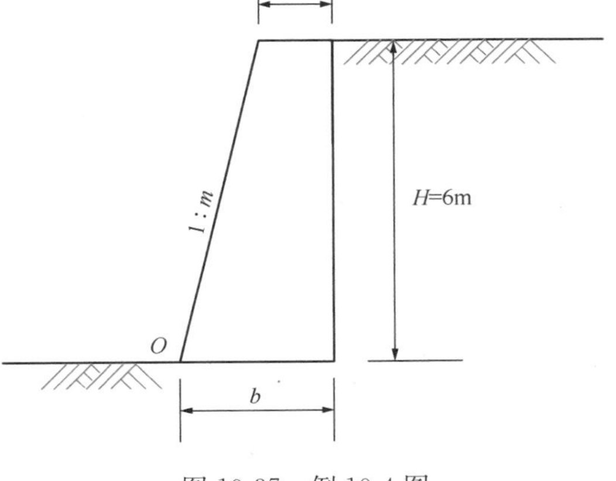

图 10-37　例 10-4 图

【解】（1）构件相关尺寸及计算参数推算

墙面坡度：

$$m=(b-a)/H=(2500-1000)/6000=0.25$$

挡墙截面面积：

$$A=(a+b)\cdot H/2=(1+2.5)\times 6/2=10.5\text{m}^2$$

挡墙每延米自重（不含墙趾）：

$$G=\gamma_d\cdot A=22\times 10.5=231\text{kN}$$

由式（10-47）可得主动土压力：

$$E_a=\psi_a\cdot\gamma\cdot H^2\cdot K_a/2=1.1\times 19\times 6^2\times 0.22/2=82.8\text{kN}$$

（2）抗倾覆稳定性验算

挡墙截面对过墙趾 O 点轴的静距为：

$$S=(H\cdot a)(H\cdot m+a/2)+\frac{1}{2}(H\cdot Hm)\cdot\left(\frac{2}{3}H\cdot m\right)=16.5\text{m}^3$$

挡墙截面形心距墙趾 O 点的水平距离：

$$x_0=S/A=16.5/10.5=1.571\text{m}$$

墙背垂直光滑，则 $\varepsilon=0$，$\delta=0$。

计算主动土压力沿水平方向分量：

$$E_{ax}=E_a\cdot\cos(\varepsilon+\delta)=82.8\times\cos(0^\circ+0^\circ)=82.8\text{kN}$$

主动土压力沿竖直方向分量：

$$E_{az}=E_a\cdot\sin(\varepsilon+\delta)=82.8\times\sin(0^\circ+0^\circ)=0\text{kN}$$

则可得抗倾覆稳定系数：

$$K_t = (G \cdot x_0 + E_{az} \cdot x_f)/(E_{ax} \cdot z_f)$$
$$= (231 \times 1.571 + 0 \times 2.5)/(82.8 \times 2) = 2.2 \geqslant 1.6$$，满足要求。

(3) 抗滑移稳定性验算

挡墙自重沿基底法线分量：

$$G_n = G \cdot \cos\alpha_0 = 231 \times \cos 0° = 231\text{kN}$$

挡墙自重沿基底切线方向分量：

$$G_t = G \cdot \sin\alpha_0 = 231 \times \sin 0° = 0\text{kN}$$

主动土压力沿基底切线方向分量：

$$E_{at} = E_a \cdot \cos(\varepsilon + \alpha_0 + \delta) = 82.8\text{kN}$$

抗滑移稳定性系数：

$$K_s = (G_n + E_{an}) \cdot \mu/(E_{at} - G_t) = (231 + 0) \times 0.5/(82.8 - 0)$$
$$= 1.39 \geqslant 1.3$$，满足要求。

思 考 题 与 习 题

10-1　什么是静止土压力、主动土压力和被动土压力？试举工程实例说明。

10-2　试述三种典型土压力发生的条件及其相互关系。

10-3　朗肯土压力理论与库仑土压力理论的基本原理和假定有什么不同？它们在什么条件下才可以得出相同的结果？

10-4　如何理解主动土压力是主动极限平衡状态时的最大值，而被动土压力是被动极限平衡状态时的最小值？

10-5　挡土结构物的刚度及位移对土压力的大小有什么影响？在实际工程分析中应如何考虑这一影响？

10-6　土压力分析在实际工程中有哪些应用？

10-7　某挡土墙高 H=5m，墙背竖直光滑，填土面水平，γ=18kN/m^3、φ=22°、c=15kPa，如图 10-38 所示，试计算：

① 该挡土墙主动土压力分布、合力大小及其作用点位置；

② 若该挡土墙在外力作用下，朝填土方向产生较大的位移时，作用在墙背的土压力分布、合力大小及其作用点位置。

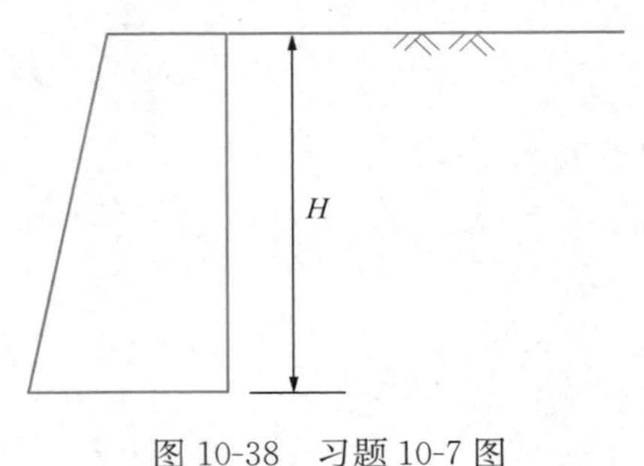

图 10-38　习题 10-7 图

10-8　挡土墙符合朗肯土压力条件，$H=6\text{m}$、$c=20\text{kPa}$、$\varphi=30°$、$\gamma=18.0\text{kN/m}^3$，填土面作用有均布荷载 21kPa，求主动土压力。

10-9　某重力式挡土墙墙高 $H=10\text{m}$，墙背直立光滑，墙后填土面水平。填土分为两层，上层土体位于地下水位以上，下层土体位于地下水位以下。填土的主要物理力学指标如图10-39所示，填土面作用均布荷载 $q=20\text{kPa}$，试求：该挡土墙上的主动土压力分布、合力大小。

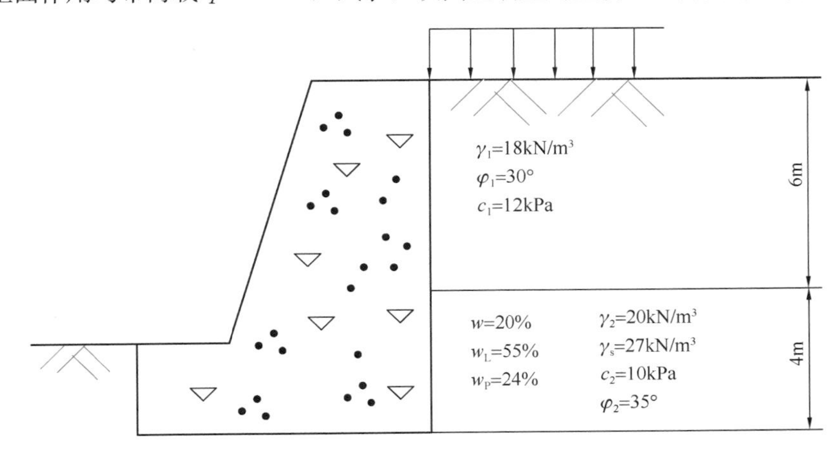

图 10-39　习题 10-9 图

10-10　某重力式挡土墙墙高 $H=6\text{m}$，墙背直立光滑，如图 10-40 所示。水位自墙脚算起高为 $h=5\text{m}$，现拟用 $\gamma=19\text{kN/m}^3$，$\gamma_s=25.9\text{kN/m}^3$，内摩擦角 $\varphi=30°$，含水率 $w=18\%$的细砂作为填料，

（1）当填土至水位高度时（填土表面水平），墙后填土处于弹性平衡状态，且此时填土的泊松比为 0.25，试求此时作用在每米挡土墙上的静止土压力。

（2）当填土至与墙等高时（填土表面水平），墙后填土处于极限平衡状态，其竖向应力为最小主应力，水平应力为最大主应力，试根据朗肯土压力理论计算此时作用在挡土墙上的被动土压力。

10-11　如图 10-41 所示挡土墙，高 4m，墙背直立、光滑，墙后填土面水平。试求总侧压力（主动土压力与水压力之和）的大小和作用位置。

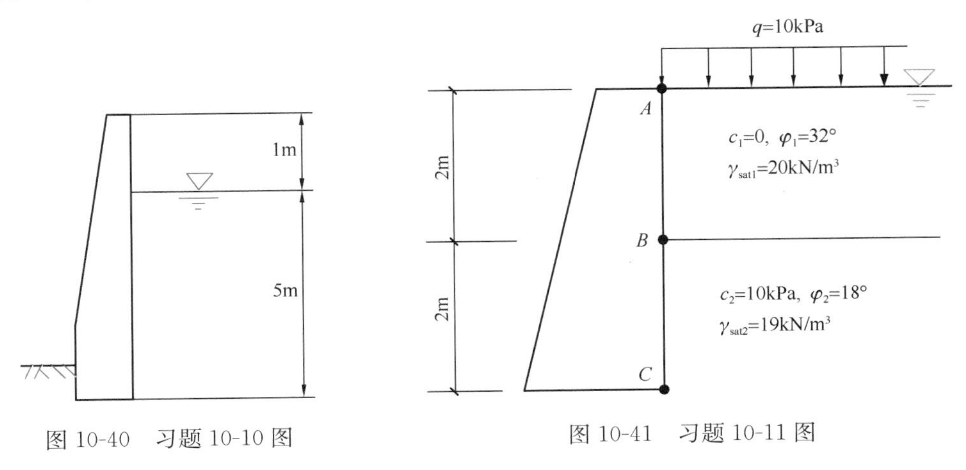

图 10-40　习题 10-10 图　　　图 10-41　习题 10-11 图

10-12　有减压台的钢筋混凝土码头如图 10-42 所示，试计算主动土压力，并绘出土压力的分布。

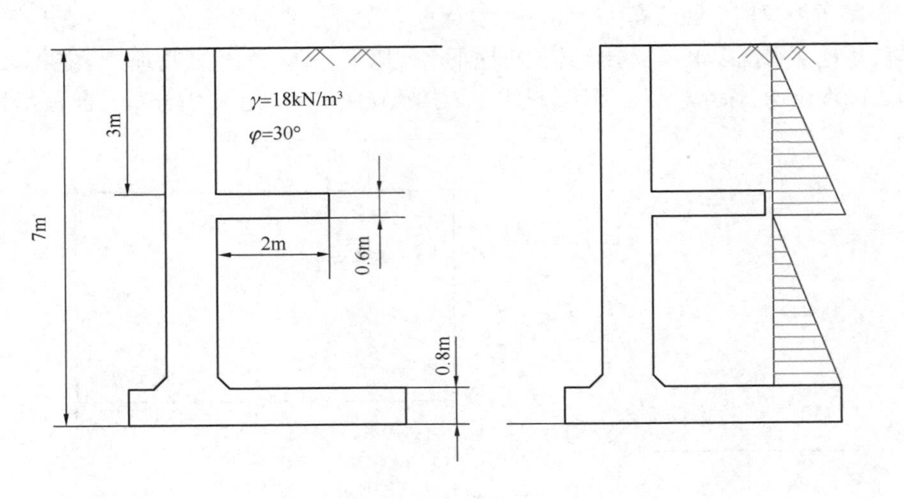

图 10-42　习题 10-12 图

10-13　试计算图 10-43 所示地下室外墙上的土压力分布、合力大小及其作用点位置。

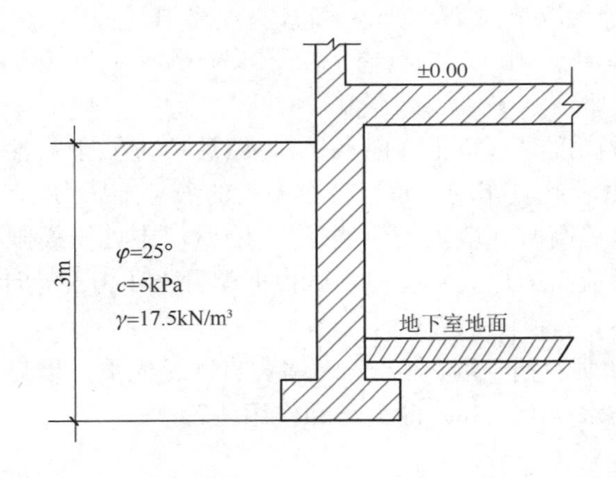

图 10-43　习题 10-13 图

10-14　高度为 H 的挡土墙，墙背直立、墙后填土面水平。填土是重度为 γ、内摩擦角 $\varphi=0°$、黏聚力为 c 的黏土，墙与土之间的黏聚力为 c_a，外摩擦角 $\delta=0$。若忽略拉裂的可能性，试证明作用于墙背的主动土压力为：

$$E_a=\frac{1}{2}\gamma H^2-2cH\sqrt{1+\frac{c_a}{c}}$$

10-15　试分别用库仑理论计算如图 10-44 所示挡土墙墙背 AC' 上的主动土压力和 BC' 面上的主动土压力。

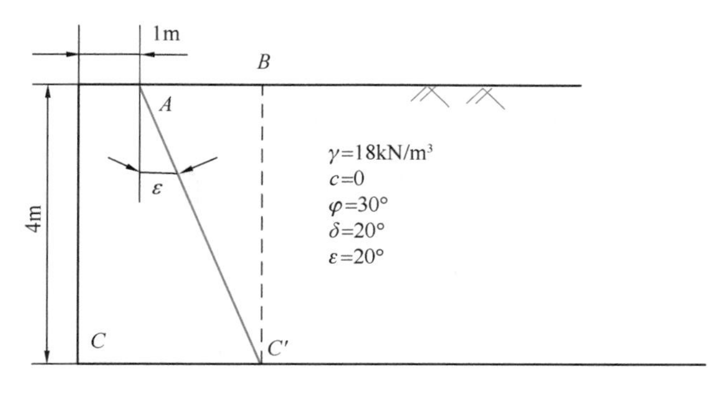

图 10-44　习题 10-15 图

10-16　两挡土墙如图 10-45 所示，用库仑理论计算作用在墙背上的主动土压力，并分析它们之间的差别。

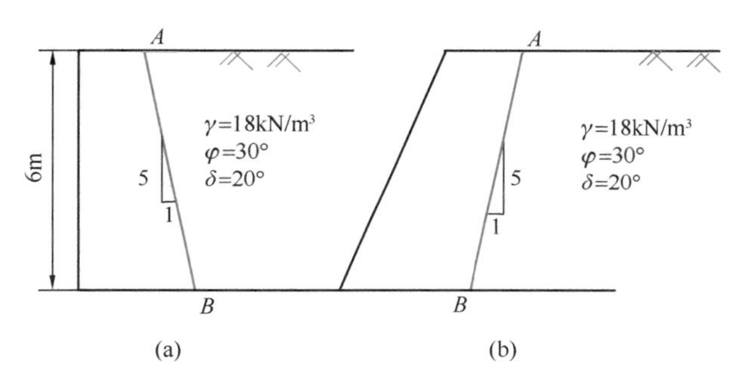

图 10-45　习题 10-16 图

第 11 章　地 基 承 载 力

11.1　概　　述

地基承载力是指地基承担荷载的能力。在荷载作用下，地基要产生变形。随着荷载的增大，地基变形逐渐增大，初始阶段地基土中应力处在弹性平衡状态，具有安全承载能力。当荷载增大到地基中开始出现某点或一个区域内各点在某一方向上的剪应力达到土的抗剪强度时，该点或区域内各点就发生剪切破坏而处在极限平衡状态，土中应力将发生重分布。这种小范围的剪切破坏区，称为塑性区。地基小范围的极限平衡状态大都可以恢复到弹性平衡状态，地基尚能趋于稳定，仍具有安全的承载能力。当荷载继续增大，地基出现较大范围的塑性区时，将出现承载力不足而失去稳定。此时地基达到极限承载能力。因此，地基承载力是地基土抗剪强度的一种宏观表现，影响抗剪强度的因素对地基承载力也产生类似影响。

地基承载力问题是土力学中的一个重要的研究课题，其目的是掌握地基的承载规律，充分发挥地基的承载能力，合理确定地基承载力，确保地基不致因荷载作用而发生剪切破坏，产生变形过大而影响建筑物或土工建筑物的正常使用。为此，基础设计一般都限制基底压力不超过地基容许承载力。

确定地基承载力的方法一般有原位试验法、理论公式法、规范表格法等。原位试验法是一种通过现场直接试验确定承载力的方法，包括（静）载荷试验、静力触探试验、标准贯入试验、旁压试验等，其中以载荷试验法最为可靠。理论公式法是根据土的抗剪强度指标，通过计算理论公式来确定承载力的方法。规范表格法是根据室内试验指标、现场测试指标或野外鉴别指标，通过查规范所列表格得到承载力的方法。本章先介绍原位载荷试验，地基破坏模式，再介绍地基极限承载力的理论计算公式，最后介绍用原位测试法和按地基强度理论确定地基设计的容许承载力。

11.2　地基的变形和失稳

11.2.1　原位载荷试验

载荷试验是一种现场测定地基承载力和土的压缩性的方法。载荷试验分浅层平板载荷试验和深层平板载荷试验两种。下面以浅层平板载荷试验为例，介绍其试验方法。

浅层平板载荷试验试验装置如图 11-1 所示。在待测土层上挖坑到适当深度，放置一圆形或方形的承压板（面积通常为 0.25m^2或 0.50m^2）。坑的宽度应不小于承压板宽度的 3 倍。挖土及放置承压板时，应尽量保护坑底的土少受扰动。在承压板的上方设置刚度足够大的横梁、锚锭木桩、千斤顶和支柱，由承压板施加荷载 p 于土层上，测读承压板的相应

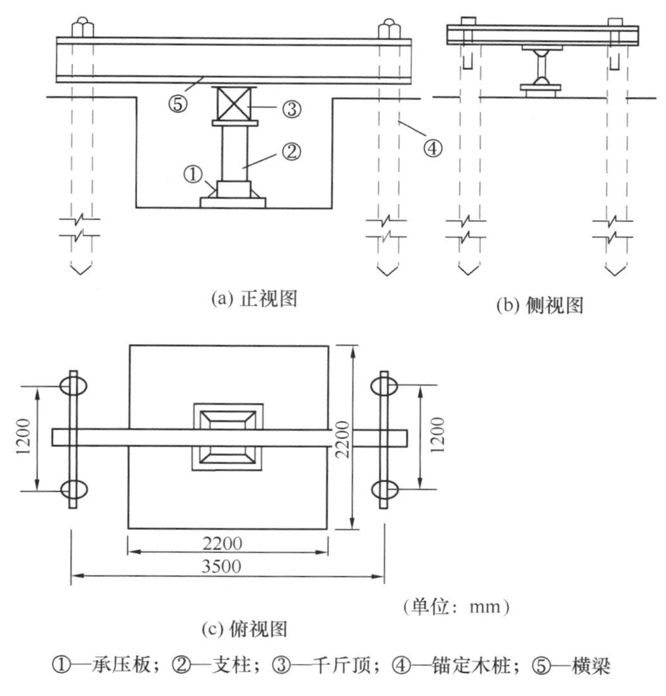

①—承压板；②—支柱；③—千斤顶；④—锚定木桩；⑤—横梁

图 11-1　载荷试验装置

沉降 s，直至土体达到或接近破坏（沉降急剧增加）。对较松软的土，荷载一般按 10～25kPa；对较坚硬的土，按 50kPa 的等级逐级增加。每级加载后，按间隔 10min、10min、10min、15min、15min，以后为每隔半小时测读一次沉降量，当在连续 2h 内，每小时的沉降量小于 0.1mm 时，则认为已趋稳定，可加下一级荷载。

当出现下列情况之一时，浅层平板载荷试验即可终止加载：

(1) 承压板周围的土明显地侧向挤出；

(2) 沉降 s 急剧增大，荷载-沉降（p-s）曲线出现陡降段；

(3) 在某一级荷载 p_i 下，24h 内沉降速率不能达到稳定标准；

(4) 总沉降量 $s \geqslant 0.06b$（b 为承压板宽度或直径）。

根据原位载荷试验可得各级荷载作用下的沉降与时间的关系曲线，即 s-t 曲线，见图 11-2（a）；还可根据各级荷载及其相应的稳定沉降值，绘成荷载与沉降的关系曲线，即 p-s 曲线，见图 11-2（b）。

11.2.2　地基土中应力状态的三个阶段

根据原位载荷试验中地基的变形速度，可得地基土应力状态发展的三个阶段：压缩阶段、剪切阶段和隆起阶段，如图 11-3 所示。

(1) 压缩阶段，又称直线变形阶段，对应 p-s 曲线的 oa 段。这个阶段的外加荷载较小，地基土以压缩变形为主，荷载与变形之间基本呈线性，地基中的应力尚处在弹性平衡状态，地基中任一点的剪应力均小于该点的抗剪强度。该阶段的应力一般可近似采用弹性理论进行分析。

(2) 剪切阶段，又称塑性变形阶段，对应 p-s 曲线的 ab 段。在这一阶段，从基础两

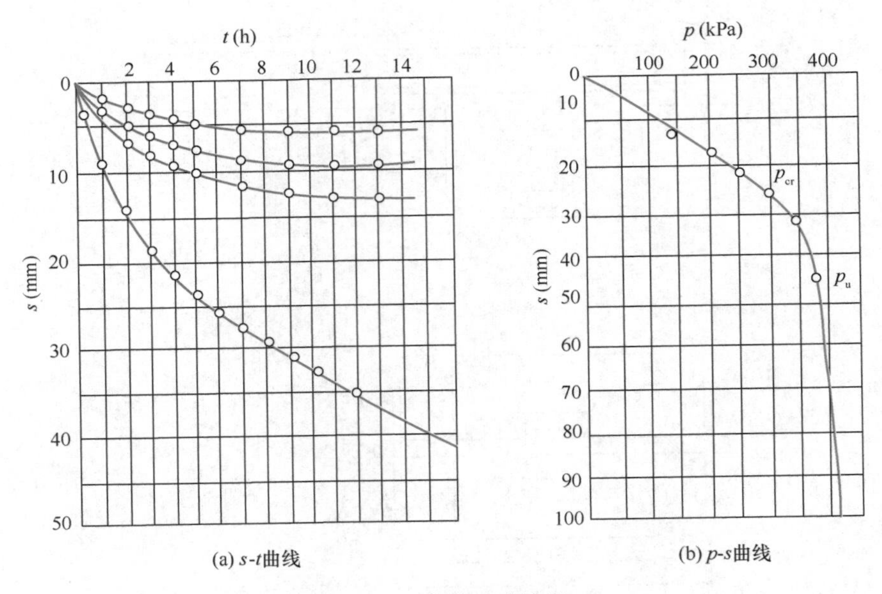

图 11-2 载荷试验结果

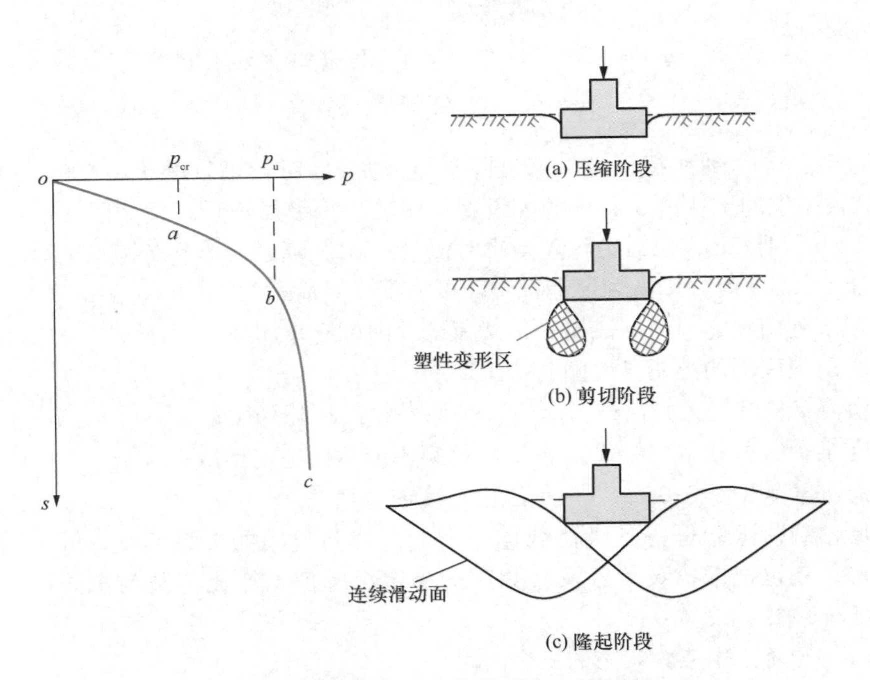

图 11-3 地基土中应力状态的三个阶段

侧底边缘开始，局部区域土中剪应力等于该处土的抗剪强度，土体处于塑性极限平衡状态，宏观上 p-s 曲线呈现非线性的变化。随着荷载增大，塑性变形区扩大，p-s 曲线的斜率增大，地基的安全度随着塑性变形区的扩大而降低。在这一阶段，虽然地基土的部分区域发生了塑性变形，但塑性变形区并未在地基中连成一片，地基基础仍有一定的稳定性。

（3）隆起阶段，又称塑性流动阶段，对应 p-s 曲线的 bc 段。该阶段基础以下两侧的塑性变形区贯通并连成一片，基础两侧土体隆起，很小的荷载增量都会引起基础大的沉降，这个变形主要不是由土的压缩引起，而是由地基土的塑性流动引起，是一种随时间不稳定的变形，其结果是基础向比较薄弱一侧倾倒，地基整体失去稳定性。

相应于地基土中应力状态的三个阶段，有两个界限荷载：一个是从压缩阶段过渡到剪切阶段的界限荷载，为比例界限荷载，或称临塑荷载，一般记为 p_{cr} ，它是 p-s 曲线上 a 点所对应的荷载；另一个是从剪切阶段过渡到隆起阶段的界限荷载，称为极限荷载，记为 p_u ，它是 p-s 曲线上 b 点所对应的荷载。

11.2.3 地基破坏模式

在荷载作用下地基因承载力不足引起的破坏，一般都由地基土的剪切破坏引起。试验研究表明，浅基础的地基破坏模式有三种：整体剪切破坏、局部剪切破坏和冲切剪切破坏，如图 11-4 所示。

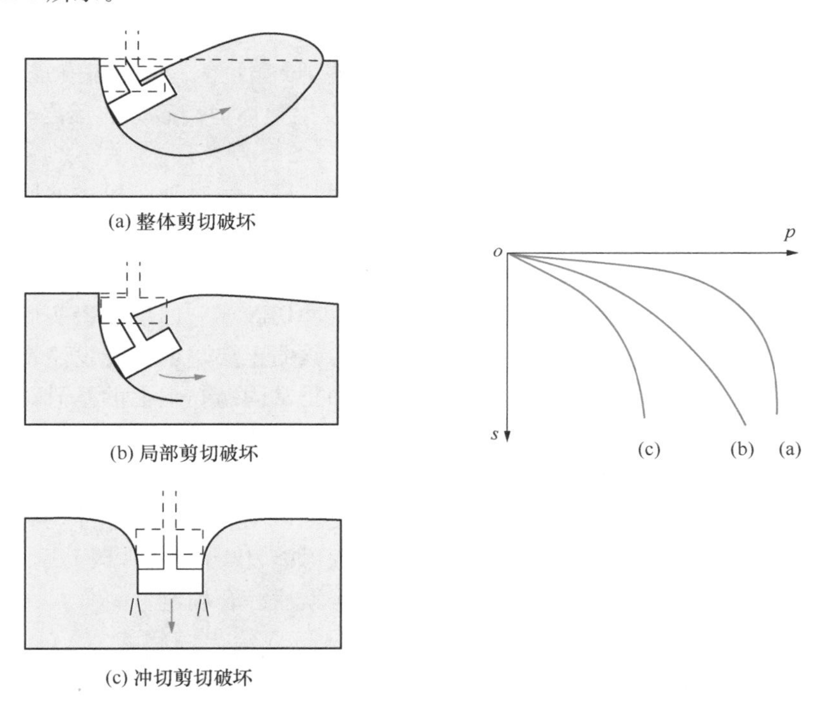

图 11-4 地基破坏模式

整体剪切破坏是地基发生连续剪切滑动面的一种地基破坏模式，其概念最早由普朗德尔（Prandtl，1920）提出。地基在荷载作用下首先产生近似线弹性（ p-s 曲线的首段呈线性）变形。当荷载达到一定数值时，在基础的边缘点下土体首先发生剪切破坏。随着荷载的继续增加，塑性区（剪切破坏区）也逐渐扩大，p-s 曲线由线性开始弯曲。当塑性区在地基中形成一片，成为连续的滑动面时，基础就会急剧下沉并向一侧倾斜、倾倒，地面向上隆起，地基发生整体剪切破坏，失去了承载能力。这种破坏模式下的 p-s 曲线具有明显转折点，破坏前建筑物一般不会发生过大沉降，它是一种典型的强度破坏，破坏有一定的突然性。如图 11-4（a）所示。整体剪切破坏一般在密砂和坚硬的黏土中发生。

局部剪切破坏是地基某一范围内发生剪切破坏的一种地基破坏形式，其概念最早由太沙基（Terzaghi，1943）提出。在荷载作用下，地基在基础边缘以下开始发生剪切破坏之后，随着荷载的继续增大，地基变形增大，塑性区继续扩大，基础两侧土体有部分隆起，但滑动面没有发展到地面。基础由于产生过大的沉降而丧失继续承载能力。这种破坏模式的 p-s 曲线，一般没有明显的转折点，是一种以变形为主要特征的破坏模式，如图 11-4（b）所示。

冲切破坏（punching shear failure）是地基土发生垂直剪切破坏，使基础产生较大沉降的一种破坏模式，也称刺入破坏。冲切破坏的概念由德贝尔和魏锡克（DeBeer & Vesic，1959）提出。在荷载作用下基础产生较大沉降，基础周围的部分土体也产生下陷，破坏时基础好像“刺入”地基土层中，不出现明显的破坏区和滑动面，基础没有明显的倾斜，p-s 曲线没有转折点，是一种典型的以变形为特征的破坏模式，如图 11-4（c）所示。在压缩性较大的松砂、软土地基或基础埋深较大时相对容易发生冲切破坏。

影响地基破坏模式的因素有：地基土条件，如种类、密度、含水率、压缩性、抗剪强度等；基础条件，如形式、埋深、尺寸等，其中土的压缩性是影响破坏模式的主要因素。如果土的压缩性低，土体相对比较密实，一般容易发生整体剪切破坏。反之，如果土比较疏松，压缩性高，则会发生冲切破坏。

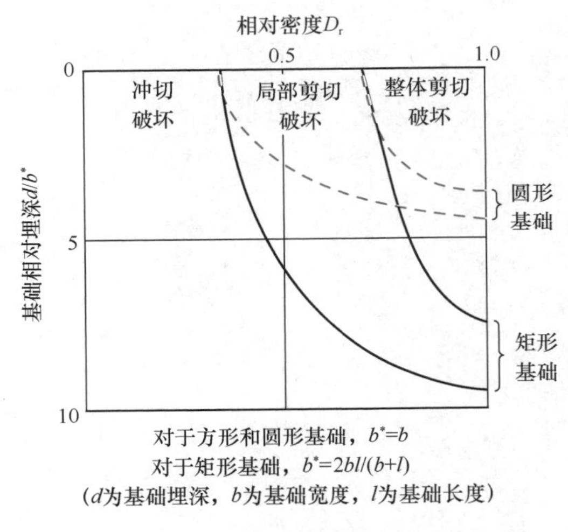

图 11-5　砂土地基模型试验的破坏模式

地基压缩性对破坏模式的影响也会随着其他因素的变化而变化。建在密实土层中的基础，如果埋深大或受到瞬时冲击荷载，也会发生冲切破坏；如果在密实砂层下卧有可压缩的软弱土层，也可能发生冲切破坏。建在饱和正常固结黏土上的基础，若地基土在加载时不发生体积变化，将会发生整体剪切破坏；如果加载很慢，使地基土固结，发生体积变化，则有可能发生冲切破坏。对于具体工程可能发生何种破坏模式，需考虑各方面的因素后综合确定。

图 11-5 给出魏锡克（Vesic，1973）在砂土地基承载力的模型实验结果，该图说明了地基破坏模式与基础相对埋深及砂土相对密度的关系。

11.3　地基的临塑和临界荷载

11.3.1　地基塑性变形区边界方程

假设在均质地基表面上，作用一竖向均布条形荷载 p，如图 11-6（a）所示。实际工程中基础一般都有埋深 d，如图 11-6（b）所示，则条形基础两侧荷载 $q=\gamma_0 d$，γ_0 为基础埋置深度范围内土层的加权平均重度，地下水位以下取浮重度。因此，均布条形荷载 p 应替换为基底附加压力 p_0（$p_0=p-q=p-\gamma_0 d$）。

根据弹性理论，基底附加压力在地表下任一点 M 处产生的大、小主应力可按下式表达：

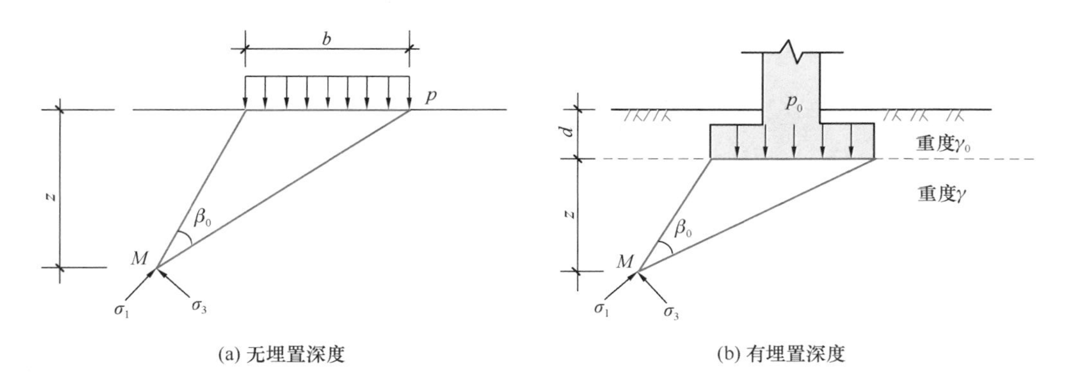

图 11-6　均布条形荷载作用下地基中的主应力

$$\sigma_1 = \frac{p_0}{\pi}(\beta_0 + \sin\beta_0) \tag{11-1}$$

$$\sigma_3 = \frac{p_0}{\pi}(\beta_0 - \sin\beta_0) \tag{11-2}$$

式中　p_0——基底附加压力（kPa）；

β_0——任意点 M 到均布条形荷载两端点的夹角（rad）。

σ_1 的作用方向与 β_0 角的平分线一致。在 M 点的应力，除了 p_0 引起的附加应力外，还有该点的自重应力 $q + \gamma z$，γ 为持力层土的加权重度，地下水位以下取浮重度。

为了推导方便，假设地基土原有的自重应力场的静止侧压力系数 $K_0 = 1$，具有静水压力性质，则自重应力场没有改变 M 点附加应力场的大小以及主应力的作用方向，因此，地基中任意点 M 的大、小主应力分别为：

$$\sigma_1 = \frac{p_0}{\pi}(\beta_0 + \sin\beta_0) + q + \gamma z \tag{11-3}$$

$$\sigma_3 = \frac{p_0}{\pi}(\beta_0 - \sin\beta_0) + q + \gamma z \tag{11-4}$$

当 M 点应力达到极限平衡状态时，该点的大、小主应力应满足下式极限平衡条件：

$$\sin\varphi = (\sigma_1 - \sigma_3)/(\sigma_1 + \sigma_3 + 2c\cot\varphi) \tag{11-5}$$

式中，c、φ 为土的抗剪强度指标。

将式（11-3）、式（11-4）代入式（11-5）得：

$$z = \frac{p_0}{\gamma\pi}\left(\frac{\sin\beta_0}{\sin\varphi} - \beta_0\right) - \frac{c}{\gamma\tan\varphi} - d \tag{11-6}$$

此式为满足极限平衡条件的地基塑性变形区边界方程，即塑性区边界上任意一点的坐标 z 与 β_0 角的关系。荷载 p、基础埋深 d 以及土的 γ、c、φ 为已知，则根据此式可绘出塑性变形区的边界线，如图 11-7 所示。

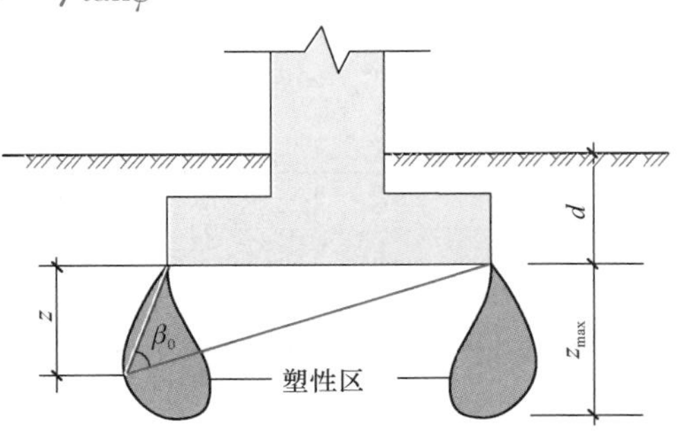

图 11-7　条形基础底面边缘的塑性区

11.3.2　临塑荷载和临界荷载

在工程应用中，往往只要知道极限平衡区最大的发展深度就足够，而不需要绘出整个区域的轨迹。因此，将式（11-6）对 β_0 求导，并让 $\frac{dz}{d\beta_0}=0$，得：

$$\frac{dz}{d\beta_0}=\frac{p_0}{\pi\gamma}\cdot\left(\frac{\cos\beta_0}{\sin\varphi}-1\right)=0$$

故：

$$\cos\beta_0=\sin\varphi$$

得：

$$\beta_0=\frac{\pi}{2}-\varphi \tag{11-7}$$

将式（11-7）和 $p_0=p-\gamma_0 d$ 代入式（11-6），整理后就得到极限平衡区的最大发展深度计算公式：

$$z_{max}=\frac{p-\gamma_0 d}{\gamma\pi}\left(\cot\varphi-\frac{\pi}{2}+\varphi\right)-\frac{c}{\gamma\tan\varphi}-d \tag{11-8}$$

当 $z_{max}=0$ 时，由式（11-8）得到的荷载 p 就是地基开始发生局部剪损，但极限平衡区尚未得到扩展时的荷载，也就是临塑荷载 p_{cr}。同理，令 $z_{max}=b/4$ 或 $z_{max}=b/3$ 代入式（11-8），整理后得到的荷载 p 就是相应于极限平衡区的最大发展深度为基础宽度的 1/4 和 1/3 时的荷载，称为临界荷载 $p_{1/4}$ 和 $p_{1/3}$。故：

$$p_{cr}=\gamma_0 d\left[1+\frac{\pi}{\cot\varphi-\frac{\pi}{2}+\varphi}\right]+c\left[\frac{\pi\cot\varphi}{\cot\varphi-\frac{\pi}{2}+\varphi}\right] \tag{11-9}$$

$$p_{1/4}=\frac{1}{4}\gamma b\frac{\pi}{\left(\cot\varphi-\frac{\pi}{2}+\varphi\right)}+\gamma_0 d\left[1+\frac{\pi}{\cot\varphi-\frac{\pi}{2}+\varphi}\right]+c\left[\frac{\pi\cot\varphi}{\cot\varphi-\frac{\pi}{2}+\varphi}\right] \tag{11-10}$$

$$p_{1/3}=\frac{1}{3}\gamma b\frac{\pi}{\left(\cot\varphi-\frac{\pi}{2}+\varphi\right)}+\gamma_0 d\left[1+\frac{\pi}{\cot\varphi-\frac{\pi}{2}+\varphi}\right]+c\left[\frac{\pi\cot\varphi}{\cot\varphi-\frac{\pi}{2}+\varphi}\right] \tag{11-11}$$

式（11-9）～式（11-11）可以写成如下承载力系数的形式：

$$p=\frac{1}{2}\gamma bN_\gamma+qN_q+cN_c \tag{11-12}$$

式中，$N_c=\frac{\pi\cot\varphi}{\cot\varphi-\frac{\pi}{2}+\varphi}$；$N_q=1+\frac{\pi}{\cot\varphi-\frac{\pi}{2}+\varphi}=1+N_c\tan\varphi$；相应于 p_{cr}、$p_{1/4}$、$p_{1/3}$ 的 N_γ 分别等于 0、$\frac{\pi}{2\left(\cot\varphi-\frac{\pi}{2}+\varphi\right)}$、$\frac{2\pi}{3\left(\cot\varphi-\frac{\pi}{2}+\varphi\right)}$；承载力系数 N_c、N_q 和 N_γ 均为内摩擦角 φ 的函数。

【例 11-1】一条形基础，宽 1.5m，埋深 1.0m。地基土层分布为：第一层素填土，厚 0.8m，天然重度 18.0kN/m³，含水率 35%；第二层黏性土，厚 6m，天然重度 18.2kN/m³，含水率 38%，土粒相对密度 2.72，土的黏聚力 10kPa，内摩擦角 13°。求该

基础的临塑荷载 p_{cr}，临界荷载 $p_{1/4}$ 和 $p_{1/3}$。

【解】由题意得：

$$q=\gamma_0 d=18.0\times0.8+18.2\times0.2=18.04\text{kPa}$$

$$p_{cr}=\gamma_0 d\left(1+\frac{\pi}{\cot\varphi-\frac{\pi}{2}+\varphi}\right)+c\left(\frac{\pi\cot\varphi}{\cot\varphi-\frac{\pi}{2}+\varphi}\right)$$

$$=18.04\times\left(1+\frac{\pi}{\cot13^\circ-\frac{\pi}{2}+\pi\times13^\circ/180^\circ}\right)+10\times\left(\frac{\pi\cot13^\circ}{\cot13^\circ-\frac{\pi}{2}+\pi\times13^\circ/180^\circ}\right)$$

$$=82.6\text{kPa}$$

$$p_{1/4}=\frac{1}{4}\gamma b\frac{\pi}{\left(\cot\varphi-\frac{\pi}{2}+\varphi\right)}+\gamma_0 d\left(1+\frac{\pi}{\cot\varphi-\frac{\pi}{2}+\varphi}\right)+c\left(\frac{\pi\cot\varphi}{\cot\varphi-\frac{\pi}{2}+\varphi}\right)$$

$$=\frac{1}{4}\times18.2\times1.5\times\frac{\pi}{\left(\cot13^\circ-\frac{\pi}{2}+\pi\times13^\circ/180^\circ\right)}+18.04$$

$$\times\left(1+\frac{\pi}{\cot13^\circ-\frac{\pi}{2}+\pi\times13^\circ/180^\circ}\right)$$

$$+10\times\left(\frac{\pi\cot13^\circ}{\cot13^\circ-\frac{\pi}{2}+\pi\times13^\circ/180^\circ}\right)$$

$$=89.7\text{kPa}$$

$$p_{1/3}=\frac{1}{3}\gamma b\frac{\pi}{\left(\cot\varphi-\frac{\pi}{2}+\varphi\right)}+\gamma_0 d\left(1+\frac{\pi}{\cot\varphi-\frac{\pi}{2}+\varphi}\right)+c\left(\frac{\pi\cot\varphi}{\cot\varphi-\frac{\pi}{2}+\varphi}\right)$$

$$=\frac{1}{3}\times18.2\times1.5\times\frac{\pi}{\left(\cot13^\circ-\frac{\pi}{2}+\pi\times13^\circ/180^\circ\right)}+18.04$$

$$\times\left(1+\frac{\pi}{\cot13^\circ-\frac{\pi}{2}+\pi\times13^\circ/180^\circ}\right)$$

$$+10\times\left(\frac{\pi\cot13^\circ}{\cot13^\circ-\frac{\pi}{2}+\pi\times13^\circ/180^\circ}\right)$$

$$=92.1\text{kPa}$$

11.4 地基极限承载力的计算

当塑性变形区充分发展并形成连续贯通的滑移面时，地基所能承受的最大荷载，即极限荷载 p_u，称为地基极限承载力。当建筑物基础的基底压力增加至地基极限承载力时，地基即将失去稳定而破坏。

目前求解地基极限承载力的理论计算公式，归纳起来主要有两种。第一种是根据极限平衡理论，计算土中各点达到极限平衡时的应力和滑动面方向，并建立微分方程，根据边界条件求出达到极限平衡时各点的精确解析解。采用这种方法求解时在数值上困难太大，目前尚无严格的一般解析解，仅能对某些边界条件比较简单的情况求解。第二种是先假定地基土在极限状态下滑动面的形状，然后根据滑动土体的静力平衡条件求解。按这种方法得到的地基极限承载力的计算公式比较简便，在工程实践中得到广泛应用。以下主要介绍第二种方法建立的极限承载力计算公式。

11.4.1 普朗德尔-瑞斯纳公式

普朗德尔（也有译称普朗特），根据极限平衡理论对刚性基础在半无限刚塑性地基上的承载力问题进行了研究（Prandtl，1920）。

假定条形基础具有足够大的刚度，置于地基表面，底面光滑，地基土具有刚塑性，且地基土重度为零。当作用在基础上的荷载足够大时，基础陷入地基中，地基产生如图 11-8所示的整体剪切破坏。如图 11-8 所示，地基分为三个区：

（1）Ⅰ区是位于基础底面下的中心楔体（ABA_1），又称主动朗肯区。该区的大主应力 σ_1 的作用方向为竖向，小主应力 σ_3 作用方向为水平向，根据极限平衡理论，小主应力作用方向与破坏面呈（$45°+\varphi/2$）角，即两侧面 AB、A_1B 与水平面的夹角为（$45°+\varphi/2$）。

（2）Ⅲ区是被动朗肯区，该区大主应力 σ_1 作用方向为水平向，小主应力 σ_3 作用方向为竖向，破裂面 AC、A_1C、CD、C_1D 与水平面的夹角为（$45°-\varphi/2$）。

（3）Ⅱ区是Ⅰ区和Ⅲ区间的过渡区（ABC 和 A_1BC_1），又称普朗德尔区。该区由一组对数螺旋线和一组射线组成，Ⅱ区的边界 BC 和 BC_1 为对数螺旋线，其表达式为：

$$r = r_0 e^{\theta\tan\varphi} \tag{11-13}$$

式中，φ 为土的内摩擦角；r_0 为Ⅱ区的起始半径，长度等于 $\overline{ab}$；θ 为射线 r 与 r_0 的夹角，且满足 $0 \leqslant \theta \leqslant \frac{\pi}{2}$。

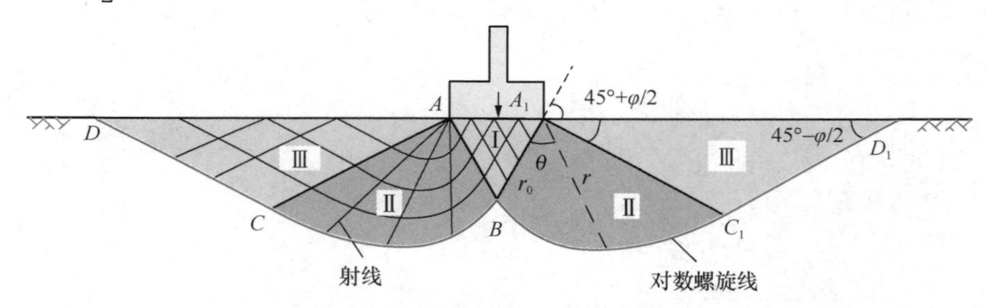

Ⅰ区—主动朗肯区；Ⅱ区—普朗德尔区；Ⅲ区—被动朗肯区

图 11-8　普朗德尔解的地基破坏模式

普朗德尔导出作用在基底的极限荷载，即极限承载力为：

$$p_u = c[e^{\pi\tan\varphi}\tan^2(45° + \varphi/2) - 1]\cot\varphi = cN_c \tag{11-14}$$

式中，c、φ 为土的抗剪强度指标；N_c 为承载力系数，有：

$$N_c = [e^{\pi\tan\varphi}\tan^2(45° + \varphi/2) - 1]\cot\varphi \tag{11-15}$$

瑞斯纳（Ressiner，1924）在普朗德尔理论解的基础上考虑了基础埋深的影响，如图 11-9所示，把基底以上土视为作用在基底水平面上的柔性超载 $q(=\gamma_0 d)$，导出了地基极限承载力计算公式如下：

$$p_u = cN_c + qN_q \tag{11-16}$$

式中，N_c、N_q 为承载力系数，其中：

$$N_q = e^{\pi\tan\varphi}\tan^2(45° + \varphi/2) \tag{11-17}$$

由式（11-17）和式（11-15）中承载力系数的定义，可得：

$$N_c = (N_q - 1)\cot\varphi \tag{11-18}$$

式（11-16）被称为普朗德尔-瑞斯纳公式。

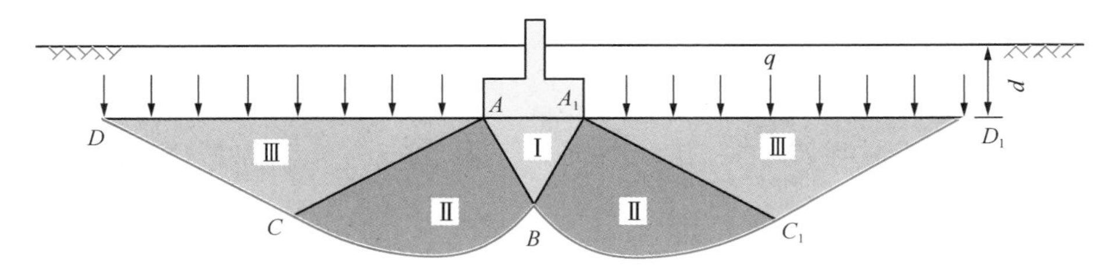

图 11-9　瑞斯纳承载力解的地基破坏模式

【例 11-2】一条形基础，宽度 $b=4$m，埋深 $d=2$m，地基土重度 $\gamma = 18\,\text{kN/m}^3$，黏聚力 $c = 12$kPa，内摩擦角 $\varphi = 20°$。根据普朗德尔-瑞斯纳公式求地基极限承载力，并绘出地基滑动面。

【解】承载力系数 N_q 为：

$$\begin{aligned} N_q &= e^{\pi\tan\varphi}\tan^2(45° + \varphi/2) \\ &= e^{\pi\tan 20°}\tan^2(45° + 20°/2) \\ &= 6.4 \end{aligned}$$

承载力系数 N_c 为：

$$\begin{aligned} N_c &= (N_q - 1)\cot\varphi \\ &= (6.4 - 1) \times \cot 20° = 14.8 \\ q &= \gamma_0 d = 18 \times 2 = 36\text{kPa} \end{aligned}$$

因此地基极限承载力为：

$$\begin{aligned} p_u &= cN_c + qN_q \\ &= 12 \times 14.8 + 36 \times 6.4 \\ &= 408\text{kPa} \end{aligned}$$

下面绘制滑动面：

$$\begin{aligned} r_0 &= \frac{b/2}{\cos(45° + \varphi/2)} \\ &= \frac{4/2}{\cos(45° + 20°/2)} \\ &= 3.49\text{m} \end{aligned}$$

由 $r = r_0 e^{\theta\tan\varphi}$，$\theta = \dfrac{\pi}{2}$ 可得最大半径：

$$r = r_0 e^{\frac{\pi}{2}\tan\varphi} = 3.49 \times e^{\frac{\pi}{2}\tan 20°} = 6.18\text{m}$$

滑动面如图 11-10 所示。

虽然瑞斯纳的修正比普朗德尔理论公式有了进步，但由于没有考虑地基土的重量，没有考虑基础埋深范围内侧面土的抗剪强度等的影响，其结果与实际工程仍有较大差距，为此，许多学者，如太沙基（Terzaghi，1943）、迈耶霍夫（Meyerhoff，1951）、汉森

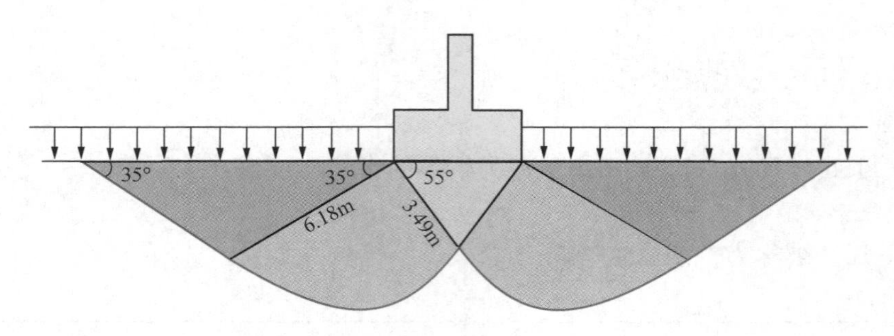

图 11-10　例 11-2 图

（Hansen，1961）、魏锡克（Vesic，1963）等先后进行了研究，都是根据假定滑动面的方法导出极限荷载公式。

11.4.2　太沙基公式

太沙基对普朗德尔理论进行了修正，考虑了基础底面以下土体的重量，同时还考虑了基础底面非光滑。基本假定如下：

（1）地基土有重量；

（2）基底粗糙；

（3）把基底以上填土仅看成作用在基底水平面上的超载，不考虑这部分填土的抗剪强度；

（4）在极限荷载作用下基础发生整体剪切破坏。

太沙基解中滑动面的形状和分区如图 11-11 所示。Ⅰ区为弹性区，位于基础底面下。

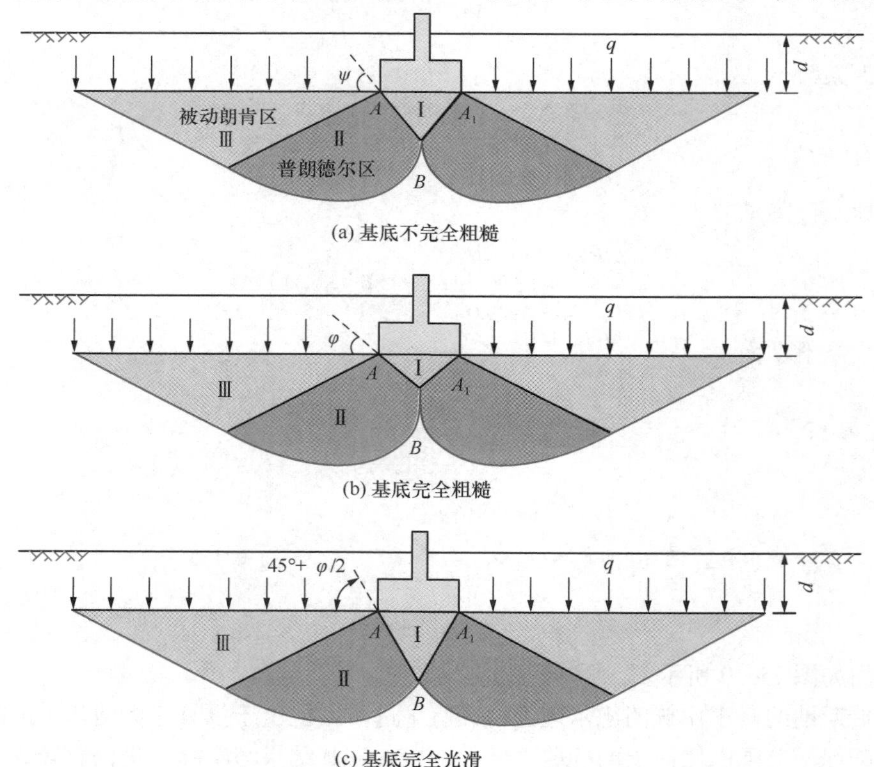

图 11-11　太沙基承载力解的地基整体剪切破坏模式

其他两部分即Ⅱ区（普朗德尔区）和Ⅲ区（被动朗肯区）与普朗德尔解一致。太沙基解用弹性区Ⅰ区代替了普朗德尔解的主动朗肯区。除弹性区外，Ⅱ、Ⅲ区内的所有土体均处于塑性极限平衡状态。

Ⅰ区与Ⅱ区的交界面（AB 和 A_1B）实际上为一曲面。为了便于推导公式，在此假定为平面。按极限平衡理论，当基底完全粗糙，摩擦力使得基底下Ⅰ区土体与基础组成整体，竖直向下移动，因此，AB 和 A_1B 与水平面的夹角应该等于 φ，如图 11-11（b）所示。若基底完全光滑，则 AB 和 A_1B 与水平面夹角为 $(45°+\varphi/2)$，如图 11-11（c）所示，此时与普朗德尔解相同。当基底不完全粗糙，基底的摩擦力不足以完全限制Ⅰ区土体，则 AB 和 A_1B 与水平面的夹角 ψ 介于 φ 与 $(45°+\varphi/2)$ 之间，如图 11-11（a）所示。

1. 条形基础

取弹性区为隔离体（图 11-12），图中 F_c 为黏聚力产生在 AB（A_1B）上的合力：

$$F_c = c\frac{b}{2\cos\psi} \tag{11-19}$$

式中 b——基础宽度；

ψ——AB 和 A_1B 与水平面的夹角，$45°+\varphi/2>\psi>\varphi$；

c——地基土的黏聚力。

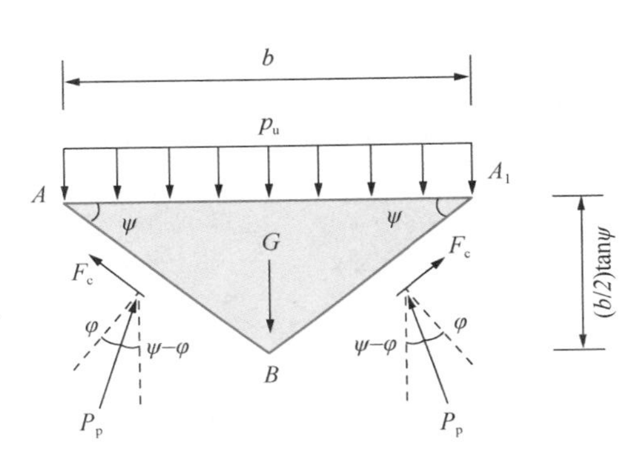

图 11-12　弹性区受力状态（基底不完全粗糙）

考虑单位长度的条形基础，由竖直方向力的平衡，有：

$$p_u b = 2P_p\cos(\psi-\varphi)+2F_c\sin\psi - G \tag{11-20}$$

式中 P_p——作用于 AB 和 A_1B 的被动土压力合力；

φ——地基土的内摩擦角；

G——弹性区土体自重。

弹性区土体自重 G 为：

$$G=(\gamma b^2/4)\tan\psi \tag{11-21}$$

式中 γ——地基土重度。

将式（11-19）和式（11-21）代入式（11-20），得：

$$p_u=(2P_p/b)\cos(\psi-\varphi)+(c-\gamma b/4)\tan\psi \tag{11-22}$$

太沙基推导了被动土压力合力 P_p 的理论解，代入上式化简后得到极限承载力公式：

$$p_u = cN_c+qN_q+(1/2)\gamma bN_\gamma \tag{11-23}$$

式中，N_c、N_q、N_γ 为粗糙基底的承载力系数，是 φ、ψ 的函数。

式（11-23）为基底不完全粗糙情况下太沙基承载力理论公式，其中 ψ 为未定值。太沙基给出了基底完全粗糙情况（$\psi=\varphi$）的解答，地基承载力系数 N_c、N_q、N_γ 值可由图 11-13中曲线或表 11-1 确定。

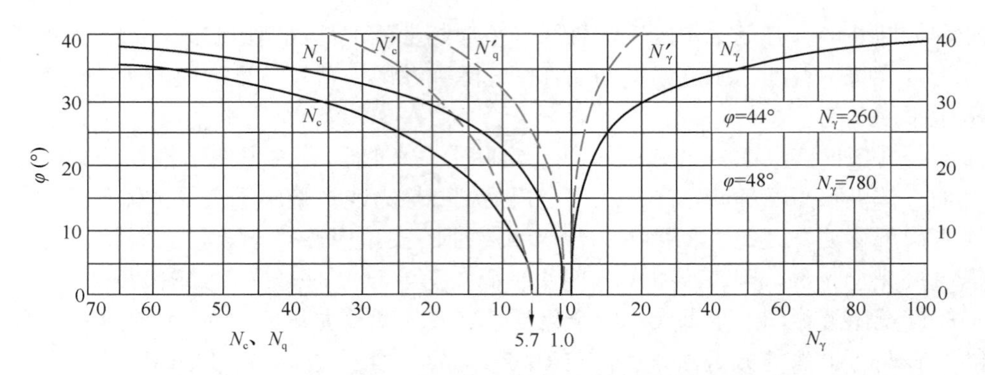

图 11-13　太沙基公式的承载力系数（基底完全粗糙）

承载力系数 N_c、N_q 和 N_γ（基底完全粗糙）　　表 11-1

φ(°)	N_c	N_q	N_γ	φ(°)	N_c	N_q	N_γ
0	5.7	1.0	0.0	34	52.6	36.5	36.0
5	7.3	1.6	0.5	35	57.8	41.4	42.4
10	9.6	2.7	1.2	40	95.7	81.3	100.4
15	12.9	4.4	2.5	44	151.9	147.7	260.0
20	17.7	7.4	5.0	45	172.3	173.3	297.5
25	25.1	12.7	9.7	48	258.3	287.9	780.1
30	37.2	22.5	19.7	50	347.5	415.1	1153.2

2. 其他形状的基础

式（11-23）为在假定条形基础下地基发生整体剪切破坏时得到的，对于实际工程中存在的其他形状的基础，太沙基也给出了相应的经验公式。

对于圆形基础（直径为 b），计算公式为：

$$p_u = 1.3cN_c + qN_q + 0.3\gamma bN_\gamma \tag{11-24}$$

对于方形基础（宽度为 b），计算公式为：

$$p_u = 1.3cN_c + qN_q + 0.4\gamma bN_\gamma \tag{11-25}$$

对于长度为 l、宽度为 b 的矩形基础，可根据 l/b 值在条形基础（假定 $l/b=10$）和方形基础（$l/b=1$）的极限承载力之间用线性插值得到。

3. 局部剪切破坏情况

对于条形基础下地基发生局部剪切破坏的情况，太沙基建议对土的抗剪强度指标进行折减，即取 $c^* = 2c/3$，$\tan\varphi^* = (2\tan\varphi)/3$ 或 $\varphi^* = \arctan[2\tan\varphi/3]$。根据调整后的 φ^* 由图 11-13 查得 N_c、N_q、N_γ，按式（11-23）计算局部剪切破坏极限承载力。

或者，根据 φ 由图 11-13 查得 N'_c、N'_q、N'_γ，再按下式计算极限承载力：

$$p_u = (2/3)cN'_c + qN'_q + (1/2)\gamma bN'_\gamma \tag{11-26}$$

对圆形基础（直径为 b），计算公式为：

$$p_u = 0.87cN'_c + qN'_q + 0.3\gamma bN'_\gamma \tag{11-27}$$

对方形基础（宽度为 b），计算公式为：

$$p_u = 0.87cN'_c + qN'_q + 0.4\gamma bN'_\gamma \tag{11-28}$$

4. 有地下水的情况

用太沙基公式计算地基承载力时，根据地下水位位置的不同，可分为如下三种情况：

（1）地下水位在基础底面以上

如图 11-14（a）所示，地下水位在基础底面以上，如其距离地表的距离为 d_w（$d_w<d$），在地基承载力计算公式中，基础底面两侧土体产生的均布荷载 q 为：

$$q = \gamma d_w + \gamma'(d-d_w) \tag{11-29}$$

式中 γ——地下水位以上土体的重度（kN/m^3）；

γ'——地下水位以下土体的有效重度（kN/m^3）。

而承载力计算公式中与基础宽度有关的重度取地下水位以下土体的有效重度 γ'。例如，条形基础整体剪切破坏使用式（11-23），其中 $(1/2)\gamma bN_\gamma$ 一项中 γ 应为 γ'。

（2）地下水位在基础底面以下，且距离基底在 1 倍基础宽度内

如图 11-14（b）所示，地下水位的深度 $d\leqslant d_w\leqslant d+b$，假定影响深度在基础底面下 1 倍宽度，此时承载力计算公式中与基础宽度有关的重度 γ 为基础底面下且在影响深度范围内的土体的加权平均重度，用符号 $\bar{\gamma}$ 表示，其计算公式为：

$$\bar{\gamma} = \gamma' + \frac{d_w - d}{b}(\gamma - \gamma') \tag{11-30}$$

（3）地下水位在基础底面以下，且距离基底超过 1 倍基础宽度

如图 11-14（c）所示，地下水位在基础底面以下，且距离基础底面超过 1 倍基础宽度，即 $d_w>d+b$。假定影响深度在基础底面下 1 倍宽度，此时可不考虑地下水位的影响。

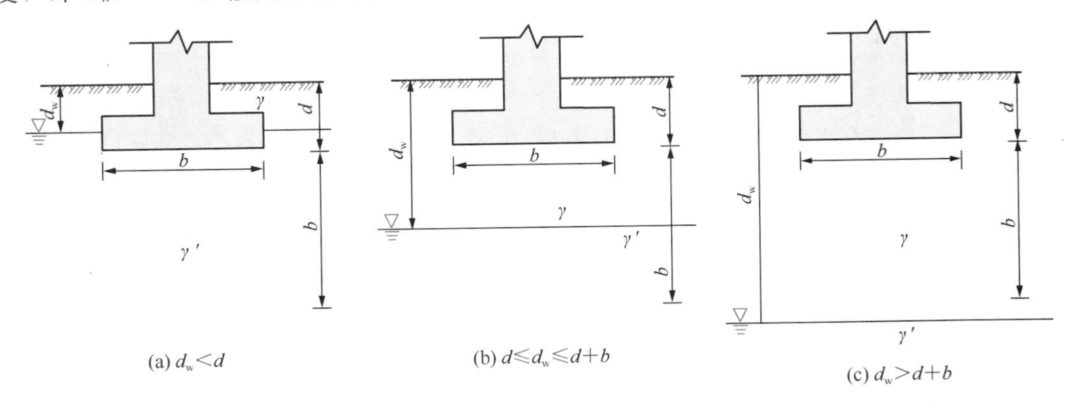

图 11-14　地下水位的影响

【例 11-3】某条形基础宽 1.5m，埋深 1.2m，地基为黏性土，天然重度为 $18.4kN/m^3$，饱和重度为 $18.8kN/m^3$，土的黏聚力为 8kPa，内摩擦角为 20°。试按太沙基理论计算：

（1）若地下水位深度为 5.0m，整体剪切破坏时地基极限承载力为多少？

（2）若地下水位深度为 1.0m，整体剪切破坏时地基极限承载力为多少？

【解】（1）由 $\varphi=20°$，查表 11-1 得 $N_c=17.7$，$N_q=7.4$，$N_\gamma=5.0$，由于地下水位在基础底面以下，且距离基础底面超过 1 倍基础宽度，则整体剪切破坏时地基极限承载

力为：

$$p_u = cN_c + qN_q + \frac{1}{2}\gamma bN_\gamma$$

$$= 8 \times 17.7 + 18.4 \times 1.2 \times 7.4 + \frac{1}{2} \times 18.4 \times 1.5 \times 5.0$$

$$= 374.0\text{kPa}$$

（2）地下水位深度为 1.0m 时，由于地下水位在基础底面以上，则：

$$q = \gamma d_w + \gamma'(d - d_w)$$

$$= 18.4 \times 1.0 + (18.8 - 10) \times (1.2 - 1.0)$$

$$= 20.16\text{kPa}$$

整体剪切破坏时地基极限承载力为：

$$p_u = cN_c + qN_q + \frac{1}{2}\gamma' bN_\gamma$$

$$= 8 \times 17.7 + 20.16 \times 7.4 + \frac{1}{2} \times (18.8 - 10) \times 1.5 \times 5.0$$

$$= 323.8\text{kPa}$$

【例 11-4】初始条件与例 11-3 相同，地下水位深度为 1.0m，试按太沙基理论计算：

（1）若加大基础宽度至 10m，承载力分别为多少？

（2）若地基土的内摩擦角增加为 25°，承载力为多少？

（3）若地基土的黏聚力增加为 12kPa，承载力为多少？

（4）若加大基础埋深至 2m，承载力分别为多少？

【解】（1）基础宽度为 10.0m 时：

$$p_u = cN_c + qN_q + \frac{1}{2}\gamma' bN_\gamma$$

$$= 8 \times 17.7 + 20.16 \times 7.4 + \frac{1}{2} \times (18.8 - 10) \times 10.0 \times 5.0$$

$$= 510.8\text{kPa}$$

（2）内摩擦角为 25°时：

$$N_c = 25.1, N_q = 12.7, N_\gamma = 9.7$$

$$p_u = cN_c + qN_q + \frac{1}{2}\gamma' bN_\gamma$$

$$= 8 \times 25.1 + 20.16 \times 12.7 + \frac{1}{2} \times (18.8 - 10) \times 1.5 \times 9.7$$

$$= 520.9\text{kPa}$$

（3）黏聚力为 12kPa 时：

$$p_u = cN_c + qN_q + \frac{1}{2}\gamma' bN_\gamma$$

$$= 12 \times 17.7 + 20.16 \times 7.4 + \frac{1}{2} \times (18.8 - 10) \times 1.5 \times 5.0$$

$$= 394.6\text{kPa}$$

（4）加大基础埋深后：

$$q=\gamma d_{w}+\gamma'(d-d_{w})$$
$$=18.4\times1.0+(18.8-10)\times(2.0-1.0)$$
$$=27.2\text{kPa}$$

当基础宽度为 10.0m 时：

$$p_{u}=cN_{c}+qN_{q}+\frac{1}{2}\gamma' bN_{\gamma}$$
$$=8\times17.7+27.2\times7.4+\frac{1}{2}\times(18.8-10)\times10.0\times5.0$$
$$=562.9\text{kPa}$$

加大基础埋深后，当内摩擦角为 25°时：

$$N_{c}=25.1, N_{q}=12.7, N_{\gamma}=9.7$$
$$p_{u}=cN_{c}+qN_{q}+\frac{1}{2}\gamma' bN_{\gamma}$$
$$=8\times25.1+27.2\times12.7+\frac{1}{2}\times(18.8-10)\times1.5\times9.7$$
$$=610.3\text{kPa}$$

加大基础埋深后，当黏聚力为 12kPa 时：

$$p_{u}=cN_{c}+qN_{q}+\frac{1}{2}\gamma' bN_{\gamma}$$
$$=12\times17.7+27.2\times7.4+\frac{1}{2}\times(18.8-10)\times1.5\times5.0$$
$$=446.7\text{kPa}$$

由【例 11-3】和【例 11-4】计算结果可以看出，地下水位上升会导致极限承载力降低，且极限承载力随着基础埋深、基础宽度和土的抗剪强度指标的增加而增大。

【例 11-5】某方形基础宽 4.0m，埋深 2.0m，建于均质的黏土地基上，重度为 19kN/m^3，土的黏聚力为 21kPa，内摩擦角为 21.9°，地下水位位于基底以下 10m 处。假定基础底部完全粗糙且破坏时地基为局部剪切破坏，使用太沙基公式计算地基承载力。

【解】折减后的强度指标为：

$$c^{*}=2c/3=14\text{kPa}$$
$$\varphi^{*}=\arctan(2\tan\varphi/3)=15°$$

根据 $\varphi^{*}=15°$，查表 11-1 得：

$$N_{c}=12.9, N_{q}=4.4, N_{\gamma}=2.5$$

则地基极限承载力为：

$$p_{u}=1.3c^{*}N_{c}+qN_{q}+0.4\gamma bN_{\gamma}$$

$$=1.3\times14\times12.9+19\times2.0\times4.4+0.4\times19\times4.0\times2.5$$

$$=478.0\text{kPa}$$

11.4.3 汉森公式

汉森（Hansen，1970）在普朗德尔理论的基础上，考虑了基础形状、埋置深度、倾斜荷载、地面倾斜及基础底面倾斜等因素的影响。每种修正均需在承载力系数 N_γ、N_q、N_c 上乘以相应的修正系数，修正后的极限承载力公式为：

$$p_u=cN_cs_cd_ci_cg_cb_c+\gamma_0dN_qs_qd_qi_qg_qb_q+\frac{1}{2}\gamma bN_\gamma s_\gamma d_\gamma i_\gamma g_\gamma b_\gamma \tag{11-31}$$

式中 N_c、N_q、N_γ——地基承载力系数，且 $N_q=e^{\pi\tan\varphi}\tan^2(45^\circ+\varphi/2)$，$N_c=(N_q-1)\cot\varphi$，$N_\gamma=1.5(N_q-1)\tan\varphi$；

s_c、s_q、s_γ——形状修正系数；

d_c、d_q、d_γ——深度修正系数；

i_c、i_q、i_γ——荷载倾斜修正系数；

g_c、g_q、g_γ——地面倾斜修正系数；

b_c、b_q、b_γ——基底倾斜修正系数。

这些系数的计算公式见表 11-2。

汉森承载力公式中的修正系数　　表 11-2

形状修正系数	深度修正系数	荷载倾斜修正系数	地面倾斜修正系数	基底倾斜修正系数
$s_c=1+\frac{N_qb}{N_cl}$	$d_c=1+0.4\frac{d}{b}$	$i_c=i_q\frac{1-i_q}{N_q-1}$	$g_c=1-\beta/14.7^\circ$	$b_c=1-\eta/14.7^\circ$
$s_q=1+\frac{b}{l}\tan\varphi$	$d_q=1+2\tan\varphi(1-\sin\varphi)^2\frac{d}{b}$	$i_q=\left(1-\frac{0.5P_h}{P_v+A_fc\cot\varphi}\right)^5$	$g_q=(1-0.5\tan\beta)^5$	$b_q=\exp(-2\eta\tan\varphi)$
$s_\gamma=1-0.4\frac{b}{l}$	$d_\gamma=1.0$	$i_\gamma=\left(1-\frac{0.7P_h}{P_v+A_fc\cot\varphi}\right)^5$	$g_\gamma=(1-0.5\tan\beta)^5$	$b_\gamma=\exp(-2\eta\tan\varphi)$

注：b—基础的宽度；l—基础的长度；e_b、e_l—相对于基础面积中心的荷载偏心矩；b'—基础的有效宽度，$b'=b-2e_b$；l'—基础的有效长度，$l'=l-2e_l$；β—地面倾角；d—基础的埋置深度；η—基底倾角；A_f—基础的有效接触面积，$A_f=b'l'$；P_h—平行于基底的荷载分量；P_v—垂直于基底的荷载分量；c—地基土的黏聚力；φ—地基土的内摩擦角。

11.4.4 斯肯普顿公式

对于饱和软土地基（内摩擦角 $\varphi=0$），太沙基公式难以应用，这是因为太沙基公式中的承载力系数 N_γ、N_c、N_q 都是 φ 的函数。斯肯普顿专门研究了 $\varphi=0$ 的饱和软土地基上浅基础（基础的埋深 $d\leqslant2.5b$）的极限承载力计算，提出极限承载力的半经验公式如下：

$$p_u=5c\left(1+0.2\frac{b}{l}\right)\left(1+0.2\frac{d}{b}\right)+\gamma_0d \tag{11-32}$$

式中　c——地基土的黏聚力，取基础底面以下 0.7b 深度范围内的平均值，kPa；

γ_0——基础埋深 d 范围内土的天然重度，kN/m^3；

b——基础宽度；

l——基础长度。

11.4.5　关于极限承载力公式的说明

1. 影响极限承载力的因素

根据前面介绍的几种承载力的计算公式知道，地基极限承载力大致由下列几部分组成：

（1）土体自重所产生的抗力；

（2）基础两侧均布荷载 q 所产生的抗力；

（3）滑裂面上黏聚力 c 所产生的抗力。

其中，第 1 种抗力除了取决于土的重度 γ 以外，还取决于滑裂土体的体积。随着基础宽度的增加，滑裂土体的长度和深度也随着增长，即极限承载力将随基础宽度 b 的增加而线性增加。第 2 种抗力主要来自基底以上土体的上覆压力。基础埋深愈大，则基础侧面荷载 $\gamma_0 d$ 愈大，极限承载力越高。第 3 种抗力主要取决于地基土的黏聚力 c，其次也受滑裂面长度的影响。若 c 值越大，滑裂面长度越长，极限承载力也随之增加。值得一提的是，上述 3 种抗力都与地基破坏时的滑裂面形状有关，而滑裂面的形状主要受土的内摩擦角 φ 的影响。故承载力系数 N_γ、N_q、N_c 均为 φ 角的函数，从太沙基承载力系数曲线图(图 11-13)可以得出：随着土的内摩擦角 φ 值的增加，N_γ、N_q、N_c 变化很大。

2. 极限承载力理论的缺点

极限承载力的计算公式在理论上并不是很完善、很严格。首先，他们认为地基土由滑移边界线截然分成塑性破坏区和弹性变形区，并且将土的应力应变关系假设为理想弹性体或刚塑性体。而实际上土体并非纯弹性或刚塑性体，它属于非线性弹塑性体。显然，采用理想化的弹塑性理论不能完全反映地基土的破坏特征，更无法描述地基土从变形发展到破坏的真实过程。其次，前述公式都可写成统一的形式，即 $p_u = \frac{1}{2}\gamma b N_\gamma + \gamma_0 d N_q + c N_c$；但不同的滑动面形状就会具有不同的极限荷载公式，它们之间的差异仅仅反映在承载力系数 N_γ、N_q、N_c 上，这显然是不够准确的。而且在这些承载力公式中，承载力系数 N_γ、N_q、N_c 仅与土的内摩擦角 φ 值有关，虽然汉森公式考虑了基础形状、荷载形式、地面形状等因素的影响，但也只做了一些简单的数学公式修正。若要真实地反映实际问题，有待进一步完善。

3. 临塑荷载 p_{cr}、临界荷载 $p_{1/4}$、$p_{1/3}$ 与地基极限承载力 p_u 的区别

地基临塑荷载 p_{cr} 和临界荷载 $p_{1/4}$、$p_{1/3}$ 和地基极限承载力 p_u 的理论公式，都属于地基承载力的表达方式。比较临塑荷载和临界荷载公式与地基极限承载力公式，两者形式完全一样。但由于公式的推导前提和计算方法不一样，承载力系数 N_γ、N_q 和 N_c 会有很大的差别。极限承载力表示荷载达到这一强度时，基础下的极限平衡区已形成连续并与地面贯通的滑裂面，这时，地基已丧失整体稳定性；而临塑荷载和临界荷载则表示地基中极限平衡区刚开始发展或发展范围不大时的荷载。显然，对于地基破坏而言，前者已经没有任何安全储备，而后者则有相当大的安全储备。

11.5 地基的容许承载力

11.5.1 容许承载力的概念

由于土为大变形材料，当荷载增加时，随着地基变形的相应增长，地基承载力也在逐渐加大，很难界定出一个真正的“极限值”；另外，建筑物的使用有一个功能要求，常常是地基承载力还有潜力可挖，而变形已达到或超过按正常使用的限值。因此，地基设计是采用正常使用极限状态这一原则，将极限承载力除以一定的安全系数，才能作为设计时的地基承载力（容许承载力），以保证地基及其上的建筑物的安全与稳定。即定义容许承载力为：

$$[R]=\frac{p_u}{K} \tag{11-33}$$

式中，K 为安全系数；$[R]$ 为地基的允许承载力。

安全系数的取值与建筑物的重要性、荷载类型等有关，也与所采用的承载力理论公式有关。例如，应用太沙基公式求得地基容许承载力，一般取安全系数 $K=2\sim3$；而应用斯肯普顿公式进行基础设计时，地基容许承载力的安全系数一般取 $K=1.1\sim1.5$。

需要指出的是，地基的容许承载力不仅取决于地基土的性质，而且受其他很多因素的影响。除基础宽度、基础埋置深度外，建筑物的容许沉降也起重要的作用。所以，地基的容许承载力与材料的容许强度的概念差别很大。材料的容许强度一般只取决于材料的特性，例如钢材的容许强度很少与构件断面的大小和形状有关；而地基的容许承载力就远远不只是取决于地基土的特性。这是研究地基承载力问题时所必须建立的一个基本概念。

11.5.2 《建筑地基基础设计规范》GB 50007—2011（简称《地基规范》）的容许承载力

我国《地基规范》采用承载力特征值 f_{ak} 作为容许承载力，由原位测试方法或理论方法，并结合工程实践经验综合确定地基承载力特征值，下面将分别介绍这两种方法。需注意不同部门、行业、地区的规范，其承载力设计值存在差异。

1. 地基承载力特征值的原位载荷试验法

下面以浅层平板载荷试验为例，介绍承载力特征值的确定。前文已介绍原位载荷试验终止加载的 4 种标准。《地基规范》规定，满足终止加载标准（1）、（2）、（3）这 3 种情况之一时，其对应的前一级荷载定为极限荷载 p_u。

绘制荷载-沉降（p-s 曲线），如图 11-15（a）所示。当 p-s 曲线有比较明显的比例界限时，可取比例界限对应的荷载值 p_{cr} 作为地基承载力特征值 f_{ak}。有些土 p_{cr} 与 p_u 比较接近，当 $\frac{1}{2}p_u<p_{cr}$ 时，则取 p_u 的一半作为地基承载力特征值。

当 p-s 曲线无比较明显转折点［图 11-15（b）］，无法取得 p_{cr} 与 p_u，此时可从沉降角度考虑，即在 p-s 曲线中，以一定的容许沉降值所对应的荷载作为地基的承载力特征值。由于沉降量与基础（或承压板）底面尺寸、形状有关，承压板通常小于实际的基础尺寸，因此不能直接利用基础的容许变形值在 p-s 曲线上确定地基承载力特征值。由地基沉降计算原理可知，如果基础和承压板下的压力相同，且地基均匀，则沉降量与各自的宽度 b 之比（s/b）大致相等。因此，《地基规范》根据实测资料做了以下规定：当承压板面积为

0.25～0.50m^{2}时，可取沉降量 s 为 $0.01b \sim 0.015b$（b 为承压板的宽度或直径）所对应的荷载值 p 作为地基承载力的特征值 f_{ak}，但其值不应大于最大加载量的一半。

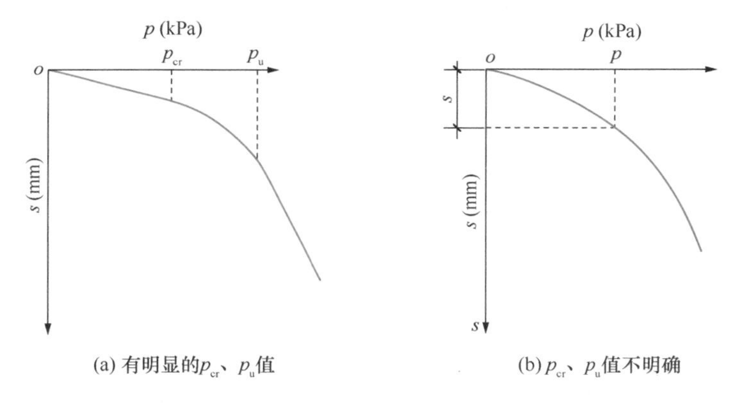

图 11-15　按载荷试验 p-s 曲线确定地基承载力

《地基规范》规定对同一土层，应至少选择 3 点作为载荷试验点，如 3 点以上承载力特征值的极差不超过平均值的 30%时，则取平均值为地基承载力特征值 f_{ak}，否则应增加试验点数，使其承载力特征值的极差不超过平均值的 30%。

《地基规范》还规定：当基础宽度小于 3m 或基础埋置深度小于 0.5m 时，直接由原位测试确定地基承载力；当基础宽度大于 3m 或基础埋置深度大于 0.5m 时，由原位测试确定的地基承载力特征值，还应按式（11-34）进行宽度或深度修正，即：

$$f_a = f_{ak} + \eta_b \gamma (b - 3) + \eta_d \gamma_0 (d - 0.5) \tag{11-34}$$

式中　f_a——修正后的地基承载力特征值（kPa）；

f_{ak}——地基承载力特征值（kPa），由载荷试验或其他原位测试、经验值等方法确定；

η_b、η_d——基础宽度和埋深的地基承载力修正系数，按基底下土的类别查表 11-3 来取值；

γ——基础底面以下土的重度（kN/m^3），地下水位以下取浮重度；

b——基础底面宽度（m），当基宽小于 3m 按 3m 取值，大于 6m 按 6m 取值；

γ_0——基础底面以上土的加权平均重度（kN/m^3），地下水位以下取浮重度；

d——基础埋置深度（m），一般自室外地面标高算起。

承载力修正系数（GB 50007—2011）　表 11-3

土的类别		η_b	η_d
淤泥和淤泥质土		0	1.0
人工填土 e 或 I_L 大于等于 0.85 的黏性土		0	1.0
红黏土	含水比 $\alpha_w > 0.8$	0	1.2
	含水比 $\alpha_w \leqslant 0.8$	0.15	1.4
大面积压实填土	压实系数 λ_c 大于 0.95、黏粒含量 $\rho_c \geqslant 10\%$ 的粉土	0	1.5
	最大干密度大于 2100kg/m^{3}的级配砂石	0	2.0

续表

土的类别		η_b	η_d
粉土	黏粒含量 $\rho_c \geqslant 10\%$ 的粉土	0.3	1.5
	黏粒含量 $\rho_c < 10\%$ 的粉土	0.5	2.0
e 及 I_L 均小于 0.85 的黏性土		0.3	1.6
粉砂、细砂（不包括很湿与饱和时的稍密状态）		2.0	3.0
中砂、粗砂、砾砂和碎石土		3.0	4.4

注：1. 地基承载力特征值按深层平板载荷试验确定时 η_d 取 0；

2. 含水比 α_w 是指土的天然含水率 w 与液限 w_L 的比值；ρ_c 为黏粒含量；

3. 大面积压实填土是指填土范围大于两倍基础宽度的填土。

【例 11-6】 某场地第一层土为人工填土，重度 $\gamma_1 = 17.0\text{kN/m}^3$，厚度 $h_1 = 1.2\text{m}$；第二层土为粉质黏土，重度 $\gamma_2 = 17.8\text{kN/m}^3$，厚度 $h_2 = 0.9\text{m}$；第三层土为黏土，重度 $\gamma_3 = 18.6\text{kN/m}^3$，厚度 $h_3 = 5.0\text{m}$，天然含水率 $w = 28.7\%$，液限 $w_L = 39.4\%$，塑限 $w_P = 24.5\%$，孔隙比 $e = 0.68$。基础宽度 $b = 4.5\text{m}$，埋置深度 $d = 2.1\text{m}$。地下水位深度为 10m。经原位载荷试验得到第三层土的承载力特征值 f_{ak} 为 280kPa，求修正后的地基承载力特征值 f_a。

【解】 由题意可得，基础底面位于第三层土，其液性指数：

$$I_L = \frac{w - w_P}{w_L - w_P} = \frac{28.7 - 24.5}{39.4 - 24.5} = 0.28$$

查表，得 $\eta_b = 0.3$，$\eta_d = 1.6$

基础底面以上土的加权重度为：

$$\gamma_0 = \frac{\gamma_1 h_1 + \gamma_2 h_2}{h_1 + h_2} = \frac{17.0 \times 1.2 + 17.8 \times 0.9}{1.2 + 0.9} = 17.3\ \text{kN/m}^3$$

则修正后的地基承载力特征值为：

$$\begin{aligned} f_a &= f_{ak} + \eta_b \gamma (b - 3) + \eta_d \gamma_0 (d - 0.5) \\ &= 280 + 0.3 \times 18.6 \times (4.5 - 3) + 1.6 \times 17.3 \times (2.1 - 0.5) \\ &= 332.7\text{kPa} \end{aligned}$$

2. 地基承载力特征值的理论计算方法

《地基规范》提出了根据抗剪强度指标确定地基承载力特征值的计算公式如下：

$$f_a = M_b \gamma b + M_d \gamma_0 d + M_c c_k \tag{11-35}$$

式中　f_a ——地基承载力特征值（kPa）；

M_b、M_d、M_c ——承载力系数，按表 11-4 确定；

b ——基础底面宽度（m），大于 6m 时按 6m 取值，对于砂土小于 3m 时按 3m 取值；

c_k ——基底下一倍短边宽的深度范围内土的黏聚力标准值（kPa）；

φ_k ——基底下一倍短边宽的深度内土的内摩擦角标准值（°）。

上述承载力特征值计算公式要求作用于基础荷载的偏心距 e 小于或等于 0.033 倍基础底面宽度，并且地基应满足变形要求。c_k 和 φ_k 的计算见附录 D。

承载力系数 M_b、M_d、M_c（GB 50007—2011）　　表 11-4

内摩擦角标准值 φ_k（°）	M_b	M_d	M_c	内摩擦角标准值 φ_k（°）	M_b	M_d	M_c
0	0	1.00	3.14	22	0.61	3.44	6.04
2	0.03	1.12	3.32	24	0.80	3.87	6.45
4	0.06	1.25	3.51	26	1.10	4.37	6.90
6	0.10	1.39	3.71	28	1.40	4.93	7.40
8	0.14	1.55	3.93	30	1.90	5.59	7.95
10	0.18	1.73	4.17	32	2.60	6.35	8.55
12	0.23	1.94	4.42	34	3.40	7.21	9.22
14	0.29	2.17	4.69	36	4.20	8.25	9.97
16	0.36	2.43	5.00	38	5.00	9.44	10.80
18	0.43	2.72	5.31	40	5.80	10.84	11.73
20	0.51	3.06	5.66				

【例 11-7】某地基为粉质黏土，其重度为 18.6 kN/m^3，孔隙比 $e = 0.63$，已知条形基础的宽 3.5m，埋置深度 1.8m，根据剪切试验测得土的抗剪强度指标 $c_k = 23.5$kPa，$\varphi_k = 20°$。试采用地基规范提供的地基强度理论公式确定地基承载力特征值。

【解】根据题意知：$\gamma_0 = 18.6$ kN/m^3，$b = 3.5$m，$d = 1.8$m；又根据 $\varphi_k = 20°$，查表得 $M_b = 0.51$，$M_d = 3.06$，$M_c = 5.66$，则地基承载力特征值为：

$$
\begin{aligned}
f_a &= M_b \gamma b + M_d \gamma_0 d + M_c c_k \\
&= 0.51 \times 18.6 \times 3.5 + 3.06 \times 18.6 \times 1.8 + 5.66 \times 23.5 \\
&= 268.7\text{kPa}
\end{aligned}
$$

3. 地基承载力特征值的静力触探试验法

静力触探试验（Cone Penetration Test，缩写为 CPT）是采用静力触探仪，通过液压千斤顶或其他机械传动方法，把带有圆锥形探头的钻杆压入土层中，探头受到的阻力可以换算成地基承载力。CPT 试验的示意图如图 11-16 所示。

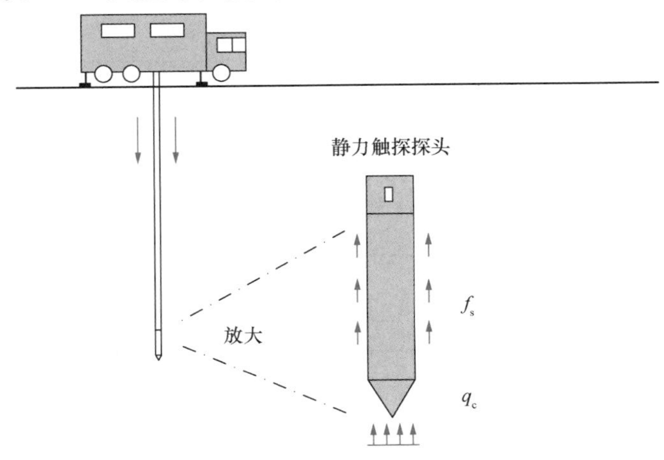

图 11-16　静力触探试验示意图

f_s—侧壁摩阻力；q_c—锥尖阻力

静力触探仪的组件大致可分成探头、钻杆和加压设备。探头是静力触探仪的关键部件，有严格的规格与质量要求。目前，国内外使用的探头可分为 3 种类型：

（1）单桥探头

单桥探头是我国特有的一种探头类型。它的锥尖与外套筒是连在一起的，使用时只能测取一个指标［图 11-17（a）］。单桥探头内部有一个传感器，即由一个桥路组成，形成 4 个输出端与 4 根电线相连，测得的指标为贯入阻力（或比贯入阻力）p_s，该指标对应侧壁摩阻力和锥尖阻力之和，因此是一个综合指标。单桥探头的优点是结构简单、坚固耐用且价格低廉。其缺点是测试参数少，规格与国际标准不统一。图 11-18 为单桥探头的 p_s-H 曲线，p_s 为贯入阻力，H 为贯入深度。

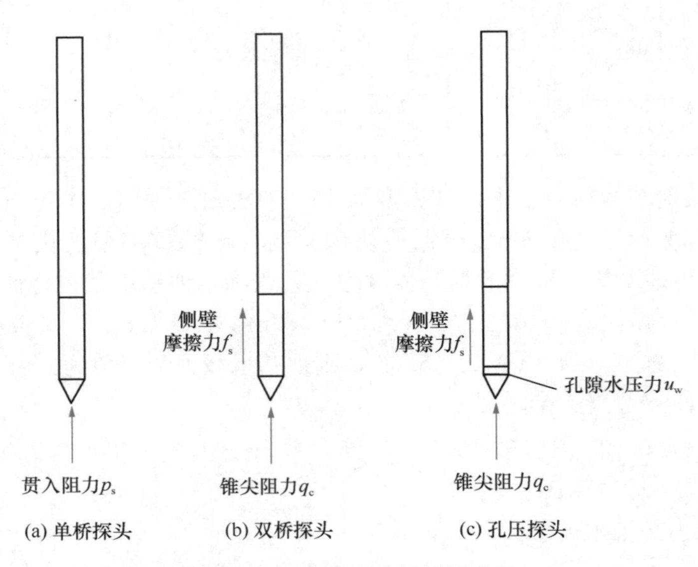

图 11-17　三种探头的量测指标

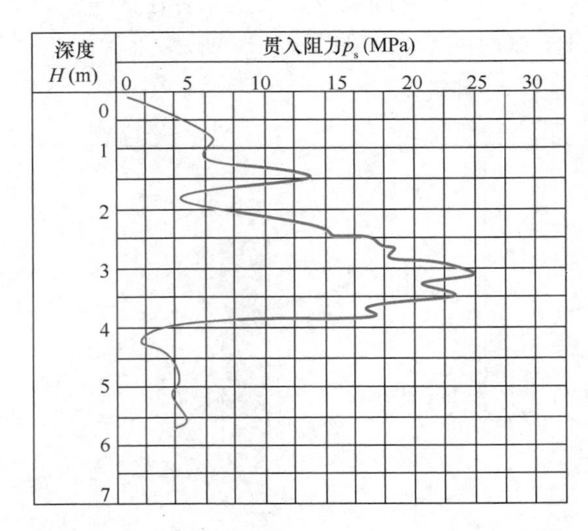

图 11-18　单桥静力触探的贯入曲线（p_s-H 曲线）

（2）双桥探头

双桥探头是国内外应用最广泛的一种探头。它的锥尖与摩擦套筒是分开的，使用时可同时测定锥尖阻力和筒壁的摩擦力［图 11-17（b）］。内部有两组传感器，即由两个桥路组成，形成 8 个输出端与 8 根电线相连，同时可测得两组指标，一个为锥尖阻力 q_c，另一个为侧壁摩擦阻力 f_s。

（3）孔压探头

孔压探头是在双桥探头的基础上发展起来的一种新型探头［图 11-17（c）］。除了具备双桥探头的功能外，还能测定触探时的孔隙水压力，这对于黏土中的测试分析有很大的好处。图 11-19（a）、图 11-19（b）、图 11-19（c）分别为孔压探头的锥尖阻力、侧壁摩擦力、孔隙水压力随深度变化的曲线。

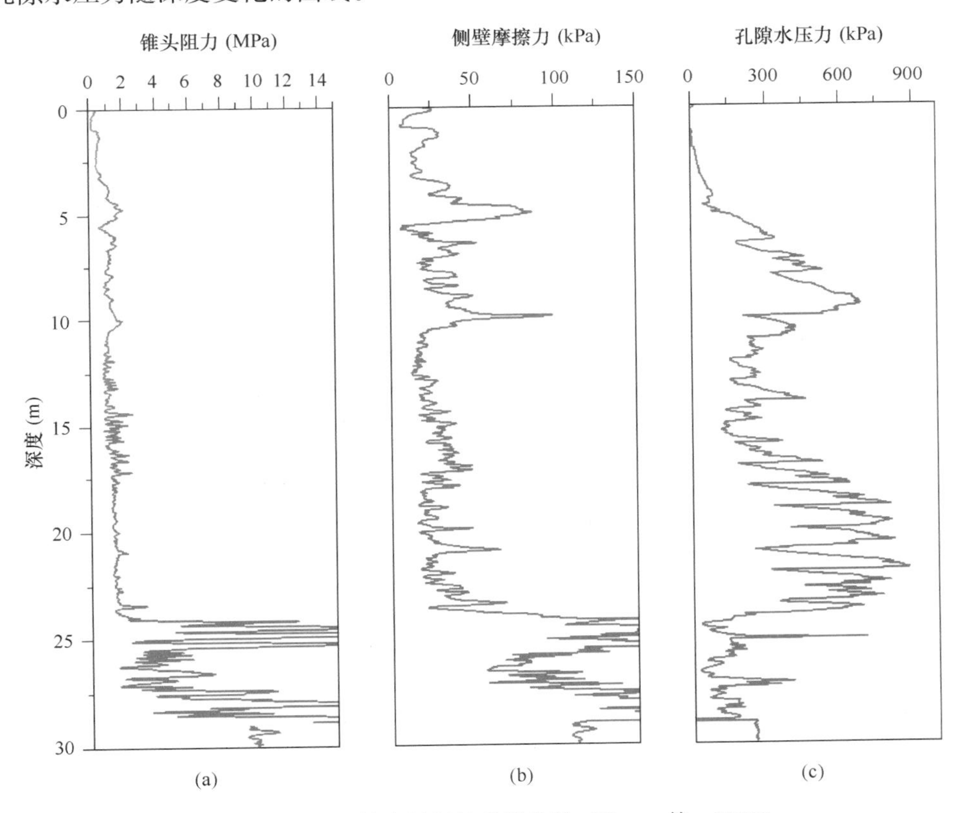

图 11-19　孔压静力触探的量测曲线（Zhang 等，2021）

目前，我国各类规范主要根据单桥探头的比贯入阻力 p_s 值用经验公式计算出地基的承载力特征值。这类经验公式颇多，适用于不同地区和不同土层。因此，在有使用静力触探经验的地区可采用当地的经验公式。例如，铁道部门结合自身行业特点，于 2018 年修订了《铁路工程地质原位测试规程》TB 10018—2018，提出适应性较广的经验公式，分别用于计算黏性土和砂性土的承载力特征值 f_{ak}，如表 11-5 所示。应该指出的是，若把表 11-5 中各类土的 f_{ak} 值用于基础设计，尚需进行深、宽度修正，计算地基容许承载力的值。

地基承载力特征值 f_{ak} 经验公式（TB 10018—2018）　　表 11-5

土层类型	$f_{ak}=f(p_s)$ (kPa)	p_s 值范围（kPa）
老黏性土（$Q_1\sim Q_3$，第四纪早更新世—晚更新世）	$f_{ak}=0.1p_s$	2700～6000
一般黏性土（Q_4，第四纪全新世）	$f_{ak}=5.8\sqrt{p_s}-46$	≤6000
软土	$f_{ak}=0.112p_s+5$	85～800
砂土及粉土	$f_{ak}=0.89p_s^{0.63}+14.4$	≤24000

思考题与习题

11-1　地基破坏形式有哪些？各自有何特征？其与地基土体的性质有何关系？

11-2　一般来说地基的破坏过程分哪几个阶段？各阶段的有何特征？

11-3　什么是临塑荷载、临界荷载？如何根据地基内塑性区开展深度来确定它们？若以它们作为地基承载力值，是否需要考虑安全系数？为什么？

11-4　对于土质均匀的地基，为何塑性区总是从基础的端点开始？

11-5　什么是极限承载力？影响地基承载力的因素有哪些？

11-6　各种极限承载力理论计算公式的优缺点及适用范围是什么？

11-7　按规范提供的方法确定地基承载力时，为何要进行基础的宽度和深度修正？

11-8　用原位测试确定地基承载力的方法主要有哪几种？各有何优缺点？

11-9　一条形基础，宽度 $b=10\text{m}$，埋置深度 $d=2\text{m}$，建于均质黏土地基上，黏土的 $\gamma=16.5\text{ kN/m}^3$，$\varphi=15°$，$c=15\text{kPa}$，试求：

（1）临塑荷载 p_{cr} 和 $p_{1/4}$；

（2）按太沙基公式计算 p_u；

（3）若地下水位在基础底面处（$\gamma'=8.7\text{ kN/m}^3$），$p_{cr}$ 和 $p_{1/4}$ 又各是多少？

11-10　某方形基础边长为 2.25m，埋深为 1.5m。地基土为砂土，$\varphi=38°$，$c=0$。假定砂土的重度为 18kN/m³（地下水位以下）。试按太沙基公式求下列两种情况下的地基极限承载力：（1）地下水位与基底平齐；（2）地下水位与地面平齐。

11-11　条形基础宽度 3m，埋深 2m，基础持力层为松砂，重度 $\gamma=17.5\text{ kN/m}^3$，$c=0$，$\varphi=35°$，试根据太沙基承载力理论，考虑局部剪切破坏的情况计算地基的容许承载力，安全系数 $K=2.5$。

11-12　某多层砖混结构住宅建筑，筏板基础底面宽度 $b=9.0\text{m}$，长度 $l=54.0\text{m}$，基础埋深 $d=0.6\text{m}$，埋深范围内土的平均重度 $\gamma_0=17.0\text{ kN/m}^3$，地基为粉质黏土，饱和重度 $\gamma_{sat}=19.5\text{ kN/m}^3$，内摩擦角标准值 $\varphi_k=18°$，黏聚力标准值 $c_k=16.0\text{kPa}$，地下水位深 0.6m，所受竖向荷载设计值 $F=58000.0\text{kN}$，计算地基的承载力。承载力系数：$M_b=0.43$，$M_d=2.72$，$M_c=5.31$。

11-13　某地基工程地质剖面如图 11-20 所示，条形基础宽度 $b=2.5\text{m}$，如果埋置深度分别为 0.8m 和 2.4m，试用地基规范公式确定土层②和土层③的承载力特征值 f_a 。

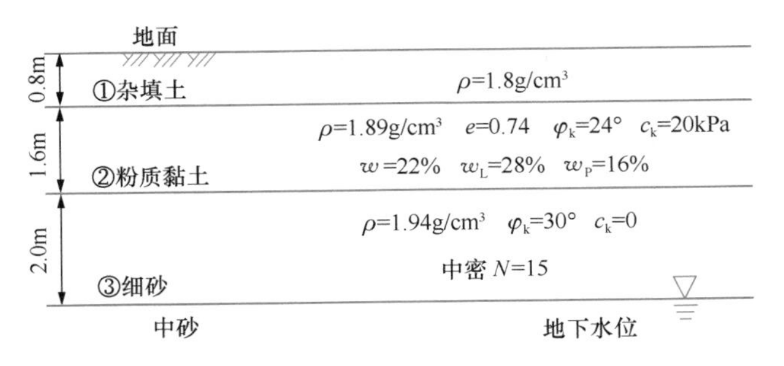

图 11-20　习题 11-13 图

第 12 章　土坡稳定性分析

12.1　概　　述

斜坡是指具有倾斜坡面（地面线与水平面呈一定夹角）的区域。土坡是土质斜坡，通常可分为天然土坡（由于地质作用自然形成的土坡，如山坡、江河岸坡等）和人工土坡（经人工挖/填的土工建筑物边坡，如基坑、渠道、土坝、路堤等）。图 12-1 给出了一个简单土坡的各部分名称。

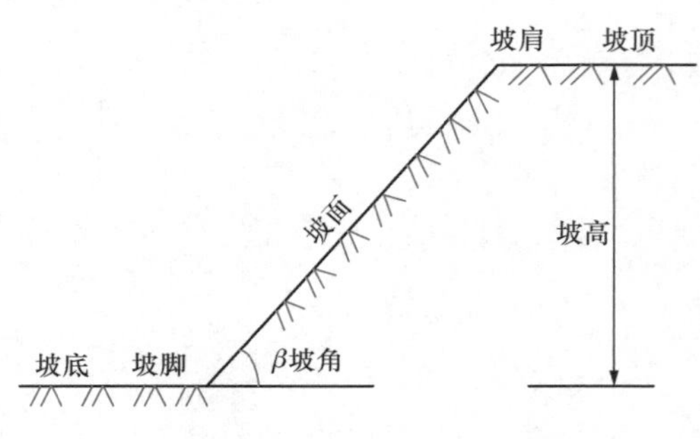

图 12-1　土坡的各部分名称

Varnes（1978）、Crudenand and Varnes（1996）对斜坡运动进行了分类（图 12-2），包括：滑动（Slide）、崩塌（Fall）、倾倒（Topple）、扩展（Spread）、流动（Flow）等。其中土体在自重及外荷作用下，出现自上而下的滑动趋势，部分土体沿坡内某一明显界面发生剪切破坏，向坡下运动的现象称为滑坡。这个明显界面就叫作滑裂面，简称滑面。滑裂面以上这部分滑动的土体称为滑体。

需要指出的是，英文中 Landslide 一词对应的范围比较宽泛，常常将上述各种类型的斜坡破坏统称为 Landslide。本章主要研究的是严格意义上的滑动破坏（Slide）。滑动与其他类型破坏的本质区别在于坡体内出现连续贯通的滑面，且滑体沿滑面向下滑动。

刚体极限平衡法，简称极限平衡法，是工程中使用最为广泛的土坡稳定性分析方法。这种方法假设土坡在临界失稳时，滑裂面土体达到极限状态，通过分析此时滑体的静力平衡来判断边坡的稳定性。刚体，指滑体内部没有变形，假设为刚体；极限，是指滑面达到塑性破坏状态，一般假定满足摩尔-库仑强度准则；平衡，是指滑体满足静力平衡条件。

极限平衡法主要分为 2 种：

（1）整体分析方法：滑体被视为一个整体进行分析，利用整体的平衡方程来求解土坡稳定性安全系数。该方法一般适用于均质土坡。

（2）条分法：滑体被划分为一组土条，利用单个土条和整个滑体的平衡方程来求解土坡稳定性安全系数。该方法可考虑土体的不均匀性和孔隙水压力。

本章首先介绍土坡滑动破坏的破坏模式，其次介绍整体分析方法中适用于平移滑动的无限边坡稳定性分析方法和适用于圆弧滑动的瑞典圆弧法，然后介绍几种代表性的条分法，最后介绍基于数值模拟的强度折减法。

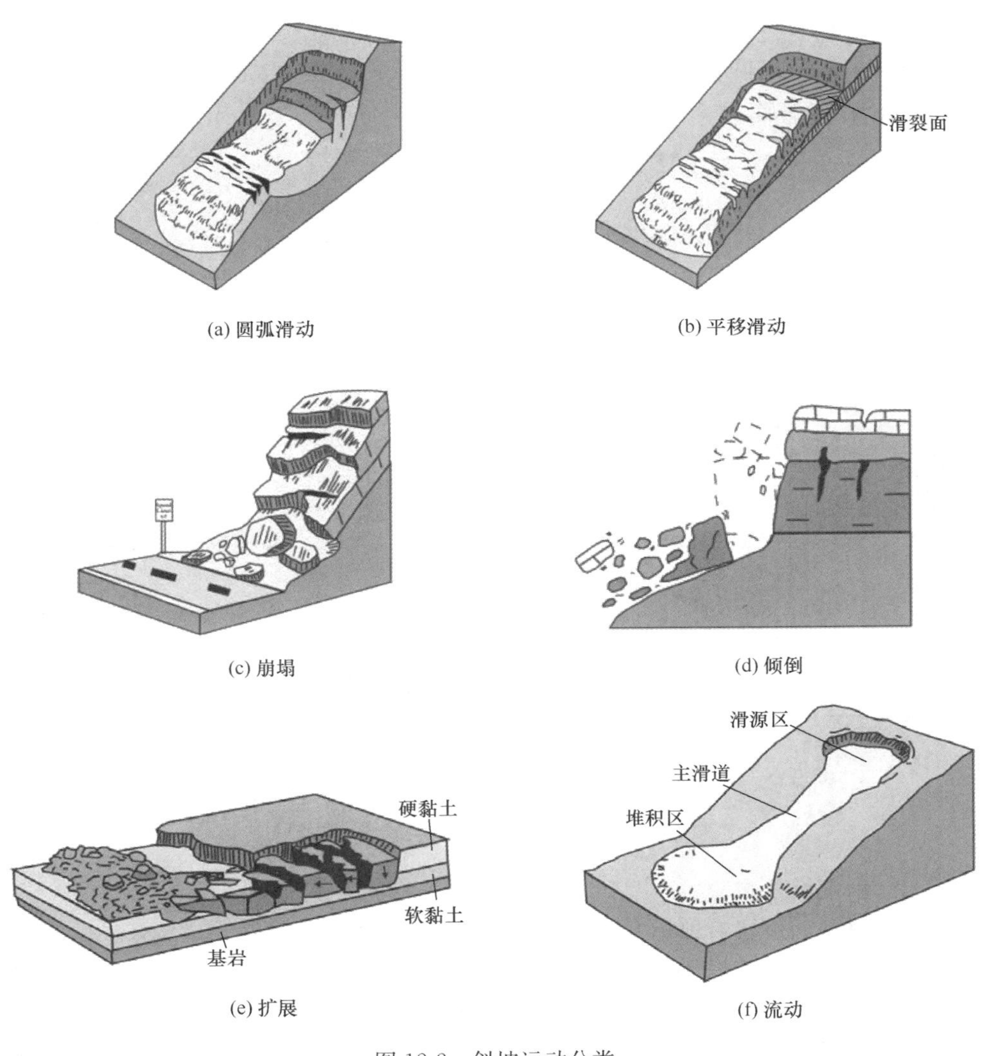

图 12-2　斜坡运动分类

（来自美国地调局 USGS 网站）

12.2　土坡的破坏模式

土坡滑动破坏的破坏模式是指坡体滑动失稳的运动力学模式，简称滑坡模式。通过研究滑坡破坏模式，可明确土坡发生破坏的机制，分析其稳定条件，建立力学模型。对破坏模式的描述一般包括滑裂面形状、滑裂面位置、运动方式等。这里仅讨论滑裂面形状和位置。

12.2.1　滑裂面形状

滑裂面形状包括以下几种类型：

（1）圆弧形滑面：此类滑面常见于均质黏性土坡［图 12-3（a）］；

（2）非圆弧形滑面：一般发生在非均质土坡［图 12-3（b）］；

（3）平移滑面：一般发生在土体下伏基岩且基岩面与坡面接近平行的地质条件［图 12-3（c）］，也有发生在松散无黏性土坡的表层［图 12-3（d）］；

（4）复合滑面：由圆弧/非圆弧滑面和沿基岩面［图 12-3（e）］/软弱夹层［图 12-3（f）］的平移滑面组合而成。

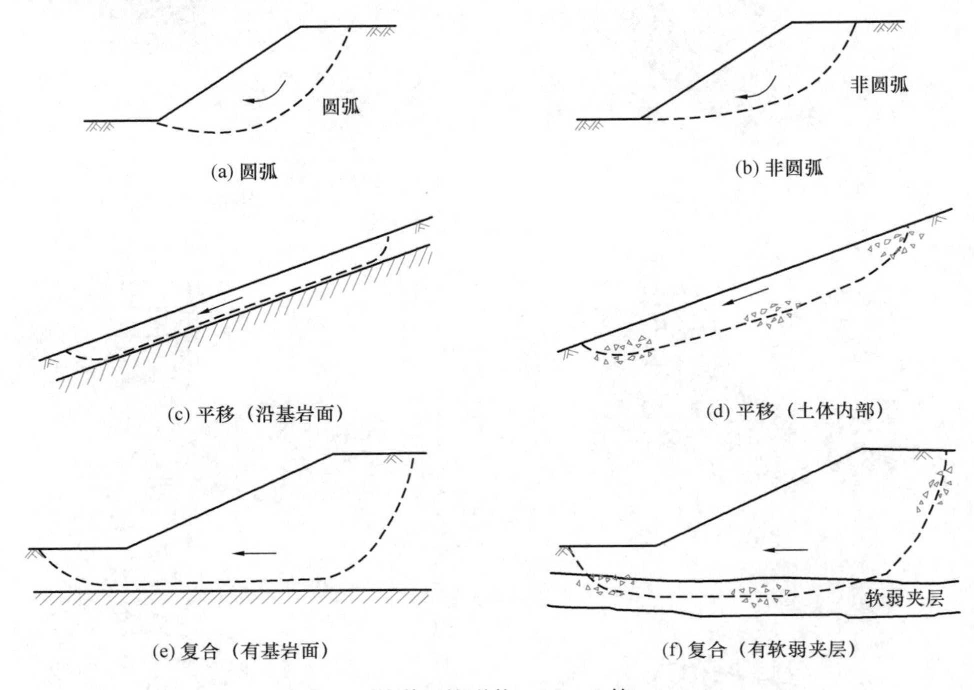

图 12-3　滑裂面的形状（Hearn 等，2011）

12.2.2　滑裂面位置

一般地，滑裂面位置有以下几种：

（1）滑面高于坡脚且滑动仅发生在坡体局部，称为坡面型［face failure，图 12-4（a）］；

（2）滑面经过坡脚，称为坡脚型［toe failure，图 12-4（b）］；

（3）滑面在坡脚以下一定深度处，称为深层型［deep-seated failure，图 12-4（c）］。深层滑动面有时会沿基岩面发展，与基岩面相切，形成如图 12-3（e）的形状。

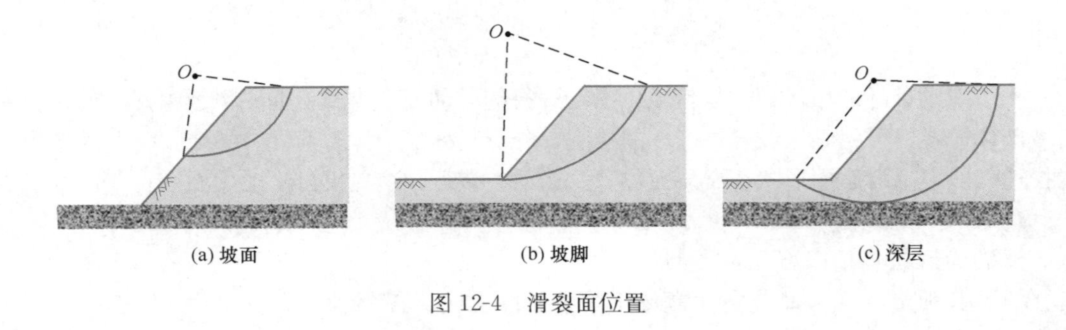

图 12-4　滑裂面位置

12.3 无限边坡稳定性分析

滑坡的根本原因在于滑裂面上的剪应力达到了抗剪强度（极限状态），使坡体的稳定平衡状态遭到破坏。下面采用极限平衡法对一个平移滑动的土坡进行稳定性分析。

12.3.1 坡内无渗流

图 12-5 所示为一个无限长斜坡，假设滑面 AB 发生在坡面以下深度 H 处，滑面 AB 与坡面平行，滑体从右向左滑动，坡内无渗流。

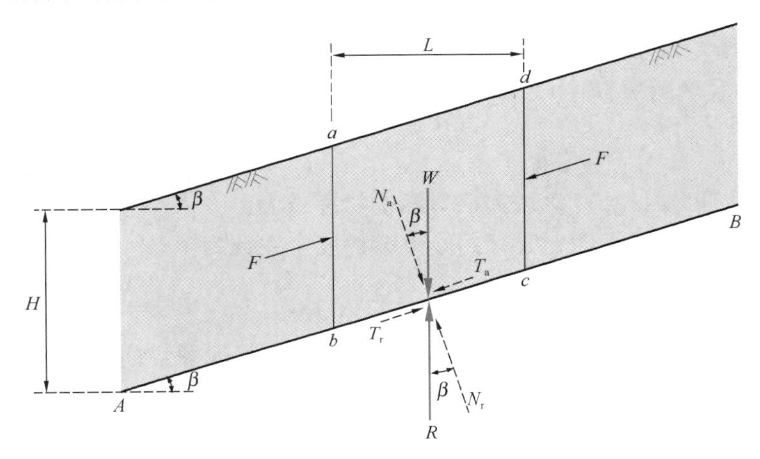

图 12-5 无限边坡的受力分析（无渗流）

下面计算沿着滑面 AB 的边坡稳定性安全系数。取一个侧面垂直、宽度为 L 的隔离体 $abcd$（垂直剖面方向取单位长度），则自重 W 为：

$$W = \gamma LH \tag{12-1}$$

式中，γ 为土的天然重度。

W 可分解为两部分：

(1) 垂直于 AB 的力 $N_a = W \cdot \cos\beta = \gamma LH \cdot \cos\beta$；

(2) 平行于 AB 的力 $T_a = W \cdot \sin\beta = \gamma LH \cdot \sin\beta$，即下滑力。

假设作用于 ab 面和 cd 面的力大小相等且方向相反。则该隔离体仅在重力 W 和滑面上的约束反力 R 这二力作用下平衡。R 可分解为沿 AB 面的法向力 N_r 和切向力 T_r（抗滑力），法向力 N_r 与 N_a 大小相等、方向相反。

因为坡内无渗流，孔隙水压力为零，则作用在 AB 面上的有效正应力和剪应力分别为：

$$\sigma' = \frac{N_r}{bc\ \text{面积}} = \frac{\gamma LH \cdot \cos\beta}{\left(\dfrac{L}{\cos\beta}\right)} = \gamma H \cdot \cos^2\beta \tag{12-2}$$

$$\tau = \frac{T_a}{bc\ \text{面积}} = \frac{\gamma LH \cdot \sin\beta}{\left(\dfrac{L}{\cos\beta}\right)} = \gamma H \cdot \sin\beta\cos\beta \tag{12-3}$$

定义边坡稳定性安全系数 F_s 为：

$$F_s = \frac{T_r}{T_a} = \frac{\tau_f}{\tau} \tag{12-4}$$

式中，τ_f 为土的抗剪强度。

土的抗剪强度 τ_f 采用摩尔-库仑强度公式：

$$\tau_f = c' + \sigma' \tan\varphi' \tag{12-5}$$

式中，c' 为有效黏聚力；φ' 为有效内摩擦角；σ' 为破坏面上的有效正应力。

将式（12-2)、式（12-3）和式（12-5）代入式（12-4）可得：

$$F_s = \frac{c' + \gamma H \cdot \cos^2\beta \tan\varphi'}{\gamma H \cdot \sin\beta\cos\beta} = \frac{c'}{\gamma H \cdot \sin\beta\cos\beta} + \frac{\tan\varphi'}{\tan\beta} \tag{12-6}$$

需要指出的是，上式滑面深度 H 是任意选取的。H 越大，安全系数越小，一般通过假设滑体达到极限平衡状态时 $F_s = 1$，得到临界滑裂面深度为：

$$H_{cr} = \frac{c'}{\gamma} \cdot \frac{1}{\cos^2\beta(\tan\beta - \tan\varphi')} \tag{12-7}$$

由式（12-7）可知，黏聚力 c' 越大，滑面深度越大。

由式（12-6）可得无黏性土坡（$c' = 0$）的安全系数为：

$$F_s = \frac{\tan\varphi'}{\tan\beta} \tag{12-8}$$

式（12-8）表明，均质无黏性土土坡的稳定性与坡高无关，而仅与坡角 β 有关。当 $\beta = \varphi'$ 时，$F_s = 1.0$，抗滑力等于滑动力，土坡处于极限平衡状态；当 $\beta < \varphi'$ 时，$F_s > 1.0$，土坡处于稳定状态。因此，无黏性土坡稳定的极限坡角等于内摩擦角 φ'，此坡角也称为自然休止角。为了保证土坡具有足够的安全储备，一般取 $F_s = 1.1 \sim 1.5$。

12.3.2 顺坡渗流

如图 12-6 所示为一个无限长斜坡，假设滑面 AB 发生在坡面以下深度 H 处，滑面 AB 与坡面平行，滑体从右向左滑动。坡内有顺坡向渗流，地下水位位于坡面［图 12-6（a)］。

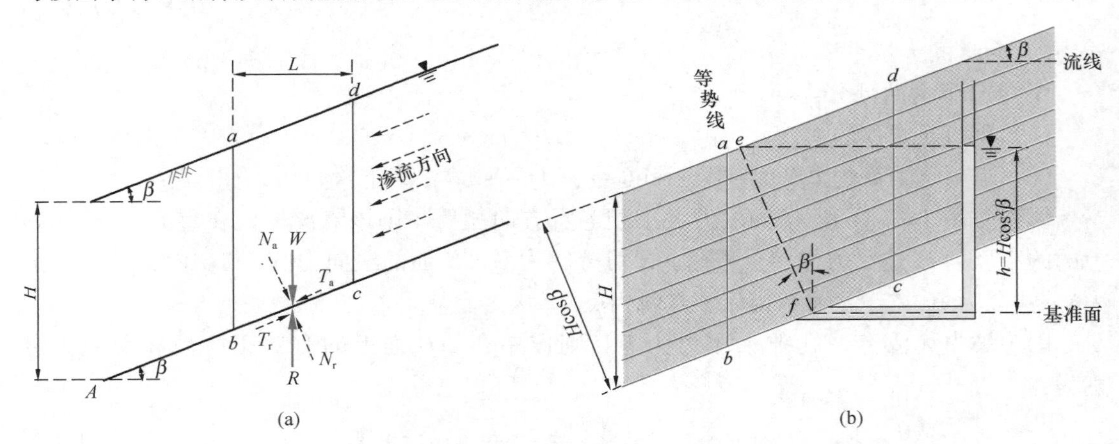

图 12-6　无限边坡的受力分析（顺坡渗流）

下面计算沿着 AB 滑面的边坡稳定性安全系数。取隔离体 $abcd$，自重 W 为：

$$W = \gamma_{sat} L H \tag{12-9}$$

式中，γ_{sat} 为土的饱和重度。

假设作用于 ab 面和 cd 面的力大小相等且方向相反，则该隔离体仅在重力 W 和力 R 这二力作用下平衡。由式（12-4）可得边坡稳定性安全系数为：

$$F_s = \frac{\tau_f}{\tau} \tag{12-10}$$

作用在 AB 面上的总正应力和剪应力分别为：

$$\sigma = \frac{\gamma_{sat} LH \cdot \cos\beta}{\left(\dfrac{L}{\cos\beta}\right)} = \gamma_{sat} H \cdot \cos^2\beta \tag{12-11}$$

$$\tau = \frac{\gamma_{sat} LH \cdot \sin\beta}{\left(\dfrac{L}{\cos\beta}\right)} = \gamma_{sat} H \cdot \sin\beta\cos\beta \tag{12-12}$$

土的抗剪强度采用摩尔-库仑强度公式：

$$\tau_f = c' + \sigma' \tan\varphi' = c' + (\sigma - u_w)\tan\varphi' \tag{12-13}$$

式中，u_w 为孔隙水压力。

如图 12-6（b）所示，对于顺坡向渗流，流线平行于坡面线，等势线则与流线垂直。任取其中一条等势线 ef，设过 f 点的水平面为基准面。e 点正处在地下水位线上，孔压水头为 0，总水头等于位置水头 $h = \overline{ef}\cos\beta = H\cos^2\beta$。

f 点与 e 点在一条等势线上，故 f 点的总水头与 e 点相等。因此，f 点的孔隙水压力为

$$u_w = h\gamma_w = \gamma_w H \cos^2\beta \tag{12-14}$$

将式（12-11）～式（12-14）代入式（12-10）整理可得：

$$F_s = \frac{c' + (\gamma_{sat} H \cdot \cos^2\beta - \gamma_w H \cdot \cos^2\beta)\tan\varphi'}{\gamma_{sat} H \cdot \sin\beta\cos\beta} = \frac{c'}{\gamma_{sat} H \cdot \sin\beta\cos\beta} + \frac{\gamma' \tan\varphi'}{\gamma_{sat}\tan\beta} \tag{12-15}$$

式中，γ' 为土的浮重度。

当坡内土体为无黏性土（$c' = 0$）时，土坡安全系数为：

$$F_s = \frac{\gamma' \tan\varphi'}{\gamma_{sat}\tan\beta} \tag{12-16}$$

通常 $\dfrac{\gamma'}{\gamma_{sat}}$ 近似等于 0.5，对比式（12-16）和式（12-8）可见，当存在顺坡渗流时安全系数近似降低一半，要保证土坡稳定，坡度需要更小。

【例 12-1】 如图 12-7 所示是一个无限长边坡，

（1）假设坡内无渗流，土岩分界面处的稳定安全系数是多少？

（2）假设有顺坡渗流且地下水位位于坡面，$\gamma_{sat} = 18.6\text{kN/m}^3$，土岩分界面处的安全系数是多少？

【解】（1）由已知条件得：

$$\begin{aligned} F_s &= \frac{c'}{\gamma H \cdot \sin\beta\cos\beta} + \frac{\tan\varphi'}{\tan\beta} \\ &= \frac{10.0}{15.7 \cdot 2.0 \cdot \sin25° \cdot \cos25°} + \frac{\tan15°}{\tan25°} \\ &= 1.41 \end{aligned}$$

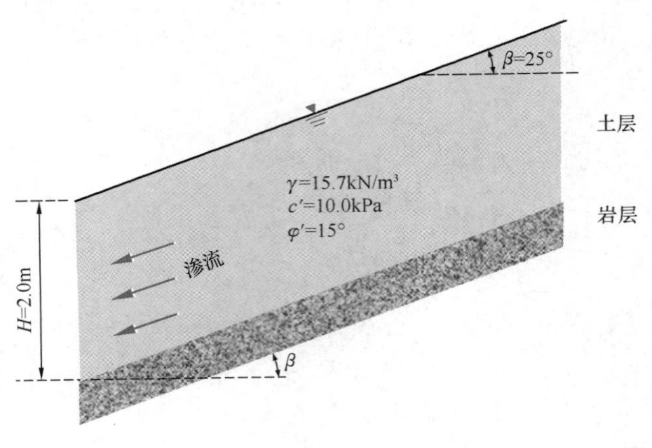

图 12-7　例 12-1 图

（2）由已知条件得：

$$F_s = \frac{c'}{\gamma_{sat} H \cdot \sin\beta\cos\beta} + \frac{\gamma' \tan\varphi'}{\gamma_{sat} \tan\beta}$$

$$= \frac{10.0}{15.7 \cdot 2.0 \cdot \sin25° \cdot \cos25°} + \left(\frac{18.6 - 10}{18.6}\right)\frac{\tan15°}{\tan25°}$$

$$= 1.10$$

12.4　整　体　圆　弧　法

瑞典人彼得森（Petterson）在 1916 年研究了 Stigberg 码头挡墙整体失稳案例，发现黏性土中滑裂面并非直线滑面，而是接近圆弧形的。于是他提出一种基于圆弧滑面的分析方法分析黏土坡的稳定性，称为整体圆弧法。整体圆弧法是一种整体分析方法，其基本假定是，土坡稳定属于平面应变问题，滑裂面呈圆弧形，滑体为一个刚体，不考虑滑体内部的相互作用力。该方法一般适用于黏性土坡（采用不排水抗剪强度 c_u，$\varphi = 0$）。

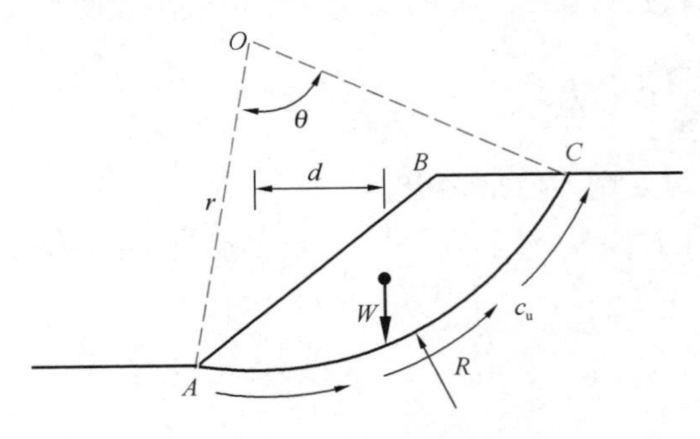

图 12-8　整体圆弧滑动法

如图 12-8 所示一个均质黏性土坡，滑体绕圆心发生转动，$\widehat{AC}$ 为滑动圆弧，O 为圆心，R 为半径。假设滑面上的土体满足不排水条件，强度参数取不排水抗剪强度 c_u，$\varphi = 0$。

把滑体当成一个刚体，滑体的重力 W 对圆心 O 产生的转动力矩为 $M_S = Wd$，d 为滑体重心与圆心 O 的水平距离。

抗滑力矩 M_R 由两部分组成：一是滑裂面 $\widehat{AC}$ 上抗剪强度产生的抗滑力矩，其值为 $c_u \cdot \widehat{AC} \cdot r$；二是滑体重量在滑裂面上的反力 R 产生的力矩。由于 $\varphi = 0$，反力 R 必垂直于滑裂面，即通过圆心 O，不产生力矩，因此

抗滑力矩只有 $c_u \cdot \widehat{AC} \cdot r$ 一项。这时稳定性安全系数可用下式定义：

$$F_s = \frac{抗滑力矩}{滑动力矩} = \frac{M_R}{M_S} = \frac{c_u \cdot \widehat{AC} \cdot r}{Wd} \tag{12-17}$$

需要指出的是，图 12-7 中滑动面 $\widehat{AC}$ 为任意选取的圆弧。一般通过搜索一系列不同位置的滑裂面，分别计算出相应的安全系数，得到的最小安全系数所对应的滑裂面即为该边坡的最危险滑裂面。

12.5 条分法

12.5.1 基本原理

条分法是将滑体分成若干土条的一类边坡稳定分析方法，该类方法早期提出时针对圆弧滑裂面，后来经过发展也适用于任意形状滑裂面，这里以圆弧滑裂面为例做介绍。

一般来说土坡内存在地下水位和渗流，在滑动过程中还有可能产生超孔隙水压力。在地震作用下，坡体内的荷载还包括地震产生的水平方向荷载。为便于读者理解条分法的基本理论，本章不讨论地下水渗流和地震作用的情况，采用总应力强度指标来表达土体强度。并且，对单个土条受力分析的变量、公式，统一省略代表土条序号的下标 i 符号，采用简化表达来推导公式，力求简单和明确。

条分法满足以下基本原则：（1）整个滑体沿着某一滑裂面滑动；（2）每个土条和整个滑体都满足力和力矩平衡条件；（3）在滑裂面上的土体达到极限平衡，剪切强度满足摩尔-库仑强度准则；（4）土条和整个滑体的安全系数相等，均为 F_s 。

条分法的受力分析可用图 12-9 表示。滑裂面假定为以 O 为圆心，r 为半径的圆弧面。滑体被分为若干个垂直土条，宽度为 b。土条的高度 h 定义为土条中心线的长度。每个土条的底面假定为平面，相对于水平面的倾角为 α，l 为土条底面的长度。这些几何尺寸在假定滑裂面位置、土条划分完成之后即可完全确定，因此均为已知量。

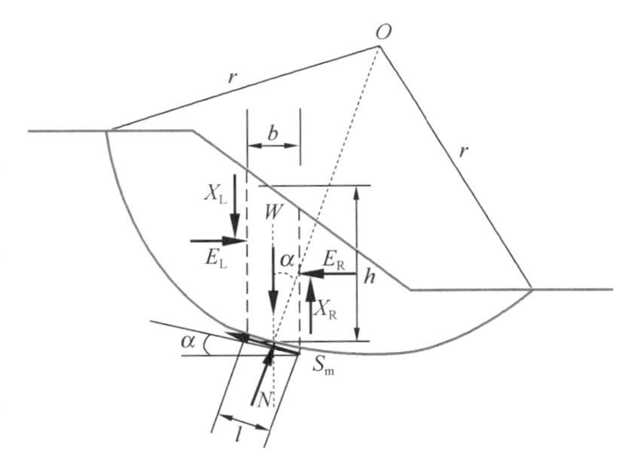

图 12-9　条分法的受力分析图

对单个土条上的作用力进行受力分析（图 12-9）：

（1）垂直剖面方向取 1m 长，则土条自重 $W = \gamma bh$ ；

（2）底面法向力 $N = \sigma l$ ，其中 σ 为土条底面正应力；

（3）底面切向力（即抗滑力）S_m ；

（4）条间法向力 E_L 和 E_R ，下标 L 与 R 分别表示土条左侧和右侧；

（5）条间切向力 X_L 和 X_R 。

下面分析条分法中未知量的数量和可用来求解未知量的独立平衡方程个数。假设整个滑体可分为 n 个土条。土条自重 W 在土条尺寸确定后即可计算得到，因此为已知量。土条底面上的 N 和 S_m 为未知量。假设滑裂面上的土体满足摩尔-库仑强度准则，且各土条的安全系数相等，均为 F_s，则抗滑力 S_m 可用法向力 N 表示为：

$$S_m = \tau l = \frac{\tau_f l}{F_s} = \frac{(c + \sigma \tan\varphi) l}{F_s} = \frac{cl + N\tan\varphi}{F_s} \tag{12-18}$$

式中，τ 为土条底面剪应力；τ_f 为土的抗剪强度；c 为黏聚力；φ 为内摩擦角。土条底面 N 大小未知，作用点已知（一般假设为中点）；S_m 大小可由 N 求得，方向已知（与底面平行），土条底面有 n 个独立未知量。

式（12-18）的含义是每个土条安全系数相等，则式中定义的土条安全系数也就代表了土坡的整体稳定性安全系数。因此，只需用一个未知量 F_s 表示土坡稳定性。

条间法向力 E 的大小和作用点均为未知量，条间切向力 X 的大小为未知量，方向已知，n 个土条共有 $n-1$ 个条间作用面，所以条间有 3（$n-1$）个独立未知量。综上，整个问题共有 $4n-2$ 个独立未知量。

考虑静力平衡，每个土条可以列出两个独立的力平衡方程和一个力矩平衡方程。所以，n 个土条共有 $3n$ 个独立平衡方程。可见，未知量的数目比方程数多 $n-2$ 个，所以该问题为超静定问题（表 12-1）。应考虑增加 $n-2$ 个独立的假设条件，才能解决问题。

条分法中未知量与独立平衡方程数 **表 12-1**

未知量	数量
底面法向力 N 大小	n
底面切向力 S_m 大小	0（摩尔-库仑强度准则）
底面法向力 N 作用点	0（假设为中点）
条间法向力 E 大小	$n-1$
条间切向力 X 大小	$n-1$
条间法向力 E 作用点	$n-1$
安全系数 F_s	1
合计	$4n-2$
独立平衡方程	**数量**
力矩平衡	n
竖直方向力平衡	n
水平方向力平衡	n
合计	$3n$

代表性的条分方法包括：瑞典条分法（Ordinary method 或 Fellenius method）、毕肖普法（Bishop method）、简布法（Janbu method）、摩根斯坦-普赖斯法（Morgenstern-Price method）、通用极限平衡条分法（General Limit Equilibrium method）等。这些方法均是基于上述基本原理，给出了不同的假设条件，使超静定问题得到解决。下面介绍其中相对简单的几种方法。

12.5.2 瑞典条分法

为了将圆弧滑动方法应用于内摩擦角大于 0 的一般情况，费莱纽斯（Fellenius）在整体圆弧法的基础上提出了圆弧条分法，也称 Fellenius 法。与整体圆弧法的区别在于，瑞典条分法将滑体竖向分成若干土条，分别求土条上的力对圆心的滑动力矩和抗滑力矩，从而求得土坡的稳定安全系数。

瑞典条分法受力分析如图 12-10 所示。假设没有条间力，根据单个土条底面的法向力平衡，得到底面法向力 N：

$$\sum F_{土条\perp}=0:N=W\cos\alpha \tag{12-19}$$

以 O 为圆心进行滑体的整体力矩平衡分析，抗滑力 S_m 沿着滑裂面产生的力矩必须与自重 W 产生的力矩相平衡，则力矩平衡方程：

$$\sum M_{整体o}=0:\sum(S_m\cdot r)=\sum[W\cdot(r\sin\alpha)] \tag{12-20}$$

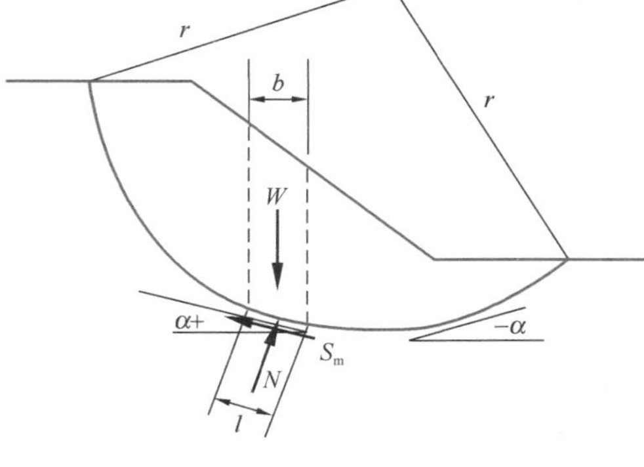

图 12-10　瑞典条分法的土条受力分析图

将式（12-18）代入上式得：

$$\sum\left(\frac{cl+N\tan\varphi}{F_s}\right)=\sum W\sin\alpha \tag{12-21}$$

整理得到安全系数为：

$$F_s=\frac{\sum(cl+N\tan\varphi)}{\sum W\sin\alpha} \tag{12-22}$$

再将式（12-19）代入式（12-22）则可得安全系数：

$$F_s=\frac{\sum[cl+(W\cos\alpha)\tan\varphi]}{\sum W\sin\alpha} \tag{12-23}$$

由上式可见，在给定的滑裂面情况下，划分土条后得到每个土条底面长度 l、底面倾角 α 和自重 W，即可求得安全系数 F_s。表 12-2 汇总了瑞典条分法满足的平衡方程和未知量。由表可见，通过假设条间力不存在，未知量的数量减少为 $n+1$；而用来求解未知量的平衡方程数量也与之匹配。这样，把超静定问题的求解转换为静定问题的求解，同样可以得到安全系数 F_s 这个稳定性分析最需要的结果。

需要指出的是，瑞典条分法仅满足整体力矩平衡，忽略条间力，因此计算得到的安全系数一般比其他较严格的方法低 10%～20%；在滑裂面圆弧半径较大且孔隙水压力较大时，计算值比其他严格的方法小一半。因此，该方法是过于安全，目前工程中应用不多。

此外，也有文献认为瑞典条分法是假定条间合力平行于土条底面。由于该方法使用了土条底面法向力平衡方程［式(12-19)］，因此结果实质是一样的。因此本书采用现在这样的说法。

瑞典条分法中未知量与独立平衡方程数　　表 12-2

未知量	数量
底面法向力 N	n
底面切向力 S_m	0（摩尔-库仑强度准则）
条间法向力 E	0（假设不存在）
条间切向力 X	0（假设不存在）
安全系数 F_s	1
合计	$n+1$

续表

独立平衡方程	数量
整体力矩平衡 $\Sigma M_{整体o}=0$	1
土条底面法向力平衡 $\Sigma F_{土条\perp}=0$	n
合计	$n+1$

【例 12-2】某黏性土坡坡（图 12-11）高 8m，坡比为 1：2，土的内摩擦角 $\varphi=19°$，黏聚力 $c=10\text{kPa}$，重度 $\gamma=17.2\text{kN/m}^3$，坡顶作用线荷载 $Q=100\text{kN/m}$。取 O 点为滑动圆弧的圆心，OA 作为半径，$r=15.7\text{m}$，作圆弧滑裂面 $\widehat{AC}$。试用瑞典条分法计算圆弧滑裂面 $\widehat{AC}$ 对应的稳定性安全系数。

【解】取土条宽度 $b=1.5\text{m}$，$r=15.7\text{m}$，共分为 17 个土条（注意两端土条的宽度不等于 b）。计算过程详见表 12-3。

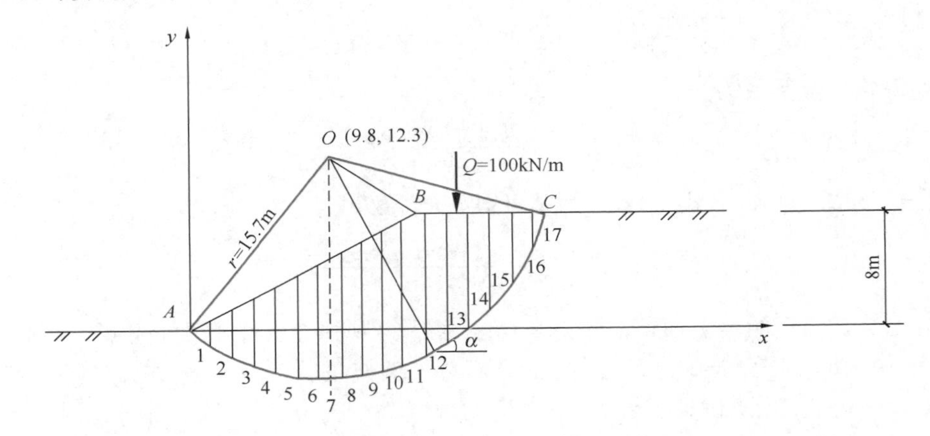

图 12-11 例 12-2 图

计算安全系数：坡顶作用有荷载 Q，可作为土条 13 的自重，故安全系数公式修改如下：

$$F_s=\frac{\Sigma[cl+(W+Q)\cdot\cos\alpha\cdot\tan\varphi]}{\Sigma(W+Q)\sin\alpha}=\frac{1202.27}{699.52}=1.72$$

以上是圆弧滑裂面 $\widehat{AC}$ 的计算结果。实际上 $\widehat{AC}$ 不一定为最危险的滑面，$F_s=1.72$ 也不一定为最小安全系数。故应再假定其他圆心和半径进行计算，其中对应最小安全系数的滑裂面即为最危险滑裂面。确定最危险滑裂面方法见第 12.6 节，本例从略。

土坡稳定安全系数的计算　　表 12-3

土条号	h (m)	b (m)	l (m)	α (°)	W (kN)	Q (kN)	$W+Q$ (kN)	$[cl+(W+Q)\cdot\cos\alpha\cdot\tan\varphi]$	$(W+Q)\sin\alpha$
1	0.90	1.46	1.78	−35.10	22.53		22.53	24.16	−12.96
2	2.56	1.50	1.71	−28.74	66.15		66.15	37.08	−31.81
3	4.04	1.50	1.63	−22.67	104.22		104.22	49.37	−40.16
4	5.33	1.50	1.57	−16.85	137.53		137.53	61.00	−39.86
5	6.46	1.50	1.53	−11.20	166.59		166.59	71.56	−32.36
6	7.43	1.50	1.51	−5.67	191.70		191.70	80.76	−18.93
7	8.26	1.50	1.50	−0.18	213.03		213.03	88.35	−0.68
8	8.94	1.50	1.51	5.30	230.65		230.65	94.14	21.30
9	9.48	1.50	1.53	10.83	244.49		244.49	97.96	45.94

续表

土条号	h (m)	b (m)	l (m)	α (°)	W (kN)	Q (kN)	W+Q (kN)	$[cl+(W+Q)\cdot\cos\alpha\cdot\tan\varphi]$	$(W+Q)\sin\alpha$
10	9.86	1.50	1.56	16.47	254.41		254.41	99.65	72.11
11	10.08	1.50	1.62	22.27	260.10		260.10	99.09	98.57
12	9.49	1.50	1.70	28.33	244.93		244.93	91.28	116.23
13	8.57	1.50	1.83	34.75	221.02	100.00	321.02	109.07	183.00
14	7.37	1.50	2.01	41.73	190.24		190.24	68.99	126.62
15	5.82	1.50	2.31	49.57	150.06		150.06	56.64	114.22
16	3.66	1.50	2.91	58.95	94.52		94.52	45.87	80.98
17	1.20	0.90	2.50	68.92	18.55		18.55	27.32	17.31
								Σ=1202.27	Σ=699.52

12.5.3 简化毕肖普法

毕肖普（Bishop，1955）在瑞典条分法基础上，提出了一种可以考虑条间力的土坡稳定分析方法。这个方法保留了瑞典条分法中圆弧滑裂面的假定和通过力矩平衡条件求解安全系数的特点。但与瑞典条分法不同之处在于，该方法假定条间力的方向是水平的（图 12-12），即不考虑条间切向力，但考虑条间法向力 E。

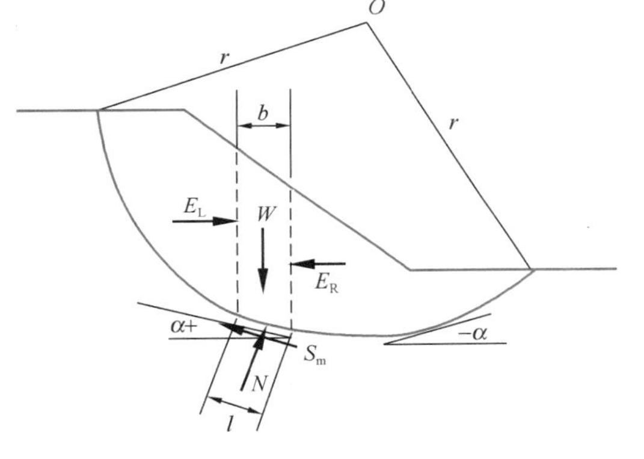

图 12-12　毕肖普法的土条受力图

由单个土条竖直方向的力平衡得到：

$$\sum F_{\text{土条v}}=0: N\cos\alpha - W + S_m\sin\alpha = 0 \tag{12-24}$$

代入 S_m 与 N 的关系式，即式（12-18），整理后可得：

$$N=\frac{W-\dfrac{cl\sin\alpha}{F_s}}{\cos\alpha+\dfrac{\tan\varphi\sin\alpha}{F_s}} \tag{12-25}$$

记 $m_\alpha=\cos\alpha+\dfrac{\tan\varphi\sin\alpha}{F_s}$，则有：

$$N=\frac{W-\dfrac{cl\sin\alpha}{F_s}}{m_\alpha} \tag{12-26}$$

与瑞典条分法相似，以 O 为圆心进行整体力矩平衡分析 $\sum M_{\text{整体o}}=0$，可得下式（同式 12-22）：

$$F_s=\frac{\sum(cl+N\tan\varphi)}{\sum W\sin\alpha} \tag{12-27}$$

由 $l\cos\alpha=b$（图 12-10），将式（12-26）代入式（12-27）整理后得：

$$F_s = \frac{\sum[cb + W\tan\varphi]/m_\alpha}{\sum W\sin\alpha} \tag{12-28}$$

式（12-28）中 m_α 包含了安全系数 F_s，故需要采用试算的方法迭代求解。基本过程如下：先假定 $F_s=1.0$，计算 m_α 值，代入式（12-28），求得安全系数 F_s。再用计算出的 F_s，求出新的 m_α 值代入式（12-28），求得新的安全系数 F_s。如此反复迭代，直至前后两次计算的安全系数满足规定的精度要求为止。通常毕肖普法的迭代一般只需 3～4 次，即可满足精度要求。

需要指出的是：毕肖普法并未考虑单个土条水平方向的力平衡，仅仅满足整体力矩平衡和土条竖向力平衡（表 12-4），因此从严格意义上讲，毕肖普法并不完全满足所有的静力平衡条件。从计算结果上看，由于考虑了条间水平力，毕肖普法的安全系数比瑞典条分法略高一些。经大量工程计算证实，毕肖普法虽然不是严格的极限平衡法（即满足全部静力平衡条件），但它的计算结果却与严格方法很接近。该方法计算不太复杂，精度较高，是工程上一种较常用的方法。

毕肖普法中未知量与独立平衡方程数　　表 12-4

未知量	数量
土条底面法向力 N	n
土条底面切向力 S_m	0（摩尔-库仑强度准则）
法向条间力 E	不求解
安全系数 F_s	1
合计	$n+1$
独立平衡方程	**数量**
整体力矩平衡 $\sum M_{整体o}=0$	1
土条竖直方向力平衡 $\sum F_{土条v}=0$	n
合计	$n+1$

【例 12-3】试用毕肖普方法计算例 12-2 中的土坡稳定安全系数。

【解】根据表 12-3 中各土条的 α、土条高度 h、底面长度 l、自重及荷载 $W+Q$，列表计算如表 12-5 所示。坡顶作用有荷载 Q，可作为土条 13 的自重，故安全系数公式修改如下：

$$F_s = \frac{\sum[cb + (W+Q)\tan\varphi]/m_\alpha}{\sum(W+Q)\sin\alpha}$$

第一次试算时，参考例 12-2 计算结果取 $F_s=1.72$，求得 $F_s=1.947$；

第二次试算时，取 $F_s=1.947$，求得 $F_s=1.960$；

第三次试算时，取 $F_s=1.960$，求得 $F_s=1.961$，结果收敛，确定边坡安全系数 $F_s=1.961$。

当然，第一次试算也可以从 $F_s=1.0$ 开始，这里为了加速收敛，直接采用了例 12-2 计算结果。

例 12-3 计算表　　表 12-5

土条号	$(W+Q)\sin\alpha$	第一次试算取 $F_s=1.72$		第二次试算取 $F_s=1.947$		第三次试算取 $F_s=1.960$	
		m_α	$[cb+(W+Q)\tan\varphi]/m_\alpha$	m_α	$[cb+(W+Q)\tan\varphi]/m_\alpha$	m_α	$[cb+(W+Q)\tan\varphi]/m_\alpha$
1	−12.96	0.703	31.76	0.716	31.17	0.717	31.14
2	−31.81	0.781	48.40	0.792	47.71	0.792	47.68
3	−40.16	0.846	60.18	0.855	59.54	0.855	59.51
4	−39.86	0.899	69.36	0.906	68.84	0.906	68.81
5	−32.36	0.942	76.81	0.947	76.44	0.947	76.43
6	−18.93	0.975	83.05	0.978	82.86	0.978	82.85
7	−0.68	0.999	88.41	0.999	88.40	0.999	88.40
8	21.30	1.014	93.09	1.012	93.29	1.012	93.30
9	45.94	1.020	97.26	1.015	97.68	1.015	97.70
10	72.11	1.016	101.01	1.009	101.67	1.009	101.71
11	98.57	1.001	104.43	0.992	105.36	0.992	105.40
12	116.23	0.975	101.86	0.964	103.03	0.964	103.09
13	183.00	0.936	134.16	0.922	136.10	0.922	136.19
14	126.62	0.880	91.53	0.864	93.18	0.863	93.26
15	114.22	0.801	83.24	0.783	85.13	0.782	85.22
16	80.98	0.687	69.18	0.667	71.25	0.666	71.36
17	17.31	0.546	28.15	0.525	29.32	0.524	29.38
	Σ=699.52	Σ=1361.88		Σ=1370.97		Σ=1371.44	
		第一次求得 $F_s=1.947$		第二次求得 $F_s=1.960$		第三次求得 $F_s=1.961$	

12.5.4　简布法

实际工程中常常会碰到非圆弧滑裂面的土坡稳定分析，如土坡下面有软弱夹层或土坡位于倾斜的岩层面上，滑裂面形状受夹层或岩层影响而呈非圆弧形状。简布（Janbu，1954，1973）针对非圆弧滑裂面提出了一种普遍条分法，称为简布法。

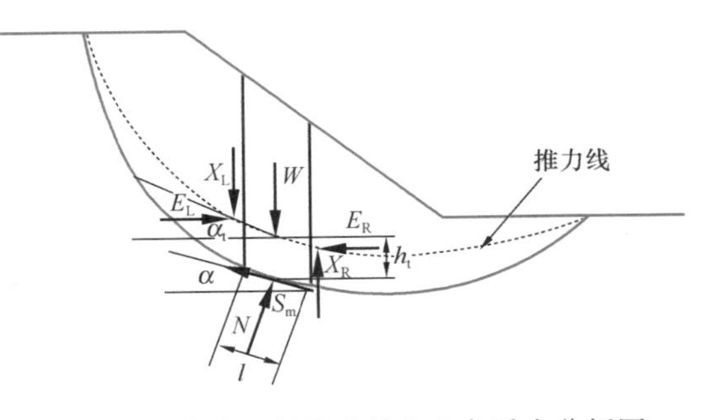

图 12-13　简布法的推力线和土条受力分析图

假设条间法向力 E 的作用点土条内一定高度处（一般假设在 1/3 高度），这些作用点连接起来形成一条线，称为推力线，如图 12-13 所示，取任一土条，h_t 为条间力作用点的位置，α_t 为推力线与水平线的夹角。

根据土条竖直方向的力平衡，得到：

$$\sum F_{土条v}=0:\quad W+(X_L-X_R)-N\cos\alpha-S_m\sin\alpha=0 \tag{12-29}$$

设 $\Delta X=(X_L-X_R)$，$m_\alpha=\cos\alpha+\dfrac{\tan\varphi\sin\alpha}{F_s}$，代入上式得：

$$N=\frac{W+\Delta X-\frac{cl}{F_s}\sin\alpha}{m_\alpha} \tag{12-30}$$

由滑体的整体水平方向力平衡可得：

$$\sum F_{整体h}=0:\quad \sum[N\sin\alpha-S_m\cos\alpha]=0 \tag{12-31}$$

将式（12-18）和式（12-30）代入式（12-31）整理得：

$$F_s=\frac{\sum\left[cl+\left(\frac{W+\Delta X}{\cos\alpha}\right)\tan\varphi\right]/m_\alpha}{\sum[W+\Delta X]\tan\alpha} \tag{12-32}$$

显而易见，上式求解需已知 ΔX，且 m_α 包含了安全系数 F_s，需采用迭代法计算。计算步骤如下：

（1）先设 $\Delta X=0$（相当于毕肖普法），采用前述毕肖普法中的迭代方式，假定 $F_s=1$，算出 m_α 和 F_s，再反复迭代至满足精度要求，求得 F_s 的第一次近似值；

（2）计算条间力；

根据单个土条水平方向的力平衡可得：

$$\sum F_{土条h}=0:\quad E_L-E_R=-N\sin\alpha+S_m\cos\alpha \tag{12-33}$$

对单个土条底面中点取力矩平衡，并略去高阶微量，得到：

$$\sum M_{底面中点}=0:\quad X_R=E_R\tan\alpha_t+h_t(E_L-E_R)/b \tag{12-34}$$

由于滑体最左侧土条为三角形，该土条的 E_L 与 X_L 均为 0。利用式（12-33）和式（12-34）可得到该土条的 E_R 和 X_R。再从左至右分别求出每一土条的条间力 E_L、E_R、X_L、X_R，从而计算得到 ΔX。

（3）用新求出的 ΔX 重复步骤（1），求出 F_s 的第二次近似值，并以此值重复步骤（2）计算每一土条的条间力，直到 F_s 值达到要求的计算精度。

简布法满足的静力平衡条件如表 12-6 所示。需要指出的是，简布法针对非圆弧滑动面，因此不像瑞典条分法和简化毕肖普法那样采用绕某圆心的整体力矩来求解安全系数，而采用水平方向力平衡方程来求解安全系数［式(12-31)］。由于简布法关于推力线的假定有时会使条间力出现不合理的情况，因此，该方法的计算结果有可能不收敛。

简布法中未知量与独立平衡方程数　　表 12-6

未知量	数量
底面法向力 N	n
底面切向力 S_m	0（摩尔-库仑强度准则）
条间法向力 E	$n-1$
条间切向力 X	$n-1$
条间法向力作用点	0（推力线）
安全系数 F_s	1
合计	$3n-1$
独立平衡方程	**数量**
土条竖直方向力平衡 $\sum F_{土条v}=0$	n
整体水平方向力平衡 $\sum F_{整体h}=0$	1
土条水平方向力平衡 $\sum F_{土条h}=0$	$n-1$
土条对底面中点力矩平衡 $\sum M_{底面中点}=0$	$n-1$
合计	$3n-1$

12.6 最危险滑裂面的确定方法

上述条分法边坡稳定分析一般应包含下面两个步骤：

（1）对滑坡体内某一滑裂面按前述的方法，确定其安全系数；

（2）对所有可能的滑裂面重复上述步骤，找出最小安全系数及其对应滑裂面。则土坡稳定性安全系数为该最小安全系数，该对应滑裂面为最危险滑裂面。滑体将沿最危险滑裂面向下滑动。

12.6.1 试算法

确定最危险滑裂面的基本方法是试算法。如图 12-14 所示，任一圆弧可用其圆心坐标（x_0，y_0）和半径 R 确定。不断地改变 x_0、y_0 和 R 的数值，最终找到最小的安全系数。

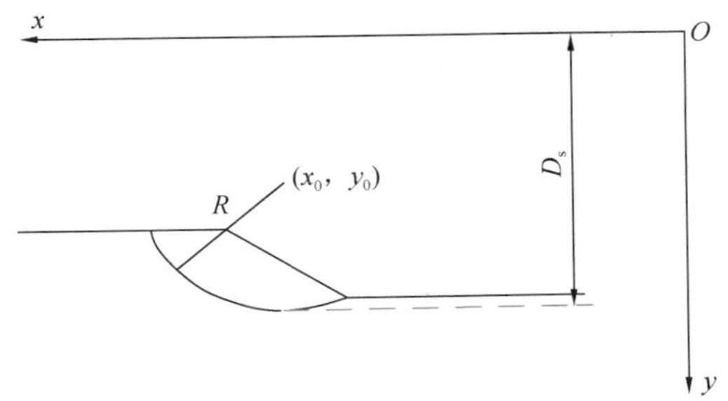

图 12-14 圆弧滑裂面

下面举例说明边坡稳定性分析软件中如何应用试算法。如图 12-15 所示，取均匀分布 6×6 网格共 36 个格点作为圆心位置。对每一个圆心，设置 6 个切线位置，则有 6×6×6=216 个滑裂面，对每一个滑裂面计算得到安全系数。将圆心网格中每一点对应的安全系数最小值提取出来，可绘制安全系数等值线图（图 12-16）。如等值线图存在一个中心最小值，则可判定滑裂面的假定合理，该最小值为土坡稳定性安全系数，其对应的滑裂面为最危险滑裂面。

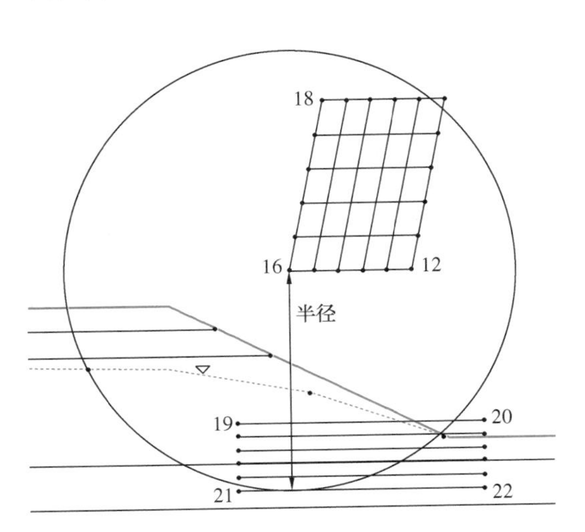

图 12-15 滑裂面的圆心网格和切线
（GEO-SLOPE International Ltd.，2004）

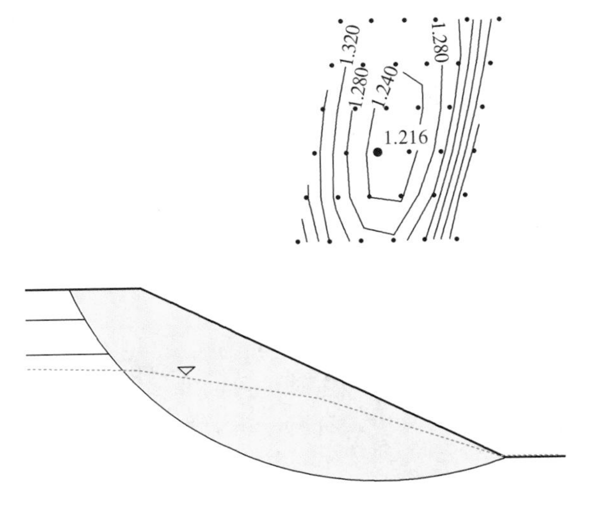

图 12-16 安全系数等值线图
（GEO-SLOPE International Ltd.，2004）

12.6.2 优化方法

设滑裂面曲线函数为 $f(x,y)$。那么，确定最危险滑裂面的问题可转化为寻找下列函数的极值：

$$F_s = F_s[f(x,y)] \tag{12-35}$$

由于土坡形状各异，一般是非均质的，纯解析方法很难进行极值计算。用优化方法（Method of optimization）求解是一个比较现实可行的途径。确定最危险滑裂面的优化方法，可以分为以下两大类。

1. 数值法

数值优化方法又可分为两大类。第一类称模式搜索法。其基本思想是，根据一定的模式，比较不同自变量的目标函数，确定最优的搜索方向，最终找到最小值；第二类称牛顿法，以导数（梯度）为研究对象，通过解析手段寻找目标函数 F_s的偏导数为零的极值点。因此，也称为以梯度为基础的方法（Gradient-based method）。一般认为，当自由度较多时，模式搜索法效率较低，此时需要考虑牛顿法。

2. 非数值分析方法

非数值分析通过大量随机采样来找到目标函数的最优值，模拟退火、遗传算法、神经网络和蚂蚁算法等均属此类。在边坡稳定分析中上述算法均有应用。

12.7 基于数值模拟的土坡稳定性分析方法

12.7.1 简介

条分法分析土坡稳定性的基本思路是把滑体视为刚体并分成有限宽度的土条，然后根据静力平衡条件，求得滑裂面上力的分布，从而可以计算出土坡稳定的安全系数。但实际上土体是可变形体，并非刚体，所以条分法并不满足变形协调条件，因而得到的滑裂面上的应力状态不是真实的。

随着数值计算技术的发展，数值模拟为土坡稳定分析提供了新的途径。数值模拟法基本思路为，将土坡视为可变形体，根据土的应力应变特性计算出土坡内的应力分布，然后把沿滑裂面滑动的安全系数引入其中，验算整体滑动稳定性。

数值模拟法的优点是，可以考虑土体真实的应力-应变关系，使滑裂面上的应力符合实际，同时也能考虑复杂荷载作用。常用的数值模拟法包括应力水平法、滑面应力法、搜索滑面法和强度折减法等。下面重点介绍强度折减法，其他几种方法这里不再展开介绍。

12.7.2 强度折减法

1. 基本原理

强度折减法由 Zienkiewicz 等（1975）提出，主要思路是在数值计算模型中使用折减的抗剪强度参数，得到土体的变形和应力分布。不断调整折减系数的值，最终使土体达到失稳状态。其中，折减的抗剪强度参数可表示为：

$$c_F = c/F_r \tag{12-36}$$

$$\varphi_F = \arctan(\tan\varphi/F_r) \tag{12-37}$$

式中，F_r 为折减系数；c_F 、φ_F 分别为折减后的黏聚力和内摩擦角。临界失稳状态下的折减系数 F_r 即为稳定性安全系数 F_s 。强度折减法的优点在于不需要提前假定滑裂面，也不需要假定条间力，主要根据对失稳状态的判定来得到安全系数。

2. 失稳判据

使用强度折减法时需要失稳判据，即何种条件称为临界失稳状态。目前强度折减法的失稳判据主要有以下 3 种：（1）塑性区贯通判据；（2）位移突变判据；（3）数值计算收敛性判据。

Griffiths 等（1999）对一均质土坡［图 12-17（a）］进行强度折减法分析。迭代计算结果如图 12-17（b）所示，折减系数由 0.8 逐渐增大到 1.35 的过程中，仅需较少的迭代次数即可收敛，同时位移也较小（此例选择坡体最大位移，并进行了无量纲化）。当折减系数由 1.35 增大到 1.40 时，迭代次数达到预设值（1000 次）但计算仍不收敛，同时位移突然增大［图 12-17（c）］。在本例中使用位移突变判据和收敛性判据的结果一致，最终确定安全系数为 1.40。

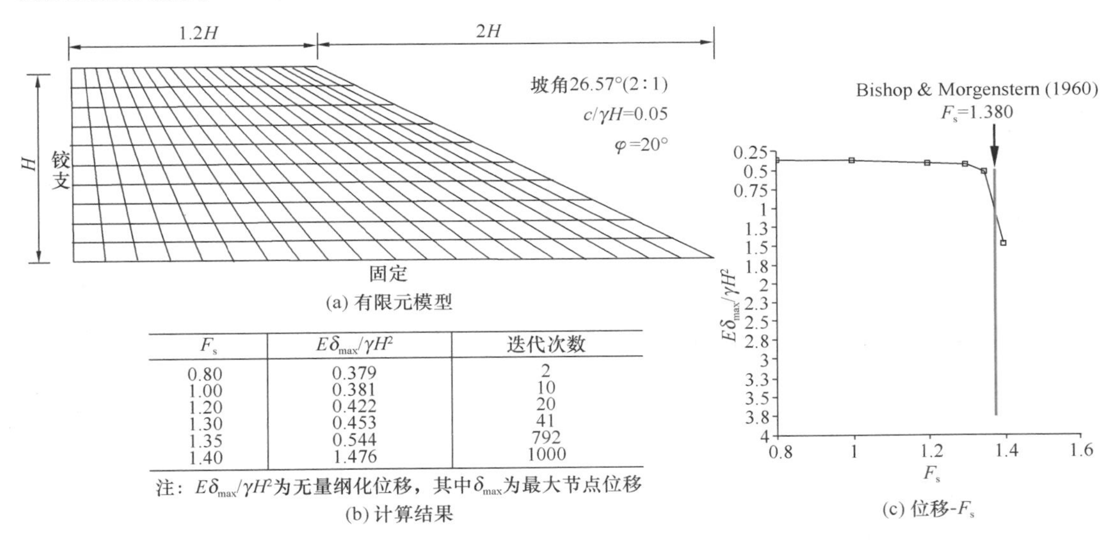

(a) 有限元模型

F_s	$E\delta_{max}/\gamma H^2$	迭代次数
0.80	0.379	2
1.00	0.381	10
1.20	0.422	20
1.30	0.453	41
1.35	0.544	792
1.40	1.476	1000

注：$E\delta_{max}/\gamma H^2$为无量纲化位移，其中δ_{max}为最大节点位移

(b) 计算结果

(c) 位移-F_s

图 12-17　简单边坡的算例（Griffiths 等，1999）

由于塑性区是不断发展变化的，采用塑性区是否整体贯通的判据（1）带有一定的主观性。判据（2）一般选取坡体指定位置的位移或者整个土坡的位移最大值，仅能表示土坡滑动的局部特征，而不能反映整体稳定状态（Chen，2019）。因此，实际应用中通常采用收敛性判据（Griffiths 等，1999）。需要指出的是，文献中也有算例表明存在着计算不收敛，但坡体状态实际为稳定的情况（Zheng 等，2005）。总而言之，强度折减法的失稳判据的选取仍然是一个存在争议的问题（王栋等，2007）。

3. 影响因素

现有研究表明，强度折减法得到的安全系数主要取决于边坡几何形状、地层分布、土体重度 γ 和抗剪强度 c、φ。剪胀角、弹性模量、泊松比和数值求解域的大小对计算结果影响较小（Griffiths 等，1999；Cheng，2007；陈育民，2013）。这里对剪胀角等的影响做一个简单介绍。

（1）剪胀角

塑性理论中材料发生屈服时的应力状态满足屈服函数：

$$f(\sigma_{ij}) = 0 \tag{12-38}$$

式中，σ_{ij} 为应力张量；f（）为屈服函数。屈服后再加载，材料将发生塑性流动，此时的应变增量可表示为弹性应变增量和塑性应变增量两部分之和：

$$d\varepsilon_{ij} = d\varepsilon_{ij}^{e} + d\varepsilon_{ij}^{p} \tag{12-39}$$

式中，$d\varepsilon_{ij}^{e}$ 为弹性应变增量；$d\varepsilon_{ij}^{p}$ 为塑性应变增量。其中塑性应变增量正交于塑性势函数：

$$g(\sigma_{ij}) = 0 \tag{12-40}$$

$$d\varepsilon_{ij}^{p} = d\lambda \frac{\partial g}{\partial \sigma_{ij}} \tag{12-41}$$

式中，g（）为塑性势函数，$d\lambda$ 为比例系数。如果塑性势函数与屈服函数一致（$g \equiv f$），此时塑性应变增量可表示为：

$$d\varepsilon_{ij}^{p} = d\lambda \frac{\partial f}{\partial \sigma_{ij}} \tag{12-42}$$

这种情况称为关联流动法则，否则为非关联流动法则。

强度折减法中一般假设土体为满足摩尔-库仑强度准则的弹塑性材料。摩尔-库仑强度准则对应的屈服函数为：

$$f = \frac{1}{3}I_1 \sin\varphi - c\cos\varphi + \sqrt{J_2}\left(\cos\theta + \frac{\sin\theta\sin\varphi}{\sqrt{3}}\right) = 0 \tag{12-43}$$

式中，I_1 为应力张量第一不变量；J_2 为应力偏量第二不变量；θ 为应力 Lode 角。塑性势函数为：

$$g = \frac{1}{3}I_1 \sin\psi - c\cos\psi + \sqrt{J_2}\left(\cos\theta + \frac{\sin\theta\sin\psi}{\sqrt{3}}\right) = 0 \tag{12-44}$$

式中，ψ 为剪胀角。

当采用关联流动法则，即剪胀角 ψ 等于内摩擦角 φ 时，数值计算得到的滑裂面接近于极限平衡法的分析结果（Griffiths 等，1999）。而实际土体的剪胀角一般远小于内摩擦角，这就导致关联流动法则对土体剪胀效应的预测远大于实际。这一假定对承载力计算问题的影响较为突出，会导致计算的承载力偏大（Griffiths 等，1999）。边坡稳定性分析的问题中边界约束条件与地基承载力问题差别很大，使得一般情况下剪胀角的选择对结果影响不大（Griffiths 等，1999）。但对一些特殊案例，不同的流动法则可能导致结果相差很大。Cheng 等（2007）采用不同数值软件和强度折减法分析了一个含夹层的土坡问题（图 12-18）。计算结果表明，流动法则对结果影响较大（表 12-7）。例如采用 Phase 软件分析，非关联流动法则下安全系数为 0.87，而采用关联流动法时得到的安全系数为 1.37。

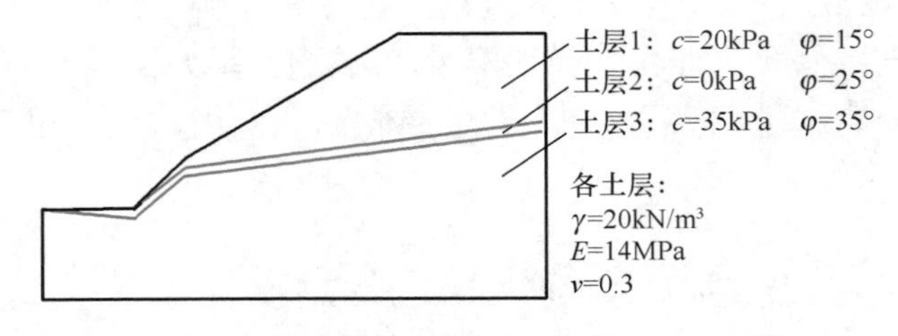

图 12-18　含夹层土坡算例的模型和参数（Cheng 等，2007）

含夹层土坡算例计算结果（Cheng 等，2007） 表 12-7

软件	非关联流动法则 F_s/关联流动法则 F_s
$FLAC^{3D}$	1.64/1.61
Phase	0.87/1.37
Plaxis	0.86/0.97

需要指出的是，由于不同软件采用的算法、设置、收敛条件等的不同，对同一边坡，即便采用相同数值模型和强度参数，计算结果也可能存在差异。如上例含夹层土坡，采用关联流动法则，用 $FLAC^{3D}$、Phase 和 Plaxis 求得的安全系数分别为 1.61、1.37 和 0.97（表 12-7），而采用 Morgenstern-Price 方法得到安全系数为 0.927。因此，使用强度折减法进行分析时不能盲目相信软件给出的结果，建议与极限平衡法的结果进行对比，并在条件允许的情况下使用不同软件进行计算。

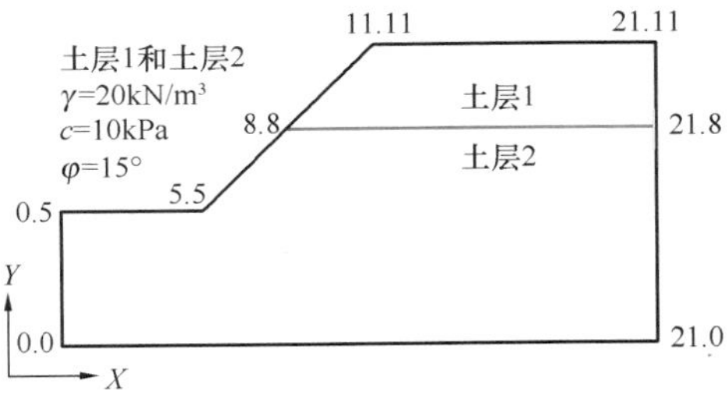

图 12-19 水平分层边坡算例几何尺寸和参数（Cheng 等，2007）

（2）弹性模量

弹性模量 E 主要影响变形，对安全系数的影响较小。以图 12-19 所示分层土坡为例，上下两层土的弹性模量相差 3 个数量级，强度参数和泊松比一致。情况 1、2 得到的安全系数差异很小（表 12-8），这说明弹性模量的影响不大。

水平分层边坡算例计算结果（Cheng 等，2007） 表 12-8

情况	土层 1 弹性模量 E_1	土层 2 弹性模量 E_2	泊松比 ν	F_s
1	140MPa	140kPa	0.3	0.954
2	140kPa	140MPa	0.3	0.966

（3）泊松比

泊松比 ν 的取值对强度折减法计算结果也有影响。郑宏等[86]（2005）的研究发现，将土压力 $\sigma_1 = \sigma_2 = -K\gamma h$，$\sigma_3 = -\gamma h$（拉应力为正，压应力为负）代入摩尔-库仑强度准则：

$$(1+\sin\varphi)\sigma_1 - (1-\sin\varphi)\sigma_3 \leqslant 2c\cos\varphi \tag{12-45}$$

令 $h \rightarrow \infty$ 可得

$$\sin\varphi \geqslant \frac{1-K}{1+K} = 1-2\nu \tag{12-46}$$

式中，K 为土体侧压力系数，$K = \nu/(1-\nu)$。

式（12-46）为内摩擦角和泊松比的关系式，称为 $\varphi\nu$ 不等式。郑宏等（2005）建议应在强度参数折减的同时，对 ν 进行折减，以保证满足 $\varphi\nu$ 不等式。ν 的折减公式如下：

$$\nu_F = [1-(\sin\varphi_F/\beta)]/2 \tag{12-47}$$

式中，$\beta = \sin\varphi/(1-2\nu)$。

折减与不折减泊松比 ν 的计算结果比较如图 12-20 所示。这里采用了同一边坡模型、

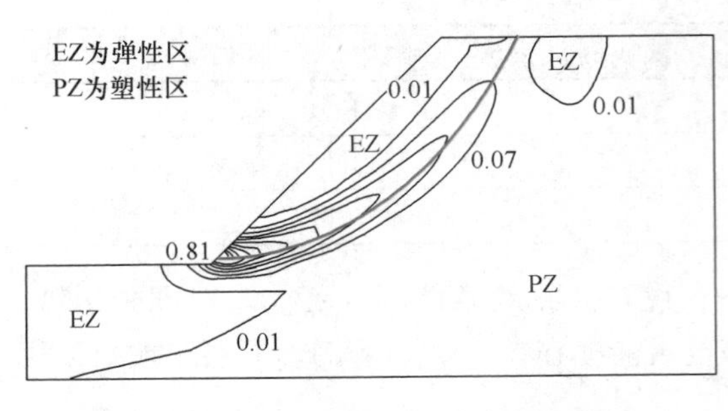

(a) 不考虑虑φ-ν不等式，不折减ν（54次迭代）

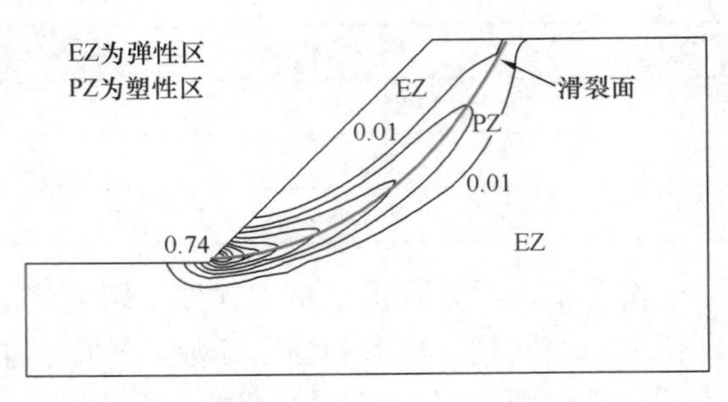

(b) 考虑φ-ν不等式，折减ν（22次迭代）

图 12-20　考虑和不考虑 φ-ν 不等式的影响（引自郑宏等，2005[86]）

塑性区贯通判据和关联流动法则。当不折减泊松比 ν 时［图 12-20（a）］，塑性区出现严重夸大的现象；对 ν 折减后［图 12-20（b）］塑性区更为合理，且迭代次数较少。

12.7.3　应用示例

强度折减法可在一些商业数值分析软件中便捷实现。如 FLAC^{3D} 中只需在命令流文件或命令窗口中的调用命令"model factor-of-safety"即可调用内置强度折减法，自动调整折减系数进而得到安全系数。无内置强度折减法的软件（ABAQUS 等），也可通过人为设定折减系数多次计算，来确定边坡安全系数。下面用一个简单均质边坡作为示例，介绍强度折减法具体应用方法。

本例是 Dawson 等（1999）中的一个算例。如图 12-21 所示为一均质土坡，坡高 $H=10\text{m}$，坡角 $\beta=45°$。土体重度 $\gamma=20\text{kN/m}^3$，黏聚力 $c=12.38\text{kPa}$，内摩擦角 $\varphi=20°$。

采用 FLAC^{3D} 建立模型如图 12-22 所示，由于软件为三维，在 y 方向取单元宽度（1m）。模型左右和前后四个侧面边界条件设为水平方向约束，底部边界固定，上部边界自由。假设土体满足摩尔-库仑屈服准则和关联流动法则，取剪胀角 $\psi=20°$，体积模量 $K=100\text{MPa}$，剪切模量 $G=30\text{MPa}$。

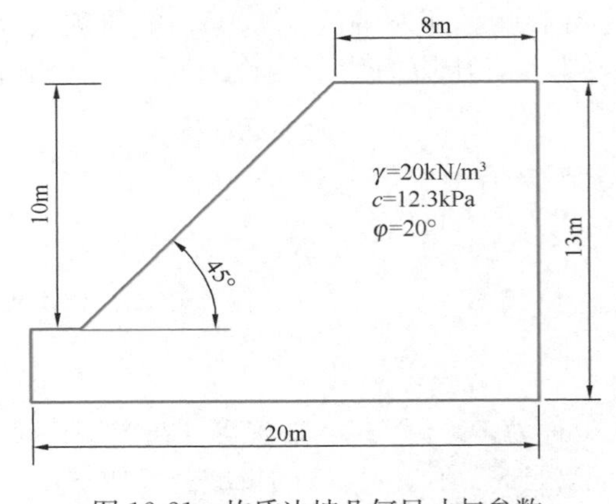

图 12-21　均质边坡几何尺寸与参数

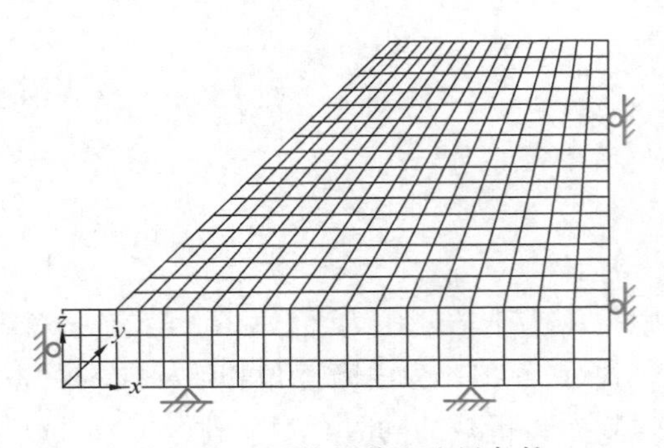

图 12-22　网格划分和边界条件

FLAC^{3D}软件（Itasca Consulting Group，2017）是有限差分法数值软件。内置的强度折减法采用收敛性失稳判据。收敛指标采用系统平均不平衡力比，具体含义如下：节点周围各单元作用在节点上的合力为不平衡力，该力与节点所受周围单元的力的平均值之比为不平衡力比，计算模型所有节点不平衡力比的平均值即为系统平均不平衡力比。当平均不平衡力比小于指定阈值（默认为 10^{-5}）时，计算收敛；反之则计算不收敛，系统处于动态变化的不稳定状态。

计算过程　　表 12-9

迭代步	折减系数	平均不平衡力比（10^{-5}）	收敛情况	F_s下限	F_s上限
1	1.0	0.99468	收敛	1.0	—
2	2.0	533.99	不收敛	1.0	2.0
3	1.5	268.90	不收敛	1.0	1.5
4	1.25	128.08	不收敛	1.0	1.25
5	1.125	56.910	不收敛	1.0	1.125
6	1.062	21.513	不收敛	1.0	1.062
7	1.031	2.3644	不收敛	1.0	1.031
8	1.016	0.99436	收敛	1.016	1.031
9	1.023	1.2894	不收敛	1.016	1.023
10	1.020	0.98599	收敛	1.020	1.023

软件采用上下限二分逼近法计算安全系数，默认当折减系数上下限之差小于 0.005 倍的上下限均值时计算结束，最终取下限为安全系数。

如表 12-9 和图 12-23（a）所示，迭代步 1 取初始取折减系数为 1.0，计算收敛，则下限为 1.0。迭代步 2 取折减系数为 2.0，计算不收敛，则上限为 2.0。迭代步 3 取上下限的均值 1.5，计算不收敛，则更新上限为 1.5。迭代步 4～10 中，分别取折减系数为上一步上下限的均值，根据计算结果收敛与否分别更新下限和上限。本例中迭代步 10 所得上下限满足计算结束要求，由此确定安全系数为 1.02。计算结果与 Dawson 等（1999）相同，且与极限分析法（Chen，1975）得到的安全系数 1.0 十分接近。图 12-23（b）所示为最大剪应变增量云图，由图可见，塑性区从坡脚到坡顶完全贯通，滑裂面近似呈圆弧，土体有沿滑裂面向下滑动的趋势，滑裂面以下的土体速度几乎为 0。

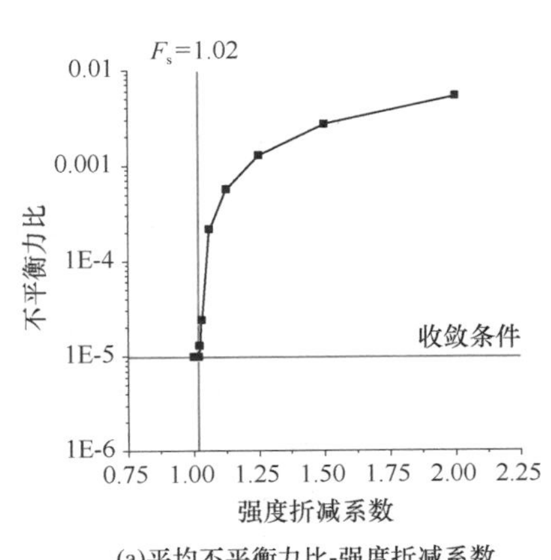

(a)平均不平衡力比-强度折减系数

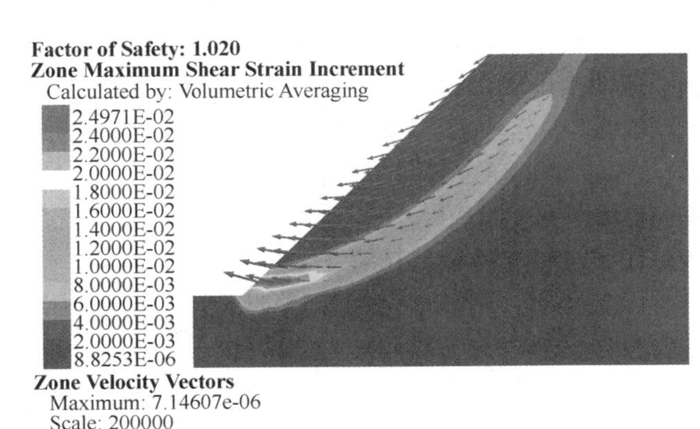

(b) 最大剪应变增量云图和速度矢量图

图 12-23　FLAC^{3D}计算过程及结果

ABAQUS软件中可将折减系数作为场变量，将抗剪强度参数作为场变量的线性函数，软件即可自动调整场变量进行计算以实现强度折减法。采用关联流动法则进行计算，结果如图12-24所示，当折减系数增大到1.09时计算不收敛，同时坡面上各点位移剧增、塑性区贯通，由此确定边坡安全系数为1.09，与FLAC^{3D}计算结果较为接近。

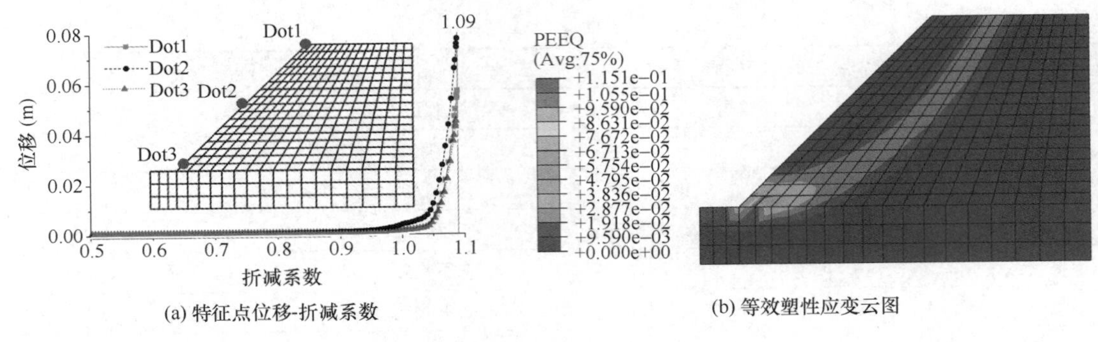

图12-24　ABAQUS计算结果

12.8　我国规范关于土坡稳定性分析的规定

12.8.1　基本规定和计算方法

我国《建筑边坡工程技术规范》GB 50330—2013（下称《边坡规范》）规定，应对以下这4类边坡进行稳定性评价：选作建筑场地的自然斜坡；由于开挖或填筑形成、需要进行稳定性验算的边坡；施工期出现新的不利因素的边坡；运行期条件发生变化的边坡。

边坡稳定性分析之前，应根据岩土工程地质条件对边坡的可能破坏方式及相应破坏方向、破坏范围、影响范围等做出判断。

边坡抗滑移稳定性计算可采用刚体极限平衡法。采用极限平衡法计算边坡抗滑稳定性时，均质土坡一般宜采用圆弧滑动面条分法，《边坡规范》建议采用简化毕肖普法进行计算。规模较大，地质结构较复杂，或者可能沿基岩与覆盖层界面滑动的边坡宜采用折线滑动面计算方法，即传递系数法，也可采用国际通用且为我国水利水电部门所推荐的摩根斯坦-普赖斯法（Morgenstern-Price method）进行计算。

12.8.2　坡率法

《边坡规范》规定，当场地有放坡条件，且无不良地质作用时，宜优先采用坡率法，直接采用坡率允许值来设计计算。

对于开挖边坡，若土质良好、均匀，且地下水位较低，不会出现地下水从坡脚逸出的情况，则坡率允许值可由表12-10查用。

土质开挖边坡的坡率允许值　　表12-10

土的类别	密实度或状态	坡率允许值（高宽比）	
		坡高在5m以内	坡高为5～10m
碎石土	密实	1∶0.35～1∶0.50	1∶0.50～1∶0.75
	中密	1∶0.50～1∶0.75	1∶0.75～1∶1.00
	稍密	1∶0.75～1∶1.00	1∶1.00～1∶1.25

续表

土的类别	密实度或状态	坡率允许值（高宽比）	
		坡高在 5m 以内	坡高为 5～10m
黏性土	坚硬	1∶0.75～1∶1.00	1∶1.00～1∶1.25
	硬塑	1∶1.00～1∶1.25	1∶1.25～1∶1.50

注：1. 表中碎石土的充填物为坚硬或硬塑状态的黏性土；

2. 对于砂土或充填物为砂土的碎石土，允许值均按自然休止角确定。

对于土质较软、坡顶边缘附近有较大荷载的边坡、高度超过上表范围的边坡，则应通过稳定性计算分析进行设计。

12.8.3 安全系数允许值

不同安全等级边坡工程的安全系数应大于表 12-11 中的安全系数允许值 $[F_s]$。对地质条件很复杂或破坏后果极严重的边坡工程，其安全系数允许值应适当提高。地震工况下边坡稳定性计算方法以及工程安全等级，这里不展开介绍。

边坡安全系数允许值 $[F_s]$ 表 12-11

边坡类型		边坡工程安全等级		
		一级	二级	三级
永久边坡	一般工况	1.35	1.30	1.25
	地震工况	1.15	1.10	1.05
临时边坡		1.25	1.20	1.15

思考题与习题

12-1 为何要对土坡稳定性进行分析？其目的和意义是什么？

12-2 土坡稳定分析方法可以解决哪几类工程实际问题？造成土坡失稳的主要因素有哪些？

12-3 试述几种常见的土坡稳定分析方法的基本原理，并比较各自的特点和适用条件？

12-4 黏性土土坡稳定分析的条分法原理是什么？瑞典条分法和毕肖普条分法是如何在一般条分法的基础上进行简化的？这两种方法的主要区别是什么？对于同一工程问题，这两种方法计算的安全系数哪个更小、更偏于安全？

12-5 简布法的基本假设是什么？

12-6 某砂土场地经试验测得砂土的自然休止角 $\varphi' = 30°$，若取稳定安全系数 $F_s = 1.2$，问开挖基坑时坡角应为多少？若取 $\beta = 20°$，则土坡安全系数又为多少？

12-7 有一无限长的无黏性土坡，$\gamma = 18.5\text{kN/m}^3$，$G_s = 2.67$，$e = 0.72$，$\varphi' = 36°$，问：

（1）无渗流作用时，该土坡的稳定坡度多大？

（2）有顺坡渗流作用时，最危险的稳定坡度多大？

（3）当土坡取 1∶1.5 时，试比较有无渗流作用土坡稳定安全系数相差多少？

12-8　如图 12-25 所示，如果无限边坡有顺坡渗流且地下水位位于坡面，问该边坡的最小安全系数是多少？

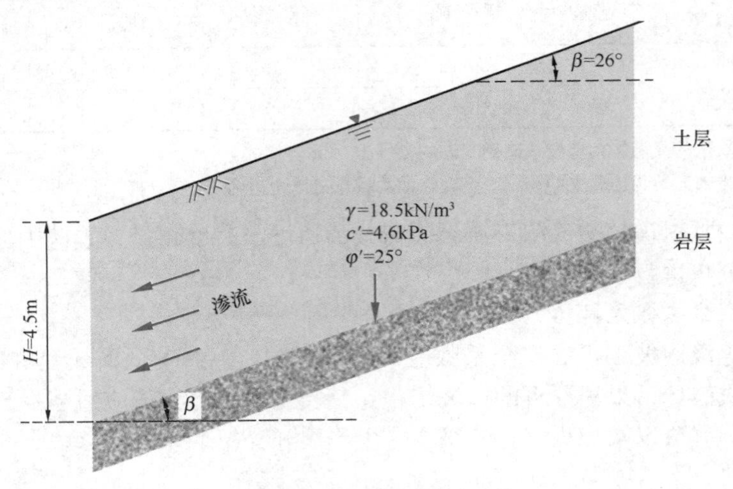

图 12-25　习题 12-8 图

12-9　土坡的外形和滑弧位置如图 12-26 所示，土层 1 的 $c_1 = 20\text{kPa}, \varphi_1 = 0$；土层 2 的 $c_2 = 25\text{kPa}$，$\varphi_2 = 0$，两层土的重度均为 $\gamma = 19\text{kN/m}^3$，滑坡体的总面积为 28.7m^2，试用整体圆弧滑动法计算土坡相对于该圆弧滑裂面的稳定安全系数。

12-10　试用瑞典条分法分析图 12-27 所示土坡滑弧上第 i 个土条的作用力系，分析该土条的静力平衡条件，示意绘出静力平衡图（力多边形），并推导出土坡整体稳定安全系数的表达式。

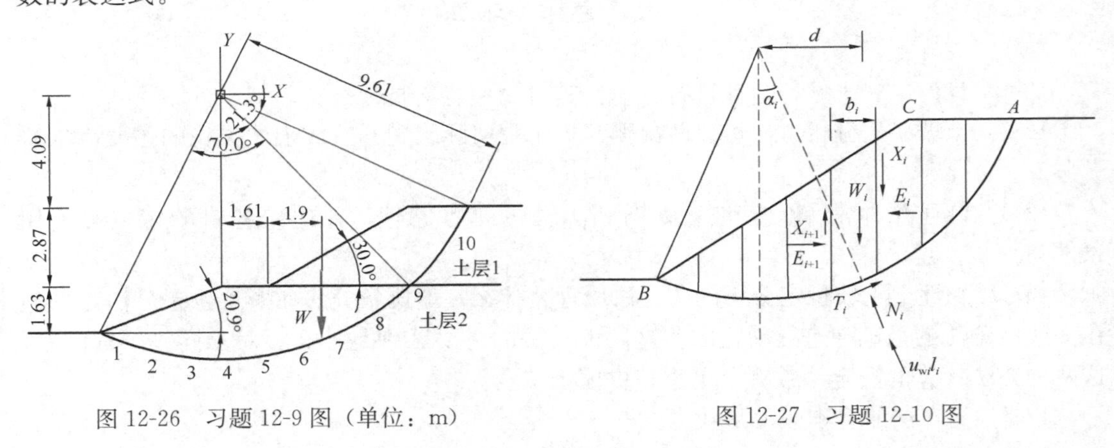

图 12-26　习题 12-9 图（单位：m）

图 12-27　习题 12-10 图

12-11　若习题 12-9 中土坡 $c_1 = 10\text{kPa}$，$\varphi_1 = 30°$；$c_2 = 15\text{kPa}$，$\varphi_2 = 32°$，其余条件不变。试用毕肖普法计算土坡相对于该滑裂面的稳定安全系数。

第13章　浅　基　础

13.1　概　　述

地基基础是保证建筑物的安全和满足使用要求的关键。因此，正确选择基础的类型十分重要。在选择基础类型时，主要考虑两个方面的因素：一是建筑物的性质（包括用途、重要性、结构形式、荷载性质和荷载大小等）；二是地基的工程地质和水文地质情况（包括岩土层的分布、岩土的性质和地下水等）。

一般来说，基础可分为两类，即浅基础和深基础。通常把埋置深度小于5m的一般基础（柱基或墙基），以及埋置深度虽超过5m，但小于基础宽度的大尺寸基础（如箱形、筏形基础），统称为浅基础。一般将基础直接修筑在天然土层上的地基叫作天然地基。如果地基范围内都属于软弱土层（承载力低于100kPa）或者上部有较厚的软弱土层，可采用换土垫层法或者合适的地基处理方法进行土层加固，提高土层的承载能力，这种地基叫作人工地基。图13-1（a）和图13-1（b）分别展示了天然地基上和人工地基上的浅基础。

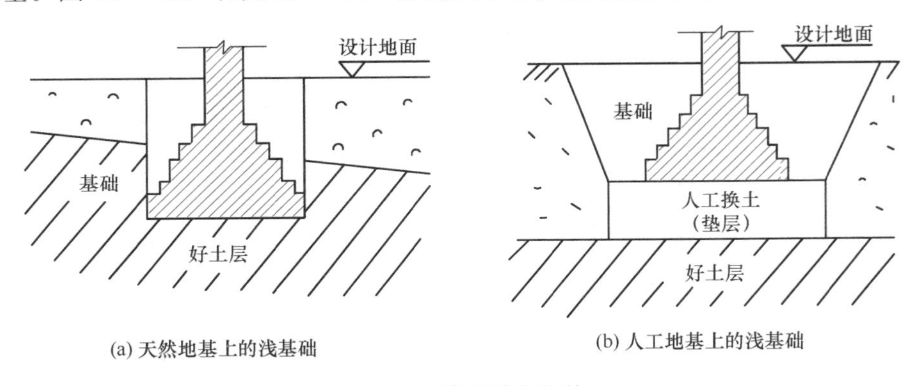

图13-1　浅基础和地基

天然地基上的浅基础施工方便、技术简单、造价经济，在一般情况下，应尽可能采用。如果天然地基上的浅基础不能满足工程的要求，或者经过周密比较以后认为不经济，才考虑采用其他类型的地基基础。本章主要讨论天然地基上的浅基础的设计问题。

13.2　浅基础的类型

13.2.1　浅基础的结构类型

浅基础的基本结构类型分为下列4种。

(1) 独立基础（或单独基础）：柱的基础一般都是独立基础（图13-2）。

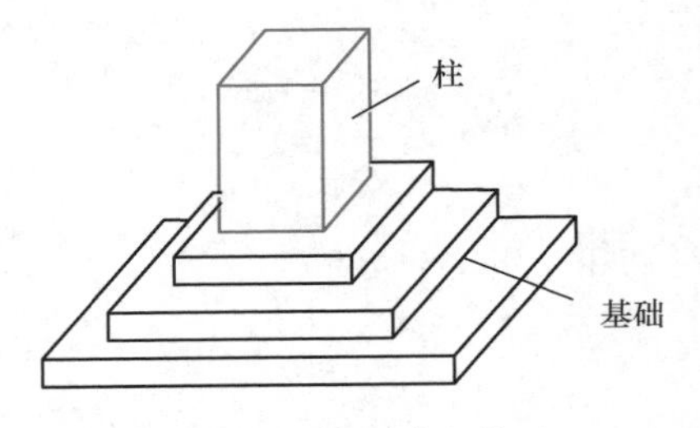

图 13-2　柱下独立基础

(2) 条形基础：墙的基础通常是连续的长条形，称为条形基础（图 13-3）。

如果柱子的荷载较大而土层的承载能力又较低，做独立基础需要很大的面积，这种情况下，可采用柱下条形基础（图 13-4），甚至柱下交叉梁基础(图 13-5)。

相反，当建筑物较轻，作用于墙上的荷载不大，基础又需要在较深处的好土层上时，做条形基础可能不经济，这时可以在墙下加一根过梁，将过梁支在独立基础上，称为墙下独立基础(图 13-6)。

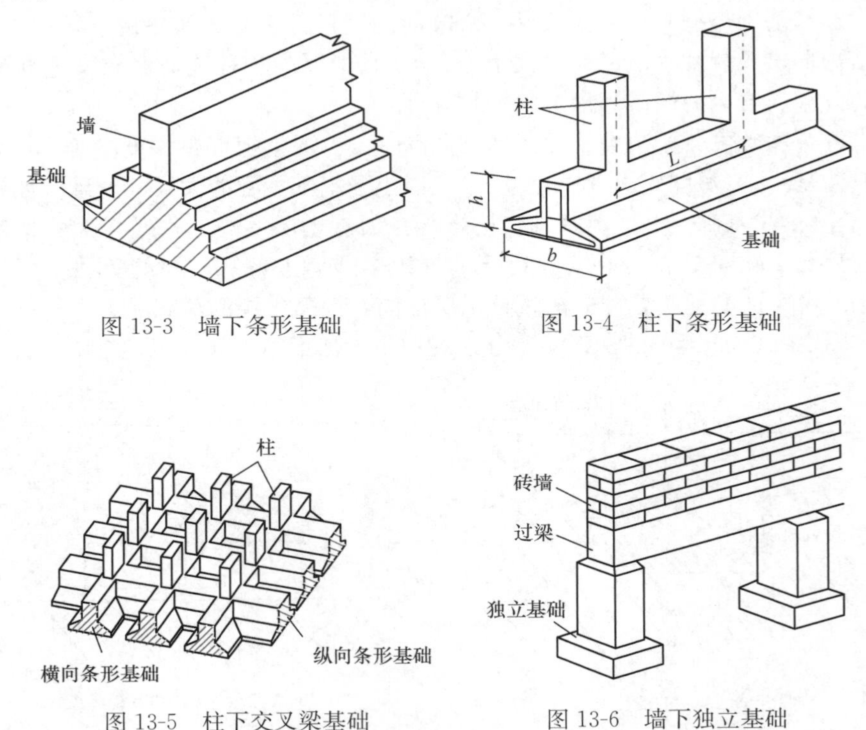

图 13-3　墙下条形基础

图 13-4　柱下条形基础

图 13-5　柱下交叉梁基础

图 13-6　墙下独立基础

(3) 筏形基础和箱形基础

当柱子或墙传来的荷载很大，地基土软弱，用独立基础或条形基础都不能满足地基承载力的要求时，或者地下水位常年在地下室的地坪以上，为了防止地下水渗入室内，往往需要把整个房屋底面（或地下室部分）做成一片连续的钢筋混凝土板，作为房屋的基础，称为筏形基础（图 13-7）。

为了增加基础板的刚度，以减小不均匀沉降，高层建筑物往往把地下室的底板、顶板、侧墙及一定数量的内隔墙连在一起构成一个整体刚度很强的钢筋混凝土箱形结构，称为箱形基础（图 13-8）。

(4) 壳体基础

为改善基础的受力性能，基础的形状可以不做成台阶状，而做成各种形式的壳体，称为壳体基础（图 13-9）。高耸建筑物（例如烟囱、水塔和电视塔等）常做壳体基础。

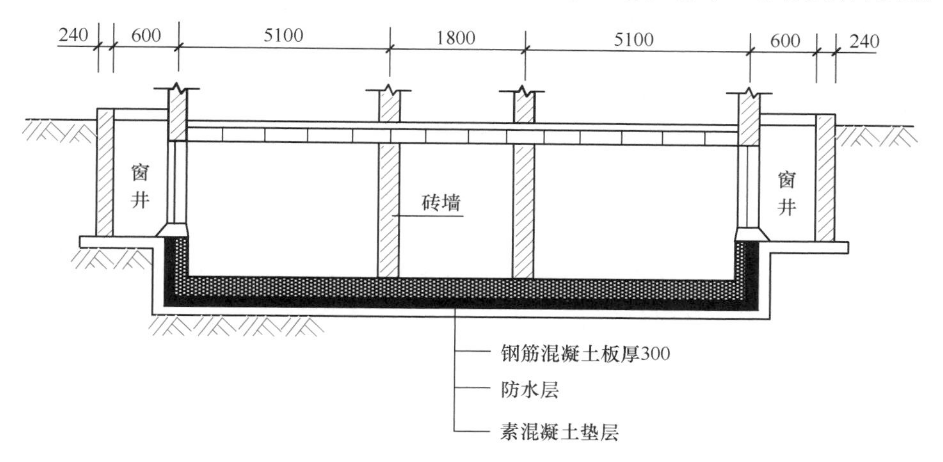

图 13-7　地下室筏形基础

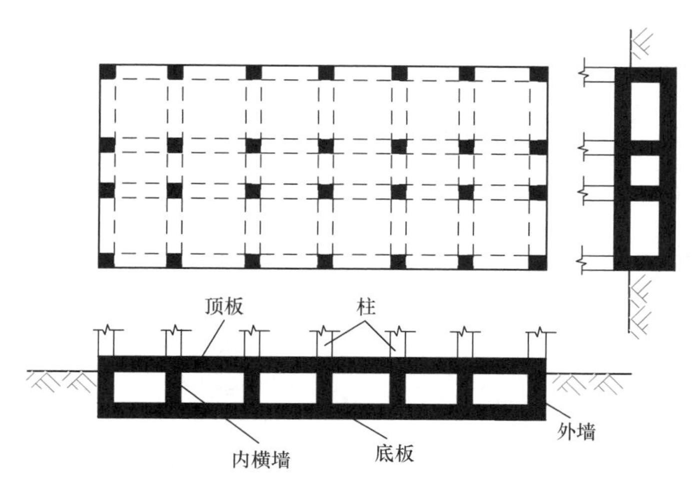

图 13-8　箱形基础

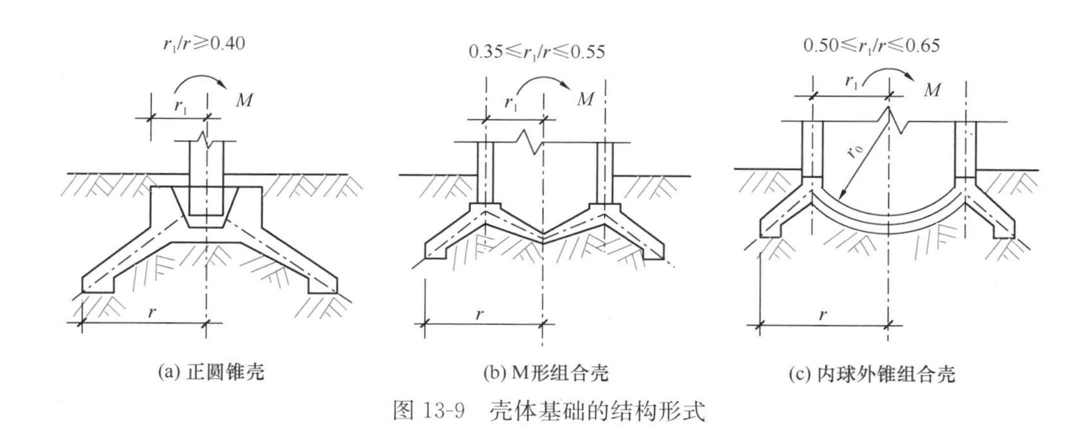

(a) 正圆锥壳　(b) M形组合壳　(c) 内球外锥组合壳

图 13-9　壳体基础的结构形式

13.2.2 扩展基础

独立基础和条形基础可统称为扩展基础。根据材料刚度和受力情况，扩展基础可分为无筋扩展基础和钢筋混凝土扩展基础。

1. 无筋扩展基础

由砖、毛石、素混凝土以及灰土等材料建造的基础，称为无筋扩展基础，又称刚性基础。刚性基础所用材料抗压强度较大，而抗拉、抗剪强度较低。因此，设计要求基础外伸宽度 b' 与基础高度 H_0 的比值有一定的限度，以避免基础内拉应力和剪应力超过材料强度设计值，即：

$$\frac{b'}{H_c} \leqslant \left[\frac{b'}{H_c}\right] = \tan\alpha \tag{13-1}$$

式中 $\left[\frac{b'}{H_c}\right]$——刚性基础台阶宽高比允许值，《地基规范》给出了如表 13-1 所示的台阶宽高比允许值取值；

α——基础的刚性角（°），如图 13-10 所示。

无筋扩展基础台阶宽高比的允许值（GB 50007—2011） 表 13-1

基础名称	质量要求	台阶宽高比的允许值		
		$p_k \leqslant 100$	$100 < p_k \leqslant 200$	$200 < p_k \leqslant 300$
混凝土基础	C15 混凝土	1∶1.00	1∶1.00	1∶1.25
毛石混凝土基础	C15 混凝土	1∶1.00	1∶1.25	1∶1.50
砖基础	砖不低于 MU10、砂浆不低于 M5	1∶1.50	1∶1.50	1∶1.50
毛石基础	砂浆不低于 M5	1∶1.25	1∶1.50	—
灰土基础	体积比为 3∶7 或 2∶8 的灰土，其最小干密度： 粉土 1550kg/m^3 粉质黏土 1500kg/m^3 黏土 1450kg/m^3	1∶1.25	1∶1.50	—
三合土基础	体积比 1∶2∶4～1∶3∶6（石灰∶砂∶骨料），每层约虚铺 220mm，夯至 150mm	1∶1.50	1∶2.00	—

注：1. p_k 为作用的标准组合时［式（13-5）］，基础底面处的平均压力值（kPa）；

2. 阶梯形毛石基础的每阶伸出宽度，不宜大于 200mm；

3. 当基础由不同材料叠合组成时，应对接触部分做抗压验算；

4. 混凝土基础单侧扩展范围内基础底面处的平均压力值超过 300kPa 时，尚应进行抗剪验算；对基底反力集中于立柱附近的岩石地基，应进行局部受压承载力验算。

为施工方便，刚性基础通常做成台阶形。各级台阶的内缘刚好落在刚性角 α 的斜线上是安全的，如图 13-10（b）所示。若台阶内缘拐点进入斜线以内，如图 13-10（a）所示，则基础断面是不安全的。若台阶内缘拐点位于斜线之外，如图 13-10（c）所示，则基础断面设计不经济。

2. 钢筋混凝土扩展基础

由钢筋混凝土材料建造的独立基础和条形基础，称为钢筋混凝土扩展基础（常简称为扩展基础），又称柔性基础。柔性基础通过配置足够的钢筋来承受由弯矩产生的拉应力，

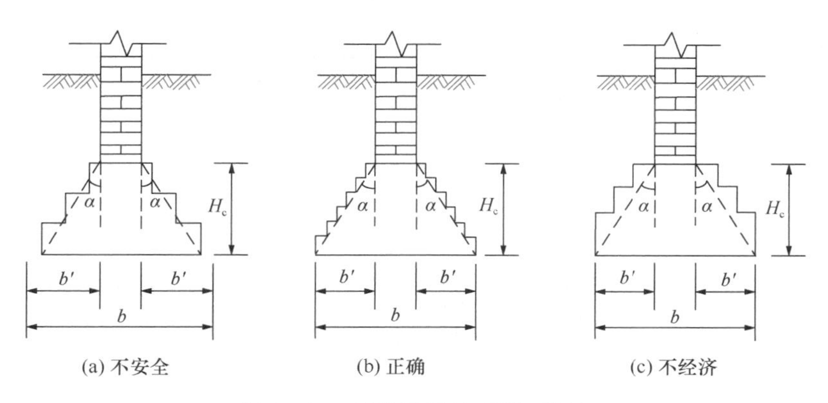

(a) 不安全　　(b) 正确　　(c) 不经济

图 13-10　无筋扩展基础断面设计

使基础底部在受弯时不致断裂，从而使基础设计不受刚性角的限制，能够以较小的基础高度把上部荷载传到较大的基础底面上，以适应地基承载力的要求，如图 13-11 所示。例如，软土表面水分蒸发、地下水位下降、物理和化学风化作用以及人工构造作用会在软土表面形成一层硬壳层，建筑物可采用“宽基浅埋”方案，利用柔性基础将荷载作用在上部硬壳层。柔性基础材料采用钢材、水泥，因此相比刚性基础造价较高。

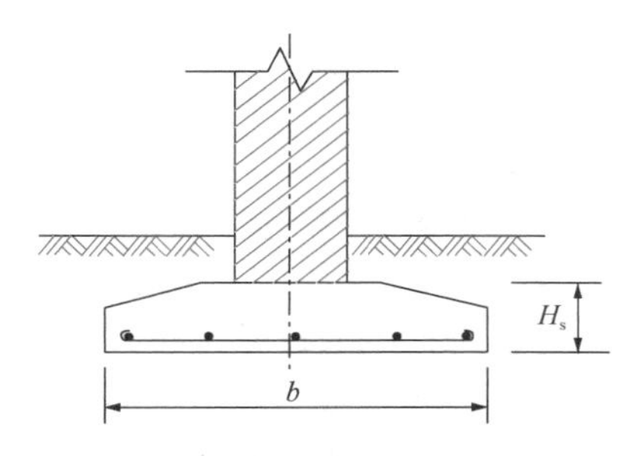

图 13-11　钢筋混凝土扩展基础

13.3　地基基础设计原则

13.3.1　建筑地基基础设计等级

建筑物的安全和正常使用不仅取决于上部结构，还取决于建筑物的地基基础有一定的安全储备。无论是地基还是基础出现问题，都会影响建筑物的正常使用，甚至产生破坏。根据地基复杂程度、建筑物规模和功能特征以及由于地基问题可能造成建筑物破坏或影响正常使用的程度，《地基规范》将地基基础设计分为三个等级，供设计时使用，如表 13-2 所示。

地基基础设计等级（GB 50007—2011）　　表 13-2

设计等级	建筑和地基类型
甲级	重要的工业与民用建筑物； 30 层以上的高层建筑； 体型复杂，层数相差超过 10 层的高低层连成一体建筑物； 大面积的多层地下建筑物（如地下车库、商场、运动场等）； 对地基变形有特殊要求的建筑物； 复杂地质条件下的坡上建筑物（包括高边坡）； 对原有工程影响较大的新建建筑物； 场地和地基条件复杂的一般建筑物； 位于复杂地质条件及软土地区的二层及二层以上地下室的基坑工程； 开挖深度大于 15m 的基坑工程； 周边环境条件复杂、环境保护要求高的基坑工程

续表

设计等级	建筑和地基类型
乙级	除甲级、丙级以外的工业与民用建筑物； 除甲级、丙级以外的基坑工程
丙级	场地和地基条件简单、荷载分布均匀的七层及七层以下民用建筑及一般工业建筑； 次要的轻型建筑物； 非软土地区且场地地质条件简单、基坑周边环境条件简单、环境保护要求不高且开挖深度小于5.0m的基坑工程

13.3.2 地基基础设计方法

随着建筑科学技术的发展，地基基础的设计方法也在不断改进，经典的地基基础设计方法主要有容许承载力设计方法和极限状态设计方法。其中，容许承载力设计方法以满足地基承载力要求为原则，而极限状态设计方法的本质是分别考虑地基稳定和变形允许两种不同的要求，充分发挥地基的承载力，在保证安全可靠的前提下达到最为经济的目的，因此现行规范采取极限状态设计方法。

1. 容许承载力设计方法

建筑物荷载通过基础传递到地基上，作用在基础底面单位面积上的压力称为基底压力。设计中要求基底压力不能超过地基的极限承载力，而且要有足够的安全度；同时所引起的地基变形不能超过建筑物的允许变形值。满足上述两项要求，地基单位面积上所能承受的最大基底压力就称为容许承载力，根据容许承载力进行地基基础设计的方法称为容许承载力设计方法。如果地基容许承载力 $[R]$ 确定了，则要求的基础底面积 A 就可用下式计算：

$$A=\frac{S}{[R]} \tag{13-2}$$

式中 S——作用在基础上的总荷载，包括基础自重；

$[R]$——地基的允许承载力。

最早地基的容许承载力是根据工程师的经验或建设者参考建筑场地附近建筑物地基的承载状况确定的。随着建筑工程的发展，人们不断总结容许承载力与地基土的关系，通过长期经验累积，用规范的形式给出地基的容许承载力与土的种类及其某些物理性质指标（如孔隙比 e、液性指数 I_L 等）或者原位测试指标（如标准贯入击数等）的关系。有了地基的容许承载力，地基基础设计就很容易进行。

但是，容许承载力设计方法完全按经验取值，是一种比较原始的设计方法。随着建筑业的发展，建筑结构不断更新、体型日益复杂，新型结构和复杂体型对沉降和不均匀沉降更为敏感。从以往简单一些的建筑总结得出的地基容许承载力对新型建筑物未必仍能保证安全。因此，对复杂的建筑物往往还要单独进行地基变形验算。这样，容许承载力就失去了其原来的意义。

2. 极限状态设计方法

极限状态设计方法是将地基的极限状态分成承载能力极限状态和正常使用极限状态，对地基稳定和变形允许分别进行验算以保证建筑物的正常使用。采用该方法时，地基的安全程度都是用单一的安全系数表示，因此也可将其称为单一安全系数的极限状态设计方法。

（1）承载能力极限状态

承载能力极限状态是让地基土最大限度地发挥其承载能力，荷载超过此限度，地基土将发生强度破坏而丧失稳定，表达式为：

$$p_k \leqslant f_a \tag{13-3}$$

式中 p_k——相应于作用效应标准组合［式（13-5）］时，基础底面处的平均压力值（kPa）；

f_a——修正后的地基承载力特征值（kPa）。

（2）正常使用极限状态

正常使用极限状态要求地基受载后的变形小于建筑物地基变形的允许值，表达式为：

$$s \leqslant [s] \tag{13-4}$$

式中 s——相应于作用效应准永久组合［式（13-6）］时，建筑物地基的变形；

$[s]$——建筑物地基的变形允许值。

极限状态设计方法原则上既适用于地基基础，也适用于建筑物的上部结构。但是，地基和上部结构对两种极限状态的验算要求有所不同。上部结构构件的刚度远大于地基土层，在荷载作用下，上部结构构件在达到强度破坏时所产生的变形往往并不大，而地基土往往已产生较大的变形但未发生强度破坏。因此，上部结构的设计首先验算强度，必要时才验算变形，而地基设计常常首先验算变形，必要时才验算因强度破坏而引起的地基失稳。

13.3.3 作用和作用组合的效应设计值

根据《建筑结构荷载规范》GB 50009—2012（下称《荷载规范》），结构上的“作用”是指能使结构产生效应（结构或构件的内力、应力、位移、应变、裂缝等）的各种原因的总称。作用包括直接作用和间接作用。直接作用是指作用在结构上的力集（包括集中力和分布力），习惯上统称为荷载，如永久荷载、活荷载、吊车荷载、雪荷载、风荷载以及偶然荷载等。间接作用是指那些不是直接以力集的形式出现的作用，如地基变形、混凝土收缩和徐变、焊接变形、温度变化以及地震等引起的作用。作用所引起的内力、位移等，称为作用效应。《地基规范》中采用作用和作用效应组合来进行地基基础设计。

进行地基基础设计时，作用组合的效应设计值应符合下列规定：

（1）正常使用极限状态下

标准组合：

$$S_k = S_{Gk} + S_{Q1k} + \sum_{i=2}^{n} \psi_{ci} S_{Qik} \tag{13-5}$$

准永久组合：

$$S_k = S_{Gk} + \sum_{i=1}^{n} \psi_{qi} S_{Qik} \tag{13-6}$$

（2）承载能力极限状态下

由可变作用控制的基本组合：

$$S_d = \gamma_G S_{Gk} + \gamma_{Q1} S_{Q1k} + \sum_{i=2}^{n} \gamma_{Qi} \psi_{ci} S_{Qik} \tag{13-7}$$

由永久作用控制的基本组合（简化形式）：

$$S_d = 1.35S_k \tag{13-8}$$

式中 S_k——标准组合的作用效应设计值；

S_d——基本组合的作用效应设计值；

S_{Gk}——永久作用标准值 G_k 的效应；

S_{Qik}——第 i 个可变作用标准值 Q_{ik} 的效应；

ψ_{ci}，ψ_{qi}——分别为第 i 个可变作用 Q_i 的组合值系数和准永久值系数；

γ_G，γ_{Qi}——分别为永久作用、第 i 个可变作用的分项系数；

ψ_{ci}，ψ_{qi}，γ_G，γ_{Qi} 等系数均按现行《荷载规范》的规定取值。

13.3.4 地基基础设计要求

在进行地基基础设计时，《地基规范》规定了作用于基础上的作用效应与相应的抗力限值应按以下原则进行。

（1）所有建筑物的地基计算均应满足承载力计算的有关规定。按地基承载力确定基础底面积及埋深时，传至基础底面上的作用效应应按正常使用极限状态下作用的标准组合；相应的抗力应采用地基承载力特征值。

（2）设计等级为甲级和乙级的建筑物，均应按地基变形设计。计算地基变形时，传至基础底面上的作用效应应按正常使用极限状态下作用的准永久组合，不应计入风荷载和地震作用；相应的限值应为地基变形允许值。所列范围以内丙级建筑物，除另有规定的一些情况外均可以不做变形验算。

（3）对经常受水平荷载作用的高层建筑和高耸结构等，以及建造在斜坡上或边坡附近的建筑物和构筑物，尚应验算其稳定性。计算地基稳定以及基础抗浮稳定时，作用效应应按承载能力极限状态下作用的基本组合，但其分项系数均为 1.0。

（4）在确定基础高度、计算基础内力、确定配筋和验算材料强度时，上部结构传来的作用效应和相应的基底反力，应按承载能力极限状态下作用的基本组合，采用相应的分项系数。

13.3.5 地基基础设计内容和步骤

通常，天然地基上浅基础的设计内容和步骤，包括下列各项内容：

（1）获取上部结构的设计资料和建筑场地的地质勘察报告，并进行现场踏勘与调查；

（2）选择基础的材料、类型，进行基础平面布置；

（3）确定地基持力层和基础埋置深度；

（4）确定地基承载力；

（5）根据基础上的作用组合，初步确定基础的底面尺寸；

（6）根据地基等级进行地基计算，包括地基持力层和软弱下卧层的承载力验算、地基变形验算以及地基稳定性验算；

（7）设计基础的结构和构造；

（8）绘制基础施工图，提出施工说明。

13.4 基础埋置深度的选择

基础底面埋在地面（一般指设计地面）下的深度，称为基础的埋置深度。为保证基础安全，同时减少基础尺寸，要尽量把基础放在良好的土层上。但是基础埋置过深不仅导致施工不方便，还会提高造价，因此要根据实际情况选择一个合适的埋置深度。

基础埋置深度确定的基本原则是在满足地基稳定和满足变形要求的前提下，尽量浅埋。但是实际上除岩石基础外，表土都比较松软，不宜作为基础的持力层，因此，一般而言基础埋深不宜浅于 0.5m。同时为避免基础外露，基础顶面应低于设计地面 100mm 以上。

影响基础埋置深度的因素包括以下几个方面。

13.4.1 建筑物的用途和结构类型

基础的埋置深度首先取决于建筑物的用途和结构类型。如建筑物需要有地下室、地下设施和设备基础时，基础埋深至少大于 3m。在抗震设防区，天然地基上的箱形和筏形基础其埋置深度不宜小于建筑物高度的 1/15；桩箱或桩筏基础的埋置深度（不计桩长）不宜小于建筑物高度的 1/18。若上部结构为超静定结构，对地基不均匀沉降很敏感，则基础需坐落在坚实地基土层上。

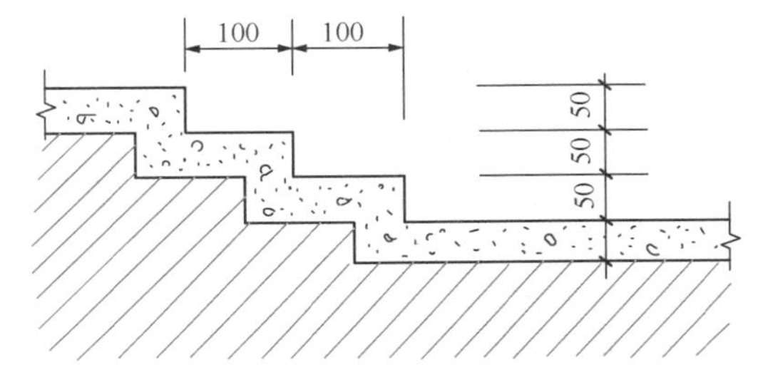

图 13-12 台阶形基础

遇建筑物的各部分使用要求不同或地基土质变化大，要求同一建筑物各部分基础埋深不相同时，应将基础做成台阶逐步过渡，台阶的高宽比为 1∶2，每级台阶高度不超过 50cm，如图 13-12 所示。

13.4.2 作用在地基上的荷载大小和性质

对于土质地基上的高层建筑，基础埋置深度应满足地基承载力、变形和稳定性要求。如果承受水平荷载、上拔力、动荷载等，则对基础的稳定性和埋深有较大影响。例如，受上拔力的基础要求有较大的埋深以满足抗拔要求，烟囱、水塔等高耸结构应满足抗倾覆稳定性的要求。

13.4.3 地基的工程地质和水文地质条件

在确定浅基础的埋置深度时，应当详细分析地质勘探资料，尽量把基础埋置到好土上。然而土质的好坏是相对的，同样的土层，对于轻型的房屋可能满足承载力的要求，适合作为天然地基，但对重型的建筑就可能满足不了承载力的要求而不宜作为天然地基。所以，应该与建筑物的性质结合起来考虑地基的适用情况。地基因土层性质不同，大体上可以分为下列 5 种典型情况。

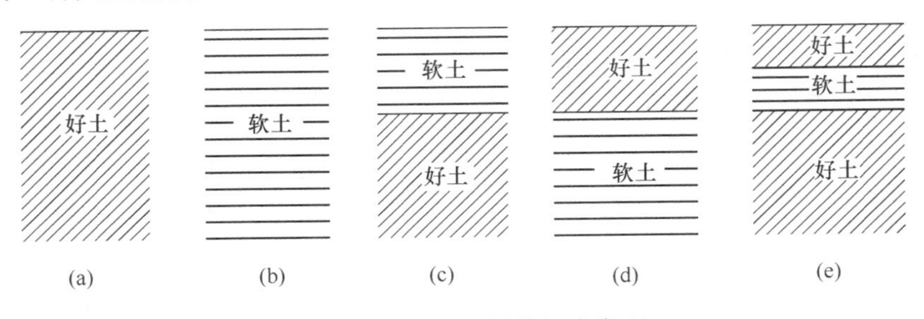

图 13-13 地基土层的组成类型

（1）第一种情况［图 13-13（a）］，地基都是好土（承载力高，分布均匀，且压缩性小），土质对基础埋深影响不大，埋深由其他因素确定。

（2）第二种情况［图 13-13（b）］，地基都是软土（压缩性高，承载力小），一般不采用天然地基上的浅基础。对于低层房屋，如果采用浅基础时，则应采取相应的措施，如增强建筑物的刚度等。

（3）第三种情况［图 13-13（c）］，地基由两层土组成，上层是软土，下层是好土。基础的埋深要根据软土的厚度和建筑物的类型来确定，分为下列三种情况：

① 软土厚在 2m 以内时，基础宜砌置在下层的好土上。

② 软土厚度在 2～4m 之间，对于低层的建筑物，可将基础做在软土内，避免大量开挖土方，但要适当加强上部结构的刚度。对于重要的建筑物和带有地下室的建筑物，则宜将基础做在下层。

③ 软土厚度大于 5m 时，除筏形、箱形等大尺寸基础以及地下室的基础外，一般可按前述第二种情况处理。

（4）第四种情况［图 13-13（d）］地基由两层土组成，上层是好土，下层是软土。在这种情况下，应尽可能将基础浅埋，以减小软土层所受的压力。如果好土层很薄，则属于前述第二种情况。

（5）第五种情况［图 13-13（e）］地基由若干层好土和软土交替所组成。应根据各土层的厚度和承载力的大小，参照上述原则选择基础的埋置深度。

有地下水存在时，基础应尽量埋置在地下水位以上，避免施工时要进行基槽排水或降水。对于底面低于地下水位的基础，应考虑施工期间的基坑降水、坑壁围护、是否可能产生流砂或涌土等问题，并采取相应措施减少地基土扰动。还应考虑地下水浮托力引起的基础底板内力变化、地下室或地下储罐上浮的可能性以及地下室的防渗问题。如果地基下埋藏有承压水时，为防止发生流土破坏，需要求坑底土的总覆盖压力大于承压含水层顶部的静水压力，即：

$$\gamma h > \gamma_w h_w \tag{13-9}$$

式中 γ ——土的重度，对潜水位以下的土取饱和重度（kN/m^3）；

γ_w ——水的重度（kN/m^3）；

h ——基坑底面至承压含水层顶面的距离（m）；

h_w ——承压水位（m）。

如不能满足式（13-9），则应采取措施降低承压水头或减小基础埋置深度。对于平面尺寸较大的基础，在满足式（13-9）的要求时，安全系数还应不小于 1.1。

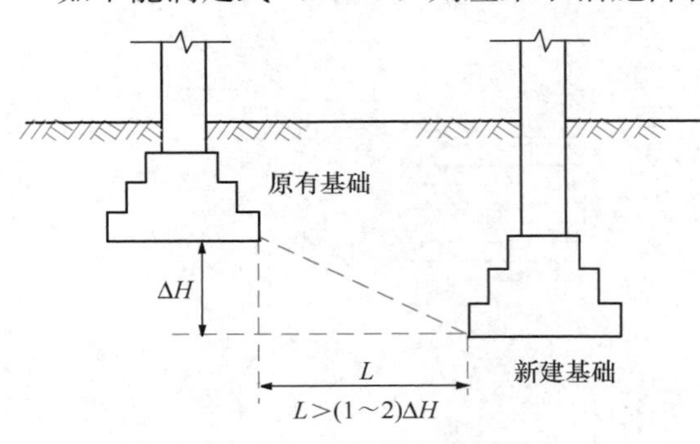

图 13-14　相邻基础埋深

13.4.4　场地环境条件

当建筑场地邻近原有建筑物时，新建工程的基础埋深不宜大于原有建筑基础。否则，两基础之间的净距应大于两基础底面高差的 1～2 倍（图 13-14），以免开挖新基槽时危及原有基础的安全稳定性。若不满足上述条件，则应在施工期间采取有效措施以确保原有浅基础的安全。例如：分段施工，做护坡桩，采用沉井、地下连续墙结构，加固原有基础等措施。

若建筑场地靠近各种土坡，包括山坡、河岸、海滨、湖边等，则基础埋深应考虑邻近土坡临空面的稳定性。

若基础影响范围内有地下管道等地下设施通过时，一般要求基础埋置深度低于地下设施的深度，否则应采取有效措施消除基础对地下设施的不利影响。

13.4.5 地基冻融条件

地基土温度降低至0℃以下时，土中的自由水将冻结从而形成冻土，冻土可分为季节性冻土和多年冻土两类。处于冻结中的土会产生吸力，吸引附近水分渗向冻结区。土冻结后水分转移，含水率增加，土体发生体积膨胀和隆起，这种现象称为土的冻胀现象。

土层冻结会产生冻胀力，位于冻胀区的基础所受冻胀力若大于基底压力，基础可能发生上抬并引起墙体开裂。季节性冻土在春季解冻，地基土体积缩小且含水率显著增加，导致强度降低而产生融陷现象。地基土的冻胀和融陷一般都是不均匀的，因此，为避免地基土发生冻胀与融陷事故，北方地区的基础埋深必须考虑当地冻胀性的因素。

1. 地基冻胀性分类

地基土的冻胀性取决于土的性质和四周环境向冻土区补充水分的条件。土的颗粒越粗、透水性越大，冻结过程中未冻水被排出冰冻区的可能性越大，土的冻胀性越小。纯粗粒土，如碎石土、砾砂、粗砂、中砂乃至细砂，均可视为非冻胀土。高塑性黏土中的水主要是结合水且透水性很小，冻结时得不到周围土和地下水的水分补充，冻胀性也较小。土的天然含水率越高，特别是自由水的含量越高，则冻胀性越强。冻土区与地下水位距离越近，土的冻胀性越强。《地基规范》把地基土的冻胀性分为不冻胀、弱冻胀、冻胀、强冻胀和特强冻胀五类。

2. 场地冻结深度

季节性冻土地基的场地冻结深度应按下式计算：

$$z_d = z_0 \cdot \psi_{zs} \cdot \psi_{zw} \cdot \psi_{ze} \tag{13-10}$$

式中 z_d——场地冻结深度（m）；

z_0——标准冻深（m），无实测资料时按《地基规范》附录F采用；

ψ_{zs}——土的类别对冻深的影响系数；

ψ_{zw}——土的冻胀性对冻深的影响系数；

ψ_{ze}——环境对冻深的影响系数。

上述三个影响系数均按《地基规范》采用。

3. 基础最小埋深

季节性冻土地区基础埋置深度宜大于场地冻结深度。对于深厚季节冻土地区，当建筑基础底面土层为不冻胀、弱冻胀、冻胀土时，基础埋置深度可以小于场地冻结深度，此时可用下式计算基础的最小埋深：

$$d_{min} = z_d - h_{max} \tag{13-11}$$

式中 h_{max}——基础底面下允许冻土层最大厚度（m），可按《地基规范》附录G查取，当有充分依据时，基底下允许冻土层厚度也可根据当地经验确定。

13.5 地基基础设计计算

13.5.1 基础底面尺寸的确定

设计天然地基上的浅基础时，初步选择基础类型和埋置深度后，应先假定基底尺寸，再根据持力层的承载力特征值进行验算。若有软弱下卧层，还需要验算软弱下卧层承载力，验算不通过时，需修正基底尺寸，再重新进行上述两项验算。此外，还应对地基变形和地基稳定性进行验算，调整基础底面尺寸。最终，确定满足地基基础设计要求的基础底面尺寸。

确定基础底面尺寸后，再进行基础的结构构造设计。

13.5.2 地基承载力验算

1. 持力层承载力验算

（1）轴心荷载作用

在轴心荷载作用下，按地基持力层承载力计算基底尺寸时，要求作用在持力层上的平均基底压力不能超过该土层的承载能力，表示为：

$$p_k \leqslant f_a \tag{13-12}$$

式中 p_k——相应于作用的标准组合时，基础底面处的平均压力值（kPa），按式（13-13）计算；

f_a——修正后的地基承载力特征值（kPa），见第11章相关内容。

$$p_k = \frac{F_k + G_k}{A} \tag{13-13}$$

式中 F_k——相应于作用的标准组合时，上部结构传至基础顶面的竖向力值（kN）；

G_k——基础自重和基础上的土重（kN）；

A——基础底面面积（m^2）。

（2）偏心荷载作用

在偏心荷载作用下，地基持力层承载力验算时除符合式（13-13）的要求外，还应符合下式要求：

$$p_{kmax} \leqslant 1.2 f_a \tag{13-14}$$

式中 p_{kmax}——相应于作用的标准组合时，基础底面边缘的最大压力值（kPa），按式（13-15）计算。

$$p_{kmax} = \frac{F_k + G_k}{A} + \frac{M_k}{W} \tag{13-15}$$

式中 M_k——相应于作用的标准组合时，作用于基础底面的力矩值（kN·m）；

W——基础底面的抵抗矩（m^3）。

但当基础底面形状为矩形且偏心距 $e > b/6$ 时，p_{kmax} 应按下式计算：

$$p_{kmax} = \frac{2(F_k + G_k)}{3la} \tag{13-16}$$

式中 l——垂直于力矩作用方向的基础底面边长（m）；

a——合力作用点至基础底面最大压力边缘的距离（m）。

2. 软弱下卧层承载力验算

地基由多层土组成时，持力层以下承载力明显低于持力层的土层，称为软弱下卧层。

如果软弱下卧层埋藏不够深，扩散到软弱下卧层的应力大于软弱下卧层的承载力时，地基仍然有失效的可能，因此需按式（13-17）进行软弱下卧层的地基承载力验算。

$$p_z + p_{cz} \leqslant f_{az} \tag{13-17}$$

式中 p_z——相应于作用的标准组合时，软弱下卧层顶面处的附加压力值（kPa），可由式（13-18）或式（13-19）计算得到；

p_{cz}——软弱下卧层顶面处土的自重应力（kPa）；

f_{az}——软弱下卧层顶面处经深度修正后的地基承载力特征值（kPa）。

经验算，若软弱下卧层承载力不满足式(13-17)要求，需更改基底面积，减小基底压力，直至满足要求。必要时，甚至要改变地基基础方案。

条形基础作用在软弱下卧层上的附加压力为：

$$p_z = \frac{b(p_k - p_c)}{b + 2z\tan\theta} \tag{13-18}$$

矩形基础作用在软弱下卧层上的附加压力为：

$$p_z = \frac{lb(p_k - p_c)}{(b + 2z\tan\theta)(l + 2z\tan\theta)} \tag{13-19}$$

式中 b——矩形基础或条形基础底边的宽度（m）；

l——矩形基础底边的长度（m）；

p_c——基础底面处土的自重应力值（kPa）；

z——基础底面至软弱下卧层顶面的距离（m）；

θ——地基压力扩散线与垂直线的夹角（°），如图 13-15 所示，可按表 13-3 查用。

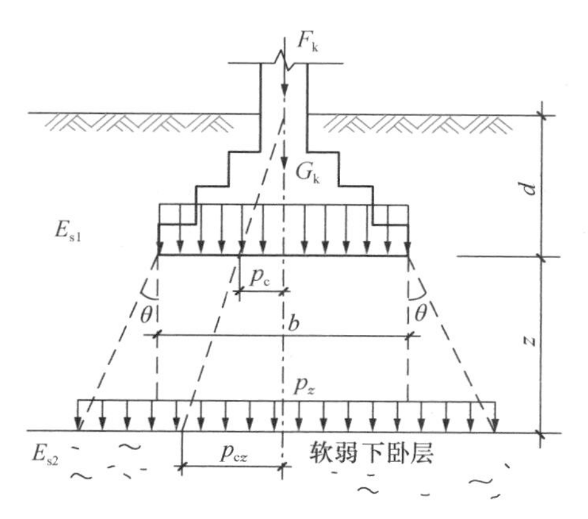

图 13-15 软弱下卧层承载力验算

地基压力扩散角 θ（GB 50007—2011） **表 13-3**

E_{s1}/E_{s2}	z/b	
	0.25	0.50
3	6°	23°
5	10°	25°
10	20°	30°

注：1. E_{s1} 为上层土压缩模量；E_{s2} 为下层土压缩模量；

2. $z/b < 0.25$ 时，取 $\theta = 0°$，必要时宜由试验确定；$z/b > 0.50$ 时，θ 值不变；

3. z/b 在 0.25 与 0.50 之间可插值选用。

【例 13-1】某柱基基底面积为 2m×3m，对应于作用效应标准组合时的中心荷载为 800kN，地基土层分布情况如图 13-16 所示，试验算地基下卧层的承载力。

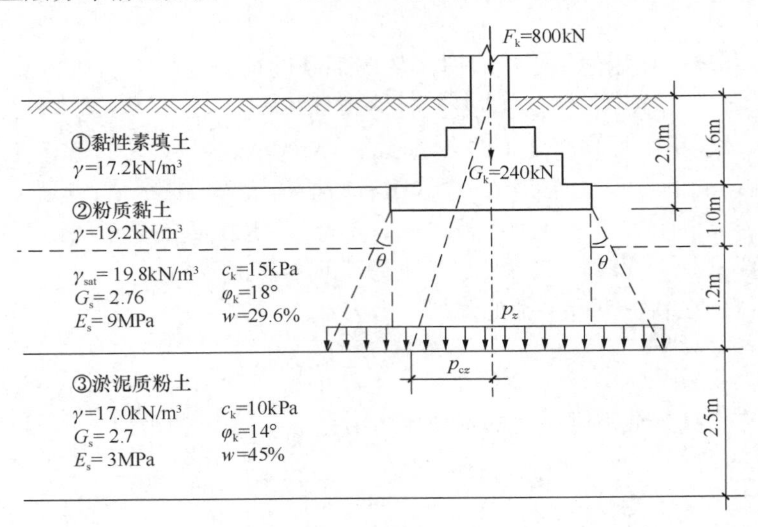

图 13-16　例 13-1 图

【解】（1）求基底压力

$$p_k = \frac{F_k + G_k}{A} = \frac{800 + 240}{2 \times 3} = 173.3 \text{ kN/m}^2$$

（2）求下卧层承载力

用式（11-23）　　$f_a = M_b \gamma b + M_d \gamma_0 d + M_c c_k$

由 $\varphi_k = 14°$ 查表 11-2 得：$M_b = 0.29$，$M_d = 2.17$，$M_c = 4.69$

地基第三层淤泥质粉土为软弱下卧层，基础底面至下卧层顶面距离 $z = 1.8$m，$z/b = 0.9$，$E_{s1}/E_{s2} = 9/3 = 3$，查表 13-3，得应力扩散角 $\theta = 23°$。

故下卧层顶面应力扩散宽度为：$b' = b + 2z\tan\theta = 2 + 2 \times 1.8 \times \tan 23° = 3.53$m

下卧层埋深为：$d' = 1.6 + 2.2 = 3.8$m

下卧层土的浮重度为：$\gamma' = \gamma - \gamma_w = 17.0 - 9.8 = 7.2 \text{ kN/m}^3$

下卧层以上土的加权平均重度为：$\gamma_0 = (1.6 \times 17.2 + 1.0 \times 19.2 + 1.2 \times 10)/3.8 = 15.45 \text{ kN/m}^3$

代入式（11-23），则下卧层的承载力为：

$$f_a = 0.29 \times 7.2 \times 3.53 + 2.17 \times 15.45 \times 3.8 + 4.69 \times 10 = 181.67\text{kPa}$$

（3）求作用于下卧层上的压力

下卧层顶面处土的自重应力为：

$$p_{cz} = 17.2 \times 1.6 + 19.2 \times 1.0 + 10 \times 1.2 = 58.72 \text{ kN/m}^2$$

下卧层顶面处土的附加应力：

$$p_z = \frac{lb(p_k - p_c)}{(b + 2z\tan\theta)(l + 2z\tan\theta)}$$

基底处土的自重应力：$p_c = 17.2 \times 1.6 + 19.2 \times 0.4 = 35.2 \text{ kN/m}^2$

代入得 $p_z = \dfrac{3 \times 2 \times 138.1}{(2 + 2 \times 1.8 \times \tan 23°) \times (3 + 2 \times 1.8\tan 23°)} = 51.87\ \text{kN/m}^2$

下卧层顶面总压力：$p_z + p_{cz} = 51.87 + 58.72 = 110.59\ \text{kN/m}^2$

（4）下卧层承载力验算

由前面计算得下卧层承载力 $f_a = 181.67\text{kN/m}^2$。故 $f_a > p_z + p_{cz}$，即下卧层满足承载力要求。

13.5.3 地基变形验算

1. 地基变形类型

根据建筑物地基变形的特征，地基变形可分为沉降量、沉降差、倾斜和局部倾斜四种，各种地基变形分类参见表 13-4。

（1）沉降量。沉降量指基础中心的平均沉降量。甲、乙级建筑物和土质较差的地基必须进行该项验算。

（2）沉降差。沉降差指同一建筑物中，相邻两个基础沉降量的差值。对于框架结构和单层排架结构，设计时应由相邻柱基的沉降差控制。

（3）倾斜。倾斜指独立基础倾斜方向两端点的沉降差与其距离的比值。对于多层或高层建筑物以及烟囱、水塔、高炉等高耸结构，应以倾斜值作为控制指标。

（4）局部倾斜。局部倾斜指砖石砌体承重结构沿纵向 6～10m 内基础两点的沉降差与其距离的比值。砌体承重结构因地基变形造成的损害，主要是纵墙挠曲引起的局部弯曲，因此应以局部倾斜来控制。

地基变形分类　　表 13-4

地基变形指标	图　　例	计算方法
沉降量	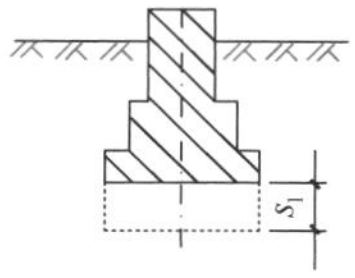 s_1	s_1 基础中点沉降值
沉降差	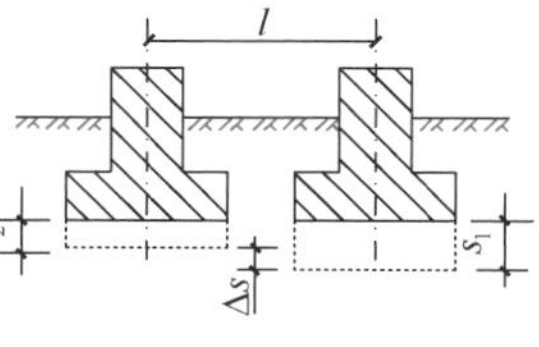 l　s_2　Δs　s_1	两相邻独立基础沉降值之差 $\Delta s = s_1 - s_2$
倾斜	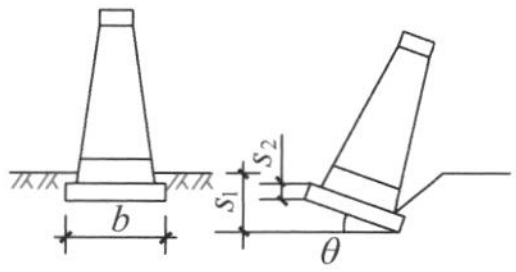 b　s_2　s_1　θ	$\tan\theta =（s_1 - s_2）/b$
局部倾斜	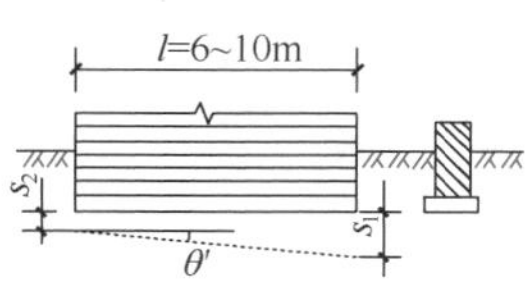 l=6~10m　s_2　s_1　θ'	$\tan\theta' =（s_1 - s_2）/l$

2. 地基变形允许值

关于地基变形量的计算，建议采用分层总和法计算地基最终沉降量。地基变形计算方法参见第 8 章相关内容。地基变形验算的要求是：建筑物的地基变形计算值 s 应不大于地基变形允许值 $[s]$。根据各类建筑物的特点和地基土的不同类别，《地基规范》规定了建筑物的地基变形允许值，见表 13-5。

建筑物的地基变形允许值（GB 50007—2011） 表 13-5

变形特征		地基土类别	
		中、低压缩性土	高压缩性土
砌体承重结构基础的局部倾斜		0.002	0.003
工业与民用建筑相邻柱基的沉降差	框架结构	$0.002l$	$0.003l$
	砖石墙填充的边排桩	$0.0007l$	$0.001l$
	当基础不均匀沉降时不产生附加应力的结构	$0.005l$	$0.005l$
单层排架结构（柱距为 6m）柱基的沉降量（mm）		(120)	200
桥式吊车轨面的倾斜（按不调整轨道考虑）	纵向	0.004	
	横向	0.003	
多层和高层建筑基础的整体倾斜	$H_g \leqslant 24$	0.004	
	$24 < H_g \leqslant 60$	0.003	
	$60 < H_g \leqslant 100$	0.0025	
	$H_g > 100$	0.002	
体型简单的高层建筑基础的平均沉降量（mm）		200	
高耸结构基础的倾斜	$H_g \leqslant 20$	0.008	
	$20 < H_g \leqslant 50$	0.006	
	$50 < H_g \leqslant 100$	0.005	
	$100 < H_g \leqslant 150$	0.004	
	$150 < H_g \leqslant 200$	0.003	
	$200 < H_g \leqslant 250$	0.002	
高耸结构基础的沉降量（mm）	$H_g \leqslant 100$	400	
	$100 < H_g \leqslant 200$	300	
	$200 < H_g \leqslant 250$	200	

注：1. 有括号者仅适用于中压缩性土；
2. l 为相邻柱基的中心距离（mm），H_g 为自室外地面起算的建筑物高度（m）。

3. 要求验算地基变形的建筑物范围

《地基规范》在制定各类土的地基承载力表时，已经考虑到中、小型建筑物在地质情况较简单的情况下对地基变形的要求。所以，设计等级为丙级的建筑物可不进行地基变形验算。但有下列情况之一者，在按地基承载力确定基础底面尺寸之后，尚须验算地基变形是否超过允许值。

（1）地基承载力特征值小于 130kPa，且体型复杂的建筑；

（2）在基础上及其附近有地面堆载或相邻基础荷载差异较大，可能引起地基产生过大的不均匀沉降时；

（3）软弱地基上的建筑物存在偏心荷载时；

（4）相邻建筑距离近，可能发生倾斜时；

（5）地基内有厚度较大或厚薄不均的填土，其自重固结未完成时。

在必要情况下，需要分别预估建筑物在施工期间和使用期间的地基变形值，以便预留建筑物有关部分之间的净空，选择连接方法和施工顺序。一般多层建筑物在施工期间完成的沉降量，对于砂土可认为已完成最终沉降量的80%以上，对于其他低压缩性土可认为已完成最终沉降量的50%～80%，对于中压缩性土可认为已完成20%～50%，对于高压缩性土可认为已完成5%～20%。

地基变形验算结果如不满足要求，可以先适当调整基础底面尺寸或埋深，如仍未满足要求，再考虑是否可从建筑、结构、施工诸方面采取有效措施以防止不均匀沉降对建筑物的损害，或改用其他地基基础设计方案。

13.5.4 地基稳定性验算

竖向荷载导致地基失稳的情况很少见，所以满足地基承载力的一般建筑物不需要进行地基稳定验算。经常承受水平荷载的建筑物，如水工建筑物、挡土结构物以及高层建筑和高耸结构等，地基的稳定性可能成为设计中的主要问题，必须进行地基稳定验算。

目前，地基的稳定验算仍采用单一安全系数的方法，所用的作用组合应该是承载能力极限状态下的基本组合，但式（13-7）和式（13-8）中各分项系数均取为1.0。

1. 地基滑动稳定性验算

在水平荷载和竖向荷载的共同作用下，基础可能和深层土层一起发生整体滑动破坏。这种地基破坏通常采用圆弧滑动面法进行验算，要求最危险的滑动面上诸力对滑动圆弧的圆形所产生的抗滑力矩 M_R 与滑动力矩 M_S 之比应符合下式要求：

$$F_s = M_R / M_S \geqslant 1.2 \tag{13-20}$$

式中　F_s——最危险滑动面上的稳定安全系数；

M_R——滑动面上诸力对滑动中心所产生的抗滑力矩（kN·m）；

M_S——滑动面上诸力对滑动中心所产生的滑动力矩（kN·m）。

2. 边坡边缘失稳验算

对于土坡顶上建筑物的地基稳定问题，首先要核定土坡本身是否稳定，可按第12章相关内容计算分析。同时要避免建筑物太靠近边坡的临空面，以防止基础荷载使边坡失稳。为此，要求基础底面的外边缘线至坡顶的水平距离 a 满足式（13-21）和式（13-22）条件，且不得少于2.5m。

对条形基础：

$$a \geqslant 3.5b - \frac{d}{\tan\beta} \tag{13-21}$$

对矩形基础：

$$a \geqslant 2.5b - \frac{d}{\tan\beta} \tag{13-22}$$

式中　b——垂直于坡顶边缘线的基础底面边长（m）；

d ——基础埋置深度（m）；

β ——边坡坡角（°），见图 13-17。

当土坡的高度过大、坡角太陡，不在土质边坡坡度允许值范围（第 12 章）内，或因建筑物布置上受限制而不能满足式（13-21）或式（13-22）的要求时，应该用圆弧滑动法或其他类似的边坡稳定分析方法验算边坡连同其上建筑物地基的整体稳定性。

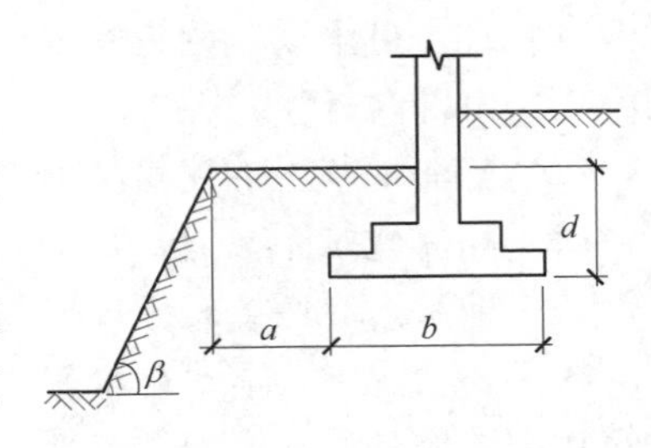

图 13-17 基础底面外边缘线至坡顶的水平距离示意图

3. 基础抗浮稳定性验算

建筑物基础存在浮力作用时应进行抗浮稳定性验算：

$$\frac{G_k}{N_{w,k}} \geqslant K_w \tag{13-23}$$

式中 G_k ——建筑物自重及压重之和（kN）；

$N_{w,k}$ ——浮力作用值（kN）；

K_w ——抗浮稳定安全系数，一般情况下可取 1.05。

13.5.5 基础构造设计

1. 无筋扩展基础（刚性基础）设计

无筋扩展基础的抗拉强度和抗剪强度较低，因此必须控制基础内的拉应力和剪应力。设计按照式（13-1）和表 13-1 的要求进行，通过控制材料强度等级和台阶宽高比来确定基础的界面尺寸。

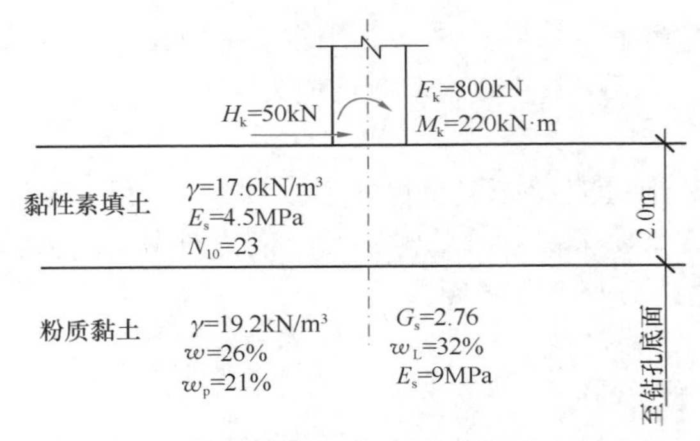

图 13-18 例 13-2 图 1

【例 13-2】 某厂房柱子断面 600mm×400mm。作用效应的标准组合为：竖直荷载 $F_k = 800$kN，力矩 $M_k = 220$kN·m，水平荷载 $H_k = 50$kN。地基土层剖面如图 13-18 所示，基础埋置深度 2.0m。试设计柱下刚性基础。

【解】（1）地基承载力修正

粉质黏土孔隙比：

$$e = \frac{G_s(1+w)\gamma_w}{\gamma} - 1$$

$$e = \frac{2.76 \times (1+0.26) \times 10}{19.2} - 1 = 0.81$$

粉质黏土液性指数：

$$I_L = \frac{w - w_p}{w_L - w_p} = \frac{0.26 - 0.21}{0.32 - 0.21} = 0.45$$

查表 11-2，深度修正系数 $\eta_d = 1.6$ 。预计基础宽度小于 3.0m，可暂不做宽度修正。按式（11-23），修正后地基承载力特征值为：$f_a = f_{ak} + \eta_d \gamma_0 (d - 0.5) = 170 + 1.6 \times 17.6 \times 1.5 = 212.24$kPa

(2) 按中心荷载初估基底面积

$$A_1 = \frac{F_k}{f_a - \bar{\gamma}d} = \frac{800}{212.24 - 20 \times 2} = 4.64\text{m}^2$$

考虑偏心荷载作用，将基底面积扩大1.3倍，即：$A = 1.3A_1 = 6.03\text{m}^2$。

采用 $l \times b = 2\text{m} \times 3\text{m}$ 基础。

(3) 验算基底压力

基础及回填土重：$G_k = \bar{\gamma}dA = 20 \times 2 \times 2 \times 3 = 240\text{kN}$

基础的总竖直荷载：$F_k + G_k = 800 + 240 = 1040\text{kN}$

基底的总力矩：$M'_k = 220 + 50 \times 2 = 320\text{kN} \cdot \text{m}$

总荷载的偏心：$e = \frac{M'_k}{F_k + G_k} = \frac{320}{1040} = 0.31\text{m} < \frac{b}{6} = 0.5\text{m}$

基底边缘最大应力：

$$p_{kmax} = \frac{F_k + G_k}{A} + \frac{M'_k}{W} = \frac{1040}{3 \times 2} + \frac{6 \times 320}{3^2 \times 2} = 280\text{kN/m}^2$$

$$> 1.2f_a = 254.69\text{kPa}$$

边缘最大应力超过地基承载力特征值的1.2倍，不满足要求。

(4) 修正基础尺寸，重新进行承载力验算

基础底面尺寸采用：$l \times b = 2.4\text{m} \times 3\text{m}$

基础及回填土重：$G_k = 20 \times 2 \times 3 \times 2.4 = 288\text{kN}$

基底的总竖向荷载：$F_k + G_k = 800 + 288 = 1088\text{kN}$

荷载偏心距：$e = \frac{M'_k}{F_k + G_k} = \frac{320}{1088} = 0.29\text{m} < \frac{b}{6} = 0.5\text{m}$

基底最大边缘应力：

$$p_{kmax} = \frac{F_k + G_k}{A} + \frac{M'_k}{W} = \frac{1088}{3 \times 2.4} + \frac{6 \times 320}{3^2 \times 2.4} = 240\text{kN/m}^2$$

$$< 1.2f_a = 254.69\text{kPa}$$

基底平均应力：$p_k = 151.11\text{kPa} < f_a = 212.24\text{kPa}$

满足地基承载力要求。

(5) 确定基础构造尺寸

基础材料采用C15混凝土，基底平均压力 $p_k < 200\text{kPa}$，根据表13-1，台阶宽高比允许值为1：1.00，即允许刚性角为45°，按长边及刚性角确定基础的尺寸如图13-19所示（单位：mm）。

2. 钢筋混凝土扩展基础（柔性基础）设计

钢筋混凝土扩展基础是一种受弯和受剪的钢筋混凝土构件，主要通过内部配置钢筋来达到基础的承载力要求。在荷载作用下扩展基础可能发生冲切破坏、剪切破坏、弯曲破坏和局部受压破坏。因此设计扩展基础时，应进行验算。

按照《地基规范》，钢筋混凝土扩展基础的构造应符合下列规定：

(1) 锥形基础的边缘高度不宜小于200mm，且两个方向的坡度不宜大于1：3；阶梯形基础的每阶高度，宜为300～500mm。

(2) 垫层的厚度不宜小于70mm，垫层混凝土强度等级不宜低于C10。

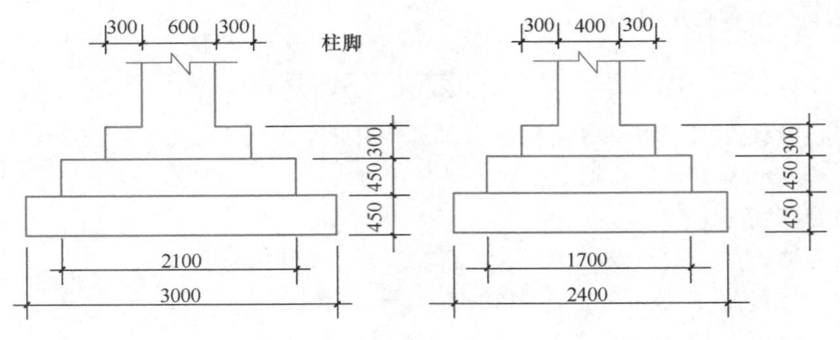

图 13-19　例 13-2 图 2

（3）扩展基础受力钢筋最小配筋率不应小于 0.15%，底板受力钢筋的最小直径不应小于 10mm，间距不应大于 200mm，也不应小于 100mm。墙下钢筋混凝土条形基础纵向分布钢筋的直径不应小于 8mm；间距不应大于 300mm；每延米分布钢筋的面积不应小于受力钢筋面积的 15%。当有垫层时钢筋保护层的厚度不应小于 40mm；无垫层时不应小于 70mm。

（4）混凝土强度等级不应低于 C20。

（5）当柱下钢筋混凝土独立基础的边长和墙下钢筋混凝土条形基础的宽度大于或等于 2.5m 时，底板受力钢筋的长度可取边长或宽度的 0.9 倍，并宜交错布置。

（6）钢筋混凝土条形基础底板在 T 形及十字形交接处，底板横向受力钢筋仅沿一个主要受力方向通长布置，另一方向的横向受力钢筋可布置到主要受力方向底板宽度 1/4 处。在拐角处底板横向受力钢筋应沿两个方向布置。

13.6　连续基础设计分析方法

13.6.1　连续基础的分类和特点

一般将柱下条形基础、筏形基础和箱形基础统称为连续基础。连续基础在工程中的应用十分广泛。例如，当采用单独基础难以使框架或排架柱下地基的承载力和变形满足要求时，柱下条形基础可能是较为合适的基础形式；而对框架结构的高层建筑，为增强其整体性和刚度，宜采用交叉条形基础。筏基和箱基可以支撑上部结构的柱和墙，常用于各种结构的高层建筑。当建筑场地地基土比较软弱，而软土层又比较深厚时，还可将筏基或箱基与桩基础联合使用，构成桩筏基础或桩箱基础，通过桩基把建筑物荷载传至地基深处较硬的土层上。与其他形式的基础相比，连续基础具有如下特点：

（1）具有较大的基础底面积（如筏基和箱基），增大了地基的承载能力，因此能承担较大的建筑物荷载，特别是在较为软弱的地基上也能够满足对地基承载力和变形的要求。

（2）能将上部结构连成一体，增强了建筑物的整体刚度。即使在建筑物各部位柱、墙传来的荷载差异较大或地基软硬不均匀的情况下，地基的沉降也会比较均匀，从而可大大减小地基变形对上部结构的影响。

（3）对于筏基和箱基，当埋置深度较大时，基底以上被挖除土的重量对建筑物传来的荷载有补偿作用，从而使地基的附加应力及沉降减小。根据上述补偿作用，有人提出补偿性基础（亦称浮基础）的概念并将其用于工程实践，取得良好效果。它利用筏基和箱基的整体性，设计时尽量使建筑物荷载等于或接近于基底以上挖除的土的重量，以最大限度地减小地基的附加应力。当然，由于基础埋置深度增大使得开挖及支护难度增加，建筑物的造价也会提高。

13.6.2 上部结构、基础、地基的相互作用

上部结构通过墙、柱与基础相连接，基础底面直接与地基相接触，三者组成一个完整的体系，在接触处既传递荷载，又相互约束。基础将上部结构的荷载传递给地基，在这一过程中，通过基础自身的刚度，对上调整上部结构荷载，对下约束地基变形，使上部结构、基础和地基形成一个共同受力、变形协调的整体，在体系的工作中起承上启下的关键作用。

首先为便于分析，我们不考虑上部结构，仅讨论基础与地基的相互作用。

1. 基础与地基相互作用

假设基础是完全柔性基础，这时荷载的传递不受基础的约束，也无扩散的作用，则作用在基础上的分布荷载 $q(x,y)$ 将直接传到地基上，产生与荷载分布相同、大小相等的地基反力 $p(x,y)$，当荷载均匀分布时，反力也均匀分布，如图 13-20（a）所示。但是地基上的均布荷载，将引起地表呈图中所示的凹曲变形。显然，要使基础沉降均匀，则荷载与地基反力必须按中间小两侧大的抛物线形分布，见图 13-20（b）。

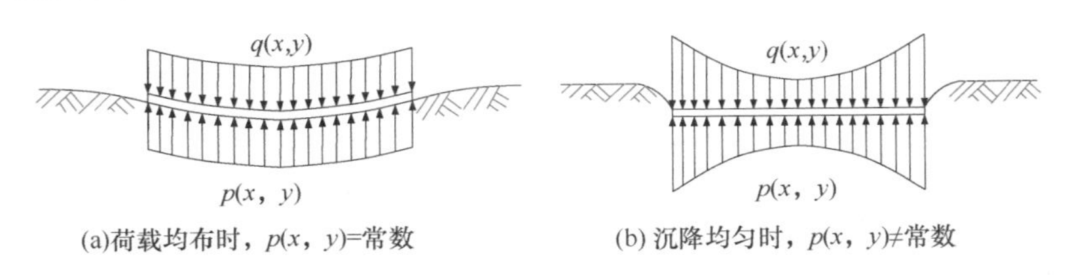

图 13-20 柔性基础基底反力

刚性基础对荷载的传递和地基的变形起约束与调整作用。假定基础绝对刚性，在其上方作用有均布荷载，为适应绝对刚性基础不可弯曲的特点，基底反力将向两侧边缘集中，迫使地基表面变形均匀以适应基础的沉降。当把地基土视为完全弹性体时，基底的反力分布将呈图［13-21（a）］所示的抛物线分布形式。随着基础边缘处土体的屈服破坏，应力

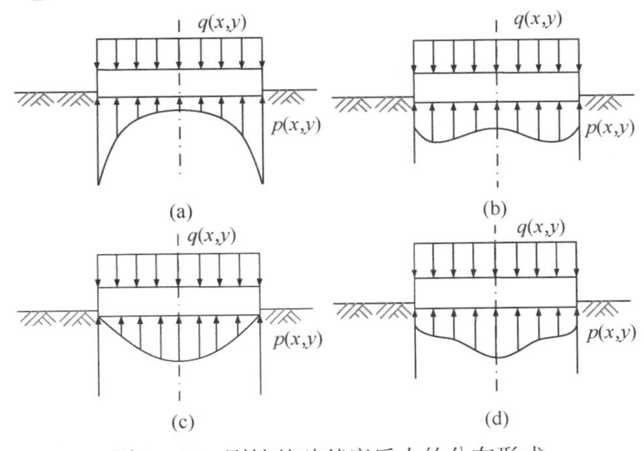

图 13-21 刚性基础基底反力的分布形式

向中间转移，基底压力的分布形式逐渐呈马鞍形［图 13-21（b）］、抛物线形［图 13-21（c）］以及倒钟形［图 13-21（d）］。

一般而言，地基土为无黏性土，基底反力分布易发展成如图 13-21（c）所示的抛物线分布；黏土地基中，基底压力分布易发展成如图 13-21（d）所示的马鞍形。

如果基础不是绝对刚性体而是有限刚性体，实际的反力分布曲线的形状决定于基础与地基的相对刚度。总体来讲，基础与地基的相对刚度（即两者刚度之比）越大，地基反力的分布越向基底边缘部位集中，反之则向基底中部集中。

此外，在地基与基础的共同作用中，地基的均匀性会影响基础受力。下面以刚度较小的柱下条形基础为例，分析对不同地基条件下基础的受力情况。忽略上部结构的影响，在均质地基上，柱荷载使基础向下挠曲［图 13-22（a）］；如果地基软硬不均，则基础在柱荷载下的变形与地基不均匀的状况有关。由图 13-22（b）和图 13-22（c）可以看出，在压缩性不均匀的两种地基上，基础的变形和挠曲情况完全不同。

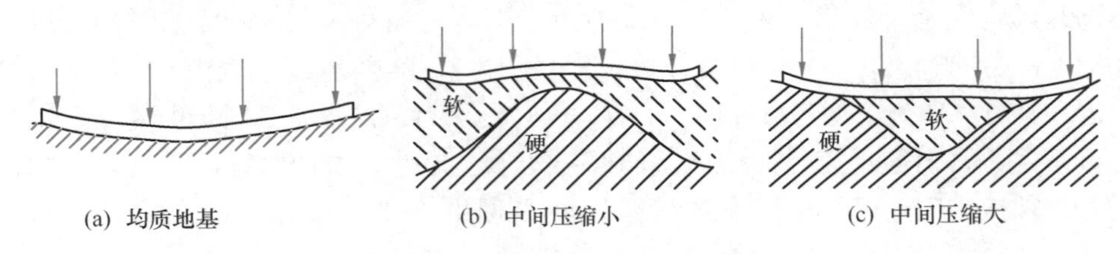

图 13-22　地基条件对基础变形影响

2. 结构与基础相互作用

不考虑地基的影响，假设地基是变形体且基础底面反力均匀分布，如图 13-23（a）所示。若上部结构为绝对刚性体（例如刚度很大的现浇剪力墙结构），基础为刚度较小的条形或筏形基础，当地基变形时，由于上部结构不发生弯曲，各柱只能均匀下沉，约束基础不能发生整体弯曲。这种情况，柱端可视为不动铰支座，基础可视为支承在不动铰支座上的倒置连续梁，以基底反力为荷载，仅在支座间发生局部弯曲。

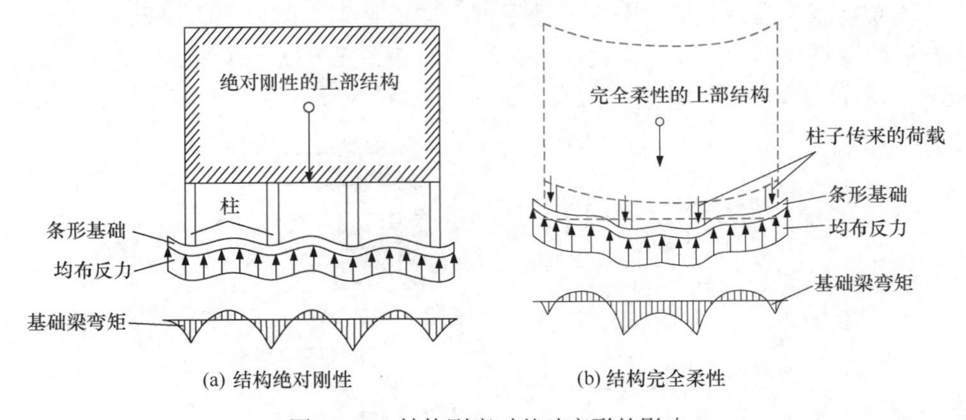

图 13-23　结构刚度对基础变形的影响

如图 13-23（b）所示，若上部结构为柔性结构（例如整体刚度较小的框架结构），基础也是刚性较小的条、筏基础，这时上部结构对基础的变形没有或仅有很小的约束作用。

因而基础不仅因跨间受地基反力而产生局部弯曲，同时还要随结构变形而产生整体弯曲，两者叠加将产生较大的变形和内力。

综上，刚度大的上部结构（例如剪力墙体系）与刚度小的上部结构（例如框架体系）相比，前者对减小基础的内力和变形更为有效。

13.6.3 地基模型

基础设计最大的难点是如何描述地基对基础作用的反应，即确定基底反力与地基变形之间的关系。这就需要建立能较好反映地基特性又能便于分析不同条件下基础与地基共同作用的地基模型。目前这类地基计算模型很多，依其对地基土变形特性的描述可分为3类：线性弹性地基模型、非线性弹性地基模型和弹塑性地基模型。本节简要介绍几种常用的线性弹性地基模型。

1. 文克尔地基模型

文克尔地基模型是由文克尔（Winkler）于1867年提出的。该模型假定地基土表面上任一点处的变形 s_i 与该点所承受的压力强度 p_i 成正比，而与其他点上的压力无关，即：

$$p_i = ks_i \tag{13-24}$$

式中　k——地基抗力系数，也称基床系数（kN/m^3）。

文克尔地基模型是把地基视为在刚性基座上由一系列侧面无摩擦的土柱组成，并可以用一系列独立的弹簧来模拟，如图13-24（a）所示。其特征是地基仅在荷载作用区域下发生与压力成正比例的变形，在区域外的变形为零。柔性基础下反力分布图形与地基表面的竖向位移图形相似，如图13-24（b）所示。当基础的刚度很大，受力后不发生挠曲，则按照文克尔地基的假定，基底反力呈直线分布，如图13-24（c）所示。

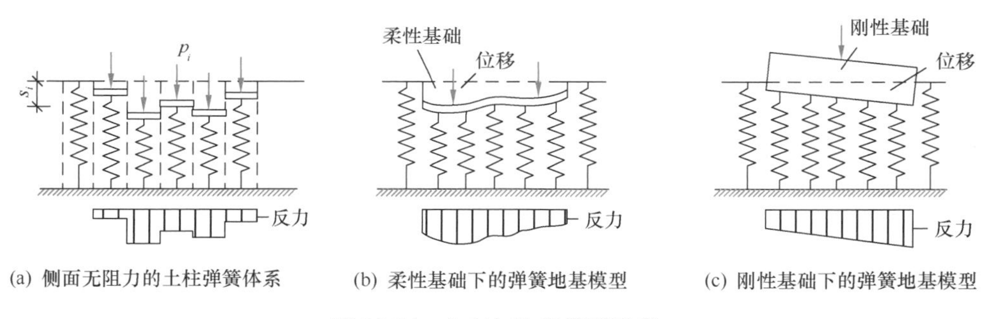

图13-24　文克尔地基模型示意

实际上地基是一个很宽广的连续介质，表面任意点的变形量不仅取决于直接作用在该点上的荷载，而且与整个地面荷载有关，因此，严格符合文克尔地基模型的实际地基是不存在的。对于抗剪强度较低的软土地基，或地基压缩层较薄，其厚度不超过基础短边的一半，荷载基本上不向外扩散的情况，可以认为比较符合文克尔地基模型。对于其他情况，应用文克尔地基模型则会产生较大的误差，但是可以在选用地基抗力系数 k 时，按经验方法作适当修正，减小误差，以扩大文克尔地基模型的应用范围。文克尔地基模型表述简单，应用方便，因此在柱下条形、筏形和箱形基础的设计中已得到广泛的应用，并已积累了丰富的设计资料和经验，可供设计时参考。

2. 弹性半无限空间地基模型

该模型假设地基是一个均质、连续、各向同性的半无限空间弹性体，按布辛内斯克的解答，地表面上作用一竖向集中力 P，则地表面上离作用点半径为 r 处的地表变形值 s 为：

$$s=\frac{1-\mu^2}{\pi E_d}\cdot\frac{P}{r} \tag{13-25}$$

式中　μ——土的泊松比；

E_d——土的变形模量（kPa）。

下面用矩阵方式表达弹性半空间地基模型计算地基应力与变形的常规方法。

分布荷载作用于地表（x-y 平面）一定范围内，如图 13-25 所示。把荷载面积划分为 n 个 $a_j\times b_j$ 的微元。以微元的中心点为结点，则作用于各结点上的等效集中力可用列向量 $P=[P_1,P_2,\cdots,P_n]^T$ 表示，其中 P_j 表示作用于微元中心 j 结点上的集中力。

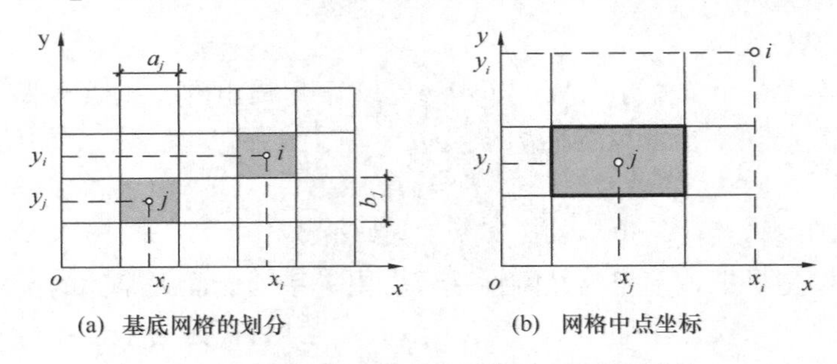

图 13-25　弹性半空间地基模型地表变形计算

δ_{ij} 表示 j 结点上单位集中力在 i 结点引起的变形，按式（13-25）有：

$$\delta_{ij}=\frac{1-\mu^2}{\pi E_d}\frac{1}{\sqrt{(x_j-x_i)^2+(y_j-y_i)^2}} \tag{13-26}$$

式中，x_i，y_i 与 x_j，y_j 分别为结点 i，j 的坐标；δ_{ij} 为 j 结点上单位集中力在 i 结点引起的变形。

则 i 结点的变形为：

$$s_i=\{\delta_{i1}\delta_{i2}\cdots\delta_{in}\}\begin{Bmatrix}P_1\\P_2\\\vdots\\P_n\end{Bmatrix} \tag{13-27}$$

于是，地基表面各结点的变形可表示为：

$$\begin{Bmatrix}s_1\\s_2\\\vdots\\s_n\end{Bmatrix}=\begin{Bmatrix}\delta_{11}&\delta_{12}&\cdots&\delta_{1n}\\\delta_{21}&\delta_{22}&\cdots&\delta_{2n}\\\vdots&\vdots&&\vdots\\\delta_{n1}&\delta_{n1}&\cdots&\delta_{nn}\end{Bmatrix}\begin{Bmatrix}P_1\\P_2\\\vdots\\P_n\end{Bmatrix} \tag{13-28}$$

可简写为：

$$s=\delta P \tag{13-29}$$

式中，δ 称为地基的柔度矩阵。

式（13-29）为弹性半无限空间地基模型中地基反力与地基变形的关系式。它清楚表明，地基表面一点的变形量不仅决定于作用在该点上的荷载，而且与全部地面荷载有关。

对于常见情况，基础宽度比地基土层厚度小，土也并非十分软弱，那么较之文克尔地基，弹性半无限空间地基模型更接近实际情况。

应该指出弹性半无限空间模型假定 E_d 、μ 是常数，同时深度无限延伸，而实际上地基压缩土层都有一定的厚度，且变形模量 E_d 随深度而增加。因此，如果说文克尔地基模型因为没有考虑计算点以外荷载对计算点变形的影响，从而导致变形量偏小的话，则弹性半无限空间模型则由于夸大了地基的深度和土的压缩性而常导致计算得到的变形量过大。

弹性半无限空间地基上的绝对刚性基础受上部结构荷载作用时基底的反力分布如图 13-21（a）所示，基底的边缘压力趋于无穷大。一般情况下，基础边缘压力比中间压力大，这点与上述的文克尔地基模型有很大的区别。

3. 有限压缩层地基模型

当地基土层分布比较复杂时，用上述的文克尔地基模型或弹性半无限空间地基模型均较难模拟，而且要正确合理地选用 k 、E_d 、μ 等地基计算参数也很困难。这时采用有限压缩层地基模型（图 13-26）就比较合适。有限压缩层地基模型把地基当成侧限条件下有限深度的压缩土层，以分层总和法为基础，建立地基压缩层变形与地基作用荷载的关系。其特点是地基可以分层，地基土假定在侧限条件下受压缩，因而可在现场或室内试验中取得地基土的压缩模量 E_s 作为地基模型的计算参数。地基计算压缩层厚度 H 仍按分层总和法的规定确定。

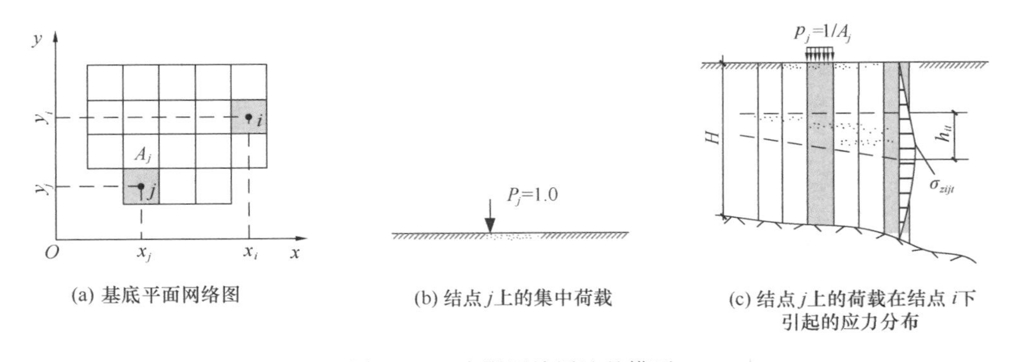

图 13-26　有限压缩层地基模型

为了应用有限压缩层地基模型建立地基反力与地基变形的关系，可将基础平面划分成 n 个网格，并将其下的地基也相应划分成截面与网格相同的 n 个土柱，如图 13-23 所示。土柱的下端终止于压缩层的下限。将第 i 个棱柱土体按沉降计算方法的分层要求划分成 m 个计算土层。分层单元编号为 $t = 1,2,3,\cdots,m$ 。

假设在面积为 A_j 的第 j 个网格中心上，作用 1 个单位的集中力 $P_j = 1.0$ ，则网格上的竖向均布荷载 $p_j = 1/A_j$ 。该荷载在第 i 网格下第 t 层土中点 z_{it} 处产生的竖向附加应力为 σ_{zijt} ，可用角点法求解。那么 j 网格上的单位集中荷载在 i 网格中心产生的变形量为：

$$\delta_{ij} = \sum_{t=1}^{m} \frac{\sigma_{zijt}}{E_{sit}} h_{it} \tag{13-30}$$

式中　E_{sit} —— i 土柱中第 t 层土的压缩模量；

h_{it} —— i 土柱中第 t 层土的厚度。

δ_{ij} 反映了作用在微元 j 上的单位荷载对基底 i 点的变形影响。那么，整个基底变形可以用矩阵表示为：

$$\begin{Bmatrix} s_1 \\ s_2 \\ \vdots \\ s_n \end{Bmatrix} = \begin{bmatrix} \delta_{11} & \delta_{12} & \cdots & \delta_{1n} \\ \delta_{21} & \delta_{22} & \cdots & \delta_{2n} \\ \vdots & \vdots & & \vdots \\ \delta_{n1} & \delta_{n1} & \cdots & \delta_{nn} \end{bmatrix} \begin{Bmatrix} P_1 \\ P_2 \\ \vdots \\ P_n \end{Bmatrix} \tag{13-31}$$

同样可简写为 $s=\delta P$ 。式（13-31）表达了基底作用荷载（其反向即基底反力）与地基变形的关系式。有限压缩层地基模型原理简明，适应性也较好，能够较好地反映地基土扩散应力和应变的能力，可以反映邻近荷载的影响，考虑到土层沿深度和水平方向的变化，但是该模型计算工作操作繁琐，工作量很大，且无法考虑土的非线性和基底反力的塑性重分布。

13.6.4　连续基础分析方法

连续基础的分析方法大致可分为三个发展阶段，形成相应的三种类型的方法。这些方法是与建立更完善的地基计算模型、改进分析共同作用问题相配套发展的。

1. 不考虑共同作用分析法

该法是假定基础底面反力呈直线分布的结构力学方法。分析时将上部结构、基础与地基按静力平衡条件分割成 3 个独立部分求解：先把上部结构看成为柱端固结于基础上的独立结构，用结构力学方法求出柱底反力与结构内力，如图 13-27（b）所示；再将求出的柱端作用力反向作用于基础上；按基底反力为直线分布的假定，求出基底反力，然后用结构力学方法求基础的内力，如图 13-27（c）所示；最后，不考虑基础刚度的调节作用，直接把基底反力反向作用于地基表面以计算地基的变形，如图 13-27（d）所示。

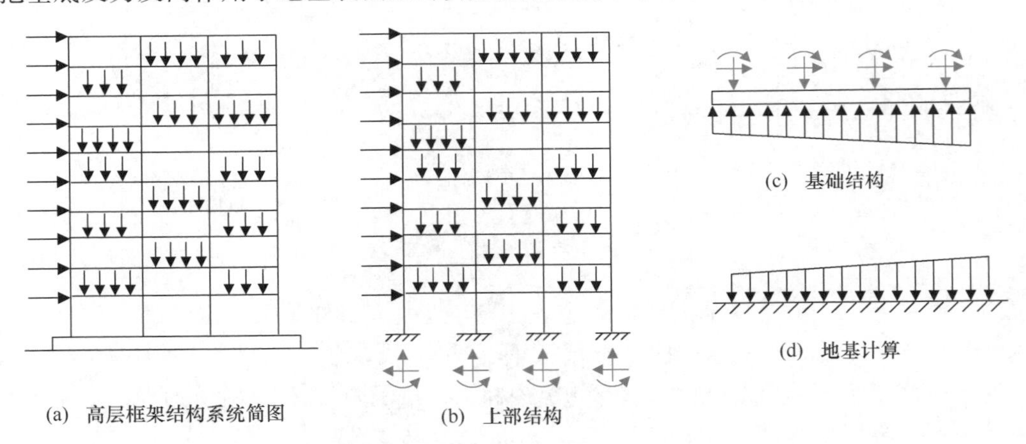

图 13-27　不考虑共同作用的分析方法

这种方法只满足静力平衡条件，完全不考虑 3 个部分在连接处因需要变形协调条件而引起的支座与基底反力的重分配和调整，适用于地基刚度很大、变形量很小，或结构刚度很大、基础的挠曲很小的情况。其他情况下则有不同程度的误差，甚至导致计算结果与实测资料很不一致。但该方法计算容易，且积累了较丰富的工程实用经验，仍然是工程中常用的计算方法。在这类方法中，常用的有静定分析法、倒梁法和倒楼盖法等。静定分析法把梁、板当成静定结构，柱子只传递荷载，对基础不起约束作用，在柱荷载和地基反力作用下，梁、板可以产生整体弯曲，因此这种方法用于上部结构不约束基础变位，相当于上部结构为柔性结构的情况。倒梁法和倒楼盖法则假定柱端为不动支座，在地基反力作用下，梁、板只产生局部弯曲，不产生整体弯曲，相当于上部结构整体刚度很大的情况。

2. 考虑基础-地基共同作用分析法

分析时，先根据地基土层情况选用某种地基模型，同时按静力平衡条件将上部结构与基础分割开，用结构力学方法求出柱端作用力，并反向作为荷载加于基础上。于是，基础成为设置在某种地基模型上的承载结构或构件。然后根据选用的地基模型，分别由式（13-24）、式（13-28）或式（13-31）求得这一体系中基底反力 P 和地基变形 s 的关系。因为反力 P 和变形 s 都是未知量，这组公式中未知量为方程数的两倍，无法求解，因此必须应用体系的变形条件。如上所述，基础一地基共同作用必须满足两者变形协调的要求，或者说在上部结构荷载和地基反力 P 的作用下基础各点的位移 w 与地表该点的变形 s 相同，即 $w=s$ 。根据基础的柔度可以得到另一组代数方程，即：

$$w=s=\delta' P \tag{13-32}$$

式中，δ' 为基础的柔度矩阵。矩阵元素 δ_{ij}' 表示基础 j 点作用的单位力在基础 i 点引起的竖向位移。联立式（13-32）与式（13-24）、式（13-28）或式（13-31）中任一式即可求解地基的反力 P 。

将基底反力与上部结构的荷载（例如通过柱端传递）一起加在基础上就可以用结构力学方法求解基础的内力。将基底反力反向作用于地基上，用所选用的地基模型，就可求解地基的变形，即为建筑物的沉降，如图 13-28 所示。

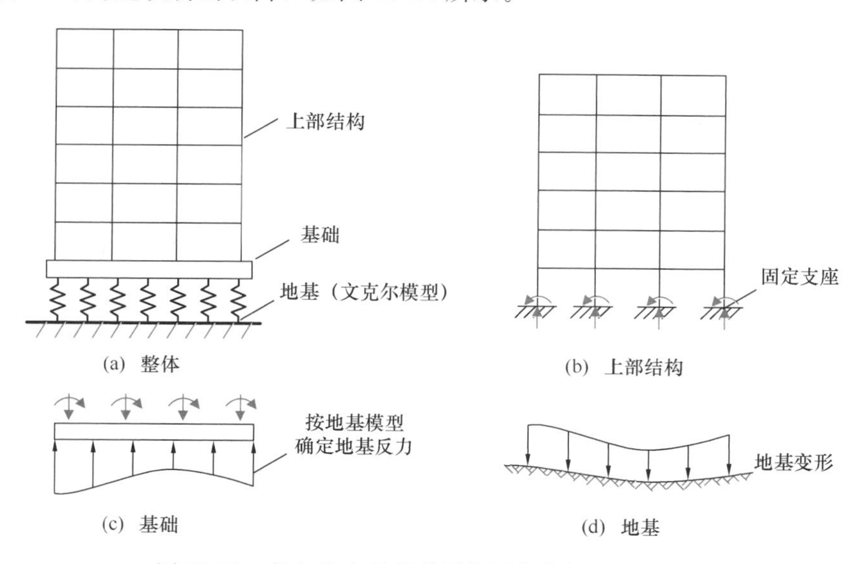

图 13-28　考虑基础-地基共同作用的分析方法示意图

根据选用地基模型不同，上述基础梁板计算方法主要分文克尔地基上的梁板计算、弹性半空间地基上的梁板计算（其简化方法如链杆法）以及有限压缩层上的梁板计算等。不论采用什么地基模型，考虑基础一地基共同作用的基础计算，都要比完全不考虑共同作用的单纯结构力学方法要复杂很多。但这类方法的计算结果与实际情况仍然有所差别。一是因为不考虑上部结构的刚度贡献，导致地基变形量偏大，基础内力偏高，导致基础的计算结果偏于安全；二是没有考虑基础的变形会引起上部结构产生附加应力与变形，导致上部结构的计算结果偏于不安全。因此，这类方法较适用于上部结构刚度较小而基础刚度较大的情况。

3. 考虑上部结构-基础-地基共同作用分析法

这种方法的基本原则是要求上部结构、基础和地基相互之间在连接点处不仅要满足静力平衡条件，而且都必须满足变形协调条件，即上部结构柱端的位移 s_j 与该点基础上表面的位移 w_j 相一致，基底任一点的位移 w_i 与该点的地基变形 s_i 也相一致：

$$s_j = w_j \tag{13-33}$$

$$s_i = w_i \tag{13-34}$$

解法与上述考虑基础-地基共同作用的方法相似，但在求地基反力时要考虑上部结构刚度的影响，这一点可以用空间子结构解决。

空间子结构法的概念是将上部结构的刚度与荷载逐层向下传递，凝聚到基础子结构的上边界，形成所有上部结构的等效边界刚度矩阵 k_{B} 和等效边界荷载向量 F_{B} ，将它们叠加到基础子结构上。同理，地基土刚度的贡献和基底反力也凝聚到基础下边界，形成等效的边界刚度矩阵 k_{s} 与基底反力向量 $P = k_{\mathrm{s}}s_{\mathrm{s}}$ 。根据位移连续条件，基底的变形 s_{s} 与基础的挠度 w_{s} 相一致，即 $P = k_{\mathrm{s}}w_{\mathrm{s}}$ 。当取基础子结构刚度矩阵为 k 、内力向量为 Q 、节点位移向量为 u ，那么根据基础与地基接触点的变形协调条件，可得三个部分共同工作的基本方程，即：

$$(k + k_{\mathrm{B}} + k_{\mathrm{s}})u = Q + F_{\mathrm{B}} + k_{\mathrm{s}}w_{\mathrm{s}} \tag{13-35}$$

求解该方程，即可得基础子结构的节点位移和结点力。基础底面结点的位移与结点力即为地基的变形与基底的反力。基础顶面边界结点的位移与结点力，即为上部结构柱端的支座位移与支座反力。如果将其自下而上向上部结构的子结构回代，即可得到上部结构各结点的位移与内力。

13.7 软弱地基中减轻不均匀沉降的措施

地基的过量变形将使建筑物损坏或影响其使用功能。特别是软弱地基上的建筑物，由于不均匀沉降较大，如果设计考虑不周，就更易因不均匀沉降而开裂破坏。因此，当地基压缩层主要由淤泥、淤泥质土、充填土、杂填土或其他高压缩性土层构成时，应按软弱地基进行设计，考虑上部结构和地基的共同作用，对建筑体型、荷载情况、结构类型和地质条件进行综合分析，确定合理的建筑措施、结构措施和施工措施。

13.7.1 建筑措施

为减小建筑物不均匀沉降危害，建筑设计应采取的措施有以下几种。

(1) 在满足使用要求的前提下，建筑物的体型应力求解简单。当地基软弱时，建筑物尽量避免体型复杂或层差太大；当高度差异或荷载差异较大时，应将两者隔开一定距离；当拉开距离后的两个单元必须连接时，应采取能自由沉降的连接构造。

(2) 控制建筑物的长高比及合理布置墙体。长高比大的砌体承重房屋，其整体刚度差，纵墙容易因挠曲过度而开裂。通过合理布置纵、横墙，增强砌体承重结构房屋的整体刚度，改善房屋的整体性，从而增强调整不均匀沉降的能力。

(3) 设置沉降缝。用沉降缝将建筑物（包括基础）分割为两个或多个独立的沉降单元，可有效防止不均匀沉降的发生。沉降缝通常选择在下列部位：复杂建筑物平面转折部位；长高比过大的砌体承重结构或钢筋混凝土框架结构的适当部位；地基土的压缩性有显著变化处；建筑物的高度或荷载有较大差异处；建筑物结构或基础类型不同处；分期建造房屋的交界处。

（4）使相邻建筑物基础间满足净距要求。通过在相邻建筑物间保持足够大的净距，避免相互间基底压力扩散的叠加效应。

（5）调整建筑设计标高。建筑物的沉降会改变原有的设计标高，严重时将影响建筑物的使用功能。因而可以采取下列措施进行调整：根据预估的沉降量，适当提高室内地坪和地下设施的标高；将有联系的建筑物或设备中沉降较大者的标高适当提高；建筑物与设备之间留有足够的净空；当有管道穿过建筑物时，应预留足够大的孔洞，或采用柔性管道接头等。

13.7.2 结构措施

从建筑物及基础的结构角度，减轻建筑物不均匀沉降的措施有以下几种。

（1）减轻建筑物的自重。包括：采用轻质材料（空心砌块、多孔砖或其他轻质墙），选用轻型结构（预应力混凝土结构、轻钢结构及各种轻型空间结构），选用自重轻、回填少的基础形式（如壳体基础、空心基础等），设置架空地板代替室内回填土等。

（2）设置圈梁。在墙内设置圈梁可增强砌体承重结构承受挠曲变形的能力，圈梁可设置在墙体转角处、门顶处、窗顶处、楼板下及适当部位。宜在顶层、底层或隔层设置圈梁。还可设置现浇钢筋混凝土构造柱，与圈梁共同作用，以有效提高房屋的整体刚度。

（3）采用连续基础或桩基础。对于建筑体型复杂、荷载差异较大的框架结构，可采用箱基、筏基、桩基等加强基础整体刚度，增大支承面积，减少不均匀沉降。

（4）减少或调整基底附加压力。对荷载不均匀或地基土压缩性不均匀的建筑物，通过设置地下室或半地下室、改变基础底面尺寸等方式，调整基底附加压力，减轻基础的不均匀沉降。

（5）采用对不均匀沉降不敏感的结构形式。砌体承重结构、钢筋混凝土框架结构对不均匀沉降很敏感，而排架、三铰拱（架）等铰接结构则对不均匀沉降有很大的顺从性，支座发生相对位移时不会引起很大的附加压力，故可以避免不均匀沉降的危害。注意铰接结构的这类结构形式通常只适用于单层的工业厂房、仓库和某些公共建筑等。

13.7.3 施工措施

施工时，采用以下措施可减轻建筑物的不均匀沉降。

（1）合理安排施工顺序。在施工进度和条件允许的情况下，一般应按照先重后轻、先高后低的顺序进行施工，或在高、重部位竣工并间歇一段时间后再修建轻、低部位。带有地下室和裙房的高层建筑，为减小高层部位与裙房之间的不均与沉降，施工时应使浇筑区断开，待高层部分主体结构完成时再连接成整体。

（2）在软土地基上开挖基坑时，尽量不要扰动土的原状结构，通常可在基坑底保留大约200mm厚的原土层，待施工垫层时才临时挖除。如发现坑底软土已被扰动，可挖除扰动部分，用砂石回填处理。

（3）新建基础及邻近现有建筑物的侧边不宜堆放大量的建筑材料或弃土等重物，以免地面堆载引起建筑物产生附加沉降。

（4）注意打桩、降低地下水、基坑开挖对邻近建筑物可能产生的不利影响。

思考题与习题

13-1　按我国现行《地基规范》，地基基础设计分成几个等级？相应于各等级，地基计算有什么要求？

13-2　按《地基规范》进行地基承载力验算时，作用效应取什么组合？抗力取什么值？如何确定？

13-3　按《地基规范》进行地基变形验算时，作用效应取什么组合？抗力取什么值？如何确定？

13-4　在寒冷地区，为什么确定基础埋深时，还要考虑地区土的冻胀性和地基土的冻结深度？在什么条件下就可以不必考虑它们的影响？

13-5　按《地基规范》如何确定允许残留冻土层最大厚度 h_{max}？

13-6　在我国北方某市城区修建民用建筑，一般室内外地面高差小于 0.3m。已知建筑物采用条形基础，只考虑永久荷载时基底的平均压力为 120kPa。地层剖面如图 13-29 所示。从冻结深度考虑，求外墙基础的最小埋深。已知地区标准冻结深度 z_0 =1.6m。

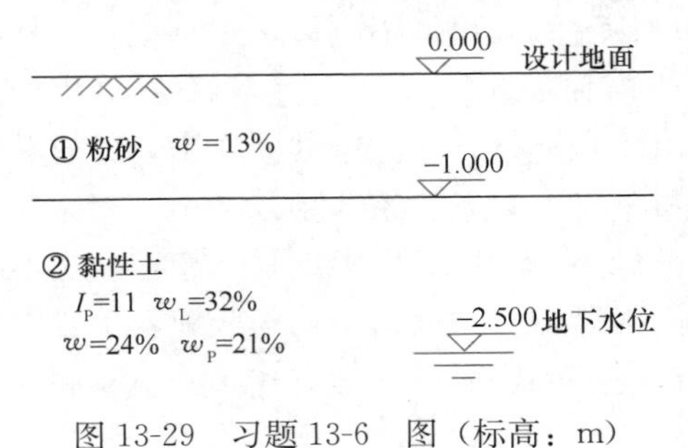

图 13-29　习题 13-6　图（标高：m）

13-7　某墙下条形基础，对应于作用效应标准组合时，作用在基础顶面的轴向力 F_k=280kN/m，基础埋深 1.5m，地基为黏土，η_b=0.3，η_d=1.6，重度 γ=18.0kN/m^3，地基承载力特征值 f_{ak}=150kPa，按照《地基规范》确定基础宽度。

13-8　已知按作用效应标准组合，承重墙每 1m 中心荷载（至设计地面）为 188kN，刚性基础埋置深度 d=1.0m，基础宽度 1.2m，地基土层如图 13-30 所示，试验算第③层软弱土层的承载力是否满足要求？

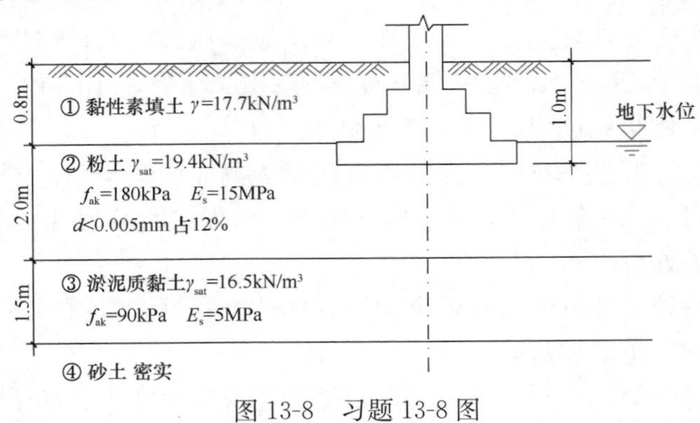

图 13-8　习题 13-8 图

13-9　弹性半无限空间地基上刚性很大的基础，受均匀分布荷载作用，基础底面反力分布是什么形式？

13-10　实际地基土都有一定的抗剪强度，习题 13-9 基础底面反力的分布将发生什么变化？与均布荷载的强度有什么关系？

13-11　什么叫作文克尔地基模型？用公式表示。

13-12　什么叫作弹性半无限空间地基模型？说明它与文克尔地基模型的最主要区别。

13-13　什么叫作有限压缩层地基模型？它与弹性半空间地基模型有何差别？

13-14　总结上述三种地基模型的优缺点，并说明各适用于什么地基条件。

13-15　若不考虑地基-基础-上部结构的共同作用，可用什么方法计算基础的内力？

13-16　若不考虑上部结构，只考虑地基一基础共同作用时，可用什么方法计算基础的内力？

13-17　考虑地基-基础-上部结构共同作用，原则上如何计算基础的内力？

第14章　桩　基　础

14.1　概　　述

当天然地基或人工地基上的浅基础不能满足建筑物对地基承载力或变形的要求时，可考虑利用深基础将荷载相对集中地传递到基底以下较深处的坚实土层或岩层。深基础主要有桩基础、地下连续墙和沉井基础等。其中，桩基础是最古老且应用最为广泛的深基础形式。

桩是指垂直或者稍倾布置于地基中的杆状构件，其横截面尺寸相对其长度小很多，它与承台或柱共同组成的荷载传递体系称为桩基础，简称桩基。桩基础可分为单桩基础和群桩基础。单桩基础是由单根桩（通常为大直径桩）来承受和传递上部结构荷载的独立基础；群桩基础是指由两根及以上单桩和承台组成的基础。承台将各桩联结成整体，把上部结构传来的荷载转换、调整、分配给各桩。桩穿过软弱土层或水域将上部荷载传递到深部较坚硬的、压缩性小的土层或岩层。虽然桩基础一般比天然地基上的浅基础造价高，但桩基础由于具有承载力高、稳定性好、沉降量小、抗震性能好，可承担水平荷载和向上拉拔荷载等特点，在工程中得到广泛应用。目前桩基础主要用于以下情况：

（1）上部荷载很大，只有深部土层才能满足承载力和变形要求的情况；

（2）对沉降要求严格的高层或重要建筑物，需利用桩基础减小沉降或不均匀沉降；

（3）当设计基础底面比天然地面高或者浅层地基土有可能被水流冲蚀时，可采用承台与地基土不接触的高承台桩基础；

（4）作用有较大水平向荷载和力矩的高耸结构物，如烟囱、水塔、桥梁、输电塔等，可采用垂直桩、斜桩或交叉桩承受水平荷载；

（5）地下水位较高，加深基础埋深需进行深基坑开挖和人工降水时，可考虑采用桩基础以减小对环境的影响并提高经济效益；

（6）水浮力作用下地下室或地下结构有上浮可能时，可采用桩基础承受上拔荷载；

（7）对于机器基础情况，可用桩基础控制地基基础系统振幅、自振频率等；

（8）湿陷性土、膨胀性土、人工填土、垃圾土和可液化土层等特殊性土上的各类永久性建筑可采用桩基础，以保证建筑物的稳定。

除以上情况使用桩基础以外，目前桩还广泛用于基坑的支挡结构，用桩作为锚固结构，用于滑坡治理的抗滑桩等。图14-1为使用桩的几种情况。

本章着重介绍桩的荷载传递和桩基设计的基本原理及步骤。我国目前关于桩基础设计的理论和方法尚不统一，本章中的设计方法主要依据《建筑地基基础设计规范》GB 50007—2011并参考《建筑桩基技术规范》JGJ 94—2008（下文简称《桩基规范》）。

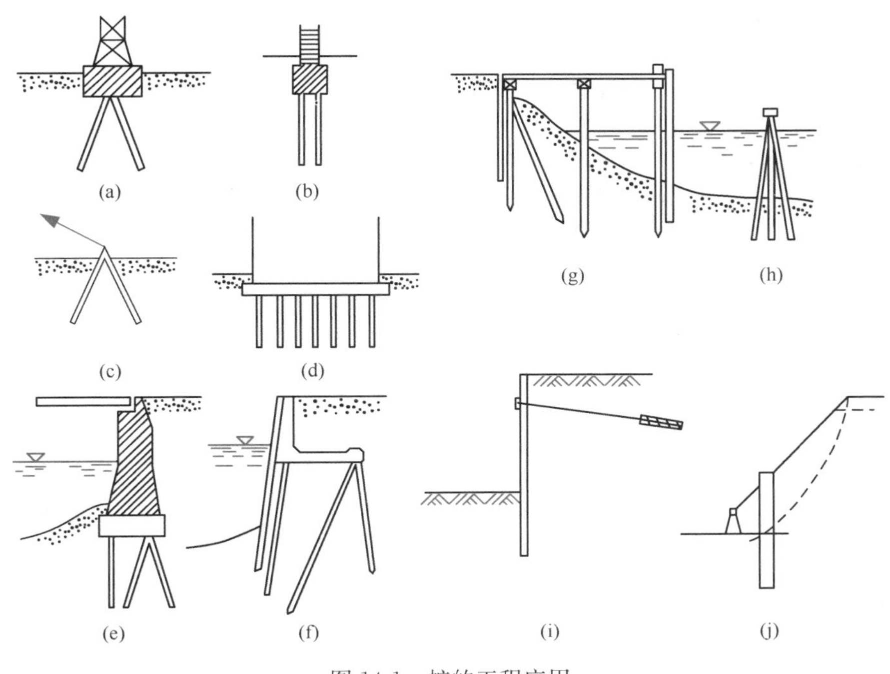

图 14-1　桩的工程应用

14.2 桩的分类

从不同的角度和标准对桩进行分类，其目的在于明确其特点，从而因地制宜地进行合理选用和合理设计。

14.2.1 按使用功能分类

按桩的使用功能可以分为如下 4 类。

1. 竖向抗压桩

竖向抗压桩主要承受向下的上部荷载，是使用最广泛、用量最大的一种桩，它组成的桩基础可提高地基承载力和（或）减少地基沉降量。

2. 竖向抗拔桩

竖向抗拔桩主要承受向上的拉拔荷载，如抗浮桩、单桩竖向静载试验中使用的锚桩。随着大跨度轻型结构（如机场停机坪）和浅埋的地下结构（如地下停车场）的大量兴建，这类桩的使用越来越广泛，并且用量往往很大。

3. 水平受荷桩

水平受荷桩主要承受水平荷载，最典型的水平受荷桩为抗滑桩和基坑支护结构中的排桩。

4. 复合受荷桩

复合受荷桩所受的竖向和水平荷载均较大。例如码头、挡土墙、高压输电线塔和在强地震区中的高层建筑基础的桩都承受较大的竖向及水平荷载。

14.2.2 竖向抗压桩按承载性状分类

竖向抗压桩一般通过桩身的摩阻力和桩端的端承力将荷载传到深层地基土中。图 14-

2 为不同情况下桩荷载传递的示意图。按照桩身摩阻力和桩端端承力的比例可分为以下两大类。

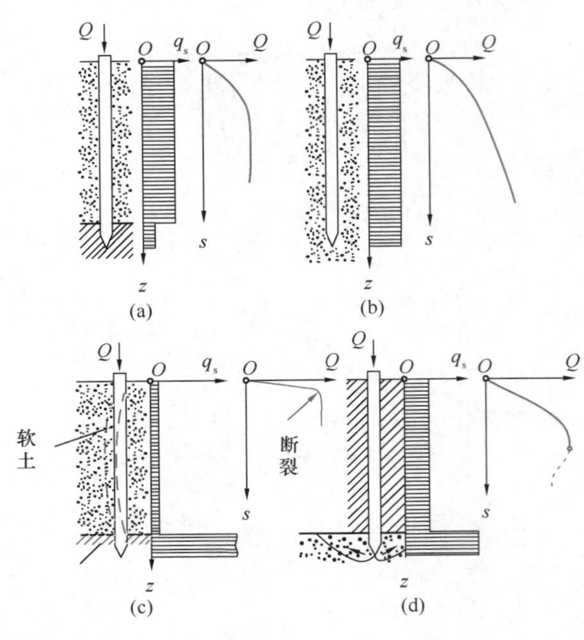

图 14-2 摩擦型桩与端承型桩

1. 摩擦型桩

摩擦型桩是指桩顶竖向荷载由桩侧阻力和桩端阻力共同承受，但桩侧阻力分担荷载较多的桩。一般摩擦型桩的桩端持力层多为较坚实的黏性土、粉土和砂类土。摩擦型桩可分为摩擦桩和端承摩擦桩两种。摩擦桩是指在极限承载力状态下，桩顶荷载基本由桩侧阻力承受［图 14-2（b）］；端承摩擦桩是指在极限承载力状态下，桩顶荷载主要由桩侧阻力承受，端阻力一般不超过荷载的 10%［图 14-2（a）］。

2. 端承型桩

端承型桩是指桩顶竖向荷载由桩侧阻力和桩端阻力共同承担，但桩端阻力分担荷载较多的桩。其桩端一般进入中密以上的砂类、碎石类土层，或位于中等风化、微风化及新鲜基岩顶面。这类桩的侧摩阻力虽属次要，但不可忽略。端承型桩可分为端承桩和摩擦端承桩两种。端承桩是指在极限承载力状态下，桩顶荷载基本由桩端阻力承受［图 14-2（c）］；摩擦端承桩是指在极限承载力状态下，桩顶荷载主要由桩端阻力承受［图 14-2（d）］。

这四种桩的划分主要取决于土层分布，也与桩长、桩的刚度、桩身形状、是否扩底、成桩方法等条件有关。例如随着桩长径比 l/d 的增大，在极限承载力的状态下，传递到桩端的荷载就会减少，桩身下部侧阻和端阻的发挥会相对降低。当 $l/d \geqslant 40$ 时，在均匀土层中端阻分担荷载比趋于零；当 $l/d \geqslant 100$ 时，即使桩端位于坚硬土（岩）层上，端阻的分担荷载值也小到可以忽略。

14.2.3 按桩身材料分类

1. 混凝土桩

混凝土桩还可分为素混凝土桩和钢筋混凝土桩 2 类。其中，素混凝土桩的抗压强度高而抗拉强度低，一般只适于纯受压的条件，现已很少使用。钢筋混凝土桩是工程中应用最为广泛。

钢筋混凝土桩断面形式有方形、圆形、三角形、矩形和 T 形等，可设计为实心或空心；一般设计为等断面，也可因土层性质变化而采用变断面的形式。钢筋混凝土桩的配筋率较低（一般为 0.3%～1.0%），而混凝土取材方便、价格便宜、耐久性好。钢筋混凝土桩可用于承压、抗拔、抗弯（抵抗水平力等）的场合，承载力高，既可预制又可现浇（灌注桩），还可采用预制与现浇组合，适用于各种地层，成桩直径和长度可变范围大，因而得到广泛应用。

2. 钢桩

钢桩按照断面形状可分为钢管桩、钢板桩、型钢桩和组合断面桩。钢桩具有穿透能力强、承载力高、自重轻、挤土少、连接容易、运输方便等特点，而且质量容易保证，桩长可任意调整，还可根据弯矩沿桩身的变化情况局部加强其断面刚度和强度，但是造价较高，抗腐蚀性差，故需做表面防腐处理。

3. 组合材料桩

组合材料桩指一根由两种或两种以上材料组成的桩。这类桩种类多样，比如在混凝土中加入大型工字钢承受水平荷载，在用深层搅拌法制作的水泥墙内插入 H 型钢形成地下连续墙（SMW）。

14.2.4 按施工方法分类

1. 灌注桩

灌注桩是直接在所设计桩位处成孔，然后在孔内加放钢筋笼（也有省去钢筋笼的）再浇灌混凝土而成。灌注桩的种类很多，大体可分为沉管灌注桩、钻（冲）孔灌注桩、挖孔灌注桩和爆扩灌注桩几大类。同一类桩还可以按照施工机械和施工方法及直径的不同予以细分。

（1）钻（冲）孔灌注桩

钻（冲）孔灌注桩在施工时要把钻孔位置处的土排出地面，然后清除孔底残渣，安放钢筋笼，最后浇筑混凝土，其施工程序如图 14-3 所示。钻（冲）孔灌注桩的成孔机械主要有正循环或反循环钻机、潜水钻机、冲击钻机、冲挖钻机、长（短）螺旋钻机、旋挖钻机等，通常采用泥浆护壁法或套管护壁成孔，对位于地下水位以上的桩可采用干作业法成孔。所用成孔机械具有回旋钻进、冲击、磨头磨碎岩石和扩大桩底等多种功能，钻进速度快，深度可达 80m，能克服流砂，消除孤石等障碍，并能进入微风化硬质岩石。

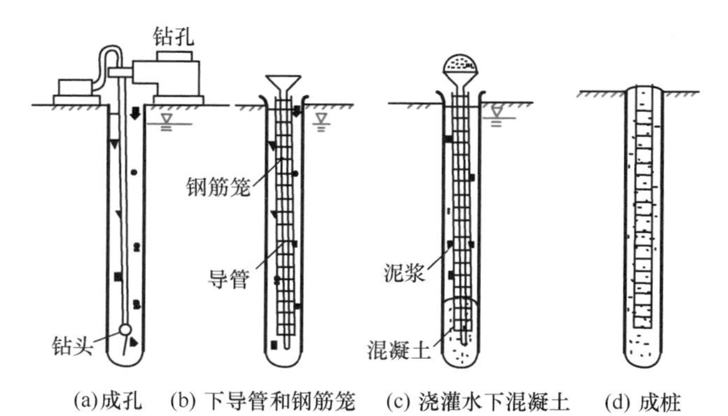

图 14-3 钻孔灌注桩施工工序

目前国内常用桩径为 600～1200mm，1200mm 以下的钻孔灌注桩在钻进时不下钢筋套筒，而是利用泥浆护壁保护以防塌孔，清孔（排走孔底沉渣）后，在水下灌注混凝土。更大直径（1500～2800mm）的钻孔灌注桩一般用钢套筒护壁。钻（冲）孔灌注桩的最大优点在于能进入岩层，刚度大，因此承载力高而桩身变形很小。

（2）沉管灌注桩

沉管灌注桩是指采用锤击振动或振动冲击法，将钢管沉入土层中成孔，然后边灌注混凝土，边锤击或振动，边拔出钢管并安放钢筋笼而形成的灌注桩。沉管灌注桩桩身可就地灌注，施工速度快，不产生泥浆，成本低，因此应用较广，但其施工过程中的噪声和振动对环境产生影响，使其在城市建筑物密集地区的应用受到一定限制。

锤击沉管灌注桩的常用直径（指预制桩尖的直径）为300～500mm，桩长在20m以内，可打至硬塑黏土层或中、粗砂层。这种桩的施工设备简单，打桩速度快，成本低，但很容易产生缩径（桩身界面局部缩小）、断桩、局部夹土、混凝土离析和强度不足等质量问题。

振动沉管桩的桩横截面直径一般为400～500mm，其钢管底部带有活瓣桩尖（沉管时闭合，拔管时活瓣张开以便浇筑混凝土），或套上预制钢筋混凝土桩尖。

（3）挖孔灌注桩

挖孔灌注桩可采用人工或机械挖掘成孔，每挖深0.9～1.0m，就浇灌或喷射一圈钢筋混凝土护壁（上下圈之间用钢筋连接），最后在护壁内安装钢筋笼和浇灌混凝土，如图14-4（a）所示。挖孔灌注桩的桩径不得小于800mm，一般为800～2000mm，最大可达3500mm。当桩长小于8m时，桩径（不含护壁）不宜小于800mm；桩长为8～15m时，桩径不宜小于1200mm；桩长大于20m时，桩径应适当加大。桩身长度宜限制在30m以内。

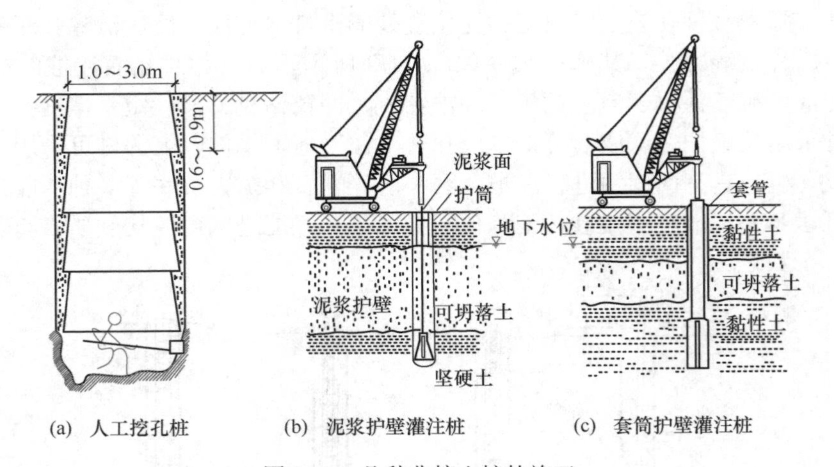

图14-4 几种非挤土桩的施工

挖孔灌注桩的优点是，可直接观察地层情况，孔底易清除干净，设备简单、噪声小，场区各桩可同时施工，桩径大，适应性强，又较经济。但是，在松砂层（尤其是地下水位以下的松砂层）、极软弱土层、地下水涌水量多且难以抽水的地层中难以施工或无法施工。人工挖孔灌注桩施工空间狭小，劳动条件差，人工挖孔施工作业中因流砂、塌方、有害气体、高处坠物、缺氧、触电而造成的人员伤亡重大安全事故时有发生，目前已有部分省市出台了逐步限制和淘汰人工挖孔灌注桩的规定。

（4）爆扩灌注桩

爆扩灌注桩是指就地成孔后，在孔底放入炸药包并灌注适量混凝土后，用炸药爆炸扩大孔底，再安放钢筋笼，灌注桩身混凝土而成的桩。爆扩桩的桩身直径一般为200～350mm，扩大头直径一般取桩身直径的2～3倍，桩长一般为4～6m，最深不超过10m。

这种桩的适应性强，除软土和新填土外，其他各种地层均可用，最适宜在黏土中成型并支承在坚硬密实土层上的情况。

我国常用的灌注桩使用范围见表 14-1。

常用灌注桩使用范围　　表 14-1

成孔方法		桩径（mm）	适用范围
泥浆护壁成孔	冲抓 冲击 回旋钻	600～1500 600～1500 400～3000	碎石类土、砂类土、粉土、黏性土及风化岩。冲击成孔进入中等风化和微风化岩层的速度比回旋钻快，不受地下水位限制。正反循环钻孔深度可达 80m
	旋挖	800～2500	碎石类土、砂类土、粉土、黏性土及风化岩，深度可达 80m
	潜水钻	450～3000	黏性土、淤泥、淤泥质土及砂土，深度可达 80m
干作业成孔	螺旋钻	300～1500	地下水位以上的黏性土、粉土、砂类土及人工填土，深度可达 30m
	钻孔扩底	300～3000	地下水位以上的坚硬、硬塑的黏性土及中密以上的砂类土，深度在 15m 以内
	机动洛阳铲	270～500	地下水位以上的黏性土、黄土及人工填土，深度可达 20m
	人工挖孔	800～3500	地下水位以上的黏性土、黄土及人工填土，深度可达 25m
沉管成孔	锤击	320～800	硬塑黏性土、粉土、砂类土，直径 600mm 以上的可达强风化岩，深度可达 20～30m
	振动	300～500	可塑黏性土、中细砂，深度可达 20m
爆扩成孔		≤800	地下水位以上的黏性土、填土、黄土

2. 预制桩

预制桩是指在工厂或现场预制的桩。根据所用材料不同，预制桩可分为混凝土预制桩、钢桩和木桩三类，其中木桩在工程中已甚少使用；预制桩还可分为预应力桩和非预应力桩，使用高强水泥和钢筋制作的预应力桩具有很高的桩身强度。

预制桩沉桩困难时，可采用预钻孔后再沉桩。当要求单桩承载力较高，持力层埋深较深而使桩长较长时，预制桩必须分成几节进行预制和沉桩，当下节桩沉入土中，进行上节桩沉降时，必须将上、下节桩连接起来。目前常用的接桩方法主要有焊接法、螺栓连接法和浆锚法。

预制桩的沉桩方式主要有锤击法、振动法、静压法或旋入法等。

（1）锤击法沉桩

锤击法沉桩是用桩锤（或辅以高压射水）将桩击入地基中的施工方法，适用于地基土为松散的碎石土（不含大卵石或漂石）、砂土、粉土以及可塑黏性土的情况。锤击法沉桩伴有噪声、振动和地层扰动等问题，在城市建设中应考虑其对环境的影响。

（2）振动法沉桩

振动法沉桩是采用振动锤进行沉桩的施工方法，适用于可塑状的黏性土和砂土，对受振动时土的抗剪强度有较大降低的砂土地基和自重不大的钢桩，沉桩效果更好。

（3）静压法沉桩

静压法沉桩是采用静力压桩机将预制桩压入地基中的施工方法。静压法沉桩具有无噪声、无振动、无冲击力、施工应力小、桩顶不易损坏和沉桩精度较高等特点，但较长桩分节压入时，接头较多会影响压桩的效率。

(4) 旋入法沉桩

旋入法沉桩是指通过外部机械的扭力将预制桩置入地层的方法。旋转桩法施工时对桩侧土体扰动较大，适用于桩身截面较小的场合。

预制桩的特点包括：

(1) 制作环境好，可视化操作，可控性强，桩体质量高，可批量生产，效率高。

(2) 沉桩过程中产生挤土效应，使桩侧摩阻力和桩端阻力相应提高，但也可能损坏周围建筑物、道路、管线等地下设施。

(3) 虽然能进入砂、砾、硬黏土、强风化岩层等坚实持力层，但穿透这些硬地层的厚度不能太大，否则施工有困难。

(4) 沉桩时会产生振动、噪声污染。

(5) 预制桩由于承受运输、起吊、打击应力，需要配置较多钢筋，混凝土强度等级也要相应提高，因此其造价往往高于灌注桩。

14.2.5 按成桩过程的挤土效应分类

成孔或成桩时的挤土效应会引起桩周土的天然结构、应力状态和性质产生变化，从而影响桩的承载力和沉降。按成桩挤土效应，可将桩分为非挤土桩、部分挤土桩和挤土桩。

1. 非挤土桩

非挤土桩是指在成孔过程中，桩径范围内的土体被清除出孔，桩周土不受排挤作用的桩。如干作业挖孔桩、泥浆护壁钻孔灌注桩、套管护壁钻孔灌注桩等，如图 14-4 所示。非挤土桩的成孔方法是用各种钻机钻孔或人工挖孔，成桩的方法分为现场灌注法和置入预制桩法。现场灌注桩施工是先向孔内放入钢筋笼，使其就位后浇筑混凝土，在地下水位以下则用导管法浇注。置入预制桩法是首先将预制桩吊装入井孔中，然后在桩孔间的孔隙中灌浆。

由于施工中钻孔的形成与扰动，孔周土体应力释放，土的抗剪强度降低，成桩后桩侧摩阻力有所减小，且泥浆护壁成孔桩由于泥皮与孔底残渣的影响，致使桩的承载力下降、沉降过大。但另一方面，非挤土桩具有穿越各种硬夹层、嵌岩和进入各类硬持力层的能力，桩的几何尺寸和单桩承载力可调范围大，因此钻（冲、挖）孔灌注桩应用广泛。对于非挤土桩，应使用折减后的原状土强度指标来估算桩的承载力和沉降量。

2. 挤土桩

挤土桩是指不预先钻孔，通过挤压土体直接沉入到土层中的桩，适用于软土层。挤土桩包括沉管灌注桩，沉管夯（挤）扩灌注桩，以打入、静压或振动方式沉入土中的预制桩，闭口预应力混凝土空心桩，闭口钢管桩等。

将预制桩用锤击、振动或者静压的方法置入地基土中，将桩身所占据的地基土挤到桩的四周，使得桩周土体的结构受到严重破坏。对于饱和的软黏土，当沉入的挤土桩较多较密时，可能会使地面上抬，引起邻近桩上浮、侧移或断裂；同时在地基土中引起较高的超静孔隙水压力，造成相邻建筑物或市政设施受损。对于挤土桩，应采用原状土扰动后再恢复的强度指标来估算桩的承载力及沉降量。

3. 部分挤土桩

部分挤土桩是指在成桩过程中对桩周土体稍有排挤作用，但桩周土的强度和变形性质变化不大的作业方式所成的桩。如长螺旋压灌灌注桩、冲孔灌注桩、钻孔挤扩灌注桩、搅拌劲芯桩、预钻孔之后打入或压入的预制桩、打入或压入的敞口钢管桩、敞口预应力混凝土空心桩、H 型钢桩等。对于部分挤土桩，一般可用原状土测得的物理力学性质指标来估算桩的承载力和沉降量。

14.2.6　按桩的几何特性分类

桩的几何尺寸和形状差别很大，因而对于桩的承载力性状有较大的影响，也可从不同的角度进行分类。

1. 按桩径大小分类

按桩径 d 的不同桩可分为以下 3 类：

（1）大直径桩：$d \geqslant 800\text{mm}$；

（2）中等直径桩：$250\text{mm} < d < 800\text{mm}$；

（3）小直径桩：$d \leqslant 250\text{mm}$。

一般认为，对于直径大于 800mm 的灌注桩，由于开挖成孔可能使桩孔周边的土应力松弛而降低其承载能力（尤其是对于砂土和碎石类土），设计时应参考墩基础承载力的确定方法，乘以尺寸效应系数。

2. 按长度 l 或折算桩长 αl 分类

通常按桩的长度可分为如下 4 类：

（1）短桩：$l \leqslant 10\text{m}$；

（2）中长桩：$10\text{m} < l \leqslant 30\text{m}$；

（3）长桩：$30\text{m} < l \leqslant 60\text{m}$；

（4）超长桩：$l > 60\text{m}$。

但这种按桩的绝对长度分类并不能表述桩的综合性质，所以可按折算桩长 αl 分为如下 3 类：

（1）刚性短桩：$\alpha l \leqslant 2.5$；

（2）弹性中长桩：$2.5 < \alpha l < 4.0$；

（3）弹性长桩：$\alpha l \geqslant 4.0$。

其中 α 为桩的水平变形系数：

$$\alpha = \sqrt[5]{\frac{mb_0}{EI}} \tag{14-1}$$

式中　E ——桩材料的弹性模量（MPa）；

I ——桩的截面惯性矩（m^4）；

b_0 ——桩的计算宽度（m）；

m ——地基土水平抗力系数的比例系数（MN/m^4），见表 14-11。

3. 按桩的几何形状分类

按桩的纵向形状有柱式桩和楔式桩；按桩端是否有扩底可分为扩底桩和非扩底桩；按桩的横断面可分为方形桩、三角形桩、圆形桩和圆筒形桩等。

14.3 单桩竖向承载力的确定

14.3.1 单桩轴向荷载的传递机理

为了解竖直单桩的工作性能，需要分析在桩顶竖向荷载作用下，桩土相互作用的传力过程、单桩承载力的构成及其发展过程以及单桩的破坏机理等，从而正确评价单桩的轴向承载力。

1. 桩身轴力和截面位移

逐级增加单桩桩顶荷载，桩身上部受到压缩而产生相对于土体向下的位移，桩侧表面与土体间发生相对运动，从而使桩侧表面受到土体的向上摩阻力。随着荷载增加，桩身压缩和位移随之增大，使桩侧阻力从桩身上端向下依次发挥；当荷载增加到一定值时，桩底持力层开始发生竖向位移，桩端阻力也开始发挥作用。桩端下沉，桩身发生整体下移，这进一步加大了桩身各截面的位移，引发桩侧各处摩阻力的进一步发挥。当沿桩身全长的摩阻力都发挥到极限值之后，桩顶荷载增量则全由桩端阻力承担，直到桩底持力层达到承载能力极限。此时，桩顶所承受的荷载就是桩的极限承载力。

由此可见，作用于桩顶的竖向荷载由作用于桩侧的总摩阻力 Q_s 和作用于桩端的端阻力 Q_p 共同承担，即 $Q = Q_s + Q_p$ 。桩侧阻力与桩端阻力的发挥过程就是桩土体系的荷载传递过程。桩顶荷载通过发挥出来的侧阻力传递到桩周土层中去，从而使桩身轴力与桩身压缩变形随深度递减，如图 14-5（e）、图 14-5（c）所示。一般来说，靠近桩身上部土层的侧阻力比下部土层先发挥作用，侧阻力先于端阻力发挥作用。

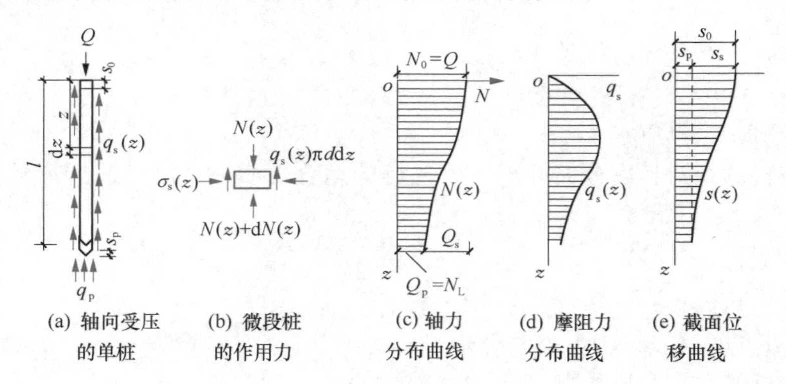

图 14-5 单桩轴向荷载传递

图 14-5 所示单桩长度为 l ，截面积为 A ，直径为 d ，桩身材料的弹性模量为 E ，桩侧单位面积上的荷载传递量为 q_s 。各截面轴力 $N(z)$ 随着深度 z 的变化速度反映了单位侧阻 q_s 的大小。在图 14-5（a）中，在深度 z 处取桩的微分段 dz ，根据微分段的竖向力的平衡条件可得（忽略桩的自重）：

$$N(z) - q_s(z)\pi d \cdot dz - [N(z) + dN(z)] = 0 \tag{14-2}$$

$$q_s(z) = -\frac{1}{\pi d}\frac{dN(z)}{dz} \tag{14-3}$$

任意深度 z 处，由于桩土间相对位移 s 所发挥的单位侧阻力 q_s 的大小与桩在该处的轴

力 $N(z)$ 的变化率成正比，式（14-3）被称为单桩轴向荷载传递的基本微分方程。很多实测的荷载传递曲线表明，q_s 的分布可能为多种形式的曲线，对打入桩而言在黏性土中，其 q_s 沿深度的分布类似于抛物线形，如图 14-5（d）所示。

当桩顶有竖向荷载 Q 时，桩顶位移为 s_0 。s_0 由两部分组成，一部分为桩端的下沉量 s_p，另一部分为桩身在轴向力作用下产生的压缩变形 s_s ，则 $s_0 = s_p + s_s$ 。在测出桩顶竖向位移 s_0 后，可利用已测得的轴力分布曲线 $N(z)$ 计算出桩端位移和任意深度处桩截面的位移 $s(z)$ ，即：

$$s_p = s_0 - \frac{1}{AE}\int_0^l N(z)\mathrm{d}z \tag{14-4}$$

$$s(z) = s_0 - \frac{1}{AE}\int_0^z N(z)\mathrm{d}z \tag{14-5}$$

图 14-5（e）所示为桩身各截面的竖向位移分布图。如图 14-6（b）、（c）所示，桩侧摩阻力和桩端阻力与桩-土界面相对位移关系可用曲线 OCD 表示，通常简化为折线 OAB。当桩-土界面相对位移小于某一限值 s_u 时，桩侧阻力随相对位移线性增大；当桩-土界面相对位移超过限值 s_u ，桩侧阻力将保持极限值 q_{su} 不变。通常情况下，单桩受荷过程中桩端阻力的发挥不仅滞后于桩侧阻力，且其充分发挥所需的桩底位移比桩侧摩阻力达到极限所需的桩身截面位移值大很多。因此，除支撑于坚硬基岩上的粗短桩外，桩端阻力的安全储备一般大于桩侧摩阻力的安全储备。

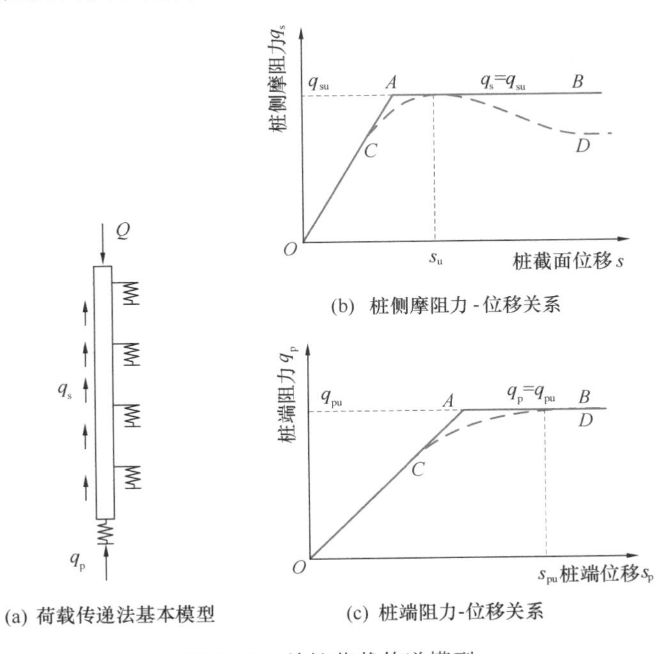

图 14-6　单桩荷载传递模型

2. 影响荷载传递的主要因素

一般情况下，在荷载增加的过程中，桩身上部的侧阻力先于下部侧阻力发挥作用，侧阻力先于端阻力发挥作用。但是，由于桩端阻力发挥作用的情况与桩端土的类型与性质及桩长度、桩径、成桩工艺和施工质量等因素有关，桩侧阻力与桩端阻力发挥作用所需要的位移量是不同的。在工作荷载作用下，摩擦型桩侧阻力发挥作用的比例明显高于端阻力发挥作用的比例。端承型桩只需很小的桩端位移就可充分使其端阻力发挥作用，而桩身压缩量很小，摩擦阻力无法发挥作用，端阻力先于侧阻力发挥作用。对于 l/d 较大的桩，即使桩端持力层为岩层或坚硬土层，由于桩身本身的压缩，在工作荷载下端阻力也很难发挥。

图 14-7 表示了三种情况下端阻力与侧阻力发挥作用的情况。图中 Q_a 相当于单桩承载力特征值时的荷载，Q_u 为单桩的极限荷载，Q_{su} 为极限荷载时的总侧阻力，Q_{pu} 为极限荷载时的总端阻力。

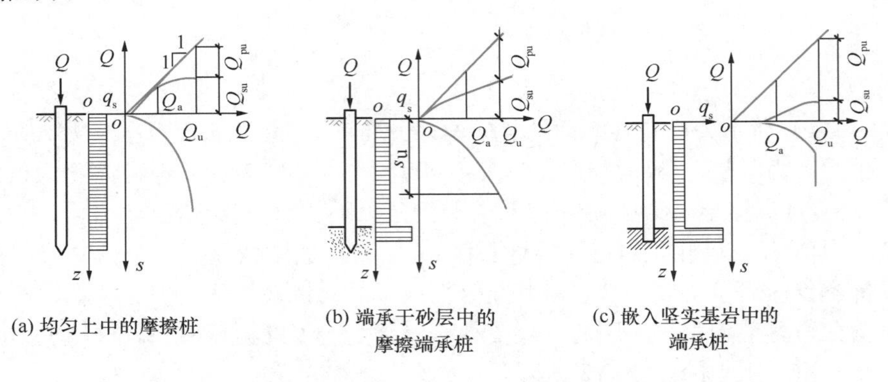

图 14-7 几种情况下的端阻力与侧阻力

影响单桩荷载传递的因素可归纳如下：

（1）柱端土与桩周土的刚度比 E_{se}/E_{sc}

E_{se}/E_{sc} 愈小，桩身轴力沿深度衰减愈快，即传递到桩端的荷载愈小。对于中长桩，当 $E_{se}/E_{sc}=1$（即均匀土层）时，桩侧摩阻力接近于均匀外布，几乎承担了全部荷载，桩端阻力仅占荷载的 5%左右，即属于摩擦桩；当 E_{se}/E_{sc} 增大到 100 时，桩身轴力上段随深度减小，下段近乎沿深度不变，即桩侧摩阻力上段可得到发挥，下段则因桩土相对位移很小（桩端无位移）而无法发挥出来，桩端阻力分担了 60%以上荷载，即属于端承型桩；E_{se}/E_{sc} 再继续增大，对桩端阻力分担荷载比的影响不大。

（2）桩身与桩周土的刚度比 E_p/E_{sc}

E_p/E_{sc} 愈大，传递到桩端的荷载愈大，但当 E_p/E_{sc} 超过 1000 后，E_p/E_{sc} 对桩端阻力分担荷载比的影响不大。而对于 $E_p/E_{sc}\leqslant 10$ 的中长桩，其桩端阻力分担的荷载几乎接近于零，这说明对于砂桩、碎石桩、灰土桩等低刚度桩组成的基础，应按复合地基工作原理进行设计。

（3）桩端扩底直径与桩身直径之比 D/d

D/d 愈大，桩端阻力分担的荷载比愈大。对于均匀土层中的中长桩，当 $D/d=3$ 时，桩端阻力分担的荷载比将由等直径桩（$D/d=1$）的约 5%增至约 35%。

（4）桩的长径比 l/d

随 l/d 的增大，传递到桩端的荷载减小，桩身下部侧阻力的发挥值相应降低。在均匀土层中的长桩，其桩端阻力分担的荷载比趋于零。对于超长桩，不论桩端土的刚度多大，桩端土的性质对荷载传递不再有任何影响，且上述各影响因素均失去实际意义。可见，长径比很大的桩都属于摩擦桩，在设计这样的桩时，试图采用扩大桩端直径来提高承载力是徒劳无益的。

（5）成桩的工艺

对于打入的挤土桩，如果桩周土是可挤密的土，被挤密的桩周土可明显提高桩侧阻力；如果桩周土是饱和黏性土，打入桩的挤压和振动作用会扰动桩周土的结构并在土中形成较高的超静孔隙水压力，使桩周土抗剪强度降低，进而降低桩侧阻力。但是如果放置一段时间，随着土中超静孔压的消散，再加上土的触变性可恢复土的结构强度，桩侧阻力也会逐渐提高，即桩承载力的“时效性”。对于钻（挖）孔灌注桩，预先成孔可能引起桩周土的回弹和应力松弛，从而使桩侧阻力减少，对于 d 大于 800mm 的大孔径桩尤为明显。对于水下泥浆护壁成孔的灌注桩，在桩侧形成的泥皮及水下浇筑混凝土的质量问题也可使桩侧阻力减小。

14.3.2 桩侧摩阻力

桩的极限侧摩阻力 q_{su} 可用类似于土的抗剪强度的库仑公式表达：

$$q_{su} = c_a + \sigma_z \tan\varphi_a \tag{14-6}$$

式中 c_a 和 φ_a 为桩侧表面与土之间的附着力和摩擦角，σ_z 为深度 z 处作用于桩侧的法向压力，它与桩侧土的竖向有效应力 σ'_v 成正比。利用上式计算深度 z 处的单位极限侧阻时，如取 $\sigma'_v = \gamma' z$，则侧阻将随深度线性增大。然而砂土中的模型桩实验结果表明，在极限荷载下，侧阻开始时随深度近似线形增加，至一定深度后接近于均匀分布，如图 14-8 所示，此深度称为临界深度，此现象称为侧阻的深度效应。由图 14-8 可知侧阻临界深度与砂土密实程度有关，这种存在着临界深度的现象被认为与一定密度的砂土存在着临界围压有关。所谓临界围压是指当实际围压小于它时，在剪切荷载作用下该砂土会发生剪胀，围压大于它时，该砂土会发生剪缩。因此，桩侧阻力达到极限值 q_{su} 所需的桩一土相对滑移极限值 s_u 不仅与土的类别有关，还与桩径大小、施工工艺、土层性质和分布位置有关。

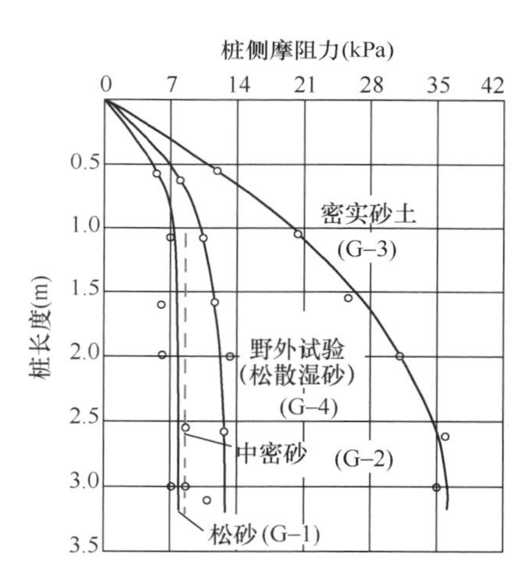

图 14-8 桩的侧阻力试验与临界深度

桩的极限侧阻力标准值 q_{sk} 应根据当地的静力现场载荷试验资料统计分析得到，当缺乏地区经验时，可参考表 14-2。

桩的极限侧阻力标准值 q_{sk}（kPa） 表 14-2

土的名称	土的状态	混凝土预制桩	泥浆护壁钻（冲）孔桩	干作业钻孔桩
填土		22～30	20～28	20～28
淤泥		14～20	12～18	12～18
淤泥质土		22～30	20～28	20～28

续表

土的名称	土的状态		混凝土预制桩	泥浆护壁钻（冲）孔桩	干作业钻孔桩
黏性土	流塑	$I_L > 1$	24～40	21～38	21～38
	软塑	$0.75 < I_L < 1$	40～55	38～53	38～53
	可塑	$0.50 < I_L < 0.75$	55～70	53～68	53～66
	硬可塑	$0.25 < I_L < 0.50$	70～86	68～84	66～82
	硬塑	$0 < I_L < 0.25$	86～98	84～96	82～94
	坚硬	$I_L \leqslant 0$	98～105	96～102	94～104
红黏土	$0.7 < a_w \leqslant 1$		13～32	12～30	12～30
	$0.5 < a_w \leqslant 0.7$		32～74	30～70	30～70
粉土	稍密	$e > 0.9$	26～46	24～42	24～42
	中密	$0.75 \leqslant e \leqslant 0.9$	46～66	42～62	42～62
	密实	$e < 0.75$	66～88	62～82	62～82
粉细砂	稍密	$10 < N \leqslant 15$	24～48	22～46	22～46
	中密	$15 < N \leqslant 30$	48～66	46～64	46～64
	密实	$N > 30$	66～88	64～86	64～86
中砂	中密	$15 < N \leqslant 30$	54～74	53～72	53～72
	密实	$N > 30$	74～95	72～94	72～94
粗砂	中密	$15 < N \leqslant 30$	74～95	74～95	76～98
	密实	$N > 30$	95～116	95～116	98～120
砾砂	稍密	$5 < N_{63.5} \leqslant 15$	70～100	50～90	60～100
	中密（密实）	$N_{63.5} > 15$	116～138	116～130	112～130
圆砾、角砾	中密、密实	$N_{63.5} > 10$	160～200	135～150	135～150
碎石、卵石	中密、密实	$N_{63.5} > 10$	200～300	140～170	150～170
全风化软质岩		$30 < N \leqslant 50$	100～120	80～100	80～100
全风化硬质岩		$30 < N \leqslant 50$	140～160	120～140	120～150
强风化软质岩		$N_{63.5} > 10$	160～240	140～200	140～220
强风化硬质岩		$N_{63.5} > 10$	220～300	160～240	160～260

注：1. 对于尚未完成自重固结的填土和以生活垃圾为主的杂填土，不计算其侧阻力；

2. a_w 为含水率比，$a_w = w/w_L$，w 为土的天然含水率，w_L 为土的液限；

3. N 为标准贯入击数；$N_{63.5}$ 为重型圆锥动力触探击数；

4. 全风化、强风化软质岩和全风化、强风化硬质岩指其母岩分别为岩石饱和单轴抗压强度标准值 $f_{rk} \leqslant$ 15MPa、$f_{rk} > 30$MPa 的岩石。

14.3.3 桩的端阻力

桩的端阻力是其承载力的重要组成部分，它的大小受很多因素影响，其作用的发挥也与桩和土的各种条件有关。

1. 经典理论计算法

在 20 世纪 60 年代以前，主要采用基于土为刚塑性假设的经典承载力理论，将桩视为

宽度为 b（相当于桩径 d），埋深为桩入土深度 l 的基础，进行桩端阻力计算。在桩加载时，桩端土发生剪切破坏，根据假设的不同滑裂面形状，用地基极限承载力理论求出桩端的极限承载力，确定极限单位端阻力 q_{pu}。由于桩的入土深度相对于桩的断面尺寸大很多，所以桩端土体大多数属于冲剪破坏或局部剪切破坏，只有桩长相对很短，桩穿过软弱土层支撑于坚实土层时，才可能发生类似浅基础下地基的整体剪切破坏。图 14-9 为较常用的太沙基模型与梅耶霍夫滑动面形状。根据极限承载力理论，q_{pu} 的一般表达式为：

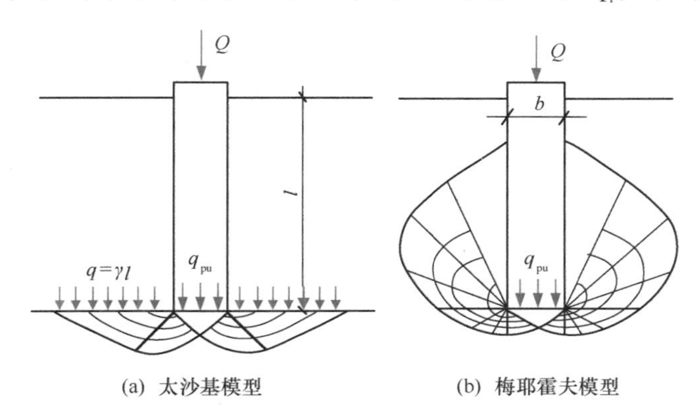

图 14-9　桩端地基破坏的两种模式

$$q_{pu} = \frac{1}{2} b\gamma N_{\gamma} + cN_{c} + qN_{q} \tag{14-7}$$

式中　N_{γ}、N_{c}、N_{q}——承载力系数，其值与土的内摩擦角 φ 有关；

$b(d)$——桩的宽度或直径（mm）；

c——土的黏聚力（kPa）；

q——桩底标高处土中的竖向应力，$q=\gamma l$（kPa）。

2. 桩端阻力的影响因素

桩的端阻力与浅基础的承载力一样，同样主要取决于桩端土的类型和性质。一般而言，粗粒土的高于细粒土的，密实土的高于松散土的。桩的极限端阻力标准值 q_{pk} 可参考表 14-3。

以式（14-7）计算极限单位端阻力时，端阻将随桩端入土深度线性增大。然而，模型和原型桩试验研究都表明，与侧阻的深度效应类似，端阻也存在深度效应现象。当桩端入土深度小于某一临界值时，极限端阻随深度线性增加，而大于该深度后则保持恒值不变，这一深度称为端阻的临界深度，它随持力层密度的提高、上覆荷载的减小而增大。

此外，当桩端持力层下存在软弱下卧层且桩端与软弱下卧层的距离小于某一厚度时，桩端阻力将受软弱下卧层的影响而降低。这一厚度称为端阻的临界厚度，它随持力层密度的提高、桩径的增大而增大。

桩端阻力受成桩工艺的影响也很大。对于挤土桩，如果桩周围为可挤密土（如松砂），则桩端土受到挤密作用而使端阻力提高，并且使端阻力在较小桩端位移下即可发挥作用；如果桩周围为密实土或饱和黏性土，挤压作用会扰动原状土，在桩底形成沉渣和虚土，则端阻力会明显降低。其中大直径的挖（钻）孔桩，由于开挖造成的应力松弛，使端阻力随着桩径增大而降低。对于水下施工的灌注桩，由于桩底沉渣不易清理，一般端阻力比干作业灌注桩要小。

表 14-3

桩的极限端阻力标准值 q_{pk}（kPa）

土名称	土的状态	桩型	混凝土预制桩桩长 l（m）				泥浆护壁钻（冲）孔桩桩长 l（m）				干作业钻孔桩桩长 l（m）		
			$l \leqslant 9$	$9 < l \leqslant 16$	$16 < l \leqslant 30$	$l > 30$	$5 \leqslant l < 10$	$10 \leqslant l < 15$	$15 \leqslant l < 30$	$30 \leqslant l$	$5 \leqslant l < 10$	$10 \leqslant l < 15$	$15 \leqslant l$
黏性土	软塑	$0.75 < I_L \leqslant 1$	210～850	650～1400	1200～1800	1300～1900	150～250	250～300	300～450	300～450	200～400	400～700	700～950
	可塑	$0.50 < I_L \leqslant 0.75$	850～1700	1400～2200	1900～2800	2300～3600	350～450	450～600	600～750	750～800	500～700	800～1100	1000～1600
	硬可塑	$0.25 < I_L \leqslant 0.50$	1500～2300	2300～3300	2700～3600	3600～4400	800～900	900～1000	1000～1200	1200～1400	850～1100	1500～1700	1700～1900
	硬塑	$0 < I_L \leqslant 0.25$	2500～3800	3800～5500	5500～6000	6000～6800	1100～1200	1200～1400	1400～1600	1600～1800	1600～1800	2200～2400	2600～2800
粉土	中密	$0.75 \leqslant e \leqslant 0.9$	950～1700	1400～2100	1900～2700	2500～3400	300～500	500～650	650～750	750～850	800～1200	1200～1400	1400～1600
	密实	$e < 0.75$	1500～2600	2100～3000	2700～3600	3600～4400	650～900	750～950	900～1100	1100～1200	1200～1700	1400～1900	1600～2100
粉砂	稍密	$10 < N \leqslant 15$	1000～1600	1500～2300	1900～2700	2100～3000	350～500	450～600	600～700	650～750	500～950	1300～1600	1500～1700
	中密、密实	$N > 15$	1400～2200	2100～3000	3000～4500	3800～5500	600～750	750～900	900～1100	1100～1200	900～1000	1700～1900	1700～1900
细砂	中密、密实	$N > 15$	2500～4000	3600～5000	4400～6000	5300～7000	650～850	900～1200	1200～1500	1500～1800	1200～1600	2000～2400	2400～2700
中砂			4000～6000	5500～7000	6500～8000	7500～9000	850～1050	1100～1500	1500～1900	1900～2100	1800～2400	2800～3800	3600～4400
粗砂			5700～7500	7500～8500	8500～10000	9500～11000	1500～1800	2100～2400	2400～2600	2600～2800	2900～3600	4000～4600	4600～5200
砾砂	中密、密实	$N > 15$	6000～9500		9000～10500		1400～2000		2000～3200		3500～5000		
角砾、圆砾		$N_{63.5} > 10$	7000～10000		9500～11500		1800～2200		2200～3600		4000～5500		
碎石、卵石		$N_{63.5} > 10$	8000～11000		10500～13000		2000～3000		3000～4000		4500～6500		
全风化软质岩		$30 < N \leqslant 50$	4000～6000				1000～1600				1200～2000		
全风化硬质岩		$30 < N \leqslant 50$	5000～8000				1200～2000				1400～2400		
强风化软质岩		$N_{63.5} > 10$	6000～9000				1400～2200				1600～2600		
强风化硬质岩		$N_{63.5} > 10$	7000～11000				1800～2800				2000～3000		

注：1. 砂土和碎石类土中桩的极限端阻力取值，要综合考虑土的密实度，桩端进入持力层的深度比 h_b/d，土愈密实，h_b/d 愈大，取值愈高；

2. 预制桩的岩石极限端阻力指桩端支撑于中、微风化基岩表面或进入强风化岩、软质岩一定深度条件下极限端阻力；

3. 全风化、强风化软质岩和全风化、强风化硬质岩指其母岩分别为 $f_{rk} \leqslant 15MPa$、$f_{rk} > 30MPa$ 的岩石。

14.3.4 单桩竖向承载力确定方法

单桩承载力是指在荷载作用下，地基和桩体本身的强度和稳定性均得到保证，变形在容许范围内，保证结构物的正常使用时，单桩所能承受的最大荷载。单桩承载力主要由以下三个条件决定：

（1）在荷载作用下，桩在地基土中不丧失稳定性；

（2）在荷载作用下，桩顶不产生过大的位移；

（3）在荷载作用下，桩身材料不发生破坏。

《地基规范》规定，按单桩承载力确定桩数时，传至承台底面上的作用效应应按正常使用极限状态下作用效应的标准组合，相应的抗力采用单桩承载力特征值。竖向承压桩的单桩承载力的影响因素很多，包括土类、土质、桩身材料、桩径、桩的入土深度、施工工艺等。在长期的工程实践中，人们提出了多种确定单桩承载力的方法。目前在工程实践中主要采用如下几种方法。

1. 单桩竖向静载荷试验

单桩竖向静载荷试验是评价单桩承载力方法中可靠性较高的一种方法，它既可在施工前用以测定单桩的承载力，也可用以对施工后的工程桩进行检测，适用于各种情况下单桩承载力的确定，尤其是重要建筑物或者地质条件复杂、桩的施工质量可靠性低及不易准确地用其他方法确定单桩竖向承载力的情况。

静载荷试验是在施工现场，按照设计施工条件就地成桩，试验桩的材料、长度、断面以及施工方法均与实际工程桩一致。规范要求，同一条件下的试桩数量不宜少于总桩数的1%，并且不应少于3根。对于预制桩，由于打桩时土中产生的超静孔隙水压力有待消散，且土体因打桩扰动而降低的强度也有待随时间部分恢复，为使试验真实反映桩的承载力，要求在桩身强度满足设计要求的前提下，砂类土间歇时间不少于7d，粉土和黏性土不少于15d，饱和软黏土不少于25d。

图14-10为工程中常用的两种单桩竖向静载荷试验的装置示意图。试验装置主要包括加荷稳压部分、提供反力部分和沉降观测部分。静荷载一般由安装在桩顶的油压千斤顶提供，千斤顶的反力可通过图14-10（a）中所示的锚桩承担，或借图14-10（b）中所示的压重平台上的重物来平衡。安装在基准梁上用于量测桩顶沉降的仪表主要有百分表或电子位移计等。试验时，在桩顶用千斤顶逐级加载，记录变形稳定时每级荷载下的桩顶沉降量 s_0，直到桩失稳为止。由试验结果绘制出荷载 Q 与桩顶的沉降 s_0 曲线，如图14-11所示。根据测得的曲线可按下列方法确定单桩的竖向极限承载力的标准值：

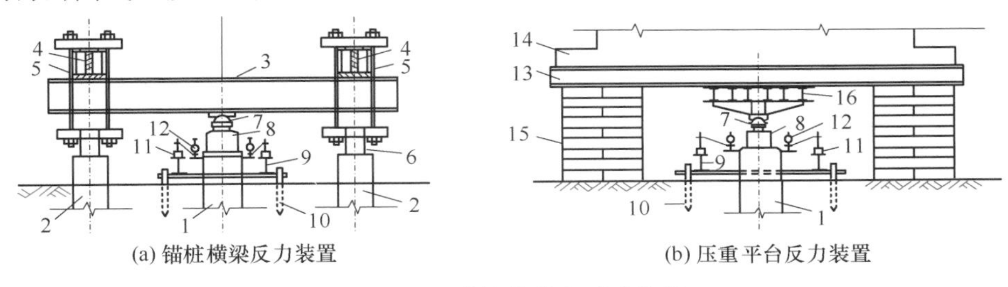

图14-10 单桩静载荷试验装置

1—试桩；2—锚桩；3—主梁；4—次梁；5—拉杆；6—锚筋；7—球座；8—千斤顶；9—基准梁
10—基准桩；11—磁性表座；12—位移计；13—荷载平台；14—压载；15—支墩；16—托梁

(1) 当曲线的陡降段明显时，取相应陡降段的起点的荷载值，如图 14-11 中曲线的 B 点；

(2) 当曲线是缓变型时，取桩顶总沉降量 $s_0 = 40\text{mm}$ 所对应的荷载值，当桩长大于 40m 时，可考虑桩身弹性压缩，适当增加对应的 s_0 值；

(3) 当在试验中出现 $\frac{\Delta s_{n+1}}{\Delta s_n} \geqslant 2$ 并且 24h 未达到稳定时，取 s_n 所对应的荷载值，其中 $\Delta s_n = s_n - s_{n-1}$，即分别为第 n 级和第 $n-1$ 级荷载产生的桩顶沉降增量；

(4) 按上述方法判断有困难时，可结合其他辅助方法综合判定，对地基沉降有特殊要求者，可根据具体情况选取。

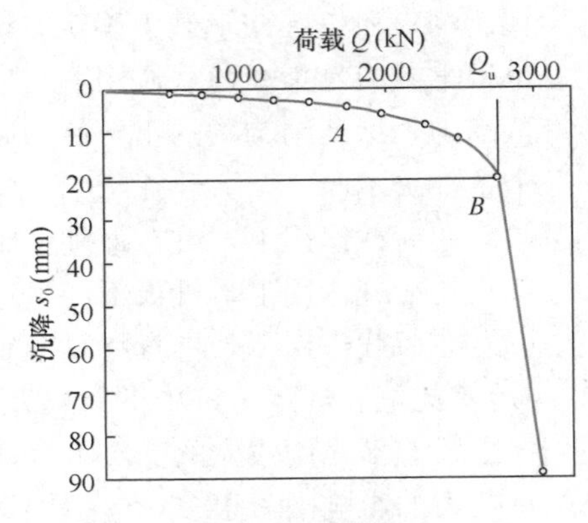

图 14-11　单桩试验的 Q-s_0 曲线

参加统计的试验桩的各个单桩竖向极限承载力极差不超过平均值的 30%时，可取其平均值作为单桩竖向极限承载力；极差超过平均值的 30%时，应分析其原因并增加试桩数量，结合工程具体情况确定极限承载力；对于桩承台只有 3 根桩或少于 3 根桩的情况，则取最小值。

将上述确定的单桩极限承载力标准值除以安全系数 2，则为单桩竖向承载力的特征值 R_a。与此相应，将表 14-2 的极限侧阻力标准值和表 14-3 的极限端阻力标准值除以安全系数 2 可作为侧阻力特征值和端阻力特征值。

2. 静力触探试验

静力触探是将圆锥形的金属探头以静力方式按一定的速率均匀压入土中，静力触探与桩的入土的过程非常相似，可以把静力触探看成是小尺寸的打入桩的现场模拟试验。根据探头构造的不同，静力触探可分为单桥探头和双桥探头两种。鉴于单桥探头只能测得侧阻力与端阻力之和，而无法精确得知各自的大小，故不提倡使用。

由于静力触探的设备简单，自动化程度高，被认为是一种很有发展前途的单桩承载力的确定方法。但是由于其试验尺寸及条件不同于桩，所以一般是将测得的贯入阻力 p_s 与侧阻力 q_{sa} 和端阻力 q_{pa} 间建立经验关系，如表 14-4 所示，然后用式（14-8）确定单桩竖向承载力特征值。对于砂土，可以利用标准贯入试验参数 N 从表 14-2 和表 14-3 中相应的 q_{sk} 和 q_{pk} 值除以安全系数 2，作为 q_{sa} 和 q_{pa}。

$$R_a = q_{pa} A_p + u_p \sum_{i=1}^{n} q_{sa} h_i \tag{14-8}$$

式中　R_a ——单桩竖向承载力特征值；

q_{pa}，q_{sa} ——桩端阻力、桩侧阻力特征值；

A_p ——桩底横截面面积；

u_p ——桩身周长；

h_i ——桩身穿越的第 i 层岩土的厚度。

表 14-4 是《北京地区建筑地基基础勘察设计规范》DBJ 11—501—2009 所建议的 p_s 与 q_{pa}，q_{sa} 关系。

用比贯入阻力 p_s 值评价预制桩桩端土端阻力特征值 q_{pa} 与桩周土侧阻力特征值 q_{sa}　表 14-4

土的名称	p_s(MPa)	q_{sa}(kPa)	q_{pa}(kPa)
黏性土	0.5～1.0	15～20	
	1.0～1.5	20～25	
	1.5～2.0	25～30	
	2.0～3.0	30～35	
粉土	1.0～3.0	20～35	1000～1500
	3.0～6.0	35～45	1500～2000
	5.0～15.0	20～30	1800～2200
砂土	15.0～25.0	30～40	2200～3200
	25.0～30.0	40～45	3200～4200

注：静力触探试验探头规格为锥体面积 1000mm²、锥角 60°、侧壁长度 70mm、贯入速度 0.8～1.4m/min。

3. 规范经验公式

本节方法确定单桩竖向承载力特征值时，只考虑了土（岩）对桩的支撑阻力，尚未涉及桩身的材料强度。按《地基规范》规定，单桩竖向承载力特征值应通过单桩竖向静载荷试验确定，对于地基基础设计等级为丙级的建筑物，可采用原位测试的静力触探法及标准贯入试验参数确定单桩竖向承载力的特征值 R_a。在初步设计中，单桩的竖向承载力特征值可用式（14-8）估算，式中的 q_{sa} 和 q_{pa} 可根据不同地区的静载试验的结果统计分析得到。

需要注意的是，当桩长较短、桩端进入刚硬地层时，由于桩一土相对位移较小，不利于桩侧摩阻力发挥。因此，设计取值时应对按式（14-8）估算的单桩竖向承载力特征值进行一定的折减作用。

桩端嵌入完整及较完整的硬质岩中，当桩长较短且入岩较浅时，单桩竖向承载力特征值可按式（14-9）估算：

$$R_a = q_{pa} A_p \tag{14-9}$$

式中 q_{pa} 为桩端岩石承载力的特征值，可按《地基规范》中的岩基载荷试验方法确定，或根据室内岩石饱和单轴抗压强度标准值按式（14-10）确定：

$$q_{pa} = f_a = \psi_r f_{rk} \tag{14-10}$$

式中　f_a——岩石地基承载力特征值（kPa）；

f_{rk}——岩石的饱和单轴抗压强度标准值（kPa）；

ψ_r——折减系数，根据岩体的完整程度以及结构面的间距、宽度、产状和组合，由地区经验确定，无经验时，对完整岩体可取 0.5，对较完整岩体可取 0.2～0.5，对较破碎岩体可取 0.1～0.2。

4. 其他现场试验方法

（1）动测桩法

利用大应变的动测桩，也可对单桩竖向承载力进行测定，但精度不十分可靠。一般用于施工后对工程桩的单桩竖向承载力进行检测，或者作为单桩静载试验的辅助检测手段。

（2）深层平板载荷试验

当桩端持力层为密实砂卵石或其他坚硬土层时，对于单桩承载力很高的大直径端承桩，可采用深层平板载荷试验确定桩端承载力特征值。深层平板载荷试验采用刚性承压板直径为 800mm，并且紧靠承压板周围的外侧土层高度不少于 0.8m。桩端承载力的特征值可直接取该试验 p-s 曲线的比例界限对应的荷载值；也可取极限荷载之半。不能按上述两种条件确定时，可取 $s/d=0.01\sim0.015$ 所对应的荷载值，作为单位面积桩端承载力的特征值，但不能大于最大加载下单位面积压力值的一半。

（3）岩基载荷试验

嵌岩桩是指桩端嵌入完整和较完整的未风化或中等风化的硬质岩体的桩，嵌入最小深度不小于 0.5m，对于桩端无沉渣的嵌岩桩，桩端岩石承载力的特征值可用岩基载荷试验确定。试验采用圆形的刚性承压板，直径为 300mm。当岩石埋藏深度较大时，可采用钢筋混凝土桩试验，但桩周需采用措施以清除其侧摩阻力，取试验 p-s 线直线段的终点为比例界限，作为岩石地基承载力特征值，或者取极限承载力除以安全系数 3.0 为桩端承载力的特征值。

14.4 群桩效应

由三根或三根以上的桩组成的桩基础叫作群桩基础。在荷载作用下，由于桩、桩间土和承台之间的相互作用和共同作用，使群桩中桩的承载力和沉降性质与单桩有显著差别。群桩基础受力（主要是竖向压力）后，其总的承载力通常不等于各单桩的承载力之和，这种现象称为群桩效应。定义群桩效应系数 η 为实际群桩承载力与组成群桩基础的各单桩承载力之和的比值，来度量群桩效应对群桩承载力的影响程度。本节着重分析在竖向压力下的群桩效应。

1. 端承型群桩基础

端承型桩基持力层坚硬，桩顶沉降较小，桩顶荷载基本上集中通过桩端直接传给桩端持力层。由于桩端承压面积很小，各桩端的压力彼此间基本不会相互影响，如图 14-12（a）所示。因此，端承型群桩基础中各根单桩的工作形状接近于独立单桩，群桩基础的沉降量与单桩基本相同，群桩的承载力等于各单桩承载力之和，群桩效应系数 $\eta=1$。

2. 摩擦型群桩基础

一般假定桩侧摩阻力在土中引起的附加应力按某一角度 θ 沿桩长向下扩散分布，至桩端平面处，压力分布如图 14-12 中阴影所示。当桩数少，并且桩距 S_a 较大时，例如 $S_a>6d$，桩端平面处各桩传来的附加压力互不重叠或重叠不多［图 14-12（b）］，此时群桩中各桩的工作状态类似于单桩。但当桩数较多、桩距较小时，例如常用的桩距 $S_a=(3\sim4)d$，桩端处各桩传来的附加压力就会相互叠加［图 14-12（c）］，使得桩端处附加压力要比单桩时数值大，荷载作用面积加宽，影响深度更深。此时，群桩中各桩的工作状态与独立单桩不同，其结果一方面可能使桩端持力层总应力超过土层承载力；另一方面会使群桩基础的沉降高于单桩的沉降。若限制群桩的沉降量与独立单桩沉降量相同，则群桩中各桩的平均承载力就小于独立单桩承载力，即群桩基础承载力小于各单桩承载力总和。由于摩擦型群桩基础的荷载-沉降曲线属缓变型，群桩效应系数可能小于 1，也可能大于 1。

3. 承台的作用

复合桩基的承台与桩间土直接接触，在竖向压力作用下承台会发生向下的位移，使桩

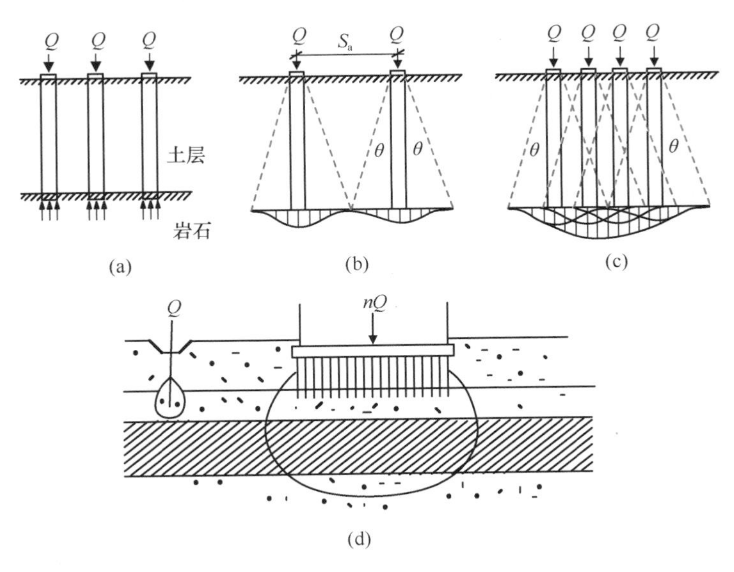

图 14-12 群桩效应

间土表面承压，从而分担作用于桩上的荷载，有时承受的荷载高达总荷载的 1/3，甚至更高的比例。承台底分担荷载的作用随着群桩相对于基土向下位移幅度的增大而增强。因此，设计复合桩基时应注意，承台分担荷载是以桩基的整体下沉为前提的，只有在桩基沉降不会危及建筑物的安全和正常使用，且承台底不与软土直接接触时，才宜于开发利用承台底土反力的潜力。因此，在如下几种情况下，通常不能考虑承台的荷载分担效应：（1）桩基础承受经常出现的动力作用，如铁路桥梁的桩基；（2）承台下存在可能产生负摩擦力的土层，如湿陷性黄土、欠固结土、新近填土、高灵敏度黏土、可液化土；（3）在饱和软黏土中沉入密集的群桩，引起超静孔隙水压力和土体隆起，随后桩间土逐渐固结而下沉的情况；（4）桩周堆载或降水而可能使桩周地面与承台脱开等。

由承台贴地引起的群桩效应主要包括以下方面：

（1）对桩侧摩阻力有削弱作用：由于土、桩、承台三者有基本相同的位移，承台对台底土体的竖向荷载导致上部桩间土压缩下移，从而减少了桩-土相对位移，使桩顶部位的桩侧阻力不能充分发挥出来，甚至改变桩侧摩阻力逐步发挥的进行方向，使之于单桩的情况相反（即，随着桩身的向下贯入，桩侧摩阻力自桩身的中、下段开始逐渐向上发挥）。对于桩身压缩位移不大的中、短桩来说，上述削弱作用更加明显。

（2）对桩侧阻力和桩端阻力的增强作用：当承台宽度与桩长之比 $b_c/l>0.5$ 时，由台底扩散至桩端平面的竖向压力可以提高对桩底土侧方挤出的约束能力，从而增强桩端极限承载力。此外，台底压力在桩间土中引起的桩侧法向应力可以增强摩擦性土（砂类土、粉土）中的桩侧摩阻力。

（3）调节各桩受力的作用：在中心荷载作用下，尽管各桩顶的竖向位移基本相等，但各桩分担的竖向力并不相等，一般是角桩的受力分配大于边桩的，边桩的大于中心桩的，即马鞍形分布。同时承台的调节作用还会使质量好、刚度大的桩多受力，质量差、刚度小的桩少受力，最后使各桩共同工作，增加桩基础的总体可靠度。

(4) 对基土侧移的阻挡作用：承台下压时，群桩的存在以及台-土接触面摩阻力都对上部桩间土的侧向挤动产生阻挡作用，同时也引起桩身附加弯矩的产生。

总之，群桩效应有些是有利的，有些是不利的，这与群桩基础的土层分布和各土层的性质、桩距、桩数、桩的长径比、桩长及承台宽度比、成桩工艺等诸多因素有关。合理利用群桩效应可优化基础设计，减少成本。以带桩筏形基础为例：如果地基上部土层不太差、下部土层可压缩，则可适当减少桩数，以大于常规的桩距布桩，以便提高桩顶荷载(甚至使其高达极限承载力)，迫使桩端贯入压缩性持力层。但是桩长不宜过短，否则筏板将承担过多的荷载，使桩难以充分发挥作用而失去其存在的意义。一般说来，筏板宽度与桩长之比取 1.0 ～ 2.0 时，可明显提高带桩筏形基础的整体承载力。

14.5 桩基沉降计算

尽管桩基础与天然地基上的浅基础比较，沉降量可大为减少，但随着建筑物的规模和尺寸的增加以及对于沉降变形要求的提高，很多情况下，桩基础也需要进行沉降计算。《地基规范》规定，对于以下建筑物的桩基需要进行沉降验算：地基基础设计等级为甲级的建筑物桩基；体型复杂、荷载不均匀或桩端以下存在软弱土层的设计等级为乙级的建筑物桩基；摩擦型桩基。

与浅基础沉降计算一样，桩基最终沉降计算应采用作用效应的准永久组合，按基于土的单向压缩、均质各向同性和弹性假设的单向压缩分层总和法计算。地基内的应力分布宜采用各向同性均质线性变形体理论，按实体深基础方法或明德林应力公式进行计算。建筑桩基沉降变形计算值不应大于桩基沉降变形允许值，桩基沉降变形指标有沉降量、沉降差、整体倾斜和局部倾斜。变形指标应按以下规定选用：(1) 由于土层厚度与性质不均匀、荷载差异、体形复杂、相互影响等因素引起的地基沉降变形，对于砌体承重结构应由局部倾斜控制；(2) 对于多层或高层建筑和高耸结构应由整体倾斜值控制；(3) 当其结构为框架、框架一剪力墙、框架核心筒结构时，尚应控制柱（墙）之间的差异沉降。

14.5.1 单桩沉降的计算

竖向荷载作用下的单桩沉降由下述三部分组成：(1) 桩身弹性压缩引起的桩顶沉降；(2) 桩侧阻力引起的桩周土中的附加应力以压力扩散角向下传递，致使桩端下土体压缩而产生的桩端沉降；(3) 桩端荷载引起桩端下土体压缩所产生的桩端沉降。

上述单桩沉降三个组成部分的计算都必须知道桩侧、桩端各自分担的荷载比，以及桩侧阻力沿桩身的分布图式，而荷载比和侧阻力分布图式不仅与桩的长度、桩与土的相对压缩性、土的剖面有关，还与荷载水平、荷载持续时间有关。当荷载水平较低时，桩端土尚未发生明显的塑性变形且桩一土之间并未产生滑移，这时单桩沉降可近似用弹性理论进行计算；当荷载水平较高时，桩端土将发生明显塑性变形，单桩沉降组成及其特性都发生明显的变化。此外，桩身荷载的分布还存在时间效应，如荷载持续时间很短，桩端土体压缩特性通常呈现弹性性能，如荷载持续时间很长，则需考虑沉降的时间效应，即土的固结与次固结的效应。一般情况下，桩身荷载随时间的推移有向下部和桩端转移的趋势。

因此，单桩沉降计算应根据工程问题的性质以及荷载的特点，选择与之相适应的计算方法与参数。目前单桩沉降计算方法主要有荷载传递法［图 14-5、式 (14-4)、式 (14-5)］、弹性理论法、剪切变形传递法、有限单元分析法以及其他简化方法。这些计算方法的详尽介绍可参见有关书籍。

14.5.2 群桩的沉降计算

群桩的沉降主要由桩间土的压缩变形（包括桩身压缩、桩端贯入变形）和桩端平面以下土层受群桩荷载共同作用产生的整体压缩变形两部分组成。由于群桩的沉降性状涉及群桩几何尺寸（如桩间距、桩长、桩数、基础宽度等）、成桩工艺、桩基施工与流程、土的类别与性质、土层剖面的变化、荷载大小与持续时间以及承台设置方式等众多复杂因素，因此，目前尚没有较为完善的桩基础沉降计算方法。《地基规范》推荐的群桩沉降计算方法不考虑桩间土的压缩变形对沉降的影响，采用单向压缩分层总和法计算桩基础的最终沉降量。分层总和法计算中，地基内的应力分布主要采用实体深基础法和明德林应力公式法。以下分别介绍这两种应力解在桩基沉降计算中的应用。

1. 实体深基础法

实体深基础法是将桩端平面作为弹性体的表面，用布辛内斯克解计算桩端以下各点的附加应力，再用与浅基础沉降计算一样的单向压缩分层总和法计算沉降，见式（14-11）。假想实体深基础就是将在桩端以上一定范围的承台、桩及桩周土当成实体深基础，即不计从地面到桩端平面间的压缩变形，这类方法适用于桩距 $S \leqslant 6d$ 的情况。

$$s = \phi_{ps} \sum_{i=1}^{n} \frac{\bar{\sigma}_{zi} h_i}{E_{si}} \tag{14-11}$$

式中 s——桩基最终计算沉降量（mm）；

n——计算分层数；

E_{si}——第 i 层土在自重应力至自重应力加上附加应力作用段的压缩模量（MPa）；

h_i——桩端平面下第 i 个分层的厚度（m）；

$\bar{\sigma}_{zi}$——桩端平面下第 i 个分层的土的竖向附加应力平均值（kPa）；

ϕ_{ps}——实体深基础桩基沉降计算经验系数，应根据地区桩基础沉降观测资料及经验统计确定，在不具备条件时，可参考表 14-5。

实体深基础计算桩基沉降经验系数 ϕ_{ps}　　表 14-5

E_s(MPa)	≤15	25	35	≥45
ϕ_{ps}	0.5	0.4	0.35	0.25

注：表内数值可以内插。

实体深基础桩底平面处的基底附加压力 p_0 有两种考虑方法：荷载扩散法和扣除桩群侧壁摩阻力法。

（1）荷载扩散法

荷载扩散法的示意图如图 14-13（a）所示，扩散角取为桩所穿过各土层内摩擦角的加权平均值的 1/4。在桩端平面处的附加应力 p_0 可用式（14-12）计算：

$$p_0 = \frac{F + G_T}{\left(b_0 + 2l\tan\frac{\bar{\varphi}}{4}\right)\left(a_0 + 2l\tan\frac{\bar{\varphi}}{4}\right)} - \sigma_{s(l+d)} \tag{14-12}$$

式中 F——对应于作用效应准永久组合时，桩基承台顶面的竖向力（kN）；

G_T ——在扩散后面积上，从桩端平面到设计地面间的承台、桩和土的总重量，可按 20kN/m^{2}计算，水下扣除浮力（kN）；

a_0、b_0 ——群桩的外缘矩形面积的长、短边的长度（m）；

$\bar{\varphi}$ ——桩所穿过土层的内摩擦角加权平均值（°）；

l ——桩的入土深度（m）；

$\sigma_{s(l+d)}$ ——桩端平面上地基土的自重应力［深度（$l+d$）］（kPa），地下水位以下应扣除浮力。

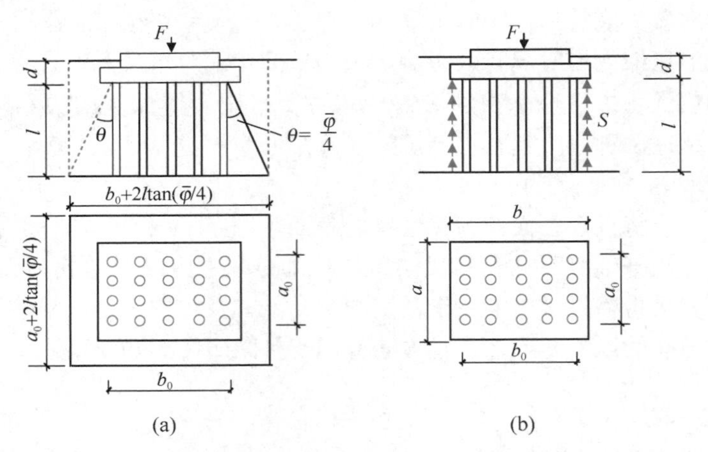

图 14-13　实体深基础的底面积

有时可忽略桩身长度 l 部分桩土混合体的总重量与同体积原地基土间总重量之差，则可用式（14-13）近似计算：

$$p_0=\frac{F+G-\sigma_{sd}ab}{\left(b_0+2l\tan\frac{\bar{\varphi}}{4}\right)\left(a_0+2l\tan\frac{\bar{\varphi}}{4}\right)} \tag{14-13}$$

式中　G ——承台和承台上土的自重，可按 20kN/m^{2}计算，水下部分扣除浮空力浮力（kN）；

σ_{sd} ——承台底面高程处地基土的自重应力，地下水位以下扣除浮力（kPa）。

（2）扣除桩群侧壁摩阻力法

扣除桩群的侧壁摩阻力法的示意图如图 14-13（b）所示。这时桩端平面的附加压力 p_0 通过式（14-14）计算：

$$p_0=\frac{F+G-2(a_0+b_0)\sum q_{sia}h_i}{a_0b_0} \tag{14-14}$$

式中　h_i ——桩身所穿越第 i 层土的土层厚度（m）；

q_{sia} ——桩身穿越的第 i 层土侧阻力特征值，可从表 14-4 取值，也可按表 14-2 的 q_{sk} 值除以 2（kPa）。

式（14-14）是一个近似的计算式，在计算承台底的附加压力时，没有扣除承台以上地基土自重，考虑这一差别被桩身 l 长度部分桩土混合体的重量与原地基土质量之差所抵消。

2. 明德林（Mindlin）应力公式

在浅基础沉降计算的分层总和法中，地基土中应力计算用的布辛内斯克解是将荷载作用于半无限弹性体的表面。但是，对于桩基础，桩身的摩擦力和桩端荷载实际上作用于土层内部。明德林解是当荷载作用于半无限弹性体内部时求弹性体内部应力场的解答，相比布辛内斯克解，明德林解对桩基中地基土的应力计算更接近实际。采用明德林应力公式计算地基中某点的竖向附加应力值，是根据盖得斯（Geddes）对明德林公式积分而导出的应力解。这种方法称为明德林-盖得斯法，简称明德林法。

盖得斯根据桩的传递荷载特点，将作用于单桩顶上的总荷载 Q 分解为桩端阻力 Q_p（$=\alpha Q$）和桩侧阻力 $Q_s[=(1-\alpha)Q]$；而桩侧阻力 Q_s 又可分为均匀分布的总摩阻力 Q_{s1}（$=\beta Q$）和随深度线性增加的总摩阻力 $Q_{s2}[=(1-\alpha-\beta)Q]$，如图 14-14 所示，其中 α 为端阻力占总荷载的比例，β 为均布摩阻力占总荷载的比例。系数 α 和 β 应根据当地工程的实测资料统计确定。

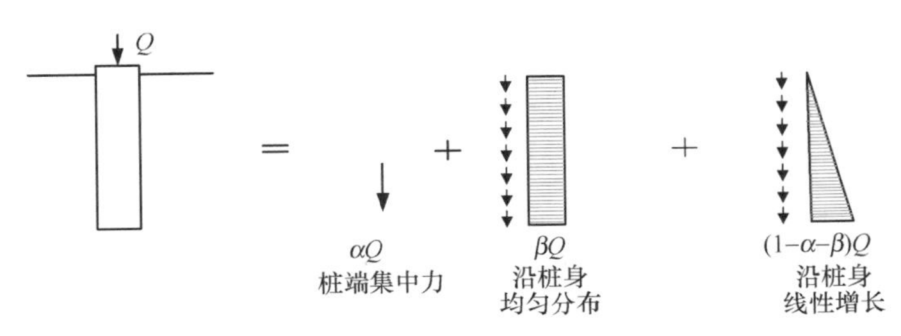

图 14-14　明德林-盖得斯单桩荷载的分解

对于一般摩擦桩，可假设桩侧阻力全部是沿桩身线性增长，即 $\beta=0$，这样每根摩擦桩在地基中某点的竖向附加应力为该桩的桩端荷载 Q_p 及桩侧荷载 Q_s 产生的竖向附加应力 σ_{zp} 和 σ_{zs} 之和。对于有 m 根桩的情况，再将每根桩在该点所产生的附加应力逐根叠加，按下式计算：

$$\sigma_{zi}=\sum_{k=1}^{m}(\sigma_{zp,k}+\sigma_{zs,k}) \tag{14-15}$$

式中　σ_{zi}——第 i 层土层中点处产生的附加应力；

$\sigma_{zp,k}$——第 k 根桩的桩端荷载在第 i 个土层中点处产生的附加应力。

$$\sigma_{zp,k}=\frac{\alpha Q}{l^2}I_{p,k} \tag{14-16}$$

如果假设 $\beta=0$，则第 k 根桩的桩侧荷载在第 i 层中点处产生的附加应力为

$$\sigma_{zs,k}=\frac{Q}{l^2}(1-\alpha)I_{s2,k} \tag{14-17}$$

式中　l——桩在土中长度；

I_p，I_{s2}——应力影响系数，可用明德林应力公式进行积分推导得出。

将 $\sigma_{zp,k}$ 及 $\sigma_{zs,k}$ 代入式（14-15）就得到该点由 m 根桩引起的附加应力。然后仍然按单向压缩的分层总和法计算沉降，亦即将 σ_{zi} 代入式（14-11）进行沉降计算，式（14-11）就可表示为：

$$s=\psi_{pm}\frac{Q}{l^2}\sum_{i=1}^{n}\frac{h_i}{E_{si}}\sum_{k=1}^{m}[\alpha I_{p,k}+(1-\alpha)I_{s2,k}] \tag{14-18}$$

采用上式计算时，桩基沉降计算经验系数 ϕ_{pm} 应根据当地工程实测资料统计确定，无地区经验时，可按表 14-6 取值。

明德林应力公式方法计算桩基沉降经验系数 ϕ_{pm} **表 14-6**

E_s(MPa)	≤15	25	35	≥40
ϕ_{ps}	1.00	0.8	0.6	0.3

注：表内数值可以内插。

14.6 桩的负摩擦力和抗拔承载力

14.6.1 桩的负摩擦力

1. 负摩擦力的概念和产生条件

桩侧摩阻力的方向取决于桩与地基土之间的相对位移方向。在桩顶荷载作用下，当桩相对地基土向下运动时，地基土对桩施加向上的摩擦力，这种摩擦力通常被称为正摩擦力，简称为侧摩阻力或侧阻力，它对桩起支撑作用。当桩体本身向下的位移量小于地基土体向下的位移量时，桩侧摩擦力方向向下，被称为负摩擦力。负摩擦力减少了承压桩的承载力，增加桩上荷载，并可能导致过量的沉降，因而不能避免时应对其进行验算。

产生负摩擦力的原因有多种，例如：

（1）桩周地面上分布大面积的较大荷载，例如仓库中大面积堆载［图 14-15（a）］；

（2）桩身穿过欠固结软黏土或新填土层，桩端支承于较坚硬的土层上，桩周土在自重作用下随时间固结沉降；

（3）由于地下水大面积下降（例如大量抽取地下水）使易压缩土层有效应力增加而发生压缩［图 14-15（b）］；

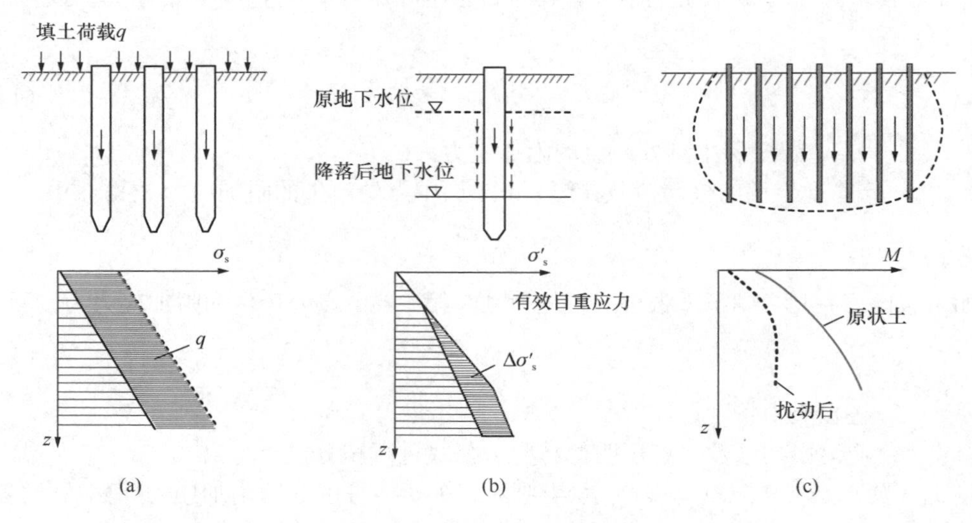

图 14-15 几种产生负摩擦力的情况

（4）自重湿陷性黄土浸水下沉，冻土融陷；

（5）在灵敏性土内打桩引起桩周围土的结构破坏而重塑和固结［图 14-15（c）］，图中

M 为十字板剪切仪在土体破坏时的力矩。某现场测试表明，灵敏性土内打桩引起的负摩擦力大约为 17%黏土的不排水强度。

2. 负摩擦力的分布

桩身负摩擦力的分布范围视桩身与桩周土的相对位移情况而定。一般除了支承在基岩上的非长桩以外，负摩擦力不是沿桩身全长分布。图 14-16（b）中 ab 段代表桩周土层的下沉量随深度的分布，其中 s_e 表示地面土的沉降量；cd 线为桩身各截面的向下位移曲线，该线上所表示的桩身任一截面位移量 $s_D = s_p + s_{sz}$ ，其中 s_p 为桩端的下沉量，表示桩整体向下平移；s_{sz} 为 z 断面以下桩身材料的压缩量，即该断面与桩尖断面的位移差。可以看出 ab 线与 cd 线的交点为 O，在 O 点处桩与桩周土位移相等，二者没有相对位移及摩擦力的作用，称 O 点为中性点。在中性点以上，各处断面处土的下沉量大于桩身各点的向下位移量，所以是负摩擦区；在中性点以下，土的下沉量小于桩身各点的向下位移，因而它是桩的轴力最大点，亦即轴力分布曲线在该点的斜率为 0，见图 14-16（d）。作用于桩侧摩阻力的分布如图 14-16（c）所示。

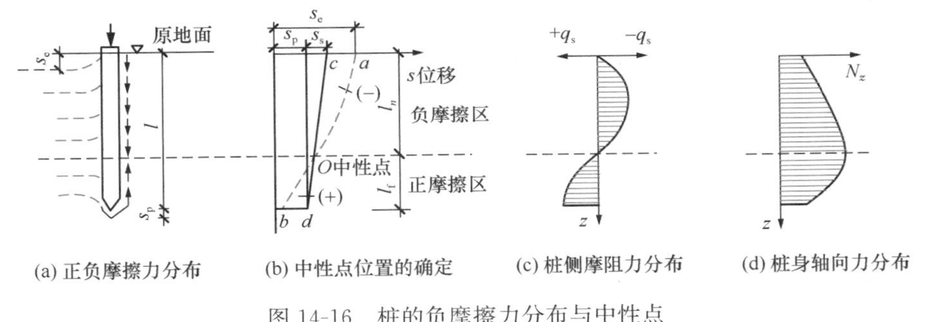

图 14-16 桩的负摩擦力分布与中性点

中性点的深度 l_n 与桩周土的压缩性和变形条件、土层分布及桩的刚度等条件有关，但实际上难以准确地确定该位置。显然，桩端沉降量 s_p 越小，l_n 就越大，当 $s_p = 0$ 时，$l_n = l$ ，亦即全桩分布负摩擦力。对产生负摩擦力的桩，《桩基规范》给出的中性点深度与桩长的比值如表 14-7 所示。

中性点深度 l_n **表 14-7**

持力层性质	黏性土、粉土	中密以上砂	砾石、卵石	基岩
中性点深度比 l_n/l_0	0.5～0.6	0.7～0.8	0.9	1.0

注：1. l_n、l_0 分别为自桩顶算起的中性点深度和桩周软弱土层下限深度；
2. 桩穿过自重湿陷性黄土层时，l_n 可按表列值增大 10%（持力层为基岩除外）；
3. 当桩周土层固结与桩基固结沉降同时完成时，取 $l_n = 0$ ；
4. 当桩周土层计算沉降量小于 20mm 时，l_n 应按表列值乘以 0.4～0.8 折减。

上述中性点位置 l_n 是指桩与周围土沉降稳定时的情况，由于桩周土固结随时间而发展，所以中性点位置也随时间变化。

3. 负摩擦力的计算

（1）单桩负摩阻力的计算

由于影响桩身负摩擦力的因素较多，准确计算比较困难。已有的有关负摩阻力的计算方法和公式都是近似的和经验性的，使用较多的有以下两种。

1）对软土和中等强度黏土，可按照太沙基建议的方法，取：

$$\tau_{n}=q_{u}/2=c_{u} \tag{14-19}$$

式中 τ_{n}——桩侧负摩阻力强度；

q_{u}——土的无侧限抗压强度；

c_{u}——土的不排水抗剪强度，可采用十字板现场测定。

2）多数学者认为桩侧面摩擦力大小与桩侧有效应力有关，根据大量试验及工程实测表面，贝伦（L. Bjerrum）提出的"有效应力法"较为接近实际，因此我国《桩基规范》也规定用该方法计算负摩擦力的标准值：

$$\tau_{ni}=K_{i}\tan\varphi'_{i}\sigma'_{vi}=\xi_{n}\sigma'_{vi} \tag{14-20}$$

式中 τ_{ni}——第 i 层土桩侧负摩阻力强度；

K_{i}——土的侧压力系数，可取为静止土压力系数；

φ'_{i}——土的有效应力内摩擦角；

σ'_{vi}——桩周土中竖向有效应力（kPa）；

ξ_{n}——桩周土负摩擦系数，与土的类别和状态有关，可参考表 14-8。

负摩擦系数 ξ_{n} 表 14-8

土类	ξ_{n}	土类	ξ_{n}
饱和软土	0.15～0.25	砂土	0.35～0.50
黏性土、粉土	0.25～0.40	自重湿陷性黄土	0.20～0.35

注：1. 在同一类土中，对于挤土桩，取表中较大值，对于非挤土桩，取表中较小值；

2. 填土按其组成取表中同类土的较大值。

（2）群桩负摩阻力的计算

负摩阻力由桩周土体的沉降引起，若桩群中各桩表面单位面积所分担的土体重量小于单桩的负摩阻力极限值，将会导致群桩的负摩阻力降低，即表现为群桩效应。这种群桩效应可按等效圆法计算，即假设独立单桩单位长度的负摩阻力 τ_{n} 由相应长度范围内半径 r_{e} 形成的土体重量与之等效，则有：

$$\pi d\tau_{n}=\left(\pi r_{e}^{2}-\frac{\pi}{4}d^{2}\right)\gamma_{m} \tag{14-21}$$

解上式得：

$$r_{e}=\sqrt{\frac{d\tau_{n}}{\gamma_{m}}+\frac{d^{2}}{4}} \tag{14-22}$$

式中 r_{e}——等效圆半径；

d——桩身直径；

τ_{n}——中性点以上单桩的平均极限负摩阻力；

γ_{m}——中性点以上桩周土体加权平均重度。

以群桩中各桩中心为圆心，以 r_{e} 为半径作圆，由各圆的相交点作矩形，矩形面积 $A_{r}=s_{ax}\cdot s_{ay}$ 与圆面积 $A_{e}=\pi r_{e}^{2}$ 之比为负摩阻力的群桩效应系数 η_{c}，即：

$$\eta_{c}=\frac{A_{r}}{A_{e}}=s_{ax}\cdot s_{ay}/\left[\pi d\left(\frac{\tau_{n}}{\gamma_{m}}+\frac{d}{4}\right)\right] \tag{14-23}$$

其中，s_{ax}、s_{ay} 分别为纵横向桩的中心距。当按上式计算群桩基础的 $\eta_{c}>1$ 时，取 $\eta_{c}=1$。

群桩中任一单桩的极限负摩阻力为：

$$\tau_{g}^{n}=\eta_{c}\tau_{n} \tag{14-24}$$

式中 τ_{n}——单桩的极限负摩阻力。

因此，群桩中任一单桩的下拉荷载 Q_{g}^{n} 可按下式计算：

$$Q_{g}^{n}=\eta_{c}\cdot u_{p}\sum_{i=1}^{n}\tau_{ni}l_{ni} \tag{14-25}$$

式中 u_{p}——桩截面周长；

n——中性点以上土层数；

l_{ni}——中性点以上各土层的厚度。

4. 减小负摩阻力的措施

负摩擦力的存在减少了承压桩的承载力，增加了桩上荷载，在桩基设计施工中可采用一些措施避免或减少负摩擦力。减少桩侧负摩阻力的措施有两类：一类是地基预处理，另一类是防护措施。

地基预处理方法有以下几种：(1) 对于填土建筑场地，先捣实以保证填土的密实度，待填土沉降稳定后再成桩；(2) 采取预压法等处理措施，通过地面堆载减少未来的地面沉降；(3) 对于自重湿陷性黄土地基，采用强夯、挤密法等先行处理，消除部分自重湿陷性。

防护措施有以下几种：(1) 在群桩基础外围设置保护桩，隔离因外部填土或堆载所引起的桩侧负摩阻力；(2) 在群桩基础内部设置保护桩；(3) 套管保护桩法，即在中性点以上桩段的外面罩上一段尺寸较桩身大的套管，使这段桩身不致受到土的负摩擦力作用；(4) 桩身表面涂层法，即对于中性点以上的桩身涂抹滑动层和保护层，滑动层是以黏弹性的特殊沥青或聚氯乙烯为主要成分的低分子化合物，保护层是 1.8～2.0mm 厚的合成树脂，可以保护滑动层，使其在打桩和运输中不致脱落，该方法适用于预制钢筋混凝土桩和钢桩；(5) 钻孔法，即用钻机在桩位预先钻孔，然后将桩插入，在桩的周围灌入膨润土，此法可用于不适于涂层法的地层条件，在黏性土地层中效果较好；(6) 对干作业成孔灌注桩，可在沉降土层范围内的孔壁先铺设双层筒形塑料薄膜，然后再浇筑混凝土，从而在桩身与孔壁之间形成可自由滑动的塑料薄膜隔离层。

14.6.2 抗拔承载力

承受竖向上拔力的桩称为抗拔桩。对于深埋的轻型结构和地下结构的抗浮桩、高耸建筑物受到较大倾覆力后的桩基，以及一些特殊条件下（地震作用或建于特殊地基上）的建筑物桩基，往往都会发生部分或全部桩承受上拔力的情况，此时应对桩基进行抗拔承载力验算。

与承压桩不同，当桩受到拉拔荷载时，桩相对于土向上运动，这使桩周土产生的应力状态、应力路径和土的变形都不同于承压桩的情况，所以抗拔的摩阻力一般小于抗压的摩阻力。砂土中的抗拔摩阻力就比抗压的小得多，而在饱和黏土中，较快的上拔可在土中产生较大的负超静孔隙水压力，可能会使桩的拉拔更困难，但由于其不可靠，所以一般不计入抗拔力中。

由于对桩的抗拔机理的研究尚不够充分，所以对于甲级、乙级建筑桩基，基桩的抗拔极限承载力应通过现场单桩拔桩静载荷试验确定。无当地经验时，群桩基础和设计等级为丙级的建筑桩基的基桩抗拔极限承载力取值可按经验公式计算。

经验公式法是建立在圆柱状模型破坏模式基础上的，认为桩的抗拔侧阻力与抗压侧阻力相似，但随着上拔量的增加，抗拔侧阻力会因为土层松动及侧面积减少等原因而低于抗压侧阻力，故利用抗压侧阻力确定抗拔侧阻力时，引入了抗拔折减系数 λ_p，此系数是根据大量试验资料统计得出的。

桩基受拔可能会出现下列情形：（1）单桩基础受拔；（2）群桩基础中部分基桩受拔，此时上拔力引起的破坏对基础来讲不是整体性的；（3）群桩基础的所有基桩均承受上拔力，此时基础便可能整体受拔破坏。对这 3 种情形的抗拔承载力按下述经验公式法计算。

（1）桩基础呈非整体破坏时，基桩的抗拔极限承载力标准值 T_{uk} 为：

$$T_{uk} = \sum \lambda_{pi} q_{sik} u_i l_i \tag{14-26}$$

式中 T_{uk}——单桩抗拔极限承载力标准值（kN）；

λ_{pi}——第 i 层土的抗拔折减系数，可参考表 14-9 取值；

q_{sik}——第 i 层土的极限侧阻力标准值，可按表 14-2 取值；

u_i——第 i 层土中的桩身周长（m）。

抗拔系数 λ_p **表 14-9**

土类	λ_p
砂土	0.5～0.7
黏性土、粉土	0.7～0.8

注：桩长 l 与桩径 d 之比小于 20 时，λ_p 取小值。

基桩的抗拔验算可用式（14-27）进行：

$$N_k \leqslant T_{uk}/2 + G_p \tag{14-27}$$

式中 N_k——相应于作用效应标准组合时的基桩上拔力；

G_p——基桩自重，地下水位以下取浮重度。

（2）当群桩基础呈整体破坏时，基桩的抗拔极限承载力标准值 T_{gk} 为：

$$T_{gk} = \frac{1}{n} u_l \sum \lambda_{pi} q_{sik} l_i \tag{14-28}$$

式中 u_l——群桩的外围周长，指沿最外围桩的边缘切线围城的区域的周长（m）；

n——群桩基础中的总桩数。

14.7 桩基水平承载力

建筑工程中的桩基础以承受竖向荷载为主，但在风荷载、地震作用、机械制动荷载或土压力、水压力等作用下，也将承受一定的水平荷载。尤其是桥梁工程中的桩基，除了满足桩基的竖向承载力要求之外，还必须对桩基的水平承载力进行验算。

作用于桩顶的水平荷载性质包括：长期作用的水平荷载（如上部结构传递的或由土、水压力施加的以及拱的推力等水平荷载），反复作用的水平荷载（如风力、波浪力、船舶撞击力以及机械制动力等水平荷载）和地震作用所产生的水平力。承受水平荷载为主的桩基础（如桥梁桩基础）可考虑采用斜桩将竖直桩所产生的弯矩转换为受压或受拉，在一般工业与民用建筑中即便采用斜桩更为有利，但常因施工条件限制等原因而很少采用斜桩。一般地说，当水平荷载和竖向荷载的合力与竖直线的夹角不超过 5°（相当于水平荷载的数值为竖向荷载的 1/12～1/10）时，竖直桩的水平承载力不难满足设计要求，应采用竖直桩。下面的讨论仅限于竖直桩。

14.7.1 水平荷载作用下桩的工作特点

桩能够承担水平荷载的能力称单桩水平承载力。短桩由于入土浅，而表层土的性质一般较差，桩的刚度远大于土层的刚度，在水平荷载作用下整个桩身易被推导或发生倾斜［图 14-17（a）］，故桩的水平承载力很低。桩入土深度越大，土的水平抵抗能力也越大。中长桩在水平荷载作用下，桩身发生挠曲变形，桩的下段可视为嵌固于土中不能转动，桩身变形呈抛物线型［图 14-17（b）］。一般中长桩的桩身位移曲线只出现一个位移零点，而长桩则会出现两个以上位移零点和弯矩零点，变形呈波浪状［图 14-17（c）］，沿桩长向深处逐渐消失。如果水平荷载过大，桩将会在土中某处折断。因此，桩的水平承载力对于长桩来说，由桩的水平位移和桩身弯矩所控制，而短桩则为水平位移和倾斜控制。

单桩水平承载力的大小主要取决于桩身的强度、刚度、桩周土的性质、桩的入土深度以及桩顶的约束条件等因素。如何确定单桩水平承载力是个复杂的问题。目前确定单桩水平承载力的途径有两类：一类是通过水平静载荷试验，另一类是通过理论计算，二者中前者更为可靠。

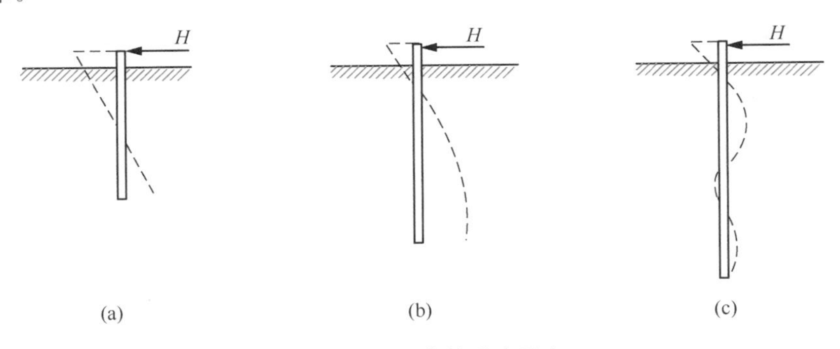

图 14-17　竖直桩受水平力

14.7.2 单桩水平静载荷试验

1. 试验装置

一般采用一台水平放置的千斤顶同时对两根桩施加水平力，力的作用线应通过工程桩基承台底面标高处，千斤顶与试桩接触处宜设置一球形铰座，以保证作用力能水平通过桩身轴线。桩的水平位移宜用大量程百分表量测，百分表应放置在桩的外侧，并应成对对称布置。若需测定地面以上桩身转角时，在水平力作用线以上 500mm 左右还应安装 1～2 只百分表（图 14-18）。固定百分表的基准桩与试桩的净距不小于一倍试桩直径。

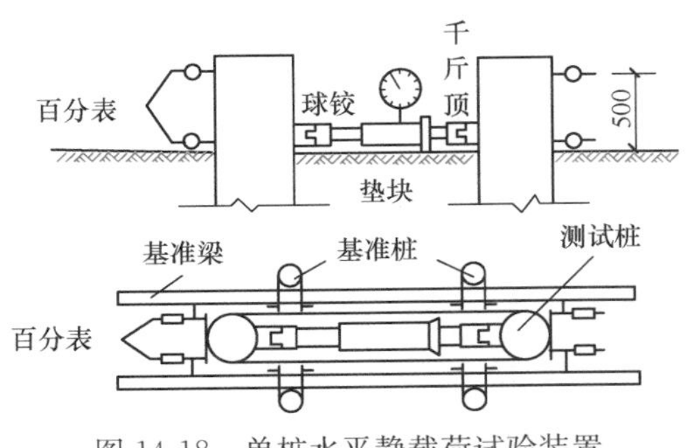

图 14-18　单桩水平静载荷试验装置

2. 试验加载方法

对于承受反复作用的水平荷载的桩基础，其单桩试验一般采用单向多循环加卸载法。多循环加载时，荷载分级宜取设计或预估极限水平承载力的1/15～1/10。每级荷载施加后，维持恒载4min测读水平位移，然后卸载至零，停2min测读水平残余位移，至此完成一个加卸载循环，如此循环5次即完成一级荷载的试验观测。试验不得中途停歇。

对于承受长期水平荷载的桩基础，应采用分级连续加载法进行，各级荷载的增量同上。各级荷载维持10min并记录百分表读数后即进行下一级荷载的试验，如观测到10min时的水平位移还未稳定，则应延长该级荷载的维持时间，直至稳定为止。

3. 终止加载条件

当桩身折断或桩顶水平位移超过30～40mm（软土取40mm），或桩侧地表出现明显裂缝或隆起时，即可终止试验。

4. 水平承载力的确定

根据试验结果，一般应绘制桩顶水平荷载-时间-桩顶水平位移（H_0-t-x_0）曲线（图14-19），或绘制水平荷载-位移梯度（H_0-$\Delta x_0/\Delta H_0$）曲线（图14-20），或水平荷载-位移（H_0-x_0）曲线，当具有桩身应力量测资料时，尚应绘制应力沿桩身分布图及水平荷载与最大弯矩截面钢筋应力（H_0-σ_g）曲线（图14-21）。

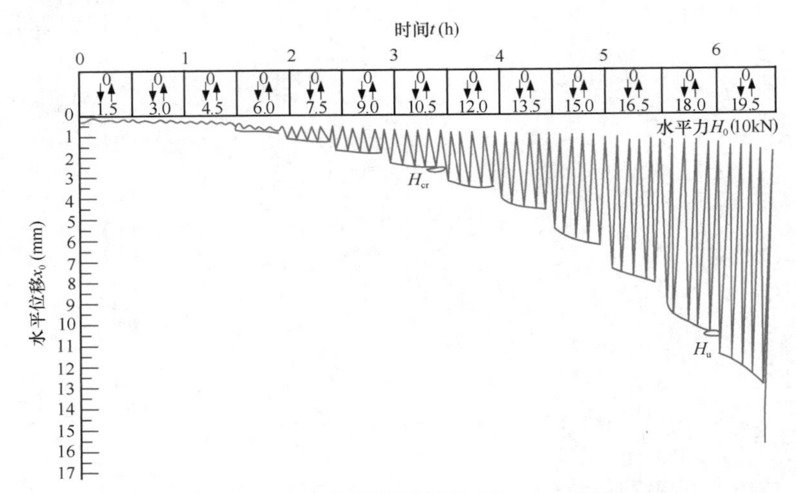

图14-19 水平静载荷试验 H_0-t-x_0 曲线

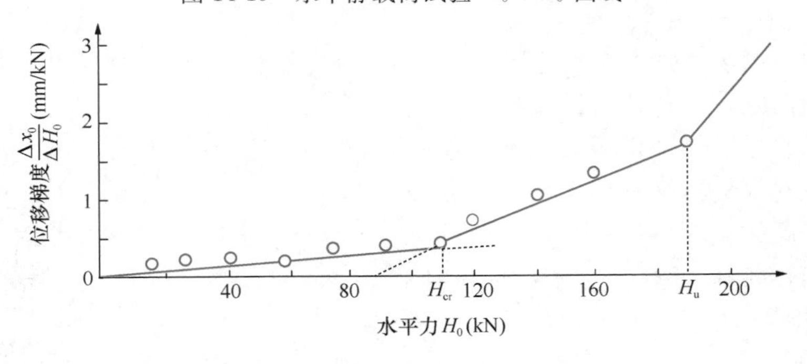

图14-20 单桩 H_0-$\Delta x_0/\Delta H_0$ 曲线

试验资料表明，上述曲线中通常有两个特征点，所对应的桩顶水平荷载为临界荷载 H_{cr} 和极限荷载 H_u（亦即单桩水平极限承载力）。H_{cr} 是相当于桩身开裂、受拉区混凝土不

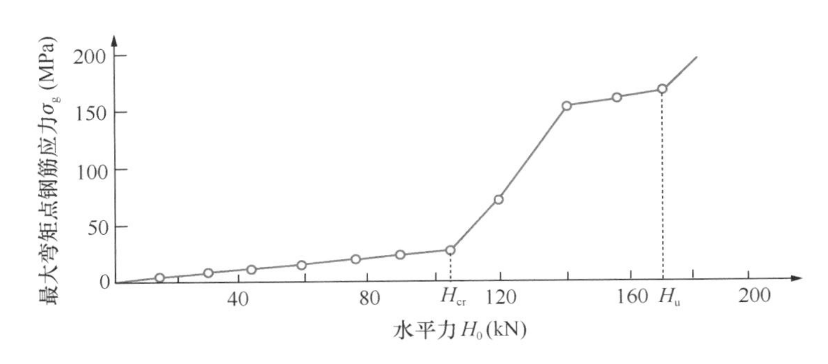

图 14-21　单桩 H_0-σ_g 曲线

参加工作时的桩顶水平力，一般可取 H_0-$\Delta x_0/\Delta H_0$ 曲线第一直线段终点或 H_0-σ_g 曲线第一拐点所对应的荷载。H_u 是相当于桩身应力达到强度极限时的桩顶水平力，一般可取：

(1) H_0-t-x_0 曲线明显陡变的前一级荷载，或慢速维持荷载法取 H_0-x_0 曲线产生明显陡变的起始点对应的荷载；

(2) H_0-$\Delta x_0/\Delta H_0$ 曲线第二直线段终点对应的荷载；

(3) 桩身折断的前一级荷载。

按规范要求获得同一条件下的单桩水平临界荷载统计值后，单桩水平承载力特征值应按以下方法综合确定：

(1) 当参加统计的试桩满足其极差不超过平均值的 30%时，可取其平均值为单桩水平极限荷载统计值。极差超过平均值的 30%时，宜增加试桩数量并分析极差过大的原因，结合工程具体情况确定单桩水平极限荷载统计值；

(2) 当桩身不允许裂缝时，取水平临界荷载统计值的 0.75 倍为单桩水平承载力特征值；

(3) 当桩身允许裂缝时，将单桩水平极限荷载统计值除以安全系数 2 为单桩水平承载力特征值，且桩身裂缝宽度应满足相关规范要求。

14.7.3　水平受荷桩的理论分析

当桩入土较深，桩的刚度较小时，桩的工作状态如同一个埋在弹性介质里的弹性桩。水平荷载作用下弹性桩的分析计算方法主要有地基反力系数法、弹性理论法和有限元法等，这里介绍目前国内常用的地基反力系数法。

1. 地基反力系数法

地基反力系数法是应用文克尔（Winkler）地基模型，把承受水平荷载的单桩视作弹性地基（由水平向弹簧组成）中的竖直梁，研究桩身在水平荷载和两侧土抗力共同作用下的挠度曲线，通过挠曲线微分方程的解答，求出桩身各截面的弯矩与剪力方程，并以此验算桩的强度。

按文克尔假定，桩侧土作用在桩上的抗力 p(kN/m) 可以用下式表示：

$$p = k_h x b_0 \tag{14-29}$$

式中　k_h ——地基土的水平抗力系数（或称水平基床系数或地基系数）(kN/m^3)；

x ——水平位移；

b_0 ——桩的计算宽度，取值按表 14-10；

桩身截面计算宽度 b_0 表 14-10

截面宽度 b 或直径 d（m）	圆桩	方桩
>1m	0.9（d+1）	b+1
≤1m	0.9（1.5d+0.5）	1.5b+0.5

水平抗力系数 k_h 与土的种类和桩入土深度有关，其沿桩身的分布是国内外学者长期以来研究的课题，目前仍在不断探讨中。因为 k_h 分布形式的不同假设将直接影响挠曲线微分方程的求解和截面内力计算，故根据对 k_h 分布的不同假定，可区分为不同的计算分析方法，采用较多的有以下几种。

（1）常数法

此法为我国学者张有龄在 20 世纪 30 年代提出，假定地基水平抗力系数沿深度均匀分布，即 $n=0$，见图 14-22（a）。由于假设 k_h 不变，与实际不符，但此法数学处理较为简单，若适当选择 k_h 的大小，仍然可以保证一定的精度，满足工程需要。日本等国家常按此法计算。

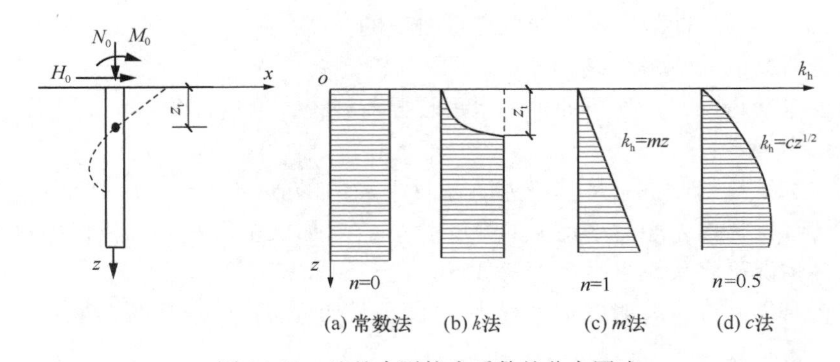

图 14-22　地基水平抗力系数的分布图式

（2）k 法

此法假定 k_h 在弹性曲线第一位移零点以上按直线（$n=1$）或抛物线（$n=2$）变化，以下则为常数 k，见图 14-22（b）。该法由苏联学者盖尔斯基于 1934 年提出，该法求解也比较容易，适合于计算一般预制桩或灌注桩的内力和水平位移，曾在我国广泛采用。

（3）m 法

假定地基水平抗力系数 k_h 随深度呈线性增加，即 $n=1$，$k_h = mz$，这里 m 为比例系数，见图 14-22（c）。该法适合于水平抗弯刚度 EI 很大的灌注桩，近年来在我国建筑工程和公路桥涵的桩基础设计中逐渐推广。

（4）c 法

假定地基水平抗力系数 k_h 随深度呈抛物线增加，即 $n=0.5$，$k_h = cz^{1/2}$，c 为比例常数，见图 14-22（d）。此外还有 k_h 随深度按梯形分布的方法等。

2. 水平受荷桩计算分析方法

实测资料表明，当桩的水平位移较大时，m 法的计算结果比较接近实际；而当水平位移较小时，c 法比较接近实际。下面对 m 法作简单介绍。

（1）单桩的挠曲线微分方程

设单桩在桩顶竖向荷载 N_0，水平荷载 H_0，弯矩 M_0 和地基水平抗力 $p(z)$ 作用下产生挠曲，其弹性挠曲线微分方程为：

$$EI\frac{\mathrm{d}^4x}{\mathrm{d}z^4}+N_0\frac{\mathrm{d}^2x}{\mathrm{d}z^2}=-p \tag{14-30}$$

由于 N_0 的影响很小，所以忽略 $N_0\frac{\mathrm{d}^2x}{\mathrm{d}z^2}$ 一项。注意到式（14-30）以及 $k_\mathrm{h}=mz$ 假定，得桩的挠曲线微分方程式为：

$$\frac{\mathrm{d}^4x}{\mathrm{d}z^4}+\frac{mb_0}{EI}zx=0 \tag{14-31}$$

令

$$\alpha=\sqrt[5]{\frac{mb_0}{EI}} \tag{14-32}$$

将式（14-32）代入式（14-31），则得：

$$\frac{\mathrm{d}^4x}{\mathrm{d}z^4}+\alpha^5zx=0 \tag{14-33}$$

式中，α 为桩的水平变形系数，单位是 m^{-1}。

求解式（14-33）时，注意到材料力学中的挠度 x、转角 φ、弯矩 M 和剪力 V 之间的微分关系，利用幂级数积分后，可得桩身各截面的内力、变形以及沿桩身抗力的简捷算法表达式如下：

位移

$$x_z=\frac{H_0}{\alpha^3EI}A_x+\frac{M_0}{\alpha^2EI}B_x \tag{14-34}$$

转角

$$\varphi_z=\frac{H_0}{\alpha^2EI}A_\varphi+\frac{M_0}{\alpha EI}B_\varphi \tag{14-35}$$

弯矩

$$M_z=\frac{H_0}{\alpha}A_\mathrm{M}+M_0B_\mathrm{M} \tag{14-36}$$

剪力

$$V_z=H_0A_0+\alpha M_0B_0 \tag{14-37}$$

水平抗力

$$p_z=\frac{\alpha H_0A_\mathrm{p}}{b_0}+\frac{\alpha^2M_0B_\mathrm{p}}{b_0} \tag{14-38}$$

式中 A_x，B_x，…，A_p，B_p 均为无量纲系数，决定于 αl 和 αz，可从有关设计规范或手册查用。按上式计算出的单桩水平抗力、内力、变形随深度的变化如图 14-23 所示。按 m 法进行计算时，比例系数 m 宜通过水平静载试验确定。如无试验资料时可参考表 14-11 所列数值。另外，如果桩侧由几层土组成时，应求出主要影响深度 $h_\mathrm{m}=2(d+1)$ 范围内的 m 值加权平均，作为整个深度的 m 值。

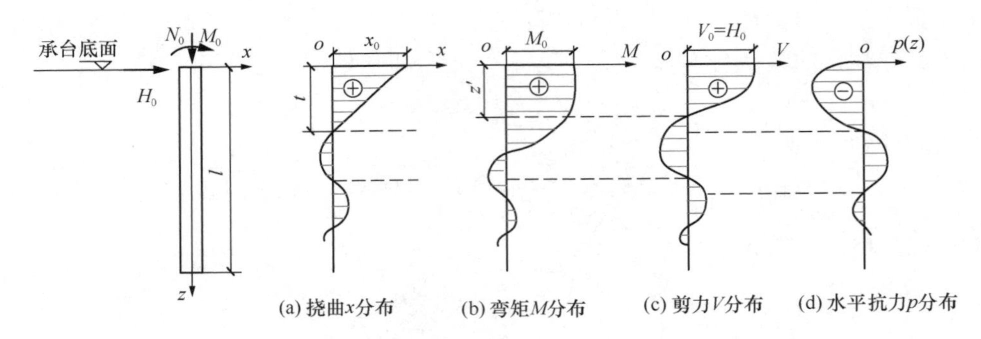

图 14-23　单桩内力与变位曲线

（2）桩顶的水平位移

桩顶位移是控制水平承载力的主要因素，查用相关规范换算深度 $\alpha z=0$ 时的 A_x 和 B_x 值，代入式（14-34）求得的位移即为长桩桩顶的水平位移。

桩的长短的不同，其水平受力下的工作性状也不同。在桩基分析中，一般以实际桩长 l 和水平变形系数 α 的乘积 αl（称换算长度）来区分桩的长短：换算长度 $\alpha l \geqslant 4$ 的桩称长桩或柔性桩；换算长度 $\alpha l < 4$ 的桩称短桩或刚性桩。刚性桩的桩顶水平位移计算可根据桩的换算长度 αl 和桩端支承条件，由相关规范查得位移系数 A_x 和 B_x，再由式（14-34）求之。

地基土水平抗力系数的比例系数 m 值　　表 14-11

序号	地基土类别	预制桩、钢桩		灌注桩	
		m（MN/m^4）	相应单桩在地面处水平位移（mm）	m（MN/m^4）	相应单桩在地面处水平位移（mm）
1	淤泥，淤泥质土，饱和湿陷性黄土	2～4.5	10	2.5～6	6～12
2	流塑（I_L）、软塑（$0.75<I_L\leqslant 1$）状黏性土、$e>0.9$ 粉土，松散粉细砂，松散、稍密填土	4.5～6.0	10	6～14	4～8
3	可塑（$0.25<I_L\leqslant 0.75$）状黏性土、$e=0.7\sim0.9$ 粉土，湿陷性黄土、中密填土，稍密细砂	6.0～10	10	14～35	3～6
4	硬塑（$0<I_L\leqslant 0.25$）、坚硬（$I_L\leqslant 0$）状黏性土、湿陷性黄土，$e<0.75$ 粉土，中密的中粗砂、密实老填土	10～22	10	35～100	2～5
5	中密、密实的砾砂，碎石类土			100～300	1.5～3

注：1. 当桩顶横向位移大于表列数值或当灌注桩配筋率较高（≥0.65%）时，m 值应适当降低；当预制桩的横向位移小于 10mm 时，m 值可适当提高。
2. 当横向荷载为长期或经常出现的荷载时，应将表列数值乘以 0.4 降低采用。
3. 当地基为可液化土层时，表列式中应乘以相应的土层液化折减系数。

(3) 桩身最大弯矩及其位置

设计承受水平力的单桩时，为了配筋，设计人员最关心的是桩身的最大弯矩值及其所在的位置。为了简化，可根据桩顶荷载 H_0 、M_0 和桩的水平变形系数 α 计算如下系数

$$C_{\mathrm{I}} = \alpha M_0 / H_0 \tag{14-39}$$

由系数 C_{I} 从表 14-12 查得相应的换算深度 $\overline{h}(=\alpha z)$ ，于是求得最大弯矩的深度

$$z_0 = \overline{h}/\alpha \tag{14-40}$$

由系数 C_{I} 从表 14-12 查得相应的系数 C_{II} ，桩身最大弯矩按下式计算：

$$M_{\max} = C_{\mathrm{II}} M_0 \tag{14-41}$$

表 14-12 适合于 $\alpha l \geqslant 4.0$ 即桩长 $l \geqslant 4.0/\alpha$ 的长桩。对于 $l < 4.0/\alpha$ 的刚性桩，则需另查有关设计手册。

当缺少单桩水平静载试验资料时，可根据上述的理论分析计算桩顶的变形和桩身内力，然后按一定的标准确定单桩水平承载力。对于预制桩、钢桩、桩身配筋率不小于0.65%的灌注桩，桩的水平承载力主要是由桩顶位移控制；而对于桩身配筋率小于0.65%的灌注桩，桩的水平承载力则主要由桩身强度控制。同时当建筑物对桩有抗裂要求时，对水平受力桩也应进行抗裂验算。

计算最大弯矩位置及最大弯矩系数 C_{I} 和 C_{II} 值 　　**表 14-12**

$\overline{h}=\alpha z$	C_{I}	C_{II}	$\overline{h}=\alpha z$	C_{I}	C_{II}
0.0	∞	1.000	1.4	−0.145	−4.596
0.1	131.252	1.001	1.5	−0.299	−1.876
0.2	34.186	1.004	1.6	−0.434	−1.128
0.3	15.544	1.012	1.7	−0.555	−0.740
0.4	8.781	1.029	1.8	−0.665	−0.530
0.5	5.539	1.057	1.9	−0.768	−0.396
0.6	3.710	1.101	2.0	−0.865	−0.304
0.7	2.566	1.169	2.2	−1.048	−0.187
0.8	1.791	1.274	2.4	−1.230	−0.118
0.9	1.238	1.441	2.6	−1.420	−0.074
1.0	0.824	1.728	2.8	−1.635	−0.045
1.1	0.503	2.299	3.0	−1.893	−0.026
1.2	0.246	3.876	3.5	−2.994	−0.003
1.3	0.034	23.438	4.0	−0.045	−0.011

14.8 桩基础设计

14.8.1 桩基础的设计内容和基本步骤

桩基础设计应符合安全、合理和经济的要求，并满足下列基本条件：(1) 单桩承受的

竖向荷载不应超过单桩竖向承载力特征值；（2）桩基础的沉降不得超过建筑物的沉降允许值；（3）对位于坡地岸边的桩基应进行桩基稳定性验算。考虑到桩基础相应于地基破坏的极限承载力甚高，因此，大多数桩基础的首要问题在于控制沉降量，即桩基础设计应按桩基础变形控制设计。

桩基础的设计内容和基本步骤如图 14-24 所示。

1. 调查研究，收集设计资料

设计必需的资料包括：建筑物的有关资料、地质资料和周边环境、施工条件等资料。建筑物资料包括建筑物的形式、荷载及其性质、建筑物的安全等级、抗震设防烈度等。

2. 基桩设计

在对以上收集的资料进行分析研究的基础上，针对土层分布情况，考虑施工条件、设备和技术、使用要求及上部结构条件等因素，选定桩基持力层，选择桩材，确定桩的类型、外形尺寸和构造，确定单桩承载力特征值。

3. 桩的平面布置及承载力验算

确定单桩承载力的特征值后，可根据上部结构荷载情况初步确定桩的数量和平面布置。对于群桩基础，还需要确定承台下土对荷载的分担作用、基桩的竖向承载力设计值、基桩的水平承载力设计值、群桩桩顶作用效应的简化计算、桩基础的基桩竖向承载力验算、桩基础下卧层承载力验算、群桩基础的沉降计算。

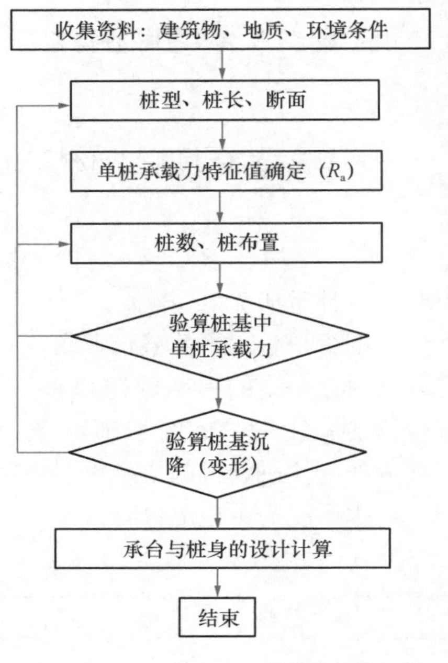

图 14-24 桩基设计的步骤

值得注意的是，桩基承载力、沉降和承台及桩身强度验算采用的荷载组合不同：当进行桩的承载力验算时，应采用正常使用极限状态下作用效应的标准组合；进行桩基的沉降验算时，应采用正常使用极限状态下作用效应的准永久组合；而在进行承台和桩身强度验算和配筋时，则采用承载力极限状态下作用效应的基本组合。

4. 承台和桩身的设计

承台的设计内容包括承台材料、承台埋深、外形尺寸和承台配筋，承台设计应满足抗冲切、抗弯、抗剪、抗裂等要求。对于钢筋混凝土桩，要对于桩的配筋、构造和预制桩吊运中的内力、沉桩中的接头进行设计计算。对于受竖向压荷载的桩，一般按构造设计或采用定型产品。

14.8.2 桩型、桩长和截面尺寸的确定

桩基设计时，首先应根据建筑物的结构类型、荷载情况、地层条件、施工能力及环境限制（噪声、振动）等因素，选择预制桩或灌注桩的类别、桩的截面尺寸和长度以及桩端持力层等。

1. 桩型的选择

根据地层条件，判断是使用预制桩还是灌注桩，端承桩还是摩擦桩，挤土桩还是非挤土桩。选择时可参考《岩土钻掘工艺学》的相关内容。

2. 桩长拟定

桩长取决于持力层深度。桩身进入持力层的深度一般为（1～3）d，其中 d 为桩径。

桩端最好进入坚硬土层或岩层，采用嵌岩桩或端承桩；当坚硬土层埋藏很深时，则宜采用摩擦桩基，桩端应尽量达到低压缩性、中等强度的土层中。桩端进入持力层的深度对于黏性土、粉土不宜小于 $2d$，砂类土不宜小于 $1.5d$，碎石类土不宜小于 $1d$。当存在软弱下卧层时，桩端以下硬持力层厚度不宜小于 $3d$。

端承桩嵌入微风化或中等风化岩体的最小深度不宜小于 $0.4d$ 且不小于 0.5m，以确保桩端与岩体接触密实。嵌岩桩或端承桩桩端以下 3 倍桩径范围内应无软弱夹层、断裂破碎带、洞穴和空隙分布，这对于荷载很大的一柱一桩（大直径灌注桩）基础尤为重要。

3. 截面尺寸选择

选择桩的截面尺寸时主要考虑成桩工艺和结构的荷载情况。一般混凝土预制桩的截面边长不应小于 200mm，预应力混凝土预制实心桩的截面边长不宜小于 350mm。从楼层数和荷载大小来看（如为工业厂房，可将荷载折算为相应的楼层数），10 层以下的建筑桩基，可考虑采用直径 500mm 左右的灌注桩和边长 400mm 的预制桩；10～20 层的可采用直径 800～1000mm 的灌注桩和边长 450～500mm 的预制桩；20～30 层的可用直径 1000～1200mm 的钻（冲、挖）孔灌注桩和边长等于或大于 500mm 的预制桩；30～40 层的可用直径大于 1200mm 的钻（冲、挖）孔灌注桩和边长 500～550mm 的预应力混凝土管桩和大直径钢管桩。

14.8.3 桩的数量与平面布置

1. 桩的数量

当桩基础承受中心荷载作用时，桩数 n 可按下式计算：

$$n \geqslant \frac{F_k + G_k}{R_a} \tag{14-42}$$

式中 F_k ——作用于桩基承台顶面的竖向力（kN）；

G_k ——承台及其上土自重的标准值（kN）；

R_a ——单桩竖向承载力特征值（kN）；

n ——初估桩数，取整数。

当桩基础承受偏心竖向力时，按上式计算的桩数可以按偏心程度增加 10%～20%。

2. 桩的布置

桩在平面内可布置呈矩形或三角形，条形基础下的桩可采用单排或双排布置，也可采用不等距布置。桩的布置形式对发挥桩的承载力、减小建筑物的沉降，特别是不均匀沉降至关重要，是使桩基设计经济合理的重要环节，因此布桩应遵循下列基本原则：

（1）桩距：摩擦型桩中心距一般不小于 $3d$；扩底灌注桩的中心距不小于扩底直径的 1.5 倍；当扩底直径大于 2m 时，桩端扩底净距不小于 1m，扩底直径不大于 $3d$。

（2）群桩的承载力合力作用点应与长期荷载的重心重合，以便使各桩均匀受力；对于荷载重心位置变化的建筑物，应使群桩承载力合力作用点位于变化幅度之中。

（3）布桩时应考虑使桩基础在弯矩方向有较大的抗弯截面模量，以增强桩基础的抗弯能力。对于桩箱基础，宜将桩布置于墙下；对于带肋的桩筏基础，宜将桩布置在肋下；同一结构单元，避免使用不同类型的桩。

14.8.4 桩基承载力和沉降验算

在荷载作用下刚性承台下的群桩基础中各桩所分担的力一般是不均匀的，往往处于很复杂的状态，受许多因素的影响。但是在实际工程设计中，对于竖向压力，通常假设各桩的受力按线性分布。这样，在中心竖向力作用下，各桩承担其平均值；在偏心竖向力作用下，各桩上分配的竖向力按与桩群的形心之距离呈线性变化，亦即如下式所示：

轴心竖向力 F_k 情况下：

$$Q_k = \frac{F_k + G_k}{n} \tag{14-43}$$

偏心竖向力 F_k，M_{xk}，M_{yk} 作用下：

$$Q_{ik} = \frac{F_k + G_k}{n} \pm \frac{M_{xk} y_i}{\sum_{j=1}^{n} y_j^2} \pm \frac{M_{yk} x_i}{\sum_{j=1}^{n} x_j^2} \tag{14-44}$$

式中 Q_k——轴心竖向力下任一桩上竖向力（kN）；

n——桩基中的桩数；

Q_{ik}——偏心竖向力作用下第 i 根桩上的竖向力，kN；

M_{xk}，M_{yk}——作用于承台底面通过桩群形心的 x，y 轴的力矩；

x_i，y_i——第 i 根桩中心至群桩形心的 y，x 轴线的距离。

当作用于桩基上的外力主要为水平力时，应对桩基的水平承载力进行验算。在由相同截面桩组成的桩基础中，可假设各桩所受的横向力 H_{ik} 相同，即：

$$H_{ik} = \frac{H_k}{n} \tag{14-45}$$

式中 H_k——作用于承台底面的水平力；

H_{ik}——作用于任一单桩上的水平力。

在确定了桩基础中每根桩上的受力以后，则用下面各式验算单桩的承载力：

在中心竖向力作用下：

$$Q_k \leqslant R_a \tag{14-46}$$

在偏心竖向力作用下：

$$Q_{k,max} \leqslant 1.2R_a \tag{14-47}$$

在水平荷载作用下：

$$H_{ik} \leqslant R_{Ha} \tag{14-48}$$

式中 R_{Ha}——单桩水平承载力特征值。

以上的单桩竖向承载力和水平承载力特征值 R_a 和 R_{Ha} 可用第 11.3 节和第 11.5 节所介绍的方法确定。关于桩基础沉降的验算如第 4.7 节所述。

对于竖向受压桩，根据上述各种方法确定的单桩承载力特征值，在设计时还应考虑桩身强度的要求。一般而言，桩的承载力主要取决于地基岩土对桩的支承能力，但是对于端承桩，超长桩或者桩身质量有缺陷的情况，可能由桩身混凝土强度控制。由于与材料强度有关的设计，作用效应组合应采用按承载能力极限状态下作用效应的基本组合，所以应满足下式：

$$Q \leqslant A_{ps} f_c \psi_c \tag{14-49}$$

式中 Q——单桩竖向力设计值；

A_{ps}——桩身横截面积；

f_c——混凝土轴心抗压强度设计值，按现行《混凝土结构设计规范》GB 50010 取值；

ψ_c——工作条件系数，预制桩取 0.75，灌注桩取 0.6～0.7（水下灌桩或长桩时用低值）。

【例 14-1】某实验大厅地质剖面及土性指标如图 14-25 及表 14-13 所示。设上部结构传至设计地面处，相应于作用效应标准组合的竖向力 $F_k = 2035\text{kN}$，弯矩 $M_k = 330\ \text{kN} \cdot \text{m}$，水平力 $H_k = 55\text{kN}$（相应于作用效应准永久组合时，竖向力 $F = 1950\text{kN}$）。根据荷载和地质条件，以第④层中砂土为桩端持力层。采用截面为 300mm×300mm 的预制钢筋混凝土方桩。桩端进入持力层为 1.5m，桩长 8m，承台埋深为 1.7m。假设桩穿越各层土的平均内摩擦角为 $\overline{\varphi} = 20°$，试：（1）初步确定桩数和承台尺寸；（2）验算群桩中单桩承载力；（3）沉降计算。

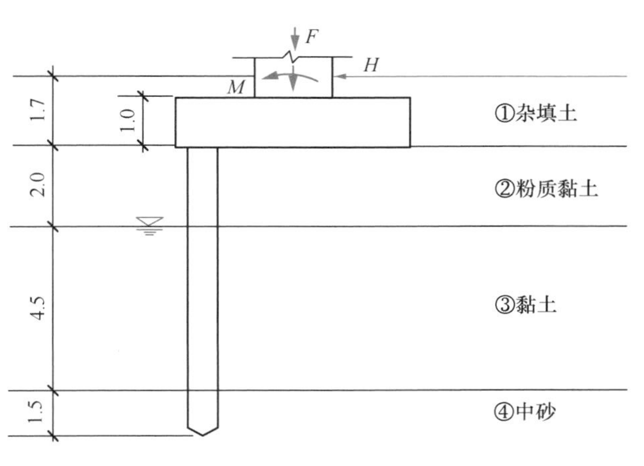

图 14-25　地质剖面图

地基土物理力学性质指标表　　表 14-13

土层	h_i (m)	γ (kN/m³)	G_s	w (%)	e	w_L (%)	w_P (%)	I_P	I_L	饱和度	E_s MPa	$N_{63.5}$	q_{pa} (kN/m³)	q_{sia} (kN/m³)
①人工填土	1.7	16												
②粉质黏土	2.0	18.7	2.71	24.2	0.8	29	17	12	0.6	0.82	8.5			28
③黏土	4.5	19.1	2.71	37.5	0.95	38	18	20	0.98	1.0	6.0			20
④中砂	4.6	20	2.68							1.0	20	20	2533	33.3
⑤粉质黏土	8.6	19.8	2.71	27.7	0.75	29	17	12	0.89	1.0	8.0			
⑥密实砾石层	>8	20.2										40		

【解】确定单桩承载力特征值

根据式（14-8）估算单桩承载力特征值：

$$R_a = q_{pa}A_p + u_p\sum_{i=1}^{n} q_{sia}h_i$$

$$A_p = 0.3 \times 0.3 = 0.09\text{m}^2$$

$$u_p = 0.3 \times 4 = 1.2\text{m}$$

$$R_a = 2533 \times 0.09 + 1.2 \times (28 \times 2.0 + 20 \times 4.5 + 33.3 \times 1.5) = 463\text{kN}$$

（1）初步确定桩数及承台尺寸

先假设承台尺寸为 2m×2m，厚度为 1.0m，承台及其上土平均重度为 20kN/m³，则承台及其上土自重的标准值为：

$$G_k = 20 \times 2 \times 2 \times 1.7 = 136\text{kN}$$

根据式（14-42）

$$n \geqslant \frac{F_k + G_k}{R_a} = \frac{2035 + 136}{463} = 4.69$$

可取 5 根桩，承台的平面尺寸为 1.6m×2.6m，如图 14-26 所示。

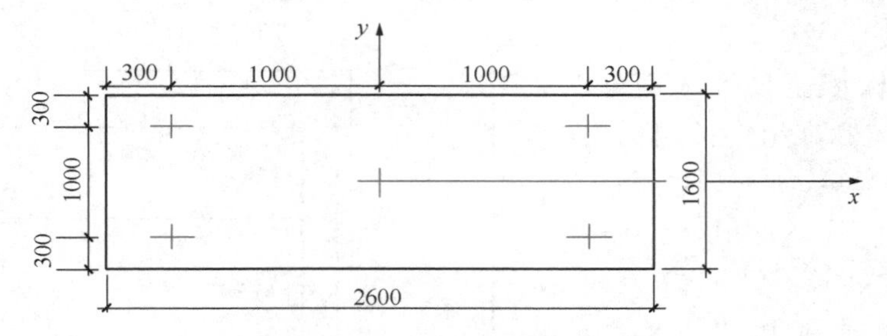

图 14-26　桩的布置及承台尺寸

（2）群桩基础中单桩承载力验算

按照设计的承台尺寸，计算 $G_k = 1.6 \times 2.6 \times 1.7 \times 20 = 141.4\text{kN}$

单桩的平均竖向力按式（14-43）计算：

$$Q_k = \frac{F_k + G_k}{n} = \frac{2035 + 141.4}{5} = 435.3\text{kN}$$

代入式（14-46）$Q_k = 435.3 < R_a = 463\text{kN}$，符合要求。

按照式（14-44）计算单桩偏心荷载下最大竖向力为：

$$Q_{k,\max} = \frac{F_k + G_k}{n} + \frac{M_y x_i}{\sum x_j^2}$$

$$= 435.3 + \frac{(330 + 55 \times 1.7) \times 1.0}{4 \times 1.0^2} = 435.3 + 105.9$$

$$= 541.2\text{kN}$$

按照式（14-47）的要求：$Q_{k,\max} = 541.2\text{kN} < 1.2R_a = 555.6\text{kN}$，满足要求。

由于水平力 $H_k = 55\text{kN}$ 较小，可不验算单桩水平承载力。

（3）沉降计算

采用实体深基础计算方法，计算中心点沉降。用两种方法计算桩端处的附加应力及桩基沉降。

① 荷载扩散法

$$p_0 = \frac{F + G_k - \sigma_{sd} \times a \times b}{\left(b_0 + 2l \times \tan\frac{\bar{\varphi}}{4}\right)\left(a_0 + 2l \times \tan\frac{\bar{\varphi}}{4}\right)}$$

式中，F 为相应于作用效应准永久组合时分配到桩顶的竖向力。

$F = 1950\text{kN}$；$G_k = 141.4\text{kN}$；$\sigma_{sd} = 16 \times 1.7 = 27.2\text{kN/m}^2$；

$l = 8\text{m}$；$a_0 = 2.3\text{m}$；$b_0 = 1.3\text{m}$；$a = 2.6\text{m}$；$b = 1.6\text{m}$

则 $p_0 = \dfrac{1950 + 141.4 - 27.2 \times 2.6 \times 1.6}{(2.3 + 2 \times 8\tan5°)(1.3 + 2 \times 8\tan5°)} = \dfrac{1978}{3.7 \times 2.7} = 198\text{kPa}$

对于扩散后实体基础，如图 14-27 所示，$a'=1.85$，$b'=1.35$。

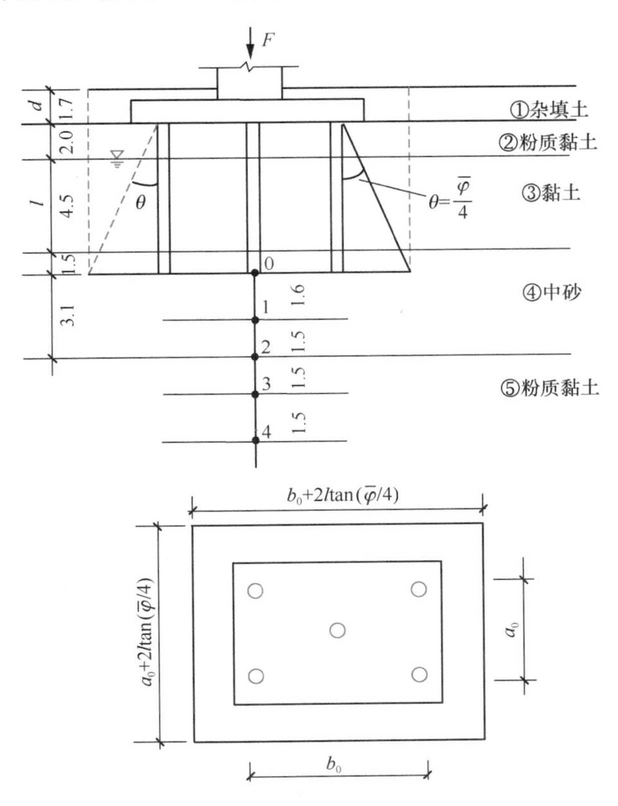

图 14-27 荷载扩散法实体深基础地层剖面图

用分层总和法计算基础最终沉降量，计算结果见表 14-14。

荷载扩散法计算结果 表 14-14

点	自实体深基础底算起的深度 z（m）	自重应力 σ_{sz}（kPa）	$\frac{a'}{b'}$	$\frac{z}{b'}$	α_a	$\sigma_z=4\alpha_a p_0$	$\frac{\sigma_z}{\sigma_{sz}}$	分层	厚度 h_i（m）	$\overline{\sigma}_z$
0	0	127.35	1.85/1.35 =1.37	0	0.250	198		0—1	1.6	166.25
1	1.6	143.35		1.2	0.170	134.5		1—2	1.5	101.4
2	3.1	158.35		2.3	0.086	68.3		2—3	1.5	53.3
3	4.6	173.05		3.4	0.048	38.3	0.22	3—4	1.5	30.8
4	6.1	187.75		4.5	0.029	23.3	0.12<0.2			

$$s = \phi_{ps} s' = \phi_{ps} \sum_{i=1}^{n} \frac{\overline{\sigma}_{zi} h_i}{E_{si}}$$

$$s' = \frac{166.25 \times 1.6}{20} + \frac{101.4 \times 1.5}{20} + \frac{53.3 \times 1.5}{8} + \frac{30.8 \times 1.5}{8} = 36.7\text{mm}$$

$$\overline{E}_s = \frac{\Sigma A_i}{\Sigma \frac{A_i}{E_{si}}} = \frac{\sum \bar{\sigma}_z h_i}{\Sigma \frac{\bar{\sigma}_z h_i}{E_{si}}} = \frac{0.266 + 0.152 + 0.08 + 0.046}{\frac{0.266}{20} + \frac{0.152}{20} + \frac{0.08}{8} + \frac{0.046}{8}} = 14.84\text{MPa} < 15\text{MPa}$$

$$\phi_{ps} = 0.5$$

$$s = \phi_{ps} s' = 0.5 \times 36.7 = 18.35\text{mm}$$

② 扣除摩阻力法

$$p_0 = \frac{F + G_k - 2(a_0 + b_0)\Sigma q_{sia} h_i}{a_0 b_0}$$

$$a_0 = 2.3\text{m};\ b_0 = 1.3\text{m}$$

则

$$p_0 = \frac{1950 + 141.4 - 2(2.3 + 1.3)(28 \times 2.0 + 2.0 \times 4.5 + 33.3 \times 1.5)}{2.3 \times 1.3}$$

$$= \frac{1950 + 141 - 1411}{2.3 \times 1.3} = 227\text{kPa}$$

如图 14-28 所示，$a'=1.15$，$b'=0.65$。

用分层总和法计算基础最终沉降量，计算结果见图 14-28、表 14-15。

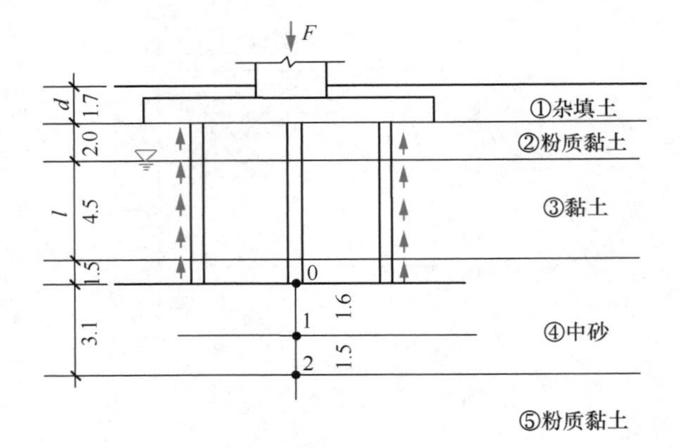

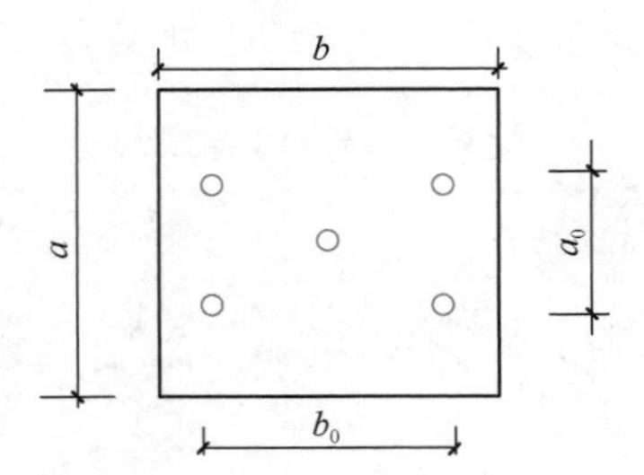

图 14-28 扣除摩阻力法实体深基础地层剖面图

$$s = \phi_{ps} s' = \phi_{ps} \sum_{i=1}^{n} \frac{\bar{\sigma}_{zi} h_i}{E_{si}}$$

$$s' = \frac{153.5 \times 1.6 + 54.65 \times 1.5}{20} = 16.4\text{mm}$$

$$\overline{E}_s = \frac{\sum A_i}{\sum \frac{A_i}{E_{si}}} = \frac{\sum \bar{\sigma}_z h_i}{\sum \frac{\bar{\sigma}_z h_i}{E_{si}}} = \frac{0.255 + 0.082}{\frac{0.255}{20} + \frac{0.082}{20}} = 20\text{kPa},\ 15\text{MPa} < \overline{E}_s < 30\text{MPa},\ \phi_{ps} = 0.4。$$

$s=\phi_{ps}s'=0.4\times16.4=6.56\text{mm}$

扣除摩阻力法计算结果　　表 14-15

<table>
<tr><th>点</th><th>自实体深基础底算起的深度 z（m）</th><th>自重应力 σ_{sc}（kPa）</th><th>$\frac{a'}{b'}$</th><th>$\frac{z}{b'}$</th><th>α_a</th><th>$\sigma_z=4\alpha_a p_0$</th><th>$\frac{\sigma_z}{\sigma_{sc}}$</th><th>分层</th><th>厚度 h_i（m）</th><th>$\bar{\sigma}_z$</th></tr>
<tr><td>0</td><td>0</td><td>127.35</td><td rowspan="4">1.15/0.65 =1.77</td><td>0</td><td>0.25</td><td>227</td><td></td><td rowspan="2">0—1</td><td rowspan="2">1.6</td><td rowspan="2">153.5</td></tr>
<tr><td rowspan="2">1</td><td rowspan="2">1.6</td><td rowspan="2">143.35</td><td rowspan="2">2.5</td><td rowspan="2">0.088</td><td rowspan="2">80</td><td rowspan="2">0.56</td></tr>
<tr><td rowspan="2">1—2</td><td rowspan="2">1.5</td><td rowspan="2">54.65</td></tr>
<tr><td>2</td><td>3.1</td><td>158.35</td><td>4.8</td><td>0.032</td><td>29.3</td><td>0.19<0.2</td></tr>
</table>

可见，虽然两种算法不同，但得到的沉降量都不大。

14.8.5　桩身设计

1. 桩身强度验算

钢筋混凝土轴心受压桩正截面受压承载力应符合《桩基规范》第 5.8.2 条的规定，具体如下：

（1）当桩顶以下 $5d$ 范围的桩身螺旋式箍筋间距不大于 100mm，且符合《桩基规范》第 4.1.1 条规定时：

$$N_d\leqslant\psi_c f_c A_{ps}+0.9f'_y A'_s \tag{14-50}$$

式中　N_d——作用效应基本组合下的桩顶轴向压力设计值（kN）；

ψ_c——基桩成桩工艺系数，按《桩基规范》取值；

f_c——混凝土轴心抗压强度设计值（kPa）；

A_{ps}——桩身横截面面积（m^2）；

f'_y——纵向主筋抗压强度设计值（kPa）；

A'_s——纵向主筋截面面积（m^2）。

（2）桩身配筋不符合第（1）条规定时：

$$N_d\leqslant\psi_c f_c A_{ps} \tag{14-51}$$

2. 桩身结构设计

（1）钢筋

桩的主筋应经计算确定。构造上对配筋有以下要求：

配筋率：打入式预制桩的最小配筋率不宜小于 0.8%；静压预制桩不宜小于 0.6%；预应力桩不宜小于 0.5%；灌注桩不宜小于 0.2%～0.65%（小直径桩取大值）。桩顶以下 3～5 倍桩身直径范围内，箍筋宜适当加强、加密。

配筋长度：①水平荷载和弯矩较大的桩，配筋长度应通过计算确定。②桩基承台下存在淤泥、淤泥质土或液化土层时，配筋长度应穿过淤泥、淤泥质土层或液化土层。③坡地岸边的桩、8 度及 8 度以上地震区的桩、抗拔桩、嵌岩端承桩应通长配筋。④钻孔灌注桩构造钢筋的长度不宜小于桩长的 2/3；桩施工在基坑开挖前完成时，其钢筋长度不宜小于基坑深度的 1.5 倍。

直径：预制桩的主筋（纵向）应按计算选用 4～8 根直径为 14～25mm 的钢筋。箍筋直径可取 6～8mm，间距≤200mm，在桩顶和桩端处应适当加密。

（2）混凝土

预制桩的混凝土强度等级不宜小于 C30，采用静压法沉桩时可适当降低，但不宜小于 C20；预应力混凝土桩的混凝土强度等级不宜小于 C40，预制桩的混凝土强度必须达设计强度的 100%才可起吊和搬运。灌注桩的混凝土强度等级一般不应小于 C15，水下浇灌时不应小于 C20，混凝土预制桩尖不应小于 C30，预制桩主筋的混凝土保护层不应小于 30mm，桩上需埋设吊环，位置由计算确定。预制桩除了满足上述计算之外，还应考虑运输、起吊和锤击过程中的各种强度验算。

14.8.6 承台设计

承台的作用是将各桩连成整体，把上部结构传来的荷载转换、调整、分配于各桩。桩基承台可分为柱下独立承台、柱下或墙下条形承台（梁式承台），以及筏形承台和箱形承台等。各种承台均应按国家现行《混凝土结构设计规范》GB 50010 进行受弯、受冲切、受剪切和局部承压承载力计算。

承台设计包括选择承台的材料及其强度等级、几何形状及其尺寸、进行承台结构承载力计算，并使其构造满足一定的要求。

思考题与习题

14-1 抗压桩按承载的性状可分成几类？影响这种分类的主要因素有哪些？

14-2 按桩的长度或相对刚度，桩可分成几类？

14-3 砂土中抗压桩的侧阻力沿桩身一般如何分布？侧阻力的大小与哪些因素有关？

14-4 何谓侧阻力的临界深度？它与哪些因素有关？

14-5 竖向承压桩的承载力应如何确定？

14-6 产生桩负摩擦力的机理是什么？哪些工程情况下可能出现负摩擦力？

14-7 如何确定桩的负摩擦力值？

14-8 单桩水平承载力的大小决定于什么因素？

14-9 理论分析方法求单桩水平承载力时，通常用什么地基模型？在该地基模型中，地基土的水平抗力系数 k_h 有几种假定的分布形式？

14-10 当水平抗力系数 k_h 用 m 法确定时，桩顶的位移、桩身最大弯矩的位置及弯矩值如何计算？

14-11 桩基沉降计算方法分哪两大类？其主要区别何在？

14-12 用实体深基础法分析桩基沉降时分成哪两种方法？说明其要点。

14-13 说明明德林-盖得斯桩基应力计算方法的理论依据和计算要点。

14-14 何谓群桩效应和群桩效应系数？

14-15 某工程地基土层分布及土的性质如图 14-29 所示。求预制桩在各层土的桩周侧阻力特征值 q_{sia} 和桩端承载力特征值 q_{pa}。

14-16 在上述工程中，承台底部埋深 1m，钢筋混凝土预制方桩边长 300mm，桩长 9m，问单桩承载力特征值 R_a 为多少？

14-17 土层和桩的尺寸同上题，若该桩用为抗拔桩，问单桩的抗拔力有多大？（抗拔系数取中间值）。

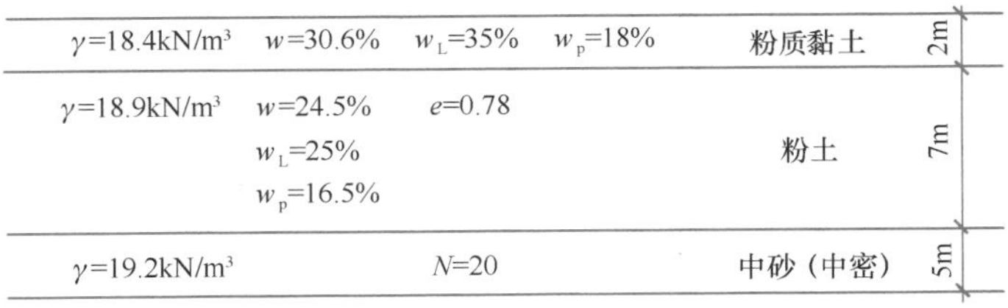

γ=18.4kN/m³ w=30.6% w_L=35% w_p=18%
粉质黏土
2m
γ=18.9kN/m³ w=24.5% e=0.78
w_L=25%
w_p=16.5%
粉土
7m
γ=19.2kN/m³
N=20
中砂（中密）
5m

图 14-29 习题 14-15 图

14-18 有一低桩承台的桩基（图 14-30）共 5 排 25 根桩，桩距 1.0m，柱断面 300mm×300mm，打入土中 15m，地基土性状见表 14-16。试按式（14-8）计算单桩轴向承载力。

习题 14-18 表 **表 14-16**

土层编号	w(%)	γ(kN/m³)	G	w_L(%)	w_P(%)	I_P	I_L	e	φ(°)
①	45	17.7	2.70	40	20	20	1.25	1.215	6
②	26	20.0	2.70	30	18	12	0.667	0.702	15
③	20	20.9	2.68	27	16	11	0.364	0.536	20

F=8000kN
承台面积4.5m×4.5m
0.000
−2.000地下水位
①层灰色黏土
−6.000
②层灰色黏性土
−14.000
−16.000
③层暗绿色黏性土

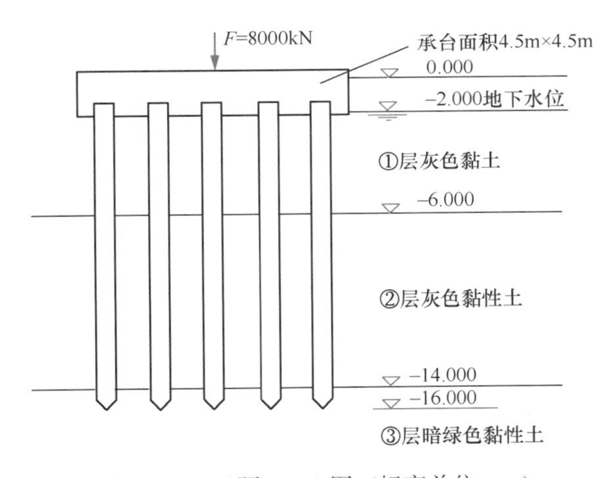

图 14-30 习题 14-18 图（标高单位：m）

14-19 柱下独立桩基础的承台埋深 2.5m，底面积 4m×4m，混凝土强度等级为 C30。柱断面尺寸为 1.0m×1.0m。采用 5 根水下钻孔灌注桩，直径 d=800mm，布置如图14-31所示。相应于作用效应标准组合为 F_k=6067kN，M_k=407.4kN·m（永久作用效应控制）。假设桩穿越各层土的平均内摩擦角为 $\bar{\varphi}$=20°。

（1）计算单桩竖向承载力特征值 R_a；

（2）验算桩基中的单桩承载力；

（3）若正常使用极限状态下作用效应的准永久组合为 F=6200kN（按中心荷载计算），用实体深基础法计算基础中点的沉降。

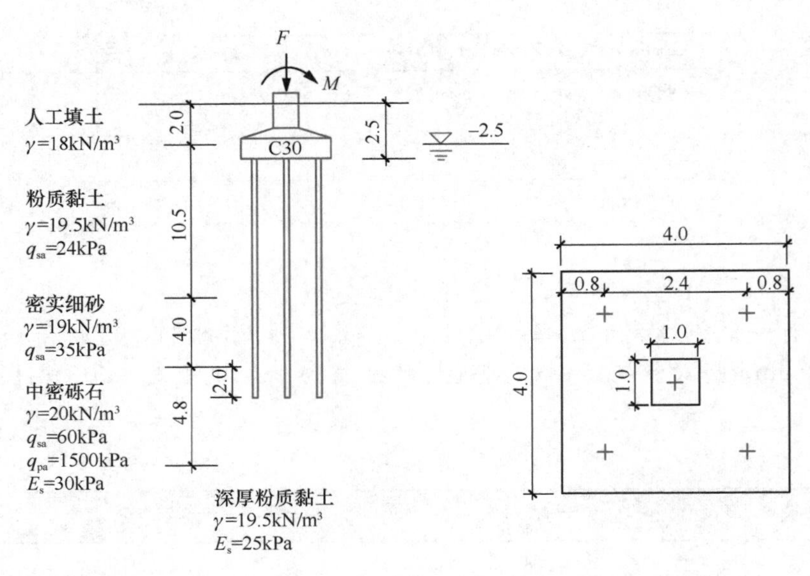

图 14-31　习题 14-19 图

主 要 符 号 表

A	面积
A_p	桩底横截面积
A_{ps}	桩身横截面积
A'_s	桩身纵向主筋截面面积
a	土的压缩系数；流网中计算网格的长度
a_{1-2}	100～200kPa 应力水平下的压缩系数
a_w	含水率比
B	各向应力相等条件下的孔隙压力系数
b	基础底面宽度；流网中计算网格的宽度
b_c、b_q、b_γ	汉森公式中的基底倾斜修正系数
b_0	桩的计算宽度
C_c	曲率系数；压缩指数
C_e	回弹指数
C_s	土体的体积压缩系数
C_u	不均匀系数
C_v	固结系数；孔隙的体积压缩系数
C_{I}，C_{II}	单桩桩身最大弯矩系数
c	土的黏聚力
c'	有效黏聚力
c_{cu}	固结不排水黏聚力
c_d	固结排水黏聚力
c_F	强度折减法中折减后的内摩擦角
c_k	基底下一倍基础宽的深度范围内黏聚力标准值（kPa）
c_u	不排水抗剪强度
D	桩端扩底设计直径
D_r	相对密实度（%）
d	土的粒径；基础埋置深度；桩身直径
d_c、d_q、d_γ	汉森公式中的深度修正系数
d_{min}	基础最小埋深
d_w	地下水位的深度
d_{10}	有效粒径
d_{30}	连续粒径
d_{50}	平均粒径

d_{60}	控制粒径
E	弹性模量
E_0	单位长度挡土墙上静止土压力的合力
E_a	单位长度挡土墙上主动土压力的合力
E_c	回弹模量
E_d	土的变形模量
E_p	单位长度挡土墙上被动土压力的合力
E_s	土的压缩模量
e	孔隙比；荷载偏心距
e_{max}	最大孔隙比
e_{min}	最小孔隙比
e_0	初始孔隙比
F	竖向荷载
F_h	水平荷载
F_k	作用效应的标准组合对应的结构传至基础的竖向力值
F_s	边坡稳定安全系数
F_r	强度折减法的折减系数
f_a	修正后的地基承载力特征值
f_{ak}	地基承载力特征值
f_{az}	软弱下卧层顶面处经深度修正后的地基承载力特征值
f_c	混凝土轴心抗压强度设计值
f_{rk}	岩石饱和单轴抗压强度标准值
f'_y	纵向主筋抗压强度设计值
G_k	基础及基础上土自重的标准值
	承台及承台上土自重的标准值
G_p	单桩自重
G_s	土粒相对密度
G_{wT}	温度为T℃时水的相对密度
G_T	在扩散后面积上，从桩端平面到设计地面间的承台、桩和土的总重量
g	重力加速度
g_c、g_q、g_γ	汉森公式中的地面倾斜修正系数
H	土层厚度
H_c	无筋扩展基础高度
H_{dr}	土层排水距离
ΔH	相邻基础底面高差
H_0	单桩桩顶水平荷载
H_k	作用于承台底面的水平力
H_s	钢筋混凝土扩展基础高度

h	总水头
Δh	水头损失
h_{max}	基础底面下允许冻土层最大厚度
h_w	承压水位
I	桩的截面惯性矩
I_L	液性指数
I_P	塑限指数
I_P，I_{s2}	明德林应力公式方法计算桩基沉降的应力影响系数
I_1	应力张量第一不变量
i	水力坡降/水力梯度
i_c、i_q、i_γ	汉森公式中的荷载倾斜修正系数
i_{cr}	临界水力梯度
J_2	应力偏量第二不变量
j	单位体积土体的渗透力
K	粒径计算系数；地基承载力安全系数
K_0	静止土压力系数
K_a	主动土压力系数
K_p	被动土压力系数
K_s	挡土墙的抗滑稳定性安全系数
K_t	挡土墙的抗倾覆稳定性安全系数
K_w	基础抗浮稳定安全系数
k	渗透系数；文克尔模型的地基抗力系数/基床系数
k_h	地基的水平抗力系数/水平基床系数
L	渗流长度；相邻基础之间的净距
l	基础底面的长度；桩身长度
l_n	自桩顶算起的中性点的深度
M	作用在基础底面中心的弯矩；流网中的流槽数
M_0	单桩桩顶弯矩
M_b，M_d，M_c	承载力系数
M_k	相应于作用的标准组合时，作用于基础底面的力矩值
M_R	滑动面上的抗滑力矩
M_S	滑动面上的滑动力矩
m	地基土水平抗力系数的比例系数
m	土的质量
m_a	气体质量
m_d	干土质量
m_s	土粒质量
m_v	体积压缩系数
m_w	水的质量

N	标准贯入击数；流网中的等势线间隔数
N_0	单桩桩顶竖向荷载
$N_{63.5}$	重型圆锥动力触探击数
N_c、N_q、N_γ	地基承载力系数
N_d	作用效应基本组合下的桩顶轴向压力设计值
N_k	相应于作用效应标准组合时的基桩上拔力
$N_{w,k}$	基础上的浮力作用值
n	孔隙率；群桩基础的总桩数；计算分层数
OCR	超固结比
P	地表处的竖向集中力
p	基底压力
p_a	主动土压力强度
p_c	先期固结压力
p_c	基础底面处的自重应力值
p_{cr}	比例界限荷载/临塑荷载
p_{cz}	软弱下卧层顶面处的自重应力值
p_h	基底水平应力
p_k	相应于作用的标准组合时，基础底面处的平均压力值
p_p	被动土压力强度
p_s	静力触探试验的比贯入阻力
p_u	极限荷载
p_z	相应于作用的标准组合时，软弱下卧层顶面处的附加压力值
p_0	基底附加压力；静止土压力强度
$p_{1/3}$	极限平衡区的最大发展深度为基础宽度的 1/3 时的临界荷载
$p_{1/4}$	极限平衡区的最大发展深度为基础宽度的 1/4 时的临界荷载
Q	渗流量
Q	单桩竖向力设计值
Q_i	第 i 个可变作用
Q_k	竖向力作用下群桩中任一桩上的竖向力
Q_p	桩端阻力
Q_{pu}	极限荷载时的总端阻力
Q_s	桩侧摩阻力
Q_{su}	极限荷载时的总侧阻力
Q_u	单桩的极限荷载
q	单位时间渗流量；基础底面两侧土体产生的均布荷载
q_{pa}	桩端阻力特征值

q_{pu}	桩的极限端阻力
q_{pk}	桩的极限端阻力标准值
q_s	桩的单位侧阻力
q_{sa}	桩侧阻力特征值
q_{sk}	桩的极限侧阻力标准值
q_u	土的无侧限抗压强度
q_{su}	桩的极限侧摩阻力
q_0	重塑土的无侧限抗压强度
$[R]$	地基容许承载力
R_a	单桩竖向承载力特征值
R_a	单桩水平承载力特征值
R_e	雷诺数
r	半径
S	作用在基础上的总荷载，包括基础自重
S_a	群桩中的桩距
S_{ct}	t 时刻的地基固结变形量
S_d	基本组合的效应设计值
S_{Gk}	永久作用标准值 G_k 的效应
S_k	标准组合的效应设计值
S_{Qik}	第 i 个可变作用标准值 Q_{ik} 的效应
S_r	饱和度
S_t	土的灵敏度
s	沉降量；桩-土相对位移； 作用效应准永久组合下的建筑物地基的变形
$[s]$	建筑物地基的变形允许值
s_c、s_q、s_γ	汉森公式中的形状修正系数
s_u	桩土相对滑移极限值
s_t	t 时刻的地基沉降量
T_{gk}	基桩的抗拔极限承载力标准值
T_{uk}	基桩的抗拔极限承载力标准值
T_v	固结的时间因子
t	时间
$U_{z,t}$	深度 z 处经过时间 t 后的固结度（%）
U_t	平均固结度（%）
u_a	孔隙气压力
u_e	固结过程的超孔隙水压力
u_l	群桩的外围周长
u_p	桩身周长
u_w	孔隙水压力

u_{wf}	土体剪切破坏时的孔隙水压力
V	土的体积
V_a	气体体积
V_s	土粒体积
V_v	孔隙体积
V_w	水的体积
v	渗流速度
$\bar{v}$	平均渗流速度
W	重量；基础底面的抗弯矩截面系数
w	含水率
w_L	液限
w_{L_OD}	土样经过烧失量试验后测得的液限
w_{opt}	最优含水率
w_p	塑限（%）
w_s	缩限（%）
w_{sat}	饱和含水率
X	小于某粒径的质量百分比
x	水平位移
z	位置水头
z_0	标准冻深
z_d	场地冻结深度
α	夹角；应力系数；桩的水平变形系数
α_f	土体单元剪切破坏面与大主应力的夹角
α_h	矩形面积水平均布荷载时角点下的应力分布系数
α_s	条形面积三角形分布荷载的应力系数
α_t	矩形面积三角形分布荷载的应力系数
α_u	条形面积竖向均布荷载的应力系数
α_α	矩形面积竖向均布荷载的应力系数
β	填土的水平方向倾角；边坡的坡角
γ	土的天然重度
γ'	土的浮重度
γ_d	土的干重度
$\gamma_{d,max}$	最大干重度
$\gamma_{d,zav}$	压密饱和状态的干重度
γ_G	永久作用的分项系数
γ_Q	可变作用的分项系数
γ_{sat}	饱和重度
γ_w	水的重度
γ_0	平均重度

ψ_a	主动土压力增大系数
ψ_c	基桩成桩工艺系数
ψ_r	岩体单轴抗压强度折减系数
δ	墙土摩擦角；地基土与基础侧面的摩擦角；弹性半无限空间地基模型的地基柔度矩阵
ε	应变；挡土墙墙背与竖直方向夹角；
ε_s	偏应变
ε_v	体应变
ε_x，ε_y，ε_z	土单元的法向应变分量
ε_1	三轴试验的轴向应变
η	水的动力黏滞系数；群桩效应系数
η_b、η_d	基础宽度和埋深的地基承载力修正系数
θ	地基压力扩散线与垂直线的夹角
λ_c	压实系数
λ_p	土层的抗拔系数
μ	泊松比；挡土墙的基底摩擦系数
ξ_n	桩侧土的负摩擦系数
ρ	土的天然密度
ρ_c	黏粒含量
ρ_d	土的干密度
$\rho_{d,max}$	最密实状态下的干密度
$\rho_{d,min}$	最松散状态下的干密度
ρ_s	土粒密度
ρ_{sat}	土的饱和密度
ρ_w	水的密度
σ	总应力
σ'	有效应力
σ_1	最大主应力；三轴试验中的轴向应力
σ_3	最小主应力；三轴试验中的围压
σ_g	最大弯矩截面钢筋应力
σ_n	法向应力
σ_{sx}	水平向自重应力
σ_{sz}	竖向自重应力
σ_T	表面张力
σ_x，σ_y，σ_z	土单元的法向应力/正应力分量
$\Delta\sigma_x$，$\Delta\sigma_y$，$\Delta\sigma_z$	土中的附加应力
τ	切应力/剪应力
τ_f	土的抗剪强度
τ_H	十字板剪切试验中水平面上的抗剪强度

τ_{n}	单桩的负摩阻力强度
τ_{V}	十字板剪切试验中垂直面上的抗剪强度
τ_{xy}，τ_{yx}，τ_{yz}，τ_{zy}，τ_{xz}，τ_{zx}	土单元的剪应力分量
ϕ_{ze}	环境对冻深的影响系数
ϕ_{zs}	土的类别对冻深的影响系数
ϕ_{zw}	土的冻胀性对冻深的影响系数
ϕ_{ps}	实体深基础桩基沉降计算经验系数
ϕ_{pm}	明德林应力公式方法计算桩基沉降经验系数
φ	内摩擦角（°）
φ'	有效内摩擦角（°）
φ_{cu}	固结不排水内摩擦角（°）
φ_{D}	等效内摩擦角（°）
φ_{d}	固结排水内摩擦角（°）
φ_{F}	强度折减法中折减后的内摩擦角
φ_{k}	基底下一倍短边宽的深度内土的内摩擦角标准值（°）
φ_{u}	不排水内摩擦角（°）
χ	毕肖普非饱和土有效应力公式中与土饱和度相关的试验参数

习 题 参 考 答 案

第2章　土的物质组成和粒径级配

2-1　略。

2-2　略。

2-3　(1) 不正确；(2) 不正确；(3) 正确。

2-4　土样A，不可能；土样B，可能。

2-5　土样A，属于级配良好土；土样B，属于级配不良土。

第3章　土的物理性质和状态

3-1　略。

3-2　(1) $e=0.85$；$w_{sat}=31.25\%$；$\gamma_{sat}=19.3\text{kN/m}^3$；(2) 细粒土（黏性土），软塑状态。

3-3　$D_r=\dfrac{2}{3}$，该砂属于中密状态。

3-4　在雨中的重度：$\gamma'=18.49\ \text{kN/m}^3$；在雨中的含水率：$w'=8.76\%$。

3-5　(1)重度：$\gamma\approx19.41\text{kN/m}^3$；干重度：$\gamma_d=16.875\text{kN/m}^3$；饱和度：$S_r=67.5\%$；(2) 应从取土场开采$2086\text{m}^3$；(3) 应该洒水的质量为：$\Delta m_w=70.40\times10^3\text{kg}$；填土的孔隙比：$e'\approx0.53$。

3-6　开挖天然土的体积：$V_{挖}=10.2\times10^4\text{m}^3$。

3-7　$I_L^A=1$，A地土是软塑状态；$I_L^B=-\dfrac{1}{3}$，B地土是坚硬状态，B地的地基土比较好。

3-8　略。

3-9　土料不适合筑坝，建议翻晒，降低含水率。

3-10　满足抗震要求的碾压干密度$\rho_d=1.78\ \text{g/cm}^3$。

3-11　(1) 最优含水率$w_{op}=11\%$，最大干密度$\rho_d=1.882\text{g/cm}^3$；(2) 饱和度$S_r\approx69.53\%$。

第4章　土 的 工 程 分 类

4-1　略。

4-2　(1) $I_P=11.7$，$I_L=0.162$，土处于硬塑状态；(2) 粉质黏土。

4-3　土A：圆砾或角砾；土B：砾砂；土C、土D与土E：黏土。

4-4　甲土为砾砂；乙土为黏土。

4-5 （1）土样的孔隙比为：$e=1.069$；（2）淤泥质土。

4-6 （1）土的孔隙比为：$e=0.853$；饱和时的含水率为：$w=31.4\%$；重度为：$19.3\ \mathrm{kN/m^3}$；（2）粉质黏土，该土处于软塑状态。

4-7 1号土：Clayey sand with gravel；2号土：Clayey gravel with sand；3号土：Sandy fat clay；4号土：Lean clay with sand；5号土：Lean clay with sand；6号土：Clayey sand；7号土：Fat clay with gravel；8号土：Sandy fat clay；9号土：Poorly graded sand with clay and gravel (or silty clay and gravel)；10号土：Well-graded sand；11号土：Sandy lean clay；12号土：Poorly graded sand with clay (or silty clay)。

4-8 代号为SC-SM，名称为Silty clayey sand。

4-9 A：黏土；B：砂质黏土；C：壤土；D：砂质黏土（或砂质黏性壤土）；E：砂质壤土。

第5章 有效应力原理和自重应力

5-1～5-3 略。

5-4 黏土和粉质黏土层的有效自重应力不变；砂土有效自重应力发生了改变，细砂底层的有效自重应力为$\sigma'_{sz}=161.6\mathrm{kPa}$。

5-5 在a点，总自重应力：$\sigma_{sza}=20\mathrm{kPa}$，孔隙水压力：$u_a=20\mathrm{kPa}$，有效自重应力：$\sigma_{sza}=0$。在$b$点，总自重应力：$\sigma_{szc}=59.2\mathrm{kPa}$，孔隙水压力：$u_c=52.5\mathrm{kPa}$，有效自重应力：$\sigma'_{szc}=6.7\mathrm{kPa}$。在$c$点，总自重应力：$\sigma_{szc}=98.4\mathrm{kPa}$，孔隙水压力：$u_c=85\mathrm{kPa}$，有效自重应力：$\sigma'_{szc}=13.4\mathrm{kPa}$。

5-6 （1）在a点，总应力：$\sigma_{sza}=0$；孔隙水压力：$u_{wa}=0$；有效应力：$\sigma'_{sza}=0$；在b点，总应力：$\sigma_{szb}=66\ \mathrm{kPa}$；孔隙水压力：$u_{wb}=0$；有效应力：$\sigma'_{szb}=66\ \mathrm{kPa}$；在$c$点，总应力：$\sigma_{szc}=172.5\ \mathrm{kPa}$；孔隙水压力：$u_{wc}=50\mathrm{kPa}$；有效应力：$\sigma'_{szc}=122.5\mathrm{kPa}$；

（2）c点的竖向有效应力减小，地下水位线应该上升。水位线上升1.85m。

5-7 第一层土为粗砂，粗砂顶层$\sigma'_{sz1}=0$；粗砂底层：$\sigma'_{sz2}=95\mathrm{kPa}$；第二层为黏土，黏土顶层：$\sigma_{sz3}=225\mathrm{kPa}$；黏土底层：$\sigma_{sz4}=325.5\mathrm{kPa}$。

5-8 第一层砂土顶层：$\sigma_1=0$，$u_1=0$，$\sigma'_1=0$；水位面处：$\sigma_2=24.75\mathrm{kPa}$，$u_2=0$，$\sigma'_2=24.75\mathrm{kPa}$；第一层砂土底层$\sigma_3=90.55\mathrm{kPa}$；$u_3=35\mathrm{kPa}$；$\sigma'_3=55.55\mathrm{kPa}$；黏土层顶层：$\sigma_4=\sigma_3=90.55\mathrm{kPa}$；$u_4=0\mathrm{kPa}$；$\sigma'_4=90.55\mathrm{kPa}$；黏土层底层：$\sigma_5=107.85\mathrm{kPa}$；$u_5=0\mathrm{kPa}$；$\sigma'_5=107.85\mathrm{kPa}$；第二层砂土顶层：$\sigma_6=\sigma_5=107.85\mathrm{kPa}$；$u_6=90\mathrm{kPa}$；$\sigma'_6=17.85\mathrm{kPa}$。第二层砂土底层：$\sigma_7=164.25\mathrm{kPa}$；$u_7=u_6=90\mathrm{kPa}$；$\sigma'_7=74.25\mathrm{kPa}$。图略。

5-9 略。

第6章 土中附加应力

6-1～6-6 略。

6-7 $P=201.7\mathrm{kPa}$，$P_0=175.6\mathrm{kPa}$，$P_{max}=261.7\mathrm{kPa}$，$P_{min}=141.7\mathrm{kPa}$，图略。

6-8 基底附加压力为：$P_0=210.8\mathrm{kPa}$。

6-9 $\Delta\sigma_z=53.1\mathrm{kPa}$。

6-10 $\frac{\Delta\sigma_{zA}}{\Delta\sigma_{zO}} = 0.194$ 。

6-11 对于第一种情况，在 A 点：$\Delta\sigma_{zA} = 18.56\text{kPa}$ ；在 B 点：$\Delta\sigma_{zB} = 17.48\text{kPa}$ ；在 C 点：$\Delta\sigma_{zC} = 9.56\text{kPa}$ 。对第二种情况，在 A 点：$\Delta\sigma_{zA2} = 10.16\text{kPa}$ ；在 B 点：$\Delta\sigma_{zB2} = 12.68\text{kPa}$ ；在 C 点：$\Delta\sigma_{zC2} = 8.24\text{kPa}$ 。

6-12 略。

6-13 按条形荷载进行计算，每层 0.6B。$z=0\text{m}$ 处，则 $\Delta\sigma_{z1} = 75\text{kPa}$ ；$z=0.6B$ 处，则 $\Delta\sigma_{z2} = 56.625\text{kPa}$ ；$z=1.2B$ 处，则 $\Delta\sigma_{z3} = 35.775\text{kPa}$ ；$z=1.8B$ 处，则 $\Delta\sigma_{z4} = 25.800\text{kPa}$ ；$z=2.4B$ 处，则 $\Delta\sigma_{z5} = 20.025\text{kPa}$ ；$z=3.0B$ 处，则 $\Delta\sigma_{z6} = 15.600\text{kPa}$ 。

6-14 $\Delta\sigma_{zA} = 54.9\text{kPa}$ ；$\Delta\sigma_{zC} = 13.725\text{kPa}$ 。

第7章 土的渗透性

7-1～7-6 略。

7-7 $k = 6.5 \times 10^{-2}$ cm/s 。

7-8 $Q = 14.76\ \text{m}^2$ 。

7-9 符合达西定律；$k = 0.067$ mm/s 。

7-10 $k = 3.68 \times 10^{-4}$ m/s 。

7-11 (1) $\Delta h_A = 5$ cm ；(2) $q = 0.1\ \text{cm}^3/\text{s}$ 。

7-12 $k_h = 2.45 \times 10^{-2}$ cm/s ；$k_v = 1.56 \times 10^{-2}$ cm/s 。

7-13 (1) $u_a = u_e = 0$ ；$u_b = 90$ kPa ；$u_c = 140$ kPa ；$u_d = 10$ kPa ；(2) $q = 1.2\times10^{-6}\ \text{m}^2/\text{s}$ 。

7-14 (1) $H_A = 19$ m；$H_B = 17.25$ m；$H_C = 16$ m ；(2) $u_A = 156.8$ kPa ；$\sigma' = 65$ kPa ；(3) $q = 5.4 \times 10^{-5}\ \text{m}^2/\text{s}$ 。

7-15 $h = 6.92$ m 。

7-16 $h = 0.63$ m 。

7-17 当 $e = 0.38$，$i_{cr} = 1.22$ ；当 $e = 0.48$，$i_{cr} = 1.14$ ；当 $e = 0.6$，$i_{cr} = 1.05$ ；当 $e = 0.7$，$i_{cr} = 0.99$ ；当 $e = 0.8$，$i_{cr} = 0.93$，图略。

7-18 (1) 对于 A 点：$\sigma = 27.46\ \text{kN/m}^3$ ；$u_w = 24.03\ \text{kN/m}^3$ ；$\sigma' = 3.43\ \text{kN/m}^3$ ；对于 B 点：$\sigma = 48.05\ \text{kN/m}^3$ ；$u_w = 41.2\ \text{kN/m}^3$ ；$\sigma' = 6.85\ \text{kN/m}^3$ ；(2) $j = 7.36\ \text{kN/m}^3$。

第8章 土的压缩性

8-1～8-7 略。

8-8 (1) 略；(2) $C_c = 1.209$。

8-9 $a_{1-2} = 0.47\text{MPa}^{-1}$ ；$E_{s(1-2)} = 4.11\text{MPa}$ ；该土为中压缩性土。

8-10 欠固结土。

8-11 (1) 0m：总应力 0kPa，孔隙水压力 0kPa，有效应力 0kPa；2m：总应力 36kPa，孔隙水压力 0kPa，有效应力 36kPa；12m：总应力 239kPa，孔隙水压力 100kPa，有效应力 139kPa；图略；(2) 略；(3) 计算最终沉降量：$\Delta s = 61.8\text{mm}$ 。

8-12 （1）堆载施加瞬时，$h = 10\text{m}$；压缩稳定后，$h=0$；（2）堆载施加 30d 后，黏土层压缩量为：$s_t=4.376\text{cm}$。

8-13 （1）黏土层最终将产生的压缩量为：$s = 0.24\text{m}$；（2）$t_2 = 437.5\text{d}$。

8-14 略。

第9章 土的抗剪强度

9-1～9-4 略。

9-5 否，否。

9-6 略。

9-7 （1）图略；（2）$\varphi=30°$；（3）$\tau = 86.6\text{kPa}$；$\sigma = 150\text{kPa}$。

9-8 （1）$\varphi=30°$；（2）$\tau = 129.9\text{kPa}$；$\sigma = 225\text{kPa}$。

9-9 $\tau = 71.2\text{kPa}$。

9-10 $u=213.28\text{kPa}$。

9-11 不会剪坏。

9-12 超固结土。

9-13 $\sigma_1 = 320\text{kPa}$。

第10章 土 压 力

10-1～10-6 略。

10-7 （1）临界深度：$z_0 = 2.47\text{m}$；在墙底处的主动土压力强度为：$\sigma_{a2} = 20.71\text{kPa}$；主动土压力：$E_a = 26.20\text{kN/m}$；主动土压力 E_a 作用在距墙底的距离 x 为：$x = 0.84\text{m}$；（2）在墙顶被动土压力强度为：$\sigma_{p1} = 44.50\text{kPa}$；在墙底处的被动土压力强度为：$\sigma_p = 242.50\text{kPa}$；被动土压力：$E_p = 717.5\text{kN/m}$；被动土压力 E_p 距墙底距离 x 为：$x = 1.92\text{m}$，图略。

10-8 墙顶主动土压力强度为：$\sigma_{a1} =- 16.42\text{kPa}$；墙底主动土压力强度为：$\sigma_{a2} = 19.54\text{kPa}$；临界深度 $z_0=2.68\text{m}$；墙后总侧压力为：$E_a=32.44\text{kN/m}$；其作用点距墙踵的距离 x 为 1.11m，图略。

10-9 a 点：$\sigma_a =-7.2\text{kPa}$；b 点上：$\sigma_b^{上} = 28.78\text{kPa}$；b 点下：$\sigma_b^{下} = 24.29\text{kPa}$；c 点：$\sigma_c = 45.97\text{kPa}$；主动土压力的合力为：$E_a = 209.59\text{kN/m}$，图略。

10-10 （1）静止土压力 $E_0 = 164.17\text{kN/m}$；（2）被动土压力：$E_p = 811\text{kN/m}$。

10-11 合力为：$E_a = 104.4\text{kN/m}$；E_a 作用点距墙底的距离：$y=1.44\text{m}$。

10-12 主动土压力为：$E_a = 59.16\text{kN/m}$，图略。

10-13 墙底土压力为：$\sigma = \gamma z K_0 = 17.5 \times 3 \times 0.577 = 30.29\text{kPa}$，合力 $E_0 = 45.44\text{kN/m}$，作用点距墙底的距离：$x=1\text{m}$，图略。

10-14 略。

10-15 （1）墙背 AC' 上的主动土压力 $E_a = 68.976\text{kN/m}$；（2）BC' 面上的主动土压力为：$E_a = 42.793\text{kN/m}$。

10-16 图（a）：主动土压力 $E_a = 126.036\text{kN/m}$；图（b）：主动土压力。

第11章 地基承载力

11-1～11-8 略。

11-9 （1）基础两侧的荷载为：$p_{cr} = 148.4\text{kPa}$；$p_{1/4} = 201.9\text{kPa}$；（2）$p_u = 465.2\text{kPa}$；（3）$p_{cr}$ 不变，$p_{1/4} = 176.6\text{kPa}$。

11-10 （1）地下水位与基底平齐时，$p_u = 2227.8\text{kPa}$；（2）地下水位与地面平齐时：$p_u = 1304.6\text{kPa}$。

11-11 地基允许承载力为：$[\sigma] = 266.2\text{kPa}$。

11-12 地基承载力特征值为：$f_a = 137.2\text{kPa}$。

11-13 当 $d = 0.8\text{m}$ 时：$f_a = 222.5\text{kPa}$；当 $d = 2.4\text{m}$ 时：$f_a = 360.1\text{kPa}$。

第12章 土坡稳定性分析

12-1～12-4 略。

12-5 简布法假定土条间法向力 E 作用在 1/3 土条高度处。

12-6 （1）开挖基坑时土坡坡角应为 25.7°；（2）土坡安全系数为 1.59。

12-7 （1）该土坡的稳定坡度最大为 36.0°；（2）该土坡最危险的稳定坡度为 18.5°；（3）无渗流作用时土坡稳定安全系数为有顺坡渗流作用时土坡稳定安全系数的 2.2 倍。

12-8 安全系数为 0.58。

12-9 土坡相对于该滑弧的稳定安全系数为 1.65。

12-10 略。

12-11 边坡安全系数 $F_s = 3.55$。

第13章 浅 基 础

13-1～13-5 略。

13-6 基础的最小埋深 $d_{min} = z_d - h_{max} = 1.55 - 1.67 < 0$。

13-7 略。

13-8 第③层软弱土层的承载力不满足承载力要求。

13-9～13-17 略。

第14章 桩 基 础

14-1～14-14 略。

14-15 粉质黏土：$q_{sia} = 27.5 \sim 35\text{kPa}$，$q_{pa} = 425 \sim 850\text{kPa}$；粉土：$q_{sia} = 23 \sim 33\text{kPa}$，$q_{pa} = 475 \sim 850\text{kPa}$；中砂：$q_{sia} = 27 \sim 37\text{kPa}$，$q_{pa} = 2000 \sim 3000\text{kPa}$。

14-16 $R_a = 536.1\text{kN}$。

14-17 $T_{uk} = 17.07\text{kN}$。

14-18 $R_a = 615.6\text{kN}$。

14-19 （1）单桩竖向承载力特征值 $R_a = 1380\text{kN}$；（2）满足要求；（3）沉降计算 $s = 11.22\text{mm}$。

参考文献

[1] 陈国兴．土质学与土力学[M]. 北京：中国水利水电出版社，2002

[2] 陈希哲．土力学与地基基础[M]. 4 版．北京：清华大学出版社，2004.

[3] 陈晓平．土力学与基础工程[M]. 北京：中国水利水电出版社，2008.

[4] 陈育民．FLAC/FLAC3D 基础与工程实例[M]. 2 版．北京：中国水利水电出版社，2013.

[5] 陈仲颐，周景星，王洪瑾．土力学[M]. 北京：清华大学出版社，1994.

[6] 陈祖煜．土质边坡稳定分析-原理方法程序[M]. 北京：中国水利水电出版社，2003.

[7] 迟世春，关立军．基于强度折减的拉格朗日差分方法分析土坡稳定性[J]. 岩土工程学报，2004(1)：42-46.

[8] 东南大学，浙江大学，湖南大学，等．土力学[M]. 2 版．北京：中国建筑工业出版社，2005.

[9] 高大钊，袁聚云．土质学与土力学[M]. 3 版．北京：人民交通出版社，2001.

[10] 高向阳．土力学学习指导与考题精解[M]. 北京：北京大学出版社，2010.

[11] 龚晓南．土力学[M]. 北京：中国建筑工业出版社，2002.

[12] 顾建平，王志勇．上海中心大厦项目主楼桩基的选型与评估——特大超长后注浆钻孔灌注桩基础在超高层建筑的应用[J]. 建筑施工，2009(7)：530-532.

[13] 胡中雄．土力学与环境土力学[M]. 上海：同济大学出版社，1997.

[14] 胡安峰．土力学学习指导与习题集[M]. 北京：中国建筑工业出版社，2019.

[15] 黄文熙．土的工程性质[M]. 北京：水利水电出版社，1983.

[16] 姜文辉，巢斯．上海中心大厦桩基础变刚度调平设计[J]. 建筑结构，2012，42(6)：132-134.

[17] 李广信．高等土力学 [M]. 2 版. 北京：清华大学出版社，2016.

[18] 李镜培，梁发云，赵春风．土力学[M]. 2 版．北京：高等教育出版社，2008.

[19] 刘国彬，王卫东．基坑工程手册[M]. 2 版．北京：中国建筑工业出版社，2009.

[20] 刘忠玉．土力学[M]. 北京：中国电力出版社，2007.

[21] 卢廷浩．土力学[M]. 北京：高等教育出版社，2010.

[22] 莫海鸿，杨小平，刘叔灼．土力学及基础工程学习辅导与习题精解[M]. 北京：中国建筑工业出版社，2006.

[23] 钱德玲．土力学[M]. 北京：中国建筑工业出版社，2009.

[24] 沈珠江．理论土力学[M]. 北京：中国水利水电出版社，2000.

[25] 石名磊，龚维明，季鹏．基础工程[M]. 南京：东南大学出版社，2002.

[26] 松岡元．土力学[M]. 北京：中国水利水电出版社，2001.

[27] 苏栋．土力学 [M]. 2 版. 北京：清华大学出版社，2019.

[28] 王成华．土力学[M]. 武汉：华中科技大学出版社，2010.

[29] 王栋，年廷凯，陈煜淼．边坡稳定有限元分析中的三个问题[J]. 岩土力学，2007(11)：2309-2313＋2318.

[30] 王旭军．上海中心大厦裙房深大基坑工程围护墙变形分析[J]. 岩石力学与工程学报，2012，31(2)：421-431.

[31] 肖仁成，俞晓．土力学[M]. 北京：北京大学出版社，2006.

[32] 肖昭然．土力学[M]. 郑州：郑州大学出版社，2007.
[33] 谢定义，刘奉银．土力学教程[M]. 北京：中国建筑工业出版社，2010.
[34] 谢定义，姚仰平，党发宁．高等土力学[M]. 北京：高等教育出版社，2008.
[35] 姚仰平．土力学[M]. 北京：高等教育出版社，2004.
[36] 叶可明，范庆国. 上海金茂大厦施工技术[J]. 中国工程科学，2000，2(10)：43-49.
[37] 殷宗泽．土工原理[M]. 北京：中国水利电力出版社，2007.
[38] 袁聚云，汤永净．土力学复习与习题[M]. 2 版．上海：同济大学出版社，2010.
[39] 张克恭，刘松玉，东南大学．土力学[M]. 3 版．北京：中国建筑工业出版社，2010.
[40] 张孟喜．土力学原理[M]. 武汉：华中科技大学出版社，2007.
[41] 张振营．土力学题库及典型题解[M]. 北京：中国水利水电出版社，2001.
[42] 赵成刚，白冰，王运霞．土力学原理[M]. 北京：清华大学出版社，北京交通大学出版社，2004.
[43] 赵明华．土力学与基础工程[M]. 武汉：武汉工业大学出版社，2000.
[44] 郑刚．基础工程[M]. 北京：中国建材工业出版社，2000.
[45] 周景星，李广信，虞石民，等．基础工程[M]. 2 版．北京：清华大学出版社，2007.
[46] AAS G. A study of the effect of vane shape and rate of strain in the measured values of in situ shear strength of clays[A]. In Proceedings of the 6th International Conference on Soil Mechanics and Foundation Engineering[C]. 1965，1：141-145.
[47] AGAIBY S W，SALEM A M，AHMED S M. The first William Selim Hanna honor lecture from failure to success：lessons from geotechnical failures [J]. Innovative Infrastructure Solutions 2，2017.
[48] ATKINSON J. An Introduction to the Mechanics of Soils and Foundations through Critical State Soil Mechanics[M]. London：McGraw-Hill Book Company，1993.
[49] BISHOP A W. The use of the slip circle in the stability analysis of slopes [J]. Geotechnique，1955，5(1)：7-17.
[50] BUDHU M. Soil Mechanics and Foundations[M]. Second Edition. New York：John Wiley and Sons，Inc，2007.
[51] CHEN W F. Limit Analysis and Soil Plasticity [M]. Amsterdam：Elsevier Scientific Pub. Co，1975.
[52] CHENG Y M，LANSIVAARA T，WEI W B. Two-dimensional slope stability analysis by limit equilibrium and strength reduction methods [J]. Computers and Geotechnics，2007，34(3)：137-50.
[53] CODUTO D P. Foundation Design：Principles and Practices[M]. Second Edition. New Jersey：Prentice-Hall，Inc，2001.
[54] CRAIG R F. Soil Mechanics[M]. Sixth Edition. New York：Spon Press，1997.
[55] CRUDEN D M，VARNES D J. Landslide types and processes[J]. Landslides：Invesitgation and Mitigation，1996，247：36-75.
[56] DAS B M. Principles of Geotechnical Engineering[M]. Tenth Edition. Cengage learning，2020.
[57] DAWSON E M，ROTH W H，DRESCHER A. Slope stability analysis by strength reduction [J]. Geotechnique，1999，49(6)：835-840.
[58] FELLENIUS W. Calculation of the Stability of Earthdams[M]. Washington：Proc. of the Second Congress on Large Dams，1936.
[59] FREDLUND D G，RAHARDJO H，FREDLUND M D. Unsaturated Soil Mechanics in Engineering Practice[M]. Hoboken：John Wiley & Sons，Inc.，2012.
[60] GEO-SLOPE International Ltd. Stability Modeling with Geostudio[M]. Calgary：GEO-SLOPE In-

ternational Ltd，2004.

[61] GRIFFITHS D V，LANE P A. Slope stability analysis by finite elements [J]. Geotechnique，1999，49(3)：387-403.

[62] HEARN G J，et al. Engineering Geology Special Publications [M]. Geological Society of London，2011.

[63] ITASCA Consulting Group. FLAC3D 6.0 Documentation[M]. Minneapolis：Itasca Consulting Group，2017.

[64] JANBU N. Application of composite slip surface for stability analysis[A]. In Proceedings of European Conference on Stability of Earth Slopes[C]. Sweden，43-49. 1954.

[65] JANSSEN H A. Versuche uber getreidedruck in silozellen[J]. Zeitschrift，VereinDeutscher Ingenieure，1895，39：1045-1049.

[66] KALIŃSKA E，GAłKA M. Sand in early holocene lake sediments - a microscopic study from lake Jaczno，northeastern poland[J]. Estonian Journal of Earth Sciences，2018，67(2)：122-132.

[67] LAROCHELLE P，ROY M and TAVENAS F. Field measurements of cohesion in Champlain clays [A]. Proceedings of the 8th International Conference on Soil Mechanics and Foundation Engineering [C]. 1973，1：229-236.

[68] LEE P Y and SUEDKAMP R J. Characteristics of Irregularly Shaped Compaction Curves of Soils [M]. Highway Research Record，381，1-9. 1972.

[69] LU N，LIKOS W J. Unsaturated Soil Mechanics[M]. New York：John Wiley and Sons，2004.

[70] MITCHELL J K and SOGA K. Fundamentals of Soil Behavior[M]. Third Edition. New York：John Wiley & Sons，Inc，2005.

[71] MORGENSTERN N R and PRICE V E. The analysis of the stability of general slip surfaces[J]. Geotechnique，1965，15(1)：79-93.

[72] NAGARAJ T and MURTY B R S. Prediction of the preconsolidation pressure and recompression index of soils[J]. Geotechnical Testing Journal，1985，8(4)：199-202.

[73] ROSCOE K H，SCHOFIELD A N，WROTH C P. On the yielding of soils[J]. Geotechnique，1958，8：22-53.

[74] SCHOFIELD A N，WROTH C P. Critical State Soil Mechanics[M]. London：McGraw-Hill Book Company，1968.

[75] SKEMPTON A W. Notes on the compressibility of clays[J]. Quarterly Journal of the Geological Society of London，1944，100：119-135.

[76] SPENCER E. A method of analysis of the stability of embankments assuming parallel interslice forces[J]. Geotechnique，1967，17(1)：11-26.

[77] TAYLOR D W. Fundamentals of Soil Mechanics[M]. New York：John Wiley and Sons，1948.

[78] TERZAGHI K，PECK R B，MESRI G. Soil Mechanics in Engineering Practice[M]. Third Edition. New York：John Wiley & Sons，Inc，1996.

[79] VARNES D J. Slope movement types and processes[A]. In Landslides：Analysis and Control，(ed.) R. L. Schuster and R. J. Krizek[C]. Washington：Transportation Research Board，National Academy of Sciences，1978.

[80] WANG J H，XU Z H，WANG W D. Wall and ground movements due to deep excavations in shanghai soft soils[J]. Geotechnical and Geoenvironmental Engineering，2010，136(7)：985-994.

[81] WOOD D M. Geotechnical Modelling[M]. London：Spon Press，2004.

[82] WOOD D M. Soil Behavior and Critical State Soil Mechanics[M]. London：Cambridge University

Press, 1990.

[83] WROTH C P and WOOD D M. The correlation of index properties with some basic engineering properties of soils[J]. Canadian Geotechnical Journal, 1978, 15(2): 137-145.

[84] XIAO J, ZHAO X. Performance of apile foundation in soft soil[J]. Proceedings of the Institution of Civil Engineers - Geotechnical Engineering, 2018: 1-33.

[85] ZHANG M, TONG L. Statistical assessment of simplified CPTU-based hydraulic conductivity curves[J]. Geofluids, 2021(1): 1-8.

[86] ZHENG H, LIU D F, LI C G. Slope stability analysis based on elasto-plastic finite element method [J]. Int J Numer Meth Eng, 2005, 64(14): 1871-1888.

[87] ZIENKIEWICZ O C, HUMPHESON C, LEWIS R W. Associated and non-associated visco-plasticity and plasticity in soil mechanics [J]. Geotechnique, 1975, 25(4): 671-689.

[88] 国家铁路局．铁路工程地质原位测试规程：TB 10018—2018[S]. 北京：中国铁道出版社，2018.

[89] 上海市城乡建设和交通委员会．岩土工程勘察规范：DGJ 08-37—2018[S]. 2018.

[90] 中华人民共和国交通运输部．公路路基设计规范：JTG D30—2015[S]. 北京：人民交通出版社，2015.

[91] 中华人民共和国交通运输部. 公路土工试验规程：JTG 3430—2020[S]. 北京：人民交通出版社，2021.

[92] 中华人民共和国住房和城乡建设部．建筑地基处理技术规范：JGJ 79—2012[S]. 北京：中国建筑工业出版社，2012.

[93] 中华人民共和国住房和城乡建设部．建筑地基基础设计规范：GB 50007—2011[S]. 北京：中国计划出版社，2012.

[94] 中华人民共和国住房和城乡建设部．建筑结构荷载规范：GB 50009—2012[S]. 北京：中国建筑工业出版社，2012.

[95] 中华人民共和国住房和城乡建设部．建筑结构可靠度设计统一标准：GB 50068—2001[S]. 北京：中国建筑工业出版社，2001.

[96] 中华人民共和国住房和城乡建设部．建筑桩基技术规范：JGJ 94—2018[S]. 北京：中国建筑工业出版社，2018.

[97] 中华人民共和国住房和城乡建设部．水利水电工程地质勘察规范：GB 50487—2008[S]. 北京：中国计划出版社，2009.

[98] 中华人民共和国住房和城乡建设部．土工试验方法标准：GB/T 50123—2019[S]. 北京：中国计划出版社，2019.

[99] 中华人民共和国住房和城乡建设部．岩土工程勘察规范：GB 50021—2001[S]. 北京：中国建筑工业出版社，2004.